Vergessene Konstellationen literarischer Öffentlichkeit
zwischen 1840 und 1885

Studien und Texte zur Sozialgeschichte der Literatur

Herausgegeben von
Norbert Bachleitner, Christian Begemann,
Walter Erhart und Gangolf Hübinger

Band 142

Vergessene Konstellationen literarischer Öffentlichkeit zwischen 1840 und 1885

Herausgegeben von
Katja Mellmann und Jesko Reiling

DE GRUYTER

ISBN 978-3-11-135608-2
e-ISBN (PDF) 978-3-11-047877-8
e-ISBN (EPUB) 978-3-11-047787-0
ISSN 0174-4410

Library of Congress Cataloging-in-Publication Data
A CIP catalog record for this book has been applied for at the Library of Congress.

Bibliografische Information der Deutschen Nationalbibliothek
Die Deutsche Nationalbibliothek verzeichnet diese Publikation in der Deutschen National-
bibliografie; detaillierte bibliografische Daten sind im Internet über
http://dnb.dnb.de abrufbar.

© 2023 Walter de Gruyter GmbH, Berlin/Boston
Dieser Band ist text- und seitenidentisch mit der 2016 erschienenen gebundenen
Ausgabe.
Druck und Bindung: CPI books GmbH, Leck
♾ Gedruckt auf säurefreiem Papier
Printed in Germany

www.degruyter.com

Inhalt

Katja Mellmann
Literarische Öffentlichkeit im mittleren 19. Jahrhundert
    Zur Einführung —— 1

Periodische Presse

Anna Ananieva/Rolf Haaser
Elegante Unterhaltung
    Die Leipziger *Zeitung für die elegante Welt* und ihre deutschsprachigen
    Nachfolger in Prag und Ofen-Pest —— 35

Madleen Podewski
Mediengesteuerte Wandlungsprozesse
    Zum Verhältnis zwischen Text und Bild in illustrierten Zeitschriften der
    Jahrhundertmitte —— 61

Alice Hipp
Prosaistinnen in Kulturzeitschriften der Jahre 1871 bis 1890
    Zur statistischen Repräsentanz und Autornamenwahl schreibender Frauen
    in *Die Gartenlaube, Westermanns illustrirte deutsche Monatshefte* und
    Deutsche Rundschau —— 81

Stefan Scherer/Gustav Frank
Feuilleton und Essay in periodischen Printmedien des 19. Jahrhunderts
    Zur funktionsgeschichtlichen Trennung um 1870 —— 107

Publikationsstrategien und Marktorganisation

Martina Zerovnik
Die Reihe als National- und Hausschatz
    Aspekte der Klassifikation und Repräsentation in Reiheneditionen um das
    Klassikerjahr 1867 —— 129

Christine Haug
Formen literarischer Mehrfachverwertung im Presse- und Buchverlag im 19. Jahrhundert
　Mit einem Seitenblick auf Arthur Zapps Roman *Zwischen Himmel und Hölle* (1900) —— **149**

Lynne Tatlock
Jane Eyre's German Daughters
　The Purchase of Romance in a Time of Inequality (1847–1890) —— **177**

‚Volksschriftstellerei'

Jesko Reiling
Der Volksschriftsteller und seine verklärte Volkspoesie
　Zu einem vergessenen Autormodell um 1850 —— **203**

Holger Böning
Volksaufklärung, Dorfgeschichten und Bauernroman in den literarischen Verhältnissen um die Mitte des 19. Jahrhunderts —— **223**

Reinhart Siegert
Aufklärung im 19. Jahrhundert – „Überwindung" oder Diffusion?
　Überlegungen zum Schlussband des biobibliographischen Handbuchs zur Volksaufklärung von den Anfängen bis 1850 —— **251**

Stefan Born
Realismus oder Manierismus?
　Über den Maßstab der Kritik an den Auerbach'schen Dorfgeschichten im bürgerlichen Realismus —— **275**

Geschichts- und Wissenschaftsdiskurse

Nikolas Immer
Mnemosyne dichtet
　Lyrisches Erinnern in der Mitte des 19. Jahrhunderts —— **297**

Daniela Gretz
Happy End im ‚Kampf ums Dasein'?
　Vergessene Konstellationen von Literatur und Wissen in Kellers *Sinngedicht* und Raabes *Lar* —— **321**

Werner Garstenauer
Ethnographie, Geschichtsbewusstsein und politisches Gedächtnis
  Der andere Abenteuerroman Hans Hermann Behrs im Kontext —— 345

Religiöse und sozialpolitische Tendenz

Silvia Serena Tschopp
Religiöser Antimodernismus und ökonomische Modernität
  Der Regensburger Verlag Pustet und die katholische populäre Publizistik im mittleren 19. Jahrhundert —— 369

Anja Kreienbrink
„Von kundiger Hand geführt"
  Ästhetisches Selbstverständnis und didaktischer Impetus der neo-orthodoxen jüdischen Belletristik —— 397

Walter Hettche
Päpste, Könige und Wänzchen
  Paul Heyses Belli-Übersetzungen und ihr Kontext —— 417

Register —— 439

Katja Mellmann
Literarische Öffentlichkeit im mittleren 19. Jahrhundert

Zur Einführung

Die im vorliegenden Band versammelten Studien zur Geschichte deutschsprachiger Literatur zwischen 1840 und 1885 gelten notwendig zum großen Teil Werken und Autoren, die es in der Tradition einer ästhetisch interessierten Literaturgeschichtsschreibung stets schwer hatten. Zwar waren schon im 19. Jahrhundert Literarhistoriker wie Robert Prutz oder Rudolph Gottschall nachdrücklich für einen inklusiven Literaturbegriff eingetreten, und auch in der zweiten Hälfte des 20. Jahrhunderts hat es immer wieder Bemühungen gegeben, das Spektrum der literaturgeschichtlich relevanten Textbereiche zu erweitern. Dennoch hat sich für die Epoche des Realismus ein Kanon etabliert, der außer Keller, Storm und Stifter, ein bisschen Droste, Meyer, Ebner-Eschenbach und Raabe wenig kennt und eher noch Fontanes Spätwerk aus den achtziger und neunziger Jahren hinzuzuzählen bereit ist. Ansonsten schien die deutsche Literatur zwischen Goethezeit und Klassischer Moderne in einer Art Dornröschenschlaf versunken und erst von den ‚Modernen' wieder wachgeküsst worden zu sein.[1] Gerade in diesem Eindruck eines Aussetzens, eines Nichtstattfindens ‚der' Literatur liegt allerdings eine wichtige Erschließungshilfe für den missachteten Zeitraum: Man erkennt daran, dass in dieser Zeit, die hier behelfsweise als „mittleres 19. Jahrhundert" apostrophiert wird, irgendetwas *anders* war; dass ein Großteil der literarischen Kommunikation zu dieser Zeit nach Funktionsprimaten und Formidealen ausgerichtet war, die eigentümlicher waren, als dass sie zu dem im 20. Jahrhundert favorisierten Kunstbegriff noch so recht hätten passen mögen.

Die folgenden Ausführungen versuchen, diese epochale ‚Andersartigkeit' als eine vorübergehende Dislokation des Zentrums literarischer Kommunikation zu beschreiben. Wir haben uns daran gewöhnt, mit S. J. Schmidt[2] die Autonomisierung des Sozialsystems Literatur ins späte 18. Jahrhundert zu verlegen, also in die ‚Sattelzeit', in die Zeit des Irreversibelwerdens eines immer stärkeren Auseinandertretens der Diskurslogiken verschiedener gesellschaftlicher Kommunikati-

---

[1] Vgl. die Diagnose bei Peter Sprengel: Geschichte der deutschsprachigen Literatur 1870–1900. Von der Reichsgründung bis zur Jahrhundertwende. München 1998 (Geschichte der deutschen Literatur von den Anfängen bis zur Gegenwart 9/I), S. XIII.
[2] Siegfried J. Schmidt: Die Selbstorganisation des Sozialsystems Literatur im 18. Jahrhundert. Frankfurt a. M. 1989.

onsbereiche. Wir haben uns, mit anderen Worten, daran gewöhnt, die Verselbständigung des Literatursystems als einen Teilprozess der Verselbständigung des Kunstsystems im Zuge funktionaler Gesellschaftsdifferenzierung zu betrachten – und sind damit nicht schlecht gefahren. Nur: Man hat sich selten die Frage gestellt, wie es danach eigentlich weiterging. Die hier versuchte Antwort ist, dass sich im Vormärz, hervorgehend aus der frühneuzeitlichen Gelehrtenkommunikation in Zeitschriften, eine neue Form ‚litterarischer' Kommunikation etabliert, die, da sie auch belletristische Formen umfasst, tendenziell in Konkurrenz zu kunstliterarischen Kommunikationsformen gerät (und diesen Konkurrenzkampf durch die Abgrenzungsbewegung gegenüber der ‚Kunstperiode' auch explizit ausgetragen hat). Dieses neue, im mittleren Jahrhundert dominante System ‚litterarischer' Kommunikation löst sich erst gegen Ende des Jahrhunderts auf, im Zuge wiederum neuer und jeweils eigens zu betrachtender Differenzierungs- und Reorganisationsprozesse zwischen Belletristik, Nachrichtenwesen und kommerzieller Unterhaltung.

Gegen die Annahme eines kontinuierlichen Kunstliteratursystems wird hier nicht zum ersten Mal Stellung bezogen, mit einer prononcierten Diskontinuitätsthese trat z. B. jüngst Manuela Günter auf.[3] Günter konzipiert das Kunstliteratursystem als instabiles, nur gelegentlich aus den massenmedialen Kommunikationsmöglichkeiten seit Erfindung des Buchdrucks auftauchendes Phänomen und gewinnt dadurch eine Beschreibungsperspektive für die Zeit *zwischen* Goethezeit und Klassischer Moderne, d.h. zwischen zwei historisch spezifischen Emergenzen eines distinkten Hochliteratursystems; für eine Zeit also, in der Massenkommunikation und Kunstkommunikation sich eben nicht so recht voneinander unterscheiden lassen. Einen Nachteil von Günters Rekonstruktion sehe ich darin, dass sie den Massenmedien gleichsam von Beginn an Systemcharakter zuschreibt, so als sei die für uns heute erkennbare Relevanz von Neuheit und Unterhaltung in Nachrichtenwesen und ‚Kulturindustrie' von Anfang an und durchgehend der für die weitere Entwicklung bestimmende Faktor gewesen. Neuigkeits- und Unterhaltungswert mögen in massenmedialer Kommunikation in der Tat von Beginn an als intrinsische Kriterien an der Hierarchisierung kommunikativer Ereignisse mitwirken, aber sie waren möglicherweise nicht zu allen Zeiten die dominanten. Ich möchte im Folgenden v. a. das Kriterium der ‚Mehrsystemzugehörigkeit' hervorheben, das Matthias Kohring als bestimmend für ein autonomes gesellschaftliches Funktionssystem „Öffentlichkeit" (mit Journa-

---

[3] Manuela Günter: Im Vorhof der Kunst. Mediengeschichten der Literatur im 19. Jahrhundert. Bielefeld 2008, bes. S. 25–27, 33–42.

lismus als seiner zentralen modernen Leistungsrolle) vorgeschlagen hat,[4] und damit eine geschichtliche Rekonstruktion ‚von unten' versuchen, die nach den Anschlüssen an jeweils präexistente Kommunikationsstrukturen fragt, statt retrospektiv nach den Keimen eines heute sichtbaren Resultats zu suchen. Dies bedeutet auch: Ich frage nach der Entwicklung von Kommunikationssystemen, nicht von Medien. Massenmedien sind zunächst nur Verbreitungsmedien und erzeugen nicht per se schon systemhafte Kommunikationszusammenhänge. Bei der Frage nach letzteren wird im Folgenden eine Entwicklung zu skizzieren sein, die von frühneuzeitlicher Gelehrtenkommunikation über „Unterhaltungen" der „gebildeten Stände" und der „eleganten Welt" und die historisch-politischen Journale der Vormärzzeit bis in die ‚litterarische' Öffentlichkeit des mittleren 19. Jahrhunderts führt, in der die oben postulierte Andersartigkeit der realistischen Epoche schließlich verortet wird. Diese hier im Sinne des alten Literaturbegriffs der Historia Litteraria als „litterarisch" bezeichnete Öffentlichkeit etabliert sich, so die These, mit dem Aufschwung des Zeitungs- und Zeitschriftenwesens seit der Jahrhundertmitte tatsächlich als systemhafter Kommunikationszusammenhang, während die Verselbständigung der Unterhaltungsindustrie als eigenes System erst für die achtziger Jahre[5] angesetzt und bereits als obere Begrenzung des im vorliegenden Sammelband betrachteten Zeitraums benutzt wird.

Der Schwerpunkt des Sammelbandes wie auch dieser Einführung liegt freilich nicht bei einer systemtheoretischen Reformulierung von Literaturgeschichte. Die systemtheoretische Rekonstruktion kann aber ein geeignetes Rahmenmodell be-

---

4 Matthias Kohring: Öffentlichkeit als Funktionssystem der modernen Gesellschaft. Zur Motivationskraft von Mehrsystemzugehörigkeit. In: Andreas Ziemann (Hg.): Medien der Gesellschaft – Gesellschaft der Medien. Konstanz 2006, S. 161–181.
5 Die Titelproduktion in der Sparte der sogenannten Volksschriften (zu der auch die Familienblätter und populäre Romanliteratur gezählt wurden) hat sich laut *Börsenblatt*-Statistik zwischen 1873 und 1878 mehr als verdoppelt und hielt dieses Niveau bis in die neunziger Jahre, was wahrscheinlich die Ursache für die in den achtziger Jahren vehement zunehmende Polemik gegen die Familienblätter und ihre Autor(inn)en darstellte; vgl. Katja Mellmann: Die Clauren-Marlitt. Rekonstruktion eines Literaturstreits um 1885. In: Internationales Archiv für Sozialgeschichte der deutschen Literatur 39 (2014), H. 2, S. 285–324, bes. S. 309–315. Zum größeren Zusammenhang s. Kaspar Maase: Krisenbewusstsein und Reformorientierung. Zum Deutungshorizont der Gegner der modernen Populärkünste 1880–1918. In: K. M./Wolfgang Kaschuba (Hg.): Schund und Schönheit. Populäre Kultur um 1900. Köln/Weimar/Wien 2001 (Alltag & Kultur 8), S. 290–342; Hermann Bausinger: Populäre Kultur zwischen 1850 und dem Ersten Weltkrieg. In: Kaspar Maase/Wolfgang Kaschuba (Hg.): Schund und Schönheit. Populäre Kultur um 1900. Köln/Weimar/Wien 2001 (Alltag & Kultur 8), S. 29–45; Jörg Schönert: Zu den sozio-kulturellen Praktiken im Umgang mit Literatur(en) von 1770 bis 1930. In: Kaspar Maase/Wolfgang Kaschuba (Hg.): Schund und Schönheit. Populäre Kultur um 1900. Köln/Weimar/Wien 2001 (Alltag & Kultur 8), S. 283–289.

reitstellen, aus dem heraus sich die Eigentümlichkeit des betreffenden literaturgeschichtlichen Abschnitts besser verstehen und konzeptionell fassen lässt; besonders dort, wo unsere durch Goethezeit und Klassische Moderne geprägte Kunstbegrifflichkeit ein solches Verständnis erschwert. Nimmt man die Selbstbeschreibung der politisierten Schriftsteller des Vormärz ernst, die sich nicht mehr als Fortsetzung der ‚Kunstperiode' verstanden, sondern dem ‚Leben', der ‚Gegenwart', der ‚Realität' sich zuwenden wollten, so lässt sich die Entstehung eines zweiten, eher ‚prosaischen' Bereichs von Literatur ansetzen,[6] der die ‚Poesie' der Goethezeit zwar nicht verdrängt und außer Kraft setzt, aber doch neben ihr sich etabliert und potentiell in Konkurrenz zu ihr tritt. Die spätere Dekanonisierung vieler in diesem Zeitraum wichtiger Erscheinungsformen von Belletristik spricht jedenfalls dafür, dass es sich bei der Literatur des mittleren Jahrhunderts um etwas gravierend Andersgeartetes gehandelt hat, das im Zuge der Reorganisation des Kunstliteraturbetriebs[7] gegen Ende des Jahrhunderts konsequent abgesondert wurde. Die folgenden Abschnitte versuchen, diese besondere kommunikationsgeschichtliche Entwicklung in ihren Umrissen nachzuzeichnen und ‚Literatur' – in ihren unterschiedlichen Bedeutungen – darin jeweils zu verorten. Der leitende Gedanke ist, dass sich in Fortsetzung der humanistischen Tradition der Historia Litteraria eine neue Sorte Literatur etablierte, die an der interdiskursiven Vermittlungsfunktion des Sozialsystems Öffentlichkeit teilnahm, und dass einige literarische Phänomene dieses Zeitraums unter diesem Funktionsprimat besser zu verstehen sind als unter dem des Kunstsystems.

---

[6] Vgl. schon Wolfgang Preisendanz: Zum Funktionsübergang von Dichtung und Publizistik. In: W. P.: Heinrich Heine. Werkstrukturen und Epochenbezüge. München 1973, S. 21–68; Ingrid Oesterle: Der ‚Führungswechsel der Zeithorizonte' in der deutschen Literatur. Korrespondenzen aus Paris, der Hauptstadt der Menschheitsgeschichte, und die Ausbildung der geschichtlichen Zeit ‚Gegenwart'. In: Dirk Grathoff (Hg.): Studien zur Ästhetik und Literaturgeschichte der Kunstperiode. Frankfurt a. M./Bern/New York 1985 (Gießener Arbeiten zur neueren deutschen Literatur und Literaturwissenschaft 1), S. 11–76, hier S. 23–26; Rainer Rosenberg: Verhandlungen des Literaturbegriffs. Studien zu Geschichte und Theorie der Literaturwissenschaft. Berlin 2003, S. 154–175.
[7] Vgl. Georg Jäger: Die Avantgarde als Ausdifferenzierung des bürgerlichen Literatursystems. Eine systemtheoretische Gegenüberstellung des bürgerlichen und des avantgardistischen Literatursystems mit einer Wandlungshypothese. In: Michael Titzmann (Hg.): Modelle des literarischen Strukturwandels. Tübingen 1991 (Studien und Texte zur Sozialgeschichte der Literatur 33), S. 221–244; Mellmann: Die Clauren-Marlitt (Anm. 5).

I Öffentlichkeit

Der Begriff „Öffentlichkeit" ist zunächst in einem sehr basalen Sinne zu verwenden. Er lässt sich explizieren als eine Kommunikationsform, in der einzelne Kommunikationsereignisse und Kommunikationssituationen als Teil eines größeren (und relativ stabilen) Kommunikationskontextes aufgefasst werden, in der also eine Idee von kollektiver Identität, von Gemeinwesen oder Kulturgemeinschaft aktualisiert wird, die auch zeitlich und räumlich weiter auseinanderliegende Kommunikationsereignisse zwischen wechselnden Kommunikationsteilnehmern in einen virtuellen Zusammenhang einordnet.[8] In diesem Sinne sind auch stammesgesellschaftliche Versammlungen, die attische Ekklesia oder das römische Forum, höfische Veranstaltungen oder frühneuzeitliche Streitgespräche[9] (kleine) Öffentlichkeiten. In einem etwas spezifischeren, mit Jürgen Habermas' *Strukturwandel der Öffentlichkeit* annähernd terminologisch gewordenen Sinne bezeichnet der Begriff „Öffentlichkeit" eine dezidiert zivilbürgerliche, d.h. nicht ständisch regulierte Kommunikationskultur, die bereits eine weitreichende mediale Unterstützung von Kommunikationsspeicherung, -verbreitung und zeitnaher Fernkommunikation voraussetzt und ihrerseits als notwendige Voraussetzung moderner demokratischer Organisationsformen angesehen werden kann. Einen dritten, noch spezifischeren Öffentlichkeitsbegriff hat Matthias Kohring[10] für die professionalisierte öffentliche Kommunikation vorgeschlagen, die spätestens seit der Entstehung des Journalismus[11] für eine kontinuierliche Präsenz, annähernde sachliche Universalität und soziale Inklusivität von solchen Kommunikationsformen sorgt.

Eine in diesem Sinne institutionalisierte Form öffentlicher Kommunikation übernimmt laut Kohring die Bearbeitung eines spezifischen Problems der funktional differenzierten Gesellschaft: nämlich die kontinuierliche Beobachtung von Ereignissen für die Ausbildung gegenseitiger Umwelterwartungen.[12] Wie Luhmann festgestellt hat, ist das Verhältnis der Funktionssysteme untereinander in der modernen Gesellschaft ‚ungeregelt', d.h. es gibt keinen objektiven Beobach-

---

8 Vgl. Katja Mellmann: Kontext ‚Gesellschaft'. Literarische Kommunikation – Semantik – Strukturgeschichte. In: Journal of Literary Theory 8 (2014), S. 87–117, hier S. 105 f.
9 Vgl. Henning P. Jürgens/Thomas Weller (Hg.): Streitkultur und Öffentlichkeit im konfessionellen Zeitalter. Göttingen 2013 (Veröffentlichungen des Instituts für Europäische Geschichte Mainz 95).
10 Kohring: Öffentlichkeit (Anm. 4).
11 Dazu Jörg Requate: Die Entstehung eines journalistischen Arbeitsmarktes im Vormärz. Deutschland im Vergleich zu Frankreich. In: Rainer Rosenberg/Detlev Kopp (Hg.): Journalliteratur im Vormärz. Bielefeld 1996 (Forum Vormärz-Forschung 1), S. 107–130.
12 Vgl. Kohring: Öffentlichkeit (Anm. 4), S. 169 u. passim.

tungsstandpunkt, von dem aus die von je unterschiedlichen Diskurslogiken determinierten Perspektiven integriert oder hierarchisiert werden könnten; man kann immer nur die eine oder die andere Perspektive einnehmen. Trotzdem aber müssen die einzelnen Funktionssysteme Irritationen durch die Umwelt verarbeiten, d. h. spezifische Umwelterwartungen aufbauen, die eine strukturelle Kopplung mit anderen Systemen (nicht nur anderen gesellschaftlichen Teilsystemen, sondern z. B. auch mit psychischen Systemen, biotischen Systemen und nichtbelebter Umwelt) ermöglichen. Öffentliche Kommunikation nimmt hier sozusagen eine Katalysatorfunktion ein: Sie spezialisiert sich auf die Erkennung und Beschreibung potentiell *mehrsystemzugehöriger* Ereignisse und stellt sie mittels einer „vereinfachten Simulation anderer Systemperspektiven"[13] für Anschlusskommunikationen unterschiedlicher Sozialsysteme bereit. Auf diese Weise wird das Vermittlungsproblem der funktional differenzierten Gesellschaft freilich nicht gelöst, Öffentlichkeit wird vielmehr nur selbst zu einem hochspezialisierten Funktionssystem, das Ereignisse lediglich gemäß seinem eigenen Primärcode ‚± mehrsystemzugehörig' beobachten kann. Aber es entlastet die Umweltbeobachtung anderer Systeme im Hinblick auf Kontinuität und Universalität, indem es die Gewährleistung dieser ständigen und umfassenden Beobachtungsfunktion sozusagen arbeitsteilig übernimmt und in Form kontinuierlicher Kommunikation parat hält.

Öffentliche Kommunikation ist, wie Kohring ausdrücklich anmerkt, weder an technische Verbreitungsmedien der Massenkommunikation noch an eine ausdifferenzierte Leistungsrolle Journalismus gebunden, auch wenn für die historische Verselbständigung des Systems beides eine wichtige Rolle gespielt hat.[14] Der Zuwachs gerade an periodischen Verbreitungsmedien aber hat in den vergangenen Jahrhunderten schon in ganz unterschiedlichen Entwicklungen eine wichtige und jeweils andere Rolle gespielt. Schon um 1700 entstehen in hoher Anzahl gelehrte Fach- und Rezensionszeitschriften,[15] die das Ende der ‚Universalgelehr-

---

13 Kohring: Öffentlichkeit (Anm. 4), S. 174.
14 Kohring: Öffentlichkeit (Anm. 4), S. 169f., 172. – Entscheidend ist vielmehr das von Kohring identifizierte *Bezugsproblem* des Öffentlichkeitssystems. Zu Vereinswesen als einem Beispiel für andere Öffentlichkeitsformen s. Carsten Kretschmann: Popularisierung und bürgerliche Öffentlichkeit – das Beispiel Frankfurt am Main. In: Wolfgang Lukas/Ute Schneider (Hg.): Karl Gutzkow (1811–1878). Publizistik, Literatur und Buchmarkt zwischen Vormärz und Gründerzeit. Wiesbaden 2013 (Buchwissenschaftliche Beiträge aus dem Deutschen Bucharchiv München 84), S. 35–48.
15 Vgl. zum Folgenden Thomas Habel: Das Neueste aus der *Respublica Litteraria*. Zur Genese der deutschen ‚Gelehrten Blätter' im ausgehenden 17. und beginnenden 18. Jahrhundert. In: Volker Bauer/Holger Böning (Hg.): Die Entstehung des Zeitungswesens im 17. Jahrhundert. Ein neues Medium und seine Folgen für das Kommunikationssystem der Frühen Neuzeit. Bremen 2011

samkeit' und ‚Polyhistorie' einleiten und zur Verselbständigung des Wissenschaftssystems (inkl. der fortschreitenden Ausdifferenzierung in einzelne Wissenschaftsdisziplinen) beitragen. Die ‚schönen Wissenschaften' sind in dieser Entwicklung eher ein Nachzügler: Um 1700 etablieren sich zunächst spezielle Journale für Theologie und Jurisprudenz, ab den dreißiger Jahren treten dann Volkswirtschaft, Naturwissenschaft und Medizin hinzu, und erst in den vierziger/fünfziger Jahren des 18. Jahrhunderts spielen auch Philosophie[16] und Poetik[17] eine relevante Rolle. Außerdem entstehen sogenannte ‚Vermischte' Blätter mit abnehmendem Rezensionsteil, in denen nun weniger die Leistungssteigerung einzelner Wissensdomänen als die vereinfachende Breitenkommunikation im Vordergrund steht, also eben jene ‚interdiskursive' Funktion, die für die Verselbständigung eines eigenen Öffentlichkeitssystems später relevant werden sollte. Seit den 1710er Jahren erscheinen außerdem deutsche Moralische Wo-

---

(Presse und Geschichte 54), S. 303–340; Margot Lindemann: Deutsche Presse bis 1815. Geschichte der deutschen Presse – Teil I. Berlin 1969 (Abhandlungen und Materialien zur Publizistik 5); Ute Schneider: Die Funktion wissenschaftlicher Rezensionszeitschriften im Kommunikationsprozess der Gelehrten. In: Ulrich Johannes Schneider (Hg.): Kultur der Kommunikation. Die europäische Gelehrtenrepublik im Zeitalter von Leibniz und Lessing. Wiesbaden 2005 (Wolfenbütteler Forschungen 109), S. 279–291. – Der Prozess beginnt mit Rezensionszeitschriften nach dem Vorbild des *Journal des Sçavans* (Paris 1665ff.), etwa den *Philosophical Transactions* (London 1665ff.) oder dem *Giornale de' Letterati* (Rom 1668ff.). In Deutschland erscheinen die (lateinischsprachigen) *Acta Eruditorum* (Leipzig 1682ff.), Tentzels *Monatliche Unterredungen* (Thorn/Leipzig 1689–98) und weitere Blätter wie etwa *Monatlicher Auszug* (Hannover 1700–02), *Neue Bibliothek oder Nachricht und Urtheile von neuen Büchern* (Halle 1709–21), *Miscellanea Beroliniensia* (1710ff.), *Neuer Büchersaal der gelehrten Welt* (Jena 1710–17), *Deutsche Acta Eruditorum Oder Geschichte der Gelehrten* (Leipzig 1712–39), *Frankfurter Gelehrte Zeitung* (1736ff.) oder *Göttingische Zeitung von gelehrten Sachen* (1739ff.). Bereits Anfang des 18. Jahrhunderts wird eine zunehmende Unübersichtlichkeit beklagt und es entstehen spezielle Meta-Informationsblätter, die sozusagen Rezensionsorgane rezensieren; z.B. *Schediasma historicum de ephemeridibus sive diariis eruditorum* (Leipzig 1692), *Aufrichtige und Unpartheyische Gedancken* (Leipzig 1714–17), *Curieuse Nachricht Von denen Heute zu Tage grand mode gewordenen Journal-, Quartal- und Annual-Schrifften* (Leipzig/Jena 1715f.), *Gründliche Nachricht Von den Frantzösischen, Lateinischen und Deutschen Journalen* (Leipzig 1718–24), *Nöthiger Beytrag zu den Neuen Zeitungen von Gelehrten Sachen* (Leipzig 1734–43), *Vollständige Einleitung in die Monatsschriften der Deutschen* (Erlangen 1747–53) und *Hamburgisches Magazin* (1747–81).
16 Z.B. *Philosophischer Büchersaal* (Leipzig 1741–44), *Philosophische Untersuchungen und Nachrichten* (Leipzig 1744–46), *Göttingische Philosophische Bibliothek* (1749–57).
17 Z.B. Gottscheds *Neuer Büchersaal der schönen Wissenschaften und freyen Künste* (1745–50) und *Das Neueste aus der anmuthigen Gelehrsamkeit* (1751–62); *Critische Nachrichten aus dem Reiche der Gelehrsamkeit* (Berlin 1750–52, Ramler/Sucro/Sulzer).

chenschriften, und seit den Vierzigern erste Unterhaltungsblätter.[18] Der Begriff der ‚Unterhaltung' bewahrt in diesen frühen Ausformungen – zumindest konnotativ – noch die wörtliche Bedeutung des *Gesprächs* (das als Textmodell auch schon einen Teil der Gelehrtenblätter prägte[19] und z. B. in Gutzkows *Unterhaltungen am häuslichen Herd* noch nachklingt) und zielt auf ein „Vergnügen des Verstandes und Witzes" (wie es z. B. im Titel der sogenannten *Bremer Beyträge* heißt[20]), also auf ein nicht nur sinnliches Vergnügen, sondern auch auf angenehme ‚Belehrung' im Sinne sowohl von Information als auch Erkenntnis.

Diese grundsätzliche Spannung zwischen einerseits zunehmender Spezialisierung und andererseits Entspezialisierung in der Sach- und Sozialdimension[21] sorgt für eine durchgängige Dynamik in der weiteren Entwicklung, innerhalb derer sich jedes der immer zahlreicheren neu hinzutretenden Publikationsorgane erst situieren musste. Die Differenzierung eines eigenen Funktionssystems Öffentlichkeit im Sinne Kohrings bedeutet vor diesem Hintergrund die definitive operationale Trennung von Öffentlichkeit und Fachöffentlichkeit (Wissenschaft). Mit der zunehmenden Verselbständigung des Unterhaltungsfaktors als Marktprinzip tritt gegen Ende des 19. Jahrhunderts außerdem eine Trennung von Öffentlichkeit und Unterhaltungsbranche hinzu, d. h. von (‚unterhaltsamer') Interdiskursivität und kommerzialisierter Massenunterhaltung; eine Entwicklung,[22] die sich von der

---

18 Vgl. die Abteilungen „Periodische Sittenschriften" (S. 269–285) und „Unterhaltende und Belehrende Zeitschriften" (S. 285–350) in der Bibliographie von Joachim Kirchner: Die Zeitschriften des deutschen Sprachgebietes bis 1900. 4 Bde. Stuttgart 1969–89, Bd. 1: Von den Anfängen bis 1830.
19 Nämlich die Thomasius'sche Variante: Thomasius' *Monats-Gespräche* (1688–90) sind ein frühes (und kurzlebiges) Beispiel für entspezialisierend-unterhaltende Zeitschriftenkommunikation; vgl. Frank Grunert: Die Pragmatisierung der Gelehrsamkeit. Zum Gelehrsamkeitskonzept von Christian Thomasius und im Thomasianismus. In: Ulrich Johannes Schneider (Hg.): Kultur der Kommunikation. Die europäische Gelehrtenrepublik im Zeitalter von Leibniz und Lessing. Wiesbaden 2005 (Wolfenbütteler Forschungen 109), S. 131–153, bes. S. 143–145. Sie markieren den Übergangsbereich zwischen Rezensionsschrifttum und frühneuzeitlicher Kompilations- und Konversationsliteratur; dazu Wilhelm Kühlmann: Polyhistorie jenseits der Systeme. Zur funktionellen Pragmatik und publizistischen Typologie frühneuzeitlicher ‚Buntschriftstellerei'. In: Flemming Schock (Hg.): Polyhistorismus und Buntschriftstellerei. Populäre Wissensformen und Wissenskultur in der Frühen Neuzeit. Berlin/Boston 2012 (Frühe Neuzeit 169), S. 21–42.
20 Nach dem Titelblatt des ersten Bandes, 1. Stück, 1744.
21 Siehe auch Kohring: Öffentlichkeit (Anm. 4), S. 176 f., zum Verhältnis „von zeitlicher (Schnelligkeit), sachlicher (Hintergrundwissen) und sozialer (Publikumsspezifizierung) Dimension" in der modernen Journalistik.
22 Siehe dazu Günter Butzer: Von der Popularisierung zum Pop. Literarische Massenkommunikation in der zweiten Hälfte des 19. Jahrhunderts. In: Gereon Blaseio/Hedwig Pompe/Jens Ruchatz (Hg.): Popularisierung und Popularität. Köln 2005, S. 115–135.

Leipziger *Zeitung für die elegante Welt* (1801–59) und Cottas *Morgenblatt für gebildete Stände* (1807–65) und ihren Nachahmern[23] über *Die Gartenlaube* (1853 ff.) und andere Familienblätter bis in die moderne ‚Kulturindustrie' erstreckt – freilich nicht als linearer Prozess (die *Gartenlaube* steht nicht ‚in der Tradition' des *Morgenblatts*), sondern als mehrfache Selektionen und Reorganisationen auf dem Buch- und Pressemarkt als Teil des Wirtschaftssystems.

Überdies kommt es zu Binnendifferenzierungen des Öffentlichkeitssystems. Ab Mitte der siebziger Jahre wird das einst dominante Medium des Familienblatts – Symbol einer durch und durch integrativ konzipierten Öffentlichkeit – von der anspruchsvolleren Kulturzeitschrift[24] abgelöst. Das Familienblatt rutscht ab zum „Volksblatt" im Sinne eines nun verengten Volksbegriffs, während die Kulturzeitschrift für eine kleinere neue, proto-wissensgesellschaftliche Öffentlichkeit zum Leitmedium wird. Als in Konkurrenz zu Julius Rodenbergs *Deutscher Rundschau* (1874 ff.) Paul Lindau 1877 die Zeitschrift *Nord und Süd* gründet, wird allerdings klar, dass der Anspruch, ein nationales ‚Zentralorgan' zu instituieren, nicht mehr zeitgemäß ist; und spätestens als sich die *Freie Bühne* 1893 in *Neue Deutsche Rundschau* umbenennt, wird der Konkurrenzkampf der Kulturzeitschriften auch zu einem Kulturkampf. Der Ausdifferenzierungsprozess setzt sich fort durch die immer weitere, nicht zuletzt auch ökonomisch motivierte Differenzierung einzelner Publikumssegmente (nach Bildung, Weltanschauung, Alter,[25] Geschlecht, Interessen ...). Schon im frühen 20. Jahrhundert basiert das Sozialsystem Öffentlichkeit auf einem durch und durch gewandelten Medienapparat, in dem man den des mittleren 19. Jahrhunderts kaum mehr wiedererkennt.[26]

---

23 Zu Nachahmern der *Zeitung für die elegante Welt* s. den Beitrag von Anna Ananieva und Rolf Haaser im vorliegenden Band; zu Nachahmern des *Morgenblatts* s. die Rubrik „Belletristische Journale" bei Sibylle Obenaus: Literarische und politische Zeitschriften 1830–1848. Stuttgart 1986 (Sammlung Metzler 225), S. 7–11.
24 Dazu Gustav Frank/Madleen Podewski/Stefan Scherer: Kultur – Zeit – Schrift. Literatur- und Kulturzeitschriften als ‚kleine Archive'. In: Internationales Archiv für Sozialgeschichte der deutschen Literatur 34 (2009), H. 2, S. 1–45.
25 Vgl. Gisela Wilkending: Die Kommerzialisierung der Jugendliteratur und die Jugendschriftenbewegung um 1900. In: Kaspar Maase/Wolfgang Kaschuba (Hg.): Schund und Schönheit. Populäre Kultur um 1900. Köln/Weimar/Wien 2001 (Alltag & Kultur 8), S. 218–251.
26 Für eine Beschreibung dieses veränderten, nun sehr viel komplexeren Öffentlichkeitssystems (insbesondere im Hinblick auf das hier nicht eingehender behandelte Nachrichtenwesen) s. die Konzeptualisierungsvorschläge von Jörg Requate: Öffentlichkeit und Medien als Gegenstände historischer Analyse. In: Geschichte und Gesellschaft 25 (1999), S. 5–32.

II Literarische Öffentlichkeit

Kann Öffentlichkeit überhaupt literarisch sein? Die allmähliche Formierung eines gesamtgesellschaftlichen Öffentlichkeitssystems durch die Zunahme institutionalisierter Kommunikationsstrukturen wird aus der Retroperspektive vornehmlich als ‚politischer' Prozess aufgefasst,[27] auch wenn der Begriff im heutigen Sinne für frühere Zeiten nicht unbedingt adäquat ist. Aber im Laufe der Entwicklung von der ‚bürgerlichen' Öffentlichkeit im Vorfeld der Französischen Revolution bis in die Zeit zwischen Juli- und Märzrevolution ist ein Prozess der Verselbständigung politischer Kommunikation zu beobachten, der diesen modernen Begriff von Politik hervorbringt und sich um die Jahrhundertmitte schließlich in einem Nebeneinander von einerseits politischen Parteiblättern und andererseits ‚historisch-politischen', d.h. noch in der allgemeineren Tradition der Gelehrsamkeit stehenden Journalen bemerkbar macht. Das dominante Modell dieser gelehrt-‚historischen' Zeitschriften ist das der ‚Revue', wie es insbesondere durch die Pariser *Revue des deux mondes* (1829ff.) geprägt worden ist, einem

> Journal des Voyages,
> des Sciences, de l'Histoire, des Mœurs, etc.,
> chez les différens [sic] Peuples du Globe;
> Par une Société de Savans [sic],
> de Voyageurs et de Littérateurs français et étrangers.[28]

Hier wird noch ganz explizit an die humanistische Tradition der ‚Gelehrten' (savants) angeknüpft, also der ‚Litterati', die hinter den ‚Literaten' (littérateurs) potentiell noch mitzudenken sind. Ganz in diesem Sinne bezeichnet sich z.B. die ab 1835 in Deutschland erscheinende Zeitschrift *Europa* als „Chronik der gebildeten Welt. In Verbindung mit mehren [sic] Gelehrten und Künstlern herausgeben von August Lewald."[29] Der Bezug auf die ‚Reisenden' (voyageurs) in der *Revue des deux mondes* verweist wie der Titel („deux mondes") auf den Anspruch

---

[27] Die ‚politische' Dimension schon der Gelehrtenöffentlichkeit betonen Martin Gierl: Res publica litteraria – Kommunikation, Institution, Information, Organisation und Takt. In: Klaus-Dieter Herbst/Stefan Kratochwil (Hg.): Kommunikation in der Frühen Neuzeit. Frankfurt a.M. u.a. 2009, S. 241–252, Wilhelm Kühlmann: Gelehrtenrepublik und Fürstenstaat. Entwicklung und Kritik des deutschen Späthumanismus in der Literatur des Barockzeitalters. Tübingen 1982 (Studien und Texte zur Sozialgeschichte der Literatur 3), S. 319ff., und Gunter E. Grimm: Literatur und Gelehrtentum in Deutschland. Untersuchungen zum Wandel ihres Verhältnisses vom Humanismus bis zur Frühaufklärung. Tübingen 1983 (Studien zur deutschen Literatur 75), S. 314ff.
[28] Nach dem Titelblatt der Ausgabe: II. Serie, III. Bd., Juli 1830.
[29] Nach dem Titelblatt des ersten Bandes von 1835.

einer international-universalistischen Perspektive („chez les differens peuples du globe"). Ein vergleichbarer Gedanke liegt Titeln wie *Die Grenzboten. Blätter für Deutschland und Belgien*,[30] *Über Land und Meer, Berlin und Wien*[31] oder *Nord und Süd* zugrunde. Mir kommt es im Folgenden vor allem auf das quasi ‚polyhistorische' Themenspektrum an – „Journal des voyages, des sciences, de l'histoire, des mœurs, etc." –, denn darin werden die Kompetenzbereiche der ‚Litterati' nun explizit gemacht (unter denen die littérature der „littérateurs" bemerkenswerterweise gar nicht eigens auftaucht).

Ähnliche Vielspänner finden sich auch in den deutschen historisch-politischen Journalen und ihren nachmärzlichen Nachfolgern. So nennen sich z. B. *Die Grenzboten* später „Eine deutsche Revue für Politik, Literatur und öffentliches Leben"[32] und bringen, wie vor ihnen schon Carl Biedermanns *Deutsche Monatshefte für Litteratur und öffentliches Leben*,[33] dabei außerdem den Konnex von gelehrter Publizistik und Öffentlichkeit zum Ausdruck. Dieser Begriff von ‚öffentlichem Leben' wird über die politische Zäsur von 1848 hinweg bewahrt und taucht etwa in Robert Prutz' *Deutschem Museum*, einer „Zeitschrift für Literatur, Kunst und öffentliches Leben",[34] wieder auf. Politik fehlt hier nun (was man als Symptom der erwähnten Verselbständigung des Politiksystems verstehen mag), aber wie vor allem Peter Uwe Hohendahl aufgewiesen hat, begreift sich die nachmärzliche Literaturkritik noch immer als eminent politisch im Sinne eines gesellschaftlichen Auftrags zur Konstituierung einer liberalen Öffentlichkeit und nationalen Kultur.[35] Auch in Westermanns *Illustrirten Deutschen Monatsheften* wird mit der Bezeichnung „Familienbuch für das gesammte geistige Leben der Gegenwart"[36] ein universalistisches Themenspektrum aufgespannt; und dieser Anspruch hält sich bis über die Reichsgründung hinaus, wenn etwa *Im neuen Reich* sich als „Wochenschrift für das Leben des deutschen Volkes in Staat, Wissenschaft und Kunst"[37] bezeichnet, Paul Lindaus *Die Gegenwart* als „Wochen-

---

30 Nach dem Titelblatt des ersten Jahrgangs von 1841; s. a. Kurandas Charakterisierung Brüssels als Nachrichtenmetropole im Geleitwort zur ersten Ausgabe.
31 So der ursprünglich vorgesehene (‚großdeutsche') Titel für Rodenbergs *Rundschau*; vgl. Wilmont Haacke: Julius Rodenberg und die Deutsche Rundschau. Eine Studie zur Publizistik des deutschen Liberalismus (1870–1918). Heidelberg 1950 (Beiträge zur Publizistik 2), S. 35.
32 Nach dem Titelblatt des dritten Jahrgangs, I. Semester, 1844.
33 Nach dem Titelblatt des ersten Bandes, Januar–Juni 1842.
34 Nach dem Titelblatt des ersten Jahrgangs, Bd. 1, Januar–Juni 1851.
35 Peter Uwe Hohendahl: Literarische Kultur im Zeitalter des Liberalismus 1830–1870. München 1985, S. 133–158.
36 Nach dem Titelblatt des ersten Bandes, Oktober 1856–März 1857.
37 Nach dem Titelblatt des ersten Jahrgangs, Bd. 1, Januar–Juni 1871.

schrift für Literatur, Kunst und öffentliches Leben"[38] oder die *Deutsche Revue* als Zeitschrift „über das gesammte nationale Leben der Gegenwart".[39] Der in der zweiten Jahrhunderthälfte außerdem vermehrt verwendete Begriff der „Gegenwart" zeigt den vollzogenen Wandel vom ‚polyhistorischen' Modell zu einem neuzeitlichen Geschichtsverständnis: Die ‚historischen' Blätter begreifen das, was sie selbst tun, nicht als gelehrsame Ansammlung von Einzelberichten über dieses und jenes Interessante in der Welt, sondern als Korrespondentendienst an der augenzeugenschaftlichen Beobachtung eines singulativ verstandenen[40] Geschichtsprozesses ‚der Menschheit'.[41]

„Literatur" als ein Teilbereich dieser öffentlichen Beobachtungskultur wird durch die langspännigen Aufzählungen einerseits von anderen Formen gesellschaftlicher Kommunikation unterschieden, andererseits – indem sie z.B. bei Prutz und Lindau neben „Kunst" eigens benannt wird – auch nicht gleich als rein ästhetische Kommunikation den anderen Künsten angeschlossen. Damit wird potentiell ein Literaturbegriff aktualisiert, der nach Klaus Weimars Rekonstruktion um diese Zeit eigentlich schon der Vergangenheit angehören müsste,[42] nämlich der universalistische Begriff der Historia Litteraria, d.h.: der gesamten schriftlichen Überlieferung, des Gelehrtenschrifttums – in welchem die Belles Lettres als die ‚schönen Wissenschaften' zwar enthalten sind, aber keineswegs den Kern des Begriffs ‚Literatur' ausmachen.[43] Rainer Rosenberg vermutet, dass die Bezeichnung „Literatur" sich eben wegen dieser universalistischen Restbedeu-

---

38 Nach dem Titelblatt des ersten Bandes von 1872.
39 Nach dem Titelblatt des ersten Jahrgangs, April–September 1877.
40 Vgl. Reinhart Koselleck u.a.: Geschichte, Historie. In: Otto Brunner/Werner Conze/R. K. (Hg.): Geschichtliche Grundbegriffe. Historisches Lexikon zur politisch-sozialen Sprache in Deutschland, Bd. 2. Stuttgart 1975, S. 593–717, hier S. 647–717.
41 Auf die Ausbildung des Gegenwartsbegriffs im Rahmen des neuzeitlichen Geschichtsmodells hat besonders Oesterle: Der ‚Führungswechsel der Zeithorizonte' (Anm. 6), hingewiesen. Aus diesem Konzept beziehen auch die beliebten publizistischen Formen der Reiseschilderungen, ‚Skizzen' und ‚Briefe' ihre besondere Plausibilität als unmittelbare, nahezu synchrone Gegenwartsbeobachtungen; vgl. Oesterle: Der ‚Führungswechsel der Zeithorizonte' (Anm. 6), S. 30–37; ferner Günter: Im Vorhof (Anm. 3), S. 137 ff., und Haacke: Julius Rodenberg (Anm. 31), S. 32.
42 Klaus Weimar: Literatur, Literaturgeschichte, Literaturwissenschaft. In: Christian Wagenknecht (Hg.): Zur Terminologie der Literaturwissenschaft. Stuttgart 1989 (Germanistisches Symposion der Deutschen Forschungsgemeinschaft 9), S. 9–23, hier S. 16–18; Klaus Weimar: Literatur. In: Harald Fricke u.a. (Hg.): Reallexikon der deutschen Literaturwissenschaft, Bd. 2. Berlin/New York 2000, S. 443–448, hier S. 445; s.a. Anm. 44.
43 Dazu Klaus Weimar: Geschichte der deutschen Literaturwissenschaft bis zum Ende des 19. Jahrhunderts. München 1989, S. 107–147; Jürgen Fohrmann: Das Projekt der deutschen Literaturgeschichte. Entstehung und Scheitern einer nationalen Poesiegeschichtsschreibung zwischen Humanismus und Deutschem Kaiserreich. Stuttgart 1989, S. 3–19.

tung als jungdeutscher Alternativ- und Kampfbegriff gegen die romantische „Poesie" eignete und sich seine enorme Durchsetzungskraft im Laufe des Jahrhunderts eben daraus erklärt.[44] Der Einsatz des Begriffs speziell in der periodischen Presse ist noch grundlegender motiviert, ist ihre Geschichte doch praktisch identisch mit der neueren Litterärgeschichte, ja bezieht aus deren angestammtem Universalismus ihre besondere interdiskursive Kompetenz für ‚mehrsystemisch' relevante Beobachtungen, durch die sie sich als Medium einer neuen ‚Öffentlichkeit' gerade stabilisiert. Der Eindruck eines noch nicht vollständig kunstzentrierten Literaturbegriffs im mittleren 19. Jahrhundert bestätigt sich auch mit Blick auf zeitgenössische Literaturgeschichten, die – anders als Georg Gervinus, der ausdrücklich die *Geschichte der poetischen National-Literatur der Deutschen* (1835–42) geschrieben hat – auch nichtpoetische Literatur in ihre Darstellung aufnahmen,[45] wie etwa Wolfgang Menzels *Die deutsche Literatur*, Julian Schmidts *Geschichte der deutschen Literatur im neunzehnten Jahrhundert* oder Rudolph Gottschalls *Die deutsche Nationalliteratur in der ersten Hälfte des neunzehnten Jahrhunderts*. So handelte Menzel 1836 noch alle „Literaturfächer" ab, nämlich „gleichgewichtig Religion, Philosophie, Pädagogik, Geschichte, politische und Naturwissenschaften sowie ‚schöne Literatur' und Kritik";[46] bei Schmidt finden sich Kapitel zu Philosophie, Geschichte und Politik[47] und bei Gottschall im Kapitel „Literatur, Wissenschaft und Leben" ausführliche Abschnitte zu Geschichtsschreibung, Politik und Naturwissenschaften.[48] Wenn dieser alte Literaturbegriff

---

44 Vgl. Rainer Rosenberg: Literarisch/Literatur. In: Karlheinz Barck u. a. (Hg.): Ästhetische Grundbegriffe. Historisches Wörterbuch in sieben Bänden, Bd. 3. Stuttgart/Weimar 2001, S. 665–693, hier S. 676 f. – Die Inkongruenz mit Weimars Rekonstruktion (vgl. Anm. 42 u. 43) liegt daran, dass letztere hauptsächlich auf Studien zum philologischen Diskurs beruht, der möglicherweise nicht repräsentativ ist, und dass Weimar ‚Poesie' und ‚Literatur' als gemeinsames Begriffsfeld behandelt, während Rosenbergs (und meine) Aufmerksamkeit auf der historischen Divergenz der beiden Begriffe liegt. Außerdem scheint mir in Weimars Belegen für den attributlosen Literaturbegriff (also „Literatur" ohne „schöne" u. Ä.) der disambiguierende Kontext der Textstellen nicht immer ausreichend berücksichtigt.
45 Vgl. schon Hohendahl: Literarische Kultur (Anm. 35), S. 224; Fohrmann: Das Projekt (Anm. 43), S. 125 f.; Rosenberg: Verhandlungen (Anm. 6), S. 7.
46 Rosenberg: Literarisch/Literatur (Anm. 43), 677. Vgl. auch Weimar: Geschichte (Anm. 43), S. 320, der gemäß seiner Annahme eines um 1830 weitgehend abgeschlossenen Begriffswandels Menzel freilich als Irregularität behandelt.
47 Julian Schmidt: Geschichte der deutschen Literatur im neunzehnten Jahrhundert. 2., durchaus umgearb., um einen Band verm. Aufl. 3 Bde. London/Leipzig/Paris 1855, Bd. 3, S. 380–449 („Der philosophische Radicalismus") und S. 450–516 („Geschichte und Politik").
48 Rudolph Gottschall: Die deutsche Nationalliteratur in der ersten Hälfte des neunzehnten Jahrhunderts. Literarhistorisch und kritisch dargestellt. 2., verm. und verb. Aufl. 3 Bde. Breslau 1861, Bd. 2, S. 294–325 („Geschichtsschreibung und Politik") und S. 326–360 („Die Natur-

auch in der Regel nicht mehr nach humanistischer Manier latinisiert wird, so wirkt doch in der Selbstauffassung der Autoren als ‚Literaturhistoriker und -kritiker'[49] noch der Habitus[50] des Litteratus nach: des Universalgelehrten, der aufgrund seiner breiten Kenntnis der Geistesarbeit früherer Epochen und anderer Kulturen über ein hervorgehobenes Urteilsvermögen verfügt. Und so verstehen sich denn auch die Literaturkritiker in den Zeitschriften (zu denen Menzel, Schmidt und Gottschall ja zentral gehören) nicht als bloße Kunstrichter, die die neueste ästhetische Produktion nach den Regeln des Schönen beurteilen und bewerten, sondern zudem (emphatisch) als Kulturvermittler, als Aufklärer, als Intellektuelle[51] und Volkserzieher.[52] Und die Erziehung zielt auf mehr als nur Persönlichkeitsentwicklung im Sinne eines goethezeitlichen Bildungsideals, sie bezweckt vor allem auch: politische Aufklärung, die Ausbildung historischen Bewusstseins und die Vermittlung eines wissenschaftlich fundierten Weltbildes.

Die kunstrichterliche Funktion schlägt erst im Rahmen eines spätrealistischen Kanonisierungsprojekts wieder stärker zu Buche, wie es vor allem durch Julius Rodenbergs *Deutsche Rundschau* (1874 ff.) vertreten wird.[53] Rodenberg wollte zunächst nur ein neues Unterhaltungsblatt nach dem Modell des *Salon* gründen; der anfangs als Mitherausgeber vorgesehene Berthold Auerbach überredete ihn je-

---

wissenschaften und der Materialismus"); s. außerdem das Kapitel „Die moderne Philosophie" auf S. 118–223 im selben Band.

49 Vgl. die Titelformulierung bei Gottschall: Nationalliteratur (Anm. 48). Der Kritikbegriff entspricht hier noch dem der gelehrten Beurteilungskompetenz, die sich als selbständige Tradition herausgebildet und noch lange neben Ästhetik und (akademischer) Literaturgeschichtsschreibung erhalten hat; vgl. Herbert Jaumann: Critica. Untersuchungen zur Geschichte der Literaturkritik zwischen Quintilian und Thomasius. Leiden/New York/Köln 1995 (Brill's Studies in Intellectual History 62).

50 Vgl. Weimar: Literatur, Literaturgeschichte, Literaturwissenschaft (Anm. 42), S. 10. Zur weiteren Entwicklung dieses Habitus speziell im Kontext der periodischen Presse s. Hedwig Pompe: Zeitung/Kommunikation. Zur Rekonfiguration von Wissen. In: Jürgen Fohrmann (Hg.): Gelehrte Kommunikation. Wissenschaft und Medium zwischen dem 16. und 20. Jahrhundert. Wien/Köln/Weimar 2005, S. 155–321, hier S. 276–321.

51 Jürgen Fohrmann: Die Erfindung des Intellektuellen. In: Jürgen Fohrmann/Helmut J. Schneider (Hg.): 1848 und das Versprechen der Moderne. Würzburg 2003, S. 113–127.

52 Zu dem hier implizierten Volksbegriff s. den Beitrag von Jesko Reiling im vorliegenden Band.

53 Vgl. Günter Butzer/Manuela Günter/Renate von Heydebrand: Strategien zur Kanonisierung des ‚Realismus' am Beispiel der *Deutschen Rundschau*. Zum Problem der Integration österreichischer und schweizerischer Autoren in die deutsche Nationalliteratur. In: Internationales Archiv für Sozialgeschichte der deutschen Literatur 24 (1999), H. 1, S. 55–81; Günter Butzer/Manuela Günter/Renate von Heydebrand: Von der ‚trilateralen' Literatur zum ‚unilateralen' Kanon. Der Beitrag der Zeitschriften zur Homogenisierung des ‚deutschen Realismus'. In: Michael Böhler/Hans Otto Horch (Hg.): Kulturtopographie deutschsprachiger Literaturen. Perspektivierungen im Spannungsfeld von Integration und Differenz. Tübingen 2002, S. 71–86.

doch, den Plan zu „einer jener Zeitschriften im großen Stil der Engländer und Franzosen, in welchen mit den Schriftstellern ersten Ranges sich die repräsentativen Männer der Wissenschaft zu gemeinsamer Arbeit" vereinigen, zu fassen,[54] d. h. eine zweite Runde in der Adaption des (inzwischen weiterentwickelten) internationalen Revue-Modells zu starten. Gustav Frank, Madleen Podewski und Stefan Scherer betonen gleichwohl auch für diesen neuen, auf Literatur und Kultur spezialisierten Rundschautypus die eminent interdiskursive und entspezialisierende Funktion, die ihn noch immer als Teil des oben beschriebenen Funktionssystems Öffentlichkeit ausweist, auch wenn dies nun mit der Entwicklung neuer, eher essayistischer Schreibweisen verbunden war, die sich von den im historisch-politischen Journal und im Familienblatt präferierten Schreibweisen merklich unterschieden.[55]

Auf literarischem Gebiet förderte Rodenberg mit Autoren wie Keller und Storm eine bestimmte Sorte von Verklärungstechniken, wie wir sie heute mit dem Begriff des Poetischen Realismus assoziieren. Sie lassen sich zusammenfassend beschreiben als Formen höherstufiger Codierung: Die typischen Mittel wie Leitmotivik, Dingsymbolik, Bildbeschreibungen und Klassikerallusionen verweisen auf ein Allgemeineres, das sich nicht mehr recht namhaft machen lässt.[56] Am bestimmtesten ist noch der Bezug auf das ‚Allgemeinmenschliche', der zumindest bei Keller und Heyse recht ausgeprägt ist; aber beispielsweise in Wilhelmine von Hillerns Dorfgeschichte *Die Geier-Wally*, die im vierten und fünften Heft der *Deutschen Rundschau* erschien, wird mit dem Zentralkonzept des ‚Gewaltigen' auf einen weiter gefassten, ja transzendenten Zusammenhang verwiesen, der sich nicht mehr ohne Weiteres begrifflich auflösen lässt. In den fünfziger und sechziger

---

54 So lt. Rodenbergs eigenem Bericht, zit. nach: Haacke: Julius Rodenberg (Anm. 31), S. 26 f.
55 Vgl. Frank/Podewski/Scherer: Kultur – Zeit – Schrift (Anm. 24), S. 27–41; s. a. Madleen Podewski: Medienspezifika zwischen Vormärz und Realismus. Gutzkows *Unterhaltungen am häuslichen Herd*. In: Wolfgang Lukas/Ute Schneider (Hg.): Karl Gutzkow (1811–1878). Publizistik, Literatur und Buchmarkt zwischen Vormärz und Gründerzeit. Wiesbaden 2013 (Buchwissenschaftliche Beiträge aus dem Deutschen Bucharchiv München 84), S. 69–86, und den Beitrag von Stefan Scherer/Gustav Frank im vorliegenden Band.
56 Moritz Baßler versucht dem Problem „des fehlenden Metacodes" neuerdings eine besondere Dramatik abzugewinnen, indem er zwischen diegetischer Darstellungs- und symbolischer Bedeutungsebene einen unauflöslichen Konflikt veranschlagt, der sich aus der Unvereinbarkeit von ‚metonymischem' Kontiguitäts- und ‚metaphorischem' Similaritätsprinzip ergebe (Moritz Baßler: Zeichen auf der Kippe. In: M. B. [Hg.]: Entsagung und Routines. Aporien des Spätrealismus und Verfahren der frühen Moderne. Berlin/Boston 2013 [Linguae & Litterae 23], S. 3–21, hier S. 8 f.). Freilich *können* zwischen pragmatischem und idealem Nexus, wie ich lieber sagen würde, bisweilen Konflikte auftreten, eine tiefere dem zugrundeliegende Gesetzmäßigkeit, die zwingend zu einem solchen Konflikt führen müsste, erkenne ich allerdings nicht. Die angebliche Unmöglichkeit der „*clôture*" (ebd., S. 9) scheint mir ein semiologisches Artefakt zu sein.

Jahren war eine andere Verklärungsstrategie dominanter, die äußerlich zwar in derselben Verklärungstheorie des ‚Hindurchscheinens der Idee' aufgefangen war, sich der Substanz nach aber besser als Tendenzhaftigkeit beschreiben ließe.[57]

III Tendenz

„Tendenz" ist zunächst ein pejorativer Begriff aus der Ablehnung vormärzlicher Platituden und ‚Romantizismen', und die negative Wertung des ‚(zu) Tendenziösen' blieb als Konstante erhalten (auch wenn die Ansichten über das jeweils tolerable Maß freilich differierten). Daneben aber lässt sich ausgehend vom Programmatischen Realismus auch eine partielle Positivierung des Konzeptes feststellen. So bezieht sich z. B. Adolf Stahr in seiner Rezension von Freytags *Soll und Haben* auf den horazischen Topos, die Literatur wolle sowohl nützen als auch erfreuen, und schreibt Freytags Roman in diesem Sinne einen eigentümlichen „Nutzen"[58] zu: Es handle sich dabei freilich nicht mehr um die „[d]idaktische Tendenz" und die „überwiegend praktische[n] Tendenzzwecke" der „deutsche[n] Hausväterlichkeit" im Prosaroman des 18. Jahrhunderts,[59] sondern um einen neuen Typus infolge einer jüngeren Entwicklung:

> Seit der Juli-Revolution zeigte sich mehr und mehr eine Tendenz in der Roman-Literatur, die wir in Ermangelung eines besseren Ausdrucks die *realistisch-demokratische* nennen wollen. Ihr Gegenstand waren das Leben, die Sitte, die socialen Kämpfe, die Charakter-Entwicklung, mit einem Worte *die Arbeit* der neuen Zeit ohne Ausschluß irgendeiner Sphäre des menschlichen Daseins. Der moderne Roman ist wesentlich *inclusiv*, man gestatte das Wort als Gegenstand von *exclusiv*, und diese Eigenthümlichkeit ist für seine Haltung, seine Tendenz und seine Form charakteristisch. Aber diese Eigenschaft geht nicht so weit, sich bis zu jener Universalität hinaufschwindeln zu wollen, die uns die ganze Fülle und den vollen Umfang der Dinge in dem berühmten Roman des Nebeneinander zu geben sich vermißt.[60]

---

[57] Die Übergänge zwischen beiden Typen sind fließend. Fontane z. B. nimmt eine Mittelposition ein. Er adaptiert zwar die von Rodenberg bevorzugte Linie, gibt den tendenztragenden Gesellschaftsbezügen aber weit mehr Raum als die meisten seiner *Rundschau*-Kollegen. – Eine problematisierende Untersuchung von *Irrungen Wirrungen* unter dem Verklärungsaspekt unternimmt Alexander Löck: „Auge und Liebe gehören immer zusammen". Fontanes Begriff der „Verklärung". In: Fontane-Blätter 2008, H. 85, S. 84 – 102.
[58] Adolf Stahr: Gustav Freytag's *Soll und Haben*. In: Kölnische Zeitung, 11. Juni 1855 (Nr. 160), S. 1 – 3, hier S. 1.
[59] Stahr: Gustav Freytag's *Soll und Haben* (Anm. 58), S. 1 f.
[60] Stahr: Gustav Freytag's *Soll und Haben* (Anm. 58), S. 2 (Herv. im Orig.).

Die Tendenzhaftigkeit der schönen Literatur legitimiert sich also aus der neuen Hinwendung der Kunst zum Leben, aus der sich ein moralischer Auftrag in Bezug auf dieses Leben ableitet. Gefragt ist insbesondere eine Positionierung innerhalb der zeitgenössischen „socialen Kämpfe". Die damals omnipräsente Rede von den ‚Kämpfen unserer Zeit' und dem ‚Ringen unserer Zeit' ist in vordarwinischer Zeit wohl vor allem durch das Pariser *Journal des débats* (1789 ff.) geprägt, das seit 1814 unter dem Titel *Journal des débats politiques et littéraires* erscheint. Es geht also um die politischen Auseinandersetzungen der Revolutionsära ebenso wie um die ‚litterarischen', d. h. wissenschaftlich-gelehrten Auseinandersetzungen bezüglich jeder „Sphäre des menschlichen Daseins". Diese Universalität wird ausdrücklich unterschieden von Totalität: Stahr erweist sich hier mit seiner Ablehnung des Gutzkow'schen ‚Roman des Nebeneinander' als braver Parteigänger der *Grenzboten*. Die richtige Art, Universalität in der Kunst „inclusiv" zur Anschauung zu bringen, beschreibt er ganz nach dem Modell der zeitgenössischen Verklärungstheorien, wie sie durch Moriz Carriere und andere ausgearbeitet worden sind:[61] „Der wahre Dichter" nämlich wisse „sehr wohl, daß er sich mit einem Abschnitte [...] begnügen muß, wenn er wahrhaft erschöpfen und vollenden will", und diese „Selbstbeschränkung" gehöre auch zu den „löblichen" Eigenschaften von Freytags Roman, dem Stahr „lichtvolle Klarheit und Einfachheit der Composition" attestiert,[62] also eben jene Kunst, durch schlüssige Komposition im ‚Einzelnen', ‚Zufälligen', ‚Besonderen' das ‚Gesetzmäßige', ‚Notwendige', ‚Allgemeine' sichtbar zu machen, wie es die Verklärungstheorie vorschreibt. ‚Verklärung' meint nicht notwendig Verschönerung oder Idealisierung im modernen Sinne, sondern zunächst nur ein *Transparentmachen* der Wirklichkeit in der Kunst (der „Krystallgestalt des Lebens",[63] wie Carriere es ausdrückte). Doch Stahr lobt an Freytags

---

61 Vgl. etwa die Auszüge in Max Bucher u. a. (Hg.): Realismus und Gründerzeit. Manifeste und Dokumente zur deutschen Literatur 1848–1880. 2 Bde. Stuttgart 1975/76, Bd. 2, S. 127–138, sowie die Darstellungen durch Georg Jäger: Die Gründerzeit. In: Max Bucher u. a. (Hg.): Realismus und Gründerzeit. Manifeste und Dokumente zur deutschen Literatur 1848–1880. 2 Bde. Stuttgart 1975/76, Bd. 1, S. 96–159, 275–291, hier S. 115–120, Max Bucher: Voraussetzungen der realistischen Literaturkritik. In: M. B. u. a. (Hg.): Realismus und Gründerzeit. Manifeste und Dokumente zur deutschen Literatur 1848–1880. 2 Bde. Stuttgart 1975/76, Bd. 1, S. 32–47, 266–268, hier S. 13–21, 44–47, und Gerhard Plumpe: Einleitung. In: Edward McInnes/G. P. (Hg.): Bürgerlicher Realismus und Gründerzeit 1848–1890. München/Wien 1996 (Hansers Sozialgeschichte der deutschen Literatur vom 16. Jahrhundert bis zur Gegenwart 6), S. 17–83, hier S. 50–57.
62 Stahr: Gustav Freytag's *Soll und Haben* (Anm. 58), S. 2.
63 Moriz Carriere: Ästhetik. Die Idee des Schönen und ihre Verwirklichung durch Natur, Geist und Kunst. 2 Tle. Leipzig 1859, hier zit. nach dem Auszug in: Bucher u. a. (Hg.): Realismus und Gründerzeit (Anm. 61), Bd. 2, S. 131.

Roman gerade auch die „sittlichen Grundsätze, die als Lebensblut des Ganzen pulsiren" – und die ihm umso glaubwürdiger erscheinen, als in dem Roman „Alles auf sorgfältigen Detail-Studien in der Wirklichkeit" beruhe und zeige, dass der Dichter von allem, was er schildert, „eine umfassende, im Leben selbst gewonnene Kenntniß poetisch zu verwerthen und gestaltend zu bethätigen" imstande war.[64] Dieser sittliche Optimismus bei gleichzeitiger sicherer Verankerung in der Wirklichkeit stiftet die positive Tendenzhaftigkeit des Romans. Das ‚Ideale' (als Gegenbegriff zum Faktisch-Realen; das Ideelle), das durch die dargestellte Wirklichkeit gleichsam hindurchscheinen soll, wird hier also zum Idealen auch im heutigen Wortsinne, d. h. zum dichterisch antizipierten besseren Gesellschaftszustand, dessen Evokation nach zeitgenössischer Programmatik[65] zu den wichtigsten Aufgaben des Künstlers zählt und den spezifischen erzieherischen „Nutzen" realistischer Literatur ausmacht.

Nicht alle Tendenzliteratur macht sich deshalb gleich der „Schönfärberei" schuldig, wie Gerhard Plumpe dies in einer starken Kompensationsthese vertreten hat,[66] aber natürlich gibt es – von Freytag oder Marlitt über Auerbach, Heyse und Spielhagen zu Keller und Fontane – individuelle Abstufungen. Stahr repetiert in seiner Rezension (teilweise bis in die Diktion hinein) die *Grenzboten*-Programmatik, ist insofern also eher ein Sonderfall. Aber er macht gerade durch diese Extremposition eine mögliche Verbindungslinie im allgemeineren Ideenhaushalt der Zeit sichtbar, die in Variationen durchaus Repräsentativität beanspruchen kann. So meint etwa der spätere *Rundschau*-Autor Friedrich Kreyßig 1871 in seinen *Vorlesungen über den deutschen Roman der Gegenwart*: In einer Zeit der zahlreichen sozialen Bewegungen und Umwälzungen (von der Frauen- bis „[z]u den andern ‚Fragen' unserer fragenreichen Epoche", „der nationalen Frage, der Verfassungsfrage, der Unfehlbarkeitsfrage, der Kirchen- und Schulfrage, der Friedensfrage und der schlimmsten von allen, der Geldfrage") habe „denn auch die Kunstkritik auf ihrem bescheidenen Gebiet vorsichtig zu sein in Anwendung alter Axiome und Formeln," habe

> auch sie zu bedenken, daß man neuen Wein nicht zweckmäßig in alte Schläuche füllt, daß die Bestrebungen eines ringenden, tastenden Geschlechts nicht so leicht ihren adäquaten Ausdruck in Formen findet, welche den Meisterwerken anderer, in sich abgeschlossener Zeiten entlehnt sind. Es ist nicht schwer (um gleich zur Sache zu kommen), den bedenklichen Einfluß zu demonstriren, welchen die Tendenz, das bewußte Hinarbeiten auf äußere, selbständige Zwecke, auf Kunstwerke ausüben muß. Desto schwieriger aber dürfte es sein, aus

---

64 Stahr: Gustav Freytag's *Soll und Haben* (Anm. 58), S. 3.
65 Vgl. Hohendahl: Literarische Kultur (Anm. 35), S. 124 f., 131 f.; Oesterle: Der ‚Führungswechsel der Zeithorizonte' (Anm. 6), S. 25–28.
66 Plumpe: Einleitung (Anm. 61), S. 79–83.

den künstlerischen Leistungen einer gährenden, sich mausernden Zeit das Tendenziöse zu streichen, ohne den Waizen [sic] mit dem Unkraute auszuraufen und einseitig zu werden, statt gerecht. Das Ideale, das in sich ruhende Schöne, ist keine Alltagsspeise und kein Alltagsproduct. Künstler, denen das Wort aus der Seele quillt, wie die Blume aus der Knospe, die da sagen und singen, gestalten und dichten, weil und wie sie eben leben, athmen, empfinden und sehen, sie waren zu jeder Zeit und in jedem Lande, wie das Herrlichste, so auch das Seltenste. Aber wenn es eine hohe Freude ist, das Vollendete anzuerkennen, so ist es auch weder unnütz noch ohne Lohn, in der ringenden und unfertigen Offenbarung des Lebensprocesses dessen urewiges Gesetz zu erforschen. So möge man uns denn nicht als ästhetischen Ketzer behandeln, wenn wir auch für die wuchernde Zwittergattung unserer romanreichen und romanlustigen Gegenwart, für *den socialen resp. politischen Tendenzroman* in seinen wichtigsten Erscheinungen eine gerechte und billige Beachtung in Anspruch nehmen.[67]

Auch Kreyßig positiviert also die Tendenzhaftigkeit der zeitgenössischen Literatur mit Verweis auf den ‚Lebensprocess', aus dem heraus sie entsteht. Mit der Vorstellung, aus den künstlerischen Produktionen eben „dessen urewiges Gesetz [...] erforschen" zu können, alludiert er außerdem den oben dargelegten Verklärungsgedanken. Diese Ausführungen leiten einen knapp 150 Seiten und damit knapp die Hälfte des ganzen Buches umfassenden Abschnitt zum „sociale[n] Tendenzroman" und zum „socialen Roman in den Händen der Frauen" ein,[68] deren „gerechte und billige" Besprechung er hier nicht zu Unrecht ankündigt. Sie generell unberücksichtigt zu lassen, käme ihm nicht in den Sinn, müsste er doch sonst die Hälfte der ihm offenbar für den Gegenwartsroman charakteristisch erscheinenden Beispiele außer Acht lassen. Tatsächlich war ein Großteil der zeitgenössischen Literatur – auch weit über Kreyßigs ausgewählte Beispiele hinaus – und insbesondere die Feuilleton- und Zeitschriftenbelletristik ausgesprochen tendenzlastig. So sehr, dass die Kirchen sich in ihrer Rolle als Hüter der richtigen Weltanschauung massiv bedroht sahen und es ab Mitte der 1860er Jahre zu einem expliziten Konkurrenzkampf zwischen geistlicher und weltlicher Presse kam, den es hier im Sinne der angezielten kommunikationsgeschichtlichen Rekonstruktion etwas ausführlicher darzustellen gilt.

So veröffentlichte z.B. ein protestantischer Pfarrer namens O. Weber 1868 eine Broschüre mit dem Titel *Die Religion der „Gartenlaube". Ein Wort an die Christen unter ihren Lesern*, um diese „darauf aufmerksam zu machen, welches Gift sie unter der anmuthenden Etiquette bei der Lektüre dieses Blattes zu sich neh-

---

[67] Fr.[iedrich] Kreyßig: Vorlesungen über den deutschen Roman der Gegenwart. Literatur- und culturhistorische Studien. Berlin 1871, S. 165–167 (Herv. im Orig.).
[68] Kreyßig: Vorlesungen (Anm. 67), S. 163–262, 263–300.

men".[69] Zum Beleg dieser umfassenden Anschuldigung zitiert er aus drei Beiträgen des Jahrgangs 1866: aus E. Marlitts *Goldelse*, einem von Ernst Keil verfassten fiktiven *Brief an eine Gläubige* und einer biographischen Skizze über ‚Vater Uhlich', dem Begründer des „Vereins der Protestantischen Freunde" (auch „Lichtfreunde"). Weber sieht in der *Gartenlaube* ein Organ des allgemeinen sittenverderbenden Zeitgeistes, das vom christlichen Publikum entschieden boykottiert und nicht in laxer „Harmlosigkeit" hingenommen werden solle.[70] Diese Ansicht entspricht dem allgemeinen Empfinden in kirchlichen Kreisen: Ein Rezensent Webers beschuldigt die *Gartenlaube* der „*Verneinung* der christlichen Lehre", der „verleumderischen Karrikirung aller positiv gläubigen Richtungen und einer Untergrabung der Grundlagen der Sittenlehre"; er hätte sich Webers Ausführungen sogar noch „energischer und eingehender gewünscht".[71] Ein anderer Rezensent beklagt denselben „charakterlosen" „Mangel an christlicher Entschiedenheit" im Publikum des Familienblatts wie Weber und vermerkt, dass sogar „viele Diener der Kirche es lesen".[72] Ein weiterer Beobachter nennt die Tendenz der *Gartenlaube* sowie insbesondere der Romane Marlitts „eine ausgesprochen *christenfeindliche*",[73] ja hält die novellistischen Inhalte sogar für noch gefährlicher als die essayistischen und warnt vor „dem durch das Ganze hindurchgehenden rothen Faden der Unterwühlung alles positiv religiösen Bewußtseins unseres Volkes", in welchem „der geheime Zauber dieses Blattes" liege.[74] Auch im katholischen *Literarischen Handweiser* erscheint im selben Herbst unter dem Titel „Frau Marlitt aus der *Gartenlaube*" eine kritische Betrachtung. Zwar hatte Marlitt

---

69 O. Weber: Die Religion der *Gartenlaube*. Ein Wort an die Christen unter ihren Lesern. 6., mit einem neuen Vorw. vers. Aufl. Stavenhagen 1877, S. 3; s.a. Fritz Schütz: Einige Worte der Erwiderung auf die Angriffe gegen die freireligiöse Richtung in *Die Religion der Gartenlaube* [...]. Apolda 1869.
70 Weber: Die Religion der *Gartenlaube* (Anm. 69), S. 16.
71 Allgemeiner literarischer Anzeiger für das evangelische Deutschland 1868, Bd. 2, Nr. 13, S. 299.
72 Neue evangelische Kirchenzeitung 10 (1868), Nr. 37, Sp. 577–580, hier Sp. 579f. – Dies belegt auch ein späterer Leserbrief der Tochter eines Diakons, die erzählt, in ihrer Familie sei die *Gartenlaube* seit den sechziger Jahren kontinuierlich gelesen worden (Die Gartenlaube 1928, Nr. 9, S. 199). Und noch in den achtziger Jahren, so berichtet eine andere, habe der *Gartenlaube* „etwas von ihrer Entstehung an[gehaftet]; sie galt für freisinnig, und es wurde ‚von oben' nicht gern gesehen, wenn die Geistlichen sie hielten". Wenn sich das von den Kindern mit Einwilligung der Mutter organisierte Blatt „dann so ganz zufällig eines Tages beim Vater im Studierzimmer fand, dann schmunzelte er und murmelte, das Lesen der *Gartenlaube* sei ja nicht verboten" (Die Gartenlaube 1928, Nr. 1–3, S. 71).
73 G. N.: Die Gartenlaube. In: Allgemeiner literarischer Anzeiger für das evangelische Deutschland 1868, Bd. 1, Nr. 8, S. 591–594, hier S. 591.
74 N.: Die Gartenlaube (Anm. 73), S. 594.

in ihren Romanen bis zu diesem Zeitpunkt vornehmlich Protestanten porträtiert (Katholiken treten erst 1874 in *Die zweite Frau*, Marlitts Beitrag zum Kulturkampf, auf), doch „was gegen den Kern *ihres* Glaubens gesagt wird, das ist ebensostark gegen den *unsern* gerichtet", meint der Verfasser Franz Hülskamp. Der erstaunliche Erfolg der ersten beiden Romane Marlitts lasse sich nicht auf deren unterhaltende und dichterische Qualitäten allein zurückführen, die zwar reichlich vorhanden, doch auch nicht phänomenal seien; der eigentliche Grund für den Erfolg sei vielmehr „ihre *antireligiöse Tendenz*, die um so gefährlicher erscheint, da sie mit einer fast tadellosen Moral in Verbindung steht".[75] Ein Artikel in der *Theological Review* von 1869 führt Marlitt, Berthold Auerbach, Rudolf Gottschall, Friedrich Rückert, Fanny Lewald „and a great number of other popular writers" als Autoren auf, welche, „to say the least, decidedly anti-church" seien; und speziell die „Gartenlaube, certainly the most clever and able, as well as the most largely circulated, periodical publication, delights in holding up the church to contempt".[76] In einem theologischen Vortrag zu Fritz Reuters *Ut mine Stromtid* von 1876 figurieren Marlitts *Das Geheimnis der alten Mamsell* und Paul Heyses *Kinder der Welt* als Beispiele für „gefährliche Romane", deren „Helden im Conflict" stehen „mit einer sittlichen und socialen Ordnung, die wir als heilsam und zum wahren Wohl der Menschen nothwendig ansehen müssen"; „[a]ber gerade diese ihre Richtung" habe solchen Werken leider „einen großen Leserkreis gewonnen".[77] Geistliches Schrifttum hingegen war in erster Linie entweder Fachliteratur für den klerikalen Berufsstand oder war – in Form von „Boten" und Kalendern – an die ungebildeten Bevölkerungsschichten gerichtet. Mit zunehmendem Erfolg der weltlichen Blätter jedoch stieg der Druck auf die Kirchen, auch in den „intelligenteren Kreisen"[78] und unter „den ‚Gebildeten'"[79] ein Publikum anzusprechen und ihre Stellung im öffentlichen Meinungsmarkt zu behaupten. Eine Reihe von Neugründungen in Nachahmung der erfolgreichen weltlichen Formate war die Folge.

---

75 F.[ranz] H.[ülskamp]: Frau Marlitt aus der *Gartenlaube*. In: Literarischer Handweiser zunächst für das katholische Deutschland 1868, Nr. 72, Sp. 440–442, hier Sp. 442; s. a. die 400 Seiten starke Publikation von Ludwig Deibel: *Die Gartenlaube. Eine Kritik*. München 1879. (Deibel war ein Mitarbeiter der *Fuldaer Zeitung*.)
76 J. Frederick Smith: Schleiermacher and the German church a century after his birth. In: The Theological Review 6 (1869), Nr. 26, S. 281–304, hier S. 290.
77 [Richard] Bärwinkel: Über den religiösen Werth von Fritz Reuter's *Ut min* [sic] *Stromtid*. Ein Vortrag. Erfurt 1876, S. 4f.
78 [Joseph Matthias Haegele:] Über unsere Presse. In: Historisch-politische Blätter für das katholische Deutschland 1867, Bd. 60, S. 962–980, hier S. 974.
79 Hülskamp: Frau Marlitt (Anm. 75), S. 441.

In den Görres'schen *Historisch-politischen Blättern für das katholische Deutschland* (den ‚gelben Heften') wurde 1867 diagnostiziert:

> [T]heologische Werke, Predigtsammlungen, Gebet- und Erbauungsbücher sind nur Bestandtheile, Bruchstücke einer Literatur. Derlei Schriften haben vollends wenig oder gar keine Bedeutung im Kampfe mit der antichristlichen Weltliteratur.[80]

Die Rede vom ‚Kampf' muss hier sehr wörtlich genommen werden: Die perfide „Kriegskunst"[81] der liberalen Zeitschriften sollte mit gleichen Mitteln beantwortet werden. So erwähnt Hülskamp in einem Vortrag über die katholische Publizistik nach den „schweren Geschütze[n] des Wissens und der Wissenschaft", wie sie mit zwei neuen Lexika vorlägen,

> die leichte Cavallerie der populären und der Tagesschriften, sowie die Tirailleurkette der Broschüren. Niemals war eine Schlagfertigkeit von dieser Art nothwendiger als in der aufgeregten Zeit, worin wir leben: wo der Feind überall steht und lauert, wo er jede Blöße, die er nur erspähen kann, sofort zum Angreifen und Eindringen benutzt. Nun denn, mag er kommen! unsere Cavallerie ist gut gewaffnet, und die Kette unserer Tirailleure schließt sich fest. [...] Aber diese Deckung würde doch wenig nutzen, wenn nicht zu den schweren Geschützen, zu der Cavallerie und zu den Tirailleuren eine zahlreiche, feststehende und nun gut aufgestellte Linientruppe hinzukäme. Das sind die Zeitschriften und die Zeitungen, es ist die periodische und die Tagespresse.[82]

Vor 1848 habe es „kein Literaturblatt, keine Jugendzeitschrift, kein illustrirtes Blatt, kein Unterhaltungsblatt von nur einigermaßen entschiedener Färbung" für das katholische Publikum gegeben;[83] nun aber lägen mit der Wiener *Allgemeinen Literatur-Zeitung* (1854 ff.), seinem eigenen *Literarischen Handweiser* (1862 ff.) und dem Bonner *Theologischen Literaturblatt* (1866 ff.) drei literarische Informationsblätter für die breitere Öffentlichkeit vor. Zu den außerdem neu hinzugekommenen „illustrirten Jugend- und Unterhaltungsblättern" meint Hülskamp, „daß sie noch nicht ganz so gut" seien „wie die Leipziger *Illustrirte Zeitung*, *Über Land und Meer*, *Gartenlaube*, *Daheim* und wie die zahllosen Gewächse dieser Art alle noch

---

80 Haegele: Über unsere Presse (Anm. 78), S. 975.
81 Weber: Die Religion der *Gartenlaube* (Anm. 69), S. 12.
82 Franz Hülskamp: Die Restauration der katholischen Wissenschaft, Literatur und Presse in Deutschland unter dem Pontificate Pius' IX. Vorgetragen auf der Versammlung rheinisch-westfälischer Katholiken in Dortmund am 30. Juni 1867 vom Redakteur des Literarischen Handweisers. In: Historisch-politische Blätter für das katholische Deutschland 1867, Bd. 60, S. 335–344, hier S. 340 f.
83 Hülskamp: Die Restauration (Anm. 82), S. 340.

heißen mögen".[84] Die Rezensionen zu den neu gegründeten katholischen Unterhaltungsblättern nehmen sich ähnlich skeptisch aus. Über *Die katholische Welt. Friedliche Blätter für Unterhaltung, Belehrung und öffentliches Leben mit Bildern* (1866 ff.) und *Alte und neue Welt. Illustrirte katholische Monatsschrift zur Unterhaltung und Belehrung* (1867 ff.) heißt es u. a., sie sollten mehr Originaltitel bringen und das „Wiederkäuen"[85] vermeiden; sie sollten die novellistischen Beiträge nicht in zu viele Fortsetzungen aufspalten; und sie sollten den „historischen Bildern und Charakteristiken" mehr Platz einräumen, da die „antichristlichen Journale [...] in der Geschichtsfabrikation ein großes Geschäft" machen.[86] Angesichts der finanziellen Nöte[87] solcher Neugründungen ergeht an das Publikum der Aufruf:

> Greifet zu und verschmäht nicht die freundlich gereichte Gabe! Unterstützet mit aller Thatkraft das Unternehmen und helft so jeder in seiner Weise mit zur Schaffung einer edlen katholischen Journal-Literatur.[88]

Wenn solchermaßen „jeder seine Pflicht thäte", könne man endlich Auflagen erzielen wie „die so verhimmelte Gartenlaube",[89] „dieses mit heißer Gier verschlungene",[90] „vielfach unsaubere Blatt".[91]

Die scharfe Konkurrenz um den Absatz und damit auch um Einfluss und Präsenz in den Medien ist in solchen Äußerungen unschwer erkennbar. Im protestantischen Kontext ist es nicht anders: „Von den Großmächten, die unsere Zeit regieren, ist die Presse die größte", heißt es in der *Neuen evangelischen Kirchenzeitung*.[92] „Die Betheiligung an den Erzeugnissen der Tages- und Zeitschriften-

---

84 Hülskamp: Die Restauration (Anm. 82), S. 341. Zu einem weiteren katholischen Familienblatt, dem *Deutschen Hausschatz*, s. den Beitrag von Silvia Serena Tschopp im vorliegenden Band.
85 Rez. zu *Alte und neue Welt* in: Allgemeine Literatur-Zeitung zunächst für das katholische Deutschland 14 (1867), Nr. 2, S. 16.
86 Rez. zu *Die katholische Welt* in: Allgemeine Literatur-Zeitung zunächst für das katholische Deutschland 14 (1867), Nr. 1, S. 7 f., hier S. 8. Eine ähnliche Kritik wird auch am *Christlichen Volksblatt* aus Halle geübt in: Neue evangelische Kirchenzeitung 13 (1871), Nr. 13, Sp. 208.
87 Vgl. Haegele: Über unsere Presse (Anm. 78), S. 974–976; Rez. zu *Die katholische Welt* (Anm. 86), S. 8.
88 Rez. zu *Die katholische Welt* (Anm. 86), S. 8.
89 Rez. zu *Alte und neue Welt* in: Allgemeine Literatur-Zeitung zunächst für das katholische Deutschland 18 (1871), Nr. 4, S. 23.
90 W. E.: Bemerkungen zu 2. Thess. 2, 1–12. In: Theologisches Literaturblatt 44 (1867), Nr. 85–87, S. 473–479, 481–484, 485–491, hier S. 490.
91 Rez. zu *Die katholische Welt* (Anm. 86), S. 8.
92 Rez. zu *Stuttgarter Evangelisches Sonntagsblatt* in: Neue evangelische Kirchenzeitung 12 (1870), Nr. 12, Sp. 185 f., hier Sp. 185.

Literatur" sei daher zu „eine[r] neue[n] Art von klerikaler Mission" geworden[93] angesichts der Notwendigkeit, „auf den Kampfplatz herab[zu]steigen, welchen unsere Gegner wählen".[94] In einer Besprechung des neu gegründeten *Allgemeinen literarischen Anzeigers für das evangelische Deutschland* (1867 ff.) wird festgestellt,

> wie schwach das evangelische Christenthum als höchster Maßstab unseres Culturlebens durch [die Literaturzeitungen der Gegenwart] vertreten ist. Wohl hat jede kirchliche und theologische Richtung ihr Organ oder ihre Organe, in denen sie die theologischen Erscheinungen beurtheilt und hie und da über diese Grenze hinausgreift. Dagegen fehlt es an einem Blatte, welches die außertheologischen Literaturzweige und auch das Gebiet der Kunst von evangelisch-christlichem Standpunkte kritisch zur Darstellung brächte.[95]

Im evangelischen *Theologischen Kirchenblatt* wird angesichts des Mangels auf die Familienzeitschrift *Daheim* verwiesen. Dies sei ein „Blatt, welches sich nicht schämt, für Christenthum und sein Reich zu wirken", und „consequent [...] alle Angriffe auf christliche Lehre und Leben und alle Überschreitungen göttlicher Gebote zurückweist und straft".[96] Leider aber würden vielmehr der *Gartenlaube* –

---

[93] Anon.: Zur katholischen Publizistik. In: Neue evangelische Kirchenzeitung 11 (1869), Nr. 30, Sp. 465–468, hier Sp. 465.
[94] Otto Schlapp: Was fehlt unserem Volksschriftwesen. In: Allgemeiner literarischer Anzeiger für das evangelische Deutschland 1868, Bd. 2, Nr. 15, S. 408–416, hier S. 413. – Zu einschlägigen Neugründungen s. die Besprechungen: Rez. zu *Der Beweis des Glaubens* in: Neue evangelische Kirchenzeitung 9 (1867), Nr. 5, Sp. 76 f.; Rez. zu *Stuttgarter Evangelisches Sonntagsblatt* (Anm. 92); Rez. zu *Christliches Volksblatt* (Anm. 86); Rez. zu *Deutsche Blätter* in: Neue evangelische Kirchenzeitung 13 (1871), Nr. 40, Sp. 127; Zwei neue Wochenschriften [*Im neuen Reich* vs. *Die deutsche Wacht*]. In: Neue evangelische Kirchenzeitung 13 (1871), Nr. 8, Sp. 127; sowie die Übersichten: Die kirchlichen und theologischen Zeitschriften Deutschlands seit Anfang der zweiten Hälfte unseres Jahrhunderts. In: Allgemeiner literarischer Anzeiger für das evangelische Deutschland 1868, Bd. 2, Nr. 13–14, S. 241–249, 321–328; Umschau in der illustrirten Presse. In: Allgemeiner literarischer Anzeiger für das evangelische Deutschland 1867/68, Bd. 1, Nr. 1–9, S. 26–29, 91–94, 186–191, 444–447, 525–527, 679–683; Bd. 2, Nr. 10, S. 17–21; Die periodische Literatur innerhalb der evangelischen Kirche Deutsch-Österreichs. In: Allgemeiner literarischer Anzeiger für das evangelische Deutschland 1868, Bd. 2, Nr. 10, S. 4–12.
[95] Ein neuer literarischer Anzeiger. In: Evangelische Kirchen-Zeitung 1869, Bd. 85, Nr. 78, Sp. 942–944, hier Sp. 942.
[96] Dr. Sp.: [Rez. von Ottokar Schupp: *Hurdy-Gurdy*]. In: Theologisches Literaturblatt 43 (1866), Nr. 94, S. 562 f., hier S. 562. Auf das *Daheim* verweist auch ein Rezensent Webers seine Leser (Anm. 71, S. 299). Im *Allgemeinen literarischen Anzeiger* wird es als „ein auf gesunder ethischer Grundlage beruhendes Familienblatt" ausgewiesen und seine „positiv-christliche Tendenz" vermerkt (Allgemeiner literarischer Anzeiger für das evangelische Deutschland 1868, Bd. 2, Nr. 10, S. 57–60, hier S. 57; ebenso: Die kirchlichen und theologischen Zeitschriften [Anm. 94], S. 325). Nach diversen Personalwechseln in der Redaktion heißt es allerdings auch über das *Daheim*, dass

wegen ihres „falschen Humanismus" und ihrer „liberalistische[n] Stilübungen über ein Tagesthema" – „die Menge [der Abonnenten] zufallen und zur Beute werden",[97] und andere illustrierte Zeitschriften, die dieser „große[n] Konkurrenz der *Gartenlaube*, von *Über Land und Meer* u. dergl." gewachsen sein wollen, „glauben [...] im Ganzen dasselbe Ziel in gleichem Schritt verfolgen zu müssen, und das Geschäftliche influirt dann bewußt und unbewußt auf Inhalt und Tendenz".[98]

Auch in der jüdischen Presse bemühte man sich, durch Neugründungen und gefällige Formate die Marktpräsenz zu vergrößern und die eigenen ‚Tendenzen' wirkungsvoll zu verbreiten.[99] Dieses allgemeine Wettrüsten zwischen weltlicher und geistlicher Presse schon im Vorfeld des Bismarck'schen Kulturkampfes ist vielleicht der deutlichste Beleg für die Entstehung einer neuartigen ‚literarischen Öffentlichkeit' überhaupt.[100] Wer nicht an die kulturelle Peripherie gedrängt werden wollte, musste nolens volens mitziehen. Der publizistische Meinungskampf war ein Signum der Epoche, und er ließ die belletristische Literatur, wie zu sehen war, nicht unberührt. Weber sah keinen Grund, zwischen berichtenden und fiktionalen Inhalten der *Gartenlaube* zu unterscheiden, da es ganz gleich sei, ob die generelle Tendenz des Blattes mit oder ohne „novellistische Einkleidung"[101] auftrete. Und er hat in gewissem Umfang Recht: Die Dichtung partizipierte – als ‚schöne Wissenschaft' im Rahmen des traditionellen Literaturbegriffs – an der allgemeinen schriftstellerischen Kulturreflexion der Zeit. Sie war nicht nur Kunstkommunikation, sie war zugleich auch Öffentlichkeitskommunikation und bearbeitete dieselben ‚mehrsystemisch' relevanten Sachverhalte; d. h. sie mischte sich ein – und gab so Anstoß zum Ärgernis.

Dies galt in der Grundtendenz auch noch für den in Rodenbergs *Rundschau* präferierten ‚poetischeren' Typus, nur dass hier der Fokus der Aufmerksamkeit

---

es „leider ab und an etwas unverantwortliches bringt" (Weber: Die Religion der *Gartenlaube* [Anm. 69], S. 8).
97 Sp.: Rez. zu Schupp (Anm. 96), S. 562.
98 Illustrirte Familienbibliothek. In: Allgemeiner literarischer Anzeiger für das evangelische Deutschland 1871, Bd. 8, Nr. 48, S. 233.
99 Vgl. den Beitrag von Anja Kreienbrink im vorliegenden Band.
100 Zu einem ersten Schub schon während der 1830er Jahre s. Gustav Frank: Romane als Journal. System- und Umweltdifferenzen als Voraussetzung der Entdifferenzierung und Ausdifferenzierung von ‚Literatur' im Vormärz. In: Rainer Rosenberg/Detlev Kopp (Hg.): Journalliteratur im Vormärz. Bielefeld 1996 (Forum Vormärz-Forschung 1), S. 15 – 47, der sich ebenfalls dafür ausspricht, die weltlich-belletristischen und die geistlichen Beiträge zur Debatte als Teil ein- und derselben ‚literarischen' Öffentlichkeit zu betrachten, statt sie in (‚oppositionelle') Kunstkommunikation einerseits und religiöse Kommunikation andererseits aufzuspalten.
101 Weber: Die Religion der *Gartenlaube* (Anm. 69), S. 13.

nicht mehr so sehr auf praktischen Fragen der Religion und Moral, sondern immer mehr bei den modernen Natur- und Sozialwissenschaften lag. Selbst für den ‚konsequenten Realismus' der naturalistischen Bewegung lässt sich über weite Strecken noch ein vergleichbarer Gesellschaftsbezug, ja sogar wieder plane Tendenzhaftigkeit feststellen. Der obligatorische Optimismus der liberalen Tendenzliteratur hatte im Naturalismus allerdings ausgedient. Die pessimistischen Strömungen, durch politische Enttäuschungen, Schopenhauerianismus und andere Faktoren schon seit den fünfziger Jahren am Rande präsent, gewannen nach dem darwinistischen Schock Anfang der siebziger Jahre[102] und im Zuge der rasanten politischen Verschärfung der Arbeiterfrage allmählich die Oberhand. Die naturalistische Programmatik mit ihrer monomanen Reflexion auf die sprachlichen Darstellungsmittel bahnte außerdem den Weg in eine neue Sprachkunstbewegung, wie sie für die Klassische Moderne dann ausschlaggebend werden sollte. Und so spitzte sich die Situation im Laufe der 1880er Jahre immer weiter zu: Nicht mehr tolerabel erschienen der nun bald tonangebenden jüngeren Generation erstens die ‚idealistisch'-optimistischen Aufklärungsbestrebungen und zweitens die exoterische, auf Allgemeinverständlichkeit und quasi-journalistische Profession hin ausgerichtete Schreibweise der realistischen Ära.[103] Gerade diese beiden Aspekte aber gilt es besonders im Blick zu behalten, will man die Epoche aus ihren eigenen Bedingungen heraus verstehen.

---

102 Gemeint ist das Entbehrlichwerden metaphysischer Ordnungspostulate (‚Gott', ‚Natur', ‚Geist', ‚Vernunft' etc.) durch Darwins Selektionstheorie. Der Streit zwischen Materialismus und Idealismus war bis dato bloßer Meinungskampf geblieben, da die Materialisten keine alternative Erklärung für das Zustandekommen von Ordnung in der Welt anbieten konnten. Darwins Evolutionstheorie füllte diese Erklärungslücke – und besiegelte damit die verstörende ‚Zufälligkeit' der Welt. Vgl. Philip Ajouri: Erzählen nach Darwin. Die Krise der Teleologie im literarischen Realismus (Friedrich Theodor Vischer und Gottfried Keller). Berlin/New York 2007 (Quellen und Forschungen zur Literatur- und Kulturgeschichte 43 [277]), bes. S. 87–92f., 110f., 115f.; Karl Eibl: Darwin, Haeckel, Nietzsche. Der idealistisch gefilterte Darwin in der deutschen Dichtung und Poetologie des 19. Jahrhunderts. In: Helmut Henne/Christine Kaiser (Hg.): Fritz Mauthner. Sprache, Literatur, Kritik. Tübingen 2000 (Germanistische Linguistik 224), S. 87–108, hier S. 88–90, 102–104; Karl Eibl: Ist die Evolutionstheorie atheistisch? In: literaturkritik.de 10 (2008), H. 4, http://www.literaturkritik.de/public/rezension.php?rez_id=11812 (letzter Zugriff 12. Mai 2015).
103 Vgl. die Analysen von Lothar L. Schneider: Realistische Literaturpolitik und naturalistische Kritik. Über die Situierung der Literatur in der zweiten Hälfte des 19. Jahrhunderts und die Vorgeschichte der Moderne. Tübingen 2005 (Studien zur deutschen Literatur 178).

IV Konstellationen
(Zum vorliegenden Sammelband)

Um das Bedingungsgefüge zu erforschen, innerhalb dessen die Literaturproduktion einer Zeit stattfand, empfiehlt es sich, einzelne Konstellationen solcher Bedingungen heuristisch zu isolieren und auf ihre empirische Nachweisbarkeit, ihr historisches Zustandekommen, ihre Signifikanz für die Epoche und ihre Auswirkungen auf die Beschaffenheit der Literatur hin zu untersuchen. Unter dem so verwendeten Hilfsbegriff der „Konstellation" werden im Folgenden nicht nur personale Konstellationen im Sinne von Netzwerken[104] verstanden, sondern auch institutionell-organisatorische, medial-distributionstechnische, juristisch-politische, semantisch-symbolische[105] und buchhändlerisch-ökonomische Strukturen, die eben als Strukturen immer etwas Relationales, also eine *Kon*stellation darstellen.

Die in diesem Sammelband enthaltenen Aufsätze gehen zurück auf Vorträge einer Tagung im Frühjahr 2014[106] und die Einwerbung einiger zusätzlicher Beiträge im Anschluss daran. Das verbindende Ziel liegt darin, durch die eingehendere Behandlung einzelner Konstellationen im eingeführten Sinne das abstrakte systemtheoretische Rahmenmodell an einigen Stellen mit kommunikationsgeschichtlichen Konkreta zu füllen. Dass die narrativen Gattungen dabei stark im Vordergrund stehen, ergibt sich aus dem hier als Signum der Epoche ins Zentrum gestellten ‚prosaischen' Charakter der Literatur des mittleren 19. Jahrhunderts und unserem Fokus auf die mediale Öffentlichkeit. Die dramatische Dichtung der Zeit ist entweder durch ihre enge Bindung an den Bühnenbetrieb einem teilweise divergierenden, unter dem Aspekt der Kommerzialisierung vor

---

104 So der Schwerpunkt der eingeführten Bedeutung im Sinne von Dieter Henrichs „Konstellationsforschung", die ideengeschichtliche Entwicklungen v. a. mit Blick auf das Nebeneinander mehrerer synchroner Ideenformationen und auf die Austausch- und Befruchtungsprozesse zwischen ihnen, d. h. das Gespräch, die Briefwechsel, den Schriftenaustausch etc. zwischen ihren Trägern zu rekonstruieren versucht; vgl. Dieter Henrich: Konstellationen. Probleme und Debatten am Ursprung der idealistischen Philosophie (1789–1795). Stuttgart 1991, bes. S. 35, 42–46; weiterentwickelt durch die Beiträge in: Martin Mulsow/Marcelo Stamm (Hg.): Konstellationsforschung. Frankfurt a. M. 2005.
105 Dazu zählen u. a. auch literarische Gattungen (als semantische „Errungenschaften"; vgl. Mellmann: Kontext ‚Gesellschaft' [Anm. 8], S. 100–103).
106 *Literarische Öffentlichkeit im mittleren 19. Jahrhundert. Vergessene Konstellationen literarischer Kommunikation zwischen 1840 und 1885*, veranstaltet von Katja Mellmann und Jesko Reiling (Göttingen, 3.–5. April 2014); vgl. den Tagungsbericht von Philipp Böttcher in: Zeitschrift für Germanistik N. F. 25 (2015), H. 1, S. 172–174.

allem früher einsetzenden eigendynamischen Entwicklungsprozess[107] unterworfen oder aber als prononciert klassizistische Dramatik in spezifische (z. B. mäzenatische) Sonderkulturen eingebunden. Gedichte erscheinen zwar vielfach in Zeitschriften, daneben aber gibt es gerade für Lyrik auch einen speziellen Buchmarkt (der mit Anthologien, ‚Goldschnitt'-Bändchen, Pracht- und Geschenkausgaben ebenfalls markante Eigendynamiken ausbildet) sowie eine ausgedehnte dilettantische Vereins-, Schul- und Hauskultur. Aus diesem Grund hat man Lyrik als geradezu selbst ein ‚Massenmedium' des 19. Jahrhunderts zu bestimmen versucht.[108] Diese unterscheidenden Faktoren in Rechnung gezogen, ließen sich allerdings sowohl für die Lyrik als auch für die Dramatik des betrachteten Zeitabschnitts – mit derselben zunächst nötigen Zurücksetzung vor inzwischen erfolgte (De-)Kanonisierungsprozesse – die hier ins Zentrum gerückten Strukturen ‚mehrsystemischer' Relevanz und sozialer Inklusivität ebenfalls auffinden und in Augenschein nehmen.[109] Ziel des vorliegenden Sammelbandes ist nicht, ein

---

107 Eine aktuelle Überblicksdarstellung – zwar mit etwas anders gelagertem Themenschwerpunkt, aber mit zahlreichen weiterführenden Forschungsverweisen – gibt Hermann Korte: „Jedes Theaterpublikum hat seine Unarten". Die Akteure vor der Bühne in Texten aus Theaterzeitschriften und Kulturjournalen des 18. und frühen 19. Jahrhunderts. In: H. K./Hans-Joachim Jakob/Bastian Dewenter (Hg.): „Das böse Tier Theaterpublikum". Zuschauerinnen und Zuschauer in Theater- und Literaturjournalen des 18. und frühen 19. Jahrhunderts. Eine Dokumentation. Heidelberg 2014 (Proszenium. Beiträge zur historischen Theaterpublikumsforschung 2), S. 9–49. Eine Studie, die das Theater der ersten Jahrhunderthälfte speziell unter dem Aspekt der Öffentlichkeit, d. h. als eigene Institution dieser Öffentlichkeit in den Blick nimmt, liegt vor von Meike Wagner: Theater und Öffentlichkeit im Vormärz. Berlin, München und Wien als Schauplätze bürgerlicher Medienpraxis. Berlin 2013 (Deutsche Literatur. Studien und Quellen 11).
108 So Steffen Martus/Stefan Scherer/Claudia Stockinger: Einleitung. Lyrik im 19. Jahrhundert – Perspektiven der Forschung. In: S. M./S. S./C. S. (Hg.): Lyrik im 19. Jahrhundert. Gattungspoetik als Reflexionsmedium der Kultur. Bern u. a. 2005 (Publikationen zur Zeitschrift für Germanistik NF 11), S. 9–30, hier S. 15; Gerhard Lauer: Lyrik im Verein. Zur Mediengeschichte der Lyrik des 19. Jahrhunderts als Massenkunst. In: Steffen Martus/Stefan Scherer/Claudia Stockinger (Hg.): Lyrik im 19. Jahrhundert. Gattungspoetik als Reflexionsmedium der Kultur. Bern u. a. 2005 (Publikationen zur Zeitschrift für Germanistik NF 11), S. 183–203, hier S. 185. Der von den Genannten an dieser Stelle bemühte Medienbegriff wäre mit Luhmann als ‚symbolisch generalisiertes Kommunikationsmedium' (im Unterschied zu technischen Verbreitungsmedien) zu fassen; vgl. z. B. Kohring: Öffentlichkeit (Anm. 4), S. 164.
109 Für die Lyrik vgl. die Literaturverweise bei Martus/Scherer/Stockinger: Einleitung (Anm. 108), S. 14–20, und die Beiträge in dem von ihnen eingeführten Band von Gerhard Lauer, Stefan Scherer, Gustav Frank, Albert Meier, Peter Hühn/Jörg Schönert, Max Kaiser/Werner Michler sowie den Beitrag von Nikolas Immer im vorliegenden Band. Eine aufschlussreiche Studie zur Interdependenz von Geschichtslyrik und Pädagogik bietet Peer Trilcke: Historische Lyrik für ‚Schule und Haus'. Pädagogik als Faktor der Genregenese um 1850. In: Heinrich Detering/P. T. (Hg.): Geschichtslyrik. Ein Kompendium. 2 Bde. Göttingen 2013, Bd. 1, S. 411–455.

vollständiges Gemälde ‚der' Literatur der Zeit zu geben, sondern – mit besagter Schwerpunktsetzung – einzelne charakteristische Strukturen näher zu beleuchten, die bislang eher unterforscht, wenn nicht gar praktisch vergessen sind.

Der erste Beitrag zur Sektion *Periodische Presse* setzt auch gleich mit einer solchen vergessenen Konstellation ein, nämlich mit dem Eleganz-Diskurs, der – bereits vor Cottas bekannterem *Morgenblatt* – die Ära der überregional-kulturintegrierenden Unterhaltungspresse einleitete. ANNA ANANIEVA und ROLF HAASER stellen mit der Leipziger *Zeitung für die elegante Welt*, der Prager Zeitschrift *Ost und West* und dem Pesther *Spiegel* ein Mediennetzwerk vor, das die zerstreuten Öffentlichkeiten Mittel- und Osteuropas vor 1848 in einem gemeinsamen Kommunikationsraum ‚eleganter Unterhaltung' einte, bevor die desintegrativen Wirkungen nationaler Bestrebungen im Nachmärz die Oberhand gewannen. Der Beitrag von MADLEEN PODEWSKI wendet sich den changierenden Relationen von Text und Bild in den illustrierten Zeitschriften, konkret in der *Gartenlaube*, der *Europa* und im *Pfennig-Magazin* zu. Der Aufstieg dieses Zeitschriftentypus verdankt sich nicht allein der drucktechnikgeschichtlichen Ermöglichungsbedingung, sondern auch der flexibleren und vielfältigeren Gestaltung der Beziehungen zwischen Wort und Bild, als sie in anderen visuellen Medien der Zeit möglich war und an Podewskis Beispielen als zunehmende räumliche Verselbständigung und wechselseitige konzeptuelle Metaphorisierung beschrieben werden kann. Einer personalen Konstellation widmet sich der Aufsatz von ALICE HIPP, der die Ergebnisse einer quantitativen Analyse zum Verhältnis weiblicher und männlicher Autorschaft in den literarischen Beiträgen dreier repräsentativer Zeitschriften darstellt. In der *Gartenlaube*, *Westermanns Monatsheften* und der *Deutschen Rundschau* stellt Hipp einen Anteil weiblicher Autoren von einem guten Viertel bis zu einem Drittel fest, mit absteigender Linie vom Familienblatt zur anspruchsvollen Kulturzeitschrift. Diese Verteilung korreliert mit der unterschiedlich starken Thematisierung der zeitgenössischen Frauenfrage in den drei Zeitschriften. Pseudonymität taucht in Hipps Korpus insgesamt nur in geringem Umfang auf, und weibliche Autoren wählen seltener männliche als vielmehr neutrale Pseudonyme. STEFAN SCHERER und GUSTAV FRANK nehmen eine doppelte intermediäre Konstellation gegen Ende des hier anvisierten Zeitraums in den Blick. Sie fassen Feuilleton und Essay nicht als Textsorten, sondern als Funktionen, und beschreiben sie als spezifische Schnittstellen des gesellschaftlichen Wissensflusses ab Etablierung des neu-adaptierten Rundschau-Modells: als Schnittstelle zwischen dem (sich in Monographien verfestigenden) Spezialwissen der modernen Wissenschaften und dem flüchtigen Aktualitätsbezug der Zeitungen den Essay; und als Schnittstelle zwischen der Nachrichtenfunktion der Tagespresse und der Kulturreflexion der Zeitschriftenessayistik das Feuilleton.

Die zweite Sektion zu *Publikationsstrategien und Marktorganisation* beginnt mit einem Beitrag von MARTINA ZEROVNIK, die die Publikationsform der (Buch-) ‚Reihe' im Kontext von Ausdehnung und Industrialisierung des Buchmarkts und im Spannungsfeld von verlegerischer Profilbildung und Demokratisierung von Bildung untersucht. Im Zentrum steht das Klassikerjahr 1867, in dem die Vorherrschaft Cottas (und des Konkurrenten Meyer) gebrochen wurde und sich ein Trend von subskriptionsgebundenen geschlossenen zu offenen, per Einzelwerken verkäuflichen Reihen durchsetzte. Aus dieser Perspektive erhellt sich auch die spezifischere Semantik gebräuchlicher Betitelungen wie „National-" oder „Hausschatz". CHRISTINE HAUG geht auf den Typus des multimedialen Schriftstellers und die zeitübliche Mehrfachverwertung (z. B. als Zeitschriftendruck, Buchausgabe, Bühnenadaption) literarischer Beiträge ein. Die Professionalisierung der Schriftsteller im Umfeld einer sich erweiternden Wertschöpfungskette wird unter anderem am Beispiel fiktionaler Berufsschriftstellerromane näher erläutert. LYNNE TATLOCK schließlich befasst sich mit der Ausbildung eines neuen Publikumssegments, nämlich dem der weiblichen Jugend. Ihr Interesse gilt den jugendliterarischen Adaptionen von *Jane Eyre* und der Romane Marlitts. Tatlock behandelt letztere bereits als Teil eines umfassenderen europäischen ‚*Jane Eyre*-Effekts' und zeigt an einigen Beispielen, wie sich die ursprünglich emanzipatorische Ausrichtung der Romane dieser Tradition in den jugendliterarischen Adaptionen verliert und außerdem in Konflikt mit der zunehmenden Verunglimpfung von populärem Liebesroman und ‚Backfisch-Literatur' gerät.

In der dritten Sektion steht das für die Zeit so zentrale Konzept der ‚*Volksschriftstellerei*' im Zentrum, das JESKO REILING in seinem einleitenden Beitrag rekonstruiert. Er setzt bei dem um 1800 bei Schiller und anderen bezeugten Eindruck eines zerfallenden Publikums an und zeigt, wie das positive Konzept von ‚Volk' oder ‚Nation' aus der Herder'schen Tradition als Integrationsbegriff für die Ganzheit von gebildeter Elite und Massenpublikum eingesetzt wird. Diesen neuen Typus von Volksliteratur, der mit Auerbachs Dorfgeschichten zu einem Erfolgsgenre der Epoche wird, setzt HOLGER BÖNING im darauffolgenden Beitrag ab von der Tradition des volksaufklärerischen Schrifttums, augenfällig unterscheidbar an der positiven oder negativen Porträtierung der Geistlichkeit. Anders als das volkspädagogische Schrifttum adressiere die neue Dorf- und Bauernliteratur nicht mehr in erster Linie die Landbevölkerung, sondern diene dem liberalen Bürgertum zur politischen Selbstverständigung. Aber auch die Aufklärungsliteratur für den ‚einfachen' oder ‚Landmann' ebbt im 19. Jahrhundert nicht ab, sondern erlebt im Gegenteil eine Blütezeit, die sich vor allem aus einer enormen Erweiterung in der Sachdimension ergibt. Mit der schon von Böning angemerkten Politisierung der Volksliteratur befasst sich dann ausführlich REINHART SIEGERT. Bei seinem Beitrag handelt es sich um einen Auszug aus seiner Einführung zum eben erschienenen dritten Band des zusammen mit Böning herausgegebenen bibliographischen Handbuchs *Volksaufklärung*.[110] Nach Siegerts Beobachtung lässt das im Vormärz stark angewachsene Bemühen um politische Aufklärung in der zweiten Jahrhunderthälfte deutlich nach; in den Vordergrund tritt von da an die Popularisierung der modernen Wissenschaften. STEFAN BORN greift den durch Böning von der Volkspädagogik abgrenzten und von Reiling bereits umrissenen Bereich der belletristischen ‚Volksschriftstellerei' und ‚Nationalliteratur' noch einmal auf und zeigt am Beispiel der Kritik an Auerbachs *Barfüßele*, dass das ursprüngliche Dorfgeschichtenmodell allmählich unplausibel wird. In der Handhabe Auerbachs nimmt es eine Entwicklung zur bewussten Reflexivierung, während der Programmatische Realismus den ästhetisch-antizipatorischen Keim nationaler Zukunft nicht mehr in mythischen Bauernfiguren verkörpert zu sehen vermag, sondern sich auf den psychologischen Entwicklungsroman verlegt.

Die letzten beiden Sektionen befassen sich mit den interdiskursiven Überschneidungsbereichen, die hier für die literarische Öffentlichkeit des mittleren 19. Jahrhunderts als besonders charakteristisch herausgestellt wurden. Die vierte Sektion behandelt das Feld der *Geschichts- und Wissenschaftsdiskurse*. NIKOLAS IMMER stellt unter dem Begriff der ‚Mnemopoesie' eine rituell-historiographische Funktion von Literatur heraus. Er analysiert drei Erinnerungsgedichte, die – ob im Überschneidungsbereich mit Geschichtslyrik, romantischer Ruinenpoesie oder lyrischem Nekrolog – eine performative Erinnerungsrede und virtuelle Erinnerungsgemeinschaft etablieren. DANIELA GRETZ befasst sich mit der Konstellation von Literatur und Wissenschaft im Rundschau-Format, indem sie für Kellers *Sinngedicht* und Raabes *Lar* die konkreten Anknüpfungspunkte mit den Darwinismus-Diskussionen in der *Deutschen Rundschau* und *Westermanns Monatsheften*, den Ersterscheinungsorten der beiden Erzählungen, rekonstruiert. Der Interdependenz von Völkerkunde und Belletristik widmet sich WERNER GARSTENAUER in seinem Beitrag zu Hans Hermann Behrs Abenteuerromanen (mit mehreren Seitenblicken auf die Romane Gerstäckers). Er zeigt, wie der neuartige Kulturkontakt in der globalisierten Welt in eine menschheitsgeschichtliche Großperspektive eingespannt und zugleich als Reflexionsmaterial für die europäischen Nationalisierungsbestrebungen benutzt wird.

Mit der besonderen Betonung der nationalliberalen Tendenz von Behrs Romanen leitet Garstenauers Beitrag bereits zur fünften Sektion des Bandes über, die der zeitüblichen Tendenzhaftigkeit von Literatur, nun vor allem den *Religiösen*

---

110 Holger Böning/Reinhart Siegert: Volksaufklärung. Biobibliographisches Handbuch zur Popularisierung aufklärerischen Denkens im deutschen Sprachraum von den Anfängen bis 1850. 4 Bde. Stuttgart-Bad Cannstatt 1990 ff.

und sozialpolitischen Tendenzen gilt. Silvia Serena Tschopp behandelt am Beispiel des *Regensburger Marien-Kalenders* den Ausbau des katholischen Volksschrifttums, wobei sie insbesondere auf die Marktstrategien des Verlags Pustet eingeht und ihre Beobachtungen in Beziehung zu Olaf Blaschkes These vom ‚zweiten konfessionellen Zeitalter' setzt. Anja Kreienbrink gibt einen Abriss über die jüdische Unterhaltungspresse und zeigt die literaturdidaktische Intention dieser Zeitschriften an einigen belletristischen Beiträgen von Markus Lehmann, dem Herausgeber des *Israeliten*, auf. Walter Hettche schließlich nimmt Heyses Übersetzungen der anstößigen und antipapistischen Gedichte Giuseppe Gioachino Bellis zum Ausgangspunkt, auf weniger offensichtliche Tendenz-Strukturen auch in Heyses eigenem Werk aufmerksam zu machen.

Damit ist ein Feld von Konstellationen abgeschritten, in denen Literatur mit Öffentlichkeitsbildungen, Medienkonfigurationen, Verlagsstrategien und Marktmechanismen, sich differenzierenden Leserschaften und sich professionalisierenden Belletristikproduzenten, mit Wissensdomänen und sozialpolitischen Tagesfragen stand. Sie hier in einer Mischform von rekapitulierender Darstellung und vertiefender Beispielstudie zusammenzuführen geschah in der Absicht, sie als insgesamt zusammenhängendes Ensemble literaturbestimmender Faktoren im mittleren 19. Jahrhundert in der Realismusforschung stärker präsent zu machen. Wir danken der Volkswagenstiftung, die Tagung und Sammelband im Rahmen meines Forschungsprojektes „Historische Rezeptionsanalyse" finanziell unterstützt hat.

Periodische Presse

Anna Ananieva/Rolf Haaser
Elegante Unterhaltung

Die Leipziger *Zeitung für die elegante Welt* und ihre deutschsprachigen Nachfolger in Prag und Ofen-Pest

Die europäische Kulturgeschichte brachte immer wieder soziale und ästhetische Modelle hervor, die den Eliten erlaubten, sich im Rahmen oder auch in Konkurrenz zu einer vorherrschenden Gesellschaftsordnung als imaginäre Gemeinschaften zu inszenieren. Im 18. Jahrhundert kommt eine solche gemeinschaftsstiftende Funktion bekanntlich den unscharf definierten Ideen wie „honnêteté", „taste" und „Geschmack" zu. Ihre sozio-kulturelle Wirksamkeit bestand darin, dass eine Person nicht mehr allein aufgrund ihrer Herkunft definiert wurde, sondern durch ihre jeweilige Präsenz und individuelles Verhalten als ein „honnête homme", als „gentleman" bzw. „gentlewomen" oder als „Mann und Frau von Geschmack" bestimmbar war.[1]

Im Wechselspiel mit diesen frühneuzeitlichen Idealvorstellungen entwickelte sich ein weiteres sozial-ästhetisches Modell: Die „Eleganz" setzte das Wirkungspotenzial solcher opaker und dennoch kulturell verbindlicher Ideale in die neueren Zeiten fort.[2] Damit mischte sich in die Reihe der Schlüsselbegriffe des *modernen* 19. Jahrhunderts – wie das „Schöne" für Ästhetik und Kunst oder „Bildung" für Wissen und Gesellschaft – eine neue Kategorie, die ihre Wirkungskraft aus der Verbindung von Ästhetik und Gesellschaft bezog.

Unter dem Vorzeichen des Eleganten formierte sich im 19. Jahrhundert ein Phänomen, das eine Steigerung des Lebens durch Ästhetisierung versprach. Die rhetorische Regel der elegantia, die traditionell die Forderungen nach Feinheit, Glätte und Anstand beinhaltet hatte, wurde dabei zu einer der zentralen Kultur-

---

[1] Vgl. Anette Höfer/Rolf Reichardt: Honnête homme, Honnêteté, Honnêtes gens (Handbuch politisch-sozialer Grundbegriffe in Frankreich 1680–1820, H. 7). München 1986; Domna S. Stanton: The Aristocrat as Art: A Study of the „Honnête Homme" and the Dandy in Seventeenth- and Nineteenth-Century French Literature. New York 1980; Rudolf Lüthe/Martin Fontius: Art. „Geschmack". In: Karlheinz Barck (Hg.): Ästhetische Grundbegriffe. Historisches Wörterbuch in sieben Bänden, Bd. 2. München 2010, S. 792–819.
[2] Mit der Kulturpoetik der Eleganz beschäftigt sich Anna Ananieva im Rahmen ihres Forschungsvorhabens, dessen Prämissen und Zwischenergebnisse diesem Beitrag zugrunde liegen. Eine monographische Studie zum Phänomen der Eleganz und der ‚eleganten Welt' des langen 19. Jahrhunderts befindet sich in Vorbereitung; ihre Fertigstellung wird von der Europäischen Union im Rahmen der Marie Sklodowska-Curie Action des Programms „Horizon 2020" im Zeitraum 2016–2018 (Grant agreement No. 655429) gefördert.

praktiken der Moderne, einer umfassenden „Ästhetisierung des Realen"[3] transformiert. Diese Kulturpraktik inaugurierte eine spezifische Ästhetik der Oberfläche als soziales Distinktionsmerkmal. Unter den Bedingungen von kommunikativer und performativer Umsetzung verdichteten sich die Merkmale der Eleganz zu einem lebensstilbildenden Konzept und wurden im sozialen Handeln durch die Beteiligung an spezifischen kulturellen Praktiken, insbesondere der Geselligkeit, Unterhaltung und Freizeit, realisiert. Damit wurde ein gesellschaftlicher Entwurf abseits tradierter Ordnungen bereitgestellt: eine imaginäre Gemeinschaft moderner urbaner Provenienz.

Der Literatur (in der breiten Auffassung des Begriffs) kam in diesem Prozess eine herausragende Stellung zu. Vor dem Hintergrund der sozialen und medialen Transformationen, die das 19. Jahrhundert prägten, wurde das im Wandel begriffene Literatursystem zum Laboratorium neuer Lebensentwürfe: Prominente ebenso wie durch Kanonisierungsprozesse nachträglich marginalisierte Akteure des literarischen Marktes, Schriftsteller und Journalisten, trugen zur Zirkulation und zur Monumentalisierung des Lebensstils der Eleganten und eines damit zusammenhängenden Gemeinschaftsentwurfs bei.

Erstmals direkt als ‚elegante Welt' adressiert wurde die imaginäre Gemeinschaft der Eleganten im deutschsprachigen Raum durch die *Zeitung für die elegante Welt*, die ab dem 1. Januar 1801 im Leipziger Voss Verlag erschien. Sie entsprach dem neuen Zeitungsformat der sogenannten „belletristische Presse", also der feuilletonistischen Kulturzeitungen, die sich durch ein integratives Angebot einer freien Geselligkeit, eine breite Palette an Unterhaltungsszenarien und Aktualität diesbezüglicher Informationen auszeichneten.[4] Das Innovationspotenzial der Leipziger *Zeitung für die elegante Welt* wurde von den zeitgenössischen Medienmachern sofort erkannt und führte umgehend zur Gründung vergleichbarer Konkurrenzprojekte: Den Vorreiter machte 1803 August von Kotzebues *Der Freimüthige* in Berlin. Diesem folgten 1804 die *Petersburgische deutsche Zeitschrift zur Unterhaltung gebildeter Stände* von Traugott Müller, 1806 die *Wiener Allgemeine Theaterzeitung* von Adolf Bäuerle und 1807 Friedrich Cottas *Morgenblatt* in Tübingen bzw. Stuttgart.[5] Ab 1806 führte der *Freimüthige* den Untertitel „Ein

---

[3] Vgl. Gernot Böhme: Zur Kritik der ästhetischen Ökonomie. In: Kaspar Maase (Hg.): Die Schönheiten des Populären. Ästhetische Erfahrung der Gegenwart. Frankfurt a.M. 2008, S. 28–41.

[4] Vgl. Anna Ananieva/Dorothea Böck/Hedwig Pompe: Auf der Schwelle zur Moderne. Szenarien von Unterhaltung in Deutschland zwischen 1780 und 1840. Vier Fallstudien. 2 Bde. Bielefeld 2015.

[5] *Der Freimüthige oder Berlinische Zeitung für gebildete, unbefangene Leser* (Berlin 1803 ff.); *Wiener Theaterzeitung* (*Allgemeine Theaterzeitung und Originalblatt für Kunst, Literatur, Musik,*

Unterhaltungsblatt", womit die griffige Bezeichnung für das neue mediale Format gefunden war, die noch keinen pejorativen Beigeschmack hatte.⁶ Fortan bedienten europaweit zahlreiche solcher feuilletonistischen Unterhaltungsblätter die literarischen Bedürfnisse und kulturellen Interessen eines der deutschen Sprache mächtigen Publikums, bevor sie in der zweiten Jahrhunderthälfte in der Form der Kolportagepresse eine massenmediale Dimension erlangten.⁷

Die eleganten Unterhaltungen der Kulturzeitungen trugen zur Erzeugung neuer literarischer Öffentlichkeiten im Verlauf des 19. Jahrhunderts bei, wobei die imaginäre Gemeinschaft der ‚eleganten Welt' immer wieder neu entworfen und unter Bedingungen des ‚Zeitgeistes' transformiert wurde.⁸ Für den Unterhaltungsdiskurs moderner urbaner Provenienz lässt sich dabei eine gesamteuropäische Topographie kartieren.⁹ Die Wirkungsfelder von deutschsprachigen Ak-

---

Mode und geselliges Leben) (Wien/Triest 1806 ff.); *Morgenblatt für gebildete Stände* (Stuttgart/Tübingen 1807 ff.). Zu der Konkurrenzsituation s. den Artikel in: Neue Leipziger Literatur-Zeitung, Nr. 22 (19. August 1803), Sp. 337–342. – Zu den genannten Konkurrenzblättern s. Ludwig Salomon: Geschichte des deutschen Zeitungswesens von den ersten Anfängen bis zur Wiederaufrichtung des Deutschen Reiches, Bd. 2: Die deutschen Zeitungen während der Fremdherrschaft (1792–1814). Oldenburg/Leipzig 1906, S. 66–76 (zum *Freimüthigen*); S. 230–237 (zum *Morgenblatt*); S. 245–247 (zur *Wiener Theaterzeitung*).
6 Die Bedeutungsverengung, die der Begriff „Unterhaltungsblatt" in der zweiten Hälfte des 19. Jahrhunderts erfuhr, erschwert einen historisch adäquaten Umgang mit dem hier behandelten Zeitungsformat, das treffender als feuilletonistische Kulturzeitung zu charakterisieren ist. Siehe zum Unterhaltungsbegriff Hedwig Pompe: Der Siegeszug von Unterhaltung. In: Ananieva/Böck/Pompe: Auf der Schwelle (Anm. 4), S. 13–24.
7 Kaspar Maase: Grenzenloses Vergnügen. Der Aufstieg der Massenkultur 1850–1970. Frankfurt a. M. 1997. – Zum Themenkomplex Kulturzeitung und Feuilleton s. Günter Oesterle: „Unter dem Strich". Skizze einer Kulturpoetik des Feuilletons im neunzehnten Jahrhundert. In: Jürgen Barkhoff/Gilbert Carr/Roger Paulin (Hg.): Das schwierige neunzehnte Jahrhundert. Tübingen 2000 (Studien und Texte zur Sozialgeschichte der Literatur 77), S. 229–250; Norbert Bachleitner: Fiktive Nachrichten. Die Anfänge des europäischen Feuilletonromans. Würzburg 2012; Hedwig Pompe: Famas Medium. Zur Theorie der Zeitung in Deutschland zwischen dem 17. und dem mittleren 19. Jahrhundert. Berlin 2012 (Communicatio 43).
8 Anhand von programmatischen Aussagen der Redakteure wurden die Veränderungen in dem Konzept eines entsprechenden Adressatenkreises bis in die 1830er Jahre in Bezug auf die mustergebende Leipziger Zeitung exemplarische untersucht: Anna Ananieva: Zur Philosophie der Eleganz und des Umgangs: Karl Gutzkow und die Zeitung für die elegante Welt. In: Wolfgang Lukas/Ute Schneider (Hg.): Karl Gutzkow (1811–1878). Publizistik, Literatur und Buchmarkt zwischen Vormärz und Gründerzeit. Wiesbaden 2013 (Buchwissenschaftliche Beiträge aus dem Deutschen Bucharchiv München 84), S. 49–68.
9 Hier knüpfen wir an die in den letzten Jahren in der Medienwissenschaft zunehmend auch jenseits einer nationalstaatlichen Perspektive verhandelten Fragen von Öffentlichkeit an. Vgl. Michael Brüggemann u. a.: Transnationale Öffentlichkeit in Europa. Forschungsstand und Perspektiven. In: Publizistik 54 (2009), S. 391–414; Jürgen Fohrmann/Arno Orzessek (Hg.): Zer-

teuren und Medien weiteten sich über die staatspolitischen Grenzen deutscher Länder hinaus.[10] Erst die später immer enger gezogenen Konturen nationalorientierter Literaturgeschichtsschreibung ließen sie auf das „Kernland" um Berlin und Weimar schrumpfen. Wenn im mittleren 19. Jahrhundert die imperialen Metropolen London, Paris, Wien und Sankt Petersburg die Maßstäbe für gesellschaftliches und kulturelles Leben städtischer Eliten vorgaben, so schlossen ihre Lebenswelten – nicht nur in Wien – deutschsprachige Unterhaltungsinstitutionen wie Theater und Zeitungen mit ein. In einer produktiven Auseinandersetzung mit den Metropolenkulturen im Norden, Westen und Osten Europas entwickelten sich die aufstrebenden Städte in der Mitte Europas zu neuen urbanen Zentren.[11] Die länderübergreifenden Netzwerke deutschsprachiger Akteure leisteten dazu ihren Beitrag, die Presse wurde zum Motor von Modernisierung durch Unterhaltung. Über die entstehenden neuen Lebenswelten berichteten vor allem die feuilletonistischen Kulturzeitungen bzw. Unterhaltungsblätter zeitnah und ausführlich. Die periodisch erscheinenden Druckerzeugnisse waren damit maßgeblich an der Inszenierung einer neuen imaginären, grenzüberschreitenden Gemeinschaft auch in östlichen Regionen Europas beteiligt, wobei mit Prag und Pest zwei wichtige Knotenpunkte in den Zirkulationsprozessen eleganter Unterhaltung ausgemacht werden können.[12]

---

streute Öffentlichkeiten. Zur Programmierung des Gemeinsinns. München 2002. – Zu neueren kultursoziologischen Positionen vgl. Andreas Langenohl: Imaginäre Grenzen. Zur Entstehung impliziter Kollektivkodierungen in EU-Europa. In: Berliner Journal für Soziologie 1 (2010), S. 45 – 63, hier S. 50 – 52 („Social Imaginaries"). – Zur historischen Situation in Böhmen s. Rita Krueger: Czech, German, and Noble. Status and National Identity in Habsburg Bohemia. Oxford 2009.
10 Vgl. dazu unsere Fallstudie: Wasserströme und Textfluten. Die Überschwemmungskatastrophen 1824 in St. Petersburg und 1838 in Ofen und Pesth als Medienereignisse in der deutschsprachigen Prager Presse. In: Jahrbücher für Geschichte Osteuropas 62 (2014), H. 2: Katastrophen im östlichen Europa, S. 180 – 214.
11 Eine programmatische Fokussierung auf die Austauschprozesse zwischen den urbanen Zentren dieser Region haben die Forscher des SFB „Moderne – Wien und Zentraleuropa um 1900" vorgenommen, die von 1994 bis 2004 an der Universität Graz gearbeitet haben. (Vgl. newsletter MODERNE. Zeitschrift des Spezialforschungsbereichs Moderne – Wien und Zentraleuropa um 1900. Graz, 7. Jg., 2004). Den Modellcharakter einzelner Städte betont der Leiter des SFB in seiner jüngsten Monographie: Moritz Csáky: Das Gedächtnis der Städte. Kulturelle Verflechtungen – Wien und die urbanen Milieus in Zentraleuropa. Wien 2010.
12 Die exemplarische Fokussierung der Untersuchung auf die Prager und Pesther Presse folgt den Vorgaben des Forschungsvorhabens, das vom Oktober 2013 bis Dezember 2015 an der Universität Tübingen von den Verfassern bearbeitet wurde. Die Durchführung des Projekts „Zirkulation von Nachrichten und Waren. Zum Transfer moderner urbaner Lebensformen in der deutschsprachigen belletristischen Presse in Böhmen und Ungarn, 1815 – 1848" wurde von der Beauftragten der Bundesregierung für Kultur und Medien (BKM) gefördert.

Drei in dem mittleren 19. Jahrhundert führende – gleichwohl bislang wenig erforschte – Kulturzeitschriften, die (bereits erwähnte) Leipziger *Zeitung für die elegante Welt*, die Prager Zeitschrift *Ost und West* (mit den Beiblättern *Prag* und *Blätter für Kalobiotik*) und der Pesther *Spiegel* (mit den Beiblättern *Schmetterling* und *Pesther Handlungsblatt*) werden im Folgenden aus medien- und literaturhistorischer Perspektive näher betrachtet. Die Analyse geht der Frage nach, wie diese Kulturzeitschriften ein integratives Angebot auf der Grundlage eines Konzeptes freier Geselligkeit formulierten und auf diese Weise zu Medien und zugleich zu Akteuren von Unterhaltungen der eleganten Welt wurden. Mit dem Schwerpunkt auf den frühen 1840er Jahren fokussiert die Untersuchung einen Zeitabschnitt, in dem der Diskurs der Eleganz von einer Spannung zwischen nationalen Distinktionsabsichten und internationaler bzw. kosmopolitischer Dimension des Phänomens geprägt wurde. Daher wird die Frage gestellt, ob und wie sich die imaginäre Teilhabe an der Kulturpraxis der ‚eleganten Unterhaltung' gegen nationale Vereinnahmung zu sperren und auch politisch-soziale Antagonismen auszublenden vermochte. Vor diesem Hintergrund soll abschließend erläutert werden, inwiefern es sich bei den Kulturzeitschriften ‚eleganter' Provenienz um ein Phänomen der literarischen Öffentlichkeit handelt, das sich den im späteren 19. Jahrhundert retrospektiv geprägten Wahrnehmungsmustern der literarischen Kultur vor 1848 entzieht.

I Die Leipziger *Zeitung für die elegante Welt*

> Wer schreibt und redigirt, soll vor allen Dingen berücksichtigen, für wen er schreibt und redigirt. Die Literaturzeitungen sind für die gelehrte, die Pfennigmagazine für die ungelehrte, – diese Zeitung ist aber für die elegante Welt bestimmt. Was heißt elegante Welt?[13]

Mit dieser Frage eröffnet August von Binzer (1793–1868) den 35. Jahrgang einer der erfolgreichsten deutschsprachigen Kulturzeitungen, der *Zeitung für die elegante Welt*, die seit ihrer Gründung im Jahr 1801 fast ein halbes Jahrhundert hindurch kontinuierlich erschienen war.[14] Mit ihrer programmatischen Ausrichtung auf

---

13 August von Binzer: Die Freunde und Leser. In: Zeitung für die elegante Welt, 35. Jg., Nr. 1 (1. Januar 1835), S. 1–3, hier S. 1. Im Folgenden wird die Abkürzung ZEW verwendet.
14 Die ZEW erschien von 1801 bis 1847 in dem Leipziger Voss Verlag. Nach 1847 wechselte sie mehrfach den Verlag, bis sie 1859 eingestellt wurde. Siehe einen Überblick über den gesamten Erscheinungszeitraum bei Alfred Estermann: Die deutschen Literatur-Zeitschriften. Bibliographien, Programme, Autoren, Bd. 1. Nendeln 1978, S. 129–133. – Für eine erste kleine Kulturgeschichte mit einer Bibliographie des Voss Verlags, der um 1800 zu einem Experimentierlabor für Unterhaltungsformate avancierte, s. Anna Ananieva: Der Leipziger Voss Verlag. Eine Kunst- und

moderne Praktiken der Unterhaltung, der Geselligkeit und des Konsums setzte sie zu Beginn des als markante Epochenzäsur wahrgenommenen neuen Jahrhunderts medientechnisch neue Maßstäbe. Sie begründete den Typus der neuen belletristischen Zeitungen, die den kulturellen Konsum überhaupt in den Mittelpunkt eigener medialer Praktiken stellten.[15] Sie öffnete sich für ein breites Themenspektrum, erschien immer kurztaktiger und setzte auf ein gemischtes (also nicht nur gelehrtes, nicht nur männliches) Lesepublikum. Thematisch umfasste sie tendenziell alle Felder des gesellschaftlichen und kulturellen Lebens gleichermaßen: Religion, Kirche, Musik, Theater, Literatur, Malerei, Plastik, Technik, Politik, Gesellschaft, „Sitte und Unsitte" (so die von der „Eleganten Zeitung", wie sie kurz genannt wurde, im Jahrgang 1841 reklamierten Themenbereiche). Beilagen und Intelligenzblätter trugen zur Ausdifferenzierung dieses umfassenden Themenfeldes bei, indem sie thematische und regionale Schwerpunkte des Kulturkonsums, seiner Gegenstände und Praktiken setzten.

Aus kulturhistorischer Perspektive lassen sich mit dem Erscheinen und dem anschließenden Erfolg dieses Zeitungsformats die markanten Ausdifferenzierungen von Unterhaltungskultur in Verbindung bringen. Denn um 1800 zeichnete sich europaweit die Transformation von Unterhaltung als einer ambitionierten literarischen Konversation hin zur Formenvielfalt verschiedener kultureller Praktiken ab, für die nun ausgreifende Bedürfnisse der Mode, des Luxus und der freien Geselligkeit als Koordinaten dienten. In diesen Transformationsprozessen nahmen die neuen belletristischen Zeitungen und Zeitschriften eine führende Stellung ein. In-

---

Buchhandlung um 1800. In: A. A./Dorothea Böck/Hedwig Pompe: Auf der Schwelle zur Moderne. Szenarien von Unterhaltung in Deutschland zwischen 1780 und 1840. Vier Fallstudien. 2 Bde. Bielefeld 2015, Bd. 2, S. 437–635. Eine umfassende medien- und kulturhistorische Studie zu der ZEW befindet sich in Vorbereitung. – Die erste Vorarbeit für eine Geschichte der ZEW, die den Erscheinungszeitraum bis 1844 berücksichtigt, beinhaltet eine unveröffentlicht gebliebene Dissertation: Hans Halm: Die Zeitung für die elegante Welt (1801–1844). Ihre Geschichte, ihre Stellung zu den Zeitereignissen und zur zeitgenössischen Literatur. Diss. München 1924 (Maschinenschrift, UB München, Signatur: 0001/U 24–8188). Die wenigen publizierten Abhandlungen zur ZEW beziehen sich weitgehend auf die erste Redaktionszeit von Heinrich Laube: Ellen von Itter: Heinrich Laube. Ein jungdeutscher Journalist und Kritiker. Frankfurt a.M. u.a. 1989 (Buchwissenschaftliche Beiträge aus dem Deutschen Bucharchiv München 1143); Peter Hasubek: Art. „Zeitung für die elegante Welt". In: Gutzkows Werke und Briefe. Kommentierte digitale Gesamtausgabe. Hg. vom Editionsprojekt Karl Gutzkow. Materialien: Gutzkow-Lexikon. Münster 2001 (CD-Rom). URL: http://projects.exeter.ac.uk/gutzkow/GuLex/elegant.htm (letzter Zugriff 9. Januar 2012).

15 Mit dem Projekt der *Zeitung für die elegante Welt* setzen sich der Verleger Georg Voss und sein Redakteur Karl Spazier in mehrfacher Hinsicht von dem bei Friedrich Justin Bertuch in Weimar erscheinenden *Journal des Luxus und der Moden* (1786–1827) ab und läuten damit die „schöne Morgenröte belletristischer Tageblätter" (Hauff, vgl. Anm. 17) ein.

dem sie ein integratives Angebot auf der Grundlage eines Konzeptes freier Geselligkeit formulierten, wurden sie zu Medien und Akteuren all jener Formen von Unterhaltungen der eleganten Welt, die die urbane Moderne des 19. Jahrhunderts prägten.[16]

Als August von Binzer mit seiner Frage „Was heißt elegante Welt?" den 35. Jahrgang der Eleganten Zeitung eröffnete, gehörte „die schöne Morgenröte belletristischer Tageblätter",[17] wie Wilhelm Hauff die Gründungsjahre bezeichnet hat, bereits der Vergangenheit an.[18] Das Format genoss immer noch große Beliebtheit: Geriet man, so Hauff in einer Rundschau des aktuellen Zeitschriftenmarktes im Jahr 1827, in „ein öffentliches Lesekabinett", so sah man „zum wenigsten dreißig Blätter verschiedenen Zeichens, die sich alle die ‚zweckmäßigste und angenehmste Unterhaltung des Publikums' zur Pflicht gemacht haben!"[19] Allerdings hatte das Erfolgskonzept dieser Zeitung seine vormals innovative Kraft offensichtlich verloren, wie Hauff konstatierte: „Die ‚Zeitung für die elegante Welt' hat längst aufgehört, eine Zeitung für die elegante Welt zu sein, denn schon seit geraumer Zeit ist sie zu alt, um noch eine elegante Toilette zu machen".[20] Es erscheint daher nur als konsequent, dass der Verleger der *Eleganten Zeitung* nach Verbesserungen suchte und schließlich zu einem wirksamen „Verjüngungsmittel"

---

16 Kritische Zeitgenossen haben die Ambivalenz einer solchen „Eleganz für alle" früh verspürt; so hat Jean Paul in satirischer Absicht die gesellschaftliche Situation um 1800 bildstark mit dem Quecksilber in Verbindung gebracht. Der mediengewandte Schriftsteller taufte damit das beginnende Jahrhundert als „quecksilbernes Zeitalter". Jean Paul: Flegeljahre [1804/05]. In: J. P.: Sämtliche Werke. Hg. von Norbert Miller. Frankfurt a. M. 1996, Abt. 1, Bd. 2, S. 720 f.
17 Wilhelm Hauff: Die belletristischen Zeitschriften in Deutschland. In: Blätter für literarische Unterhaltung 1827. Hier zit. nach W. H.: Sämtliche Werke in drei Bänden. Textred. u. Anm. Sibylle von Steinsdorff. Nachw. u. Zeittafel Helmut Koopmann, Bd. 3: Phantasien und Skizzen u. a. München 1970, S. 147–157, hier S. 149.
18 Zu dem Zeitpunkt, da von Binzer für die Redaktion der ZEW verantwortlich zeichnete, hatte die Zeitung bereits eine wechselvolle Geschichte hinter sich. Die Friedenseuphorie des Jahrhundertbeginns, die den Leipziger Verleger Georg Voss (1765–1842) und den Dessauer Schöngeist Karl Spazier (1761–1805) dazu bewogen hatte, das in seiner Art damals einzigartige Zeitungsprojekt auf die Beine zu stellen, hatte sich bald als trügerisch erwiesen. Das anfänglich prosperierende Periodikum hatte nach Spaziers Tod die politischen und ökonomischen Wechselbäder der Rheinbundzeit zu meistern. Der nunmehrige Redakteur August Mahlmann (1771–1826) navigierte das Unternehmen letztlich erfolgreich durch eine Phase des aufgewühlten Stimmungswandels, der mit dem Ende der napoleonischen Ära einherging. Unter der Leitung des Sohnes des Verlagsgründers, Leopold Voss (1793–1868), hielt Mahlmanns Nachfolger Methusalem Müller (1771–1837) die Zeitung in der Restaurationszeit eng auf biedermeierlichem Kurs, bis die Politisierung der literarischen Öffentlichkeit zu Beginn der 1830er Jahre einen einschneidenden Kurswechsel zu gebieten schien.
19 Hauff: Die belletristischen Zeitschriften (Anm. 17), S. 148.
20 Hauff: Die belletristischen Zeitschriften (Anm. 17), S. 151.

griff, indem er 1832 Heinrich Laube, 1834 August von Binzer und später Gustav Kühne als Redakteure engagierte.

Die zur Tradition der Zeitung gewordene gemeinschaftsbildende Funktion der Unterhaltung, die medial realisierte Teilhabe an den geselligen Ereignissen der eleganten Gemeinschaft, wurden in den neuen Kontext der jungdeutschen Publizistik eingelassen und unter der Voraussetzung einer „um uns rausch[enden] Geschichte" „der neuen Zeit"[21] transformiert. Anstelle des ‚Wohlgefallens' und des ‚geselligen Tons' der ‚alten' *Eleganten Zeitung* wurden nun neu akzentuierte „Bedürfnisse der Gegenwart" als Richtlinie für die Berichterstattung ausgegeben und „Kritik und Leben" als Gegenstände des neuen journalistischen Programms aufgestellt.[22] „Zum vollen Costüm neuer Eleganz gehört auch Anlegung des glänzenden Waffenschmucks der neuen Zeit – der Kritik",[23] erklärte Laube, als er 1833 seine literaturkritischen Absichten der Leserschaft der *Eleganten Zeitung* zu Beginn seiner Redaktionszeit unterbreitete.

In den programmatischen Reflexionen über das Publikum wurden nicht nur wesentliche Züge dieser medial konstruierten Gemeinschaft skizziert, sondern auch räumliche Bilder ihrer Verortung entworfen. Während Laube 1833 sein erstes Programm in der *Eleganten Zeitung* bildhaft mit einem Vogelflug begann, der in einem gemütlichen Wohnzimmer endete,[24] wählte sein Nachfolger von Binzer zwei Jahre später eine andere Bildersprache: er sah sich inmitten eines großen

---

21 Heinrich Laube: Vorwort zum Jahresgange 1833. In: ZEW, 33. Jg., Nr. 1 (1. Januar 1833), S. 1 f., hier S. 1.
22 Wie die Forschungen zur historischen Semantik zeigen konnten, wird „Gegenwart" erst seit den 1790ern temporalisiert und im Gegensatz zu der früheren raumbezogenen Vorstellung als die Zeitdimension zwischen Vergangenheit und Zukunft gefasst (Ingrid Oesterle: Der ‚Führungswechsel der Zeithorizonte' in der deutschen Literatur. Korrespondenzen aus Paris, der Hauptstadt der Menschheitsgeschichte, und die Ausbildung der geschichtlichen Zeit ‚Gegenwart'. In: Dirk Grathoff (Hg.): Studien zur Ästhetik und Literaturgeschichte der Kunstperiode. Frankfurt a. M. u. a. 1985 (Gießener Arbeiten zur neueren deutschen Literatur und Literaturwissenschaft 1), S. 11 – 75, hier S. 48 f.). Unter den Bedingungen zunehmender Temporalisierung im 19. Jahrhundert findet eine durchgreifende Umstellung auf das Prinzip der Zeitlichkeit statt, die „als irreversible *Bewegung* gefasst werden kann. Damit verbunden ist eine Abkehr von den überkommenen Modellen der Lebenspraxis, die die Welt als einen im Prinzip gleich bleibenden Raum wahrnahmen, in den sich Typen und Charaktere eintragen ließen." (Jürgen Fohrmann: Der Intellektuelle, die Zirkulation, die Wissenschaft und die Monumentalisierung. In: J. F. [Hg.]: Gelehrte Kommunikation. Wissenschaft und Medium zwischen dem 16. und 20. Jahrhundert. Wien u. a. 2005, S. 325 – 480, hier S. 331 [Herv. im Orig.].) Zur Durchsetzung der Temporalisierung s. Reinhart Koselleck: Vergangene Zukunft. Zur Semantik geschichtlicher Zeiten. Frankfurt a. M. 1979.
23 Heinrich Laube: Literatur. In: ZEW, 33. Jg., Nr. 3 (4. Januar 1833), S. 9 – 12, hier S. 9.
24 Laube: Vorwort (Anm. 21).

Gesellschaftssaals.²⁵ In seiner Reflexion über das Publikum, das diesen Saal füllte, blickte er zurück und setzte sich mit der Vergangenheit der Zeitung auseinander. In den Mittelpunkt seiner programmatischen Überlegungen rückte der neue Redakteur eine Neudefinition des „Eleganten": und zwar als einer Kategorie, die „nicht blos Feinheit und Artigkeit, sondern auch Anstand, gebildete Lebensart, geschmackvolle Schönheit, geläuterten Geschmack in allen Dingen"²⁶ umfassen sollte. Einer neu zu bestimmenden Eleganz verlieh von Binzer ihre Konturen, indem er in zwei Richtungen polemisierte: Zum einen protestierte er gegen eine gängige Auslegung von „eleganter Welt", die als gleichbedeutend mit „vornehmer Welt" verstanden und gebraucht werde. Zum anderen ging er auf kritische Distanz gegenüber dem Gründungsprogramm der Zeitung, das sich dem freien Lauf der Mode und somit ihren „Launen" in den Dienst gestellt habe.²⁷

Seine Argumentation war zweifach ausgerichtet: von Binzer positionierte die Vorstellung von dem eleganten Publikum erstens kritisch gegenüber einer sozialen Formation (vornehme Gesellschaft) und zweitens gegenüber ihren kulturellen Praktiken (Mode und Konsum). „*Stillstand* ist Tod, und *Vorwärts!* ist die Losung und Lösung alles Lebens."²⁸ Der neue Redakteur griff also den Bewegungsimperativ des Modernen auf, der bereits unter Laubes Redaktion zur Dynamisierung der *Eleganten Zeitung* beigetragen hatte. Damit blieb die Temporalität des publizistischen Unternehmens weiterhin als ‚irreversible Bewegung' nach vorne gültig, sie wurde aber nun als eine „freie Hemmung der Bewegung in den Grenzen der Eleganz"²⁹ verstanden. Die Aufgabe des Redakteurs gestaltete sich dementsprechend „im Interesse der *eleganten* Welt an der Vervollkommnung jener *freien* Hemmung der Lebensuhr zu arbeiten".³⁰

Was August von Binzer programmatisch formulierte, wurde in der Redaktionszeit seines Nachfolgers Gustav Kühne (1806–1888) in bemerkenswerter Kon-

---

25 Von Binzer: Freunde und Leser (Anm. 13), S. 1–3. Von Binzer war Redakteur der ZEW von August 1834 bis Ende Mai 1835.
26 Von Binzer: Freunde und Leser (Anm. 13), S. 1.
27 Von Binzer: Freunde und Leser (Anm. 13), S. 1. – Damit distanziert sich von Binzer von der programmatischen Deutung der Titelvignette der Zeitung („Allegorie"), die in der ersten Nummer enthalten war: „So wie hier die phantastischen Ungeheuer im ersten Moment nach entgegengesezten Richtungen ins Unendliche sprengen, so entschlüpfen der Regel des Schönen und Wahren die wandelbaren, grotesken Geburten der launenhaften Mode. Sie nach Gesezen der Schönheit leiten zu wollen, bleibt ein unvergoltenes Wagstück, eine geniale Träumerei." Zeitung für die elegante Welt, 1. Jg., Nr. 1 (1. Januar 1801), S. 2.
28 Von Binzer: Freunde und Leser (Anm.13), S. 2.
29 Von Binzer: Freunde und Leser (Anm. 13), S. 2.
30 Von Binzer: Freunde und Leser (Anm. 13), S. 3 (Herv. im Orig.).

sequenz praktisch umgesetzt. Freier Geschmack, freie Produktion, aber keine Unterhaltung ohne höhere Ziele, bildeten die Grundlagen seiner Redaktionszeit.[31]

An der *Eleganten Zeitung* der Vormärzzeit zeichnete sich dieselbe divergierende Tendenz ab, die auch die Modernisierung des Konzepts der ‚eleganten Welt' in der ersten Hälfte des 19. Jahrhunderts prägte: Einerseits vollzog das Modell des Eleganten eine Inklusionsbewegung, indem es auf einen breiten Adressatenkreis, eine „auf das bunteste gemischte Gesellschaft", so von Binzer, abzielte. Dies entsprach der ursprünglichen inkludierenden Tendenz des Projekts – Partizipation an der Gemeinschaft durch Geselligkeit und Unterhaltung. Andererseits ordnete sich die mediale Konstruktion einer imaginären Gemeinschaft der Eleganten zunehmend einem Imperativ der vollkommenen Verschönerung unter. Diese nahm die Form einer ästhetischen Arbeit an, die sich der Individualität verschrieb, sich auf alle Bereiche des Lebens erstreckte und zunehmend einen Charakter des Exklusiven für sich beanspruchte.

In dem mittleren 19. Jahrhundert wurde unter dem Bewegungsimperativ einer neuen Publizistik die Ästhetisierung des ‚ganzen Lebens' vehement gefordert und erprobt. Politisch motivierte Elegants dieser Zeit verwarfen Muster friedlicher eleganter Geselligkeit, deklarierten diese als überkommen und formulierten neue Elitenmodelle nationaler Provenienz. In diesen Zeiten des Aufkommens der Schnellpresse und der Verbreitung des Vereinswesens wurde der Diskurs der Eleganz von einer Spannung zwischen nationalen Distinktionsabsichten und internationaler bzw. kosmopolitischer Dimension des Phänomens geprägt.

Wie ein kosmopolitisches Konzept „eleganter Unterhaltung" trotz nationalistischer Widerstände durchgehalten werden konnte, soll hier am Beispiel der in Prag erscheinenden feuilletonistischen Kulturzeitschrift *Ost und West* vorgestellt werden.

II Die Prager Zeitschrift *Ost und West*

Die Zeitung *Ost und West* (1837–1848, Beilagen *Prag* und *Blätter für Kalabiotik*) erschien im Prager Gerzabek-Verlag in einer Zeit, in der sich die einst mustergebende *Elegante Zeitung* in Leipzig, wie oben beschrieben, zu erneuern versuchte. Die zweimal wöchentlich in Royal-Quart erscheinende Prager Zeitschrift, die den Untertitel „Blätter für Kunst, Literatur und geselliges Leben" führte, war als belletristisches und populärwissenschaftliches Unterhaltungsblatt mit monatlichen

---

[31] Vgl. Studien und Kritiken der deutschen Journalistik. 3. Heft. Hanau 1839, S. 303–313.

Musikbeilagen konzipiert.[32] Sie brachte transnationale Korrespondenzberichte, u. a. aus Paris, Sankt Petersburg, Wien, Mailand, Triest, Berlin, Czernowitz oder Hamburg, und verfügte über moderne feuilletonistische Beiträge internationalen Zuschnitts. Ihre Unverwechselbarkeit erlangte sie dadurch, dass sie dezidiert eine Annäherung an die verschiedenen slawischen Öffentlichkeiten zum Ziel hatte. Sie enthielt zahlreiche Berichte über Literatur und Leben aller slawischen Völker und Übersetzungen aus allen slawischen Literaturen. Der Redakteur Rudolph Glaser machte die Zeitschrift zum Labor eines europäischen Kulturraumes, das nicht zuletzt auch den russischen Beitrag zur europäischen Modernisierung im 19. Jahrhundert betrachtete. (Abb. 1)

Rudolf Glaser[33] wurde 1801 als Sohn eines deutsch-böhmischen Schauspielerehepaares in Prag geboren. Schon als Gymnasiast publizierte er unter dem Pseudonym „Alfrid" für verschiedene österreichische Blätter und lieferte als junger Mann literarische Beiträge für die von Methusalem Müller redigierte *Zeitung für die elegante Welt* und für Menzels *Literaturblatt*, dem Beiblatt zu Cottas *Morgenblatt für gebildete Stände*. Später war er auch Korrespondent aus Böhmen für Cottas *Allgemeine Zeitung*. Glaser studierte Philosophie und Rechtswissenschaften und lehrte nach Abschluss des Studiums als Adjunkt Moralphilosophie an der Prager Universität, wo er vor allem als Vertreter der Philosophie Herbarts in Erscheinung trat. 1837 nahm er eine Stelle an der Universitätsbibliothek in Prag an, die ihm genügend Raum ließ, seine im selben Jahr gegründete Zeitschrift *Ost und West* herauszugeben. Er redigierte das Blatt während seines gesamten Erscheinungszeitraumes vom 1. Juli 1837 bis Ende Juni 1848. Dabei wurde er von seiner ebenfalls als Schriftstellerin auftretende Frau Juliane, der Schwester des gefeierten Dichters Karl Egon Ebert, unterstützt, die er 1838 geheiratet hatte. Als Herausgeber und Publizist strebte Glaser programmatisch den Ausgleich zwischen ‚Slawen'

---

32 Zu den editorischen Daten der Zeitschrift vgl. Alois Hofman: Die Prager Zeitschrift *Ost und West*. Ein Beitrag zur Geschichte der deutsch-slawischen Verständigung im Vormärz. Berlin 1957 (Veröffentlichungen des Instituts für Slavistik/Deutsche Akademie der Wissenschaften zu Berlin 13), S. 42, Fußnote 2. – Hofmans unter marxistischen Prämissen publizierte Arbeit ist die bislang einzige, die sich mit der Zeitschrift ausgiebig befasst. Hofmans Ansatz ist in zweifacher Hinsicht einseitig fokussiert; zum einen beschränkt er sich auf den rein literarisch-belletristischen Aspekt, zum anderen kapriziert er sich ausschließlich auf die bilaterale Wechselbeziehung der deutschen und slawischen Literaturen. Der ganze Bereich der der nicht-literarischen Kulturpraktiken bleibt dabei ebenso außen vor wie deren übergreifender universaler Zusammenhang. Eine Ursache dafür mag sein, dass er die Beiblätter *Prag* und *Blätter für Kalobiotik*, in denen für diese Richtung einschlägige Themen vorzugsweise behandelt wurden, nicht berücksichtigte.
33 Karl Viktor Hansgirg: Rudolf Glaser. Biographisch-literarische Skizze. In: Mittheilungen des Vereines für Geschichte der Deutschen in Böhmen 8 (1870), H. 7, S. 246–259.

und ‚Deutschen' an. Sein Haus war dem freien geselligen Umgang geöffnet und wurde zwischen 1838 und 1848 ein Mittelpunkt des geistigen Lebens Prags.

Als Redakteur und Herausgeber der *Ost und West* gelang es Glaser, eine Reihe von namhaften Schriftstellern für das kulturvermittelnde Konzept des Blattes zu interessieren und als Mitarbeiter zu gewinnen, darunter Willibald Alexis, Friedrich von Sallet, Ferdinand Freiligrath, Karl Immermann, Wilhelm Müller, Karl Gutzkow, Heinrich Laube, Robert Prutz, Heinrich Stieglitz, Moriz Carriere, Leopold Schefer, Karl Beck, Berthold Auerbach u.v.a.

Der Vertrieb der Zeitschrift wurde in Prag, Wien und Leipzig organisiert; die Kommission für das nicht-habsburgische Ausland hatte zuerst das Leipziger Verlagshaus Friedrich August Leo,[34] ab 1838 Friedrich Fleischer und ab 1842 F. Hofmeister, beide ebenfalls in Leipzig, inne. In der Aufmachung folgte das Blatt dem von der *Zeitung für die elegante Welt* bzw. von den ihr nachfolgenden Journalen vorgegebenen Muster.

Eine erste Probenummer war 1837 erschienen und wartete mit einem als Brief an die Redaktion inszenierten Leitartikel von Willibald Alexis (Pseudonym für Wilhelm Häring) auf.[35] Alexis, der zwei Jahre zuvor die Redaktion des *Berliner Konversationsblattes* niedergelegt hatte, entwarf darin ein Szenario der Schwierigkeiten, mit denen ein neues Kulturjournal zu rechnen habe. Die Zeiten, in denen die *Zeitung für die elegante Welt*, der *Freimüthige* oder das *Morgenblatt* mit ihrem überregionalen Ansatz sich auf Anhieb mit großem Erfolg hätten etablieren können, seien endgültig vorüber. Von dieser Beschränkung seien vor allem solche Journale betroffen, die sich über örtliche Grenzen hinwegsetzen wollten, „die alles Bisherige zu überflügeln versprechen und, nicht mit ihrem Lande zufrieden, Deutschland, Europa, ja lieber die ganze Welt der Bildung ins Auge fassen, im Auge behalten wollen".[36] Mit dieser Bemerkung zielte Alexis insbesondere auf den Punkt 6 des Pränumarationsprospektes der Zeitschrift, der „[g]edrängte und charaktarestische Übersichten der künstlerischen, literarischen und industriellen Bestrebungen an den Hauptpunkten Europas, wobei vorzüglich auf Böhmen, die übrigen slawischen Länder und auf Ungarn Rücksicht genommen wird",[37] in Aussicht stellte.

---

34 Zu Leo, einem früheren Compagnon von Georg Voss, s. Anna Ananieva: Leipziger Voss Verlag (Anm. 14), S. 442–450, 472–480.
35 Willibald Alexis: Eine Epistel an den Redacteur. In: Ost und West. Probebogen, 1837 [ohne Datum], S. 1–4.
36 Alexis: Eine Epistel (Anm. 35), S. 1.
37 Nach dem Wiederabdruck des als eigenständiger Druck kursierenden Prospektes bei Hofman: Die Prager Zeitschrift Ost und West (Anm. 32), S. 27.

Die skeptische Bilanz, die Alexis über den deutschen Journalismus zog, begründete sich seiner Meinung nach durch die fortschreitende Zersplitterung der urbanen Öffentlichkeiten. Nicht allein jedes Land, sondern jede Stadt wolle ihre eigenen schönwissenschaftlichen Blätter produzieren. „Ja in großen Städten gibt es wieder Unterabtheilungen, Districte, die ihre eigenen journalistischen Blättchen haben, deren Centralpunkte an Restaurationen, Theater, Kaffeehäuser und Conditoreien geknüpft sind."[38] (Abb. 2)

Auf den von Alexis skizzierten Problemzusammenhang der Zersplitterung der urbanen Teilöffentlichkeiten reagierte das Prager Journal durch die Gleichzeitigkeit des Lokalen und Internationalen;[39] offensichtlich ein gangbarer Weg zum Erfolg, denn bereits zwei Jahre nach dem Erscheinen der ersten Probenummer konnte Glaser auf das errungene internationale Renommé seines Journalprojektes verweisen. Einzelne Beiträge aus *Ost und West* seien ins Französische, Polnische, Illyrische und Magyarische übersetzt worden.[40] Trotz des wachsenden Nationalisierungsdruckes in weiten Teilen der böhmischen Öffentlichkeit baute Glaser das internationale Profil seines Blattes weiter aus. Die Zeitschrift sollte nun „sowohl einen vergleichenden, übersichtlichen Blick in den Osten und Westen Europa's gewähren, als auch die gegenseitigen Interessen Beider durch ihre unmittelbare Berührung wecken und heben."[41] Eine markante Ausdehnung erfuhr das Blatt in Richtung Südosteuropa, besonders nach Ungarn, nicht zuletzt ablesbar an der Tatsache, dass die Korrespondenzen aus Pesth an Umfang erheblich zunahmen.[42] Einer Notiz der *Zeitung für die elegante Welt* aus dem Jahr 1841 zufolge zeigte sich die Wirkung des Journals u. a. in den zeitgenössischen Konversationslexika, bei denen die neueren Artikel über den slawischen Osten, besonders über böhmische,

---

38 Alexis: Eine Epistel an den Redacteur (Anm. 35), S. 1.
39 Der von Günter Oesterle mit Blick auf die Kulturpoetik des Feuilletons konstatierte kulturgeschichtliche Befund, „daß das Feuilleton sich aus der eigenwilligen Kombination von Internationalität und Lokalität speist", gilt in besonderem Maße für die im vorliegenden Beitrag besprochenen feuilletonistischen Kulturzeitschriften. Vgl. Günter Oesterle: „Unter dem Strich". Skizze einer Kulturpoetik des Feuilletons im neunzehnten Jahrhundert. In: Jürgen Barkhoff/Gilbert Carr/Roger Paulin (Hg.): Das schwierige neunzehnte Jahrhundert. Germanistische Tagung zum 65. Geburtstag von Eda Sagarra. Tübingen 2000 (Studien und Texte zur Sozialgeschichte der Literatur 77), S. 229–250, hier S. 231.
40 Einladung zur Pränumeration auf den vierten Jahrgang (1840) der Zeitschrift *Ost und West* [...]. In: Ost und West, Nr. 96 (30. November 1839), Außerordentliche Beilage, S. 424.
41 Einladung zur Pränumeration (Anm. 40), S. 424.
42 Auch der deutsch-ungarische Publizist und Kulturvermittler Karl Rumy bestätigt in einer Zuschrift aus Gran, dass das Blatt in Ungarn „fleißig gelesen [werde], und zwar nicht nur von Deutschen, sondern auch von Slawen und Magyaren." – Karl Rumy: Aus Ungarn. In: Ost und West, Nr. 77 (25. September 1839), S. 332.

polnische, slowakische und illyrische Literatur, aus Artikeln der *Ost und West* kompiliert seien.[43] Dieses erweiterte Profil spiegelte sich auch in der räumlichen Verbreitung; 1843 nennt Glaser explizit Bukarest, Den Haag, Kopenhagen, London, Brüssel, Paris, Warschau, Riga, Königsberg, Petersburg und Stockholm als die Orte, wohin die Zeitung „sich den Weg gebahnt" habe.[44]

Die erfolgversprechende Kombination von Lokalem und Internationalem kam auch in den Beiblättern zur Anwendung, die der Zeitung beigelegt wurden.

Das viermal wöchentlich in Oktavformat erscheinende Beiblatt *Prag* wurde 1841 als Konkurrenzblatt zur bereits bestehenden, renommierten und gefestigten *Bohemia*[45] ins Leben gerufen. Diese Konkurrenzsituation erforderte zur Durchsetzung Zugeständnisse an den zunehmend mit nationalen Ideologien durchzogenen Zeitgeist. Die Leitung des Beiblattes, das auch einzeln beziehbar war, übernahm der Musikkritiker Bernhard Stolz; Glaser selbst beteiligte sich persönlich mit vielfältigen Beiträgen.

Einer der Mitarbeiter von *Ost und West*, Wilhelm Bronn (Baron Puteany), entfaltete und entwickelte in einer Reihe von Beiträgen ein eigenes Konzept der angewandten Ästhetik, das er *Kalobiotik* bzw. Schönlebekunst nannte.[46] Bronn ging es dabei um eine ganzheitliche Auffassung des menschlichen Lebens. Dies sollte nach Bronns Vorstellungen so aufgefasst und gestaltet werden, dass es Vernunft, Phantasie und Gefühl sowohl körperlich als auch geistig auf eine möglichst harmonische Weise ansprach.[47] Das Projekt verfolgte die Wunschform

---

43 Notiz. In: Zeitung für die elegante Welt, Nr. 95 (15. Mai 1841), S. 380.
44 Einladung zur Pränumeration auf den achten Jahrgang (1844) der Zeitschrift *Ost und West*. In: Ost und West, Nr. 96 (1. Dezember 1843), S. 383f.
45 Die 1828 als Unterhaltungsbeilage der *Prager Zeitung* gegründete *Bohemia* erschien seit 1832 unter dem Titel „Bohemia, ein Unterhaltungsblatt". Die Zeitschrift, die im Jahr 1838 dreimal wöchentlich herauskam, wurde in dieser Zeit von den Brüdern Ludwig, Andreas, Gottlieb und Rudolph Haase verlegt und redigiert. Neben belletristischen Beiträgen und Aufsätzen vermischten Inhalts enthielt der Jahrgang Theater- und Konzertberichte, Mitteilungen aus dem geselligen Leben Prags, Korrespondenzen aus dem In- und Ausland und, speziell in der Badesaison, gesellschaftliche Neuigkeiten aus den böhmischen Bädern. – Zur Geschichte des Blattes nach 1848 s. Petronilla Ehrenpreis: Die deutschsprachige Reichspresse Böhmens und Ungarns. In: Helmut Rumpler/Peter Urbanitsch (Hg.): Die Habsburgermonarchie 1848–1918, Bd. 8,2: Die Presse als Faktor der politischen Mobilisierung. Wien 2006, S. 1791–1808.
46 Hansgirg: Rudolf Glaser (Anm. 33), S. 254.
47 Schon Karl Spazier ging von einer Bestimmung des Menschen zum Wohlseyn aus: „Nicht Alle sind dazu bestimmt, gründlich zu seyn und Gründlichkeit zu verlangen, so wenig als alle Menschen Bergleute oder Kunst- und Wissenschaftslehrer zu seyn brauchen. Aber zum *Wohlseyn* ist jeder gesittete und gebildete Mensch berufen." Karl Spazier: Prospekt der Zeitung für die elegante Welt. In: Intelligenzblatt der Allgemeinen Literatur-Zeitung, Nr. 150 (17. November 1800), Sp. 1266–1268, hier Sp. 1267 (Herv. im Orig.).

des Ausgleiches zwischen ‚kulturellem' und ‚natürlichem' Zustand, einer von jeder künstlichen Steigerung und Verfeinerung freien Lebensweise. Mit seinem Projekt löste Bronn das Konzept der Kalobiotik aus dem engeren medizinisch-diätetischen Zusammenhang heraus, in dem es im Anschluss an Hufelands Lehre von der Makrobiotik von Philipp Karl Hartmann zu Anfang des 19. Jahrhunderts in seiner „Glückseligkeitslehre"[48] situiert worden war.

Bronn hatte seine Idee der Kalobiotik bereits vor seiner Mitarbeit an der Zeitschrift 1835 und 1838 in einem zweibändigen Werk der Öffentlichkeit unterbreitet.[49] Damit hatte er das Interesse Glasers geweckt, dessen Meinung nach das Werk „bedeutend in die Culturinteressen der Gegenwart" eingriff und „die höchste Beachtung eines Jeden [...], der das Schöne und den Fortschritt der Menschheit liebt", verdiente.[50] Wie Glaser verfolgte Bronn in ästhetischer Hinsicht das Konzept eines universalen Weltgeschmacks, der sich über einseitige nationale Schönheitskonzepte erheben sollte.[51] Glaser regte zahlreiche weitere Beiträger seiner Zeitschrift an, sich auf diesem neuen Feld der Publizistik zu betätigen und gewann dadurch eine solche Fülle an Material, dass er sich in der Lage sah, zur Behandlung dieses Themas ein eigenes Beiblatt zu gründen. Dieses erschien unter dem Titel „Blätter für Kalobiotik" von 1845 an bis zu dem durch die revolutionären Ereignisse des Jahres 1848 erzwungenen Ende der Zeitschrift. Mitarbeiter waren neben dem Ideengeber Bronn Autoren wie Theodor Mundt, Eduard Silesius und Braun von Braunthal. Das Beiblatt diente als Diskussionsforum für eine Öffentlichkeit, die dem von Bronn und Glaser aufgestellten Postulat des schönen Lebens unter Einschluss der damit formulierten kosmopolitischen Implikationen positiv gegenüber stand.

Die *Blätter für Kalobiotik* behandelten neben Fragen der Diätetik, der Geselligkeit, kulturellen Unterhaltungspraxis sowie der Warenproduktion und -zirkulation zunehmend auch Themen der Landesverschönerung als Voraussetzung für

---

[48] Philipp Karl Hartmann: Glückseligkeitslehre für das physische Leben des Menschen, oder die Kunst, das Leben zu benutzen und dabey Gesundheit, Schönheit, Körper- und Geistesstärke zu erhalten und zu vervollkommnen. Dessau 1808. – Bezeichnender Weise war dieser Band bei Georg Voss, also in demselben Verlag erschienen, in dem auch die *Zeitung für die elegante Welt* aufgelegt wurde.
[49] Wilhelm Bronn: Für Kalobiotik, Kunst, das Leben zu verschönern, als neu ausgestecktes Feld menschlichen Strebens. Winke zur Erhöhung und Veredlung des Lebensgenusses. 2 Bde. Wien 1835/1838.
[50] Redaktionsanmerkung zu Wilhelm Bronn: München und Hohenschwangau für Lebensverschönerung. In: Ost und West, Nr. 44 (1. Juni 1839), S. 181 f.
[51] Formulierungen wie „Urschönheit des Menschenkörpers" und eine „an großen Gebilden der Welt erzogen[e]" Baukunst verweisen auf diesen geschmacksbildenden kosmopolitischen Universalismus (Bronn: München und Hohenschwangau [Anm. 50], S. 181).

die Verschönerung des individuellen Lebens. Unter dem imaginativen Leitbild eines „gentleman at large"[52] ging es Bronn und den Mitarbeitern des Beiblattes im Grunde um die Herstellung einer kalobiotischen Kompetenz auf Seiten der Leserschaft. Dazu nahm die Redaktion Ereignisse auf internationaler Ebene ins Visier und wertete sie unter dem Aspekt des Kalobiotischen. Städtisches wie ländliches Leben wurde in ihrem Verhältnis zur Schönlebekunst beleuchtet. Es entstand eine feuilletonistische Kulturzeitschrift der Kalobiotik, d. h. ein Beiblatt, das konsequent kalobiotischen Lebensstil mit kosmopolitischem Selbstverständnis verknüpfte. Die Kunst, schön zu leben, wurde von ihren Anhängern als Mittel der Konstituierung der Gesellschaft auf ‚bio-ästhetischer' Grundlage aufgefasst. Das Identifikationsangebot eines kalobiotischen life-building vertrat in dieser Teilöffentlichkeit die Stelle von Konstrukten nationaler Identität, die im Zuge des nation-building ab etwa 1840 an Konjunktur gewannen.

Es erscheint bemerkenswert, dass das Blatt während seines Erscheinens seinen eigenen, einmal eingeschlagenen Kurs steuerte, ohne sich auf polemische Debatten mit opponierenden und konkurrierenden Journalen einzulassen.[53] Redakteure wie Rudolph Glaser, ein Mann von kosmopolitischer Grundeinstellung, der an die Möglichkeit einer die Ländergrenzen überschreitenden Gemeinschaftsbildung glaubte, adressierten ihre Zeitschriften und Zeitungen an ein Publikum, das einen internationalen Referenzhorizont für die Modellierung der eigenen Kulturpraxis akzeptierte und die transnationale Zirkulation von Nachrichten, Waren und Erfindungen für seinen eigenen Lebensstil als konstitutiv erachtete.

Glasers *Ost und West* samt dem Beiblatt *Blätter für Kalobiotik* überlebten jedoch den politischen Orkan des Jahres 1848 nicht. Das versöhnliche und völkerverbindende Programm des Blattes, das länger als zehn Jahre bestanden hatte, konnte die zentrifugal auseinanderstrebenden Kräfte nicht länger zusammenhalten und wurde von dem Antagonismus der opponierenden nationalen Parteiungen hinweggefegt. An einen Ausgleich zwischen Ost und West, eine Verständigung zwischen „Großdeutsch und Panslavisch, von Österreicherthum und Tschechismus",[54] war bei der revolutionären und nationalen Erregung der Ge-

---

[52] Zum Konzept des „gentleman at large" als idealen Kalobiotikers vgl. Wilhelm Bronn: Kalobiotik oder die Kunst schön zu leben. Leipzig 1844, S. 100f.
[53] Da stellt es schon eher die Ausnahme dar, wenn eine kompromisslose magyarische Zeitung wie der in Pressburg erscheinende *Hirnök* (Kurier) wegen Diskriminierung der slawischen, deutschen und wallachischen Sprache kritisiert wird. Vgl. Karl [Karl Rumy?]: Controlle des Ultra-Magyarismus. In: Ost und West, Nr. 7 (22. Januar 1840), S. 27.
[54] Hansgirg: Rudolf Glaser (Anm. 33), S. 256.

müter nicht mehr zu denken. Glaser stellte die Zeitschrift Ende Juni 1848 ein.[55] Einen Versuch, nach der politischen Zäsur der Revolutionsjahre einen Neuanfang zu wagen, gab es nicht, weder von ihm noch von einem seiner ehemaligen Mitstreiter. Glaser kehrte für die ihm noch verbleibenden zwei Jahrzehnte Lebenszeit, innerlich über das Scheitern seines Programmes tief enttäuscht, zu seiner ehemaligen Bibliothekarstätigkeit zurück und beschränkte sich von nun an auf die Publikation von sprachhistorischen literarischen Quellen, meist aus dem Altnordischen und dem Sanskrit.

III Die Pesther Zeitung *Der Spiegel für Kunst, Eleganz und Mode*

Die um 1848 im Entstehen begriffene ungarische Metropole Budapest zerfiel in dem hier verhandelten Zeitraum noch in die drei Nachbarstädte Ofen (Buda), Altofen (Obuda) und Pesth (Pest). Ähnlich wie in Prag bestand die Bevölkerung dieses urbanen Raumes aus ‚zerstreuten Öffentlichkeiten', die untereinander konkurrierten, koalierten oder sich ignorierten. Die Dynamik der Stadtentwicklung ergab sich aus ihrer Zentralfunktion als Handels- und Finanzplatz im Zusammenspiel mit einer agrarischen Modernisierung.[56] Ihre durch die Dampfschifffahrt zunehmende Bedeutung als touristisches Ausflugsziel und balneologischer Erholungsort wurde durch die nach der weitgehenden Zerstörung durch das Jahrhunderthochwasser 1838 entfaltete Bautätigkeit und tiefgreifende Neugestaltung des Stadtbildes forciert. Im Zuge einer dynamischen ökonomischen, sozialen und politischen Entwicklung ab 1830 formierte sich in den städtischen Zentren des Karpathenbeckens ein hybrider Kulturraum, der durch ein polyphones und ethnisch stark durchmischtes Publikum gekennzeichnet war.[57]

Als mediales Labor der Urbanisierung und Modernisierung fungierte die erste feuilletonistische Unterhaltungszeitung Ungarns, der seit 1829 erscheinende *Spiegel für Kunst, Eleganz und Mode*. Im Untertitel apostrophierte sich der „Pesther Spiegel", wie er kurz genannt wurde, als „Zeitschrift für die elegante Welt" [1847], womit der Herausgeber deutlich erkennbar auf die Leipziger *Zeitung für die ele-*

---

55 Zu den politischen Bedingungen, die zur Einstellung der Zeitschrift führten, vgl. Hofman: Die Prager Zeitschrift *Ost und West* (Anm. 32), S. 38–42.
56 Jürgen Osterhammel: Verwandlung der Welt. Eine Geschichte des 19. Jahrhunderts. München 2009 (Historische Bibliothek der Gerda-Henkel-Stiftung), S. 367.
57 Vgl. Robert Nemens: The Once and Future Budapest. Illinois 2005; Julia Richers: Jüdisches Budapest. Kulturelle Tipographien einer Stadtgemeinde im 19. Jahrhundert. Köln/Weimar 2009.

gante Welt als Referenzmedium anspielte; die Namensähnlichkeit war Programm. (Abb. 3)

Wichtigster Akteur der Zeitschrift war der Redakteur und spätere Herausgeber Samuel Rosenthal, der aus einer einflussreichen jüdischen Intellektuellen- und Unternehmerfamilie stammte. Rosenthal beobachtete die Entwicklung der eigenen Stadt universalistisch, d. h. im Horizont anderer vergleichbarer Stadtentwicklungen im europäischen Ausland. Indem er gleichzeitig das Nahe und das Ferne, das Anwesende und das Abwesende als Konversationsstoff aufbereitete und in einer fortgesetzten Synopse abbildete, trug sein Blatt zur Stiftung einer differenzierten städtischen Identität als Faktor der gesellschaftlichen Dynamik der ungarischen Metropole bei.

Rosenthal kann als der Prototyp eines sich auf die praktischen Verhältnisse einlassenden Publizisten gelten, dessen Ziel es war, öffentlich Einfluss zu nehmen. Seine Erfahrung in Vorgängerblättern haben ihn zu hoher medialer Professionalität und interkultureller Kompetenz reifen lassen. Dank seines ebenso flexiblen wie stabilen Netzwerkes an Mitarbeitern, im Verbund mit Wiener und Pesther Publizisten, darunter sein Schwager Moritz Saphir und sein Neffe Siegmund Saphir, scheute Rosenthal auch nicht gelegentliche Konfrontationen mit den namhaften Wiener Marktführern, was u. a. von einer unternehmerischen Risikobereitschaft zeugt, die in dem Metier unverzichtbar schien.[58]

Im Ton seiner Leseransprache gleichwohl zurückhaltend und sensibel, kaprizierte die sich von Rosenthal veröffentlichte ‚Meinung' auf eine Kritik an Schwächen und Mängeln der Ofen-Pesther Alltagspraxis. Stein des Anstoßes wurde ihm diese immer dann, wenn sie die Rückständigkeit, gemessen an der Urbanität anderer Städte, augenfällig machten. Dabei orientierte er sein Ofen-Pesther Stadtkonzept an den führenden Metropolen Europas, insbesondere Wien, London und Paris. Themen waren mangelnder Reformeifer bei der Verbesserung der Infrastruktur und des technischen Fortschrittes. Dabei betonte er regelmäßig, wie sehr es dem Image der Stadt in der Außenwahrnehmung der zahlreichen Fremden und Durchreisenden abträglich sei, wenn z. B. die Straßenbeleuchtung sich nicht den geänderten Bedürfnissen der Öffentlichkeit anpasse, die unfreundliche Behandlung durch das Personal auf den Dampfschiffen dem Tou-

---

[58] Einen Überblick über die Presselandschaft in Ungarn des mittleren 19. Jahrhundert enthält die Einleitung zur Studie von Hedvig Ujvári: Deutschsprachige Presse in der östlichen Hälfte der Habsburgermonarchie. Deutschsprachige Medien und ihre Rolle als Literaturvermittler in Ungarn in der zweiten Hälfte des 19. Jahrhundert. Herne 2012 (Studien zur Literaturwissenschaft 7). Siehe auch Maria Rózsa: Wiener und Pester Blätter des Vormärz und ihre Rolle an der Kulturvermittlung. Kontakte, Parallele, Literaturvermittlung, Redakteure und Mitarbeiter. Herne 2013 (Studien zur Literaturwissenschaft 6).

rismus schade oder die Regelungen und Missbräuche der Donaupassage über die Schiffsbrücke verkehrsbehindernd wirkten. In solchen und ähnlichen Fällen öffnete Rosenthal sein Blatt einer engagierten Kampfansage gegen den immer wieder an allen Ecken durchscheinenden ‚Provinzialismus' Ungarns.

Umgekehrt stärkte Rosenthal die Tendenzen, die seiner Auffassung nach einer modernen Handels- und Kulturmetropole entsprachen. Am deutlichsten geschah dies bei den einheimischen Verlagsprodukten, an denen er viel Lobenswertes herauszustreichen fand, und bei solchen Gewerbe- und Dienstleistungszweigen Ofens und Pesths, die der Steigerung des Lebensstils dienten und denen er gerne hohes Niveau bescheinigte (Putzmacherinnen, Bekleidungsgeschäfte, Kaffeehäuser, Vergnügungsorte, Hotels, etc.).

Der *Pesther Spiegel* bemühte sich um Zirkulation von Nachrichten über materielle Kultur sowie über möglichst viele gesellschaftliche und gesellige Veranstaltungen, über Theater, Konzerte, Kunstausstellungen, Bälle, Spektakel, öffentliche Vergnügungen. Der umfangreichste Konversationsstoff, der in den Feuilletons des *Pesther Spiegel* und seines Beiblattes *Der Schmetterling* verhandelt und aufbereitet wurde, bezog sich auf die Theaterwelt mit allen ihren Facetten. Dies beinhaltete Besprechungen von Theateraufführungen im Ausland und im gesamten Habsburger Raum. Entsprechendes gilt auch für den lokalen urbanen Bereich. Die Produktionen sämtlicher Ofener und Pesther Bühnen wurden ebenso ausführlich angekündigt und gewürdigt wie die Gastauftritte und Tourneen internationaler Künstler und Ensembles.[59] Dabei spielte es keine Rolle, in welcher Sprache die Vorführungen stattfanden, zumal nicht selten die Sprachen innerhalb einzelner Veranstaltungen wechselten. Im Ganzen betrachtet war die Theaterwelt des Biedermeier bzw. Vormärz in Ungarn polyglott und die deutschsprachige Presse des Landes trug diesem Sachverhalt auf angemessene Weise Rechnung. Darauf, dass das Pesther ungarische Theater, das sich die Nationalisierung des Magyarischen auf die Fahnen geschrieben hatte und sich später ostentativ Nationaltheater nannte, diesem Trend des Sprachenuniversalismus in der urbanen Theaterlandschaft entgegenzuwirken bestrebt war, reagierten Rosenthal und seine Mitarbeiter weder durch Assimilation noch durch Distinktion. Vielmehr arbeiteten sie unverdrossen an ihrem Projekt der sprachen- und ethnienübergreifenden Kulturberichterstattung fort.

Das dem *Pesther Spiegel* in unregelmäßigen Zeitabständen gratis beigelegte Beiblatt *Der Schmetterling* ergänzte vor allem die Kulturfeuilletons des *Spiegel*, wobei die einzelnen Artikel die vergleichbaren Beiträge des Mutterblattes zah-

---

59 Vgl. László Klemm: Dramen auf deutschen Bühnen von Pest und Ofen (1836 bis 1847). Unter besonderer Berücksichtigung der Textbücher und der deutschsprachigen Kritik. Szeged 2008.

lenmäßig und vom Umfang her in der Regel überstiegen. Hier war Platz für Material, das im Hauptblatt nicht mehr untergebracht werden konnte und das aus Aktualitätsgründen nicht für eine spätere Veröffentlichung auf Halde gelegt werden konnte. *Der Schmetterling* ist daher im strengen Sinne nicht als Beilage, sondern als Ergänzungsblatt zum *Spiegel* zu verstehen. (Abb. 4)

Anders verhält es sich mit dem *Pesther Handlungsblatt*, das trotz immer wieder aufscheinender Referenzbezüge von Anfang an den Charakter eines eigenständigen Periodikums hatte und als selbstständiges Parallelblatt zum *Spiegel* konzipiert war. Redakteur war auch in diesem Fall Samuel Rosenthal, der ja aus einer Kaufmannsfamilie stammte und eine gewisse Vertrautheit mit der Materie mitbrachte. Der „Kommerzial- und Industrie-Anzeiger", wie das *Handlungsblatt* sich im Untertitel bezeichnete, befasste sich vornehmlich mit Themen des Warenaustausches und richtete sich zunächst an Kaufleute, Unternehmer und Aktionäre, war aber in seinen Beiträgen von hinreichend populärwissenschaftlichem Anspruchsniveau, um auch für den einfachen Konsumenten noch interessant zu sein. Das Blatt konnte auch unabhängig vom *Spiegel* bezogen werden und wurde vom Herausgeber auch teilweise individuell beworben.

Obwohl beide Blätter strukturell eigenständig konzipiert waren, waren sie mit der Engführung von Unterhaltung und Warenverkehr einem gemeinsamen übergeordneten Konzept verpflichtet. Der Warenverkehr stellte wie die Unterhaltung ein konstitutives Element desselben transnationalen Kosmopolitismus dar, dem Rosenthal sich mit seinen Zeitschriftenprojekten verschrieben hatte.

Dem Namen seines Blattes entsprechend hielt der Redakteur seiner Leserschaft aber vor allem unentwegt den Spiegel vor, in dem man sehen konnte, wie andere Städte, Gemeinschaften und Gesellschaften ihre Probleme behandelten und bewältigten. So arbeitete Rosenthal an einer internationalen, interkulturellen Kompetenz der Pesther Öffentlichkeit. Sein persönliches Spezialgebiet war die Vermittlung der französischen Lebenswelt und Weltbetrachtung durch Übersetzungen der französischen Literatur- und Kulturproduktion. Dabei war er stets bestrebt, das Niveau seines Blattes hoch zu halten und im Konkurrenzkampf der Medien eine führende Position einzunehmen. Sein wichtigstes Mittel dazu war die Bereitstellung von Beiblättern, die einzelne Segmente seiner Leserschaft bevorzugt bedienen und flexibler auf spezifische Informationslagen reagieren können sollten.

Die ab 1840 sich verstärkende Bewegung der Magyarisierung (Alleinvertretungsanspruch der ungarischen Sprache als Exklusions- und Inklusionsindikator) versuchte, die von deutschsprachigen Presseprodukten wie dem *Spiegel* lancierten und diskutierten universalen Kulturpraktiken der Unterhaltung und der Geselligkeit als partikularistisch zu diffamieren und als unpatriotisch zu diskriminieren. Diese Polemik hatte auch eine antijüdische Stoßrichtung, da die Mehrzahl der deutschsprachigen Redakteure, Journalisten und Publizisten des ungarischen Vormärz einen jüdischen Hintergrund besaß. Die ökonomisch organisierte internationale Zirkulation von Ideen und Waren wurde in der magyarischen Presse zunehmend in Kontrast zu einem ideologisch aufgeladenen Prinzip des Nationalinteresses geführt.[60] Das universalistische Ideal der Schönlebekunst wurde im Zuge dessen als fehlgeleitetes Konzept einer gehaltlosen Raffiniertheit abgetan und gegen das Ideal einer unverstellten, einfachen und natürlichen Ungarnfolklore ausgegrenzt.

Im Vorfeld der Revolution von 1848 sah sich Rosenthal zunehmend auch persönlichen Diffamierungen ausgesetzt. Als Ende September 1848 der Wiener Diplomat Graf Lamberg auf der Schiffsbrücke zwischen Ofen und Pesth durch eine aufgestachelte Menschenmenge ermordet wurde und antijüdische Ausschreitungen sich häuften, wurde Rosenthal der ungarische Boden zu heiß. Er legte die Redaktion seiner Zeitschrift nieder und verließ das Land. Auch nach der Niederschlagung der Revolution und der Beendigung des Bürgerkriegs kehrte er nicht mehr nach Ungarn zurück. Die Zeitschrift wurde allerdings unter einer neuen Redaktion noch einige Jahre (bis 1852) fortgesetzt.

IV Schlussbetrachtung und Ausblick

Die zerstreuten Öffentlichkeiten Mittel- und Osteuropas erfuhren bereits in der ersten Hälfte des 19. Jahrhunderts durch die sich rapide entwickelnden Informationsflüsse wirksame Impulse, die es erlaubten, die europäische Welt als einen gemeinsamen Kommunikationsraum zu begreifen. Diese Sichtweise konnte zeitgleich mit den unterschiedlichen Anstrengungen zur Begründung und Verankerung nationaler Identitäten entstehen. Jenseits des Machtpolitischen sorgten die auf Transnationalität ausgerichteten Mediennetzwerke für eine Wahrnehmung und Einübung von sozialen und kulturellen Praktiken, die das Signum des Modernen trugen und sich nicht an nationalen Grenzen stießen.

Die medial erzeugten Texte und Bilder der ‚eleganten Welt' wurden zum Gegenstand von materiellen und sozialen Zirkulationsprozessen: als gedruckte, gelesene und weiterverbreitete Nachrichten waren sie ein fester Bestandteil der sozialen Praktiken der Wissensproduktion und des kulturellen Konsums. Aus den Wechselbezügen von kommunikativen Prozessen und sozialen Praktiken entwickelten sich gemeinschaftsbildende Angebote nationaler sowie transnationaler

---

60 Vgl. Alexander Maxwell: Patriots Against Fashion. Clothing and Nationalism in Europe's Age of Revolutions. London 2014; zu Ungarn: S. 192–205.

Provenienz, wobei die imaginäre Gemeinschaft der Eleganten als ein Modell fungierte, das im mittleren 19. Jahrhundert noch erfolgreich der Erzeugung und Verbreitung eines neuen urbanen Lebensstils diente und eine umfassende kulturelle Modernisierung durch Unterhaltung europaweit versprach.

Im Rahmen der politischen Kontroversen der 1840er Jahre verstärkte sich jedoch die Polemik sowohl gegen ‚Deutsche' in den Räumen des ‚östlichen' Europas als auch gegen ‚Slawen' in den deutschen Ländern. In den politischen Umbrüchen von 1848 und der Nachmärz-Zeit spitzte sich diese Entwicklung schließlich dramatisch zu. Dieses Jahr markierte daher eine Zäsur und stand für einen nachhaltigen Wandel sowohl in Bezug auf die Lage der deutschsprachigen Eliten als auch des deutschsprachigen Pressemarkts im östlichen Europa. Dieser Einschnitt zog nicht nur mediale Diskontinuität von Zeitschriften- und Zeitungsprojekten nach sich, sondern bedingte auch eine bis heute verbreitete ‚Blindheit' der germanistischen Presseforschung für die gesamteuropäische Topographie der ‚eleganten Unterhaltungen' der Vormärzzeit.

In den 1860er Jahren lässt sich, als eine weitere Zäsur, eine Radikalisierung der Opposition zwischen nationalen Distinktionsabsichten und kosmopolitischen Dimension der ‚eleganten Welt' beobachten, die auf der nationalen Ebene durch die Aushandlungen zwischen den ‚alten' und ‚neuen' Eliten verschärft wird. Die Evidenz von innerer und äußerer Eleganz fungiert dabei als eine exklusive Eigenschaft einer herausragenden Person; eine elegante Erscheinung signalisiert die Zugehörigkeit zu ausgewählten, engen Kreisen. Das Primat der Ästhetisierung des Lebens, das ursprünglich eine gemeinschaftsbildende Funktion übernommen hatte, bekommt starke Konkurrenz im Bereich der Kunsttheorie. Der Ästhetizismus propagiert ein neues Schönheitsideal und definiert neue Grenzen zwischen Alltag und Kunst. Die ästhetische und soziale Exklusion zeichnet sich als beherrschende Tendenz ab.

Die letzte Schwelle deutet sich um 1880 an mit der umfassenden Durchsetzung der Massenkultur (u. a. durch die Einführung der Rotationsmaschinen für den Illustrationsdruck) und der Verdichtung der europäischen Kommunikationsräume dank der Eisenbahn- und Straßennetze. Dies erweist sich als eine neue Herausforderung für die Konsolidierungsstrategien der Eliten und verlangt nach neuen Distinktionsmerkmalen. Denn die Inszenierungswerte der Eleganz finden ihr Fortleben in der Aufmerksamkeit für äußere Erscheinung und in der Bedeutung der Oberfläche im Rahmen der Massengesellschaften. In der Auseinandersetzung mit den sozialen, ästhetischen und medialen Phänomenen des späten 19. Jahrhunderts nimmt das Konzept der Eleganz zunehmend Züge einer konservativen Moderne an.

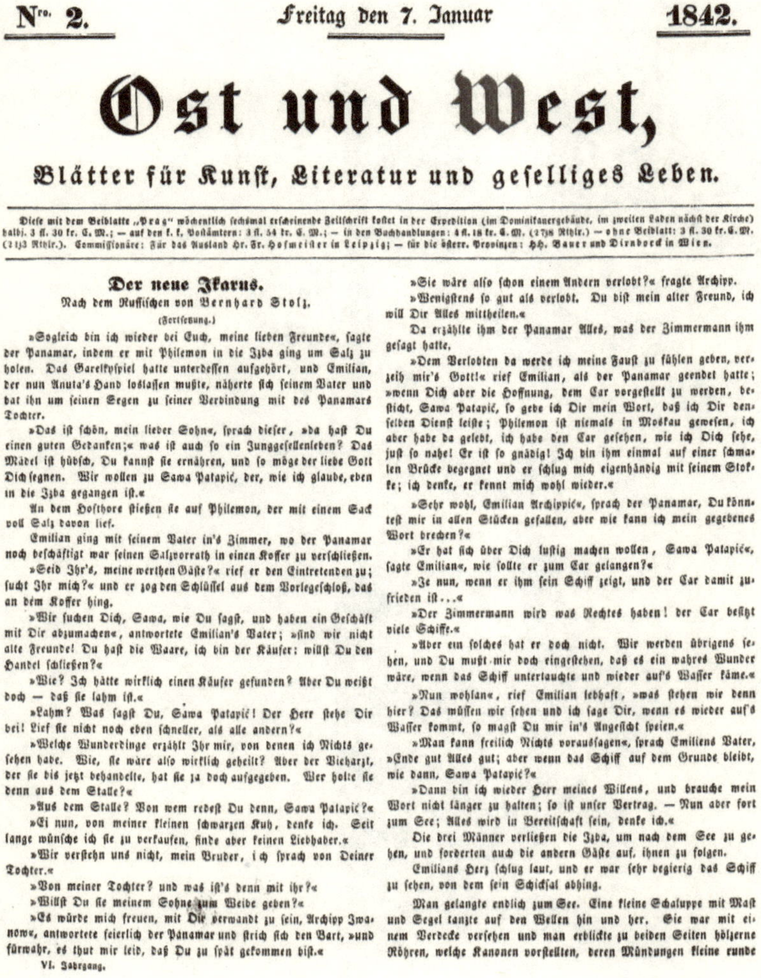

Nro. 2. Freitag den 7. Januar 1842.

Ost und West,

Blätter für Kunst, Literatur und geselliges Leben.

Diese mit dem Beiblatte „Prag" wöchentlich sechsmal erscheinende Zeitschrift kostet in der Expedition (im Dominikanergebäude, im zweiten Laden nächst der Kirche) halbj. 3 fl. 30 kr. C. M.; — auf den k. k. Postämtern: 3 fl. 54 kr. C. M.; — in den Buchhandlungen: 4 fl. 18 kr. C. M. (2 7/8 Rthlr.) — ohne Beiblatt: 3 fl. 30 kr. C. M. (2 1/3 Rthlr.). Commissionäre: Für das Ausland Hr. Fr. Hofmeister in Leipzig; — für die österr. Provinzen: HH. Bauer und Dirnbock in Wien.

Der neue Ikarus.

Nach dem Russischen von Bernhard Stolz.

(Fortsetzung.)

»Sogleich bin ich wieder bei Euch, meine lieben Freunde«, sagte der Panamar, indem er mit Philemon in die Izba ging um Salz zu holen. Das Garelkyspiel hatte unterdessen aufgehört, und Emilian, der nun Anuta's Hand loslassen mußte, näherte sich seinem Vater und bat ihn um seinen Segen zu seiner Verbindung mit des Panamars Tochter.

»Das ist schön, mein lieber Sohn«, sprach dieser, »da hast Du einen guten Gedanken;« was ist auch so ein Junggesellenleben? Das Mädel ist hübsch, Du kannst sie ernähren, und so möge der liebe Gott Dich segnen. Wir wollen zu Sawa Patapič, der, wie ich glaube, eben in die Izba gegangen ist.«

An dem Hofthore stießen sie auf Philemon, der mit einem Sack voll Salz davon lief.

Emilian ging mit seinem Vater in's Zimmer, wo der Panamar noch beschäftigt war seinen Salzvorrath in einen Koffer zu verschließen.

»Seid Ihr's, meine werthen Gäste?« rief er den Eintretenden zu; sucht Ihr mich?« und er zog den Schlüssel aus dem Vorlegeschloß, das an dem Koffer hing.

»Wir suchen Dich, Sawa, wie Du sagst, und haben ein Geschäft mit Dir abzumachen«, antwortete Emilian's Vater; »sind wir nicht alte Freunde! Du hast die Waare, ich bin der Käufer: willst Du den Handel schließen?«

»Wie? Ich hätte wirklich einen Käufer gefunden? Aber Du weißt doch — daß sie lahm ist.«

»Lahm? Was sagst Du, Sawa Patapič! Der Herr stehe Dir bei! Lief sie nicht noch eben schneller, als alle andern?«

»Welche Wunderdinge erzählt Ihr mir, von denen ich Nichts gesehen habe. Wie, sie wäre also wirklich geheilt? Aber der Vieharzt, der sie bis jetzt behandelte, hat sie ja doch aufgegeben. Wer holte sie denn aus dem Stalle?«

»Aus dem Stalle? Von wem redest Du denn, Sawa Patapič?«

»Ei nun, von meiner kleinen schwarzen Kuh, denke ich. Seit lange wünsche ich sie zu verkaufen, finde aber keinen Liebhaber.«

»Wir verstehn uns nicht, mein Bruder, ich sprach von Deiner Tochter.«

»Von meiner Tochter? und was ist's denn mit ihr?«

»Willst Du sie meinem Sohne zum Weibe geben?«

»Es würde mich freuen, mit Dir verwandt zu sein, Archipp Iwanow«, antwortete feierlich der Panamar und strich sich den Bart, »und fürwahr, es thut mir leid, daß Du zu spät gekommen bist.«

»Sie wäre also schon einem Andern verlobt?« fragte Archipp.

»Wenigstens so gut als verlobt. Du bist mein alter Freund, ich will Dir Alles mittheilen.«

Da erzählte ihm der Panamar Alles, was der Zimmermann ihm gesagt hatte.

»Dem Verlobten da werde ich meine Faust zu fühlen geben, verzeih mir's Gott!« rief Emilian, als der Panamar geendet hatte; »wenn Dich aber die Hoffnung, dem Car vorgestellt zu werden, besticht, Sawa Patapič, so gebe ich Dir mein Wort, daß ich Dir denselben Dienst leiste; Philemon ist niemals in Moskau gewesen, ich aber habe da gelebt, ich habe den Car gesehen, wie ich Dich sehe, just so nahe! Er ist so gnädig! Ich bin ihm einmal auf einer schmalen Brücke begegnet und er schlug mich eigenhändig mit seinem Stokke; ich denke, er kennt mich wohl wieder.«

»Sehr wohl, Emilian Archippič«, sprach der Panamar, Du könntest mir in allen Stücken gefallen, aber wie kann ich mein gegebenes Wort brechen?«

»Er hat sich über Dich lustig machen wollen, Sawa Patapič«, sagte Emilian«, wie sollte er zum Car gelangen?«

»Je nun, wenn er ihm sein Schiff zeigt, und der Car damit zufrieden ist...«

»Der Zimmermann wird was Rechtes haben! der Car besitzt viele Schiffe.«

»Aber ein solches hat er doch nicht. Wir werden übrigens sehen, und Du mußt mir doch eingestehen, daß es ein wahres Wunder wäre, wenn das Schiff untertauchte und wieder auf's Wasser käme.«

»Nun wohlan«, rief Emilian lebhaft, »was stehen wir denn hier? Das müssen wir sehen und ich sage Dir, wenn es wieder auf's Wasser kommt, so magst Du mir in's Angesicht speien.«

»Man kann freilich Nichts voraussagen«, sprach Emiliens Vater, »Ende gut Alles gut; aber wenn das Schiff auf dem Grunde bleibt, wie dann, Sawa Patapič?«

»Dann bin ich wieder Herr meines Willens, und brauche mein Wort nicht länger zu halten; so ist unser Vertrag. — Nun aber fort zum See; Alles wird in Bereitschaft sein, denke ich.«

Die drei Männer verließen die Izba, um nach dem See zu gehen, und forderten auch die andern Gäste auf, ihnen zu folgen.

Emilians Herz schlug laut, und er war sehr begierig das Schiff zu sehen, von dem sein Schicksal abhing.

Man gelangte endlich zum See. Eine kleine Schaluppe mit Mast und Segel tanzte auf den Wellen hin und her. Sie war mit einem Verdecke versehen und man erblickte zu beiden Seiten hölzerne Röhren, welche Kanonen vorstellten, deren Mündungen kleine runde

VI. Jahrgang.

Abb. 1: *Ost und West, Blätter für Kunst, Literatur und geselliges Leben,* Nr. 2 (17. Januar 1842), S. 1.[61]

61 Exemplar: Bayerische Staatsbibliothek München, Signatur: 6813712 4 Per. 81 i-6, Digitalisat: http://www.mdz-nbn-resolving.de/urn/resolver.pl?urn=urn:nbn:de:bvb:12-bsb10532688-3.

Abb. 2: *Ost und West*, Nr. 55 (11. Juli 1843), Bildbeilage „Redaktion"[62]

---

[62] Exemplar: Österreichische Nationalbibliothek, Signatur: 104634-B.Beibl.1843. Digitalisat: http://data.onb.ac.at/ABO/%2BZ157276306.

Abb. 3: *Der Spiegel für Kunst, Eleganz und Mode* (1835), Titelblatt zu Bd. 1 (Nr. 1 – 51)[63]

---

[63] Exemplar: privat. Digitalisat: Universitätsbibliothek Gießen, http://digisam.ub.uni-giessen.de/diglit/der-spiegel-1835-bd1/0005.

Der Schmetterling.

Ein Flug- und Ergänzungsblatt zum Spiegel.

1845.   Mittwoch, 8. Januar.   **Nr. 1.**

Spielgeschichten.

In den Wiener Spielsälen, zur Zeit des Kongresses, bemerkte man auch einen Greis von lebhaftem Blik und ziemlich hohem, noch geradem Wuchse. Es war Herr O'Bearn, den man für den ersten Spieler Europa's hielt u. der zweifelsohne der älteste war. Er hatte das Spiel zur Beschäftigung seines Lebens, zu seinem Gewerbe gemacht; er hatte davon gelebt und lebte auch damals noch davon. Er erzählte gern von seinen Spielabentheuern, und eines davon war dies: „Seit langer Zeit", sagte er, „hatte der Herzog von H. gewünscht, mit mir zu spielen. Ich ließ mich nicht lange bitten, ihm diese kleine Genugthuung zu geben. Er wählte das Piquet. Wir begannen die Partie um neun Uhr Abends und andern Morgens mit Sonnenaufgang hatte ich von seiner Herrlichkeit mehr Geld gewonnen, als sein Vater während seines ganzen General-Gouvernements in Indien zusammengehäuft hatte. Nach der lezten Partie, bei der es sich um eine ungeheure Summe handelte und die er ebenfalls verlor, stand er auf, indem er sagte: „Ich zweifle, Herr O'Bearn, daß mein ganzes Vermögen ausreichen wird, Ihnen meinen Verlust zu bezahlen. Ich werde Ihnen meinen Intendanten schiken, der mit Ihnen abrechnen und Ihnen die Urkunden meiner Besitzthümer übergeben wird." — „Sehr wohl, Mylord!" erwiderte ich, „ich habe das Wort eines Mannes von Ehre. Aber glauben Sie nicht, daß ich keine Lebensart besitze; man soll von mir nicht sagen dürfen, ich habe einen der schönsten Namen unseres Oberhauses an den Bettelstab gebracht. Da es indeß ebenso unbillig wäre, daß ich eine ganze Nacht ohne irgend ein Ergebniß am Spieltische durchwacht haben sollte, was wenig meine Gewohnheit ist, so erlauben Sie mir, einen Priester und einen Notar kommen zu lassen. Vor dem Priester werden Sie schwören, nie im Leben wieder eine Karte anzurühren, und der Notar soll eine Urkunde abfassen, mittelst welcher Sie mir eine lebenslängliche Rente von tausend Pfund Sterling zusichern. — Ich habe wohl nicht erst nöthig, zu sagen", fügte der alte Spieler hinzu, „daß diese Vorschläge angenommen u. gewissenhaft beobachtet wurden. Nie hat der Herzog von H. seitdem wieder gespielt und jezt ist es ein halbes Jahrhundert, daß ich bei Heller und Pfennig meine Rente beziehe." — Ein anderer Zug, den dieser Veteran des grünen Tisches erzählte, ist nicht weniger charakteristisch. „Kurz vor der Revolution war ich zu Paris angekommen. Ich logirte wie gewöhnlich im Hotel d'Angleterre. Um jene Zeit wurde dort sehr hoch gespielt. Am Abend meiner Ankunft begab ich mich in den Saal. Die Tische waren vorgerichtet; ich ließ mich an einem derselben nieder. Zwei Herren spielten Piquet. Mir gerade gegenüber sezte sich der Herzog von Grammont, der damals der König der Mode, der Repräsentant der Eleganz und Verschwendung war. Er sah mich aufmerksam an und sagte plözlich, mit oder ohne Absicht: „Man spricht so viel von jenen Engländern, die, sei es im Spiele, sei es im Wetten, ungeheure Summen wagen sollen. Hier bekommen wir dergleichen Engländer nie zu sehen!" Ich erwiderte kein Wort. Einige Augenblike

Abb. 4: *Der Schmetterling. Ein Flug- und Ergänzungsblatt zum Spiegel*, Nr. 1 (8. Januar 1845), S. 1.[64]

---

[64] Exemplar: Österreichische Nationalbibliothek, Signatur: 104791-B.1841. Digitalisat: Google Books.

Madleen Podewski
Mediengesteuerte Wandlungsprozesse
Zum Verhältnis zwischen Text und Bild in illustrierten Zeitschriften der Jahrhundertmitte

I

Plötzlich glühte es auf über den Wipfeln einer Akaziengruppe und die weißen, träumerisch hängenden Blüthen waren überschüttet von farbigen Lichtströmen. An der Decke des Thurmzimmers brannte eine Hängelampe. Das schöne zarte Weib im Atlasgewand da droben, dem die schwarzen Haarwellen über den Busen flutheten, es hatte einst seine himmlischen Worte der Liebe unter dem schützenden Dunkel der Nacht gestammelt, und hier bog es sich von Licht umflossen verlangend hernieder und keine rosige Flamme der Scham flog über ihr bleiches Liliengesicht. Die weißen Arme umschlangen ihn, der kühn den Balcon erklommen hatte und der über ihrem berauschenden Geflüster die Todesgefahr vergaß; süßer aber hatte wohl die unglückliche Tochter der Capulets ihrem Romeo nicht zugelächelt, als hier ihr zartes Konterfei auf den Glasplatten. Hinter den Gestalten des Fensters glitt rastlos ein Schatten hin. Ein Mann, wie es schien, ging mit raschen Schritten auf und ab ...[1]

II

Endlich spät Abends hatten wir unser Dorf erreicht, die Vertheilung der Quartierbillets ging rasch von statten, die Aufsuchung des Quartiers selbst bot keine besonderen Schwierigkeiten, da das Dorf klein war und jeder sich beeiferte, die erschöpften Soldaten zurechtzuweisen. Ein Billet auf „vier Mann für einen Tag mit Verpflegung" lautend, war mir zu Theil geworden. Das Quartier war rasch gefunden, ein alter Bauer und dessen junge, hübsche Tochter empfingen uns. Der Alte bat mich, ihm zu sagen, was wir zu beanspruchen hätten, er habe nie Soldaten im Quartier gehabt, wir müssten ja besser wissen, als er, was uns zukomme. Ich führte ihm das ganze Register an. Cigarren habe er nicht, Bier könne er nicht beschaffen und mit der täglichen Fleischportion von Dreiviertelpfund für den Mann werde es auf die Dauer auch nichts geben, meinte er.[2]

Die zitierten Textauszüge und das zum zweiten Text gehörende Bild (Abb. 1) finden sich beide in der *Gartenlaube*, Modellgeberin für den Typus der Familienzeitschrift, der eine wichtige Rolle in den sozial-, presse-, bilder- und literaturgeschichtlichen Entwicklungen der zweiten Hälfte des 19. Jahrhunderts spielt und dabei äußerst erfolgreich ist: Mit den Familienzeitschriften beginnt auch in

---

[1] Eugenie Marlitt: Blaubart. In: Die Gartenlaube. Illustrirtes Familienblatt 14 (1866), Nr. 28, S. 434.
[2] Anon.: Scenen und Bilder aus dem Feld- und Lagerleben. 4. Das erste böhmische Quartier. In: Die Gartenlaube. Illustrirtes Familienblatt 14 (1866), Nr. 29, S. 454. Vgl. außerdem Abb. 1.

Deutschland die Durchsetzung moderner Populär- und Massenkulturen,[3] wird ein genereller Trend zur Illustrierung der periodischen Presse befördert[4] und entsteht ein wichtiger Publikationsort von Literatur, die hier mit dem bald fest etablierten Fortsetzungsroman nun auch konsequent serialisiert erscheint. Die Passage aus *Blaubart*, einer in fünf Folgen abgedruckten Erzählung von Eugenie Marlitt, der ersten Starautorin der Zeitschrift, rekurriert dabei auf eine spezifische Ausformung der langen Tradition der Ekphrasis:[5] Die Beschreibung der Glasmalerei bezieht sich auf das Modell der anschaulichen, auf Illusionierung abzielenden Beschreibungskunst, die den Leser über den Text hinweg zum Betrachter formt und in der sowohl der Sprachcharakter der Beschreibung als auch der artifizielle Status des Bildes zugunsten einer Erfahrung von ‚Lebendigkeit' vergessen gemacht werden sollen und können.

Dieses aufs innere Anschauen setzende Erzählen ist hier gleichwohl nur punktuell eingespielt, und vor allem scheint es die mit ihr verbindbare Emphase auf eine intrikate Weise gleich wieder zurückzunehmen: Das geschieht nicht nur dadurch, dass auf den artifiziellen und materiellen Charakter des Bildes als „Konterfei" auf „Glasplatten", hinter dem sich ein „Schatten" bewegt, aufmerksam gemacht wird. Auch die Narration, die üblicherweise für die verlebendigende Dynamisierung des statischen Bildes sorgt, wird nicht vom Bild selbst, sondern von dessen Illumination in Gang gesetzt. Zugleich bleibt der Status des illusionierten Anschauens in der Schwebe und damit auch unklar, ob es text- oder bilderzeugt, Phantasie oder Realität ist und vor allem, an welche Instanz es gebunden ist. Denn zunächst wird das ‚Sehen' der Balkonszene aus *Romeo und Julia* hier in unscharfen Übergängen zwischen externer und interner (auf die Figur Lilli bezogener) Fokalisierung dargestellt. Erstere liefe auf eine Illusionierung qua Textverfahren hinaus, letztere auf die Darstellung einer durch eine Figur in Gang gesetzten Bildverlebendigung. Aber auch mit dem Fokus auf das Wahrnehmungsprofil der Letzteren führt der Text noch eine weitere Doppelung ein: Denn Lilli fungiert innerhalb der Erzählung als eine Schnitt- und Versöhnungsfigur

---

3 Hans-Otto Hügel: Einführung. In: H.-O. H. (Hg.): Handbuch Populäre Kultur. Begriffe, Theorien und Diskussionen. Stuttgart/Weimar 2003, S. 1–22.

4 Andreas Graf/Susanne Pellatz: Familien- und Unterhaltungszeitschriften. In: Geschichte des deutschen Buchhandels im 19. und 20. Jahrhundert. Im Auftrag des Börsenvereins des deutschen Buchhandels hg. von der Historischen Kommission, Bd. 1: Das Kaiserreich 1871–1918. Im Auftrag der Historischen Kommission hg. von Georg Jäger, Teil 2. Frankfurt a. M. 2003, S. 409–522.

5 Vgl. dazu die Beiträge in Gottfried Boehm/Helmut Pfotenhauer (Hg.): Beschreibungskunst, Kunstbeschreibung. Ekphrasis von der Antike bis zur Gegenwart. München 1995, und Stefan Greif: Die Malerei kann ein sehr beredtes Schweigen haben. Beschreibungskunst und Bildästhetik der Dichter. München 1998.

zwischen einem romantisch-schwärmerischen und einem realistisch-pragmatischen Bereich – eine Aufteilung, die die gesamte erzählte Welt in mehreren Varianten prägt. Dabei nimmt auch ihr ‚Sehen', das der Text ausführlich wie bei keiner anderen Figur thematisiert, entsprechend unterschiedliche Formen an: Es wechselt zwischen ‚klaren' Blicken, die im Hellen die Konturen der Dinge deutlich wahrnehmen, und ‚verzauberten', die in Dämmerung und Nacht unscharf sind und bei denen sich die Grenzen zwischen Realität und Projektion verwischen.[6] Im Rahmen einer solchen Figurenmodellierung wäre Lillis Glasfensterbetrachtung gleichermaßen als eine optisch-sensuelle, am Körperauge ausgerichtete und als eine phantasiegeleitete, innere Wahrnehmung plausibel.

Der Ausschnitt aus den „Scenen und Skizzen vom Lagerleben" scheint demgegenüber von einer unkomplizierten, auf äußere Realität ausgerichteten Wahrnehmung geprägt: Der Text berichtet konsequent aus einer individuellen Perspektive, die mehrfach explizit als eine der Augenzeugenschaft offengelegt ist.[7] Das berichtende Ich konzentriert sich dabei durchweg auf eigene Erfahrungen und Erlebnisse, die kleinschrittig chronologisch, in sachlichem Gestus detailliert beschrieben und nur ganz selten von kurzen Reflexionen unterbrochen werden. Dabei kommt es auch zum häufigen Gebrauch des dramatischen Modus, in dem die Rede anderer Kriegsbeteiligter – oft sind das nur knappe militärische Kommandos und kurze Wortwechsel – ohne eigene Überformungen und damit ohne Korrektur von evtl. gestörter Syntax wiedergegeben wird.[8] Darüber hinaus ist dieser Ereignisbericht auch geprägt von der Darstellung sinnlicher Wahrnehmungen, vor allem von optisch-visuellen und akustischen Phänomenen. Eine

---

6 Vgl. zum Beispiel: „Lilli setzte sich auf die Fensterbrüstung, legte die gefalteten Hände auf die Kniee und blickte wie berauscht in die abgeschlossene fremdartige Welt hinein..." (Marlitt: Blaubart [Anm. 1], S. 435). – „Lilli hatte ihren Flug [den der Tauben, M. P.] verfolgt, aber dann kehrte ihr Blick geblendet zurück und haftete auf ihrer nächsten Umgebung. Neben der Bank lag ein großer Felsblock, vor Zeiten mochte ihn das Schneewasser vom Berggipfel herabgerissen haben [...]. Lange Brombeerblätter kletterten über seinen Rücken, und an seiner Basis, da, wo die Sonne sich nicht breit machen durfte, zog sich ein Streifen frischgrüner Halme hin, zwischen denen sogar einige versprengte, zarte Waldblumen nickten." (Marlitt: Blaubart [Anm. 1], S. 466.)
7 Für die Serie geschieht das besonders deutlich in einem Redaktionskommentar, der der zweiten Folge beigegeben ist: „Wir müssen unsere Leser um Entschuldigung bitten, wenn unser zweiter Kriegsartikel etwas mager ausgefallen ist. Sein Verfasser ist plötzlich ebenfalls zu den Fahnen einberufen worden und schreibt die obigen Zeilen mitten auf dem Marsche. Schon unsere nächsten ‚Bilder aus dem Feld- und Lagerleben' werden zeigen, daß wir unseren in diesen Beziehungen gegebenen Versprechungen vollständig Genüge leisten werden." (Die Gartenlaube. Illustrirtes Familienblatt 14 [1866], Nr. 27, S. 428.)
8 Vgl. zum Beispiel: „‚Halt, wer da!' ‚Gut Freund!' ‚Steh' – Parole!' ‚Deserteure von den ungarischen Husaren.' ‚Kehrt, legt die Waffen nieder. Marsch. Halt!'" (Scenen und Bilder aus dem Feld- und Lagerleben [Anm. 2], S. 454.)

spezifische Ausgestaltung der Fokalisierung sorgt dafür, dass das Dargestellte klare und eindeutige Konturen erhält: Sie bleibt konsequent monopersonal, sie verzichtet fast vollständig auf Innensichten und richtet sich stattdessen dezidiert auf eine dem Ich äußerliche Realität, und sie qualifiziert ab und an die Wahrnehmung dieser Realität explizit als eine durch die Sinne gegebene. Textintern sind die Kriegsereignisse damit Teil einer einschichtigen, ebenso problemlos wahrzunehmenden wie darzustellenden Realität außerhalb der Sprechinstanz. Sie wird nicht vervielfältigt durch Reproduktionen (z. B. als Gemälde, Photographie oder literarischer Text) oder auch nur auf verschiedene Weise wahrgenommen. Fragen nach angemessener Wahrnehmung und Abbildung, nach Möglichkeiten der Täuschung und Verfälschung im Gebrauch der Sprache, der eigenen Sinne und der Phantasie – all das, was in der Erzählung *Blaubart* ausführlich zur Verhandlung ansteht – bleibt hier also außen vor.

Zugleich aber bezeichnet sich dieser Text als Bild und rekurriert damit metaphorisch auf eine Vorstellung von Bildhaftigkeit, deren Implikationen in der Zeitschrift allerdings nicht explizit geklärt werden. Und schließlich ist mitten in eine der gut zwei Seiten, auf denen der Text im Gartenlaubenheft abgedruckt ist, eine Abbildung gesetzt, die eine der dort beschriebenen Szenen wiederzugeben scheint. Beides, die Selbstbezeichnung des Textes als Bild und die Einfügung eines konkret-materiellen Bildes, deutet sowohl auf eine Kooperationsbedürftigkeit als auch auf eine Kooperationsfähigkeit zwischen Sprache und Bild, die – weil dabei ein Bild auch wirklich gezeigt wird – ganz anders ausfällt, als das in *Blaubart* der Fall ist, wo die Bilder allein aus der Sprache kommen – unabhängig davon, ob sie textintern phantasiert oder real sind oder ob sie erst im Leser erzeugt werden sollen. Zu berücksichtigen ist hier zudem das Druckbild, mit dem in diesem Fall Text und Bild in größtmöglicher Nähe zusammen präsentiert werden. Von einer solchen, durch die Seitengestaltung erzeugten Nähe kann in den Gartenlaubenheften aber auch abgewichen werden, wie überhaupt die Beziehungen zwischen Texten und den zugehörigen Abbildungen auf unterschiedlichen Ebenen in feinen Abstufungen zwischen Nähe und Distanz geregelt sein können: mit expliziten Zusammengehörigkeitsverweisen oder mit nur lockeren Bedeutungsbezügen, in ausführlicher und das gesamte Bild erfassender Ekphrasis oder mit nur partiellen Überschneidungen.

Die Gartenlaubenhefte halten also ein recht breites Spektrum an Konzepten von Bild bzw. Bildlichkeit und damit zugleich auch von Text-Bild-Beziehungen parat: Es reicht von literarischen Verhandlungen um bildende Kunst über das sprachliche Erzeugen von Illusionierungseffekten in *Blaubart* bis hin zur Behauptung der Bildhaftigkeit von Texten und zu mehreren Formen konkreter Text-Bild-Kombinationen, die deutlich im Zeichen von Realitätsabbildung stehen.

Die folgenden Ausführungen wollen darauf aufmerksam machen, dass eine solche Pluralisierung und vor allem die Kopräsenz der verschiedenen Optionen innerhalb einer Zeitschrift äußerst voraussetzungsreich sind und Teil einer komplexen Geschichte mediengesteuerter Text-Bild-Kooperationen. Damit sind sie, so die Ausgangsüberlegung, durchaus nicht nur Effekte von Innovationen in Drucktechnik und anderweitigen Modernisierungen des Buch- und Zeitschriftenmarktes, worauf ein großer Teil der Forschung Genese und Formenspektrum der illustrierten Zeitschriften noch immer bevorzugt zurückführt.[9] Richtet man den Blick nicht nur auf die notorischen Fälle, in denen – wie beim *Pfennig-Magazin* oder der *Gartenlaube* – Zeitschrift und xylographische Reproduktionsverfahren ihre ersten neuen engen Verbindungen eingehen bzw. in denen sie zur Konstitution eines Massenmedienmarktes beitragen, sondern behält man das vielfältige Formenspektrum mit im Auge, das daneben auch noch präsent ist, dann verändert sich das Bild: Denn hier zeigt sich, dass das, was moderner Markt und moderne Technik ermöglichen, nicht sofort und durchweg und vor allem nicht immer auf dieselbe Weise auf die Gestaltung der Zeitschriften durchschlägt. So aber ist zu vermuten, dass solche Potentiale allererst ausgemessen und versuchsweise konkretisiert werden (müssen), bevor sie sich zu akzeptierten Formen und Funktionen verfestigen können.

Solche Aushandlungen betreffen in zentraler Weise die Konturierung von Visualität, die spätestens ab den 1820er Jahren durch eine Fülle neuer Seh-Sensationen und Bildformen – von Panoramen, Dioramen, Stereoskopen, Photographien, Xylographien etc. – auf eine neue Weise problematisch und dabei mit- und umgeformt wird.[10] Mit dieser neuen Relevanz des Visuellen vollziehen sich grundlegende Veränderungen der Wissens-, Wahrnehmungs- und Darstellungsordnungen, die inzwischen von verschiedenen Seiten aus eingekreist worden sind

---

9 Vgl. dazu exemplarisch für das 19. Jahrhundert Graf/Pellatz: Familien- und Unterhaltungszeitschriften (Anm. 4).
10 Hier nur einige wenige Titel aus dem inzwischen umfänglichen Forschungsangebot: Heinz Buddemeier: Panorama, Diorama, Photographie. Entstehung und Wirkung neuer Medien im 19. Jahrhundert. München 1970 (Theorie und Geschichte der Literatur und der schönen Künste 7); Georg Füsslin: Der Guckkasten. Einblick – Durchblick – Ausblick. Stuttgart 1995; Marie Plessen (Hg.): Sehsucht. Das Panorama als Massenunterhaltung des 19. Jahrhunderts. Basel/Frankfurt a. M. 1993; Bernd Stiegler: Philologie des Auges. Die photographische Entdeckung der Welt im 19. Jahrhundert. München 2001; Regine Timm (Hg.): Buchillustration im 19. Jahrhundert. Vorträge, gehalten anlässlich eines Arbeitsgesprächs in der Herzog-August-Bibliothek. Wiesbaden 1988 (Wolfenbütteler Schriften zur Geschichte des Buchwesens 15).

– als Industrialisierung der Wahrnehmung,[11] als Mobilisierung und Subjektivierung des Sehens,[12] als neue Aufmerksamkeit auf die Oberflächen und Schauwerte der Dinge,[13] als Normierung von „Objektivität"[14] oder als Aufwertung des Raumes gegenüber der Zeit.[15]

Zeitschriften – und die illustrierten Zeitschriften im besonderen – sind wichtige Mitgestalter dieser Prozesse, weil mit ihnen die Möglichkeit entsteht, die unterschiedlichsten Aspekte und Formen von ‚Visualität' in besonders verdichteter Form präsent zu halten: Hier können einzelne Phänomene der neuen visuellen Kultur und die Effekte, die sie auf das Wahrnehmen, Abbilden und Darstellen haben, explizit in Abhandlungen oder in Literatur thematisch werden, zugleich finden sich aber auch Texte, die in ihrer formalen Organisation – wie etwa bei sich bildaffin gebenden Texten – eigene Konzepte von Visualität entwerfen. Wie die oben angeführten Beispiele aus der *Gartenlaube* gezeigt haben, ist der Komplex ‚Bild' in solchen Zeitschriften aber nicht allein dem Wort überantwortet, auch wenn die Texte verschiedenste Bezugsformen entwickelt haben und diesbezüglich bereits beachtlich flexibel geworden sind. Zur Versammlung solch sprachgenerierter Bild- und Bildlichkeitskonzepte, die durchaus heterogen und widersprüchlich sein können, kommt in illustrierten Zeitschriften auch konkretes Bildmaterial hinzu, das in ganz unterschiedliche Relationen zu den mit ihm abgedruckten Texten gebracht werden kann.

Mit dieser materiellen Nähe zwischen Sprache und Bild bildet sich ab den 1830er Jahren eine üppige Formenvielfalt aus, wie sie am Beispiel der *Gartenlaube* nur anzudeuten war: Zwischen einer Achse der Bedeutungsbeziehungen und einer Achse der Druckordnung, auf der die Abstände zwischen Texten und Bildern flexibel gestaltet werden, entsteht schon bald ein äußerst breites Spektrum an Optionen für Text-Bild-Beziehungen, die nun auch entscheidend von Formen konkreter visueller Wahrnehmung mitgeprägt werden. Das Spezifikum der illustrierten Zeitschriften besteht mithin darin, dass sie im Unterschied zu anderen wichtigen Bild- und Bild-Text-Medien des 19. Jahrhunderts – wie etwa den Bilderbögen, dem illustrierten (Kinder-)Buch, den Almanachen, Kalendern und Ta-

---

11 Wolfgang Schivelbusch: Geschichte der Eisenbahnreise. Zur Industrialisierung von Raum und Zeit im 19. Jahrhundert. Frankfurt a. M. 1989; Wolfgang Schivelbusch: Lichtblicke. Zur Geschichte der künstlichen Helligkeit im 19. Jahrhundert. Frankfurt a. M. 2004.
12 Jonathan Crary: Techniken des Betrachters. Sehen und Moderne im 19. Jahrhundert. Dresden/Basel 1996.
13 Jonathan Crary: Aufmerksamkeit. Wahrnehmung und moderne Kultur. Frankfurt a. M. 2002.
14 Lorraine Daston/Peter Galison: Objektivität. Frankfurt a. M. 2007.
15 Günter Hess: Panorama und Denkmal. Studien zum Bildgedächtnis des 19. Jahrhunderts. Würzburg 2011 (Stiftung für Romantikforschung 52).

schenbüchern – vielfältige Optionen gleichzeitig präsent halten können. Eben diese Formenvielfalt und die Relevanz, die die Gestaltung der Druckflächen dabei erhält, deuten darauf hin, dass in den illustrierten Zeitschriften mehr und vor allem auch andere Vorschläge für die Beziehungen zwischen Sprache und Bild entwickelt und vorgehalten werden, als in den gleichzeitig umlaufenden diskursiven, literarischen und piktorialen Modellierungen. Solchen spezifisch mediengenerierten Relationierungsformen und ihrer Rolle in der visuellen Kultur im zweiten Drittel des 19. Jahrhunderts sind die folgenden Ausführungen auf der Spur. Sie konzentrieren sich dafür auf die wörtlich zu nehmenden, von den Seiten- und Heftlayouts bedingten Abstände zwischen Texten und Bildern und auf ihren Wandel, der sich im zweiten Drittel des 19. Jahrhunderts abzeichnet. Skizziert werden soll dieser Wandlungsprozess, der zu den oben angeführten flexiblen Text-Bild-Kooperationen in den Gartenlaubenheften der 1860er Jahre führt, mit einem Blick in die *Europa* und ins *Pfennig-Magazin*, mit einem Blick zurück also in die 1830er und 1840er Jahre.

Fokussiert wird damit nur ganz am Rande das, was die Forschung bislang mit Fragen nach dem *bibliographical code*, nach der Materialität und Visualität von Schrift bzw. nach Formen der „Schriftbildlichkeit" verfolgt hat.[16] Denn den Ausgangspunkt für die Beschäftigung mit Layouts, Druckbildern, Weißräumen und typographischen Gestaltungsformen bilden hier bevorzugt Dualismen (z. B. Präsenz vs. Repräsentation, Sinn vs. Sinnlichkeit, Aisthesis vs. Semiosis), die dann in zumeist paradoxen Wechselbezugsfiguren zu überwinden gesucht werden. Häufiger noch aber sind sie als genuin bedeutungsträchtige Entitäten modelliert, die die weiterhin virtuell gedachten Textbedeutungen ergänzen, modifizieren oder subvertieren können. Damit aber sind Materialität und Visualität des Gedruckten im Grunde nur Mitspieler auf einem Feld, das schon vorgegeben ist. In beiden Fällen wird so mit Bezugslogiken der ‚Dichtheit' gearbeitet, was sich konsequent in der Wahl der Forschungsobjekte niederschlägt – das sind zumeist überschaubare, abgegrenzte Kleinsteinheiten wie ein (Bild-)Gedicht oder ein Gedichtzyklus, eine Zeitschriftenseite oder multimodale Zeichenkombinationen. Damit soll hier durchaus nicht bestritten werden, dass etwa die typographische Gestaltung eines Textes oder der Aufbau einer Druckseite für die Anreicherung von Bedeutung funktionalisiert sein bzw. dass sie auf Materialqualitäten aufmerksam machen können. Die Fixierung auf solche Spezialfälle verstellt aber den Blick für anderweitige Optionen, und vor allem klärt sie nicht, unter welchen epistemischen

---

16 Vgl. dazu im Handbuch-Überblick Stephan Kammer: 2.1 Visualität und Materialität der Literatur. In: Claudia Benthien/Brigitte Weingart (Hg.): Handbuch Literatur & Visuelle Kultur. Berlin/Boston 2014 (Handbücher zur kulturwissenschaftlichen Philologie 1), S. 31–47.

Voraussetzungen eine solch enge Kooperation von Druck- und Bedeutungsordnung allererst angenommen werden kann bzw. im Rahmen welcher *scopic regimes* ihre „Materialität" überhaupt sichtbar wird.

Die von August Lewald 1835 gegründete *Europa*[17] gliedert sich – in Orientierung an den modernen französischen und englischen Revuen mit Feuilletons und Bildbeigaben – in die gut etablierte Tradition der literarisch-kulturellen Zeitschrift ein, deren wichtige Vertreter wie die *Zeitung für die elegante Welt* (1801–1859; Leipzig: Voss) oder das *Morgenblatt für gebildete Stände* (1805–1865; Stuttgart, Tübingen u. a.: Cotta) bis über die Mitte des 19. Jahrhunderts hinaus fortbestehen. Für die hier interessierenden Text-Bild-Kombinationen besonders interessant sind die Modifikationen und Aktualisierungen, die Lewald mit diesem Typus vornimmt: So steigt der Anteil literarischer Texte, Kupfer- und Stahlstiche bzw. Lithographien werden nunmehr regelmäßig am Heftende angefügt und bilden häufig kleine Serien, darüber hinaus gewinnen Texte, die als „Bilder" klassifiziert werden, deutlich an Relevanz. Letztere fallen besonders auf in den Bandinhaltsverzeichnissen, in denen eine mit „Skizzen und Genrebilder" betitelte Rubrik an erster Stelle steht und die meisten Einträge umfasst. Zusammengefasst ist unter dieser Bezeichnung ein relativ breit gestreutes Themenspektrum, das von Reisebeschreibungen über Korrespondenzartikel und Briefe aus deutschen und europäischen Großstädten bis hin zu Historischem, Biographischem und Anekdotischem reicht.[18] Als zusammengehörig wird diese heterogene Gruppe erst im Vergleich mit den literarischen Texten greifbar, die als „Novellen" oder „Novelletten" klassifiziert sind: Sie bieten nicht wie letztere kohärente, auf einen Abschluss zulaufende Narrationen, sondern reihen Verschiedenes, auch Unabgeschlossenes, meist additiv und kaum verbunden, aneinander. Die Klassifizierung solchermaßen verfahrender Texte als „Skizzen und Genrebilder" schließt, wenn auch einigermaßen diffus, an das oben bereits für die *Gar-*

---

[17] Die Zeitschrift wird von 1835 bis 1844 „in Verbindung mit mehreren Gelehrten und Künstlern" (ab 1841 zusätzlich „unter Verantwortlichkeit der Verlagshandlung") von August Lewald herausgegeben und erscheint in unterschiedlichen Verlagen in Leipzig und Stuttgart, in Stuttgart und in Karlsruhe. Ihre modifizierte Nachfolgerin, „Das neue Europa", erscheint von 1845 bis 1885 und wird in den vierziger und fünfziger Jahren von Gustav Kühne herausgegeben (vgl. zu weiteren Details Sibylle Obenaus: Literarische und politische Zeitschriften 1830–1848. Stuttgart 1986 [Sammlung Metzler 225], S. 20–22).

[18] So finden sich zum Beispiel im dritten Band des 1842er Jahrgangs unter der Oberrubrik „Deutschland" die Einträge: „Korrespondenz und Portfolio", „Briefe aus Wien II", „Briefe aus Weimar III", „Briefe von Tiedge", „Heilkunst, Heilkünstler und Volk", „Erinnerungen an Wien 1814–1815. Vom Grafen A. de Lagarde", „Portfolio" und „Freiligrath in St. Goar" (Europa. Chronik der gebildeten Welt. In Verbindung mit mehreren Gelehrten und Künstlern herausgegeben von August Lewald 8 [1842], Bd. 3, o. S.).

tenlaube vermerkte Bildparadigma an: Im Bemühen um die Erneuerung der Literatur nach der Goethezeit scheint die Ausrichtung am räumlichen Nebeneinander des Bildes die komplexe Gegenwart samt ihren Krisen angemessener erfassen zu können, als im latent teleologisch strukturierten Nacheinander der Erzählprosa.[19] Innerhalb der *Europa* ist diese Ausrichtung am ‚Bild' vor allem in den Kunstkritiken eingebettet in gehäufte und bewegliche, in beide Richtungen verlaufende Adaptionsprozesse.[20] Dass diese wechselseitige Metaphorisierung von Sprache und Bild so gut funktioniert, ist Effekt einer spezifischen Argumentationsstruktur: Die Rede verschweigt die Physis sowohl des Sehens als auch der Objekte bzw. rückt beides merklich in den Hintergrund. An Dingen, Personen oder Kunstwerken interessiert das, woraufhin sie ‚durchsichtig' sind. Noch ganz im Sinne des goethezeitlich geprägten Konzepts von „Naturwahrheit"[21] ist das das „Typische" oder „Charakteristische", vom Sichtbaren zu Abstrahierendes.[22]

Neben Texten sind in der Zeitschrift aber auch konkrete Bilder abgedruckt und dabei sehr deutlich vom Sprachfeld und dessen Bildmetaphoriken getrennt gehalten. Diese Trennung ist in der *Europa* besonders ausgeprägt, weil sie zugleich auf mehreren Ebenen vorgenommen wird: Die Bilder werden separiert ans Heftende gebunden, ihnen sind keine ausführlichen Texte, sondern nur ganz knappe

---

19 Vgl. dazu ausführlich Gustav Frank: Subjektives Sehen und Eskalation des Raumes in Stifters *Der Pförtner im Herrenhause*. Epistemische Grundlagen von Bild-Text-Intermedialität. In: Stefan Keppler-Tasaki/Gerhard Schmidt: Funktionen von Intermedialität. Wert- und Identitätsbildungsprozesse zwischen 1815 und 1848. Berlin 2015 (Spectrum Literaturwissenschaft 48), S. 121–147.
20 Vgl. zum Beispiel: „Da ist vor Allem ein Sturm von Münchendorf, dieses Bild ist ein Byron'sches Gedicht; ein riesiger Baum liegt am Boden zerschmettert, die starken Arme gebrochen, die herumstehenden Bäume schwanken und beugen sich tief, und darüber zieht im schnellsten Flug ein schwarzes Wolkenheer; [...]." (Anon.: Briefe aus Wien II. In: Europa. Chronik der gebildeten Welt 8 [1842], Bd. 3, S. 22–26, Zitat S. 24.)
21 Begriff und Konzept nach Daston/Galison: Objektivität (Anm. 14), v. a. S. 59–119.
22 Diese Art der ‚Durchsichtigkeit' gilt auf eine diffuse Weise sowohl für reale Objekte wie für deren Repräsentationen durch die bildende Kunst, wie zum Beispiel an der Kritik einer Porträtgalerie deutlich wird: „Wie ganz anders Liszt – bleiches längliches Gesicht, von langen, schlichten braunen Haaren umschattet, die Stirne sehr ausgebildet, die Augen im affektlosen Zustand, bleiern geisterhaft, aufgeregt aber glänzend und lebensvoll; das ganze Gesicht trägt ein höchst geistreiches Gepräge, und die zuweilen vorblickende Ironie, das mephistophelische Wesen, welches wohl blitzend durch die freundliche Maske durchbricht, läßt zweifeln, ob die gutmüthige Freundlichkeit und die phantastische Schwärmerei Natur oder Affektation sind; ich glaube frühere Angewohnheiten sind ihm so eigenthümlich geworden, daß jetzt beide unbewußt ineinander spielen." (Anon.: Aus Weimar. In: Europa. Chronik der gebildeten Welt 8 [1842], Bd. 3, S. 27–31, Zitat S. 30.)

Ankündigungen beigefügt,[23] sie werden in den Bandinhaltsverzeichnissen in einer gesonderten Rubrik mit dem Titel „Artistische Beilagen" aufgelistet, die ab dem zweiten Jahrgang in weitere Unterrubriken aufgeteilt ist, in denen meist verschiedene, durchnummerierte Bildserien verzeichnet sind (z. B. „Portraits", „Chargen und Carricaturen", „Studien für Schauspieler", „Costümeblätter"). Diese Bildserien entwickeln eine ausgeprägte Aufmerksamkeit auf vielfältige Varianzen in menschlicher Physiognomie, Habitus, Körperhaltung und (modischer) Kleidung.

Solche Einzelblattbeiheftungen sind seit dem 18. Jahrhundert üblich, vor allem die neuen Kalender und Almanache und die kleinformatigen Taschenbücher kommen kaum noch ohne sie aus.[24] Im Umfeld eines bald florierenden Bildermarktes gewinnen solche ‚Kupfer' an Selbständigkeit, vor allem bei den Taschenbüchern gehören die Bilder nur in wenigen Fällen zu den dort abgedruckten Texten. Um 1800 geraten diese Formen des Zusammendrucks allmählich in den Fokus auch der ästhetischen Kritik. Für sie bilden die schon im 18. Jahrhundert kontrovers geführten Debatten um das Verhältnis der ‚Schwesterkünste' Literatur und Bild/Plastik weiterhin eine wichtige Grundlage, mit den neuen Druckpraktiken rücken aber mehr und mehr Fragen nach den Effekten ihrer unmittelbar materiellen Kopräsenz in den Vordergrund. Diese Verhandlungen sind durchweg geprägt von einem Modell von Anschaulichkeit, das auf eine angemessene Darstellung sinnträchtiger ‚Realität' ausgerichtet ist und in dessen Rahmen, je nachdem wie die jeweiligen Leistungen von Sprache und Bild dabei konzeptualisiert sind, die direkte Kooperation der beiden Darstellungsformen entweder als Missverhältnis abgelehnt wird oder aber angebracht erscheint.[25] In einem solchen Argumentationsrahmen erscheint der Zusammendruck von Texten mit nicht passenden Bildern als verfehlt und wird entschieden abgewertet. Solche Bilder haben keinen eigenen Wert, sie dienen, so der Tenor der einschlägigen Kritik,

---

23 Zum Beispiel im ersten Heft des dritten Bandes: „Wir übergeben unsern Lesern: 1) Ansicht von Sorrent, Torquato Tasso's Geburtsort. 2) Original-Modebild aus Paris." (Europa. Chronik der gebildeten Welt 8 [1842], Bd. 3, S. 48.)
24 Vgl. hierzu und zum Folgenden: Doris Schumacher: Kupfer und Poesie. Die Illustrationskunst um 1800 im Spiegel der zeitgenössischen Kritik. Köln/Weimar/Wien 2000 (Pictura et poesis 13).
25 Allgemein zur Geschichte literarischer Anschaulichkeit vgl. Gottfried Willems: Anschaulichkeit. Zu Theorie und Geschichte der Wort-Bild-Beziehungen und des literarischen Darstellungsstils. Tübingen 1989 (Studien zur deutschen Literatur 103), hier v. a. S. 110–158 (Kap. 4: Vom allegorischen zum illusionistisch-mimetischen Darstellungsstil). Zu den Debatten um die Bebilderung von Literatur und populärwissenschaftlichen Texten, allerdings eingeschränkt auf die Phase um 1800 vgl. Schuhmacher: Kupfer und Poesie (Anm. 24) und Silvy Chakkalakal: Die Welt in Bildern. Erfahrung und Evidenz in Friedrich J. Bertuchs *Bilderbuch für Kinder* (1790–1830). Göttingen 2014, hier v. a. S. 189–261 (Kap. II: Lebendige Bilder als kunstvolle Wissenschaft).

ausschließlich der Verkaufsförderung, ihre ‚unmotivierte' Beigabe ist ein mehr oder weniger notwendiges Übel, das mit Rücksicht auf ungebildete, aber zahlende Käuferschichten hinzunehmen ist.

Den Vorstellungen von idealen Text-Bild-Interaktionen, die sich bis über die Mitte des 19. Jahrhunderts hinaus nur wenig ändern, entsprechen allerdings nur sehr wenige Printprodukte. Das liegt daran, dass Bücher, Kalender, Taschenbücher oder Zeitschriften nur in ganz wenigen Ausnahmefällen wie autonome, von genialen Autorsubjekten produzierte und (durch)gestaltete Kunstwerke funktionieren, die hauptsächlich die Richtschnur für diese Normierungen abgeben. Der größte Teil der Druckpraxis sieht schon seit Langem anders aus, und in der ersten Hälfte des 19. Jahrhunderts ist bereits ein breites Feld an Optionen für Text-Bild-Beziehungen entstanden, die sich mehr oder weniger weit von den favorisierten Formen ästhetischer Interaktion entfernen: Text-Illustrationen können von ihren Bezugstexten separiert und, versehen mit mehr oder weniger ausführlichen Kommentaren oder auch ohne sie, als Einzelbilder verkauft oder in eigenen Mappen zusammengestellt werden,[26] Druckstöcke und Klischees werden gehandelt, die Drucke zirkulieren durch verschiedene Printmedien hindurch,[27] die Seitenlayouts der neuen illustrierten Zeitschriften sind partiell von Papierformaten und Drucktechnik vorgegeben[28] etc. Auch wenn solche Text-Bild-Beziehungen für die zeitgenössischen Diskurse ‚bloß marktgängige' und nur ‚zufällig' zustande gekommene Produkte sind, bleiben sie selbstverständlich ein quantitativ und qualitativ signifikanter Teil der visuellen Kultur des 19. Jahrhunderts und erwerben eben hier eine eigene Relevanz. Die Art ihrer Abwertung und der Verzicht auf eine nähere Beschäftigung mit ihnen verweisen im Gegenzug auf signifikante Begrenzungen des ästhetischen Diskurses: Mit ihm lässt sich vor allem die Vielfalt der Bilder ohne strikte Textbindung zwar noch aufmerksam registrieren, er kann ihr aber nicht mehr selbst beikommen. Sie wird aus ihm ausgelagert und im Rekurs auf Marktregularien plausibilisiert.

Auch in der *Europa* sind solche selbständigen, nicht mit den Texten abgestimmten Bilder abgedruckt, dabei aber zugleich zusammengestellt mit Texten, die sich selbst als „Bilder" und „Skizzen" ausgeben. Hier sucht sich die Sprache also von sich aus und mit ihren eigenen Mitteln dem ‚Bild' anzugleichen. Für den

---

[26] Zu dem aufgefächerten Spektrum, das hier schon um 1800 allein für Literatur-„Illustrationen" existiert, vgl. Schumacher: Kupfer und Poesie (Anm. 24), S. 19 f.
[27] Zu diesen Formen der Bilderzirkulation vgl. ausführlich Eva-Maria Hanebutt-Benz: Studien zum deutschen Holzstich im 19. Jahrhundert. Frankfurt a. M. 1984.
[28] Vgl. dazu Tom Gretton: The pragmatics of page design in nineteenth-century general interest weekly illustrated news magazines in London and Paris. In: Art History 33 (2010), Nr. 4, S. 680–709.

Kontakt mit dem konkreten Bild gilt dann gleichwohl etwas ganz anderes: Auf der Ebene der Druckordnung ist Sprache weit von ihm entfernt, und auf der Ebene der Bedeutungsbeziehungen hat sie nichts mit ihm zu tun. Damit wird hier ein spezifisches Relationierungsmodell angeboten, das in den zeitgenössischen diskursiven Verhandlungen um das Verhältnis zwischen Sprache und Bild keine Entsprechung hat: die Möglichkeit, dass Sprache und konkretes Bild nichts oder kaum etwas miteinander zu tun haben können. In der Druckordnung hält die *Europa* mithin eine Alternative parat, die abseits der diskursiv-sprachlich erarbeiteten Anschaulichkeitsmodelle mit ihren engen Verschränkungen von Text und Bild liegt.

Die wechselseitige Unabhängigkeit von Sprache und konkretem Bild und der nun auch wörtlich zu nehmende Abstand zwischen ihnen verweisen dabei nicht unbedingt auch auf eine wohl begründete und deutlich markierte qualitative Differenz, die in den zeitgenössischen Debatten um das Verhältnis der „Schwesterkünste" ja von hoher Wichtigkeit ist. In der Zeitschrift finden sich – außer in der Rubrizierung des Bandinhaltsverzeichnisses – kaum Indizien für eine solchermaßen profilierte Unterscheidbarkeit der beiden Darstellungsmedien. Die Sprache kümmert sich, wie gezeigt, nicht um sie; auch im Inhaltsverzeichnis taugt die Bezeichnung „Genrebilder" ab und an sowohl für Texte als auch für Bildbeigaben.

Allenfalls angedeutet ist eine solche qualitative Differenz in der Verteilung von Funktionen auf die in der Zeitschrift versammelten Darstellungsformen, die gleichwohl sehr diffus bleibt und nicht konsequent durchgehalten ist. Mit viel Vorsicht ließe sich hier die Tendenz ausmachen, dass die „Novellen" und „Novelletten" kohärent erzählen und dabei ab und an die Darstellbarkeit von ‚Realität' durch Sprachzeichen problematisieren,[29] dass die sich diffus als bildförmig ausgebenden „Skizzen und Genrebilder" ihre Objekte ohne solche Zeichenprobleme, im ungestörten Zusammenspiel von ‚Realität', Wahrnehmung und Darstellung, präsentieren und dass die „Artistischen Beilagen" eine spezifische Aufmerksamkeit auf den Variantenreichtum von Physiognomien und Kleidungs-

---

29 So besonders prägnant in der Eingangspassage von Auerbachs Erzählung *Der Tolpatsch*: „Jetzt aber, nimm mir's nicht übel lieber Tolpatsch, und mach Dich wieder fort, ich kann Dir Deine Geschichte nicht so in's Gesicht hinein erzählen, sei ruhig, ich werde Dir nichts Böses nachsagen, wenn ich auch per ‚Er' von Dir spreche." (Berthold Auerbach: Der Tolpatsch. Eine Schwarzwälder Dorfgeschichte. In: Europa. Chronik der gebildeten Welt 8 [1842], Bd. 3, S. 1–21, hier S. 1f.; zu weiteren Implikationen dieser vorsichtigen Problematisierung von literarischer Repräsentation vgl. Madleen Podewski: *Der Tolpatsch* in Zeitschrift und Buch. Eine Fallstudie zur Funktionalität von Literatur in medialen Umfeldern. In: Christof Hamann/Michael Scheffel [Hg.]: Berthold Auerbach. Ein Autor im Kontext des 19. Jahrhunderts. Trier 2013 [Schriftenreihe Literaturwissenschaft 88], S. 63–79.)

stilen entwickeln, die von keiner der Textsorten so intensiv verfolgt wird. Dass solche Zuschreibungen so schwer zu machen sind, verweist darauf, dass sich in der *Europa* keine deutlichen Funktionsprofile für Sprache und Bild ausbilden. Eben deshalb muss auch ihr Verhältnis ungeklärt bleiben. Ein Defizit bzw. ein Zugeständnis an Markt und Publikumsbedürfnisse ist das nur für die umlaufenden zeitgenössischen Diskurse, die diesbezüglich Klarheit anstreben. Die Zeitschrift aber zeigt, dass jenseits solch sprachlich-diskursiver Verhandlungen auch noch Anderes möglich ist: Bilder sind relevant und werden deshalb ins Medium aufgenommen, ohne dass man sich weitere Rechenschaft darüber und über ihr Verhältnis zu den benachbarten, auf Abstand gehaltenen Texten geben müsste.

Wohlgemerkt: Diese Indifferenz ergibt sich allein innerhalb der Zeitschriftenstruktur, d.h. im Rahmen dessen, was hier wie zusammengestellt ist, d.h. welche Text- und Bildformen in welcher Druckordnung präsentiert werden. Dass solche Druckordnungen in den 1840er Jahren bereits flexibel und mit ihnen auch noch andere Formen der Relationierung von Sprache und Bild möglich geworden sind, kann ein kurzer Blick auf das Leipziger *Pfennig-Magazin*[30] zeigen: Mit ihm hält auch in Deutschland der Typus des billigen, in hohen Auflagen verbreiteten und mit neuer Drucktechnik üppig xylographisch illustrierten Pfennig- und Hellermagazins nach englischem bzw. französischem Vorbild sehr erfolgreich und spektakulär Einzug. Auch wenn die anfänglich hohen Auflagenzahlen ab Mitte der 1840er Jahre wieder stetig sinken, bleibt es bis in die Mitte des 19. Jahrhunderts von Bedeutung und gilt gemeinhin, zusammen mit der später herausgegebenen *Leipziger Illustrirten Zeitung* (1842–1944), als erster Vertreter der illustrierten Zeitschrift. Als innovativ wird dabei nicht nur die hohe Dichte, sondern auch die Art des Bildmaterials und dessen Einbau ins Layout angesehen.

Weil es mit der Durchsetzung der Xylographie möglich wird, Text und Bild in einem gemeinsamen Druckgang zu reproduzieren, können sich neue und vor allem variantenreiche Möglichkeiten für Text-Bild-Beziehungen ausbilden. Dabei entwickelt die Zeitschrift im Rahmen ihres breiten Themenrepertoires – das Naturgeschichte und technische Erfindungen ebenso umfasst wie Kunst, Architektur, Reisebeschreibungen, Biographisches und praktische Belehrungen für ein gutes und gesundes Leben – eine präzise und detaillierte Aufmerksamkeit auf Aussehen, Zusammensetzung und Funktionsweise der präsentierten Objekte, die mit den zugehörigen Abbildungen auch deren konkrete visuelle Dimension mit ein-

---

[30] *Das Pfennig-Magazin der Gesellschaft zur Verbreitung gemeinnütziger Kenntnisse* erscheint wöchentlich von 1833 bis 1842 bei Brockhaus in Leipzig, 1843 bis 1855 wird es in veränderter Konzeption unter dem Titel *Das Pfennig-Magazin für Belehrung und Unterhaltung. Neue Folge* herausgegeben. Vgl. hierzu und zum Folgenden detailliert Hanebutt-Benz: Studien zum deutschen Holzstich (Anm. 27), S. 690–707.

schließt. Eine solche Kooperation von Text und Bild im Dienste der Wissensvermittlung hat ihre Vorläufer im 18. Jahrhundert, als im Zuge der Aufwertung der sinnlichen Anschauung auch das Bild als ein wichtiger Faktor für Erkenntnisprozesse, hauptsächlich im Umfeld von Volks- und Kinderpädagogik, einkalkuliert wird.[31] Das *Pfennig-Magazin* schließt an diese Tradition an, präsentiert dabei aber Text-Bild-Symbiosen, deren Unauflöslichkeit nun auch konsequent visuell gestützt ist: In den ersten Heften sind beide Darstellungsformen durchweg zusammen auf einer Seite abgedruckt. Das konditioniert einen Blick, der an der Einheit der Zeitschriftenseite ausgerichtet ist und dabei die Differenzen zwischen gedruckter Schrift und gedrucktem Bild marginalisiert – einen Blick also, für den das ‚Zusammen-Sehen' – auch unterschiedlicher Darstellungsformen – eine sinnhafte ‚Zusammengehörigkeit' bedeutet.

Fast zeitgleich mit der *Europa* bietet das *Pfennig-Magazin* also ein Modell für Text-Bild-Beziehungen an, das auf intensive, auf mehreren Ebenen zugleich vollzogene Verdichtungen setzt: Zum visuellen Zusammengehörigkeitspostulat der Seitenlayouts kommen die Jahresinhaltsverzeichnisse, in deren konsequent alphabetischer Ordnung nicht zwischen Text- und Bildbeiträgen unterschieden wird.[32] Und eine genauere Analyse der jeweiligen Bedeutungsbeziehungen könnte zeigen, dass sich hier allmählich eine additiv funktionierende Kooperation ausbildet, die für die Erfassung des gemeinsamen Referenten auf eine diffuse Form von Arbeitsteilung setzt, aus der sich gleichwohl und wiederum keine präzisen Funktionszuschreibungen für ‚*das* Bild' und ‚*die* Sprache' herleiten lassen. Trotz seiner konträren Ausrichtung macht das frühe *Pfennig-Magazin* aber ganz ebenso wie die *Europa* den Bedeutungscharakter seiner Text-Bild-Beziehungen durch den Aufbau der Druckflächen auch sichtbar: Ist in der *Europa* deren wechselseitige Ferne visualisiert, ist es im *Pfennig-Magazin* deren Nähe.

Eine solch unmittelbare Sichtbarmachung der Struktur von Wort-Bild-Beziehungen wird für die Geschichte der illustrierten Zeitschriften weiterhin relevant bleiben, aber sie wird – wie beim *Pfennig-Magazin* ungefähr ab dem dritten Jahrgang – an Bedeutung verlieren und verdrängt werden von einer flexibleren Handhabung des konkret sichtbaren Abstands zwischen Texten und Bildern. In

---

31 Vgl. dazu noch einmal Chakkalakal: Die Welt in Bildern (Anm. 25).
32 In den Jahresinhaltsverzeichnissen wird nur regelmäßig zwischen bebilderten und nicht bebilderten Beiträgen unterschieden: „NB: Zur bequemen Uebersicht der mit Abbildungen versehenen Artikel sind die Titel derselben mit durchschossener Schrift gedruckt." (Hier: Vollständiges alphabethisches Verzeichniß der im ersten Jahrgange des Pfennig-Magazins 4. Mai 1833 – 1834 enthaltenen Artikel. In: Das Pfennig-Magazin der Gesellschaft zur Verbreitung gemeinnütziger Kenntnisse 1 [1833], o.S.) Die strikt alphabetische Sortierung wird ab dem dritten Jahrgang gelockert, indem nun vereinzelt auch Unterrubriken wie z. B. „Ansichten" gebildet werden.

den oben angeführten Beispielheften der *Gartenlaube* etwa ist es möglich, dass der zu einem Bild gehörende Text ein oder mehrere Seiten entfernt und einmal sogar in einer eigenen Rubrik, den „Blättern und Blüthen", abgedruckt wird. Hier kommt es auch dazu, dass thematisch nicht zusammengehörige Texte und Bilder im Neben- und Untereinander von Seite bzw. Doppelseite dicht aneinandergerückt sind – bis hin zu dem Fall, dass eine textfremde Abbildung mitten in einen Text hineingesetzt ist (Abb. 2).[33]

So scheinen Texte und Bilder unabhängiger voneinander zu werden, und die Forschung sieht denn auch die Familienzeitschriften spätestens ab den 1870er Jahren von einer „Verselbständigung der Bilder" geprägt.[34] Eine solche Zuschreibung ist aber für eine angemessene Erfassung der intrikaten Verschiebungsprozesse, die sich auf dem historischen Feld der illustrierten Zeitschriften vollziehen, viel zu ungenau, und mindestens müsste sie relativiert werden: Denn auch in den späteren Jahrgängen der *Gartenlaube* kommt der größte Teil der Abbildungen weiterhin nur in der Interaktion mit Texten vor, und die Art ihrer Kooperation basiert noch immer auf einer spezifischen Nivellierung von Zeichendifferenzen.[35] Eine Verselbständigung vollzieht sich hier vielmehr auf der visuellen Ebene der Heftzusammenstellungen: Thematisch zusammengehörige Texte und Bilder werden nicht mehr durchweg – wie noch im frühen *Pfennig-Magazin* – auch zusammen zu sehen gegeben. Die enge Bindung, die Wort und Bild bei der gemeinsamen Erfassung ihres Referenten eingehen, muss nicht mehr ‚auf einen Blick' ersichtlich sein. Sie bleibt auch mit einem größeren Abstand zwischen den beiden Partnern möglich, und sie kann den Aufschub übergehen, den das Durchblättern der Seiten erzeugt.

Damit wird hier deutlich stärker auf den ‚inneren', abstrakt-konzeptuellen Charakter dieser Zusammengehörigkeit gesetzt. Komplementär dazu bildet sich ein Sehen aus, das die Zeitschriftenseite nicht mehr als ein bedeutungsträchtiges

---

33 Anon.: Speisung eines preußischen Landwehrbataillons. In: Die Gartenlaube. Illustrirtes Familienblatt 14 (1866), Nr. 31/32, S. 504. Die zugehörige, mit „Die Speisung des zwanzigsten Landwehr-Bataillons auf dem Magdeburger Bahnhof zu Leipzig" untertitelte Abbildung findet sich im selben Heft auf S. 485, mittig in eine der ansonsten homogen gedruckten sieben Seiten der letzten Folge von Marlitts Erzählung *Blaubart* gesetzt.
34 Vgl. u. a. Joachim Schöberl: „Verzierende und erklärende Abbildungen". Wort und Bild in der illustrierten Familienzeitschrift des 19. Jahrhunderts am Beispiel der *Gartenlaube*. In: Harro Segeberg (Hg.): Die Mobilisierung des Sehens. Zur Vor- und Frühgeschichte des Films in Literatur und Kunst. München 1996, S. 209–236.
35 Vgl. dazu genauer Madleen Podewski: Abbilden und veranschaulichen um 1900. Verhandlungen zwischen Texten und Bildern in der *Gartenlaube. Illustriertes Familienblatt*. In: Natalia Igl/Julia Menzel (Hg.): Illustrierte Zeitschriften um 1900. Multimodalität und Metaisierung. Bielefeld (im Druck).

Ganzes wahrnimmt, sondern allmählich eine stärkere Aufmerksamkeit auf die Binnendifferenzierung ihres Druckbildes entwickelt. Dieser Blick ist nicht mehr indifferent gegenüber den Unterschieden zwischen Schrift und Bild, weil er weniger zügig auf das gerichtet ist, was von ihnen re-präsentiert wird. Er beginnt sich einzustellen auf die feinen Unterschiede, die ein Layout machen kann. In einer Art moderater Physiologisierung des Sehens schwindet mithin die Durchsichtigkeit der Darstellungsmedien, ohne dass es dabei schon – wie besonders ausgeprägt bei den Avantgarden der kommenden Jahrhundertwende – zu ihrer Autonomisierung käme und sich ihre Materialität so weit verdichten würde, dass ihre Repräsentationsfunktion gestört wäre. Sie geht aber doch so weit, dass das Aussehen von Druckbildern funktionalisiert werden kann, etwa in der Unterscheidung zwischen einem homogeneren vorderen und einem kleinteiligeren hinteren Zeitschriftenteil, an die Gewichtungen und Wertungen anschließbar sind.[36]

Und schließlich beginnt dieses Sehen auch zu lernen, mit einem einzigen Blick qualitativ Verschiedenes zu umfassen, sich also nicht mehr darauf zu verlassen, dass sich hinter einem gemeinsam Gesehenen auch ein gemeinsamer Referent oder eine besondere Bedeutung verbirgt. Mit der Durchsichtigkeit der Zeichen verliert sich hier also auch die Durchsichtigkeit der Druckfläche der Seite. Ob sinnträchtige Beziehungen zwischen dem hier Abgedruckten zustande kommen, muss über diesen Blick hinweg, im Rekurs auf den Bedeutungsgehalt des jeweils Gezeigten, erschlossen werden. Daneben kommt die historisch ältere Form der visuellen Verdichtung von Text-Bild-Kooperationen aber auch weiterhin vor,[37] so dass der Blick, der über die Seiten eines Gartenlaubenheftes hinwegläuft, durchaus mehrfach zwischen verschiedenen Repräsentationskonzepten hin- und herschalten muss und kann. Das macht noch einmal deutlich, dass in einer illustrierten Zeitschrift wie der *Gartenlaube* nicht nur immer mehr immer selbständigere Bilder gezeigt werden, sondern dass die Bildarrangements hier tief in eine Geschichte des Sehens und Darstellens hineinreichen: Die Aktivierung verschiedener ‚Blicke' auf unterschiedlich ‚durchsichtige' Text-Bild-Konstellationen macht die *Gartenlaube* zu einer Zwischenzone, in der subjektiv-physiologisches Sehen und Materialität und Visualität von Sprach- und Bildzeichen bereits auf den

---

[36] Vgl. dazu Madleen Podewski: Zwischen Sichtbarem und Sagbarem: Illustrierte Magazine als Verhandlungsorte visueller Kultur. In: Katja Leiskau/Philipp Rössler/Susann Trabert (Hg.): Deutsche illustrierte Presse – Journalismus und visuelle Kultur in der Weimarer Republik. Baden-Baden (im Druck).

[37] Vgl. zum Beispiel F. Stolle: Ein Kind des Waldes und seine Schule. In: Die Gartenlaube. Illustrirtes Familienblatt 14 (1866), Nr. 28, S. 436–438. Die Abbildung der Forstschule, um deren Gründer es in diesem Artikel geht, nimmt die oberen zwei Drittel der zweiten Seite des Artikels ein, ist also mitten in den Text gesetzt.

Plan getreten sind, ihre Sprengkraft aber noch längst nicht entfaltet haben und außerdem ins Nebeneinander gesetzt sind mit älteren Modellen, die auf die unproblematische Darstellbarkeit einer Sprache und Bild gemeinsamen Realität und auf die Sichtbarkeit ihrer Kooperationsformen setzen.

Abb. 1: Im ersten böhmischen Quartier. Originalzeichnung von A. Nikutowski.
In: Die Gartenlaube. Illustrirtes Familienblatt 14 (1866), Nr. 29, S. 453.

Abb. 2: Die Speisung des zwanzigsten Landwehr-Bataillons auf dem Magdeburger Bahnhofe in Leipzig. In: Die Gartenlaube. Illustrirtes Familienblatt 14 (1866), Nr. 31/32, S. 485.

Alice Hipp
Prosaistinnen in Kulturzeitschriften der Jahre 1871 bis 1890

Zur statistischen Repräsentanz und Autornamenwahl schreibender Frauen in *Die Gartenlaube, Westermanns illustrirte deutsche Monatshefte* und *Deutsche Rundschau*

Der folgende Beitrag präsentiert einige Teilergebnisse aus einem Dissertationsprojekt zu Positionierungsstrategien und Autorschaftsmodellen in den Zeitschriften *Die Gartenlaube, Westermanns illustrirte deutsche Monatshefte* und *Deutsche Rundschau*.[1] Ziel der Doktorarbeit war es, in einer Kombination aus sozialhistorischem und philologischem Blick auf die für die Professionalisierung und Ausdifferenzierung des Literatur- und Pressebetriebs entscheidende Zeit nach der Reichsgründung differenzierte Erkenntnisse zur damaligen Literaturproduktion zu liefern und dabei weder den publizistischen Kontext der Werke außer Acht zu lassen noch sie pauschal als dem Diktat der Unterhaltung unterworfen oder im „Schraubstock moderner Marktmechanismen" gefangen einzustufen.[2] Zu diesem Zweck habe ich unter anderem eine statistische Analyse durchgeführt, deren Konzeption und Vorgehensweise im ersten Abschnitt näher erläutert wird. Sie hat als Nebenprodukt Ergebnisse zu Platzierungs- und Positionierungsstrategien der Akteure von *Gartenlaube, Monatshefte* und *Rundschau* speziell für schreibende

---

1 Alice Hipp: Spätrealisten und ihre Werke in Kulturzeitschriften der Zeit (1871–1890). Diss. Karlsruhe vorauss. 2016. Weitere Ergebnisse meiner Untersuchung sowie eine tiefergehende Darlegung und Interpretation der Analysebefunde finden sich dort im Kapitel zu schreibenden Frauen. In Einzelanalysen genauer behandelte Autoren sind Theodor Fontane, Conrad Ferdinand Meyer und Theodor Storm. Im Zentrum der Studie stehen die sowohl von Redaktions- als auch von Autorseite angewandten Positionierungsstrategien und -kalküle mit Blick auf die Etablierung neuer Autorschaftsmodelle im Pressemarkt des späten 19. Jahrhunderts (wie Berufsschriftsteller, Hausautor und Medienarbeiter) sowie auf ‚Werktransformationen' vom Zeitschriftenabdruck zur Buchausgabe.
2 Der mediale Kontext ist in der Literaturwissenschaft bis in die 1990er Jahre weitgehend unberücksichtigt geblieben. Erst in jüngerer Zeit wurde er als maßgeblicher Faktor literarischen Schaffens im frühen Kaiserreich erkannt und ernst genommen, wenn auch gelegentlich übertont; vgl. z.B. Manuela Günter: Im Vorhof der Kunst. Mediengeschichten der Literatur im 19. Jahrhundert. Bielefeld 2008; Hans-Jürgen Schrader: Im Schraubstock moderner Marktmechanismen. Vom Druck Kellers und Meyers in Rodenbergs *Deutscher Rundschau*. In: Jahresbericht der Gottfried Keller-Gesellschaft 62 (1993/94), S. 3–38; Hans-Jürgen Schrader: Autorfedern unter Preß-Autorität. Mitformende Marktfaktoren der realistischen Erzählkunst – an Beispielen Storms, Raabes und Kellers. In: Jahrbuch der Raabe-Gesellschaft 42 (2001), S. 1–40.

Frauen geliefert. Der boomende Pressemarkt und die dadurch erhöhte Nachfrage nach Erzählwerken bot insbesondere Frauen eine willkommene Möglichkeit zur Erwerbstätigkeit trotz vielfältiger, im zweiten Abschnitt kurz zu beleuchtender gesellschaftlicher Vorurteile und Hindernisse. Die Abschnitte III und IV des vorliegenden Aufsatzes liefern schließlich eine Diskussion der Untersuchungsergebnisse zum Anteil schreibender Frauen in den belletristischen Rubriken der Zeitschriften und zu den von ihnen gewählten Autornamen.

Zum Anteil an Autorinnen im späten 19. Jahrhundert finden sich in der Forschungsliteratur bisher nur uneinheitliche und pauschalisierende Werte. Sie sollen entweder für sowohl Presse- als auch Buchdruck gelten, wie die von Hacker aus Brümmers Autorenlexikon ausgezählten 20 %,[3] oder beziehen sich, wie die bei Konieczny angegebenen 25 %, pauschal auf sehr verschiedene Zeitschriften im Zeitraum von 1877 bis 1890.[4] Genaue Angaben zu den Anteilen an pseudonym schreibenden Frauen in den drei Zeitschriften existieren meines Wissens bislang nicht. Die in meiner Analyse ermittelten Autorinnenanteile ebenso wie die Daten zur Autornamenwahl von Frauen zeigen, dass nur differenzierte Untersuchungen die Situation und Möglichkeiten schreibender Frauen im Pressemarkt des späten 19. Jahrhunderts angemessen abbilden. Sie lassen ferner die noch genauer auszuführende These zu, dass Schriftstellerinnen von Redaktionen verschiedener Zeitschriften je unterschiedliche Bedeutung zugemessen wurde und sie dadurch in verschiedenem Umfang Akzeptanz als Mitarbeiterinnen erfahren haben.

---

[3] Vgl. Lucia Hacker: Schreibende Frauen um 1900. Rollen – Bilder – Gesten. Berlin 2007 (Berliner ethnographische Studien 12), S. 13. Dieser Prozentsatz ist sicher auch deshalb so niedrig, weil Brümmer Autoren nur dann in sein Lexikon aufgenommen hat, wenn sie Buchpublikationen vorweisen konnten. Dies gilt für Brümmers Lexika generell. So heißt es schon im Vorwort seines ersten derartigen Werks: „Auf die nur in periodischen Zeitschriften, Almanachen etc. erschienenen literarischen Produkte ist dagegen in der Regel nicht Rücksicht genommen." (Franz Brümmer: Deutsches Dichter-Lexikon, Bd. 1. Eichstätt/Stuttgart 1876, S. IV.) Buchpublikationen sind im 19. Jahrhundert für Frauen jedoch schwieriger zu erreichen als für Männer (vgl. Hacker: Schreibende Frauen, S. 106 f.), weshalb durch dieses Aufnahmekriterium wohl mehr Frauen als Männer von der Aufnahme in Brümmers Lexikon ausgeschlossen wurden.

[4] Vgl. Hans-Joachim Konieczny: Fontanes Erzählwerke in Presseorganen des ausgehenden 19. Jahrhunderts. Paderborn 1978, S. 53. Konieczny betrachtet die Zeitschriften *Nord und Süd*, *Westermanns illustrirte deutsche Monatshefte*, *Deutsche Romanbibliothek zu Über Land und Meer*, *Die Gartenlaube* und *Deutsche Rundschau*, erläutert das Zustandekommen dieses Prozentsatzes jedoch nicht genauer.

I Untersuchungskorpus und Vorgehensweise

Die Gartenlaube, Westermanns illustrirte deutsche Monatshefte und *Deutsche Rundschau* können bezüglich ihrer Positionierung am Pressemarkt als jeweils führender Repräsentant ihres Zeitschriftenmodells[5] bezeichnet werden, wodurch sie sich als Untersuchungsobjekte für die oben skizzierte Themenstellung besonders eignen.[6] Gemeinsam sind ihnen eine überregionale Verbreitung und der Anspruch, einen Überblick über die zeitgenössischen Entwicklungen auf allen Gebieten des geistigen Lebens zu geben. Alle drei Zeitschriften bringen an erster Position, und gegebenenfalls nochmals im hinteren Teil der Ausgaben, Erzählprosa, gefolgt von mehr oder weniger stark populärwissenschaftlich aufbereiteten Artikeln aus beispielsweise Naturwissenschaften, Technik und Geschichte.

Die Gartenlaube als Marktführer des Modells Familienblatt[7] setzt dabei speziell auf kürzere, allgemeinverständliche Beiträge, den verstärkten Abdruck von Gedichten und zahlreichen Illustrationen, einen extrem niedrigen Preis[8] bei wöchentlicher Erscheinungsweise und die Aufnahme von unterhaltenden Rätseln in der Rubrik „Allerlei Kurzweil" ab 1884. Sie adressiert die gesamte Familie, also

---

[5] Zur Genealogie der Kulturzeitschrift vgl. Stefan Scherer: Vom Familienblatt zum *Rundschau*-Modell – die Kulturzeitschrift der Gründerzeit und ihre Textsorten zur Popularisierung von Technikwissen im Rückblick auf Gutzkows Zeitschriftenprojekt *Deutsche Revue*. In: Wolfgang Lukas/Ute Schneider (Hg.): Karl Gutzkow (1811–1878). Publizistik, Literatur und Buchmarkt zwischen Vormärz und Gründerzeit. Wiesbaden 2013 (Buchwissenschaftliche Beiträge aus dem Deutschen Bucharchiv München 84), S. 103–122.
[6] Dass *Rundschau* und *Gartenlaube* die zwei Enden eines Spektrums darstellen, in dem sich andere Zeitschriften wie etwa die *Monatshefte* platzieren, stellt auch McIsaac heraus; vgl. Peter McIsaac: Rethinking Nonfiction. Distant Reading the Nineteenth-Century Science-Literature Divide. In: Matt Erlin/Lynne Tatlock (Hg.): Distant Readings. Topologies of German Culture in the Long Nineteenth Century. Rochester 2014 (Studies in German Literature, Linguistics and Cultures), S. 185–208, hier S. 188. McIsaacs Untersuchung liefert wichtige Ergebnisse bezüglich der Entwicklung der Rubriken von *Gartenlaube* und *Rundschau*.
[7] Zu Programm und weiteren Aspekten des Erscheinens der *Gartenlaube*, die hier nur summarisch wiedergegeben werden können, vgl. Andreas Graf: Familien- und Unterhaltungszeitschriften. In: Geschichte des deutschen Buchhandels im 19. und 20. Jahrhundert. Im Auftrag des Börsenvereins des deutschen Buchhandels hg. von der Historischen Kommission, Bd. 1: Das Kaiserreich 1871–1918. Im Auftrag der Historischen Kommission hg. von Georg Jäger, Teil 2. Frankfurt a. M. 2003, S. 409–522, hier v. a. S. 427–429; Dieter Barth: Das Familienblatt – ein Phänomen der Unterhaltungspresse des 19. Jahrhunderts. Beispiele zur Gründungs- und Verlagsgeschichte. In: Archiv für Geschichte des Buchwesens 15 (1975), Sp. 121–316, hier Sp. 166–214.
[8] Ab 1875 kostet das Vierteljahresabonnement der *Gartenlaube* 1 Mark 60 Pfennig; vgl. Barth: Das Familienblatt (Anm. 7), S. 188.

eine heterogene Gruppe als Leser und bezieht diese in der Rubrik „Kleiner Briefkasten" aktiv in die Kommunikation ein. Als Herausgeber zielt Ernst Keil bei der Auswahl der Beiträge auf umfassende, unter anderem politisch liberal-demokratische Bildung seiner Leser, die durch deren gleichzeitige Unterhaltung gewährleistet werden soll. Nach Keils Tod 1878 und Übernahme der *Gartenlaube* durch Adolf Kröner 1884 tritt der Unterhaltungsaspekt stärker in den Vordergrund.

Demgegenüber gilt die *Deutsche Rundschau* als Musterbeispiel des anspruchsvollen Rundschau-Modells nach französischem und englischem Vorbild.[9] Der Herausgeber Julius Rodenberg verzeichnet unter seinen Beiträgern zahlreiche Universitätsprofessoren und im Literaturbetrieb fest etablierte Autoren und sieht seine Zeitschrift als das die deutsche Nation repräsentierende Organ von kanonbildender Bedeutung an.[10] Die *Rundschau*-Beiträge zielen ihrer Länge und Komplexität nach auf eine Leserschaft in höher und hoch gebildeten Gesellschaftskreisen; der hohe Preis[11] ist nur für gut situierte Bevölkerungsschichten erschwinglich. Die *Rundschau* verzichtet gänzlich auf Illustrationen, setzt im Gegensatz zu *Gartenlaube* und *Monatsheften* auf ein-, nicht zweispaltigen Druck und erscheint wie die *Monatshefte* in monatlichem Rhythmus.

Westermanns Monatshefte positionieren sich sozusagen zwischen *Gartenlaube* und *Rundschau*:[12] Als Kulturzeitschrift mittleren Anspruchs widmen sie sich wie die *Rundschau* auch der Literaturkritik. Vom Familienblatt übernehmen sie

---

9 Vgl. zu den folgenden Aspekten ausführlicher Sibylle Obenaus: Literarische und politische Zeitschriften. 1848–1880. Stuttgart 1987 (Sammlung Metzler 229), S. 67–71; Julius Rodenberg: Die Begründung der *Deutschen Rundschau*. Ein Rückblick. Berlin 1899; Margot Goeller: Hüter der Kultur. Bildungsbürgerlichkeit in den Kulturzeitschriften *Deutsche Rundschau* und *Neue Rundschau* (1890–1914). Frankfurt a. M. u. a. 2011 (Europäische Hochschulschriften 1082); Roland Berbig/Josefine Kitzbichler: „Für zwei große Revuen hat Deutschland keinen Raum". Paul Lindau, Julius Rodenberg und die Rundschau-Debatte 1877. In: R. B./J. K. (Hg.): Die Rundschau-Debatte 1877. Paul Lindaus Zeitschrift *Nord und Süd* und Julius Rodenbergs *Deutsche Rundschau*. Dokumentation. Bern 1998, S. 22–78.

10 Vgl. [Herausgeber und Verleger der *Deutschen Rundschau*]: Deutsche Rundschau. 1879–80. In: Deutsche Rundschau 6 (1879/80), Bd. 21, o. S. [S. I–II]. Zum Kanonisierungsprojekt Rodenbergs vgl. Günter Butzer/Manuela Günter/Renate von Heydebrand: Von der ‚trilateralen' Literatur zum ‚unilateralen' Kanon. Der Beitrag der Zeitschriften zur Homogenisierung des ‚deutschen Realismus'. In: Michael Böhler/Hans Otto Horch (Hg.): Kulturtopographie deutschsprachiger Literaturen. Perspektivierungen im Spannungsfeld von Integration und Differenz. Tübingen 2002, S. 71–86.

11 Vom Beginn 1874 an bis 1920 kostet ein *Rundschau*-Heft 2 Mark 50 Pfennig; vgl. Obenaus: Literarische und politische Zeitschriften (Anm. 9), S. 68.

12 Vgl. zu den *Monatsheften* v. a. Wolfgang Ehekircher: *Westermanns illustrierte deutsche Monatshefte*. Ihre Geschichte und ihre Stellung in der Literatur der Zeit. Ein Beitrag zur Zeitschriftenkunde. Braunschweig u. a. 1952.

hingegen, wenn auch reduziert, die Illustrierung von Beiträgen, den zweispaltigen Druck und einen gemäßigten Preis.[13] Aufgrund dieser Marktabdeckung[14] durch die ausgewählten Zeitschriften kann davon ausgegangen werden, dass in ihnen die mediale Präsenz schreibender Frauen im späten 19. Jahrhundert adäquat abgebildet wird. Wie die vollständige Durchsicht der Jahrgänge 1871 bis 1890 der drei Zeitschriften ergab, ist weibliche Autorschaft im ausgehenden 19. Jahrhundert kein Randphänomen mehr.

Bei der Analyse des Korpus wurden ausschließlich Erzählwerke berücksichtigt. Bei den allermeisten Beiträgen ist die Zuordnung zu dieser Rubrik eindeutig möglich gewesen, da sie auf ihren narrativen und fiktionalen Charakter durch Genrebezeichnungen wie Roman, Novelle, Novellette, Erzählung, Sittenbild, Humoreske oder literarische Skizze hinweisen. Zur Einordnung der übrigen Fälle sind für *Gartenlaube* und *Rundschau* die Rubrizierungen durch die Zeitschriftenakteure in Generalregistern und Inhaltsverzeichnissen von Jahrgangsbänden herangezogen worden.[15] Die Bände der *Monatshefte* nehmen eine derartige Rubrizierung nicht vor, weshalb hier Estermanns *Inhaltsanalytische Bibliographie deutscher Kulturzeitschriften des 19. Jahrhunderts*[16] genutzt worden ist. Estermann setzt Genrezuweisungen in eckigen Klammern hinter belletristische Texte, bei denen Angaben dazu in der Zeitschrift fehlen. Die wenigen nicht über eine Genrezuweisung oder die Rubrizierung kategorisierbaren Beiträge sind per Augenschein zugeordnet, d. h. auf Elemente von Literarizität wie Fiktionalität und Po-

---

[13] Von 1875 bis Oktober 1878 beträgt der Preis pro *Westermann*-Heft 1 Mark, von Oktober 1878 bis September 1907 1 Mark 40 Pfennig, vierteljährig 4 Mark; vgl. Ehekircher: *Westermanns* (Anm. 12), S. 45 f.
[14] Die drei Zeitschriften bedienen den Großteil und das Spektrum regelmäßiger Leser, die vor allem in bürgerlichen und adeligen Schichten zu finden sind. Zur allmählichen Erweiterung der Leserkreise auf das Kleinbürgertum, die Arbeiter und Bauern im Verlauf des 19. Jahrhunderts s. Rudolf Schenda: Volk ohne Buch. Studien zur Sozialgeschichte der populären Lesestoffe 1770 – 1910. Frankfurt a. M. ³1988, S. 49 f., 445 – 458. Zur literarischen Kommunikation der Arbeiterschaft s. Jost Schneider: Sozialgeschichte des Lesens. Zur historischen Entwicklung und sozialen Differenzierung der literarischen Kommunikation in Deutschland. Berlin/New York 2004, S. 176 – 197.
[15] So erscheint in den Inhaltsverzeichnissen der *Gartenlaube*-Jahrgangsbände im Betrachtungszeitraum stets die Rubrik „Erzählungen und Novellen" und das *Generalregister zur Deutschen Rundschau* von 1885, das die vorangegangenen zehn Jahrgänge abbildet, verzeichnet die Rubrik „Erzählungen, Novellen, Romane etc.". Das zweite Generalregister von 1896, das die Bände 41 bis 80 aufschlüsselt, gibt diese Rubrizierung auf und verzeichnet die Beiträge stattdessen in einem Stichwortregister, sodass einzelne Beiträge auch mehrfach erscheinen. Sie werden jedoch nicht mehr einer Textsorte zugeordnet.
[16] Alfred Estermann: Inhaltsanalytische Bibliographie deutscher Kulturzeitschriften des 19. Jahrhunderts, Bd. 8: Westermanns Monatshefte (1856 – 1880 [1886]). München u. a. 1996.

lysemie bzw. Elemente faktualer Texte wie der Identität von Autor und vermittelnder Instanz auf Textebene geprüft worden. Für jeden Autor[17] wurden die Anzahl der von ihm publizierten Erzählwerke, der jeweilige Umfang und die Positionierung innerhalb der Ausgaben erhoben.[18] Anschließend wurden mithilfe einschlägiger Autoren- und Pseudonymenlexika[19] die Identitäten der Autoren geklärt. Wie die Untersuchung ergeben hat, ist ein nicht unerheblicher Anteil weiblich: In der *Deutschen Rundschau* beträgt der Autorinnenanteil im Betrachtungszeitraum mindestens 26,6 %, in *Westermanns Monatsheften* mindestens 30,8 % und mindestens 33,1 % in der *Gartenlaube*. Dies sind deshalb Mindestanteile, weil nicht alle Autoridentitäten eindeutig geklärt werden konnten: so zwei[20] der 64 *Rundschau*-Autoren ($\approx$ 3 %), neun[21] der 133 *Westermann*-Autoren ($\approx$ 7 %) und 16[22] der 127 *Gartenlaube*-Autoren ($\approx$ 13 %).

II Schriftstellerinnen im späten 19. Jahrhundert

Die hohen – und vielleicht noch höher liegenden – Autorinnenanteile von einem guten Viertel bis hin zu einem Drittel erklären die zeitgenössisch häufig von männlichen Kollegen, aber auch Verlegern, Redakteuren und Journalisten polemisch vorgebrachte Kritik an schriftstellernden Frauen. Nach zeitüblichem

---

17 Sofern nicht anders angegeben, hier und im Folgenden verstanden im generischen Maskulinum.
18 Ein Erzählwerk geht dabei insgesamt als ein Beitrag in die Statistik ein, unabhängig davon, in wievielen Fortsetzungen es erschienen ist.
19 So Franz Brümmer: Lexikon der deutschen Dichter und Prosaisten vom Beginn des 19. Jahrhunderts bis zur Gegenwart. 6. stark vermehrte Auflage. Leipzig 1913; Sophie Pataky: Lexikon deutscher Frauen der Feder. Berlin 1898; Wilfrid Eymer: Eymers Pseudonymen-Lexikon. Realnamen und Pseudonyme der deutschen Literatur. Bonn 1997; Elisabeth Friedrichs: Die deutschsprachigen Schriftstellerinnen des 18. und 19. Jahrhunderts. Ein Lexikon. Stuttgart 1981; sowie die Datenbank der DNB.
20 Nicht eindeutig geklärt werden konnten Geschlecht bzw. Identität der Autoren, die unter den Namen Th. Richard und Henning Schönberg schrieben.
21 Nicht eindeutig geklärt werden konnten Geschlecht bzw. Identität von Autoren, die unter den folgenden Namen schrieben: Kurt Bernau, Hermann Billung, T. Bukenhardt, Hans Fröhlich, Albert von Haustein, Robert Hessen, Th. Mecklenburg, Hans Phil und Th. Stürmer.
22 Nicht eindeutig geklärt werden konnten Geschlecht bzw. Identität von Autoren, die unter den folgenden Namen schrieben: Wilhelm Braunau, Fr. von Bülow, L. Herbst, Arnold Karsten, Wilhelm Kästner, G. Kunkler, F. Meister, Albrecht Melander, A. Merck, Alfred Pförtner, C. Schröder, A. Weber, Elmar Weidrod, H. Wild. Auch die unter den Initialen E. H. und R. A. schreibenden Autoren sind bislang unbekannt.

Klischee sind vor allem sogenannte ‚Blaustrümpfe',[23] aber auch Witwen, alte Jungfern und Ehefrauen aus Bürgertum und Adel[24] schriftstellerisch tätig geworden und haben aufgrund der eigenen, durch Frustration und/oder Langeweile verzerrten Weltwahrnehmung abgeschmackte und inhaltlich höchst unwahrscheinliche Fabrikware produziert.[25] Mit diesem „Frauenzimmerkram"[26] von mangelnder literarischer Qualität werde der Markt überflutet und würden vor allem die jungen weiblichen Leser gefährdet, die sich an dieser trivialen Unterhaltungsliteratur orientierten.[27] Zur Abwertung der Literatur von Frauen – sowie allgemein zur Bagatellisierung ihrer berufstätigen Arbeit – argumentiert die Kritik wiederholt mit den angeblich natürlich gegebenen ‚Geschlechtercharakteren', einer Theorie, die Ende des 18. Jahrhunderts ausgebildet und im Laufe des 19. Jahrhunderts durch zahlreiche vermeintlich wissenschaftliche Ergebnisse gestützt wird.[28] Die eigentlichen Gründe für die Polemik sind aber wohl eher in der

---

[23] Schreibende ‚Blaustrümpfe' werden auch in verschiedenen Sparten der Literatur des 19. Jahrhunderts dargestellt: Wie Kord gezeigt hat, verarbeiten Dramatikerinnen die zeitgenössischen Zuordnungen vor allem in Komödien, in denen der ‚Blaustrumpf' als Gegenentwurf zur erfolgreich schriftstellernden und/oder ihren gesellschaftlichen wie häuslichen Pflichten nachkommenden Frau präsentiert wird (vgl. Susanne Kord: Ein Blick hinter die Kulissen. Deutschsprachige Dramatikerinnen im 18. und 19. Jahrhundert. Stuttgart 1992 [Ergebnisse der Frauenforschung 27], S. 87 ff.). In der Mädchenliteratur der Zeit findet sich die ‚Blaustrumpf'-Karikatur ebenfalls verstärkt wieder; hier vor allem mit dem pädagogischen Ziel der Abschreckung junger Leserinnen (vgl. Susanne Barth: Mädchenlektüren. Lesediskurse im 18. und 19. Jahrhundert. Frankfurt a. M. 2002, S. 201).
[24] Vgl. dazu allgemein Hacker: Schreibende Frauen (Anm. 3). Überwiegend Frauen aus bürgerlichen und adeligen Kreisen treten im 19. Jahrhundert als Schriftstellerinnen in Erscheinung, was vor allem auf ihre Bildungsmöglichkeiten und Lebensumstände zurückzuführen ist. In der Arbeiterschaft finden sich kaum Schriftstellerinnen.
[25] Vgl. Reinhard Wittmann: Buchmarkt und Lektüre im 18. und 19. Jahrhundert. Tübingen 1982 (Studien und Texte zur Sozialgeschichte der Literatur 6), S. 162.
[26] So Theodor Storm im Brief an die Gebrüder Paetel vom 17. März 1875, zit. nach: Theodor Storm – Gebrüder Paetel. Briefwechsel. In Verb. mit der Theodor-Storm-Gesellschaft hg. von Roland Berbig. Berlin 2006, S. 71.
[27] Zur zeitgenössischen Einschätzung der Gefahren unkontrollierter Lektüre durch Pädagogen und Mediziner vgl. Barth: Mädchenlektüren (Anm. 23). Die seit ca. 1850 vor allem von Frauen produzierte Mädchenlektüre wird zunehmend auch von Pädagoginnen diskutiert; sie sehen in ihr jedoch mehr Chancen als Gefahren für die jungen Leserinnen (vgl. ebd.).
[28] Vgl. zur Entwicklung und Etablierung der weiblichen Sonderanthropologie in Frankreich und Deutschland Claudia Honegger: Die Ordnung der Geschlechter. Die Wissenschaft vom Menschen und das Weib, 1750–1850. Frankfurt a. M./New York 1991, zur Rezeption französischer Theoretiker in Deutschland im späten 19. Jahrhundert insbesondere S. 178–200; einen historischen Überblick speziell über die Entwicklung in Deutschland liefert Barbara Becker-Cantarino: Ästhetik, Geschlecht und literarische Wertung, oder: warum hat Elfriede Jelinek den Nobelpreis

Angst um steigende Konkurrenz am Arbeitsmarkt zu suchen. Denn erst im 19. Jahrhundert wird es für eine größere Anzahl an Autoren möglich, von der Schriftstellerei zu leben. Die rasant wachsende Zahl von Berufsschriftstellern kommt zwar einerseits dem ebenfalls schnell ansteigenden Bedarf an Lesestoffen nach, führt andererseits jedoch zu hoher Konkurrenz und damit zu Existenzängsten mancher Autoren. Schreibende Frauen erhöhen die Konkurrenz nicht nur zahlenmäßig, sondern auch durch die niedrigere oder ausbleibende Vergütung von Autorinnen.[29] So mögen männliche Autoren auch ein Absinken der Honorare durch die billigere weibliche Konkurrenz befürchtet haben. Und schließlich dürfen auch Befürchtungen bezüglich des Wandels der patriarchalen bürgerlichen Gesellschaftsordnung, insbesondere im Zuge der sich in den 1860er Jahren organisierenden Frauenbewegungen,[30] als möglicher Grund derartiger Abwehrreaktionen nicht unterschätzt werden.

Die schwierigen Arbeitsbedingungen hinsichtlich Produktion und Distribution, mit denen viele schriftstellernde Frauen im späten 19. Jahrhundert angesichts der vehementen Kritik konfrontiert sind, werden umso deutlicher, bedenkt man, dass die Schriftstellerei zeitgenössisch eines der wenigen überhaupt möglichen Tätigkeitsfelder für Frauen ist.[31] Entgegen dem bürgerlichen Werteideal von häuslichen Frauen und versorgenden Männern wird die Erwerbstätigkeit der Frau – egal ob verheiratet oder nicht – vermehrt nötig, um mit diesem (Zu-)Verdienst die eigene oder die Versorgung der Familie zu sichern.[32] Wie in allen anderen Berufssparten, in denen Frauen tätig sein können, wird auch die Arbeit von Schriftstellerinnen kategorisch niedriger honoriert als die ihrer männlichen

---

erhalten? In: Nicholas Saul/Ricarda Schmidt (Hg.): Literarische Wertung und Kanonbildung. Würzburg 2007, S. 125–149, hier S. 130–140.

29 Vgl. weiter unten, um Anm. 33.

30 Vgl. zur Organisation und Entwicklung der ersten Frauenbewegung in Deutschland und ihren Einflüssen aus England, Frankreich und den USA Michaela Karl: Die Geschichte der Frauenbewegung. Stuttgart 2011, S. 17–31, 78–86.

31 Möglich sind daneben zu dieser Zeit die Tätigkeit und der Gelderwerb als Lehrerin, Erzieherin, Pflegerin oder in der Heimarbeit, aber auch zum Beispiel der in sozialer Hinsicht als suspekt geltende Beruf der Schauspielerin. Meist endet die Berufstätigkeit der Frau mit der Eheschließung. Zu den Literatursparten, die Schriftstellerinnen hauptsächlich bedienen, vgl. Günter Häntzschel: Für „fromme, reine und stille Seelen". Literarischer Markt und ‚weibliche' Kultur im 19. Jahrhundert. In: Gisela Brinker-Gabler (Hg.): Deutsche Literatur von Frauen, Bd. 2: 19. und 20. Jahrhundert. München 1988, S. 119–128.

32 Die zunehmende Zahl alleinstehender Frauen versorgt häufig nicht nur sich, sondern auch Elternteile und/oder Geschwister; verheiratete Frauen bessern das mitunter schlechte Gehalt ihrer Männer auf. Die Schriftstellerei ist daher teilweise auch eine pragmatische, nicht künstlerische Berufswahl (vgl. Hacker: Schreibende Frauen [Anm. 3], S. 24, 67 f., 80).

Kollegen.³³ Ausnahmen bilden sehr wenige, äußerst populäre Autorinnen wie E. Werner, die selbstbewusst ihre Honorare mit den Presseakteuren verhandeln.³⁴ Ein Teil besser situierter Autorinnen verzichtet – z. B. aufgrund des gesellschaftlichen und familiären Drucks – auch gänzlich auf Vergütung.³⁵ Redaktionen senken mithilfe weiblicher Beiträger also auch die Kosten ihrer Produktionen. Nichtsdestotrotz eröffnet der Pressemarkt des späten 19. Jahrhunderts Frauen die Möglichkeit der finanziellen Unabhängigkeit, der Anerkennung und Popularität sowie der Verbreitung ihrer geistigen Produkte.

Bisher sind Positionierungs- und Verhandlungsstrategien von Autorinnen des späten 19. Jahrhunderts nur selten und anhand einzelner Fallbeispiele untersucht worden. Diese lassen jedoch erkennen, dass Autorinnen vielfältige Strategien für den professionellen und erfolgreichen Umgang mit Redakteuren und Herausgebern entwickeln und nutzen. So greift etwa Marie von Ebner-Eschenbach in der Korrespondenz mit Julius Rodenberg bewusst die weiblichen Rollenzuweisungen und -erwartungen auf und setzt sie zur Verfolgung ihrer publizistischen Ziele ein.³⁶ Wie sie, aber nicht unbedingt ebenso selbstbewusst und

---

33 Vgl. für den Journalistenberuf Rolf Parr: Autorschaft. Eine kurze Sozialgeschichte der literarischen Intelligenz in Deutschland zwischen 1860 und 1930, unter Mitarbeit von Jörg Schönert. Heidelberg 2008, S. 85; für die Schauspielerei Kord: Ein Blick hinter die Kulissen (Anm. 23), S. 33; für den Lehrerberuf Hacker: Schreibende Frauen (Anm. 3), S. 85; Schneider: Sozialgeschichte des Lesens (Anm. 14), S. 177.
34 E. Werners Verhandlungssouveränität zeigt sich im Briefwechsel mit Kürschner in seiner Rolle als Redakteur von *Vom Fels zum Meer*; vgl. Andreas Graf: „Ich bin dagegen, daß wir Frauen uns demonstrativ von den Männern trennen." Der Briefwechsel zwischen E. Werner (d.i. Elisabeth Bürstenbinder) und Joseph Kürschner 1881 – 1889. In: Archiv für Geschichte des Buchwesens 47 (1997), S. 227 – 247. Auch sehr populäre Dramatikerinnen wie Charlotte Birch-Pfeiffer können durch die Machtposition gegenüber den Theaterintendanten mit ihren Stücken viel Geld verdienen; vgl. Beate Reiterer: „Mit der Feder erwerben ist sehr schön." Erfolgsdramatikerinnen des 19. Jahrhunderts. In: Hiltrud Gnüg/Renate Möhrmann (Hg.): Frauen Literatur Geschichte. Schreibende Frauen vom Mittelalter bis zur Gegenwart. 2., vollst. neu bearb. und erw. Aufl. Stuttgart 1999, S. 247–260, hier S. 259.
35 Vgl. Eva D. Becker: Literaturverbreitung. In: Edward McInnes/Gerhard Plumpe (Hg.): Bürgerlicher Realismus und Gründerzeit 1848–1890. München/Wien 1996 (Hansers Sozialgeschichte der deutschen Literatur vom 16. Jahrhundert bis zur Gegenwart 6), S. 108–143, 747–750, hier S. 142f.
36 Vgl. Manuela Günter: „Dank und Dank: – ich wiederhole mich immer, nicht wahr?" Zum Briefwechsel zwischen Marie von Ebner-Eschenbach und Julius Rodenberg. In: Rainer Baasner (Hg.): Briefkultur im 19. Jahrhundert. Tübingen 1999, S. 55–71. Ebner-Eschenbachs Ziele sind dabei die Kontrolle über das eigene Werk und die Publikation in der renommierten *Rundschau*. Diese Ziele haben vor ihr bereits zahlreiche weitere Autorinnen verfolgt, wie Peters exemplarisch an den Argumentationsstrategien von sechs Schriftstellerinnen im mittleren Drittel des 19. Jahrhunderts zeigt; vgl. Anja Peters: „Federkriege". Autorinnenbriefe an Hermann Hauff, Redakteur

erfolgreich, verhandeln die meisten Schriftstellerinnen durch die Preisgabe ihrer Identität als Frau mit den Presseakteuren.[37] Eine andere Strategie ist das Auftreten der unter männlichem oder neutralem Pseudonym schreibenden Autorin als Mann auch in der Korrespondenz mit Redakteuren und Herausgebern. So bei Ossip Schubin (d. i. Aloisia Kirschner), deren Identität erst in den 1880er Jahren öffentlich bekannt wird. Schließlich kann auch die Übertragung der Verhandlungen auf ein männliches Familienmitglied wie im Fall Ottilie Wildermuths, deren Bruder in den ersten Jahren ihres Schaffens die Manuskriptvermittlung für sie besorgt und als Autor ihrer Werke gilt, als bewusst gewähltes Vorgehen im Umgang mit den Presseakteuren angesehen werden.[38] Das Marktverhalten von Schriftstellerinnen ist also geprägt von gezielt eingesetzten Strategien zur Verbesserung ihrer Verhandlungsposition aufgrund des Bewusstseins um die zeitgenössische Benachteiligung der Frau.[39]

Als einzige der untersuchten Autorinnen kann Klara von Sydow innerhalb weniger Jahre Erzählwerke in allen drei untersuchten Zeitschriften platzieren, was auf eine professionelle Medienarbeit hindeutet.[40] Daher wäre die genauere Betrachtung ihrer Strategien und Kalküle im Umgang mit den Presseakteuren besonders wünschenswert und vielversprechend.[41] In ähnlicher Weise gilt dies für

---

des *Morgenblatts für gebildete Stände*. In: Internationales Archiv für Sozialgeschichte der deutschen Literatur 35 (2010), H. 1, S. 177–212, hier S. 207.

37 Vgl. Hacker: Schreibende Frauen (Anm. 3), S. 100f. Dies ist auch ein Resultat des weniger formell und bürokratisch organisierten Pressemarkts im Vergleich zum schwerer zugänglichen Buchmarkt (vgl. ebd., S. 107f., 113).

38 Vgl. Ottilie Wildermuths Leben. Nach ihren eigenen Aufzeichnungen zusammengestellt und ergänzt von ihren Töchtern Agnes Willm und Adelheid Wildermuth. Stuttgart/Berlin/Leipzig o. J. [1911], S. 224. Vgl. auch den in der Rubrik „Blätter und Blüthen" der *Gartenlaube* abgedruckten Brief von Wildermuth an Prutz (Anon.: Ein Brief von Ottilie Wildermuth. In: Die Gartenlaube 1887, Nr. 39, S. 646f.). Hacker stellt fest, dass nur wenige Frauen die Interaktion mit Presseakteuren männlichen Verwandten oder Bekannten überlassen (vgl. Hacker: Schreibende Frauen [Anm. 3], S. 100ff.).

39 Männliche Autoren sind aufgrund ihrer gesellschaftlichen und gesetzlichen Stellung keinen vergleichbaren Zugangs- und Positionierungsschwierigkeiten im Literatur- und Pressebetrieb des 19. Jahrhunderts ausgesetzt. Sie können ohne Vormund selbständig in Verhandlungen treten und Verträge abschließen. Wie die Analyse ergeben hat, schreibt der absolute Großteil von mindestens 90 % der männlichen Autoren in den untersuchten Zeitschriften unter bürgerlichem Namen und dürfte auch unter wahrer Identität in Kontakt zu den Presse- und Verlagsakteuren gestanden haben.

40 Dies gelingt im Betrachtungszeitraum außer ihr acht männlichen Autoren: Theodor Fontane, Karl Frenzel, Paul Heyse, Hans Hopfen, Rudolph Lindau, Adolph Schneegans, Levin Schücking und Ernst Wichert.

41 Die Quellenlage ist allerdings hier wie bei zahlreichen anderen Autoren der Zeit (beider Geschlechter) sehr schlecht, sodass dies wohl vorläufig Forschungsdesiderat bleiben wird.

die Autorinnen, die in zwei der drei Zeitschriften publizieren; immerhin zwölf der insgesamt 100 Frauen.[42] Nur für wenige Autorinnen, wie Fanny Lewald und die bereits genannte Marie von Ebner-Eschenbach, ist bislang gezeigt worden, dass sich Autorinnen nicht unbeholfen im Pressemarkt bewegen oder sich dankbar und naiv an eine einmal geknüpfte Verlagsbeziehung binden.[43] Wie die skizzierten bisherigen Einzeluntersuchungen nahelegen, scheinen Autorinnen wie viele ihrer männlichen Kollegen den Literatur- und Pressemarkt genau zu beobachten und zu versuchen, eine vorteilhafte Positionierung sowohl ihrer selbst als Autor als auch ihrer Werke zu erzielen.

III Zur statistischen Repräsentanz von Schriftstellerinnen

Die insgesamt hohen Autorinnenanteile in den untersuchten Zeitschriften von einem Viertel bis zu einem Drittel bezeugen, dass Frauen ungeachtet der vehementen Kritik den rasant wachsenden Pressemarkt des frühen Kaiserreichs als Feld beruflicher Betätigung erschlossen haben. Die in den folgenden Tortendiagrammen veranschaulichten Untersuchungsergebnisse zeigen für die untersuchten Kulturzeitschriften eine Zunahme des Mitarbeiterinnenanteils vom Rundschau-Modell hin zum Familienblatt:

---

42 In der *Rundschau* und den *Monatsheften* publizieren sechs Frauen (Emmy von Dincklage, Marie von Olfers, Marie von Ebner-Eschenbach, Helene Böhlau, Adalbert Meinhardt [d.i. Marie Hirsch], Ossip Schubin [d.i. Aloisia Kirschner]), in der *Rundschau* und der *Gartenlaube* zwei (Clara Biller, Isolde Kurz) und in den *Monatsheften* und der *Gartenlaube* vier (Fanny Lewald, Sophie Junghans, Hermine Villinger, Ida Boy-Ed). Erzählwerke in genau zwei der untersuchten Zeitschriften publizieren hingegen 31 männliche Autoren.
43 Vgl. z.B. für Lewald entsprechende Hinweise bei Gabriele Schneider: „Arbeiten und nicht müde werden." Ein Leben durch und für die Arbeit. Fanny Lewald (1811–1889). In: Karin Tebben (Hg.): Beruf: Schriftstellerin. Schreibende Frauen im 18. und 19. Jahrhundert. Göttingen 1998, S. 188–214; Krimhild Stöver: Leben und Wirken der Fanny Lewald. Grenzen und Möglichkeiten einer Schriftstellerin im gesellschaftlichen Kontext des 19. Jahrhunderts. Oldenburg 2004 (Literatur- und Medienwissenschaft 97). Für Ebner-Eschenbach vgl. Günter: „Dank und Dank [...]" (Anm. 36). Ebner-Eschenbach setzt sich, wie vermutlich viele andere Schriftstellerinnen, auch gegen den großen familiären Druck aufgrund des ausbleibenden Erfolgs ihrer Dramen durch; vgl. Eva D. Becker: Marie von Ebner-Eschenbach: Meine Kinderjahre (1906). In: Magedalena Heuser (Hg.): Autobiographien von Frauen. Beiträge zu ihrer Geschichte. Tübingen 1996 (Untersuchungen der Literaturgeschichte 85), S. 302–317.

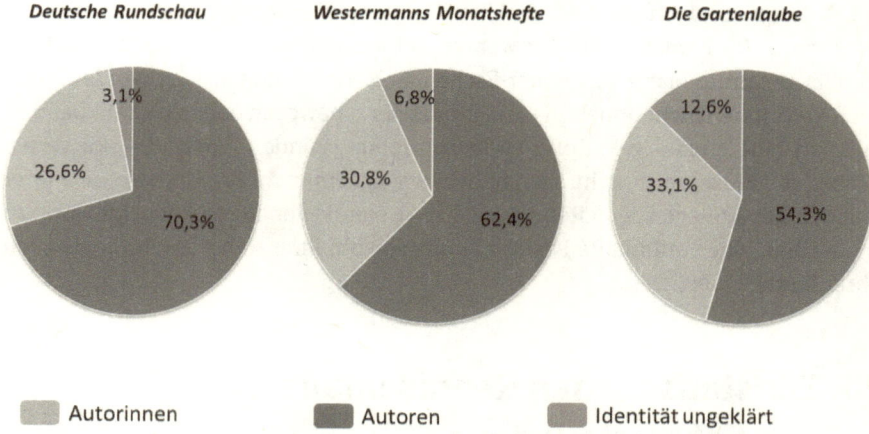

Abb. 1: Anteil von Autoren nach Geschlecht

Dass die Präsenz von Autorinnen in den untersuchten Zeitschriften innerhalb der betrachteten 20 Jahre kontinuierlich zunimmt, veranschaulichen die folgenden Diagramme; aufgeschlüsselt ist die Anzahl von Erzählwerken nach dem Geschlecht des Autors und nach Jahren:

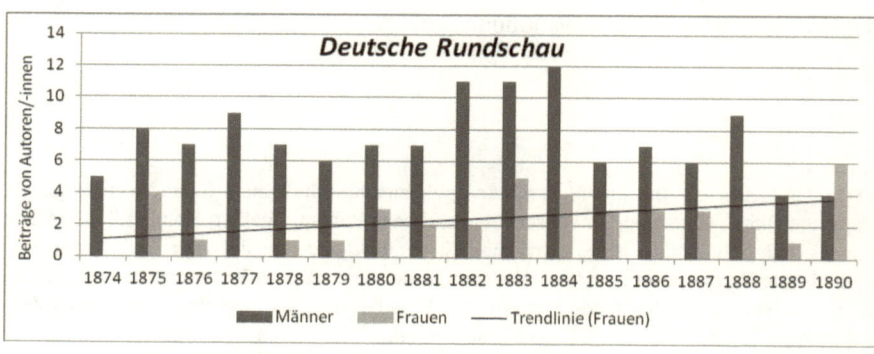

Abb. 2: Anzahl von Erzählwerken nach Geschlecht des Autors und nach Jahren in der *Deutschen Rundschau*

Der prozentuale Anteil weiblicher Autoren von 26,6% in der *Rundschau* findet sich in der Anzahl an Beiträgen von Frauen mit 28% ziemlich genau gespiegelt. Dahingegen stellen die *Westermann*-Autorinnen mit einem Anteil von 30,8% etwas weniger, knapp ein Viertel (24%), aller literarischen Beiträge in der Zeitschrift. Erstaunen ruft in der *Gartenlaube* der Autorinnenanteil von 33,1% in Verbindung mit der ausgewogenen Anzahl von Beiträgen weiblicher (49%) und männlicher

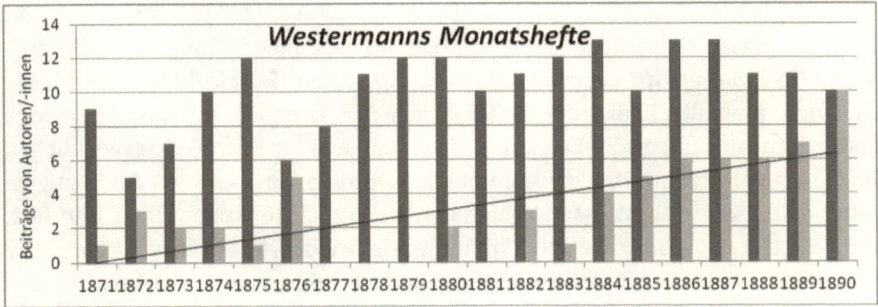

Abb. 3: Anzahl von Erzählwerken nach Geschlecht des Autors und nach Jahren in *Westermanns Monatsheften*

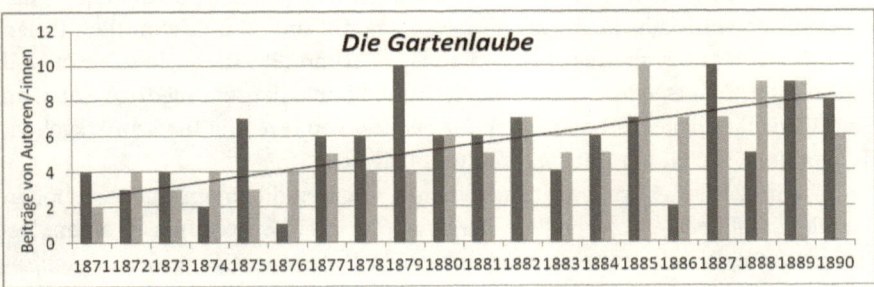

Abb. 4: Anzahl von Erzählwerken nach Geschlecht des Autors und nach Jahren in der *Gartenlaube*

(51%) Autoren hervor: Die Autorinnen sind hier zwar in der Minderzahl, tragen quantitativ jedoch das Gleiche wie ihre männlichen Kollegen zum Literaturteil bei. Für alle drei Zeitschriften lässt sich anhand der schwarz eingezeichneten Trendlinie[44] feststellen, dass die Anzahl an Beiträgen von Autorinnen über den Betrachtungszeitraum zunimmt; ähnlich stark bei den *Monatsheften* und der *Gartenlaube*, insgesamt gemäßigter bei der *Rundschau*.

Auffällig sind ferner das gänzliche Fehlen von Erzählbeiträgen weiblicher Autoren 1874 und 1877 in der *Rundschau* und von 1877 bis 1879 in den *Monatsheften* sowie die einmalig sehr hohe Zahl an abgedruckten Erzählwerken von Autorinnen 1875 in der *Rundschau* und 1872 sowie 1876 in den *Monatsheften* (die Anzahl an Beiträgen weiblicher Autoren liegt hier deutlich über dem Mittel der Trendlinie).

---

[44] Die Trendlinie gibt den Anstieg des Anteils an Beiträgen von Frauen im Betrachtungszeitraum als lineare Entwicklung wieder.

Die Gründe dieser Ausnahmen müsste eine genauere Untersuchung zutage fördern, sie lassen sich jedoch in der konkreten Zusammenstellung des belletristischen Teils der entsprechenden Jahrgänge vermuten: Da die Diagramme keine Auskunft über die Länge der Beiträge geben,[45] könnten die Ausnahmewerte schlicht auf eine ungewöhnlich hohe Anzahl kürzerer Erzählwerke von weiblichen bzw. längerer Erzählwerke von männlichen Autoren zurückgehen. Auch mit intentionalen Auswahlprozessen ist zu rechnen: So stellte ein Beobachter 1896 fest, dass die Redaktionen „dem Publikum allzuviel weibliche Arbeit nicht vorsetzen wollen, weil immer noch Abneigung oder doch wenigstens eine unüberwindliche Skepsis gegen Schriftstellerinnen und frauenzimmerlichen Stil bestünde".[46] Schließlich könnten die bevorzugte Behandlung der größtenteils männlichen Hausautoren von *Rundschau* und *Monatsheften* zum Fehlen von Beiträgen weiblicher Autoren in den entsprechenden Jahrgängen geführt haben. Ein Erklärungsansatz wäre dies auch für die Jahrgänge mit unterdurchschnittlich vielen Beiträgen von Autorinnen wie beispielsweise 1878 und 1889 für die *Rundschau* und 1883 für die *Monatshefte*. Auf denselben Grund könnte der sehr niedrige Anteil an Beiträgen männlicher Autoren in der *Gartenlaube* von 1876 und 1886 zurückgehen, da hier der Großteil der Hausautoren weiblich ist.

Wie in der Einleitung bereits angedeutet, könnten die unterschiedlich hohen Anteile weiblicher Autorschaft im Vergleich der drei Zeitschriften in einem Zusammenhang mit der unterschiedlich starken Berücksichtigung der Frauenfragenthematik in der betreffenden Zeitschrift bzw. deren Positionierung ihr gegenüber stehen: Die *Gartenlaube* widmet sich ab ihrer ersten Nummer 1853 der gesellschaftlichen Stellung der Frau und ab Ende der 1860er Jahre verstärkt den nationalen und internationalen Frauenbewegungen. Beispielsweise erscheint 1866 ein Artikel von Friedrich Hofmann,[47] der sich ausgehend vom Lob der ersten

---

45 Ein Beitrag wird unabhängig von der Anzahl der Fortsetzungen, in denen er gedruckt wird, als eins gewertet.
46 Eliza Ichenhäuser: Die Journalistik als Frauenberuf. Berlin/Leipzig 1905, S. 7, referierend auf Max Osborn: Die Frauen in der Literatur und Presse. Berlin 1896 (Der Existenzkampf der Frau im modernen Leben 9); zit. nach Parr: Autorschaft (Anm. 33), S. 79. Schreibende Frauen würden sich deshalb häufig „hinter dem schützenden Wall der Pseudonymität verbergen" (ebd.). Die Diagramme schlüsseln die ausgezählten Beiträge nicht nach verwendeten Autornamen auf, aber es steht zu vermuten, dass die überdurchschnittlich vielen Erzählwerke von Autorinnen 1875 in der *Rundschau* sowie 1872 und 1876 in den *Monatsheften* mit männlichem oder neutralem Pseudonym einhergehen. Wie die Untersuchung ergeben hat, publiziert in den drei Zeitschriften im Untersuchungszeitraum kein männlicher Autor unter weiblichem Pseudonym und nur maximal 10% der männlichen Autoren schreiben unter neutralem oder männlichem Pseudonym. Zur Pseudonymität der weiblichen Autoren s. Abschn. IV.
47 Fr. Hofmann: Eine Frauen-Universität. In: Die Gartenlaube 1866, Nr. 47, S. 732–734.

Hochschule für Frauen in den USA für die Verbesserung der Bildungsmöglichkeiten von Frauen in Deutschland ausspricht. In den 1870ern erscheinen ausführliche Artikel zu den Gründerinnen des Frauenvereins und maßgebenden Gesichtern der gemäßigten Frauenbewegung[48] Louise Otto-Peters und Auguste Schmidt.[49] In dieser Zeit werden weiter Beiträge zu den Bildungs- und Erwerbsmöglichkeiten für Frauen in anderen Ländern veröffentlicht.[50] Ernst Keil als liberaler Herausgeber der *Gartenlaube* etabliert so von Beginn an frauenspezifische Themen in seiner Familienzeitschrift. Ungeachtet der Programmveränderungen ab 1884 hin zum Unterhaltungsblatt durch die neue Leitung Adolf Kröners wird die gemäßigte Frauenbewegung auch in der Folgezeit regelmäßig unterstützend beleuchtet. Forderungen zur Einrichtung von berufsvorbereitenden Bildungseinrichtungen für Mädchen und zur Öffnung weiterer Berufsfelder für Frauen finden sich auch in den 1880er Jahren.[51] Es scheint bei dieser starken und befürwortenden Berücksichtigung der Frauenbestrebungen nur konsequent, dass die *Gartenlaube*-Redaktion auch ihre Zeitschrift schreibenden Frauen in höherem Maß öffnet. Ferner liegt die Vermutung nahe, dass diese Selbstdarstellung und Positionierung nach außen die *Gartenlaube* als Publikationsorgan insbesondere für Autorinnen attraktiv macht. Die *Gartenlaube*-Redaktion nutzt zudem ihre Unterrubrik „Kleiner Briefkasten" dazu, in direkten Kontakt mit potentiellen neuen und insbesondere weiblichen Autoren zu treten. Es finden sich immer wieder an Autorinnen gerichtete Aufforderungen und Ermunterungen, ihr Schreibtalent trotz der Ablehnung des eingesendeten Erstlingswerks zu verfolgen und der Redaktion weitere Werke einzusenden.[52] Durch derartige Maßnahmen im

---

48 Meine Unterscheidung zwischen proletarischer und bürgerlicher Frauenbewegung sowie innerhalb der bürgerlichen Frauenbewegung zwischen gemäßigtem und radikalem Flügel richtet sich nach Ingrid Biermann: Von Differenz zu Gleichheit. Frauenbewegung und Inklusionspolitik im 19. und 20. Jahrhundert. Bielefeld 2009 (Gender Studies).
49 Vgl. z.B. F. v. D.: Die Frauenbewegung in Deutschland. In: Die Gartenlaube 1871, Nr. 49, S. 817–819. *Die Gartenlaube* berichtet also zeitnah nach seiner Gründung 1865 über den Frauenverein.
50 Vgl. z.B. Anon.: Frauenarbeit. In: Die Gartenlaube 1874, Nr. 28, S. 458.
51 Um willkürlich einige Beispiele zu nennen: J. Loewenberg: Frauen als Entdeckungsreisende und Geographen. In: Die Gartenlaube 1880, Nr. 10, 16, S. 163–165, 258–260, und 1881, Nr. 32, S. 534–536; Anon.: Die Frauentage und die Frauenbewegung. In: Die Gartenlaube 1883, Nr. 44, S. 718–722; Paul Dehn: Deutsches Frauenlos im Ausland. Zur Gründung eines deutschen Frauenheims in Wien. In: Die Gartenlaube 1885, Nr. 8, S. 130–131; A. Lammers: Frauen als Armenpflegerinnen. In: Die Gartenlaube 1885, Nr. 44, S. 722–724; Anon.: Die Frauenarbeitsschule in Reutlingen. In: Die Gartenlaube 1889, Nr. 20, S. 333; Anon.: Frauenbildung. In: Die Gartenlaube 1889, Nr. 26, S. 445.
52 Vgl. beispielsweise 1872 (Nr. 14, S. 236), 1875 (Nr. 29, S. 500), 1879 (Nr. 36, S. 608), 1882 (Nr. 23, S. 388), 1885 (Nr. 8, S. 140).

eigenen Format kann die *Gartenlaube*-Redaktion nicht nur ggf. neue Autorinnen akquirieren. Sie vermittelt darüber hinaus die Offenheit des Literaturteils für unbekannte Autorinnen sowie die Unterstützung auch unerfahrener oder Gelegenheitsschriftstellerinnen durch Beratung und qualifizierte Beurteilung des eingesandten Werks. Im Gegensatz zur *Gartenlaube* versucht weder die *Monatshefte-* noch die *Rundschau*-Redaktion, über die Zeitschriftenausgaben neue Autoren unter der eigenen Leserschaft zu generieren.

Insbesondere die Programmausrichtung der *Deutschen Rundschau* dürfte sich auf die Aufnahme literarischer Beiträge von Autorinnen erschwerend ausgewirkt haben. „[D]ie Elite der deutschen schönen Literatur"[53] wird den Lesern hier in Aussicht gestellt; womit vor allem die Elite des Poetischen Realismus gemeint ist. Das sind meist bereits etablierte männliche Autoren, die durch den Literaturbetrieb schon zu Lebzeiten als kanonisch oder zumindest als Anwärter für den Literaturkanon des Bildungsbürgertums angesehen werden. Die Aufnahme in denselben wird weiblichen Autoren jedoch durch Mechanismen des zeitgenössischen Literaturbetriebs und der Literaturgeschichtsschreibung wesentlich erschwert[54] – und damit auch die Aufnahme in den Mitarbeiterkreis der *Rundschau*. Wie oben ausgeführt, führen die sich allgemein im Laufe des 19. Jahrhunderts festschreibenden Rollenstereotype, an die sich pauschale Wahrnehmungsweisen und Werturteile knüpfen, häufig zur Abwertung der Literatur von Frauen und damit zum weitgehenden Ausschluss der Autorinnen aus dem Literaturkanon. Die wenigen Ausnahmen von der Regel – Autorinnen wie Annette von Droste-Hülshoff, Marie von Ebner-Eschenbach, Louise von François und Wilhelmine von Hillern, denen im 19. Jahrhundert Kanonfähigkeit attestiert wird[55] – werden ausdrücklich als singuläre Fälle und zudem oft als ‚unweibliche

---

53 Redaktion/Herausgeber: An unsere Leser. In: Deutsche Rundschau 10 (1883/84), Bd. 39, o. S. [S. I–IV, hier S. II].
54 Vgl. Renate von Heydebrand/Simone Winko: Geschlechterdifferenz und literarischer Kanon. Historische Beobachtungen und systematische Überlegungen. In: Internationales Archiv für Sozialgeschichte der deutschen Literatur 19 (1994), H. 2, S. 96–172. Speziell zum Aspekt der (Nicht-)Kanonisierung von Autorinnen vgl. Eva Pormeister: Frauen im literarischen Kanonisierungsprozess und in der (nationalen) Literaturgeschichtsschreibung. In: Interlitteraria 15 (2010), H. 2, S. 352–374; Annette Keck/Manuela Günter: Weibliche Autorschaft und Literaturgeschichte. Ein Forschungsbericht. In: Internationales Archiv für Sozialgeschichte der deutschen Literatur 26 (2001), H. 2, S. 201–233.
55 Dies wird einerseits durch die Aufnahme ihrer Beiträge in die *Rundschau* deutlich (mit Ausnahme von Droste-Hülshoff natürlich, die vor Gründung der Zeitschrift verstirbt), andererseits durch ihre lange und teilweise bis heute andauernde Präsenz sowie der ihnen zugemessene Raum in Konversations- und Autorenlexika.

Erscheinungen' markiert.[56] Rodenberg greift bei der Auswahl der Autoren auch auf Wertungsakte anderer zentraler Akteure wie Literaturkritiker und -wissenschaftler zurück, so dass die *Rundschau* als eine von mehreren Instanzen am selben Kanonisierungsprozess mitwirkt, der auch die zeitgenössische Literaturgeschichtsschreibung prägt. So verwundert es nicht, dass der Anteil an weiblichen Autoren in der *Rundschau* insgesamt geringer ist als der in den beiden anderen Zeitschriften. Denn insgesamt führen so mehrere negative Wertungsakte, wozu auch das Ignorieren von Werken und Autoren zählt, zum Ausschluss zahlreicher Autorinnen und ihrer Werke aus dem Kanon.[57] Umgekehrt sind diejenigen Autorinnen, die in der *Rundschau* publiziert haben, in wesentlich höherem Maß in Konversationslexika der Zeit aufgenommen. Gegenseitig verstärken sich hier die Auszeichnungen der zumindest zeitgenössisch größeren Bedeutung der Autorinnen im Literaturbetrieb durch die entsprechenden Kanonisierungsinstanzen. Es finden sich zu nahezu zwei Dritteln (64,7%) der *Rundschau*-Autorinnen Einträge in Meyers großem Konversationslexikon von 1905–1909 und dem Brockhaus von 1911,[58] wohingegen solche für nur knapp die Hälfte (46,3%) der *Westermann*- und gerade einmal ein gutes Viertel (26,1%) der *Gartenlaube*-Autorinnen existieren. Immer weniger Autorinnen sind in den nächsten Auflagen der Lexika vertreten, wodurch der sich verstärkende Prozess der Verdrängung und des Vergessens weiblicher Autorschaft vonseiten der Literaturgeschichtsschreibung erneut bestätigt wird.

---

56 Dies sind nach Kord zwei der zahlreichen von ihr gelisteten Gründe für die fehlende Tradierung der Literatur von Frauen; vgl. Susanne Kord: Sich einen Namen machen. Stuttgart/Weimar 1996 (Ergebnisse der Frauenforschung 41), S. 140–146.
57 Vgl. zu Kanonisierungsinstanzen und zum Kanonisierungs- und Wertungsprozess allgemein Gabriele Rippl/Simone Winko (Hg.): Handbuch Kanon und Wertung. Theorien, Instanzen, Geschichte. Stuttgart/Weimar 2013.
58 Diese Ausgaben der Lexika wurden gewählt, da die Aufnahme eines neuen Eintrags in ein Konversationslexikon meist zeitverzögert erfolgt. Dies ist zum einen der langen Erarbeitungsdauer neuer Auflagen geschuldet – die vorigen Auflagen der Lexika erscheinen in den 1880er Jahren und sind damit oft zu jung, um die betroffenen Autorinnen schon zu berücksichtigen. Zum andern werden neue Stichwörter nach Maßgabe der Etablierung, zeitgenössischen Bedeutung und angenommenen Beständigkeit derselben aufgenommen, wobei grundsätzlich eher vorsichtig verfahren wird. – Zum Vergleich: In Konversationslexika vor 1900 (4. Aufl. von Meyers 1885–90 und 7. Aufl. von Pierers 1888–93) sind mit eigenem Beitrag 47% der *Rundschau*-Autorinnen, 34,1% der *Westermann*-Autorinnen und 26,2% der *Gartenlaube*-Autorinnen verzeichnet. Die Berücksichtigung von Autorinnen des Betrachtungszeitraums von 1870 bis 1890 ist also in den Ausgaben nach 1900 größer als in den zeitgenössischen Ausgaben der Lexika.

In der *Rundschau* werden im Betrachtungszeitraum lediglich 1885 zwei Vorträge Heinrich von Sybels zur Frauenbildung gedruckt.[59] Sybel lobt das erfolgreiche Bildungsmodell der verstorbenen Mädchengymnasiumgründerin Miss Archer.[60] Die Vorträge sind aber eher als Gedenkschrift und nicht als Berücksichtigung frauenemanzipatorischer Themen einzuordnen. Gerade mit Blick auf die eigene Verpflichtung, repräsentatives Organ „für die *Gesamtheit* der deutschen Kulturbestrebungen"[61] zu sein, erscheint diese geringe Präsenz des Themenkomplexes schon beinahe als aktive Ausgrenzung. Erst ab den offenbar wieder weniger liberalen 1890er Jahren[62] wird die Frauenfrage explizit in der *Rundschau* thematisiert.[63] Wie in den *Monatsheften* wird in der *Rundschau* besonders die wohltätige Arbeit als Betätigungsfeld der Frau gesetzt und ihre eigentliche Bestimmung und ihr Lebensziel als Gattin, Mutter, Unterstützerin und Hausfrau betont.[64] 1896 werden die deutschen Frauenbewegungen genauer betrachtet[65] und ab dieser Zeit wird auch über das Frauenstudium, Frauenkongresse und internationale Frauenbewegungen berichtet.[66]

---

59 Fokussiert werden hier Beiträge, die explizit und ausschließlich Frauenfragen thematisieren. Die dazu direkten oder indirekten Äußerungen von Autoren in Beiträgen zu anderen Themen haben (egal, ob liberale oder reaktionäre Meinungen vertreten werden) nicht dieselbe Wirkung nach außen und zeugen nicht von einer konzeptionellen Berücksichtigung der Frauenbelange vonseiten der Zeitschriftenredaktion.
60 Heinrich von Sybel: Über Frauenbildung. Zwei Vorträge, gehalten im Berliner Victoria-Lyceum. In: Deutsche Rundschau 12 (1885/86), Bd. 45, S. 344–360.
61 [Verlagshandlung/Herausgeber:] Deutsche Rundschau. In: Deutsche Rundschau 1 (1874/75), Bd. 1, [S. II–V, hier S. II].
62 Vgl. Karin Hausen: Arbeiterinnenschutz, Mutterschutz und gesetzliche Krankenversicherung im Deutschen Kaiserreich und in der Weimarer Republik. In: K. H.: Geschlechtergeschichte als Gesellschaftsgeschichte. Göttingen 2012 (Kritische Studien zur Geschichtswissenschaft 202), S. 210–237. Hausen zeigt, wie Gesetzesänderungen am Ende des 19. Jahrhunderts zur weiteren Verankerung des Ausschlusses der Frau aus dem gesellschaftlich-öffentlichen Bereich führen.
63 Sicherlich ist diese Öffnung auch zum Teil der Konkurrenz vonseiten der *Freien Bühne/Neuen Rundschau* geschuldet, die den Frauenbelangen von ihrer Gründung an Raum gibt (vgl. Goeller: Hüter der Kultur [Anm. 9], S. 144–149).
64 Vgl. z.B. Franz König: Die Schwesternpflege der Kranken. Ein Stück moderne Culturarbeit der Frau. In: Deutsche Rundschau 18 (1891/92), Bd. 71, S. 141–146.
65 Gustav Cohn: Die deutsche Frauenbewegung. In: Deutsche Rundschau 22 (1895/96), Bd. 86, S. 404–432, und Bd. 87, S. 47–80, 264–286. Nach 1890 finden sich vereinzelt Beiträge zur Frauenfrage (vgl. z.B. Julius Post: Wohltätige und wohltuende Frauen. In: Deutsche Rundschau 18 [1891/92], Bd. 69, S. 442–449, und Bd. 70, S. 316; H. G.: Zur Frauenfrage. In: Deutsche Rundschau 19 [1892/93], Bd. 74, S. 310–312).
66 Vgl. z.B. Olga Stieglitz: Der Berliner Frauen-Kongreß. In: Deutsche Rundschau 23 (1896/97), Bd. 89, S. 304–311; Y: Das Frauenstudium und die deutschen Universitäten. In: Deutsche

In *Westermanns Monatsheften* findet die Frauenfrage wesentlich seltener Berücksichtigung als in der *Gartenlaube*, häufiger jedoch als in der *Rundschau* – auch hier positioniert sich die Zeitschrift also in einem Zwischenfeld. 1869 und 1870 werden Beiträge Fanny Lewalds veröffentlicht,[67] in denen sie zwar für eine uneingeschränkte Gleichberechtigung von Mann und Frau eintritt, jedoch bedachtes und schrittweise erfolgendes Vorgehen für die erfolgreiche praktische Umsetzung der theoretischen Maxime als nötig erachtet; sie propagiert also keine extremeren Vorgehensweisen wie etwa die radikale Frauenbewegung. In den darauffolgenden Jahren werden Fragen der Frauenemanzipation weiterhin gelegentlich in den *Monatsheften* thematisiert, so in zwei Aufsätzen von August Lammers 1886 und 1888.[68] Lammers lobt die Tätigkeit und die erreichten Ziele des Frauen- und des Lette-Vereins und ist vom Nutzen der Emanzipation überzeugt, meint damit aber ausschließlich die Bestrebungen der gemäßigten Frauenbewegung.

Die im Vergleich zur *Gartenlaube* wesentlich verzögerte Aufnahme von Beiträgen über die Bestrebungen der Frauen sowohl in den *Monatsheften* als auch in stärkerer Ausprägung in der *Rundschau* weist auf eine eher wertkonservative Haltung der Verantwortlichen beider Zeitschriften hin. Sie scheinen nicht nur der Frauenbewegung kritisch und skeptisch gegenüberzustehen, sondern auch innerhalb ihres Mediums stärker an den Wertetraditionen festzuhalten. Frauen scheinen dabei sowohl als Unternehmensmitarbeiterinnen als auch als Literatinnen nur als Ausnahme von der Regel toleriert zu werden – auch wenn die faktische Anzahl der am Literaturteil mitarbeitenden Frauen, wie gezeigt, nicht mehr als solche bezeichnet werden kann. Die dargestellte unterschiedliche Berücksichtigung von Beiträgen zur Frauenfrage und die Positionierung zu derselben könnte demnach erklären, weshalb die beiden Monatsschriften mit lediglich etwa einem Viertel einen wesentlich geringeren Anteil an Beiträgen weiblicher Autoren aufweisen als die *Gartenlaube*, bei der die Hälfte der Beiträge von Autorinnen stammt.

Rundschau 23 (1896/97), Bd. 90, S. 302–306; B: Die Fortschritte der internationalen Frauenbewegung. In: Deutsche Rundschau 32 (1905/1906), Bd. 125, S. 261–273.
67 Fanny Lewald: Für die Gewerbthätigkeit der Frauen. Sechs Briefe. In: Westermanns Monatshefte 1869, Bd. 26, S. 435–444, 548–556; Fanny Lewald: Die Frauen und das allgemeine Wahlrecht. In: Westermanns Monatshefte 1870, Bd. 28, S. 97–103.
68 August Lammers: Das gesellschaftliche Vorrücken der Frauen. In: Westermanns Monatshefte 1886/87, Bd. 61, S. 243–252; August Lammers: Die gemeinnützige Thätigkeit der Frauen. In: Westermanns Monatshefte 1888, Bd. 63, S. 808–817.

IV Anonymität und Pseudonymität weiblicher Autorschaft

Ein verbreitetes Postulat lautet, dass Autorinnen aufgrund des oben beschriebenen gesellschaftlichen Drucks und der Abwehrreaktionen in der zweiten Hälfte des 19. Jahrhunderts überwiegend die Anonymität oder Pseudonymität für ihre publizistische Tätigkeit gewählt hätten. Die Auswertung der drei Zeitschriften bestätigt dieses Postulat jedoch nicht.

Anonyme literarische Beiträge finden sich in den untersuchten Zeitschriften lediglich in der *Gartenlaube*. Sie machen dort darüber hinaus einen verschwindend geringen Prozentsatz aus: Von insgesamt 245 Prosabeiträgen im Betrachtungszeitraum werden lediglich sechs, das sind 2,5 %, anonym publiziert. Diese Beiträge müssen natürlich nicht zwingend von Frauen verfasst worden sein. Die Auswertung zeigt also, dass Anonymität im späten 19. Jahrhundert für Prosaisten und Prosaistinnen der Kulturzeitschriften insgesamt so gut wie keine Rolle spielt. Zusammenhängen könnte dies mit den im Deutschen Kaiserreich geltenden Pressegesetzen. Das 1870 verabschiedete *Gesetz, betreffend das Urheberrecht an Schriftwerken, Abbildungen, musikalischen Kompositionen und dramatischen Werken*,[69] kurz: Urheberrechtsgesetz, erklärt jeden Autor zum juristischen und ökonomischen Subjekt, das seine Rechte jedoch nicht anonym in vollem Umfang wahrnehmen kann. So schützt § 11 des Gesetzes anonym publizierte Werke beispielsweise nicht 30 Jahre nach dem Tod des Autors, sondern nach ihrer Erstveröffentlichung. Zudem nimmt nach § 28 der Herausgeber oder Verleger eines anonymen Werks die Rechte des Urhebers wahr, also auch die ökonomische Verwertung und damit den Profit am Werk. Umgekehrt scheinen anonyme Publikationen auch vonseiten der Presseakteure nicht unbedingt wünschenswert. Im Fall von strafbaren Tatbeständen durch anonyme Beiträge in Periodika macht § 21 des *Gesetzes über die Presse*[70] von 1874 die Redakteure, Verleger und Drucker dafür haftbar.

Pseudonymität ist unter Autorinnen im späten 19. Jahrhundert hingegen noch stärker verbreitet, wenn auch nicht mehr dominierend. In meiner Kategorisierung unterscheide ich zwischen weiblichen, männlichen und neutralen Pseudonymen. Weibliche bzw. männliche Pseudonyme weisen einen eindeutig weiblichen bzw. männlichen Vornamen eines fiktiven Autornamens aus wie

---

[69] Der Gesetzestext ist online verfügbar unter http://commons.wikimedia.org/wiki/File:Norddeutsches_Bundesgesetzblatt_1870_019_339.jpg (letzter Zugriff 11. April 2016).
[70] Der Gesetzestext ist online verfügbar unter http://commons.wikimedia.org/wiki/File:Deutsches_Reichsgesetzblatt_1874_016_065.jpg (letzter Zugriff 11. April 2016).

das weibliche Pseudonym Ilse Frapan (d. i. Elise Therese Ilse Levien) bzw. das männliche Pseudonym Adalbert Meinhardt (d. i. Marie Hirsch). Neutrale Pseudonyme geben ein Autorgeschlecht nicht zu erkennen: Meist kürzen sie den Vornamen eines fiktiven Autornamens durch Initialen ab, wie bei M. Elton (d. i. Elisabeth J. Karoline Braun), bestehen vereinzelt aber auch aus einem einzigen Namen wie Bertramin (d. i. Ella Adaiewsky). Die verbreitete Annahme, dass Leser im 19. Jahrhundert hinter einem neutralen Pseudonym einen männlichen Autor vermuten, sehe ich für das letzte Jahrhundertdrittel nicht mehr bestätigt. Das Lüften zahlreicher Pseudonyme, auch gegen den Willen der Autoren, ebenso wie die entstehenden Pseudonymen- und Autorenlexika[71] verdeutlichen die große Aufmerksamkeit für weibliches Schreiben und die zeitgenössischen Bestrebungen zur Rückverfolgung von Autorschaft.

Der Diskurs um weibliches und männliches Schreiben spiegelt sich auch in den drei Zeitschriften: Buchbesprechungen von pseudonym publizierten Werken weisen dezidiert auf weibliche Verfasserschaft hin, sofern diese bekannt ist. So beispielsweise in den *Monatsheften* bei den Rezensionen zu C. Lynars *Clotilde. Eine Geschichte aus der Gesellschaft* 1878[72] und C. W. E. Brauns' Roman *Die Nadel der Benten* 1884.[73] Dass Adalbert Meinhardt und Ossip Schubin Pseudonyme sind, scheint dahingegen lange weder der *Monatshefte*- noch der *Rundschau*-Redaktion bekannt zu sein.[74] Pseudonyme regen Rezensenten mitunter zu Vermutungen einer weiblichen Autorschaft an, die auf heutzutage fragwürdigen Kriterien beruhen. So im Fall von Auguste von der Decken, deren unter dem neutralen Pseudonym A. v. d. Elbe publizierter Roman *Ares der Hindu* 1884 in den *Monatsheften* besprochen wird. Obwohl der Rezensent dem Autor „Spuren von hervorragendem Talent" attestiert, erweckt die Romanlektüre bei ihm „sehr die

---

71 Vgl. Anm. 19.
72 Anon.: Literarisches. In: Westermanns Monatshefte 1878, Bd. 44, S. 111 f., hier S. 111. C. Lynar ist das Pseudonym von Lina Römer.
73 Anon.: Literarische Notizen. In: Westermanns Monatshefte 1883/84, Bd. 55, S. 835–838, hier S. 835 f. C. W. E. Brauns ist kein Pseudonym, hier kürzt die Autorin ihre Vornamen durch Initialen ab (Caroline Wilhelmine Emma).
74 Vgl. für Ossip Schubin J. R.: Ein neuer Schriftsteller. In: Deutsche Rundschau 9 (1882/83), Bd. 34, S. 316–318; Otto Brahm: Literarische Rundschau. In: Deutsche Rundschau 11 (1884/85), Bd. 42, S. 473–477, hier S. 476 f.; Anon.: Literarische Notizen. In: Westermanns Monatshefte 1885, Bd. 59, S. 549–552, hier S. 551. Erst 1889 erscheint in den *Monatsheften* eine ausführliche Biographie über die Dichterin, deren Identität nun offiziell aufgedeckt ist (Ludwig Pietsch: Ossip Schubin. In: Westermanns Monatshefte 1889, Bd. 66, S. 799–815). Für Adalbert Meinhardt s. Anon.: Literarische Notizen. In: Westermanns Monatshefte 1886/87, Bd. 61, S. 279–284, 559–564, hier S. 284, 559; Anon.: Literarische Notizen. In: Westermanns Monatshefte 1888/89, Bd. 65, S. 580–584, hier S. 582.

Vermutung [...], daß man es mit Frauenarbeit zu thun hat", da der Protagonist ‚weibliche' Züge zeige und damit unwahrscheinlich gestaltet sei.[75]

Insgesamt bestätigt sich ein überwiegendes Publizieren von Autorinnen unter männlichem oder neutralem Pseudonym für alle drei Zeitschriften nicht. Die meisten Frauen geben ihre wahre Identität preis: 71% in der *Rundschau*, 61% in den *Monatsheften* und 48% in der *Gartenlaube*. Die folgende Tabelle bietet einen Gesamtüberblick über die Autornamenwahl der untersuchten schreibenden Frauen:

	Anteil an Autorinnen insg.	Ohne Pseudonym	Männl. Pseudonym	Weibl. Pseudonym	Neutrales Pseudonym	Anonym
Die Gartenlaube	33,1%	47,6%	9,5%	4,8%	38,1%	2,5%
Westermanns Mh.	30,8%	61%	26,8%	–	12,2%	–
Deutsche Rundschau	26,6%	70,6%	17,6%	5,9%	5,9%	–

Die Wahl eines weiblichen Pseudonyms scheint für Autorinnen im späten 19. Jahrhundert unattraktiv zu sein.[76] Sofern sich die Autorinnen für ein Pseudonym entscheiden, ist nun offensichtlich nicht mehr die Verschleierung der Identität entscheidend, sondern die des Geschlechts. Autorinnen reagieren so einerseits auf erlassene gesetzliche Einschränkungen ihrer Teilhabe am politisch-öffentlichen Bereich,[77] andererseits auf die oben beschriebene Abwertung der Literatur von Frauen. Die Verschleierung des Geschlechts gelingt am deutlichsten durch die Wahl eines männlichen Pseudonyms oder durch die Wahl eines ‚maskulin' klingenden neutralen Pseudonyms – so etwa durch in das Pseudonym integrierte männliche Vornamen wie bei F. L. Reimar und H. S. Waldemar, durch Standes- bzw. Berufsbezeichnungen wie bei E. Juncker und N. A. Guthmann oder durch Assoziationen mit vermeintlich männlichen Eigenschaften wie bei S. Kyn und C. Lionheart.

---

75 Anon.: Literarische Mitteilungen. Neue Belletristik. In: Westermanns Monatshefte 1883/84, Bd. 55, S. 553.
76 Dieses Ergebnis steht im Einklang mit Kords Untersuchung, die vom 18. und frühen 19. Jahrhundert hin zum mittleren und späten 19. Jahrhundert eine Abnahme der weiblichen Pseudonymität von Autorinnen ergab; vgl. Kord: Sich einen Namen machen (Anm. 56), S. 36, 53 ff.
77 Nach 1848 wird Frauen in den meisten deutschen Staaten die Mitgliedschaft in politischen Vereinen und die Teilnahme an politischen Veranstaltungen verboten. Arbeitervereine fordern ab den 1860er-Jahren das Verbot der Fabrikarbeit für (verheiratete) Frauen. Vgl. Hausen: Arbeiterinnenschutz (Anm. 62), S. 210–237, hier S. 213f., 219.

Die Ergebnisse zur Autornamenwahl schreibender Frauen veranschaulichen meines Erachtens zwei Faktoren bei der Pressepublikation: einerseits die Profile der Zeitschriften, ihre Strategien zur Einlösung ihres Programms sowie ihre Positionierung zum Diskurs über weibliche Autorschaft, andererseits die Autorschaftsmodelle und das Selbstverständnis der schreibenden Frauen.

So hält die *Rundschau* – und in ähnlicher Weise gelten die folgenden Ausführungen für die *Monatshefte* – an einem traditionellen Autorenbild und an einer starken Autorschaft fest. Dies zeigt unter anderem das hervorgehobene Ausweisen des Autornamens im vorangestellten Inhaltsverzeichnis der einzelnen Ausgaben und in der Nähe der Beitragsüberschrift. Die Beiträge in der *Rundschau* sind, trotz Rodenbergs inoffiziellem Themen- und Tabukatalog sowie seinen eigenmächtigen Überarbeitungen während der Artikelredaktion,[78] nicht uneingeschränkt konform mit der Redaktionsmeinung wie dies etwa bei der *Gartenlaube* der Fall ist. Sie haben den Status eines eigenständigen Beitrags zum jeweiligen Diskurs. Die Distanzierung der Redaktion von den Äußerungen des jeweiligen Beiträgers wird durch die mehrfache Markierung der Urheberschaft ausgewiesen. Autor der *Rundschau* zu sein, heißt daher meist auch, seine Identität preiszugeben. Für Literatinnen und Literaten kommt hinzu, dass der in der zeitgenössischen Literaturwissenschaft verbreitete Biographismus für die Kanonisierbarkeit die Offenlegung der Identität voraussetzt. Entsprechend legt auch die *Rundschau*, in ihrer engen Verflechtung mit dem literaturwissenschaftlichen Diskurs,[79] Wert auf die eindeutige Identitätszuweisung eines Autors; denn nur über denjenigen, der bekannt ist, kann literaturgeschichtlich gesprochen werden. Auch deshalb finden sich in der *Rundschau* am wenigsten weibliche Autoren, die unter Pseudonym schreiben. Aus Sicht der Schreibenden ist die Aufnahme in die *Rundschau* mit der Markierung ihrer Werke als literarisch herausragend verbunden. Das Bekenntnis zum Werk durch die Publikation unter wahrem Namen trägt daher zum eigenen Ruhm und zur Möglichkeit der Kanonisierung bei und erscheint somit als nur folgerichtige Entscheidung eines Autors. Die besondere Bedeutung, in den ex-

---

[78] Rodenbergs Anforderungen und Eingriffe sind bereits mehrfach nachgezeichnet worden: vgl. Schrader: Im Schraubstock (Anm. 2); Günter: „Dank und Dank [...]" (Anm. 36); Butzer/Günter/Heydebrand: Von der ‚trilateralen' Literatur (Anm. 10), S. 76.

[79] Literaturkritik und literaturwissenschaftliche Aufsätze werden in der *Rundschau* stark berücksichtigt. Bezüglich des der Literaturkritik zugemessenen Raumes lässt sich im Vergleich der drei Zeitschriften wiederum eine starke Abnahme des Umfangs von der *Rundschau* zur *Gartenlaube* erkennen.

klusiven[80] und ehrbringenden Autorenkreis der *Rundschau* aufgenommen zu werden, erklärt auch, warum zum Beispiel Mite Kremnitz in der *Rundschau* unter ihrem bürgerlichen Namen publiziert, während sie sonst häufig die Pseudonyme Dito und Idem oder George Allan verwendet. Ferner haben einige *Rundschau*-Autorinnen wie Fanny Lewald und Louise von François ihre ersten Werke unter Pseudonym publiziert, bevor sie dieses aufgrund ihres Erfolgs und ihres wachsenden Selbstbewusstseins als Autor abgelegt haben. Die programmatische Festlegung der *Rundschau* auf etablierte Autoren, die zumeist schon viele Jahre mit Erfolg am literarischen Markt bestehen, und das für die Autoren steigende Prestige durch die Mitarbeit in der im Hinblick auf literarischen Anspruch führenden Kulturzeitschrift begünstigen somit die Publikation unter wahrer Identität.

Die erfolgreichsten und beliebtesten Hausautorinnen der *Gartenlaube* sind E. Marlitt (d. i. Eugenie John) und E. Werner (d. i. Elisabeth Bürstenbinder). Wie der Großteil ihrer unter Pseudonym schreibenden Kolleginnen wählen sie ein neutrales Pseudonym für ihre Publikationen. Das Inkognito beider Autorinnen wird relativ kurz nach ihrem Debüt in der Zeitschrift gelüftet[81] und ihre Popularität bei der Leserschaft ausgemünzt durch Autorenporträts,[82] Neuigkeiten über die Autorinnen in der Rubrik „Blätter und Blüthen"[83] sowie regelmäßige Werbung für

---

80 Die elitäre Abgrenzung der *Rundschau* zeigt sich auch im wesentlich kleineren Autorenkreis: Mit insgesamt 64 Autoren im Betrachtungszeitraum ist dieser etwa halb so groß wie der der *Monatshefte* mit 133 und der der *Gartenlaube* mit 127 Autoren.

81 Die Aufdeckung von E. Marlitts Identität erfolgt 1867 in Nr. 91 der *Wissenschaftlichen Beilage zur Leipziger Zeitung* (vgl. Katja Mellmann: Tendenz und Erbauung. Eine Quellenstudie zur Romanrezeption im nachmärzlichen Liberalismus, Habil. München 2014, S. 275). Ein Autorenporträt in der *Gartenlaube* erscheint erst nach ihrem Tod 1887 (Anon.: E. Marlitt. In: Die Gartenlaube 1887, Nr. 29, S. 472–476). Dass sich hinter dem 1872 zum ersten Mal in der *Gartenlaube* publizierenden Autor E. Werner Elisabeth Bürstenbinder verbirgt, ist spätestens 1876 durch das veröffentlichte Autorenporträt der Dichterin klar (Anon.: Eine Heldin der Feder. In: Die Gartenlaube 1876, Nr. 28, S. 464–466).

82 Vgl. Anm. 81.

83 So wird in der Rubrik beispielsweise davon berichtet, dass Marlitt-Verehrer die Dichterin in Arnstadt aufgesucht haben (vgl. Abendwanderung nach einem Dichterschlößchen. In: Die Gartenlaube 1871, Nr. 41, S. 696) und dass sie einer Mädchengruppe Audienz gewährt hat (vgl. Pfingst-Erinnerungen aus Thüringen. In: Die Gartenlaube 1876, Nr. 23, S. 392). Marlitts Bruder bittet in der Rubrik ferner unter Angabe von Gründen um Verständnis für die Verzögerungen beim Abdruck des neuen Werks seiner Schwester (vgl. Die Gartenlaube 1875, Nr. 39, S. 660). Zu E. Werner verkündet die Redaktion den breiten Erfolg der Dichterin (vgl. E. Werner in Berlin und Rom. In: Die Gartenlaube 1872, Nr. 27, S. 446) und empfiehlt einen ungarischen Gedichtband, der den Hausautorinnen gewidmet ist (vgl. Die Gartenlaube 1875, Nr. 52, S. 878).

neue *Gartenlaube*-Jahrgänge mithilfe ihrer Romanwerke[84] und für die im Verlag Ernst Keil herausgegebenen selbständigen Buchausgaben.[85] Für das Gros der Autoren gilt in der *Gartenlaube*, dass sie ihre Werke stark in den Dienst der Familienzeitschrift mit ihren thematischen und gestalterischen Vorschriften stellen. Im Gegensatz zur *Rundschau* und zu den *Monatsheften* weist sie nicht in einem vorangestellten Inhaltsverzeichnis die Autoren mit ihren Beiträgen aus, sondern subsumiert sie unter die Institution *Gartenlaube*. Erst ab 1884 werden die Beiträge am Ende der letzten Seite der Ausgaben gelistet – jedoch aneinandergereiht in kleinerem Druck und ohne Hervorhebung der Autornamen. Der Autorname spielt in der *Gartenlaube* also von vornherein eine nachgeordnete Rolle im Vergleich zu den anderen beiden Zeitschriften. Autoren laufen hier demnach weniger Gefahr, dass Interesse an ihrer Identität geweckt wird, was sich insbesondere diejenigen schreibenden Frauen zu Nutze gemacht haben könnten, die ihr literarisches Schaffen tatsächlich verbergen wollten; sei es aus eigenem oder fremdem Antrieb, aus Rücksicht auf gesellschaftliche Konventionen oder den eigenen Familienkreis, aus Bescheidenheit oder Scham. Dass die *Gartenlaube* für diese Frauen ein Medium ist, das sich ihrer Identität gegenüber relativ gleichgültig zeigt, ist meines Erachtens ein Hauptgrund für den hohen Anteil an pseudonym schreibenden Frauen in ihr. Dass diese Frauen schwerpunktmäßig unter neutralem und nicht unter männlichem Pseudonym schreiben, lässt sich zurückführen auf die bereits dargestellte Positionierung der *Gartenlaube* zu Frauenfragen und zu weiblicher Autorschaft. Ein gestiegenes Selbstbewusstsein der Autorinnen zeigt sich hier zwar nicht in der Offenlegung der Identität, eine männliche Autorschaft soll indes aber auch nicht vorgetäuscht werden. Neutrale Pseudonyme halten im späten 19. Jahrhundert beide Möglichkeiten bereit: ein männliches, aber eben auch ein weibliches Geschlecht des Autors.

Die Auswertung der Zeitschriften *Deutsche Rundschau*, *Westermanns Monatshefte* und *Die Gartenlaube* im Zeitraum von 1871 bis 1890 hat einen überraschend hohen Anteil an Autorinnen von einem guten Viertel bis zu einem Drittel ergeben. Schreibende Frauen sind in der literarischen Öffentlichkeit des ausgehenden 19. Jahrhunderts folglich fest etabliert und stark präsent. Wie die tabellarische

---

[84] Mit dem Versprechen neuer Beiträge von E. Marlitt und E. Werner im nächsten Jahrgang werden die Leser immer wieder – beispielsweise 1871 (Nr. 13, 26, S. 224, 440) und 1872 (Nr. 50–52, S. 830, 846, 864) – zum Abschluss oder zur Verlängerung des Abonnements angeregt.
[85] Als Weihnachtsgeschenke empfiehlt der Verlag Werke von E. Marlitt und E. Werner beispielsweise 1872 (Nr. 50, S. 830), 1873 (Nr. 49, S. 802), 1876 (Nr. 49, S. 832) und 1877 (Nr. 48, S. 816). Es findet sich generell immer wieder Verkaufswerbung für ihre Werke wie beispielsweise 1874 (Nr. 18, S. 298) und 1875 (Nr. 39, 51–52, S. 660, 860, 878).

Gegenüberstellung der Autorinnenanteile und ihrer Autornamenwahl zeigt, existieren mehrere Gefälle zwischen den unterschiedlichen Zeitschriften. Diese lassen sich einerseits direkt auf die Zeitschriften selbst, ihre theoretisch formulierten und praktisch umgesetzten Programme sowie ihre Positionierung zu den Frauenbestrebungen beziehen, andererseits auch auf Motive der schreibenden Frauen, ihre Selbstverständnisse als Autoren in der Gesellschaft des späten 19. Jahrhunderts und ihre Stellung im literarischen Markt.

Allgemein lässt sich daher für das frühe Kaiserreich vermuten, dass sich unterschiedliche Kulturzeitschriften schreibenden Frauen verschieden stark öffnen: Das Familienblatt zeigt sich aufgeschlossener gegenüber weiblichen Autoren und nimmt sie stärker in ihren Mitarbeiterkreis auf. Vor allem integriert sie Beiträge schreibender Frauen in wesentlich stärkerem Maß als Zeitschriften des elitäreren Rundschau-Modells, die sich hierbei reservierter verhalten.

Stefan Scherer/Gustav Frank
Feuilleton und Essay in periodischen Printmedien des 19. Jahrhunderts

Zur funktionsgeschichtlichen Trennung um 1870

Feuilleton und Essay gehören zu den folgenreichsten generischen Innovationen im 19. Jahrhundert, weil die hier beobachtbaren sprachlichen Darstellungsformen auf den neuartigen Status periodischer Printmedialität im anbrechenden Zeitalter der Populärkultur zurückgehen. Für das Feuilleton, das sich – gebunden an die zum Massenmedium aufsteigende Tageszeitung – um 1830 fest etabliert, leuchtet das sofort ein. Für den Essay hingegen mag das überraschen, denkt man an die in der Forschung in der Regel vorgenommene Rückführung dieser ‚Textsorte' bzw. ‚Schreibweise' auf Montaigne und Bacon.[1] Fraglos steht der Essay in einer bestimmten Traditionsvorgabe seit Montaigne oder Bacon, und man kann ihn von daher auch etymologisch definieren. Im Folgenden schlagen wir für seine *historische* Beschreibung jedoch eine andere Akzentsetzung vor, indem wir an eine ‚vergessene Konstellation' in der Populärkultur um 1870 erinnern.

Im letzten Drittel des 19. Jahrhunderts findet die bis dahin generisch instabile Essayistik nämlich den *medialen Ort*, an dem sie sich erst zu derjenigen veritablen kulturellen Formation entfalten kann, von der aus retrospektiv auch ihre Genealogie rekonstruiert und auf Textverfahren bei Montaigne und anderen Autoren zurückgeführt wird. Eingepasst in den Rahmen dieses spezifischen medialen Ortes, der Rundschau-Zeitschrift seit der Gründerzeit,[2] findet die Essayistik zu ihrer spezifischen Funktion: für die Zeitschrift selbst und, weil sie damit diese entscheidend mitprägt, für die moderne Wissensgesellschaft. Das 19. Jahrhundert ist bekanntlich gekennzeichnet durch die Ausbildung dieser zunehmend kom-

---

[1] So zuletzt noch bei Peter V. Zima: Essay/Essayismus. Zum theoretischen Potenzial des Essays: Von Montaigne bis zur Postmoderne. Würzburg 2012; vgl. hier zum Essay als ‚Schreibweise' S. 7, zur Bedeutung Bacons im Vergleich mit Montaigne S. 51–54.
[2] Das Rundschau-Modell ist nach Anläufen wie dem behördlich unterbundenen Projekt einer *Deutschen Revue* im Vormärz und Wegbereitern wie *Europa. Chronik der gebildeten Welt. In Verbindung mit mehren Gelehrten und Künstlern herausgegeben von August Lewald* in Deutschland tatsächlich erst seit der Reichsgründung möglich; vgl. Stefan Scherer: Vom Familienblatt zum *Rundschau*-Modell. Die Kulturzeitschrift der Gründerzeit und ihre Textsorten zur Popularisierung von Technikwissen im Rückblick auf Gutzkows Zeitschriftenprojekt *Deutsche Revue*. In: Wolfgang Lukas/Ute Schneider (Hg.): Karl Gutzkow (1811–1878). Publizistik, Literatur und Buchmarkt zwischen Vormärz und Gründerzeit. Wiesbaden 2013 (Buchwissenschaftliche Beiträge aus dem Deutschen Bucharchiv München 84), S. 103–122.

plexen, weil beständig sich ausdifferenzierenden und in neuen Universitätsdisziplinen spezialisierten Wissensgesellschaft.³ Dieser Wandel führt schließlich auch dazu, dass es der Kulturzeitschriften und ihrer Essayistik bedarf. Auf soziale Akzeptanz, mentalitäre Integration und epistemische Kohärenz richtet sich nun die charakteristische Funktion von Zeitschrift und Essay aus. Diese besteht darin, *disziplinäres* Wissen zu entspezialisieren und damit interdisziplinär anschlussfähig zu machen, es aber auch in den ideologischen Konsequenzen für das Welt- und Menschenbild allgemein verständlich und für die Öffentlichkeit anschaulich werden zu lassen.

Erst dann also, wenn Wissenschaft sich über Disziplinen organisiert und dieses disziplinäre Wissen immer spezieller wird, entstehen die Rahmenbedingungen, in denen die Kulturzeitschrift neuen Typs um 1870 gedeihen kann. Von den Fachzeitschriften, welche die Entstehung, Durchsetzung und Konsolidierung immer neuer (Teil-)Disziplinen begleiten und ermöglichen, unterscheidet sie sich durch die gegenläufige reintegrierende Aufgabe: durch die Spezialfunktion, einen Überblick über das ganze ‚Kulturleben' einer Zeit zu gewährleisten.⁴ Die Aufgabe der Zeitschrift als ganzer besteht dabei darin, die Wissensflüsse in der Gesellschaft durch zeitschriftenspezifische Modi des Wissens und genuin generische, sowohl sprachliche wie graphovisuelle Formen sicherzustellen und zu regulieren. Hierbei besetzen die Zeitschriften eine intermediäre Position zwischen den Zeitungen, deren Tagesaktualität sie anreichern und verdichten, und den Wissenssystemen und Wissenssynthesen von Monographien. Sie übersetzen den abstrakten Begriff im Buchwissen ins anschauliche Bild, indem sie isolierte Erkenntnisse lebensweltlich rekontextualisieren.

Während kurzen Prosaformen wie dem Feuilleton, der Skizze, dem Genre-, Zeit- und Reisebild, der Physiognomie oder Daguerreotypie in diesem Rahmen die Aufgabe zufällt, Tagesaktuelles aus den ‚faits divers' und Zeitungsfeuilletons aufzugreifen, thematisch weiter anzureichern und durch sprachlich-rhetorische Mittel Similaritäten und Kontiguitäten herzustellen, operieren Langformen wie der Essay am anderen Ende des Aufgabenfeldes: Sie sind zuständig für den Wissensfluss zwischen dem solide geprüften und petrifizierten Wissen der Buchgelehrsamkeit und dem nicht-gelehrten, aber gebildeten Publikum der Kulturzeitschrift. Der Essay gewährleistet insofern einen zeitschriftenspezifischen Modus des Wissens, der Spezialkenntnisse anschaulich und isolierte Erkenntnisse anschließbar macht. Er bereitet zudem das Terrain, auf dem die Zeitschrift (nicht

---

3 Vgl. Lukas/Schneider (Hg.): Karl Gutzkow (Anm. 2), S. 109–111.
4 Dazu genauer Gustav Frank/Madleen Podewski/Stefan Scherer: Kultur – Zeit – Schrift. Literatur- und Kulturzeitschriften als ‚kleine Archive'. In: Internationales Archiv für Sozialgeschichte der deutschen Literatur 34 (2009), H. 2, S. 1–45.

selten dieselbe Nummer) die in ihrer Kurzprosa erneut zirkulierenden, unerhörten ‚faits divers' kollidieren lässt mit den etablierten Wissensbeständen: entweder um von diesen befriedigend eingeordnet zu werden oder um diese zu destabilisieren und Revisionen anzustoßen. Die Zeitschrift begünstigt auf diese Weise nicht nur die eine ‚Fließrichtung' des Wissens, nämlich hin zur Popularisierung und zum Überblick, sondern durchaus auch die andere, indem sie dasjenige mannigfaltige, tagesaktuelle empirische Material aufbringt, das systematisches und wissenschaftliches Wissen herausfordert.

Indem wir auf diesen Blick einstellen, grenzen sich unsere Überlegungen von weiten Teilen der Forschung ab, die im Essay gern – wie jüngst noch einmal Peter V. Zima – eine gleichsam überzeitliche Traditionsvorgabe seit Montaigne über Diderot, Friedrich Schlegel bis hin zu Nietzsche, Adorno oder Roland Barthes sähe und ihm daher ebenso gern den Status einer Gattung oder ‚Schreibweise' unabhängig vom medialen wie epistemischen Ort seiner Artikulation zuwiese. Wie das Feuilleton wird der Essay selbst dann noch im Kern essentialistisch gefasst, wenn man ihn, poststrukturalistischen Denkfiguren folgend, als Intertext oder als ‚dialogisierte Theorie' flexibilisiert.[5] Wir haben dagegen bereits für das Feuilleton eine *funktionsgeschichtliche Perspektive* vorgeschlagen, um Grenzen und Möglichkeiten dieses Publizierens an die Ausdifferenzierung periodischer Printmedialität seit den 1830er Jahren rückzukoppeln.[6] Die funktionsgeschichtliche Trennung zwischen Essayistik und Feuilleton konsolidiert sich demnach zu jenem Zeitpunkt in der periodischen Publizistik nach 1870, als sich das seriöse Rundschau-Modell erfolgreich durchsetzt: in Abgrenzung von anderen Zeitschriftenformaten seit Mitte des 19. Jahrhunderts einerseits, von der Funktionsstelle für bestimmte Schreibweisen in der Tagespresse ‚unter dem Strich' andererseits.

---

5 Vgl. Zima: Essay/Essayismus (Anm. 1), S. 239–269. Dies gilt tendenziell noch für das Exposé zur Tagung *Zwischen Literatur und Journalistik. Generische Formen in Periodika des 18. bis 21. Jahrhunderts* (http://h-net.msu.edu/cgi-bin/logbrowse.pl?trx=vx&list=H-Germanistik&month=1401&week=d&msg=8hF7%2brnR5S8KZZ5Tt0kFNg, letzter Zugriff 22. Juni 2015). Ganz in den alten Bahnen bewegt sich auch die Tagung *Essayistik der Moderne (1918–1950)* in ihrer Frage nach den Text- und Gattungseigenschaften des Essays im Ausschreibungstext (Bericht: http://h-net.msu.edu/cgi-bin/logbrowse.pl?trx=vx&list=H-Germanistik&month=1306&week=c&msg=ehEP86smdF58l2gAOwQc%2Bw, letzter Zugriff 22. Juni 2015).
6 Vgl. Gustav Frank/Stefan Scherer: Zeit-Texte. Zur Funktionsgeschichte und zum generischen Ort des Feuilletons. In: Zeitschrift für Germanistik N. F. 22 (2012), H. 3 (Themenheft: Zur Poetik und Medialität des Feuilletons), S. 524–539.

I Zur funktionsgeschichtlichen Differenz von Zeitung und Zeitschrift

Bevor wir diese Aufgabenverteilung genauer begründen können, sind zunächst skizzenhafte Überlegungen zur funktionsgeschichtlichen Differenz zwischen Zeitung und Zeitschrift nötig, zumal auch hier noch immer gerne essentialistisch und typologisch gearbeitet wird.[7] Wir wollen hierzu unsere Kritik an der Zeitschriftenforschung nicht mehr wiederholen, sondern vielmehr zunächst den Stand unserer zusammen mit Madleen Podewski entwickelten Perspektiven auf die Grundlegung der Zeitschriftenforschung resümieren. Eine solche Grundlagenreflexion sollte mindestens drei Anforderungen gerecht werden:[8]

(1) Sie muss eine sozio-kulturelle Situierung ihres Gegenstandes leisten, die ohne Definition in Form einer Wesensbestimmung, also ohne eine historisch invariante Merkmalsmatrix, zur Abgrenzung von anderen Gegenständen beiträgt. Unser Vorschlag geht dahin, die Zeitschrift innerhalb einer Denk- und Wissensgeschichte neuzeitlicher und moderner Gesellschaften zu situieren. Zeitschriften werden so auf die Episteme und ihre historischen Wandlungen bezogen, nicht primär auf eine Technikgeschichte der Medien und auch nicht so ohne Weiteres auf eine Politik-, Sozial- oder Wirtschaftsgeschichte der massendemokratischen Öffentlichkeit und ihrer Kommunikation.

(2) Eine Theorie der Zeitschrift sollte radikal historisieren, damit die historische Evolution der Phänomene deutlich wird. Dazu bietet es sich an, Zeitschriften nicht primär typologisch zu sortieren oder gar essentialistisch zu definieren, sondern eben funktionsgeschichtlich zu rekonstruieren: Die formale Evolution der Zeitschriften ergibt sich demnach daraus, dass sich in ihnen bestimmbare Funktionen erfüllen; sie wird vorangetrieben, weil Zeitschriften dabei in Interaktion mit wechselnden, selbst dynamischen Mitspielern in einer sich beständig ausdifferenzierenden Wissensgesellschaft agieren. Zeitschriften wie neuartige Zeitschriftenformate differenzieren sich also aufgrund sich wandelnder Anforderungsprofile und wachsender Aufgaben aus.

---

7 Vgl. z. B. Katja Lüthy: Die Zeitschrift. Zur Phänomenologie und Geschichte eines Mediums. Konstanz/München 2013 (Kommunikationswissenschaft).
8 Ausführlicher dazu Gustav Frank: „aus einem düstern Trotz gegen das Wissen" oder: Von der illustrierten ZeitSchrift zum beschrifteten RaumBild. In: Natalia Igl/Julia Menzel (Hg.): Illustrierte Zeitschriften um 1900. Multimodalität und Metaisierung. Bielefeld (im Druck); Gustav Frank: Prolegomena zu einer integralen Zeitschriftenforschung. In: Jahrbuch für Internationale Germanistik (im Druck) (Rahmenthema: Zeitschriftenforschung. Hg. Wolfgang Hackl/Thomas Schröder).

(3) Schließlich verlangt eine solche Historisierung auch eine radikale Konkretisierung der Zeitschriftenforschung. In den Mittelpunkt des Interesses gerät damit die *ganze* Zeitschrift selbst: in ihrer spezifischen Materialität und genuinen Verfasstheit. Wurden Zeitschriften in der Regel bislang als Steinbrüche missbraucht, d. h. als Dokumente für etwas anderes, kommen sie erst langsam als Monumente eigenen Rechts und damit auch eigener Organisations- und Darstellungslogik in den Blick.

Was gegenwärtig an der Zeitschrift noch vornehmlich interessiert, ist ihre Rolle im Sozialsystem der Distribution von Texten und Bildern. Zeitschriften erscheinen in dieser Sicht vor allem als Publikationsorgane von Inhalten, deren Beschaffenheit bereits feststeht. Natürlich stimuliert ein größerer Absatzmarkt die Produktion von Inhalten. Die Nachfrage nach mehr Texten und Bildern wächst dementsprechend, und auch die Produkte diversifizieren sich deshalb. Gelegentlich ist auch schon eingeräumt worden, dass Publikationsmedien Einfluss auf die nachgefragten Gattungen haben, dass es also gegenüber der Novellen-Theorie im Realismus der erste Journal-Boom um 1830 ist, der die Novelle formatgemäß als Erzähltext mittlerer Länge begründet.[9] Gattungsinnovation wird hierbei erstmals als medieninduziert verstanden. Manuela Günter hat diese Perspektive zu Recht forciert.[10] Aus systemtheoretischer Perspektive ist darüber hinaus vorgebracht worden, dass die Unterhaltungsfunktion der Medien die Journal-Literatur überhaupt erst erzeugt habe. Beide Beobachtungen – die zur Textlänge und die zur Unterhaltung – können nun aber auch dazu beitragen, die Aufmerksamkeit vom Sozialsystem auf das Symbolsystem zu verschieben, mit anderen Worten: darauf zu lenken, dass die Zeitschriften mediumspezifisch ‚etwas' mit ihren vermeintlichen Inhalten ‚machen', ja sogar ihre Inhalte selbst machen.

Von ihrer konkreten materialen Gestalt her, auf die wir damit die Aufmerksamkeit lenken wollen, gehören Zeitschriften in eine gemeinsame Geschichte der Druckmedien. Eine Theorie der Zeitschrift hat sie in diesem Feld zu situieren und abzugrenzen. Funktionsgeschichtlich gesehen, realisieren Zeitschriften ein Bündel von Funktionen durch ihre *spezifische* Aktualität, ihre *spezifische* Publizität und Periodizität, nicht zuletzt durch ihre *spezifische* Universalität gegenüber der Zeitung, die mitnichten allein ‚diskursiv' ist, wie die aktuelle Monographie von Lüthy durchgängig behauptet.[11] Zeitungen wie Zeitschriften können eben auch ein

---

9 Reinhart Meyer: Novelle und Journal, Bd. 1: Titel und Normen. Untersuchungen zur Terminologie der Journalprosa, zu ihren Tendenzen, Verhältnissen und Bedingungen. Stuttgart 1987.
10 Manuela Günter: Im Vorhof der Kunst. Mediengeschichten der Literatur im 19. Jahrhundert. Bielefeld 2008.
11 Lüthy: Die Zeitschrift (Anm. 7).

breites Spektrum nicht-diskursiver Literatur in ihre Publizitätspolitik integrieren und mit graphovisuellen Elementen kombinieren, von der Kookkurrenz bis hin zum Komposit.

Will man die Funktionen der Kulturzeitschrift in aller gebotenen Knappheit skizzieren, so lässt sich sagen: Genealogisch gesehen füllt diese Formatierung eine stets sich vergrößernde Lücke, die im Prozess der Wissensakkumulation und beschleunigten Nachrichtenzirkulation *zwischen* ephemerer Tagesaktualität in der Zeitung und durablem Wissenssystem im Buch entsteht. Sie besetzt darüber hinaus einen intermediären Raum zwischen unterschiedlichen Modi der Wissensdarstellung in Wissenschaft und Kunst. Zugleich grenzt sich die Kulturzeitschrift zu einem bestimmten Zeitpunkt gegenüber anderen Zeitschriften-Formaten ab: etwa von der Fachzeitschrift, weil sie disziplinäre Wissenschaft allgemeinverständlich aufbereitet und mit anderen Wissenselementen und -formen verschmilzt. Die Kulturzeitschrift spielt seit 1850 in Deutschland für das kulturelle Leben eine herausragende Rolle, indem sie ihre Spezialfunktion Überblick im Prozess der Abkehr vom Journal des Vormärz entwickelt, dabei aber dessen printmediale Organisationsformen (,Nebeneinander') übernimmt.[12]

Einer Entspezialisierung des disziplinären Wissens verschreiben sich seit 1850 zuerst die illustrierten Familienblätter wie *Die Gartenlaube*, durch die nun nicht mehr nur die kulturelle Elite von den Printmedien erfasst wird.[13] Aus ihrer publizistischen Praxis geht eine überständische, insbesondere universelle Kommunikationsnorm hervor, die populäre Unterhaltung mit enzyklopädischer Belehrung verbindet. Auf das Differenzbegehren anspruchsvollerer Schichten richten sich dagegen dann *Westermann's illustrierte deutsche Monatshefte für das gesammte geistige Leben der Gegenwart* (seit 1856) aus. Sie zählen zu den illustrierten Unterhaltungszeitschriften mit geringerer Auflage, statten die Beiträge

---

[12] Über diesen Umbruch informieren Madleen Podewski: Medienspezifika zwischen Vormärz und Realismus. Gutzkows *Unterhaltungen am häuslichen Herd*. In: Wolfgang Lukas/Ute Schneider (Hg.): Karl Gutzkow (1811–1878). Publizistik, Literatur und Buchmarkt zwischen Vormärz und Gründerzeit. Wiesbaden 2013 (Buchwissenschaftliche Beiträge aus dem Deutschen Bucharchiv München 84), S. 69–86; Gustav Frank: Bild und Raum. Umbrüche der Episteme und Gutzkows *Unterhaltungen am häuslichen Herd*. In: Wolfgang Lukas/Ute Schneider (Hg.): Karl Gutzkow (1811–1878). Publizistik, Literatur und Buchmarkt zwischen Vormärz und Gründerzeit. Wiesbaden 2013 (Buchwissenschaftliche Beiträge aus dem Deutschen Bucharchiv München 84), S. 86–102.

[13] Vgl. Madleen Podewski: Abbilden und veranschaulichen um 1900. Verhandlungen zwischen Texten und Bildern in der *Gartenlaube. Illustriertes Familienblatt*. In: Natalia Igl/Julia Menzel (Hg.): Illustrierte Zeitschriften um 1900. Multimodalität und Metaisierung. Bielefeld (im Druck); vgl. zudem Podewskis Beitrag „Mediengesteuerte Wandlungsprozesse. Zum Verhältnis zwischen Text und Bild in illustrierten Zeitschriften der Jahrhundertmitte" in vorliegenden Band.

bereits weniger mit Illustrationen aus und nehmen damit eine mittlere Position zwischen Familienblatt und Rundschau-Zeitschrift ein. Das Rundschau-Modell entsteht als neues Format nach der Reichsgründung im Gefolge der europäischen Vorbilder (*Quarterly Review* 1809, *Revue des deux mondes* 1830). An erster Stelle steht die *Deutsche Rundschau*, in der u.a. Storm, C. F. Meyer und (bereits nachrangig) Fontane publizieren. Im Unterschied zur *Gartenlaube* bietet die *Deutsche Rundschau* anspruchsvolle Gelehrtenpublizistik zu den großen wissenschaftlichen Unternehmungen der Zeit, geschrieben gerade auch von prominenten Lehrstuhlinhabern (z. B. Du Bois-Reymond, Haeckel).

II Essay und Rundschau-Modell

Literatur- und Kulturzeitschriften bilden in ihrem wissensgeschichtlichen Zusammenhang komplexe Funktions- und Formenbündel, die sie durch jeweils unterschiedliche Schreibweisen realisieren. Diese Schreibweisen finden sich an diesem medialen wie wissensgeschichtlichen Ort ein, indem sie sich dort einpassen oder überhaupt erst ausbilden. Literatur- und Kulturzeitschriften versammeln und generieren daher formal und inhaltlich unterschiedene Darstellungsformen *verschiedener* Autoren, und sie ordnen diese einem breiten Themenspektrum zu: vom literarischen Text und der wissenschaftlichen Abhandlung über den Essay bis hin zur Rezension, Nachricht oder zur Notiz bei Abbildungen, Tafeln und Diagrammen und schließlich zur Werbung.

Während die Familienzeitschriften ihren Zenit gerade überschritten haben, kommen die Rundschau-Zeitschriften auf und spielen für die breitenwirksame Durchsetzung des Essays dann die entscheidende Rolle.[14] Galt der Essay vorher noch als undeutsch und unsolide, öffnen sich gerade durch den universalen Anspruch in der *Deutschen Rundschau* die Gelehrten einem nichtfachlichen Publikum. Erst Mitte des 19. Jahrhunderts, so ist im Blick auf das Thema vorliegenden

---

[14] Dass für die Durchsetzung des Essays die Rundschau-Zeitschriften eine herausragende Bedeutung haben, wurde zuerst entschieden von Kai Kauffmann und Erdmut Jost mit Hinweis darauf akzentuiert, dass „sich der Essay erst nach 1870 zu einer gängigen Form der Publizistik, Literatur und Dichtung entwickelte und als eigenständige Prosagattung anerkannt wurde" – und somit auch erst jetzt ein eigenes Gattungsbewusstsein ausbildete: Diskursmedien der Essayistik um 1900. Rundschauzeitschriften, Redeforen, Autorenbücher. Mit einer Fallstudie zur Essayistik in den *Grenzboten*. In: Wolfgang Braungart/Kai Kauffmann (Hg.): Essayismus um 1900. Heidelberg 2006 (Beihefte zum Euphorion 50), S. 15 – 36, Zitat S. 25. Vgl. dazu am Beispiel von Haeckels Essayistik Erdmut Jost: Wissenschaftliche Essayistik – essayistische Wissenschaft. Zum Zusammenhang von Rundschaupublizistik und Sachbuch. In: Andy Hahnemann/David Oels (Hg.): Sachbuch und populäres Wissen im 20. Jahrhundert. Frankfurt a.M. u. a. 2008, S. 201 – 210.

Sammelbands zu betonen, etablieren sich „feste[] Vorstellungen" von dieser Schreibform, die „als Mittelding zwischen Gelehrsamkeit und Literatur" diskutiert wird.[15] Jürgen Kaube hat den Essay jüngst im *Merkur* triftig als „Freizeitform von Wissenschaft" charakterisiert: Er lässt sich damit als akademisch sozialisierter Journalist der F. A. Z. in einer Rundschau-Zeitschrift über den Essay aus.[16] Im Titel eines deutschen Buchs taucht das Wort zum ersten Mal mit Hermann Grimms *Essays* (1859) auf.[17] Als spezifische Darstellungsform kann der Essay auf die Rundschau-Publizistik deshalb zurückgeführt werden, weil er – damit das Anforderungsprofil des Zeitschriften-Formats selbst erfüllend – einen intermediären Raum zwischen wissenschaftlichem Aufsatz und Kunst aufspannt und erschließt und diesen Anspruch eben auch sprachlich-formal überzeugend einlöst.[18]

Der Essay verfährt nämlich thematisch wie verfahrenstechnisch offen: Er diskutiert *alles*, ausgenommen Spezialprobleme der Disziplinen, allenfalls dieses Phänomen der Spezialisierung als Problem. Wissenschaftliche Vorkenntnisse sind zu seinem Verständnis nicht erforderlich. Relevante Fragen von öffentlichem Interesse werden als allgemeine Befunde für den kulturell interessierten Adressaten, genauer: für Nicht-Fachleute aufbereitet. Seit den 1870er Jahren funktioniert der Essay in diesem Rahmen auch als zentrale Verständigungsform *zwischen* Prosa-Literatur und Wissenschaftsprosa: als Zwitterwesen, das die Möglichkeiten beider Darstellungsformen nutzt. Seine Attraktivität für die Moderne seit Nietzsche, Mach oder Freud und Hofmannsthal oder auch für den Essayismus im Roman der Moderne bei Musil oder Broch hat viel damit zu tun, dass er eine Lösung für Darstellungs- und Bewältigungsprobleme im Umgang mit neuem Wissen verspricht. Seit dem 19. Jahrhundert ist das *soziale Problem* der Komplexität und Geschwindigkeit dieser Wissensproduktion rein wissenschaftsimmanent bzw. systematisch-enzyklopädisch nicht mehr einzuholen oder gar zu bewältigen. Besonders in den 1870er bis 1890er Jahren wird ein epistemischer Umbruch erkennbar, auf den der Essay reagieren kann: Die scheinbar triumphierenden neuen Wissenschaften wollen sich der breiteren Öffentlichkeit rückversichern, weil im

---

15 Heinz Schlaffer: Essay. In: Klaus Weimar u. a. (Hg.): Reallexikon der deutschen Literaturwissenschaft. Neubearbeitung des Reallexikons der deutschen Literaturgeschichte, Bd. 1. Berlin/ New York 1997, S. 522–525, hier S. 523.
16 Jürgen Kaube: Der Essay als Freizeitform von Wissenschaft. In: Merkur 68 (2014), H. 1 (Nr. 776), S. 57–61.
17 Siehe Schlaffer: Essay (Anm. 15), S. 523.
18 Zur Abgrenzung zwischen Abhandlung (Wissenschaft) und Essay vgl. Helga Bleckwenn: Essay. In: Diether Krywalski (Hg.): Handlexikon zur Literaturwissenschaft, Bd. 1. Reinbek bei Hamburg 1978, S. 121–126, hier S. 125.

disziplinären Spezialbereich Krisenstimmung herrscht. Es bedarf ja nur einer kleinen Umwertung der empirischen Befunde, also des Schritts von Helmholtz zu Mach etwa oder von der zeitgenössischen Psychiatrie zu Freud, und schon sehen die Älteren ihr Wissenschaftsgebäude und die Anthropologie des ganzen Menschen bedroht, die jetzt nur noch als Postulat gegenüber den eigenen Ergebnissen und so auch nur noch weltanschaulich, im Neukantianismus nämlich, zu verankern ist.

Mit dem Essay setzt sich auch vor diesem Hintergrund gerade in der Rundschau-Publizistik eine Form des Schreibens durch, die versuchsweise, mit anderen Worten: experimentell und ohne distinkte Zieldefinition akute Probleme einer sich beschleunigenden Kultur umkreisen kann, ohne endgültige Lösungsansprüche damit verbinden zu müssen.[19] Am besten ist der Essay daher wohl negativ zu bestimmen: Er ist *weder* Wissenschaft *noch* Literatur, sondern er besetzt arbeitsteilig eine Funktionsstelle in dem *durch* die Kulturzeitschrift selbst erschlossenen Raum zwischen Wissenschaft, Kunst und Unterhaltung. Insofern funktioniert der Essay auch als Modus, wissenschaftliche Expertenkulturen, intellektuelle Öffentlichkeit und Publikum wieder in Kontakt zueinander zu bringen: im Nebeneinander einer Zeitschrift, die den Ort bereitstellt, diesen Kontakt strukturoffen zu ermöglichen.

In funktionsgeschichtlicher Perspektive spielen zur Erfassung der Trennung von Feuilleton und Essay um 1870 deshalb funktionelle Partnerschaften im Feld der Printmedialität die entscheidende Rolle. Unterscheidungen werden nicht zum Zweck der Trennung und Isolation vorgenommen. Die epistemische Funktion der Zeitschrift besteht vielmehr darin, gesellschaftliche Wissensflüsse zu ermöglichen. Und diese sind auf Kontaktzonen und Austauschmodi angelegt, ja darauf angewiesen. Genese und Evolution der Zeitschrift basieren genau auf diesem Vermögen. Ihr kommt eine intermediäre Funktion zwischen Buch und Zeitung zu: zwischen tagesaktuell je neuer Information und systematischem, spezialisiertem Wissen mit langer Halbwertszeit. Diese Intermediarität befördert den Wissensfluss in beide Richtungen: Spezialistisches und systematisch verdichtetes Wissen wird in seine Teile aufgelöst, popularisiert und katachretisch, d. h. in ‚schiefen' Bildern kombiniert und in vornehmlich literarischen Lebenswelt-Simulationen auf Relevanzen hin beobachtet. Umgekehrt werden aus der Vielzahl und Vielfalt der

---

19 Dies geschieht nicht zuletzt durch die serielle Wiederkehr einer sprachlich ähnlich gestalteten Aushandlung solcher Probleme innerhalb einer bestimmten Rubrik, so dass sich der Essay auch als serieller Effekt der Rundschau-Publizistik stabilisieren kann; vgl. am Beispiel der *Deutschen Rundschau* Stefan Scherer/Claudia Stockinger: Archive in Serie. Literatur- und Kulturzeitschriften des 19. Jahrhunderts. In: Nicolas Pethes/Daniela Gretz (Hg.): Archivfiktionen. Dispositive des Sammelns, Speicherns und Publizierens in der Literatur des langen 19. Jahrhunderts (im Druck).

alltäglichen Neuigkeiten Elemente selegiert und in der wiederholten Zirkulation angereichert und kombiniert – dadurch verdichtet und mit dem popularisierten systematischen Spezialwissen entweder konfrontiert oder abgeglichen.

Die Kulturzeitschrift ermöglicht damit einen bestimmten Überschuss aus textsortenspezifisch je eigenen Verknüpfungen unterschiedlichen Materials durch eine große Anzahl an Mitspielern (und damit an Perspektiven), indem sie das Flüchtige des Tages verfestigt und das Feste der Wissenschaft verflüssigt. Sie oszilliert insofern beständig zwischen Entspezialisierung aus der Perspektive der Wissenschaft und Kondensierung bzw. Verdichtung im Blick auf das Aufbewahren und Vorhalten des noch Ephemeren.[20]

III Feuilleton

Das Feuilleton als Schreibweise wie als Teil einer Zeitung entsteht in den Pariser Tageszeitungen nach 1789. Schnell für den Tag geschrieben, lagert sich alles darin seit dieser Zeit an die Nachrichtenfunktionen der Tagespresse an. Ein werbliches Beiblatt, dem es seinen Namen verdankt ('Blättchen'), wird in die Blattordnung durch ein besonderes Layout integriert: graphisch durch eine horizontale Linie abgegrenzt und in anderer, kleinerer Type gesetzt. Auf diese Weise entsteht ein Ort, an dem sich die Nachricht bzw. die Information der Tagespresse durch Gesten der Sprachmächtigkeit anreichert, die an der seit den 1780er/1790er Jahren autonom gewordenen Literatur orientiert sind. Ökonomische Faktoren (Entstehung des literarischen Markts ‚um 1800') spielen dabei ebenso eine entscheidende Rolle.

Dieser literarische Zug *im* tagesaktuellen Massenmedium entwickelt sich schnell zum Aushängeschild für das eigene Produkt: Wie die hauptamtliche Nachricht gehört auch das Feuilleton ganz offensichtlich zu den „Frontal-Angelegenheiten der Publizistik".[21] Man begreift dies vor allem, wenn man sich die *ganze Seite* vor Augen hält: ‚Unter dem Strich' organisiert sich eine *gestaltete* Kontaktzone des Blattes, in der all das Platz findet, was als Nachricht oder ‚fait divers'[22] zweifelhaft, unseriös oder auch nur unentschieden ist. Auch wird hier all das untergebracht, was alltäglich an- und abfällt: sprachlich aber auf eine eigene Art und Weise mitgeteilt, die sich von der amtlichen Berichterstattung unter-

---

20 Vgl. dazu genauer Frank/Podewski/Scherer: Kultur – Zeit – Schrift (Anm. 4), S. 28 f.
21 Hanns Braun: Die Zeitungsfunktion des Feuilletons. In: Publizistik 10 (1965), S. 292–301, hier S. 293.
22 Vgl. zu dessen Rolle für die literarische Moderne seit 1900 Hanns Zischler/Sara Danius: Nase für Neuigkeiten. Vermischte Nachrichten von James Joyce. Wien 2008, S. 92.

scheidet – die subversive Option. Umgekehrt muss der sprachlich-stilistische Eigensinn dieses Teils noch garantieren, dass der Kontakt zum seriösen Kerngeschäft bestehen bleibt – die konsolidierende Option.[23] Umso offener wird dadurch das Spielfeld für verschiedene, stets aber je historische Formen des Schreibens, die im derart begrenzten Gebiet Platz finden können.

Diese historisch relative Variation und damit Variabilität der Formgestalt wird deshalb nicht ausschließlich vom Feuilleton oder gar in ihm selbst bestimmt. Sie verdankt sich vielmehr der historischen Konstellation im eigenen Medium (Tagespresse) sowie innerhalb der umgebenden Medienlandschaft (Zeitschrift, Buch), die vom Feuilleton jeweils beobachtet wird: nicht selten explizit in Rezensionen oder Zeitschriftenumschauen. Aus diesem Zusammenspiel erst erwachsen dem Feuilleton verschiedene Möglichkeiten und Aufgaben. Zunächst auf Kritiken aus dem alltäglichen Kulturleben beschränkt (Annonce und Theaterkritik sind die Initiationen zur Abgrenzung des Feuilletons), verselbständigen sich die hier entwickelten Schreibweisen seit den 1830er Jahren zu protosoziologischen Alltagsbeobachtungen als ‚Skizzen' und ‚Bilder'. Weder inhaltlich noch formal festgelegt, kann sich das Feuilleton so unter den unterschiedlichen historischen Bedingungen in Etappen eigensinnig wandeln, indem es bis heute zwischen spontanem Plauderton und generalisiertem Anspruch über den Tag hinaus angesiedelt ist. Es erschließt darin Spielräume geistreichen, unverbindlichen und doch die Leser-Aufmerksamkeit erregenden Schreibens, zumal es ja immer auch um Sachverhalte von öffentlichem Interesse geht.

Als besonders fruchtbar erweist sich gerade für diesen Anspruch, literarisch interessant zu sein, die historische Konstellation von Tages- und Zeitschriftenpresse seit den 1870er Jahren, in der sich mit dem Essay in der Rundschau-Publizistik eine neue Konstellation im Feld periodischer Printmedialität ergibt. Dieses Nebeneinander mit dem Essay führt eine zweite Hochzeit für das Feuilleton herauf, das jetzt als mögliche Rubrik in Zeitschriften wie der *Europa* weitgehend verschwunden ist. Bis in die 1920er Jahre wird sich auf dieser Basis das Spektrum seiner Möglichkeiten ausweiten, so dass es sich zwischen kleiner Erzählung, Glosse, Skizze und sonstigen Formen Kleiner Prosa bis hin zum diskursiv orien-

---

23 Wie diese Austauschverhältnisse und so auch die Kookkurrenzen zwischen den Text-Feldern über und ‚unter dem Strich' (und damit auch zwischen faktualen und fiktionalen Texten) konkret organisiert sind, so dass sich die beiden Bereiche auch wechselseitig stabilisieren, zeigt Fabian Grumbrecht am Feuilleton der *Kölnischen Zeitung*: Serielle Narration in der *Kölnischen Zeitung* zwischen 1850 und 1890, phil. Diss. Göttingen (in Vorb.). Zur Kookkurrenz als Kategorie zur Erfassung solcher Permeabilität über den Feuilleton-‚Strich' hinweg vgl. Moritz Baßler: Die kulturpoetische Funktion und das Archiv. Eine literaturwissenschaftliche Text-Kontext-Theorie. Tübingen 2005 (Studien und Texte zur Kulturgeschichte der deutschsprachigen Literatur 1), S. 207 f.

tierten Leitartikel oder zum theorieaffinen Denkbild (so bei Kracauer oder Benjamin) entfalten kann.[24]

Das Feuilleton ist daher schon deshalb *keine besondere Textsorte,* weil es im Prozess seiner evolutionären Entwicklung in der medialen Konstellation Zeitung – Zeitschrift – Buch von 1800 bis in die 1920er Jahre alle möglichen Schreibweisen integrieren und dabei zwischen sehr heterogenen Verfahrensweisen oszillieren kann. Es erfüllt in erster Linie eine *Funktion* an einem markierten *Ort* innerhalb der Tagespresse, indem es sich von der offiziellen und tagesaktuellen Berichterstattung ‚über dem Strich' in Richtung des Jokulosen, Unverbindlichen und Geistreichen oder auch des Philosophierenden und Theoretisierenden entfernt, bis es sich schließlich als eigenes ‚Buch' in der Zeitung gegenüber den anderen ‚Büchern' Politik, Wirtschaft, Sport und Vermischtes einrichtet.

Natürlich gibt es auch eine Ordnung der Nachricht, soweit diese nie bloße Neuigkeit oder authentische, ungefilterte Information ist. Es gibt auch hier keine selektionslose Aufmerksamkeit. Indem das Feuilleton die Nachricht aufgreift bzw. zum Anlass eines Sprachspiels nimmt, gerät dieses Material jedoch unter eine neue Ordnung, in deren Rahmen es mit epistemischem Blick und sprachbewussten Mitteln auf Interessantes, Brauchbares, Typisches oder Haltbares abgeklopft wird. Damit werden erste Anknüpfungen an Bekanntes und werden Verknüpfungen mit anderem Material hergestellt. Diese erste Kontextualisierung der noch isolierten Information erweist sich dabei entweder als haltlos, oder sie erregt die Aufmerksamkeit der intellektuellen peer group so weit, dass Anschlüsse wie Ausschlüsse in weiteren publizistischen Reaktionen reklamiert werden. Insofern erfüllt schon das Feuilleton eine ‚archivalische Funktion': hier eines ersten und vorläufigen Aufbewahrens des sonst Ephemeren, die den Zeitschriften als ganzen zukommt, wenn sie dieses Aufbewahrte neuerlich aufbereiten und periodisch zirkulieren lassen.[25]

Die Eigenlogik des Feuilletons gründet demnach in erster Linie darauf, dass es sich an einer Schnittstelle ansiedelt, die zwischen formalen Optionen der Nachrichtenfunktion in der Tagespresse und Funktionen von Printmedien längerer

---

24 Vgl. Gustav Frank/Stefan Scherer: „Stoffe sehr verschiedener Art ... im Spiel ... in eine neue, sprunghafte Beziehung zueinander setzen". Komplexität als historische Textur in Kleiner Prosa der Synthetischen Moderne. In: Thomas Althaus/Wolfgang Bunzel/Dirk Göttsche (Hg.): Kleine Prosa. Theorie und Geschichte eines Textfeldes im Literatursystem der Moderne. Tübingen 2007, S. 253–279.

25 Zu dieser zeitungs- wie zeitschriftenspezifischen ‚archivalischen Funktion' vgl. Gustav Frank: Was der Fall ist. Zur Funktion von Literatur im ‚kleinen Archiv' am Beispiel von Schillers Thalia-Geisterseher. In: Sprache und Literatur 116 (2016) (im Druck) (Themenheft: Zeitschrift als Archiv? Hg. von Susanne Düwell/Nicolas Pethes).

Periodizität (und damit auch größerer Dignität) unterscheidet. Wie es in den evolutionär sich ausdifferenzierenden Zeitschriften vom Vormärz-Journal über das Familienblatt zum Rundschau-Format geschieht, so verschreibt sich auch das Feuilleton der Selbstverständigung über den je historischen Wahrnehmungshorizont und Wissenshaushalt einer Zeit. Es bildet dazu – im Wechselbezug mit den Zeitschriften – jedoch andere, spezifische Modi aus.

So wird auch die erste Geschichte des Feuilletons kaum zufällig 1876 publiziert,[26] also genau in jenem Zeitraum, in dem einerseits der Aufstieg der populären Tagespresse (Reichspreßgesetz vom 7. Mai 1874; Etablierung der „General-Anzeiger") beginnt, andererseits mit dem neuen Rundschau-Format eine an der Popularisierung von Wissenschaft interessierte Essayistik sich entwickelt.[27] Insofern unterscheidet sich diese Phase von der früher einsetzenden (Selbst-)Beobachtung des Feuilletons etwa in Ferdinand Kürnbergers *Die Feuilletonisten* von 1856.[28] Es scheint deshalb so, dass die erste historisch-systematische Selbstreflexion des Feuilletons von Ernst Eckstein von der neuen printmedialen Konstellation Zeitung/Kulturzeitschrift unter den Bedingungen der Presse für das Deutsche Reich nach 1871 erzwungen wird. Prominent für diese Überganglichkeit zwischen Feuilleton und wissenschaftsorientiertem Essay in der Gründerzeit ist etwa die Publizitätspolitik von Paul Lindau oder der Brüder Hart.[29] Und für die programmatischen ‚Gründungstexte' der Wiener Moderne um 1890 von Hermann Bahr (wie *Die neue Psychologie, Die Überwindung des Naturalismus*) hat Peter Sprengel „von einer Wiedergeburt des Essays aus dem Geiste des Feuilletons" gesprochen.[30]

---

[26] Zu Ernst Ecksteins *Beiträgen zur Geschichte des Feuilletons* von 1876 vgl. Almut Todorow: Das Feuilleton der *Frankfurter Zeitung* in der Weimarer Republik. Tübingen 1996 (Rhetorik-Forschungen 8), S. 13f.
[27] „Interessanterweise kamen die stärksten Impulse zur Essayistik aus den Wissenschaften und nicht aus der Publizistik und der Literatur", dies gerade unter Beteiligung der Naturwissenschaften (Wolfgang Braungart/Kai Kauffmann: Vorwort. In: W. B./K. K. (Hg.): Essayismus um 1900. Heidelberg 2006 [Beihefte zum Euphorion 50], S. VII–XI, hier S. X).
[28] Ferdinand Kürnberger: Die Feuilletonisten [1856]. In: F. K.: Gesammelte Werke, Bd. 2: Literarische Herzenssachen, Reflexionen und Kritiken. Hg. von Otto Erich Deutsch. Neue, wesentlich verm. Ausg. München/Leipzig 1911, S. 430–439.
[29] Vgl. Lothar L. Schneider: Realistische Literaturpolitik und naturalistische Kritik. Über die Situierung der Literatur in der zweiten Hälfte des 19. Jahrhunderts und die Vorgeschichte der Moderne. Tübingen 2005 (Studien zur deutschen Literatur 178), S. 130ff. (‚Die Emanzipation des Publikums'), hier insbes. S. 139ff.
[30] Peter Sprengel: Geschichte der deutschsprachigen Literatur 1870–1900. Von der Reichsgründung bis zur Jahrhundertwende. München 1998 (Geschichte der deutschen Literatur von den Anfängen bis zur Gegenwart 9/I), S. 713; vgl. hier überhaupt das Kapitel „Essay und Feuilleton", S. 711–718.

Resümiert man die Befunde, so wird deutlich, dass sich das Feuilleton nicht durch Beobachtung des Feuilletons selbst bestimmen lässt: schon deshalb nicht, weil es zwar Formen kennt und auch verschiedene Formen durchläuft, aber doch selbst *keine Form* ist und damit *kein Wesen* hat, wie es die ‚Feuilletonkunde' bis Haacke mit Attributen wie Erlebnishaftigkeit und Subjektivität alltäglicher Beobachtungen an bis zu 77 im Feuilleton angeblich feststellbaren literarischen und journalistischen Gattungen verbuchte. Wie der Essay in der Rundschau-Zeitschrift ist auch das Feuilleton nur als *Funktion* zu erfassen, die ihren *medialen Ort* in der Tagespresse hat. Es besetzt eine Funktionsstelle, die im Prozess der Ausdifferenzierung periodischer Printmedialität entsteht und die Wissensflüsse zwischen verschiedenen Registern des kulturellen Archivs in spezifischer Weise stimuliert wie reguliert.

IV Feuilleton und Essay in der printmedialen Konstellation seit 1870

Formal funktioniert auch das Feuilleton wie der Essay als Interdiskurs: im Unterschied zum Interdiskurs der Kulturzeitschrift als Interdiskurs der Zeitung. Angesiedelt zwischen den Polen ‚Wissenschaft' und ‚Literatur', kann der Essay idealtypisch zwischen „Denotation" bzw. „Eindeutigkeit" und „Konnotationsreichtum" bzw. „semantische[n] Vieldeutigkeiten" oszillieren.[31] Die Popularisierung disziplinärer Wissenschaft und – in umgekehrter Richtung – die Genese und Verfestigung proto-diskursiven Wissens wird hier von den Intellektuellen und Akademikern getragen, die an Popularität interessiert sind. Die Funktion des neuen Essays in der Kulturzeitschrift reflektiert Rolf Parr wiederum in Abgrenzung zur Literatur als anders organisiertem Interdiskurs: Der Essay integriert „die mit dem Spektrum der Zeitschriften-Rubriken additiv nebeneinander gestellten gesellschaftlichen Teilbereiche und das in ihnen zirkulierende Wissen zusätzlich noch einmal in intensiv-semisynthetischer Form", während die Literatur diese Integrationsleistung im semantisch intensiven Modus erbringt.[32]

In diesen Verhältnisbestimmungen ist auch das Feuilleton zu verorten: Es integriert ebenfalls (elementar-)literarische und essayistische Anteile, bleibt aber gegenüber dem (langen) Essay in der Kulturzeitschrift auf die Tagesaktualität in

---

[31] Rolf Parr: ‚Sowohl als auch' und ‚weder noch'. Zum interdiskursiven Status des Essays. In: Wolfgang Braungart/Kai Kauffmann (Hg.): Essayismus um 1900. Heidelberg 2006 (Beihefte zum Euphorion 50), S. 1–14, hier S. 7.
[32] Parr: ‚Sowohl als auch' (Anm. 31), S. 13.

der Zeitung bezogen. *Jenseits* der graphischen Demarkationslinie und doch *innerhalb* des Mediums repräsentiert es das Andere der Nachrichtenfunktion. An der Kontaktzone hält es die Grenzziehungen im Bewusstsein: Es erklärt die Nachricht zur Störgröße im Wissensgefüge des kulturellen Gedächtnisses, soweit der Überschreitung von etablierten Grenzen Nachrichtenwert zukommt. Angestoßen von Nachrichten, kann es die Aufmerksamkeit auf derartige Abweichungen lenken und mit verminderten Ansprüchen auf die Halbwertszeit seiner Geltung einen ersten Schritt in Richtung Einbau in die symbolische Ordnung und das Archiv unternehmen. Ob und wie diese feuilletonistische Erregung von Aufmerksamkeit gelingt, wird dann von Anschlusskommunikationen sowohl in der Tagespresse als Medium gleicher Ordnung als auch in den Medien langwelligerer Periodizität angezeigt. Im anderen Medium Zeitschrift erfolgen die nächsten Verarbeitungsschritte dann etwa im Modus des (formverwandten) Essays.

Ist das Feuilleton insofern von seinem Ort in der Zeitung her definiert, so der Essay von seinem Platz in der Kulturzeitschrift. Der Essay kann dabei wiederum mit Mitteln der wissenschaftlichen Abhandlung und des Journalismus arbeiten. In beiden Medien beginnt das Formenspektrum beim literarischen Text mit minimalen diskursiven Anteilen (Extrempunkt Lyrik). Abgrenzungskriterien gegenüber der Zeitschrift sind die schnelle, alltägliche Niederschrift und der zur Verfügung stehende Platz: vom Aphorismus bis zum Artikel über zwei Zeitungsseiten hinweg (bei gleichsam eintägiger Halbwertszeit) gegenüber den Haltbarkeitsansprüchen der mehrteiligen wissenschaftlichen Abhandlung in der *Deutschen Rundschau* am anderen Ende des Spektrums.

Was also in Abgrenzung zur Wissenschaft der Essay in der Rundschau-Publizistik interdiskursiv entspezialisiert, betreibt das Feuilleton mit vergleichbaren sprachlichen Mitteln auf Seiten der Tageszeitung durch spezifische Anschlüsse mit ebenfalls generalisierenden Ansprüchen: hier aber noch orientiert an der tagesaktuellen Nachrichtenfunktion, die solche Verallgemeinerungen begrenzt. Die Einzeltexte können einerseits der *intramedialen* Grenze zum Nachrichtenteil und zum ‚fait divers' näher stehen, andererseits aber auch der *intermedialen* Grenze, an der sich Wissensflüsse aus dem Feuilleton mit solchen aus den Zeitschriften kreuzen. Beide Grenzen sind aufgrund der formal-stilistischen und der elementar-literarischen Nähe keine absoluten, eben weil sie einen intermediären Ort konstituieren, an dem Austauschbeziehungen stattfinden *sollen*. So können sich die musikwissenschaftlichen Feuilletons Eduard Hanslicks in der *Neuen Freien Presse*, die wenig tagesaktuell orientiert sind, dem Essay annähern, ohne dass die Tagespresse den nötigen Raum wie die *Deutsche Rundschau* für den gelehrten Essay zur Verfügung stellen kann. Das muss das Feuilleton nicht notwendig einschränken, denn auch hier bietet sich wie in der Kulturzeitschrift die

Möglichkeit des ‚Fortsetzung folgt' an, mit dem schon der französische Feuilletonroman seine Leser binden konnte.[33]

Auch systematisch leuchtet es ein, warum die formale Vielfalt von Schreibform und Ressort ‚Feuilleton' in der Zeitung in Wechselbeziehung zur abgrenzbaren Schreibweise Essay tritt. Selbst wenn Themen und Formen sich ähneln können, besetzt das Feuilleton einen anderen funktionalen Ort, weil es in der Zeitung steht und deshalb notwendig mit anderem Material in ko-textuelle ‚Berührung' kommt.[34] Damit entstehen trotz der spezifischen Ähnlichkeiten eines literarischen Schreibens andere Kookkurrenzen als über die spezifischen Textnachbarschaften des Essays in der Kulturzeitschrift. Dort erfüllt sich darüber hinaus dessen Funktion, weil er bestimmte Sachverhalte im Unterschied zum Feuilleton tatsächlich *entfalten* kann. Abschweifungen sind also zulässig, ja geradezu gefordert, denn sie bilden das Einfallstor für die im Feuilleton bereits akkumulierte Pointierung des Alltäglichen. Sie dienen zugleich dazu, diese Zuspitzungen abzufedern und die Einzelheiten ‚gediegen' in die ‚großen Zusammenhänge' einzuordnen.

So kann man behaupten: Das generisch weniger stark formalisierte Feuilleton funktioniert aufgrund seiner ebenfalls literarischen Formanteile als zentrale Umschaltstelle zwischen Tagesaktualität und Essay. Es liefert dem Essay Anlass, Stoff und Form zu Digressionen vom geordneten Wissen; und es bezieht von diesem wiederum anschauliche Überblicke über die Wissensordnungen und Einblicke in das kulturelle Gedächtnis als Folien, auf denen sich die Tagesaktualität beschreiben, einordnen und bewerten lässt. Insofern nutzt das Feuilleton die diskursintegrierenden Formen, die der Essay für seine Entspezialisierungen

---

[33] Zeitungen und Zeitschriften als serielle Programme, die das Feuilleton wie den Essay durch rekurrent variierte Darstellungsformen stabilisieren, untersucht das Teilprojekt 8 der DFG-Forschergruppe *Ästhetik und Praxis populärer Serialität* von Stefan Scherer und Claudia Stockinger (http://www.popularseriality.de/projekte/aktuelle_projekte/serielles-erzaehlen-in-populaeren-deutschsprachigen-periodika-zwischen-1850-und-1891/, letzter Zugriff 22. Juni 2015).

[34] Ein Beschreibungsmodell solcher „paratextuellen Interferenzen" in Zeitschriften liefern Nicola Kaminski/Nora Ramtke/Carsten Zelle: Zeitschriftenliteratur/Fortsetzungsliteratur. Problemaufriß. In: N. K./N. R./C. Z. (Hg.): Zeitschriftenliteratur/Fortsetzungsliteratur. Hannover 2014 (Bochumer Quellen und Forschungen zum 18. Jahrhundert 6), S. 7–39, hier S. 30. Man könnte in diesem Sinn von Formen des ‚peritextuell gesteuerten Zappens' sprechen, so in Erweiterung des von Kaminski/Ramtke/Zelle vorgeschlagenen Designs und dessen Erprobung in einer Fallstudie von Claudia Stockinger: Pater Benedict/Bruno von Rhaneck und Martin Luther. Zur Kookkurrenz fiktionaler und faktualer Artikel in der *Gartenlaube*. In: Magdalena Bachmann/Gunhild Berg/Michael Pilz (Hg.): Zwischen Literatur und Journalistik. Generische Formen in Periodika des 18. bis 21. Jahrhunderts. Heidelberg 2016 (Beiträge zur neueren Literaturgeschichte 343) (im Druck).

von verfestigtem Wissen einsetzt, für sich selbst auf wiederum andere Weise: für den Umgang mit Tagesaktualität.

Feuilleton, Essay und Journalliteratur mit neuen Zwischenformen (z. B. das Denkbild in den 1920er Jahren) gehören damit zu den komplexen Lösungsversuchen moderner Gesellschaften für Darstellungs- und Bewältigungsprobleme im Umgang mit neuem Wissen. Wie der Essay ist auch das Feuilleton negativ zu bestimmen: Weder Nachrichtentext noch Literatur, schafft es in der Zeitung erst einen Gegen*raum* des Diskussions- und Bewahrenswürdigen zur Tagesaktualität. Damit entsteht für die Gegenwart ein kultureller Ort, der es erlaubt, mit einer je eigenen Schreib*form* die Neuigkeit in neues Wissen zu transformieren. Diese Trans*formation* beginnt mit dem Feuilleton; sie vollendet sich aber nicht schon dort, sondern erfolgt insgesamt alles andere als unmittelbar und schnell, nämlich kleinschrittig und kontrolliert über niedrige Schwellen auf dem Weg in die Literatur- und Kulturzeitschriften. Über deren literarische Formen und begriffsaffine Essays hinweg kann es bis in die gelehrte Abhandlung und in die wissenschaftliche Monographie gelangen – und von dort wieder zurück bis ins Feuilleton. Auf jeder Etappe unterliegt das jeweilige Ausgangsmaterial sprachlich-formalen wie semantisch-systematischen Umbauten, die nicht generell und ein für alle Mal definiert, sondern nur jeweils am Material in der konkreten historischen Situation erschlossen werden können.

Dabei spielen die expliziten (Rubriken-)Ordnungen von Zeitschrift und Zeitung als medienspezifische Orte für Textsorten eine Rolle. Nicht die Textsorten treten in die periodischen Printmedien ein, sondern diese differenzieren intern Funktionszonen aus. Solche Funktionszonen sind für unsere Argumentation von besonderem Interesse, weil sie den besagten Wissensfluss zwischen Zeitung und Zeitschrift regulieren. Was ‚unter dem Strich' aus dem Nachrichtenkontinuum der Zeitung herausgenommen wird, ‚aufgespießt' heißt es ja gern, und dabei mit besonderem intellektuellen und sprachlichen Aufwand aufbereitet, angereichert und kontextualisiert wird, bildet bereits sprachlich-formal zugerichtetes Material, aus dem die Zeitschrift dann in einer weiteren Stufe der Aufmerksamkeit selegiert. Niedrige Schwellen, bedingt durch die sprachlich-formale Ähnlichkeit, ermöglichen es der Zeitschrift, Texte aufzunehmen, die feuilletonfähig sind, ohne so rubriziert zu werden. Unser Beispiel aus heutigen Tagen war Jürgen Kaube, der als Journalist in der Kulturzeitschrift über den Essay durchaus feuilletonistisch räsoniert. Umgekehrt können auch zeitschriftenfähige Texte im Feuilleton erscheinen. Aus der Zeitung wie aus der Zeitschrift (auf-)gesammelt, können sie dann sogar im Buch verstetigt werden (Modell Kracauer: *Die Angestellten*). Kennzeichnend für die Funktionszone Feuilleton ist demnach die doppelte Offenheit sowohl für die Zeitungsinhalte über dem Strich wie für die Zeitschriftenthemen im Anschlussmedium.

Ähnliches lässt sich am anderen Ende des Spektrums beobachten, wo der Essay die Kontaktzone zur Monographie und zur spezialistischen Forschung bildet. Dort findet der gelehrte Autor die Verbindung zu anderen Multiplikatoren und ‚Interdiskursagenten'; dort kommt es zur interdiskursiven Mischung, indem sich die gelehrte Rede mit ‚fremden' Bausteinen aus der Literatur entspezialisiert und eben nicht nur schmückt. Einsichten aus solchen Gedankenexperimenten, die sich *bewusst undiszipliniert* außerhalb der Kohärenzansprüche von Disziplinen stellen, können dann wiederum – wenn sie auf Resonanz stoßen, indem sie weiter zirkulieren und dabei bestritten oder beantwortet werden – den Spezialdiskurs informieren.

Auf diese Weise ist hier ein beständig sich differenzierendes, gestuftes System von Wissensformationen ganz unterschiedlicher Dichte und Systematik zu beobachten. Medien von der Zeitung über die Zeitschrift zum Buch sind Schaltstellen, die den Wissensfluss der Gesellschaft einerseits ermöglichen, andererseits kanalisieren. Intermediarität, die einen Wissensfluss begünstigt, braucht kleinteilige und niedrigschwellige Kontaktzonen. Das Oszillieren zwischen Auflösung und Konstitution ist auch innerhalb der Zeitung und Zeitschrift hinsichtlich ihrer Elemente und Ordnungen festzustellen. Beide Periodika sind keine Container, die ein Sammelsurium heterogener Inhalte wahllos transportieren. Sie sind funktionale Orte, die eine innere Mannigfaltigkeit zulassen, ja fordern. Die spezifische Geordnetheit periodischer Printmedialität basiert demnach auf ihrer je eigenen *Agentialität*, weil arbeitsteilig stets sehr verschiedene Mitspieler daran beteiligt sind.

Auf die Rolle der Literatur seit Mitte des 19. Jahrhunderts – man denke an die je eigens modulierte Novellistik in der *Gartenlaube*, in *Westermann's illustrierten deutschen Monatsheften* und in der *Deutschen Rundschau*, also zwischen Eugenie Marlitt, Theodor Storm und C. F. Meyer[35] – müsste in diesem Zusammenhang auch genauer eingegangen werden. Auch literarische Texte können wie das Feuilleton und der Essay sowohl als Spezialdiskurse (in ihrer je spezifischen Funktion) wie als Interdiskurse aufgefasst werden, weil sie keine genuin eigenen Themen haben, sondern unterschiedliche Diskurse und unterschiedliches Wissen integrieren: hier im Modus der poetisierenden Re-Integration gegenüber der akkumulativen Re-Integration heterogener Wissenskomplexe. Integriert wird in diesem Fall durch literarische Formprinzipien, deren Fluchtpunkt die Lyrik darstellt. Im Essay wie im

---

[35] Stefan Scherer: Dichterinszenierung in der Massenpresse. Autorpraktiken in populären Zeitschriften des Realismus – Storm (C. F. Meyer). In: Christoph Jürgensen/Gerhard Kaiser (Hg.): Schriftstellerische Inszenierungspraktiken. Typologie und Geschichte. Heidelberg 2011 (Beihefte zum Euphorion 62), S. 229–249.

Feuilleton werden beide Modelle ausgetragen, wenn auch in unterschiedlichen Textlängen und Verdichtungen, zudem praktiziert von unterschiedlichen Berufsgruppen (Journalisten und Gelehrte), die dennoch beide darauf aus sind, die Spezialfunktion ‚Überblick' unterhaltsam zu popularisieren.

Und auch in literarischen Texten wird die Verzweigung Feuilleton/Essay in Abkehr von den Vorgaben der seit 1800 etablierten Gattungstrias wirksam, insbesondere nach 1890 in der literarischen Moderne: Mischformen wie Robert Walsers feuilletonreflexive Kurzprosa,[36] Musils Essayismus in seiner literarischen Prosa oder das Denkbild bei Benjamin modellieren nun auch den Übergang von systematisch-begrifflichen zu anschaulich-narrativen Wissensformen. Diese Elemente dürfen auch hier gerade nicht streng von einander abgrenzbar sein, damit *Übergänglichkeit* für die Wissens- und Formenflüsse gesichert bleibt. *Übergänglichkeit* und *Agentialität* wären so als konzeptuelle Begriffe zu kennzeichnen, mit denen man das oszillierende Spiel zwischen Feuilleton, Essay, Literatur und Wissenschaft in Zeitungen und Zeitschriften als Kontakt- und Funktionszonen ‚kleiner Archive' seit 1870 nun historisch genauer am Material zu beschreiben hätte.

---

36 Die *Kritische Ausgabe sämtlicher Drucke und Manuskripte* von Robert Walser versucht dem Status der Zeitungs- und Zeitschriftentexte des Autors jetzt erstmals dadurch gerecht zu werden, dass sie ihre Abteilungen nach Büchern, Zeitschriften und Zeitungen differenziert und ihre Bände nicht mehr chronologisch, sondern nach den wichtigsten Druckorten wie dem *Berliner Tageblatt* oder der *Neuen Rundschau* ausrichtet; vgl. dazu die Besprechung von Gustav Frank: Robert Walser. Kritische Ausgabe sämtlicher Drucke und Manuskripte. Band III 1: Drucke im Berliner Tageblatt und Band III 3: Drucke in der Neuen Zürcher Zeitung. In: editio 29 (2015), S. 208–216.

**Publikationsstrategien
und Marktorganisation**

Martina Zerovnik
Die Reihe als National- und Hausschatz

Aspekte der Klassifikation und Repräsentation
in Reiheneditionen um das Klassikerjahr 1867

Der Mitte des 18. Jahrhunderts einsetzende Wandel der Leserschaft und der Lesegewohnheiten hin zur Entstehung eines modernen, mit dem heutigen vergleichbaren differenzierten Lesepublikums und die Ablösung der bis dahin vorherrschenden Wiederholungslektüre und des exemplarischen Lesens durch die extensive, einmalige Lektüre (wie sie auch die Rezeption von Flugblättern, Zeitungen und Zeitschriften auszeichnet) leiteten Umstrukturierungen und eine umfassende Expansion der Buchproduktion und des gesamten Buchmarktes ein.[1] Der mit der Entwicklung von neuen Druck- und Bindetechniken einhergehende Prozess[2] führte zu einer Standardisierung der Produktion, die es ermöglichte, Bücher weit rascher, günstiger und serieller herzustellen, sodass die Auflagenhöhe weniger ins Gewicht fiel. Die Gesamtbuchproduktion entwickelte sich sprunghaft, wenngleich die Zahlen durch Konjunkturen und politische Einflüsse zwischenzeitlich auch wieder rückläufig waren. So kamen 1805 4.181 Neuerscheinungen auf den deutschen Markt und 1843 waren es bereits 14.039, woraufhin eine deutliche Absatzkrise mit eklatant zurückgehenden Verkaufszahlen folgte, bis 1878 der alte Höchststand und 1881 eine Novitätenzahl von 15.191 erreicht wurde.[3] Ungeachtet des Einbruchs erreichten die jährlichen Neuerscheinungen

---

[1] Vgl. Erich Schön: Der Verlust der Sinnlichkeit oder Die Verwandlungen des Lesers. Mentalitätswandel um 1800. Stuttgart 1987 (Sprache und Geschichte 12), S. 40–43. Sowie zu einer umfassenden Darstellung der historischen Bedingungen: Monika Estermann/Georg Jäger: Geschichtliche Grundlagen und Entwicklung des Buchhandels im Deutschen Reich bis 1871. In: Geschichte des deutschen Buchhandels im 19. und 20. Jahrhundert. Im Auftrag des Börsenvereins des deutschen Buchhandels hg. von der Historischen Kommission, Bd. 1: Das Kaiserreich 1871–1918. Im Auftrag der Historischen Kommission hg. von G. J., Teil 1. Frankfurt a.M. 2001, S. 17–41.
[2] Zu den Auswirkungen der Industrialisierung auf die Literatur s. Ilsedore Rarisch: Industrialisierung und Literatur. Buchproduktion, Verlagswesen und Buchhandel in Deutschland im 19. Jahrhundert in ihrem statistischen Zusammenhang. Berlin 1976 (Historische und pädagogische Studien 6), S. 12–39.
[3] Reinhard Wittmann: Geschichte des deutschen Buchhandels. München ³2011, S. 218 f. u. 258–260. Die Anzahl der Verlage stieg von 668 im Jahr 1865 auf 1.238 im Jahr 1880. Wittmanns Fokus liegt auf Deutschland, wenngleich er auch Beispiele aus dem gesamten deutschsprachigen Raum einbeziehet. Für eine Darstellung des österreichischen Buchhandels siehe: Norbert Bachleitner/Franz Eybl/Ernst Fischer: Geschichte des Buchhandels in Österreich. Wiesbaden 2000 (Geschichte

eine Höhe, die gegenüber der Vergangenheit einen grundsätzlich anderen Umgang mit der Produktion, Vermittlung und Rezeption von Büchern erforderlich machte. Dabei bedingen einander Produktions- und Rezeptionsaspekte, denn die flüchtige Lektüre erlaubt es, sich eine Übersicht über die Fülle der am Markt erscheinenden Bücher zu verschaffen und die Institution Literatur fordert diese Rezeptionsweise durch ihre unablässige Produktion und die Zahl der Neuerscheinungen selbst ein.[4] Die Unübersichtlichkeit und die wachsende Konkurrenzsituation am Buchmarkt verlangten ebenso wie die Demokratisierung des Geschmacks und die Differenzierung des Lesepublikums nach einer Organisation, die es erleichterte, charakteristische Profile zu entwickeln, Käuferbindungen aufzubauen und bestimmte Leserschichten gezielt anzusprechen.

I Die Reihe als Organisations- und Kommunikationsprinzip

Ein Mittel, mit dem der Unübersichtlichkeit des steigenden Buchangebots begegnet wurde, war die Veröffentlichung von Werken in Reihen. Historisch finden sich bereits im 17. Jahrhundert Reiheneditionen,[5] doch nach 1850 bewährten sie sich als Publikations-, Organisations- und Vermarktungskonzept, das weiter ausgebaut wurde. Ein wichtiges Ereignis für diese Etablierung war das Erlöschen der allgemeinen Schutzfrist für Klassiker im Jahr 1867. Das 19. Jahrhundert brachte schließlich eine unüberschaubare Zahl an Reihen aus allen Fachrichtungen und Gattungen und für alle Lesevorlieben hervor. *Hinrich's Bücher-Catalog* verzeichnet für die Jahre 1866–1870 unter den Einträgen „Bibliotheken", „Classiker", „Sammlung", „Schriften" und „Volksbibliothek" 118 Nennungen, darunter die

---

des Buchhandels 6), darin insbes.: Von den Franzosenkriegen bis zum Neoabsolutismus (1790–1860), S. 158–200, sowie: Der Buchhandel in der Konstitutionellen Ära 1860–1918, S. 201–240.

4 Peter Uwe Hohendahl: Literarische Kultur im Zeitalter des Liberalismus, 1830–1870. München 1985, S. 307.

5 Nach Schenda ist eine der frühesten Reihen *La Bibliothèque bleue*, 18. Jahrhundert. Rudolf Schenda: Volk ohne Buch. Studien zur Sozialgeschichte der populären Lesestoffe 1770–1910. München 1977, S. 278. Jäger führt Christian Gottlieb Schmieders *Sammlung der besten deutschen prosaischen Schriftsteller und Dichter* (1774–1793) und Friedrich August Gottlob Schumanns *Etui-Bibliothek der deutschen Classiker* (1815–1827) als frühe Beispiele an. Georg Jäger: Reclams Universal-Bibliothek bis zum Ersten Weltkrieg. In: Dietrich Bode (Hg.): Reclam. 125 Jahre Universal-Bibliothek, 1867–1992. Verlags- und kulturgeschichtliche Aufsätze. Stuttgart 1992, S. 29–45, hier S. 31.

Deutsche Bibliothek (Leipzig, Weber), die *Amerikanische Bibliothek* (Stuttgart, Werther), die *Biblioteca d'autori italiani* (Leipzig, Brockhaus), die *Bibliothek der deutschen Classiker für Schule und Haus* (Freiburg, Herder), die *Bibliothek humoristischer Dichtungen* (Halle, Barthel), die *Indische Bibliothek* (Leipzig, Denicke), die *Bibliothek pädagogischer Classiker* (Langensalza, Verlags-Comptoir), die *Bibliothek ausländischer Classiker in deutscher Übersetzung* (Hildburghausen, Bibliographisches Institut), die *Philosophische Bibliothek* (Berlin, Heimann) usw. usf. Dabei ist die Zahl der Einzelbände noch nicht berücksichtigt und hinzu kommen auch noch die vielzähligen Reihen mit gesonderten Titeleinträgen, wie *Bergson's Eisenbahnbücher* oder *Reclam's Universal-Bibliothek*.[6] Im Österreichischen Catalog für das Jahr 1870 finden sich u. a. die in Wien publizierten Reihen *Braumüller's Bade-Bibliothek*, *Wiener Volks-Bibliothek* (Hönigsfeld) und *Neuestes belletristisches Lese-Cabinet* (Hartleben).[7]

Reihen wurden bislang im Kontext von Forschungen zur (Sozial-)Geschichte des Buches/Buchhandels und zu Verlagsgeschichten behandelt. Über die Eigenschaft eines Teilaspekts von historischen Gesamtdarstellungen hinaus erfuhren einzelne Reihen eine fokussierte Betrachtung.[8] Die Problemstellung, „was Buchreihen unserem geistigen Leben und dem Buchhandel bedeuten",[9] um es mit Carl Christian Bry zu formulieren, von dem die früheste monographische Arbeit über das Phänomen der Reihenkonzeption stammt, kann auch für das 19. Jahrhundert als noch nicht erschöpfend herausgearbeitet bezeichnet werden. Bry, der 1917 seine Schrift mit dem Titel einer kritischen Frage an den Buchmarkt – *Buchreihen. Fortschritt oder Gefahr für den Buchhandel?* – veröffentlichte, definierte die Bücherreihe (und synonym Bücherserie) als eine Form der Zusammenfassung der unindividuellen (d. i. von einem größeren, vorgefassten Käuferkreis erfolgende) Bücherkonsumption und als Mittel, Markt und Konsumption durch Serienanordnung klarer zu organisieren sowie ein körperliches Sinnbild des Verlages zu schaffen und dieses zu propagieren.[10] Er nimmt Sammelwerke, Lieferungswerke und Zeitschriften davon aus und unterscheidet zwischen unbe-

---

[6] Hinrich's fünfjähriger Bücher-Catalog. Verzeichnis der in der zweiten Hälfte des neunzehnten Jahrhunderts im deutschen Buchhandel erschienenen Bücher und Landkarten. Leipzig 1871.
[7] Österreichischer Catalog. Verzeichnis der vom Jänner bis Dezember 1870 in Österreich erschienenen Bücher, Zeitschriften, Kunstsachen, Landkarten und Musikalien. Wien 1871.
[8] Z. B. Reclams Universal-Bibliothek, Roman-Reihen oder Eisenbahn-Bibliotheken; s. zu Letzteren die Publikationen von Christine Haug, insbes.: „Das halbe Geschäft beruht auf Eisenbahnstationen ...". Zur Entstehungsgeschichte der Eisenbahnbibliotheken im 19. Jahrhundert. In: Internationales Archiv für Sozialgeschichte der deutschen Literatur 23/2 (1998), S. 70–117.
[9] Carl Christian Bry: Buchreihen. Fortschritt oder Gefahr für den Buchhandel? Gotha 1917, S. III.
[10] Bry: Buchreihen (Anm. 9), S. 13–16.

grenzten und begrenzten Reihen, bei denen „es sich um eine Serie von einheitlichen, abgeschlossenen Bänden verschiedener Verfasser handelt, die durch weitere oder intimere Inhaltszusammengehörigkeit, gleichen Obertitel und gleiche Ausstattung, (evtl., in der engsten Form, noch durch gleichen Preis) verbunden, aber doch einzeln käuflich sind."[11] Unter unbegrenzten Reihen versteht Bry Reihen, die nicht näher durch ein Fachgebiet spezifiziert sind. Als begrenzte Reihen führt er fachwissenschaftliche, spezialisierte populärwissenschaftliche Reihen, praktische Literatur, schöne Literatur und persönlich differenzierte Reihen an.[12]

Die „persönlich differenzierten Reihen" entsprechen dem im heutigen Bibliothekswesen gebräuchlichen Begriff der „Verlegerserien". Sie nehmen unter den Reihen, die im Bibliothekswesen als „Serienwerke" unter der Kategorie „fortlaufende Sammelwerke" subsumiert werden, eine gesonderte Stellung ein, da sie thematisch gemischt sind und nach Kriterien wie Qualität und Literaturgattung ausgewählt werden.[13] Hierzu zählt z.B. *Reclams Universal-Bibliothek*, die Bry jedoch unter den unbegrenzten Reihen anführt, da er die persönliche Differenzierung mit einem gewissen Grad an innerer Kohärenz in Verbindung bringt, wie er sie bei dem Beispiel der Inselbücherei findet.[14]

Im Verlagswesen ist heute folgende Definition einer Reihe gebräuchlich:

> Das wesentliche Bestimmungsmerkmal für R.n ist ihre inhaltliche und optische Geschlossenheit. In R.n werden Bücher zusammengefasst, die thematisch, aufgrund des Herausgebers, von der Art der Titelgestaltung, durch gleiches Format, vergleichbare typographische Gestaltung im Innenteil, durch einen Reihentitel, zusammenhängende ISBN o.Ä. zusammengehören. Reihenkonzepte bewirken in der Regel sowohl organisatorische (Zuordnung zu einem Lektorat, Grafiker, Herausgeber etc.) als auch finanzielle Vorteile. Kunden sammeln mehrere Titel, werden leichter auf eine Reihe als auf einen Einzeltitel aufmerksam und erhalten unter Umständen einen günstigeren Stückpreis, wenn sie ein Abonnement für diese Reihe haben. Der Verlag kann in der Produktion sparen, die R. als solche bewerben und hat einen vergleichsweise sicheren Umsatz.[15]

Wie Robert Escarpit erläutert, bieten Reihen den Verlegern zudem die Möglichkeit, Autoren nach „Produktionstypen von erprobter Wirksamkeit" auszurichten und

---

11 Bry: Buchreihen (Anm. 9), S. 14.
12 Bry: Buchreihen (Anm. 9), S. 25–37.
13 Severin Corsten: Serienwerke. In: S. C./Stephan Füssel/Günther Pflug (Hg.): Lexikon des gesamten Buchwesens, Bd. VII. 2., vollst. neu bearb. Aufl. Stuttgart 2007, S. 62.
14 Bry: Buchreihen (Anm. 9), S. 36.
15 Klaus-Wilhelm Bramann/Ralf Plenz: Reihe. In: K.-W. B./R. P. (Hg.): Verlagslexikon. Hamburg/Frankfurt a.M. 2002, S. 257.

"einer ganz bestimmten, genau definierten und ständig vorhandenen Nachfrage Genüge" zu leisten,[16] was auch zu Interessenskonflikten führen kann. So sieht Gérard Genette in der besagten Ausrichtung des Werkes einen Eingriff in die Vorrechte des Autors, da der Verlag dem Text durch die Reihe ein Profil gibt, das aus intellektuellen oder gattungstheoretischen Überlegungen gewählt wird. Er schreibt Reihen ebenfalls dem Bedürfnis zu, sowohl die Auffächerung der verlegerischen Aktivitäten in den Vordergrund zu stellen, als auch diese in den Griff zu bekommen. In seinem Konzept der „Paratexte" bezeichnet er sie als „verlegerische Peritexte". Den Reihen kommt in der Entwicklung eines kommunizierbaren Programms und einer wiedererkennbaren einheitlichen graphischen Gestaltung eine besondere Rolle in der Profilierung des Verlags und der Verdoppelung des Verlagssignets zu.[17] Dies wird deutlich, wenn von Cotta als dem „Klassikerverlag" die Rede ist oder wenn die Sprache auf „kleine gelbe Heftchen" kommt und jeder sofort weiß, dass es sich dabei um *Reclams Universal-Bibliothek* handelt. Es geht um den Wiedererkennungswert und den dadurch erzielten Marketingeffekt, der im Falle der Neugestaltung der *Universal-Bibliothek* im Jahr 2012 folgend beschrieben wird: „Ihr Erscheinungsbild ist unverkennbar, ihr Preis ist niedrig, und in der Summe repräsentieren die Bändchen einen guten Teil unseres kulturellen Gedächtnisses. Aus diesen Elementen entsteht das Bild einer Produktpersönlichkeit."[18]

Reihen sind Indikatoren dafür, wie sich Verlage auf dem Markt positionieren. Bei dem Verlag Hartleben (Pest, Wien, Leipzig) lässt sich bspw. durch einen Blick auf die Reihen eine Wandlung in der Verlagspolitik von einer anfänglich belletristischen zu einer populärwissenschaftlichen Spezialisierung zeigen. 1853 hatte Hartleben eine populärwissenschaftliche *(Historisches Lese-Cabinet ausgezeichneter Geschichtswerke*, 1850–1854) und drei belletristische Reihen (*Amerikanisches Lese-Cabinet*, 1853–1855; *Belletristisches Lese-Cabinet*, 1846–1853; *Deutsche Original-Romane*, 1843–1857) im Programm. Das Verhältnis zwischen Belletristik und Populärwissenschaft kehrte sich zusehends um, bis im Jahr 1885 keine einzige belletristische Reihe mehr geführt wurde, da der Verlag sich in diesem Sektor nunmehr auf die in Folge erscheinenden Werke populärer Schriftsteller (u. a. Jules Verne, Peter Rosegger) konzentrierte. Demgegenüber verlegte er neun

---

16 Robert Escarpit: Das Buch und der Leser. Entwurf einer Literatursoziologie. Köln/Opladen 1961 (Kunst und Kommunikation 2), S. 76.
17 Gérard Genette: Paratexte. Das Buch vom Beiwerk des Buches. Frankfurt a. M. 2001, S. 27 f.
18 Karl-Heinz Fallbacher: Kaba und Liebe. Die UB zwischen Kunst, Kult und Kommerz. In: K.-H. F.: Die Welt in Gelb. Zur Neugestaltung der Universal-Bibliothek 2012. Stuttgart 2012, S. 67–87, hier S. 67.

populärwissenschaftliche Reihen, darunter die *Chemisch-technische Bibliothek* (1875–1949) und *Hartleben's Illustrierte Führer* (1880–1914).[19]

In den oben angeführten Charakterisierungen des Buch- und Verlagswesens werden keine Unterscheidungen zwischen Reihe und Serie getroffen. Auch im Sprachgebrauch des 19. Jahrhunderts werden beide Begriffe zumeist synonym verwendet bzw. wird „Reihe" in Verzeichnissen vorwiegend im Zusammenhang mit Zeitschriften verwendet und die nicht periodischen Reihenpublikationen mit „Bibliothek", „Cabinet" oder „Sammlung" benannt. Eine Abgrenzung zwischen Reihe und Serie kann dahingehend vorgenommen werden, dass Serien über die einzelnen Ausgaben hinweg Kohärenzen wie einen gemeinsamen Weltentwurf, eine überspannende Handlung und wiederkehrende Figuren aufweisen, wodurch deren Lektüre in der Regel chronologisch erfolgt, während eine Reihe aus in sich geschlossenen und abgeschlossenen Einzelwerken besteht, die keine übergreifenden Handlungs- oder Figurenkonstellationen aufweisen und auch einzeln rezipiert werden können.[20] Für manche Reihenpublikationen (des 19. Jahrhunderts) gilt außerdem, dass die Zahl der Einzeltitel oder Nummern im Vorhinein festgelegt wurde.

In der Reihenkonzeption äußern sich verschiedene, mitunter auch gegenläufige Motive, die – folgt man Pierre Bourdieus *Regeln der Kunst* – eine bipolare Beschaffenheit des literarischen Feldes und dessen ökonomische wie symbolische Relationen widerspiegeln. Die Pole begrenzen ein Universum zwischen der „totalen und zynischen Unterordnung unter die Nachfrage" (Kommerz, ökonomische Logik) einerseits und der „absoluten Unabhängigkeit vom Markt und seinen Ansprüchen" (reine Kunst, symbolische Logik) andererseits.[21] Wenngleich sich Bourdieu nicht dezidiert mit Reihenpublikationen auseinandersetzt, kann sein Konzept des literarischen Feldes und der darin wirksamen Dynamiken der Benennungsmacht und dem damit verbundenen Vermögen zur Geschmacksproduktion[22] als Gedankenstütze für die Beantwortung der Frage dienen, wie die Verlage sich über ihre Reihen am literarischen Markt um 1867 und gegenüber den

---

[19] Martin Bruny: Die Verlagsbuchhandlung A. Hartleben. Eine Monographie. Dipl.-Arb., Univ. Wien 1995, S. 67–85.
[20] Diese Unterscheidung folgt einer medienwissenschaftlichen Definition von „Serie". Vgl. Tanja Weber/Christian Junklewitz: Das Gesetz der Serie – Ansätze zur Definition und Analyse. In: MEDIENwissenschaft. Rezensionen, Reviews 1 (2008), S. 13–31.
[21] Vgl. Pierre Bourdieu: Der Markt der symbolischen Güter. In: P. B.: Die Regeln der Kunst. Genese und Struktur des literarischen Feldes. Frankfurt a. M. 2001, S. 227–279, insbes. S. 227 f.
[22] Vgl. Pierre Bourdieu: Die Dynamik der Felder. In: P. B.: Die feinen Unterschiede. Kritik der gesellschaftlichen Urteilskraft. Frankfurt a. M. 1987, S. 355–404. Darin insbes.: Das Zusammenspiel von Güterproduktion und Geschmacksproduktion, S. 362–367.

Rezipienten positionierten. Um unterschiedliche Motive, aus denen heraus Verlage ihre Reihen bildeten, und die Bedeutungszusammenhänge, die mit diesen transportiert und hergestellt wurden, aufzuzeigen, wird im Folgenden besonderes Augenmerk auf die Cotta'sche Verlagsbuchhandlung und den Reclam-Verlag gelegt. Hierbei ist zu beachten, mit welcher Zielsetzung die Reihen in der Öffentlichkeit kommuniziert wurden, wie und welche Rezipienten angesprochen wurden, wobei Faktoren wie die Auswahl und Zusammenstellung der einzelnen Titel, das Erscheinungsbild und die Ausstattung, der Preis und die Bewerbung zu berücksichtigen sind.

II Die Reihe als Nationalschatz am Beispiel des Klassikerjahres

Im 19. Jahrhundert ist die Publikationsform der Reihe eng mit Klassikerausgaben verknüpft und diese wiederum mit der Cotta'schen Verlagsbuchhandlung in Stuttgart. Bis zur Aufhebung seines „Klassiker-Privilegs" im Jahr 1867 war Cotta der marktdominierende Klassikerverlag. Er brachte seine Klassiker in drei Reihen mit jeweils einheitlicher Ausstattung der Bände heraus. Die *Volksbibliothek deutscher Classiker* erschien zunächst in Form von einer Reihe aus Gesamtausgaben Goethes, Schillers, Lessings u. a. von 1853 bis 1858 in 300 Lieferungen zu einem Preis von 20 Kreuzern pro Lieferung. Ab 1855 war die Reihe auch in Bänden erhältlich und wurde bis 1860 um eine zweite Reihe mit weiteren 100 Lieferungen, bestehend aus Gesamtausgaben und Einzelwerken, ergänzt. Noch erweitert um eine dritte Reihe aus Einzelwerken von Humboldt, Lenau, Iffland u. a. erschien die *Volksbibliothek* bis 1862.[23] Die Reihe konnte nur komplett erstanden werden, nach dem zwölften Band folgte der dreizehnte gratis. Cotta gestand seinen Käufern zu, jederzeit von der Subskription zurückzutreten, doch wies er ausdrücklich darauf hin, dass es nicht möglich wäre, einzelne Autoren abzugeben.[24] Dieser Wunsch mag durchaus geäußert worden sein, da Cottas Klassikerreihen neben Goethe, Schiller und Lessing auch weniger honorable Autoren enthielten. Eine in Form und Autorenwahl elaborierte Ausführung bot der Verlag mit der *Miniatur-Bibliothek classischer Dichter und Dramatiker*, die allerdings merklich teurer war.[25] Unter dem wachsenden Druck der Konkurrenz bot Cotta 1865 mit der *Bibliothek für Alle. Meisterwerke deutscher Classiker* eine kleinere Reihe an, wovon die ersten Bände

---
23 Liselotte Lohrer: Cotta. Geschichte eines Verlags, 1659–1959. Stuttgart 1959, S. 111.
24 Innsbrucker Nachrichten, 13. November 1855, S. 7.
25 Wittmann: Geschichte des deutschen Buchhandels (Anm. 3), S. 268.

eines Autors geschlossen, die nachfolgenden nicht mehr verpflichtend gekauft werden mussten.

Wenngleich Cotta das Privileg zum Druck von Klassikern hatte, veröffentlichten auch andere Verleger Klassikerausgaben, indem sie unbefugte Nachdrucke anfertigten oder das Urheberrecht mit in Teillieferungen zerstückelten Texten umgingen. Diese Taktik perfektionierte Carl Joseph Meyer zunächst in Gotha (später Hildburghausen), wo er 1826 den Verlag des Bibliographischen Instituts begründete. Unter Ausnutzung einer Unklarheit im Gesetz, die Abdrucke in Anthologien und auszugsweise Wiedergaben erlaubte, baute er Klassikerreihen mit Massenauflagen von hunderttausenden Exemplaren auf.[26] Bis in die 1850er Jahre entstanden Reihen, die zum Teil im Untertitel den Hinweis „Eine Anthologie" tragen, u. a. die *Miniatur-Bibliothek der Deutschen Classiker* (187 Bde., 1827–1834), die auch als Cabinets- oder Hand-Bibliothek publiziert wurde und in Form der *Neuen Miniatur-Bibliothek der Deutschen Classiker*, der *Familien-Bibliothek der Deutschen Classiker* (100 Bde., 1841–1844, 30 Supplementbändchen, 1845–1846) und *National-Bibliothek der Deutschen Classiker* (100 Bde., 1855–1856, 18 Supplementbändchen) nachgedruckt wurde.[27] Am weitesten verbreitet war *Meyer's Groschenbibliothek der Deutschen Classiker für alle Stände*, die mit der Inschrift „Bildung macht frei" auch eine liberale kulturpolitische Programmatik ausweist. Cotta versuchte wiederholt, die Nachdrucke, deren Problematik nicht nur auf den deutschsprachigen Raum beschränkt war, zu unterminieren, bspw. durch die Verbreitung von verbilligten Prachtausgaben in New York (als Reaktion auf ein Nachdruckgeschäft in Philadelphia)[28] oder die Herausgabe einer Wiener Ausgabe in Kooperation mit Kaulfuß und Armbruster, die unter dem Reihentitel *Meisterwerke deutscher Dichter und Prosaisten* (1815–1820) erschien. Der Grund für die hohe Zahl an Raubdrucken war allerdings weniger die bestehende Diskrepanz zwischen dem gehobenen Verkaufspreis und den Mitteln des Publikums, als vielmehr die stark wachsende Nachfrage, der Cotta nicht nachkommen konnte.[29]

Der Cotta-Verlag bezeichnete seine Auswahl für die *Volksbibliothek deutscher Classiker* als das „Schönste und Gediegendste" der deutschen Literatur und Gemeingut des Volkes, welches durch Bezug der Reihe in dessen Besitz überging. Die Klassikereditionen waren Teil der aufstrebenden nationalen Identität und sollten

---

[26] Wittmann: Geschichte des deutschen Buchhandels (Anm. 3), S. 230f.
[27] Bernhard Fabian (Hg.): Handbuch der historischen Buchbestände in Deutschland, Österreich und Europa. Digitalisiert von Günter Kükenshöner. Hildesheim 2003. http://fabian.sub.uni-goettingen.de/fabian?Stadtmuseum_(Hildburghausen) (letzter Zugriff 20. April 2015).
[28] Klagenfurter Zeitung, Nr. 214, 19. September 1855, S. 862.
[29] Bernhard Fischer: Der Verleger Johann Friedrich Cotta. Chronologische Verlagsbibliographie 1787–1832, Bd. 1: 1787–1814. München 2003, S. 32.

diese festigen, auch indem sie bewusst gegen andere Literaturen positioniert wurden: „Möge das aufstrebende Nationalbewußtseyn unserer Tage an der deutschen Gedanken- und Formkraft dieser trefflichen Werke sich erfrischen und erbauen, statt, wie vordem so oft geschah, sich selber in Banden zu schlagen durch die sklavische Hingabe an fremdländische Unterhaltungsliteratur."[30] Zugleich erhob Cotta mit seiner Auswahl die Autoren und Werke, die in seine Reihe aufgenommen wurden, – allen voran Schiller und Goethe – zum Nationaldenkmal.[31] Von diesem Interaktionsprozess waren auch die weniger anerkannten Autoren betroffen, denn der eine Band einer Reihe trägt den anderen nicht nur ökonomisch, sondern auch symbolisch. Die weniger namhaften Autoren profitierten vom Reihenprinzip, da ihre Bücher einerseits gegenüber dem Verkauf als Einzelerscheinung einen höheren Absatz erzielten und andererseits das Renommee der honorierten Autoren auch ihre Wertung hob, indem sie mit diesen gemeinsam in eine Reihe gestellt wurden. In diesem Sinne – man könnte sagen, durch den „Reiheneffekt" – ist die Reihenpublikation gleichfalls ein Versprechen an die Leser: „In einem Bande der Serie besitzt der Leser gewissermaßen eine lebendige Garantie für andere Werke derselben Reihe und desselben Verlages."[32] Mit Reihen, die Einzelwerke als gleichartig und gleichwertig versammeln, baut der Verleger beim Publikum auch Erwartungen auf, die die Kaufentscheidungen stabilisieren.[33]

Der wirtschaftliche Erfolg, den Cotta mit seinen Klassiker-Ausgaben erzielte, war nicht einer massenhaften Verbreitung geschuldet. Obzwar manche Reihen zugleich in mehreren Formaten (Taschen-, Oktav- und Großoktav-Ausgaben) angeboten wurden, richtete sich die Preispolitik des Verlages, der auch Autorenhonorare einkalkulieren musste, auf die Bedürfnisse des aufstrebenden Bildungsbürgertums. Dennoch setzte der Verlag bei der Vermarktung seiner Reihen das Motiv der Klassiker als Gemeingut des Volkes mit einer klassenübergreifenden Verbreitung gleich:

> Die Volksbibliothek deutscher Classiker hat sich in ihrem nahezu dreijährigen Fortgange überall, wo die deutsche Sprache gesprochen wird, der lebhaftesten ununterbrochenen Theilnahme zu erfreuen gehabt, für uns der sicherste Beweis, daß sie, ihren Zweck erfüllend, in alle Classen der Gesellschaft gedrungen ist und die Literatur immer mehr zum Gemeingute unseres Volkes erhebt.[34]

---

30 (Augsburger) Allgemeine Zeitung, Beilage 301, 27. Oktober 1860, S. 4994, zit. nach Reinhard Wittmann: Buchmarkt und Lektüre im 18. und 19. Jahrhundert. Beiträge zum literarischen Leben 1750–1880. Tübingen 1982 (Studien und Texte zur Sozialgeschichte der Literatur 6), S. 128.
31 Fischer: Cotta (Anm. 29), Bd. 1, S. 9.
32 Bry: Buchreihen (Anm. 9), S. 16.
33 Georg Jäger: Reclams Universal-Bibliothek (Anm. 5), S. 30.
34 Innsbrucker Nachrichten, 13. November 1855, S. 1679.

Diese Annahme wird der Realität, die eine eingeschränkte Kaufkraft der Mehrheit des Lesepublikums und ‚lesefeindliche' Faktoren wie Analphabetismus und Mangel an dafür zur Verfügung stehender Zeit zeigt, nicht gerecht.[35] Cotta verwendete bereits Mitte des 19. Jahrhunderts in seinen Ankündigungen dieselben Argumente, die später beim Erlöschen der Schutzfrist im Jahr 1867 und dem Ende seines Privilegs propagiert wurden. Nun änderte sich die Situation zum Nachteil Cottas. Es entwickelte sich ein Wettlauf um die Herausgabe von Klassikern und dem Stuttgarter Verlag gelang es nicht, sich an die neuen Bedingungen anzupassen.[36] Klassiker wurden nun von der Allgemeinheit als Gemeingut der Nation oder Nationalschatz gefeiert. So groß war die Vorherrschaft Cottas gewesen, dass ein Mitglied des Wiener *Vereins zur Verbreitung von Druckschriften zur Volksbildung* in der *Presse* anmerkte, dass sie nun „ganz und gar ein Schatz der deutschen Nation (nicht mehr von Cotta in Stuttgart)"[37] seien. Karl Frenzel wiederum unterstrich in seinem mit *Die Classiker frei!* betitelten Artikel die Bedeutung der In-Besitz-Nahme in Form des Bucherwerbs:

> Jedem im Volke ist fortan die Möglichkeit gegeben, Lessing, Schiller, Goethe als Eigenthum zu erwerben, sich dauernd mit ihnen zu beschäftigen, von ihnen zu gehen und zu ihnen zurückzukehren, so oft er will. Erst der Besitz eines Buches macht es uns wahrhaft vertraut, ein geborgtes bleibt uns in seinen feinsten Beziehungen fremd.[38]

Der Besitz von Klassikern wurde erst durch die Herausgabe billiger Ausgaben nicht jedem, aber zumindest einer größeren Zahl an Lesern möglich. Das betraf zumindest theoretisch auch den Erwerb von kompletten Reihen. Ab dem Klassikerjahr gab es derart viele Reihen großer – Brockhaus, Hempel, Reclam, Meyers Bibliographisches Institut – und auch kleinerer Verlage, dass sich die Bewerber mit Alleinstellungsmerkmalen zu positionieren und von den Konkurrenten abzugrenzen suchten. Die Verlage wetteiferten untereinander mit der getroffenen Auswahl, der Ausstattung, der Sorgfalt in der Herstellung und der Bearbeitung der Texte, ihrer wissenschaftlichen Ausrichtung oder der Reputation der Herausgeber. Nicht nur wurde nun eine breite Leserschicht mit billigen Massenauflagen und gezielter Vermarktung noch stärker als zuvor direkt angesprochen, Cotta bekam

---

35 Zu Alphabetisierung, Lesefähigkeit und Volksbildung s. Schenda: Volk ohne Buch (Anm. 5), S. 57 f., sowie: Estermann/Jäger: Geschichtliche Grundlagen (Anm. 1), S. 21–26.
36 Wittmann: Geschichte des deutschen Buchhandels (Anm. 3), S. 268.
37 „An alle Gebildeten der deutschen Nation". Einsendung eines Mitglieds des Vereins zur Verbreitung von Druckschriften zur Volksbildung. In: Die Presse, Jg. 20, Nr. 354, 25. Dezember 1867, S. 4.
38 Karl Frenzel: Die Classiker frei! In: Die Presse, Jg. 20, Nr. 304, 5. November 1867, S. 1–3, hier S. 1.

auch in der Umwerbung des „gebildeten Publikums" Konkurrenz. So bat Brockhaus in einer Anzeige darum, seine *Bibliothek der deutschen Nationalliteratur des 18. und 19. Jahrhunderts* nicht mit anderen Unternehmungen zu verwechseln oder auf dieselbe „Stufe" zu stellen. Er betonte, dass es sich nicht um „bloße Wiederabdrücke von mehr oder weniger corrumpirten und fehlerhaften Ausgaben, sondern sorgfältig revidirte Texte" handle und jedes Werk von einem namhaften Schriftsteller mit einer Einleitung und Anmerkungen herausgegeben werde.[39] Brockhaus versuchte, sich durch editorische Sorgfalt abzusetzen, nicht zuletzt deshalb, weil die vielen Raubdrucke und auch Cottas Ausgaben mitunter Mängel hinsichtlich der Qualität des Papiers, der Typographie und des Druckes aufwiesen. Bei der Auswahl verfuhr Brockhaus danach, welche Werke sich noch einer allgemeinen Beliebtheit erfreuen und von welchen „handliche, correcte Ausgaben bisher nicht existirten". Ein weiterer, wesentlicher Unterschied zu Cottas Editionen bestand darin, dass jeder Band einzeln erworben werden konnte (zu 10 Groschen für den gehefteten und 12 für den gebundenen Band), ohne Bezug der Reihe. Brockhaus richtete sich direkt an den „gebildetern Theile des deutschen Publikums", wodurch auch er die Zielgruppe eingrenzte.

Je breiter das Publikum gefasst wurde, desto höher wurden die Auflagen kalkuliert und desto niedriger musste der Buchpreis angesetzt werden. Das ebenfalls im Klassikerjahr begründete Konkurrenzprojekt von Gustav Hempel baute bis 1877 die *Nationalbibliothek sämmtlicher deutscher Classiker* mit insgesamt 246 Bändchen auf und war „die erste vollständige Gesamtausgabe aller deutschen Klassiker in einer geschlossenen Reihe" in günstigen und textkritischen Einzelbänden.[40] Hempel setzte mit einer Startauflage von 150.000 Exemplaren und dem Preis von zweieinhalb Groschen pro Lieferung einen deutlichen Akzent auf massenhaften Absatz.

III Die Reihe als Hausschatz am Beispiel der Form

Neben dem Motiv des Nationalschatzes, das im Grunde genommen eine ideelle Teilhabe am Besitz aller bzw. vieler ist und auf dem symbolischen Wert der Literatur gründet, stehen Reihen und insbesondere Cottas Klassikerreihen auch

---

39 Österreichische Buchhändler-Correspondenz, Nr. 32, 10. November 1867, S. 288.
40 Birgit Sippel-Amon: Die Auswirkung der Beendigung des sogenannten ewigen Verlagsrechts am 9. November 1867 auf die Editionen deutscher „Klassiker". In: Archiv für Geschichte des Buchwesens 14 (1973), Sp. 349–416, zit. nach Georg Jäger: Reclams Universal-Bibliothek (Anm. 5), S. 32.

für eine andere Kategorie von Besitztum, die Anhäufung von privatem Besitz bzw. die Akkumulation von privatem Kapital.⁴¹ Hierbei kommt sowohl die ökonomische wie symbolische Bedeutung der Literatur zum Tragen. Cottas Ausgaben waren gehobene Editionen, deren Preis sich zum einen vom Status des Textes (Nationalschatz) selbst herleitete. Zum anderen erhöhte sich der Preis mit den unterschiedlichen Formaten und Ausstattungen bis hin zu den sehr teuren Prachtausführungen (wie z. B. Cottas *Miniatur-Bibliothek classischer Dichter und Dramatiker* in elegantem Einband, mit Goldschnitt und Titelstahlstichen geschmückt). Diese bibliophilen Gesamtkunstwerke deklarierten einen hohen künstlerischen Anspruch in literarischer wie handwerklicher Hinsicht, sie spiegelten gleichsam „das geistige Prachtgewand" der Dichter im „äußeren Prachtgewand" des Buches wider.⁴² Gemäß der folgenden Beschreibung einer Goethe-Prachtausgabe konnten sie monumentalen Charakter annehmen:

> [...] auch aus Pappe, mit Druckerschwärze und Papier lassen sich Denkmäler bauen. Man nennt sie „Prachtausgaben". Ein Buch, wie die in dritter Auflage erschienene Prachtausgabe von *Hermann und Dorothea* ist kein Buch – es ist ein Monument. [...] mit einer gewissen Scheu, als träten wir in die gewölbte Halle eines Tempels, wenden wir das erste Blatt; das prachtvolle Papier wagen wir kaum zu berühren, denken aber, daß es Sünde wäre, solches Velin an Unwürdige zu verschwenden. [...] Freilich, das Vortreffliche bleibt vortrefflich in Lapidarschrift und in mikroskopischem Drucke, im Sechsgroschen-Formate und in der Ausgabe für 22 Thaler; aber – man sage was man wolle – für den Bücherfreund hat es unleugbaren Reiz, liebgewonnene Dichter im Prunkgewande zu besitzen [...].⁴³

An dieser Wirkung übt Carl Christian Bry Kritik, wenn er schreibt, dass bei Prachtbänden das Werk des Autors zum „Substrat kunstgewerblicher Arbeit" wird, da sie den Sachwert des Buches über den Inhalt stellten.⁴⁴ Prachtausgaben sind im Allgemeinen nicht auf eine Gattung bzw. ein Genre beschränkt oder verweisen auf die Qualität eines Textes. Sie waren nicht der klassischen oder „schönen Literatur" vorbehalten, vor allem in der zweiten Hälfte des 19. Jahrhunderts wurden auch populäre Werke in bibliophilen Editionen herausgegeben. Von einer Reihe wurden zumeist nur einzelne Werke als Prachtausgabe ausge-

---

41 Zu den Aneignungsformen von Kapital vgl. Pierre Bourdieu: Geerbtes und erworbenes Kapital. In: P. B.: Die feinen Unterschiede. Kritik der gesellschaftlichen Urteilskraft. Frankfurt a. M. 1987, S. 143–150.
42 Dorothea Kuhn: Verleger und Illustrator. Am Beispiel der J. G. Cotta'schen Verlagsbuchhandlung. Paul Raabe zum 60. Geburtstag. In: Regine Timm (Hg.): Buchillustration im 19. Jahrhundert. Wiesbaden 1988 (Wolfenbütteler Schriften zur Geschichte des Buchwesens 15), S. 213–240, hier S. 237.
43 Neue Freie Presse, Abendblatt, Nr. 2985, 14. Dezember 1872, S. 4.
44 Bry: Buchreihen (Anm. 9), S. 7.

führt, wodurch eine weitere Auswahl erfolgte und bestimmte Autoren anderen gegenüber hervorgehoben und besonders gewürdigt wurden.

Der Kauf einer kompletten (Klassiker-)Reihe und deren Aufnahme in die eigene Bibliothek hat das Ziel, die bestehende Sammlung zu erweitern oder eine solche aufzubauen. Damit bereichern Reihen das kulturelle Kapital und durch ihren Warenwert auch das ökonomische Kapital ihres Besitzers und fungieren in ihrer symbolischen Funktion als Prestige- und Repräsentationsobjekte. Die symbolische Wirkung ist umso höher, je kleiner die Zahl der Menschen ist, die Reihen aufgrund des Preises und des Umfangs erstehen können und die Prachtausführung ist ein zusätzliches Mittel zur Distinktion von (Reihen-)Publikationen.[45] Nicht zu unterschätzen ist darüber hinaus die gegenständliche Dimension, einerseits in dem Effekt, dass jeder Einzelband die Wirkung der Reihe potenziert, und andererseits in dem Faktor der benötigten Fläche, um eine gesamte Reihe aufzustellen – was Cotta auch beim Vertrieb der *Meisterwerke deutscher Classiker in Auswahl* berücksichtigte: „Die Vortheile dieser Einrichtung sind augenfällig. Jeder, auch der wenigst Bemittelte, oder im Platze noch so sehr Beschränkte, kann sich die Hauptwerke unserer Literatur, in schönster Ausstattung mittelst einer unbedeutenden Summe, sofort anschaffen und später jederzeit, nach Lust oder Mitteln, beliebige neue Bände dazu erwerben, selbst das Ganze completieren."[46]

Die Funktion des Buches als Sammelobjekt besteht zunächst jedoch losgelöst von dessen Lektürefunktion. Im Vordergrund stehen symbolische und ökonomische Motive, umso mehr, als die Klassiker für einen immer größer werdenden Kreis an Leserinnen und Lesern erschwinglich wurden und „der Bildungsaristokratismus des Besitzbürgertums aufwendigere Belege seiner kulturellen Führungsrolle" benötigte, was sich in einer steigenden Zahl illustrierter Prachtbände nach 1867 ausdrückte.[47] Diese Diskrepanz zwischen dem Motiv der Sammlung und dem der Lektüre spiegelt sich gleichfalls im Format eines Buches, das eher der Repräsentation oder eher der Lektüre dienlich sein kann, wie folgende Bemerkung aus einem in der *Neuen Freien Presse* abgedruckten Brief Adolphe Thiers' beschreibt:

> Ich werde diesen kleinen Band in meine Miniatur-Bibliothek stellen, nämlich in jene, die sich nicht in meiner großen Galerie, sondern in meinem Schlafzimmer befindet. Dort habe ich etwa 100 handsame Bändchen, die lesbar gedruckt und in einen netten und einfachen

---

45 Vgl. Pierre Bourdieu: Die feinen Unterschiede. Kritik der gesellschaftlichen Urteilskraft. Frankfurt a. M. 1987, S. 360: „Der symbolische Gewinn, den die materielle oder symbolische Aneignung eines Kunstwerks verschafft, bemißt sich nach dem Distinktionswert, den dieses Werk der Seltenheit der zu seiner Aneignung erforderlichen Anlage und Kompetenz verdankt und der seine klassenspezifische Verteilung regelt."
46 Neue Freie Presse, Morgenblatt, Nr. 463, 11. Dezember 1865, S. 7.
47 Wittmann: Geschichte des deutschen Buchhandels (Anm. 3), S. 270.

Morgenanzug gekleidet, die mit einem Worte dazu geschaffen sind, um gelesen und nicht, um in einem vergoldeten blendenden Einband bewundert zu werden.[48]

Neben dem beachtenswerten Umstand, dass sich der Verfasser seine eigene *Miniatur-Bibliothek* aus verschiedenen Büchern zusammenstellt, kommt zum Ausdruck, dass der angemessene Ort eines repräsentativen Buchwerkes die Bibliothek ist. In dieser wird es idealiter in einer eigens dafür gewidmeten Umgebung als Sammlungs-, Studien- oder Lektüreobjekt einer kontemplativen, konzentrierten oder erbauenden Rezeption zugeführt. Der Wunsch, eine Reihe zu besitzen, muss nicht mit einem Lesewunsch verbunden sein, was auch Cottas Haltung gegenüber dem Verzicht auf einzelne Autoren unterstreicht. Cotta folgte in der Auswahl der Werke, die in die Klassikerreihen aufgenommen wurden, nicht den Lektürevorlieben der Kunden, sondern traf kraft seiner Benennungsmacht eine seinem Ermessen nach repräsentative Auswahl und verpflichtete seine Kunden, die gesamte Reihe zu erwerben, auch wenn sie manche Werke nicht interessierten und ggf. nicht lasen. Einen anderen Fall stellt *Reclams Universal-Bibliothek* dar, die zwar nicht zum Folgeerwerb verpflichtet, grundsätzlich aber doch auf die Büchersammlung ausgerichtet ist. Fehlende Übereinstimmung zwischen der Auswahl der Reihe und der Erwartung der Leserschaft kann dazu führen, dass der Reihe, wie das Beispiel eines Kritikers zeigt, aufgrund fehlender Repräsentativität in der Auswahl der Werke das Potential abgesprochen wird, „wirklich eine Universalbibliothek zu werden, die man vollständig zu besitzen wünschen möchte", und es ihr deshalb verwehrt bleiben muss, „ein wahrer Hausschatz" zu werden.[49] Schließlich ist auch der repräsentative Ort einer Reihe in ihrer physischen Gesamtheit die Bibliothek.

Die Problematik der Auswahl verweist im Ansatz auf eine der Befürchtungen, die Bry in seiner Schrift anführt und die darin besteht, dass Verleger durch die Vorzüge des Reiheneffekts dazu verleitet werden, geringwertige, überflüssige oder nicht absetzbare Ware auf den Markt zu bringen.[50] Bei Cotta zeigt sich hingegen noch ein weiteres Motiv: Einerseits vollzog er eine Kanonbildung an Werken, welche zur Distinktion und Prägung eines bestimmten (bürgerlichen) Lebensstils beitrugen, andererseits erweiterte er diese um Autoren, die er nach persönlichem Ermessen für wert befand, in die Erinnerungs- und Würdigungskultur der Nation aufgenommen zu werden, womit er diese Autoren aber auch förderte. Cottas

---

48 Adolphe Thiers an Moussu Giraoud, St. Germain, 27. August 1877. In: Neue Freie Presse, Abendblatt, Nr. 5364, 2. August 1879, S. 1.
49 K. J. Schröer: Reclams Universalbibliothek. In: Wiener Abendpost. Beilage zur Wiener Zeitung, Nr. 214, 19. September 1874, S. 1709–1719, hier S. 1710.
50 Bry: Buchreihen (Anm. 9), S. 21.

Konzept mag aus dem Gedanken eines bildungsbürgerlichen Anspruches heraus im Streben nach nationaler Geschlossenheit, respektvoller Würdigung und Förderung der Literaten und dem Wunsch nach gehobener Volksbildung idealistisch gewesen sein, die kommerzielle Dimension des Unternehmens ist dennoch nicht außer Acht zu lassen. Die Publikationen waren für den Verleger aufgrund seiner Alleinstellung und seiner gehobenen Preispolitik lukrativ, sodass sie in weiten Teilen die wirtschaftliche Basis seiner Verlagstätigkeit bildeten, bis er im Klassikerjahr schwere Einbußen hinnehmen musste.[51] Geschlossene Reihen mit Pränumeration, Subskription oder Folgebezug entsprachen nicht mehr dem zeitgemäßen Lese- und Kaufverhalten. Zwar reagierte auch Cotta noch vor dem Klassikerjahr darauf, doch lediglich mit einer aufgelockerten Kaufpflicht. Die Reihe der *Meisterwerke deutscher Classiker in Auswahl* war für die ersten Bände, „welche nur unbestrittene, zur Bekanntschaft mit den großen Schriftstellern durchaus unentbehrliche Meisterwerke enthalten", subskriptionspflichtig, die weiteren konnten bei Bedarf einzeln bezogen werden.[52] Der Verleger hatte seine Auswahl des Erlesenen somit noch weiter eingegrenzt und bot gleichsam das Beste vom Besten an.

IV Die Reihe als Teil der Demokratisierung des Lesens am Beispiel der Universal-Bibliothek

Die Ausrichtung auf eine standardisierte Herstellung erfasste zwar alle Publikationsformen, für die Reihenedition war sie in gewisser Weise jedoch konstitutiv. Wenngleich es auch Ausnahmen gab, bedeutete das Publizieren in einer Reihe in der Regel eine formale Gleichheit der Einzelbände. Durch die Forderung nach billigen Preisen, erschienen die Reihen weniger im Prachtband, denn in standardisierter, einfacher Form, deren industrielle Fertigung ihnen bisweilen anzusehen war.[53] Ein kleines und leichtes Format ist das Ergebnis der Sparsamkeit oder Einfachheit der verwendeten Materialien und der industrialisierten Produktionsweise und erwies sich nicht nur durch seinen niedrigeren Preis, sondern auch durch seine praktische und transportable Handhabung als Teil der Demokratisierung des Lesens.[54]

---

51 Lohrer: Cotta (Anm. 23), S. 111.
52 Neue Freie Presse, Morgenblatt, Nr. 463, 11. Dezember 1865, S. 7.
53 Deutsche Allgemeine Zeitung, Nr. 254, 29. Oktober 1853, S. 2095.
54 Schenda: Volk ohne Buch (Anm. 5), S. 276 f.

Eine herausragende Stellung nahm in dieser Hinsicht *Reclams Universal-Bibliothek* (damals *Reclam's Universal-Bibliothek*) ein. Reclam eröffnete seine Bibliothek am 10. November 1867 durchaus programmatisch mit Goethes *Faust*, 1. und 2. Teil, als den ersten beiden Bänden. Der Erfolg war groß, sodass der ersten Auflage des ersten Teils mit 5.000 Stück bereits im Dezember weitere 5.000 folgten und die dritte Auflage im Februar schon 10.000 Exemplare umfasste.[55] Die Reihe wurde fortgesetzt mit Lessings *Nathan der Weise*, Körners *Leyer und Schwert*, Kleists *Michael Kohlhaas*, Lessings *Minna von Barnhelm* und Schillers *Wilhelm Tell*, von denen nicht alle an den Erfolg des *Faust* anknüpfen konnten. Von den nach einem Jahr herausgebrachten hundert Nummern bestand die Hälfte aus klassischen Werken von Goethe, Schiller und Shakespeare. Dennoch unterschied sich Reclam in einigen Aspekten deutlich von seinen Kollegen, wie die erst 1868 in größerem Stil erfolgte Ankündigung in der *Leipziger Zeitung* zeigt:

> An der Fortsetzung dieser Sammlung wird unausgesetzt gearbeitet. Ihr Umfang wird von der Aufnahme abhängen, welche dieselbe beim Publicum findet. Das Erscheinen sämmtlicher classischer Werke unserer Literatur, die ein allgemeines Interesse in Anspruch nehmen und deren Umfang es gestattet, wird versprochen. Hierdurch sollen aber keineswegs Werke, denen das Prädicat „classisch" nicht zukommt, die aber nichts destoweniger sich einer allgemeinen Beliebtheit erfreuen, ausgeschlossen werden. Manches fast vergessene gute Buch wird wieder ans Tageslicht gezogen werden – andere Werke sollen, in die ‚Universal-Bibliothek' eingereiht, zum ersten mal vors Publicum treten. Die besten Werke fremder und todter Literaturen werden in guten deutschen Uebersetzungen in derselben ihren Platz finden.[56]

Reclams Reihe reüssierte mit einem Angebot aus Klassikern, Neuerscheinungen und Übersetzungen (darunter auch Unterhaltungsliteratur) und einem Preis von zwei Silbergroschen (in Österreich zehn Kreuzern) und überdauerte im Gegensatz zu vielen kurzlebigen Konkurrenten das Klassikerjahr mit wachsendem Erfolg.[57] Die Universal-Bibliothek vermochte es, ihrem Titel gemäß, sich auf das Spektrum der zeitgenössischen Käuferschaft einzustellen und den Wunsch nach klassischen bzw. einem bildungselitären Kanon zugehörigen Werken mit Kriterien wie Internationalität, Aktualität, Vielfalt und Popularität zu verbinden, ohne ein nationales, epochales oder wie immer geartetes Gesamtkonzept erkennen zu lassen bzw. zu kommunizieren. Die Auswahl wurde nicht immer begrüßt und

---

55 Gerd Schulz: Das Klassikerjahr 1867 und die Gründung von Reclams Universal-Bibliothek. In: Dietrich Bode (Hg.): Reclam. 125 Jahre Universal-Bibliothek, 1867–1992. Verlags- und kulturgeschichtliche Aufsätze. Stuttgart 1992, S. 11–28, hier S. 25.
56 Leipziger Zeitung, 4. Februar 1868. Zit. nach Schulz: Das Klassikerjahr (Anm. 55), S. 24.
57 Schulz: Das Klassikerjahr (Anm. 55).

mitunter als planlos oder verbesserungswürdig bewertet, da bspw. unter den ersten zehn Werken keines von Schiller, dafür aber *Die Schuld* von Adolf Müllner zu finden war, was auf „subjectiven Geschmack" oder „geschäftlichen Instinct" Reclams zurückgeführt wurde.[58] Größere Übersichtlichkeit und Orientierung schuf Reclam erst Jahre später mit internen Schwerpunktsetzungen und indem er Subreihen in der Universalreihe ausbildete.

Das Universelle an Reclams Bibliothek liegt nicht in einem Anspruch auf Vollständigkeit oder Konsistenz der Auswahl. Es ist eine bis heute offene Reihe mit Einzelbänden, deren Bezug weder Pränumeration noch Subskription erfordert: „Da die Bände einzeln käuflich sind, ist Jedermann in den Stand gesetzt, sich eine Bibliothek nach eigenem Geschmack und Bedürfnis zusammen zu stellen, ohne genöthigt zu sein, neben den gewünschten, auch ihm vollkommen gleichgiltige Werke mit in den Kauf nehmen zu müssen."[59] Besondere Beachtung verdient der Umstand, dass das Publikum nicht nur eine Auswahlmöglichkeit, sondern auch eine Auswahlfunktion erhielt. Alle Werke sind einzeln zu erstehen, sodass kein Abnahmezwang besteht und die Leser sich eine eigene Bibliothek zusammenstellen können – ein Prinzip, das damals nicht neu war, aber nur wenige (z. B. Tauchnitz) vor Reclam konsequent verfolgten. Bei diesem Vorgang wird dem Geschmacksurteil des Publikums in zweierlei Hinsicht Bedeutung beigemessen. Die Leser erhalten nicht nur die Möglichkeit, Werke selbst zu bewerten und auszuwählen, und damit das Zugeständnis, Werken gleichgültig gegenüberzustehen und diese als verzichtbar zu beurteilen. Bry spricht allgemein davon, dass die Rezipienten durch den Konsum der Bücherreihe „innerlich modifiziert" werden, indem ihr Urteil geschärft und geschult wird und sie lernen, eine persönliche Auswahl „auf eng begrenztem Gebiete" zu treffen.[60] Von ihrem Interesse an einzelnen Werken macht Reclam darüber hinaus die Gestaltung der Reihe abhängig. Freilich bestimmte die Nachfrage auch anderswo die Produktion, aber die Formulierung einer Haltung, in der nicht die Werke den Leser *bilden*, sondern die Werke „vor das Publikum treten", gewissermaßen um sich zu bewähren, ist bemerkenswert. Reclams Edition verlangt nicht, die ganze Reihe zu komplettieren, wenngleich auch das Zusammenstellen einer Bibliothek nach eigenem Geschmack das Motiv des Bücherbesitzes erfüllt. Bücher, die so billig wie Reclams Ausgaben waren, vollzogen nicht nur die Demokratisierung des Lesens, da sich nun de facto immer größere Volksschichten Bücher leisten konnten. Die Käufer konnten sie auch in einem größeren Ausmaß als Besitz anhäufen, in einer selbst

---

58 Schröer: Reclams Universalbibliothek (Anm. 49), S. 1710.
59 Leipziger Zeitung, 4. Februar 1868. Zit. nach Schulz: Das Klassikerjahr (Anm. 55), S. 24.
60 Bry: Buchreihen (Anm. 9), S. 21.

gewählten Zusammenstellung, und schufen sich so ihren eigenen Kanon und erlangten kulturelles Kapital und Bildungsprestige, was nach Schenda ein „Bildungs-in-group-Gefühl" verleiht.[61]

Im Vergleich zu der deklariert sozialpolitisch-volkspädagogischen Widmung eines Projekts wie der weiter oben genannten, Jahrzehnte älteren *Groschen-Bibliothek* von C. J. Meyer ist Reclams Positionierung hinsichtlich der Volksbildung aber deutlich zurückhaltender, obzwar sich im Prospekt der *Groschen-Bibliothek* durchaus Analogien finden:

> Gehören soll meine Bibliothek Allen; sie sei für jedes Verhältnis, jedes Alter [...]. Jeder Schüler, jeder Lehrling, jeder Arbeiter, jeder Handwerker, jeder Landmann, jede Frau, jedes Mädchen sollen sich durch die Bibliothek Bildung aneignen können, das sicherste Mittel, einzutreten in den Kreis der Gebildeten und sich gleichzustellen den von Erziehung und Unterricht begünstigteren Brüdern und Schwestern.[62]

Während ‚Populisten' wie Meyer ihr Unternehmen aus sicherlich ebenso aufklärerischen wie geschäftstüchtigen Überlegungen heraus auf eine Zielgruppe ausrichteten, adressierte Reclam in dem eingangs genannten Werbetext tatsächlich „Jedermann", indem er keine spezifische Gruppe direkt ansprach.

V Rückblick und Ausblick

Die Bemühungen um eine größtmögliche Streuung der Leserschaft oder Kundschaft können gleichermaßen demokratisch wie kapitalistisch motiviert sein. Eine gesammelte Reihe, deren Bezug durch Pränumeration oder Subskription reguliert war, war für die Verleger ein stabiler wirtschaftlicher Faktor. Nicht nur das Moment der Ordnung, auch das der Klassifizierung spielt bei Reihenbildungen eine noch größere Rolle als dies bei Einzelveröffentlichungen der Fall ist, da ein Zusammenhang zwischen den Titeln hergestellt werden muss, es sei denn, es handelt sich um offene Reihen, die nur über äußere Erscheinungsmerkmale zusammengehalten werden. Dem begegnet der zweite von Bry angeführte Vorwurf, dass die Reihenorganisation als Ausdruck des „großkapitalistischen Verlagsprinzips" das geistige Leben mechanisiere, die Gleichmäßigkeit des literarischen Interesses, oberflächliches Lesen und damit Halbbildung fördere.[63] Es wäre noch hinzuzu-

---

61 Schenda: Volk ohne Buch (Anm. 5), S. 278.
62 Zit. nach Georg Jäger: Medien. In: Christa Berg (Hg.): Handbuch der deutschen Bildungsgeschichte, Bd. IV: 1870–1914. Von der Reichsgründung bis zum Ende des Ersten Weltkriegs. München 1991, S. 373–416, hier S. 394.
63 Bry: Buchreihen (Anm. 9), S. 22.

fügen, dass die Verlage mit Etikettierungen wie „gute Bücher" und „die besten Werke" ein Urteil vorwegnehmen. Im Allgemeinen spiegelt Bücherbesitz als Distinktionsmerkmal eine gewisse Uniformität des literarischen Interesses wider, wenn der Besitz sich auf solche Etikettierungen oder einen Kanon bezieht und zum Ausdruck einer nationalen oder klassenspezifischen Zugehörigkeit wird. Insofern Reiheneditionen – insbesondere von Klassikern – zum nationalen oder privaten Schatz werden und das Bedürfnis nach Distinktion und Repräsentation befriedigen, tragen sie in stiftender und streitbarer Weise zur Definition der Nationalidentität wie auch der Klassenidentität bei. Der Vorwurf des oberflächlichen Lesens lässt sich auch an die Trennung der Repräsentations- von der Lesefunktion eines Buches, wie weiter oben am Beispiel der Prachtbände ausgeführt wurde, anknüpfen, wenn der Besitz der Buchreihe nicht notwendigerweise an die Lektüre gebunden ist und diese zum ‚Substrat' des Sachwertes und der Repräsentation wird. Die Lektüre ist es jedoch, die nach Bry den Einzelband wieder aus dem Zusammenhang der Reihe herausnehme und ein tieferes Interesse und den Ansatz einer Spezialisierung eröffne.[64]

Um diese Überlegungen weiterzuführen, bedarf es einer Ausweitung des Fokus. Eine eingehende Betrachtung des Kauf- und Rezeptionsverhaltens des Publikums würde den symbolischen Wert, den Gebrauchswert und das Verhältnis zwischen Besitz und Lektüre schärfen. Die vorangegangenen Überlegungen haben gezeigt, dass Reihenbildungen in einem Spannungsfeld zwischen Nationalisierung, Demokratisierung und Kapitalismus wirksam werden. Die Perspektive der historischen Entwicklung und des gesamten literarischen Spektrums an Reihenpublikationen, die Einbeziehung der Vertriebsformen, die Frage nach der Popularität der Lesestoffe, nach der Veränderung des Kunst-, Kultur- und Bildungsbegriffes sowie der Kanonbildung und eine exemplarische vergleichende Analyse einzelner Reihen könnte ein umfassendes Bild davon geben, welchen Stellenwert und welche Funktion die Reihen und das Prinzip der Reihenbildung in der literarischen Öffentlichkeit für die unterschiedlichen Akteure einnahmen.

---

64 Bry: Buchreihen (Anm. 9), S. 22.

Christine Haug
Formen literarischer Mehrfachverwertung im Presse- und Buchverlag im 19. Jahrhundert

Mit einem Seitenblick auf Arthur Zapps Roman
Zwischen Himmel und Hölle (1900)

Georg Jäger zum 75. Geburtstag

I Die „papierene Epoche" – Literaturbetrieb im 19. Jahrhundert

1901/1902 erschien der Roman *Die papierene Macht* von Fedor von Zobeltitz (1857–1934), der als Journalist und Schriftsteller vielfältige Erfahrungen im Presse- und Verlagsgewerbe gesammelt hatte und in seinem Roman über die technischen Fortschritte in der Drucktechnik und die steigenden und wechselnden Ansprüche der Leserschaft berichtete. Der Roman, jüngst in der *Bibliothek der Erinnerung* des 1999 gegründeten Wiener Czernin Verlags mit einem Nachwort von Reinhard Wittmann neu erschienen, stellt – obgleich kein Schlüsselroman im eigentlichen Sinne[1] – eine vorzügliche Quelle zur Erforschung des literarischen Lebens zwischen Reichsgründung und Weimarer Republik dar.[2] Im Fokus des Romangeschehens steht das Pressewesen, das vor dem Hintergrund der Industrialisierung und in der Folge der Entstehung von wirtschaftlich erfolgreichen Pressekonzernen gegenüber der Buchproduktion dominierte und dem Berufsschriftsteller vielfältige Möglichkeiten für den regelmäßigen Gelderwerb bot. Zeitung und Zeitschrift eröffneten dem Schriftsteller die Gelegenheit, Erzählungen, Novellen und Romane in Fortsetzung zu veröffentlichen, Redakteurstätigkeiten zu übernehmen und im Anzeigenwesen sich als Annoncensammler und Werbetexter zu profilieren. Ein Pendant – diesmal aus Sicht eines Berufsschriftstellers – ist der Roman von Arthur

---

[1] Fedor von Zobeltitz: Die papierene Macht. Roman. Mit einem Nachwort von Reinhard Wittmann. Wien 2014 (Bibliothek der Erinnerung 17), Nachwort, S. 402–408, hier S. 403.
[2] Berufsschriftstellerromane stellen eine schier unerschöpfliche Quelle der Literatur- und Buchforschung dar, vgl. Christine Haug: Der „Berufsschriftstellerroman" – ein neues Literaturgenre im Zeitalter der Industrialisierung im 19. Jahrhundert. In: Immermann-Jahrbuch 8 (2007), S. 29–60.

Zapp *Zwischen Himmel und Hölle. Aus dem modernen Schriftstellerleben* aus dem Jahr 1900. Der Roman behandelt die Auswirkungen der Industrialisierung auf den Literaturbetrieb im 19. Jahrhundert.

Die massenhafte Produktion von populären Lesestoffen erforderte in Presse- und Buchverlagen die Einführung neuer Organisationsformen. Den Verlagen wurden eigene Druckereien, Buchbindereien, Illustrationsateliers und Werkstätten angegliedert, die eine günstigere Kostenkalkulation, zügige und vor allem von anderen Unternehmen autonome Produktionsabläufe sicherstellten.³ Eine deutliche Zunahme erlebten in diesem Zusammenhang verlagseigene graphische Betriebe.⁴ In *Die papierene Macht* findet das „altberühmte Verlagshaus" E. M. Volcker, das der Protagonist der Handlung, der Verleger Franz Düren, aufsucht, Würdigung als modernes Unternehmen:

> Endlich haben wir es so weit gebracht, daß unser Verlag auch in artistischer Beziehung an der Spitze der deutschen Buchhändlerwelt marschiert. Die graphischen Künste haben bei uns die höchste Ausbildung erreicht; der Chromolithographie und der farbigen Radierung haben wir sozusagen eine neue Epoche eröffnet; unsre Holzschnitte sind mustergültig; selbst in den niedern Techniken haben wir so Meisterhaftes geschaffen, daß man auch hier von Kunst sprechen kann.⁵

Der zunehmende Einsatz von Schnellpressen in Deutschland förderte die Ausweitung des Zeitungsdrucks und wirkte sich unmittelbar auf die Illustrationsverfahren aus. Die Xylographie als Hochdruckverfahren war die einzige Technik, die für den Schnellpressendruck in Frage kam, bis 1863 schließlich die lithographische Schnellpresse eingeführt wurde.⁶ Die Praxis des Wiederabdrucks von Darstellungen, also Reproduktionen aus anderen graphischen Medien und Publikationen, wurde von der Leserschaft gewöhnlich toleriert, selbst wenn die Wiedergabe von unscharfen Vorlagen die Qualität der Illustration beeinträchtigte. Die Leser kannten die Originale gewöhnlich nicht und zogen somit keinen kritischen Vergleich.⁷

---

3 Eva-Maria Hanebutt-Benz: Studien zum deutschen Holzstich im 19. Jahrhundert. In: Archiv für Geschichte des Buchwesens 24 (1983), Sp. 581–1266, hier Sp. 683–684.
4 Dieser Ausdifferenzierungs- und Professionalisierungsprozess kann im *Adressbuch für den deutschen Buchhandel und verwandte Geschäftszweige* gut nachvollzogen werden. Im Jahr 1840 waren hier bereits über einhundert Lithographie-Ateliers als verlagseigenes Nebengewerbe eingetragen. Vgl. Hanebutt-Benz: Holzstich im 19. Jahrhundert (Anm. 3), Sp. 684.
5 Zobeltitz: Die papierene Macht (Anm. 1), S. 17.
6 Hanebutt-Benz: Holzstich im 19. Jahrhundert (Anm. 3), Sp. 688f.
7 Hanebutt-Benz: Holzstich im 19. Jahrhundert (Anm. 3), Sp. 695.

Vor diesem Hintergrund entfaltete sich ein Originalitätsdiskurs über die technischen Reproduktionsmöglichkeiten im Kontext der zunehmenden Vielfalt von medialen Verwertungsmöglichkeiten, der intensiv in der zeitgenössischen Presse geführt wurde: eine publizistisch ausgetragene Debatte, an der sich Autoren, Dramatiker, Verleger, Zeitschriftenherausgeber, Theaterdirektoren und Literaturagenten gleichermaßen beteiligten; eine Vielfalt von zum Teil neuen Berufsbildern, die den fortschreitenden Ausdifferenzierungsprozess im industrialisierten Literaturbetrieb widerspiegelte. Mit der Entfaltung der Unterhaltungsindustrie seit der zweiten Hälfte des 19. Jahrhunderts, flankiert von expansiven transnationalen Literaturmärkten und einer fortschreitenden Technisierung der Buchherstellung war der Schriftsteller gezwungen, im Marktgeschehen permanent präsent zu sein, die mediale Aufmerksamkeit auf sich zu ziehen und unentwegt zu produzieren. Es galt die Nachfrage eines stetig wachsenden Markts für populäre Lesestoffe zu befriedigen, die Konkurrenz im Auge zu behalten und das Marktgeschehen zu analysieren. Ergänzend zum Presse- und Buchgeschäft entwickelte sich das Theater zu einem wichtigen Verwertungsbereich literarischer Stoffe und mit der Vielfalt an literarischen Verwertungsmöglichkeiten stieg die Komplexität ökonomischer und rechtlicher Rahmenbedingungen. Eine Folge dieser Professionalisierung und Verdichtung von Wertschöpfungsketten und divergierender Interessensfelder von Buch- und Zeitungsverleger auf der einen Seite und Autoren auf der anderen Seite war die Gründung von schriftstellerischen Interessensvereinen und literarischen Agenturen, die als professionelle Vermittler zwischen Verlag und Autor beratend agierten. Eine wirkungsmächtige Strategie innerhalb der publizistischen Streitkultur, die nicht allein differente ästhetische Vorstellungen als vielmehr um Neid und Missgunst gegenüber erfolgreicheren Konkurrenten zum Thema hatte, war der öffentliche Anwurf des geistigen Diebstahls. Ein Musterbeispiel hierfür war die Debatte über Plagiieren im Fall von Charlotte Birch-Pfeiffer und Berthold Auerbach wegen einer vorgeblich nicht autorisierten Bühnenbearbeitung von Auerbachs Erzählung *Die Frau Professorin* 1848/1849.[8] Bei Alfred Meißner führte die öffentliche Enthüllung eines offensichtlichen Neiders, er habe die Erfolgsromane geschrieben, sogar zum Selbstmord Meißners.[9] Gilt die Aufmerksamkeit Fedor von Zobeltitz' in *Die papierene Macht* hauptsächlich den Produktionsbedingungen im Pressewesen, beschreibt Arthur Zapp in *Zwischen Himmel und Hölle. Aus dem modernen Schrift-*

---

8 Vgl. Christine Haug: „Der wichtigste Streit welcher Deutschland vor der Revolution bewegte" – die Kontroverse zwischen Charlotte Birch-Pfeiffer und Berthold Auerbach über die Rechtmäßigkeit dramatischer Bearbeitungen von Romanen und Novellen. In: Kodex. Jahrbuch der Internationalen Buchwissenschaftlichen Gesellschaft 4 (2014), S. 27–50.
9 Jeffrey L. Sammons: Alfred Meißner. Hannover 2014 (Meteore 16). Für den Hinweis auf dieses Schriftstellerschicksal danke ich Stephan Landshuter (Zürich).

stellerleben, 1900 in *Fehsenfeld's Romansammlung* erschienen, den Existenzkampf eines Berufsschriftstellers in der Pressestadt Berlin in der zweiten Hälfte des 19. Jahrhunderts. Auch hier ist der Vorwurf des geistigen Diebstahls ein Handlungsaspekt. Sicherlich, die Gesetzeslage zu Autor- und Verlagsrecht erfuhr im Literatur-, Kunst- und Theaterbetrieb einen kontinuierlichen Anpassungsprozess an die aktuellen medialen Entwicklungen, gleichwohl existierten noch etliche Grauzonen und rechtsfreie Räume. Der Erst-, Vor- oder Wiederabdruck von literarischen Texten in Zeitungen, Zeitschriften, Almanachen und Anthologien, Taschenbüchern und Romanreihen, als Pracht- und illustrierte Ausgaben sowie die Herausgabe von in- und ausländischen Romanvorlagen für die Bühne erforderten kontinuierliche Nachbesserungen im Urheberrecht.[10] Das Konfliktpotenzial, das sich aus diesen rechtlichen Freiräumen und Grauzonen ergab, avancierte in der zweiten Jahrhunderthälfte verstärkt zum Thema von Romanliteratur.[11]

In der zweiten Hälfte des 19. Jahrhunderts wird das Ereignis der sog. zweiten Leserevolution verortet. Eine entscheidende Voraussetzung hierfür war die massive Verbilligung der Papierherstellung in Verbindung mit der Erfindung der Schnellpresse und deren Weiterentwicklung zur Rotationsdruckmaschine. Technische Innovationen in der Bildproduktion flankierten diese Entwicklung, das Buch war vom Presseprodukt weitgehend abgelöst worden. Karl Gutzkow beobachtete diese Verschiebung bereits 1857, wenn er notiert: „Die Zeitschriften sind an die Stelle der Bücher getreten [...] eine neue Macht will eine eigene Münze haben, und die Journale locken und zahlen".[12] Im Zeitraum von 1850 bis 1914 waren knapp 300 Zeitschriften erschienen. Das *Adressbuch der Deutschen Zeitschriften* aus dem Jahr 1898 verzeichnete unter der Rubrik „Unterhaltungsblätter" etwa

---

10 Haug: „Der wichtigste Streit ..." (Anm. 8), S. 29.
11 In der literatur- und mediengeschichtlichen Forschung hat sich – nach Erscheinen verschiedener, wegweisender Studien, u. a. von Roland Berbig, Gerhart von Graevenitz und nicht zuletzt mit Rudolf Helmstetters Untersuchung *Die Geburt des Realismus aus dem Dunst des Familienblattes. Fontane und die öffentlichkeitsgeschichtlichen Rahmenbedingungen des Poetischen Realismus* (München 1998) und Manuela Günters Arbeit *Im Vorhof der Kunst* (Bielefeld 2008) – längst durchgesetzt, dass die Literatur des poetischen Realismus zugleich Produkt einer Reflexion auf Medienbedingungen und auf mediale Effekte in der zweiten Hälfte des 19. Jahrhunderts darstellt. Autoren wie bspw. Theodor Fontane wirkten als Journalisten, Auslandskorrespondenten, Reiseschriftsteller und Kriegsberichterstatter, als Rezensent und Kritiker wie auch als Romancier und Erzähler. Der Typus des multiplen Autors bildete sich in den 1860er Jahren heraus, ihm stand nun eine multiple Leserschaft gegenüber.
12 Karl Gutzkow: Schriften zum Buchhandel und literarischen Praxis. Hg. von Christine Haug und Ute Schneider. Münster 2013 (Werke und Briefe. Kommentierte digitale Gesamtausgabe, hg. vom Editionsprojekt Karl Gutzkow/www.gutzkow.de, Bd. 7), S. 231.

200 Periodika, allein fünfzig Zeitschriften galten als Illustrierte.[13] Die Familien- und Unterhaltungsblätter avancierten zum Leitmedium und waren durch ihre konsequente Marktpräsenz so alltäglich geworden, dass Lektüre zu Unterhaltungszwecken eine soziale Gewohnheit wurde.[14] Die expansive Ausbreitung von häuslicher Lektüre quer durch alle sozialen Schichten stieß zunehmend bei den Schriftstellern selbst auf Kritik. Fontane fürchtete, dass die massenhafte Produktion von „Novellenkattun" die Qualität von Literatur nachteilig beeinflusse, diese zur Schablonenhaftigkeit verkomme, und der sozialliberale Kulturpublizist Edmund Wengraf (1860–1933) monierte 1889:

> In keiner Zeit wurde mehr Belletristik gekauft, als in der unsrigen [...]. Die Hunderte von periodischen und täglich erscheinenden Blätter rufen eine Unmasse Romane und Novellen hervor. Müssen denn aber all diese auch noch in Buchform nochmals auf den Markt treten?[15]

Die literarische Mehrfachverwertung, die als „papierene Macht" wahrgenommeine Dominanz des Journalabdrucks gegenüber der Buchausgabe, bestimmten Schreibprozess und Arbeitsorganisation des Autors, denn die Herausgeber von Zeitschriften gaben exakt vor, wie umfangreich ein Text zu sein hatte, welches Handlungsgeschehen und welche Protagonisten von der Leserschaft erwartet wurden, zu welchem Zeitpunkt der Text einzureichen war. Die Autoren entwickelten eigene Strategien, um nicht selbst den Überblick über den Handlungsverlauf (zumal bei der parallelen Anfertigung mehrerer Romane) zu verlieren. Zobeltitz erörterte die Hilfestellungen in seinen Erinnerungen *Ich habe so gern gelebt. Die Lebenserinnerungen* (1934) am Beispiel des Schriftstellers Ernst Hermann von Dedenroth (1829–1887), der nach Vorbild Ernst Pitavals Kriminalromane für den Berliner Kolportageverleger Werner Grosse verfasste:

> Hauptsache bei dem Geschreibsel sei die Spannung, erklärte er mir, die sich zu aufregenden Kapitelschlüssen steigern müsse. Er sei häufig selbst neugierig, wie nach so einem geheimnisvollen Kapitelschluss die Geschichte eigentlich weitergehen werde. Die Hauptschwierigkeit bestehe, sagte er, darin, die vielen Leute auseinanderzuhalten. Er hatte sich Bleisoldaten angeschafft, an die er Zettelchen mit Namen klebte, und verteilte sie in Gruppen,

---

[13] Vgl. Bernd Weise: Aktuelle Nachrichtenbilder ‚nach Photographien' in der deutschen illustrierten Presse der zweiten Hälfte des 19. Jahrhunderts. In: Charles Grivel/André Gunthert/Bernd Stiegler (Hg.): Die Eroberung der Bilder. Photographie in Buch und Presse (1816–1914). München 2003, S. 62–101, hier S. 67–69, und Hartwig Gebhardt: Illustrierte Zeitschriften in Deutschland am Ende des 19. Jahrhunderts. Zur Geschichte einer wenig erforschten Pressegattung. In: Buchhandelsgeschichte 2 (1983), S. B41–B65.
[14] Hans-Otto Hügel: Handbuch Populäre Kultur. Stuttgart 2003, S. 76.
[15] Edmund Wengraf: Literatur und Gesellschaft. In: Die Neue Zeit 7 (1889), S. 241–248, hier S. 245.

wie sie jeweils in Haß und Liebe zueinander gehörten, oder legte sie um, wenn ihr Tod von ihm beschlossen war. Wer am Schluß übrigblieb, erlebte sein ‚Happyend'.[16]

Der Erscheinungsturnus der Zeitschrift war zugleich Produktionszyklus des Autors.[17] Auf der anderen Seite schienen Romane in Buchform auf dem Markt keine Chance mehr zu haben, wenn sie nicht vorab in Journalen im Publikum eingeführt worden waren. Konrad Telmann (1854–1897), Jurist und Schriftsteller, der in 24 Jahren knapp 70 Werke verfasste, hatte durchaus Recht, wenn er davon ausging: „Die Sache liegt zur Zeit so, daß Romane, die nicht in den 70–80 Feuilletons eines Zeitungsquartals untergebracht werden können, [...] überhaupt keine Aussicht auf Annahme haben".[18] Eine entscheidende Zäsur für das Rezeptionsverhalten war die Ablösung des Buches durch die Zeitschrift auch deshalb, weil sich über das Distributionsmodell des Abonnements bei Presseartikel der Abonnent anspruchsvoller zeigte als beim Buch, dem noch mit Ehrfurcht begegnet wurde. Beim Journaldruck wünschte der Leser dagegen aktiv in das Handlungsgeschehen einzugreifen, was ihm zunehmend über die Rubrik der Leserzuschrift auch ermöglicht wurde.[19] Sprechen zeitgenössische Literaturkritiker von der „papierenen Macht", so durften die Verleger die wachsende marktbestimmende Macht des Lesers jedenfalls nicht mehr ignorieren.

Die zunehmende Komplexität der Verwertungsmöglichkeiten, das Geflecht an medialen Beziehungen, die Ausnutzung von vielfältigen Verlagskontakten und die damit verbundenen Wechselbeziehungen innerhalb des Verwertungskreislaufes wurden hauptsächlich von den Autoren aufmerksam verfolgt und analysiert. Während Dank der intensiven Forschungen von Roland Berbig für Theodor Fontane dieses produktive Beziehungsgeflecht innerhalb des industrialisierten Literaturbetriebs hervorragend aufgearbeitet worden ist, konnten jüngst erstmals die Beiträge Karl Gutzkows zum literarischen Leben seiner Zeit zusammengestellt werden.[20] Doch es sind nur zwei repräsentative Schriftstellerbeispiele. Zahlreiche

---

16 Fedor von Zobeltitz: Ich habe so gern gelebt. Die Lebenserinnerungen. Berlin 1934, S. 99. Diese Szene verarbeitete Zobeltitz auch im Roman *Die papierene Macht*.
17 Eine akribische Dokumentation seines schriftstellerischen Wirkens mit einem Tagesablaufplan bietet Wilhelm Raabe. Vgl. hierzu Eckhardt Meyer-Krentler: „Unterm Strich". Literarischer Markt, Trivialität und Romankunst in Raabes *Der Lar*. Paderborn 1986 (Schriften der Universität-Gesamthochschule Paderborn 8).
18 Helmstetter: Die Geburt des Realismus (Anm. 11), S. 73.
19 Helmstetter: Die Geburt des Realismus (Anm. 11), S. 67.
20 Roland Berbig: Theodor Fontane im literarischen Leben. Zeitungen und Zeitschriften, Verlage und Vereine. Dargestellt unter Mitarbeit von Bettina Hartz. Berlin/New York 2000 (Schriften der Theodor-Fontane-Gesellschaft 3); Gutzkow: Schriften zum Buchhandel (Anm. 12).

Autoren – wie bspw. der bereits genannte Arthur Zapp – sind heute praktisch vergessen, obgleich sie eine literaturhistorische Aufarbeitung verdienen würden. Presseprodukte waren für Autoren im 19. Jahrhundert nicht allein eine lukrative Verwertungsmöglichkeit für ihre eigenen Texte, sondern zugleich schier unerschöpflicher Wissens- und Ideenfundus für die eigene literarische Produktion und eine Form literarischer Probebühne. Über den Erstabdruck in Zeitschriften wurden literarische Texte mit Blick auf ihre Publikumstauglichkeit und Resonanz erprobt, eine literarisch-qualitative Bearbeitung dieser Texte fand erst mit Blick auf die Buchveröffentlichung statt, die – anders als im Pressewesen – als unvergänglich wahrgenommen wurde. So handelte es sich zwar editionsphilologisch gesehen um den Erstabdruck eines Werkes, dem Autor selbst galt der Journaldruck dennoch als Vorabdruck, als solchen bezeichneten zeitgenössische Schriftsteller und Verleger Journaldrucke auch. Autoren wie Theodor Storm, Theodor Fontane oder Karl Gutzkow arbeiteten über den Journaldruck der höherwertigen Buchausgabe, gewöhnlich der Gesamtausgabe entgegen. Während dieses Prozesses von Erstabdruck bis zur Gesamtausgabe wurden literarische Werke aus qualitativen und literarästhetischen Kriterien heraus überarbeitet. Über Buch- oder Gesamtausgabe setzten sich Autoren ein literarisches Denkmal und erarbeiteten sich den Nimbus der Unvergänglichkeit.

II Der „multiple Medienautor" – Herausbildung eines neuen Typus von Berufsschriftsteller um die Jahrhundertwende

Die Verfasser von populären Lesestoffen, die von ihren literarischen Erzeugnissen unabhängig von mäzenatischen Zuwendungen im Literaturbetrieb existieren wollten, gehörten zu den aufmerksamsten Beobachtern des zeitgenössischen Buchmarkts und avancierten gelegentlich – so dokumentieren es jedenfalls die Autor-Verleger-Briefwechsel – im Vergleich zu ihren Verlegern sogar zu den besseren Werbefachleuten. Berufsschriftsteller zeichneten sich durch ein hohes Maß an Flexibilität aus, wechselten in kurzen Intervallen (und je nach Verlagsvertrag) ihre Verlage, spekulierten sie auf höhere Honorare und maximale Vermarktung, denn sie trugen ja nicht das unternehmerische Risiko für den Gesamtverlag. Autoren waren kaufmännisch kundige, juristisch versierte Vertragspartner und vor dem Hintergrund des sich verdichtenden Pressemarktes in der Situation, wenigstens die Erstpublikation von Werken in den zahlreichen Journalen ohne größere Schwierigkeiten zu bewerkstelligen und dabei auch Forderungen an Herausgeber und Verlag zu formulieren. Zu einem neuen Verhandlungsformat, zugleich Ausdruck einer fortschreitenden Professionalisierung, avancierte die Offerte von Romanexposés, die Fertigstellung des Romans wurde erst nach Abschluss eines Vertrags mit einer Zeitschrift zugesichert. Kam kein Vertrag zustande, so blieben die Arbeits- und finanziellen Ressourcen seitens des Autors überschaubar, der Romanentwurf konnte gegebenenfalls je nach Zeitschriftentyp und Lesergeschmack nochmals variiert werden. Der Handel mit Romanentwürfen sicherten Autor und Zeitschriftenverleger maximale Flexibilität in einem sich rasch wandelnden Markt.

Ein professioneller Romanverkäufer in eigener Sache war Theodor Fontane, der von Gustav Karpeles (1848–1909), dem Herausgeber von *Westermanns Monatsheften*, eine Vorfinanzierung seines bereits auf etwa 300 Seiten Umfang konzipierten Romans *Allerlei Glück* forderte. Selbstbewusst schrieb er an die Redaktion:

> Vor drei Jahren kann ich nicht fertig sein, und ich suche nun eine gute Stelle dafür. Unter fünftausend Talern kann ich ihn nicht schreiben, die mir zur größeren Hälfte von einem Blatt oder Journal, zur kleineren für die Buchausgabe gezahlt werden müßten. Wie fängt man das an? Kann ich es nicht kriegen, nun so muß die Welt sehen, wie sie ohne meinen Roman fertig wird.[21]

Fontane blieb in seiner Ankündigung konsequent, denn der Roman *Allerlei Glück* erschien tatsächlich nicht. Er besaß kaufmännisches Geschick, denn er verstand sich als Literaturagent seiner eigenen Romanproduktion, und versuchte geschickt Neugierde und Interesse zu wecken, eine Konkurrenzsituation zwischen den Verlegern zu stimulieren, und schließlich die Vertragsbedingungen zu seinen Vorteilen zu gestalten. Fontane besaß herausragende Kenntnisse über den zeitgenössischen Pressemarkt – eine unverzichtbare Kerneigenschaft des Berufsschriftstellers – und offerierte seine Exposés abhängig von der Thematik nur ausgewählten Zeitschriften, bspw. seine Berliner Romane den Redaktionen von Berliner Zeitschriften. Fontane überließ nichts dem Zufall und diese marktorientierte Praxis zeichnete den Autor als exzellenten Verwerter seiner literarischen Produktion aus.[22]

Die expansive Entwicklung des Pressemarkts und die damit einhergehende Vielfalt von Verwertungsformaten waren wichtige Katalysatoren für die Herausbildung eines multimedialen Schriftstellertyps, der vom Ertrag seiner literarischen Produktion durchaus zu existieren in der Lage war, sofern er dauerhaft produzierte und – ausgestattet mit Marktkenntnissen und Werbegeschick – seine Romanpro-

---

21 Hier zit. nach Helmstetter: Die Geburt des Realismus (Anm. 11), S. 20.
22 Helmstetter: Die Geburt des Realismus (Anm. 11), S. 25 f.

duktion erfolgreich in Verlagen unterbrachte. Um 1900 hatte der Journaldruck das Buch als primäres Publikations- und Vertriebsformat endgültig abgelöst, ein Prozess mit kaum zu unterschätzenden Auswirkungen auf literarische Produktions- und Organisationsprozesse. Der Erstdruck in Journalen schuf überhaupt erst die ökonomischen Voraussetzungen, um sich eine eigene Schriftstellerexistenz aufzubauen. Der Buchmarkt allein bot hierfür keine ausreichende Lebensgrundlage. Ein entscheidendes Kriterium für die Honorarkalkulation war die deutlich höhere Auflage einer Zeitschrift gegenüber der Buchauflage. Das ökonomische wie auch das symbolische Kapital eines Zeitschriftenautors definierte sich über die Höhe des Bogenhonorars. Fontane hatte bspw. klare Honorarvorstellungen und forderte für den Abdruck seines Werks *Schach von Wuthenow* 3.000 Mark für den sog. 7 ½ Nord-und-Süd-Bogen, ein Honorar, das er von der *Vossischen Zeitung* ebenfalls erwartete; er orientierte sich mit etwa 500 Mark hierbei über den üblichen Honoraren, um einerseits Verhandlungsspielraum zu haben, andererseits seine literarische Bedeutung zu demonstrieren.[23] Vor diesem Hintergrund stieg allerdings auch die Zahl von hauptberuflichen Schriftstellerinnen und Schriftsteller (im Jahr 1882 wurden in Deutschland 19.380 Berufsautoren gezählt[24]), wodurch sich die Konkurrenz im belletristischen Pressemarkt dramatisch verschärfte.

III Vom Journalabdruck zur Gesamtausgabe – Formen und Varianten einer Wieder- und Mehrfachverwertung literarischer Texte und ihre urheberrechtliche Handhabe

„Soll die Thätigkeit eines Romanschriftstellers überhaupt pekuniäre Erträgnisse liefern, so muß derselbe heute jeden Roman, jede Novelle in einer Zeitung veröffentlichen, ehe er sie in Buchform herausgibt."[25] Die Veröffentlichung von literarischen Texten in Journalen und Zeitschriften galt den Autoren somit nicht nur als Vorabdruck, sondern als genuine Voraussetzung für die Drucklegung eines literarischen Textes. Eine maximale Verwertung von literarischen Texten und

---

23 Berbig: Fontane im literarischen Leben (Anm. 20), S. 76.
24 Helmstetter: Die Geburt des Realismus (Anm. 11), S. 37.
25 Konrad Telmann in: Eugen Wolff: Über den Einfluß des Zeitungswesens auf Litteratur und Leben. Leipzig 1891, S. 40 f., hier zit. nach Eva D. Becker: Literarisches Leben. Umschreibungen der Literaturgeschichte. St. Ingbert 1994 (Saarbrücker Beiträge zur Literaturwissenschaft 45), S. 86.

somit optimale Breitenwirksamkeit und internationales Ansehen eines Autors erhöhte nicht nur Verbreitungsradius und Absatzzahlen seiner Werke, sondern eröffnete in fortschreitend globalen Buchmärkten zugleich ökonomisch lukrative Perspektiven im Übersetzungsgeschäft. So waren die Romane der Erfolgsautorin Eugenie Marlitt in nahezu alle Sprachen übersetzt, ja sogar in Japan und China nachgedruckt worden.[26]

Für den Vertrieb von Unterhaltungszeitschriften standen in der zweiten Hälfte des 19. Jahrhunderts zwei Systeme zur Verfügung, die beide eine maximale Verbreitung der Produkte gewährleisteten. Das in Deutschland vorherrschende Abonnement funktionierte über den Buchhandel oder über die Post. Beim Postvertrieb abonnierte der Leser direkt bei der Post, die dem Verlag zum Quartalsbeginn die Gesamtzahl der bestellten Exemplare mitteilte und diese Anzahl am Erscheinungstag zuverlässig auslieferte. Die Abonnenten erhielten ihre Zeitschriftennummer regelmäßig ins Haus geliefert und der Verlag profitierte vom flächendeckenden Vertriebssystem der Post, das auch abgelegene Provinzen erreichte. Das Abonnementsystem war für das deutsche Pressewesen prägend, denn bis 1850 unterlag der Pressevertrieb noch massiven staatlichen Repressionen und dem sog. Inserationszwang. Erst mit dem Fall dieser Regelung – auch im Kontext der Liberalisierung mit Einführung der Gewerbefreiheit – eröffnete sich Pressekonzernen die Gelegenheit, mit einem professionellen Annoncenwesen ihre Presseprodukte zu finanzieren.[27] In den Zeitschriftenverlagen wurden Annoncenabteilungen gegründet und spezielle Annoncenagenturen akquirierten für Pressekonzerne Werbekunden. Die Betreibung von Annoncenbüros schuf neue Arbeitsplätze auch für Schriftsteller, die als Werbetexter tätig waren (ein prominentes Beispiel ist Frank Wedekind, der für das Unternehmen Julius Maggi arbeitete). Die Finanzierung von Zeitungen und Zeitschriften über Werbeannoncen führte zu einer eklatanten Verbilligung von Presseprodukten in Deutschland und ermöglichte erstmals die Entfaltung des Verkaufs von Einzelnummern bspw. an Bahnhöfen und in Straßenkiosken.[28] Seiner Starautorin Marlitt kam der Verleger Ernst Keil entgegen, indem er dafür sorgte, dass sämtliche Buchhandlungen des

---

26 Vgl. Die Gartenlaube als Dokument ihrer Zeit, zusammengestellt und mit Einführung versehen von Magdalena Zimmermann. München 1967, S. 19.
27 Vgl. hierzu Margit Dorn/Andreas Vogel: Geschichte des Pressevertriebs in Deutschland. Mit einem Schwerpunkt auf der Entwicklung des Pressehandels. Baden-Baden 2001 (Stiftung Presse-Grosso 2).
28 Christine Haug: Reisen und Lesen im Zeitalter der Industrialisierung. Die Geschichte des Bahnhofs- und Verkehrsbuchhandels in Deutschland von seinen Anfängen um 1850 bis zum Ende der Weimarer Republik. Wiesbaden 2007 (Veröffentlichungen des Leipziger Arbeitskreises zur Geschichte des Buchwesens 17).

Ostasiatischen Lloyd in Shanghai Marlitts Werke als Nachdrucke zum Preis von 15 bis 30 Cents bereithielten.[29]

Die Auslieferung von Presseerzeugnissen wurde gewöhnlich über den Kolportagebuchhandel abgewickelt. Die Verleger belletristischer Journale gaben – dies war Teil der Publikationsstrategie – parallel zum Presseprodukt Romanreihen heraus, eine erste Stufe der Wiederverwertung von Texten in Buchform, die einem Zeitschriftenautor offeriert wurde. Eduard Hallberger, Verlagsbuchhändler in Stuttgart und Herausgeber der Zeitschrift *Über Land und Meer*, gliederte bspw. die *Deutsche Roman-Bibliothek* an. Die vom Verleger gelenkten Buchreihen, die seit der Mitte des 19. Jahrhunderts ein wichtiger Bestandteil innovativer Absatzkonzeptionen war, entwickelten sich zu einem wichtigen Vertriebsmedium für populäre Lesestoffe.[30] Eine weitere Verwertungsstufe stellte die Bühnenbearbeitung eines Prosatextes dar, der jedoch Autoren, Verleger und Theaterdirektoren vor immer komplexere urheberrechtliche Fragen stellte und neue Publikationsmedien generierte, bspw. Leseausgaben für das Theater. Eine erfolgreiche Bühnenkarriere steigerte Popularität und Renommee eines Autors und seine Werke wurden oftmals in weiteren Formaten, bspw. in Gestalt von speziellen illustrierten Ausgaben und Prachtausgaben angeboten, Publikationsformate, die aus urheberrechtlicher Sicht unterschiedliche Behandlung erfuhren.

Autoren und Verleger standen in der zweiten Hälfte des 19. Jahrhunderts aus urheberrechtlicher Sicht anhaltend vor neuen Herausforderungen: Gerade die Produzenten von populären Lesestoffen, die oftmals mit nur geringem Startkapital und fehlenden Branchenkenntnissen an diesem Markt partizipieren wollten und Verlagsfirmen gründeten, gerieten schnell in finanziell prekäre Situationen und waren darauf angewiesen, kurzfristig an Kapital zu kommen oder bankrottierten schon wenige Monate nach Firmengründung. Welche Auswirkungen hatten Verlagskonkurse für die Autoren? An wen fielen die Rechte an einem literarischen Werk, wenn Journal oder Zeitschrift in Konkurs gingen? Eine virulente Debatte entfaltete sich über die Frage des Plagiats, wurden Erzählungen und Romane dramatisiert und auf die Bühne gebracht; ein heftiger Streit entwickelte sich über den Nachdruck deutscher Literatur in Nordamerika und die Frage des differierenden Urheberrechts, denn in den USA schützte das Copyright nicht den Autor, sondern das Produkt.[31] Der Marktwert einzelner Erfolgsautoren bestimmte die

---

29 Vgl. Hazel E. Rosenstrauch: Zum Beispiel *Die Gartenlaube*. In: Annamaria Rucktäschel/Hans Dieter Zimmermann (Hg.): Trivialliteratur. München 1976, S. 169–189, hier S. 181.
30 Vgl. hierzu den Beitrag von Martina Zerovnik im vorliegenden Band.
31 Christine Haug: Ernst Steiger – ein deutsch-amerikanischer Zeitungsagent, Verleger, Buchhändler und Nachdrucker in New York. In: Claude D. Conter (Hg.): Literatur und Recht im Vormärz. Bielefeld 2010 (Forum Vormärz-Forschung 15), S. 81–104.

Höhe von Honorarzahlungen für Erstdrucke, Nachdrucke und Neudrucke in Buchreihen, Almanachen und Zeitschriften, Verhandlungen, die an Komplexität zunahmen, handelte es sich um eine literarische Wiederverwertung im Ausland. Längst noch nicht erschöpfend aufgearbeitet ist die juristische Regelung im internationalen Illustrationsgeschäft.

Die Regelung des Autor- und Verlagsrechts war in der zweiten Hälfte des 19. Jahrhunderts weit fortgeschritten und erreichte mit der Berner Übereinkunft einen ersten Höhepunkt.[32] Unternehmerisches Kapital für belletristische Verlage stellten die Verlagsrechte an Erfolgsautoren dar. Der Warenhauskonzern Wertheim kaufte vor dem Hintergrund des Lieferboykotts durch reguläre Verlage und deren Standesvertretung, den Börsenverein des Deutschen Buchhandels, systematisch fallierte Verlagsunternehmen auf, um an die Rechte von populären Autoren zu gelangen. Der Berliner Verleger Georg Bondi, der sich als Exklusivverlag für die Werke Stefan Georges und seines Kreises einen Namen machen sollte, begründete seinen literarischen Verlag auf dem Erwerb der Rechte an den Werken Max Halbes.[33]

Eine besondere Rechtsproblematik bot allerdings der Publikationstyp der Zeitung, also der Tagespresse, weil diese sich nicht allein auf die tagesaktuelle Berichterstattung beschränkte, sondern darüber hinaus literarische Werke abdruckte; eine rechtlich spannende Frage, weil der Abdruck von Nachrichten – spätestens mit der Gründung von Nachrichtenagenturen – auf der bloßen Wiedergabe von Pressetexten basierte, einer Textsorte, auf die keine rechtlichen Ansprüche erhoben werden konnten: „Dies verwirrt den rechtlichen Charakter, zumal der Unterschied zwischen Nachrichtenwesen und litterarischem Inhalt nicht überall klar zu Tage tritt; es entstehen vielfach Zwitterformen".[34] Die Zeitung lebte von der Übernahme von Nachrichten, d. h. tagespolitische Berichterstattung in Zeitungen war eben nicht Original, sondern gemeinhin Nachdruck. Das Reichsgesetz vom 11. Juni 1870 reagierte in § 7 auf diese Besonderheit, indem es in Absatz a) die „litterarische Benutzungsfreiheit (Bücherwesen) und in Absatz b) den Zeitungsnachdruck" regelte:

> [...] die Zeitung beansprucht nicht bloß eine gewisse Freiheit des Nachdrucks, sie geht auch darauf aus, nachgedruckt zu werden, ein Zug, der sich vom Nachrichtenwesen auf den lit-

---

[32] Martin Vogel: Die Geschichte des Urheberrechts im Kaiserreich. In: Archiv für Geschichte des Buchwesens 31 (1988), S. 203–219.
[33] Christine Haug: Verlagsbeziehungen und Publikationssteuerung. In: Achim Aurnhammer u. a. (Hg.): Stefan George und sein Kreis. Ein Handbuch. 3 Bde. Berlin 2012, Bd. 1, S. 408–491.
[34] August Schürmann: Die Rechtsverhältnisse der Autoren und Verleger sachlich-historisch. Halle 1889, S. 261.

terarischen Inhalt übertragen hat. Größere Unternehmungen haben mehr das passive als aktive Bedürfnis des Nachdrucks, natürlich unter Quellenangabe, denn der Sinn ist nicht der, anderen Blättern die Füllung ihrer Spalten zu erleichtern, sondern durch die Entlehnungen mit weiteren Leserkreisen in Berührung gebracht zu werden. Die Aufmerksamkeit, im Nachrichtenwesen citiert zu werden, kann Blättern zweiten und dritten Ranges widerfahren; leistungsfähigere Organe stellen deshalb ihren litterarischen Inhalt stillschweigend oder ausdrücklich zur Benutzung so weit frei, als der Abdruck nicht gesetzlich oder durch besonderen Vorbehalt untersagt ist. Zwischen Blättern gleicher Leistungsfähigkeit beruht die Ausnutzung oft auf Gegenseitigkeit. Um welche Art Benutzung es sich nun auch handeln mag, ob wörtlich oder mit unwesentlichen Abänderungen, stets hat der benutzte Teil Anspruch auf Quellenangabe. Die Mißachtung dieses Anspruchs drückt dem Zeitungsnachdruck den Stempel der Piraterie auf.
Vereinzelt kommt es vor, daß Zeitungen den Wiederabdruck feuilletonistischer Arbeiten u. dergl. nur gegen Abfindung gestatten. In solchem Falle liegt keine Pflicht zur Quellenangabe vor, sofern diese nicht ausdrücklich mitbedungen ist.[35]

So wird der Nachdruck von „novellistischen Erzeugnissen" und „wissenschaftlichen Ausarbeitungen" in der Zeitung untersagt:

Allein der litterarische Inhalt, das Buchartige in der Zeitung, besteht nicht bloß aus novellistischen Erzeugnissen und wissenschaftlichen Ausarbeitungen. Demnach heißt es weiter, daß die Wiedergabe ‚sonstiger größerer Mitteilungen' nur dann als unstatthafter Nachdruck anzusehen sei, wenn an der Spitze derselben der Abdruck untersagt ist. Das Gesetz betrachtet es hiernach nicht als seine Aufgabe, genau zu bestimmen, wieweit sich der Nachdruck unbeanstandet erstrecken kann; die Grenze zu ziehen, überläßt es dem Ermessen der einzelnen Zeitung, es stellt ihr anheim, wieweit sie nachgedruckt sein will.[36]

Eine Reaktion auf die immer unübersichtlichere Urheberrechtssituation war die Organisation von Schriftstellern in Berufsvereinigungen sowie die Konsultation der vermehrt entstehenden literarischen Agenturen.[37] Die Gründung von Literaturagenturen als professionelles Vermittlungsforum zwischen Buch- und Presseverleger und Autoren in den 1860er Jahren in Deutschland – ein regelrechter Gründungsboom war in der Zeitungsstadt Berlin zu verzeichnen – war eine Antwort auf die diffizilen rechtlichen Rahmenbedingungen. Die Initiative ging vom 1865 gegründeten Deutschen Schriftsteller-Verein aus. Der Deutsche Schriftsteller-Verein konstatierte 1868, dass allein 1000 Blätter nur vom Nachdruck von Novellen und Romanen leben würden.[38] Der Erfolgsschriftsteller, Publizist und Po-

---

35 Schürmann: Die Rechtsverhältnisse (Anm. 34), S. 264 f.
36 Schürmann: Die Rechtsverhältnisse (Anm. 34), S. 264.
37 Andreas Graf: Literatur-Agenturen in Deutschland (1868 bis 1939). In: Buchhandelsgeschichte 4 (1984), S. B170–B188.
38 Graf: Literatur-Agenturen (Anm. 37), S. B172.

litiker Eduard Schmidt-Weißenfels (1833–1893) stellte bei diesem Verwertungsverfahren die systematische Nichtbeachtung von Autorenrechten fest:

> Der Aufschwung der Presse, das Bedürfnis nach Lectüre in jeder Form erheischen schriftstellerische Kräfte im Dienste dieser unersättlichen Presse und dieses immer sich erneuernden Bedürfnisses. So begreift sich der für den Bedarf der weiteren Kreise berufsmäßig arbeitende Schriftsteller als ein Geschäftsmann wie jeder andere, gegenüber dem Gelehrten, der nur für exclusivere Kreise schreibt, und gegenüber dem Dilettanten, der außerhalb seines Lebensberufes mehr oder minder vorübergehend sich dem Wettkampfe um die literarischen Lorbeern anschließt. Der productive Schriftsteller, welcher sich mit seinem Kopfe und einer Feder Geld für die Bedürfnisse des Lebens erwerben will und muß und kann, repräsentirt eine Geschäftsfirma, deren Credit von der Art und von dem praktischen Werth ihrer Arbeiten abhängt.[39]

Der Lyriker und Lehrer Anton Niendorf (1826–1878) regte deshalb die Einrichtung eines „Vermittlungsbureaus für Unterbringung von Novellen und Feuilletons auf dem geschäftlichen Wege von Angebot und Nachfrage" an, hauptsächlich um den sog. Feuilleton-Korrespondenzen zu begegnen.[40] Bei den Feuilleton-Korrespondenzen handelte es sich um ein lukratives Geschäftsmodell für Presseverleger, in dem Autorrechte eine untergeordnete Rolle spielten. Feuilleton-Korrespondenzen wurden gewöhnlich auf einseitig bedruckten Blättern an Presseverleger, die diese Dienstleistung abonniert hatten, versendet, damit die Redakteure ohne Textverlust diese ausschneiden und neu zusammenkleben konnten.[41] Die Autoren beklagten:

> Die sogenannten Feuilleton-Korrespondenzen überlassen ihren ganzen Inhalt für das blosse Abonnement; sie honorieren die von ihnen verbreiteten Artikel aber nur einmal und so niedrig wie möglich. Kein Wunder, dass die tausende von Blättchen, welche überhaupt nur mit der Schere redigiert werden, hier ihren Bedarf decken oder Arbeiten direkt vom Schriftsteller ebenso billig haben wollen.[42]

Das Abonnement, substanziell für das Geschäftsmodell, sicherte den Presseverlagen den vollständigen Abdruck des gesamten Inhalts ohne Quellenangaben zu. Die Abonnementskosten betrugen etwa sechs Taler im Quartal oder 20 Taler im Jahr. Literaturagenturen, bspw. „Dr. Loewenstein's Bureau für Vermittlung literarischer Geschäfte", intendierten die Bereitstellung von rechtlichen Rahmenbedingungen in diesem grauen Markt. 1873 gründete Loewenstein seine eigene

---

[39] Graf: Literatur-Agenturen (Anm. 37), S. B171.
[40] Graf: Literatur-Agenturen (Anm. 37), S. B172.
[41] Graf: Literatur-Agenturen (Anm. 37), S. B176.
[42] Graf: Literatur-Agenturen (Anm. 37), S. B176.

Feuilleton-Korrespondenz, die er unter dem Titel *Unter'm Strich* auf den Markt brachte.[43] Mit fortschreitender Expansion und Dynamisierung des Pressemarkts stieg die Zahl von Literaturagenturen. Im Zeitraum von 1868 bis 1915 weist Graf 105 Agenturen nach, die hauptsächlich in Berlin (42), Wien (10), München (8) und Leipzig (7) tätig waren.[44] Mit der Literaturagentur war jetzt aber auch eine weitere Instanz innerhalb der Wertschöpfungskette installiert worden, die am Markt partizipierte und den Verdienst von Autoren und Verleger um die zu zahlenden Provisionen um ein weiteres schmälerten. Der Literaturagent avancierte in Berufsschriftstellerromanen, auch in Zapps *Zwischen Himmel und Hölle*, zu einer allein von Profitgier und krimineller Energie gezeichneten Figur.

Die Verdrängung des Buches zu Gunsten des Presseprodukts führte zur Herausbildung von zwei qualitativ unterschiedlich wahrgenommenen Formen von Romanliteratur, die von den Autoren selbst beklagt wurde. Der Zeitschriftenabdruck war rein profitorientiert, die Buchausgabe dagegen die qualitativ höher stehende Publikationsform, die aber nicht zum Lebensunterhalt eines Berufsschriftstellers ausreichte. In diesem Spannungsfeld agierte auch der Protagonist Philipp Mory in Zapps Schriftstellerroman.

IV Der Unterhaltungsschriftsteller Arthur Zapp (1852–1925) und sein Berufsschriftstellerroman *Zwischen Himmel und Hölle*

Der Roman berichtet über die Arbeitsbedingungen eines Berufsschriftstellers in der zweiten Hälfte des 19. Jahrhunderts. Am Beispiel Philipp Morys werden die Hoffnungen und ökonomischen Zwangslagen eines Autors geschildert, der sich gegen den sicheren Arbeitsplatz eines Schullehrers und für die Existenz eines freien Autors entscheidet und mit seiner Familie den Umzug nach Berlin wagt, ein ideales Pflaster, gilt Berlin doch in der zweiten Jahrhunderthälfte als das Pressezentrum schlechthin. Philipp (wie auch Zapp selbst) setzen sich im belletristischen Pressemarkt durch und avancieren durch ihre geschickte Selbstvermarktung und ihre sorgfältig geknüpften sozialen und beruflichen Netzwerke zu erfolgreichen Vertretern ihres Metiers. So blicken die Romanfigur wie auch ihr Schöpfer mit ambivalenten Gefühlen zurück auf ihre Karrieren als Berufsschriftsteller, die zwar in den Chor über den Verfall der deutschen Romanliteratur ein-

---

43 Graf: Literatur-Agenturen (Anm. 37), S. B176.
44 Graf: Literatur-Agenturen (Anm. 37), S. B178.

fallen, sich aber mit dem von Industrialisierung und Profitorientierung geprägten Literatursystem durchaus und mit ökonomischem Erfolg arrangiert haben.

> Ich bin sozusagen eine renommirte Romanfirma geworden und meine Romanfabrik hat zahlreiche gut zahlende Kunden und Abnehmer. Die Zeitungen und Zeitschriften warten nicht, bis ich ihnen meine Waare zuschicke: sie senden mir ihre Offerten ins Haus und ich befinde mich in der angenehmen Situation, nicht für das Lager, sondern auf Bestellung zu arbeiten.[45]

Dies ist die Erfolgsbilanz eines Berufsschriftstellers um 1900, der sich resigniert damit abgefunden hatte,

> daß wir in Deutschland seit Jahrzehnten zwei Arten von Romanliteratur haben, eine Buch-Roman-Literatur, die kärglich ihr Dasein fristet, und eine Zeitungs- und Familienblatt-Roman-Literatur, die üppig wuchert, von der die Autoren leben und die aus dem Dichter einen Handwerker macht und ihn systematisch zwingt, sich wissentlich und mit Absicht zu verflachen, sich selbst sozusagen literarisch zu kastriren.[46]

Zapps Aufsatz *Schriftstellerleiden* aus dem Jahr 1898 scheint impulsgebend für seinen zwei Jahre später erschienenen Roman *Zwischen Himmel und Hölle. Aus dem modernen Schriftstellerleben* gewesen zu sein, denn diverse Textpassagen wurden nahezu wörtlich aus dem Zeitschriftenbeitrag in den Roman übernommen. Der etwa 160 Seiten umfassende Roman *Zwischen Himmel und Hölle* erschien 1900 in *Fehsenfeld's Romansammlung. Bibliothek zeitgenössischer Schriftsteller*, einer Buchreihe, in der zwei Bände im Monat zu je 50 Pfennig (bzw. 75 Pfennig bei gebundener Ausgabe) veröffentlicht wurden. Die Romanreihe wurde über das Abonnement vertrieben und der Verleger Fehsenfeld warb für sein Produkt mit einer klaren Programmatik:

> Unser Programm ist einfach und klar: wir wollen gute Unterhaltungslektüre zu einem mäßigen Preise liefern, der es jedem ermöglicht, sich mit geringen Kosten einen litterarischen Hausschatz von bleibendem Wert anzulegen. Wir bevorzugen keine irgendwie geartete besondere Richtung, sondern nehmen das Gute, wo wir es finden, und werden jedes Genre mit Ausnahme des Langweiligen und Schädlichen pflegen. Unsere Bücher sind in erster Linie für das Haus und die Familie bestimmt, ohne daß wir jedoch bei Auswahl der Werke in jene unkünstlerische und engherzige Prüderie verfallen wollen, die der Bezeichnung „Familien-Roman" in den Augen der ernsthaften Bücherfreunde einen fatalen Beigeschmack verliehen

---

45 Arthur Zapp: Schriftstellerleiden. In: Die Zukunft 25 (1898), S. 299–305, hier S. 304.
46 Zapp: Schriftstellerleiden (Anm. 45), S. 305.

hat. Wir bringen nur moderne Werke aus allen Sprachen: Romane, Novellen und Erzählungen, mit besonderer Berücksichtigung der deutschen Literatur.[47]

Der dezidierte Hinweis auf die Zielgruppe Familie und Haus sollte zugleich die Sittlichkeit der Texte garantieren, die Tilgung von jeglichen erotisch-schlüpfrigen Passagen. Als Werbeprämie – ein vom Kolportagebuchhandel erfolgreich praktiziertes Werbeinstrument – für sofort entschlossene Abonnenten, die sich für einen ganzen Jahrgang mit 24 Bänden verpflichteten, wurde ein weiteres Romanwerk zum Ladenpreis von 3 Mark ausgelobt. Arthur Zapp (1852–1905), Verfasser zahlreicher Novellen, Romane und Theaterstücke,[48] beschreibt in *Zwischen Himmel und Hölle* die Parallelwelt eines Schriftstellers, der durch eine maximale und allein profitorientierte Verwertung von Feuilletonkorrespondenzen und Novellen sich die ökonomische Grundversorgung schafft, um seiner eigentlichen Berufung als Dichter nachzugehen und einen Roman zu schreiben. Bereits in *Schriftstellerleiden* schilderte Zapp seine ihn wenig befriedigende Doppelstrategie, sich im Markt zu behaupten: „Eine Woche lang schmierte ich um des Erwerbes willen kleine Geschichten zusammen, wie die Zeitungen und Feuilleton-Korrespondenzen sie gebrauchten, und die nächste Woche widmete ich meinem großem Roman".[49] Diese Produktionsstrategie praktiziert auch der Protagonist im *Zwischen Himmel und Hölle. Aus dem modernen Schriftstellerleben.*

IV.1 Arthur Zapp und seine Verleger

Die Verlagsorte der Werke Arthur Zapps konzentrieren sich auf Berlin und Leipzig, in den Zwanzigerjahren verstärkt Hamburg, wo er mit den Gebrüdern Enoch seinen Stammverlag fand.[50] In Berlin veröffentlichte Zapp bei Adolf Eckstein, Otto Janke, Steinitz und Duncker, Hermann Hilger – Verlagen mit einem Programmschwerpunkt auf belletristischen Zeitschriften, Illustrierten und Romanreihen. Doch nicht nur renommierte Belletristik-Verlage bemühten sich um Zapps literari-

---

47 *Fehsenfeld's Romansammlung. Bibliothek zeitgenössischer Schriftsteller*. Hier Abdruck des Programms in Arthur Zapp: Zwischen Himmel und Hölle. Aus dem modernen Schriftstellerleben. Freiburg i.B. 1900.
48 Sowie Verfasser von erotischen und Frauenromanen insbesondere in den Zwischenkriegsjahren, ersteres ein Genre, das u. a. dazu führte, dass die Romane Zapps im Nationalsozialismus auf der Liste der verbotenen Bücher geführt wurden.
49 Zapp: Schriftstellerleiden (Anm. 45), S. 299.
50 Roland Jäger: Kurt Enoch (1895–1982) und der Gebrüder Enoch Verlag (1913–36). In: Aus dem Antiquariat 2000, S. A288–A300.

sche Produktion, verschiedene Abhandlungen, häufig politischer Provenienz, erschienen in kleinen Personenverlagen, bspw. im Fritz Kater-Verlag, der seit 1898 Broschüren für die Freie Vereinigung deutscher Gewerkschaften druckte, 1919 wurde der Verlag sozialisiert und formierte unter dem Namen Der Syndikalist.[51] Der Leipziger Verlag Max Spohr gehörte zu den ersten und einzigen Verlagen, welcher offen über das Thema Homosexualität publizierte.[52] Darüber hinaus arbeitete Zapp in Leipzig mit Otto Beyer zusammen, einem 1890 gegründeten und wirkmächtigen Zeitschriftenverlag, der u. a. Zeitschriften wie *Häuslicher Ratgeber* (1886–1933), *Deutsche Frauen-Zeitung* (1886–1944) sowie Handarbeitsreihen und Schnittmuster im Programm führte.[53] Mit den Verlegern Eckstein, Janke, Hesse und Rothbart bewegte sich Zapp im Feld der Belletristik-Verleger, die populäre Lesestoffe hauptsächlich über Romanzeitschriften und Romanreihen auf den Markt brachten. Grundsätzlich verweist die Vielfalt und Auswahl der Verlage auf einen professionellen Berufsschriftsteller, der sich seine Flexibilität im Markt zu bewahren suchte, auf eine schnelle Verwertung seiner literarischen Erzeugnisse bei maximaler Honorierung achtete und sich in einem sorgfältig zusammengestellten Netzwerk von kleineren Literatur- und politischen Verlagen, von Buch- und Presseverlagen bewegte.

IV.2 Zur Romanhandlung von *Zwischen Himmel und Hölle*

Im Fokus des Romangeschehens steht der Schriftsteller Philipp Mory, der den ihn wenig befriedigenden Lehrerberuf zugunsten einer freien Schriftstellerexistenz in Berlin aufgeben wünscht. Bereits während seiner Lehrertätigkeit verdient Mory mit literarischen Beiträgen für das Feuilleton jährlich etwa 2.000 Mark dazu und fühlt sich durch diese Nebenerwerbsquelle ermutigt, den Schritt in die Selbständigkeit als Schriftsteller zu wagen. Seiner Frau Franziska gegenüber äußert er

---

51 Vgl. Helge Döhring: Die Presse der syndikalistischen Arbeiterbewegung in Deutschland 1918 bis 1933. Moers 2010 (Edition Syfo 1).
52 Mark Lehmstedt: Bücher für das „dritte Geschlecht". Der Max Spohr Verlag in Leipzig. Verlagsgeschichte und Bibliographie (1881–1941). Wiesbaden 2002 (Veröffentlichungen des Leipziger Arbeitskreises zur Geschichte des Buchwesens 14).
53 Andreas Graf/Susanne Pellatz: Familien- und Unterhaltungszeitschriften. In: Geschichte des deutschen Buchhandels im 19. und 20. Jahrhundert. Im Auftrag des Börsenvereins des deutschen Buchhandels hg. von der Historischen Kommission, Bd. 1: Das Kaiserreich 1871–1918. Im Auftrag der Historischen Kommission hg. von Georg Jäger, Teil 2. Frankfurt a.M. 2003, S. 409–522, hier S. 471.

seine Überlegung, den Lehrerberuf gänzlich aufzugeben und sich der Dichtkunst zu widmen, zu der er sich berufen fühle:

> Weißt du, sagte er, daß ich den Gedanken schon seit Monaten still in mir herumwälze. Welchen Gedanken, Philipp? Den, die ganze Schulmeisterei an den Nagel zu hängen. Ich hab's wirklich – er fuhr mit dem Zeigefinger seiner Rechten über die Grenze zwischen Hals und Kinn hin – bis hierher hab' ich's satt. Er that einen tiefen Atemzug. Ich taug' wirklich nicht zum Schulmeister, Fränzchen, und wenn ich aus dem Joch herauskäme, ich wär' ein anderer, ein freier, ein glücklicher Mann. (S. 7)[54]

Seine Frau bestärkt ihren Mann in diesem Schritt und attestiert ihm schriftstellerische Qualitäten, die den Schritt zum Berufsschriftsteller aus ihrer Sicht als vertretbares Risiko erscheinen lässt. Als Leserin, die sich ihrer Marktrelevanz als Rezipientin durchaus (obgleich noch errötend) bewusst ist:

> Ich an deiner Stelle, sagte sie, würde mir mit Bedenken und Zweifeln gar nicht den Kopf warm machen. Du fühlst doch gewiß die Kraft in dir, als Schriftsteller deinen Weg zu machen, und du hast ja doch auch schon den Beweis geliefert, daß du in deinem Lieblingsfach etwas leistet. Ich habe ja kein großes Urteil in diesen Dingen, fügte sie rasch hinzu, während ihr eine leichte Röte in die Wangen stieg, ich kann nur als schlichte Leserin urteilen. Mich haben deine Arbeiten immer sehr angesprochen, und sie haben mir besser gefallen als viele andere, die ich in den großen Blättern gelesen habe. Und wenn so viele andere sich als Schriftsteller ernähren, warum sollst du es nicht auch können? (S. 14)

Eine dauerhafte Verehrerin und tatkräftige Unterstützerin findet Philipp in seiner Schwägerin Katharina, die dem Ehepaar mit seinen Kindern behilflich ist, in Berlin Fuß zu fassen. Katharina ist der Inbegriff der modernen Frau, berufstätig und ledig, die sich ihren Lebensunterhalt als Buchhalterin verdient – ein Typus von moderner Frau, der in vielen Romanen Zapps eine Hauptrolle einnimmt. Sie wird die Schriftstellerkarriere ihres Schwagers unerschütterlich fördern, ihr Erspartes investieren und schließlich sogar eine Zweckehe eingehen, um für ein höheres Darlehen für ihren Schwager Philipp bürgen zu können. Die Beziehung zwischen Katharina und Philipp entwickelt sich im weiteren Romanverlauf in den Grenzbereich einer Liebesaffäre, die beide jedoch standhaft abwehren. In Berlin lebt auch die Schwester von Philipp, verheiratet mit dem Amtsgerichtsrat Naumann, der von Philipp, Franziska und der Schwägerin Katharina immer wieder um Vorschüsse und Vorabfinanzierungen gebeten wird und ebenso überheblich wie arrogant die Schriftstellerexistenz des Schwagers diskreditiert, voller Unverständnis gegenüber dem freiwilligen Wechsel vom bestallten Lehrer hin zur Berufsschriftstellerei. Anerkennung und Respekt wird er seinem Schwager erst

---

54 Dieses und die folgenden Zitate aus Zapp: Zwischen Himmel und Hölle (Anm. 47).

zollen, als dieser seinen literarischen Durchbruch schafft und aus seiner literarischen Produktion Kapital schlagen kann, sich also aus kaufmännischer Sicht bewährt. Als Mathilde ihren Bruder Philipp rügt: „Ich begreife dich nicht, Philipp. Wie konntest du nur so leichtsinnig und gewissenlos handeln? Hast du denn gar nicht an deine Frau und deine Kinder gedacht?" (S. 14), verteidigt Philipp Sozialstatus und Einkommenssituation des freien Schriftstellers:

> Ich befinde mich als Schriftsteller wohl mindestens auf derselben sozialen Höhe wie als Lehrer [...]. An drei oder vier illustrierten Wochenblättern bin ich schon seit Jahr und Tag ständiger Mitarbeiter, und dann giebt es fünf Feuilleton-Korrespondenzen, an die ich gut und gern das Jahr zwanzig Feuilletons absetze. Das Feuilleton, zweihundert Zeilen, die ich bequem in einem Tag schreibe, wird mit vierzig Mark bezahlt. (S. 21 f.)

Philipp verlässt sich auf seine schriftstellerische Erfahrung und seine exzellente Marktkenntnis, denn

> schon während der früheren Jahre hatte sich Philipp einen sicheren Blick für das angeeignet, was die Blätter von ihren Mitarbeitern wünschten, und da er eine schöne glänzende Diktion mit einer tüchtigen Gestaltungskraft und einer echt realistischen Beobachtung verband, so wurden seine Novelletten und Skizzen gern angenommen und angemessen honoriert. (S. 22)

Doch das mechanische Produzieren für das Feuilleton erschöpft und deprimiert Philipp, der jetzt den nächsten Schritt hin zum Romancier wagen will, wo er sich als Schriftsteller freier zu entfalten glaubt:

> Mit der Zeit fühlte Philipp Mory, daß seine Arbeitsfreudigkeit mehr und mehr nachließ. Seine Erfindung fing an schwerfällig zu werden, und das Ausgestalten selbst bereitete ihm nicht mehr die Befriedigung wie anfangs. Es lag doch etwas Handwerksmäßiges darin, immer nur kurze Feuilletons zu schmieren, deren Wirkung doch auf den Leser keine nachhaltige, tiefe sein konnte und die nur darauf berechnet waren, flüchtig zu ergötzen und über eine müßige halbe Stunde hinwegzuhelfen. Es gelüstete ihn, seiner Phantasie und Erfindungsgabe einen größeren Spielraum zu gestatten und seine dichterischen Fähigkeiten an einer größeren Aufgabe bethätigen und erproben zu können. Sollte er sein ganzes Leben damit hinbringen, kleine Skizzen, literarische Eintagsfliegen zu schaffen, die für ihren Schöpfer weder materiell noch litterarisch wertvoll waren? Nie würde sein Name gekannt werden, nie würde er sich und den Seinen ein sorgenfreies, behagliches Dasein bieten können, wenn er nichts als einer der tausend und abertausend armseligen Feuilletonschreiber blieb. (S. 26)

Als ihm der Redakteur einer großen Berliner Zeitschrift bescheinigt, das Talent für einen großen Volksroman zu haben, fühlt Philipp sich zwar in seinem Vorhaben bestärkt, doch „um einen Roman zu vollenden, dazu gehörte mindestens ein Vierteljahr" (S. 26) und dieses gilt es schließlich vorzufinanzieren: „Ich kann doch um Gottes willen nicht immerzu, vielleicht noch zwanzig oder dreißig Jahre lang Feuilletons fabrizieren. Da müßte ja jeder künstlerische Trieb, jede Schaffenslust elend verkümmern, da würde ich ja zuletzt zur Maschine werden" (S. 28). Doch genau diese maschinengleiche, routinierte Produktion gilt dem großbürgerlichen Schwager Naumann, den Philipp wiederum um einen Kredit angeht, als akzeptable berufliche Tätigkeit, die eben nicht mit einer künstlerisch-intellektuellen Berufung zu vergleichen ist; umso größer ist das Unverständnis für die Entscheidung seines Schwagers:

> Jetzt hast du dich als Feuilletonist eingearbeitet und einigermaßen dein Brot gefunden, und nun ist dir plötzlich auch das nicht mehr gut genug und du willst abermals das Sichere für das ganz Ungewisse und Problematische aufgeben. Aber du bist immer ein unzufriedener Mensch und Quängelpeter gewesen und du wirst wohl auch dein Lebtag nichts anderes werden. (S. 30)

Von Katharina weiterhin finanziell unterstützt, schreibt Philipp seinen ersten Roman und muss erschreckt feststellen, dass das Leben als Romanschriftsteller von denselben Trivialitäten bestimmt wird wie das eines bloßen Verfassers von Feuilleton-Korrespondenzen. Das gelbe Postauto, das ebenso sehnsüchtig wie ängstlich erwartet wird, steht für Erfolg oder Misserfolg:

> Und nun endlich, in einer unbeschreiblichen, feierlich erhobenen, freudig beklommenen Stimmung wurde das Manuskript eingepackt und mit einem kurzen Geleitsbrief an die Redaktion des ‚Illustrierten Familienblatts' gesandt. Aber ach, welche ein Schrecken, schon nach vierzehn Tagen hielt der gelbe Post-Paketwagen vor Philipps Thür und der Roman wurde seinem Verfasser wieder zurückgebracht. (S. 39)

Philipps Anfängerfehler ist es, seinen Roman unter Missachtung der Lektürepräferenzen seiner Leserschaft zu schreiben, er hat an den Marktbedürfnissen vorbeiproduziert. Von der Redaktion wird er exakt instruiert, wie ein Roman gestaltet sein muss, um Aufnahme in die Zeitschrift und Akzeptanz bei der Leserschaft zu finden:

> Sie müssen wissen, die Romane, die wir in unserm Blatte zum Abdruck bringen, müssen wir mit Rücksicht auf unsere Leser in erster Linie ganz bestimmten äußeren Bedingungen unterwerfen. Das Wesen einer Zeitung und einer Zeitschrift, die eine größere dichterische Arbeit immer nur in kleinen Abschnitten bringt, bedingt, daß der Dichter sich nicht allzusehr in Kleinmalerei und in eine ausführliche Seelenschilderung einläßt. Da erlahmt naturgemäß leicht das Interesse des Lesers. Die Handlung muß flott vorwärtsschreiten; in jedem Abschnitt, den wir bringen, muß möglichst irgend eine neue Wendung, eine neue Phase in der Entwickelung der Handlung eintreten. Dazu kommt, daß das Lesepublikum einer belletristischen Zeitschrift sich in der Regel aus den verschiedenartigsten Elementen und Gesellschaftsschichten zusammensetzt. Unsere Zeitschrift ist für den Familientisch berechnet und wird nicht selten in der Familie laut vorgelesen, nicht nur in Anwesenheit der erwachsenen Töchter und Söhne, sondern auch der halberwachsenen Backfische und Knaben.

> Sie können sich denken, daß dieser Umstand uns leider mancherlei Beschränkungen auferlegt. Vor allem muß ängstlich vermieden werden, daß der Lesestoff, den wir bieten, irgend etwas in sittlicher Hinsicht Anstößiges oder erotisch allzu Freies enthält. Auch in religiöser wie politischer Hinsicht müssen wir strengste Rücksicht üben. (S. 41)

Philipp muss nach diesem ersten Misserfolg erkennen, dass es auch bei der Romandichtung eine Technik zu erlernen gibt, und erst nach der gründlichen Überarbeitung druckt das *Illustrierte Familienblatt* den Roman gegen ein Honorar von 2000 Mark schließlich ab (S. 43). Von diesem Erfolg dennoch ermutigt, entscheidet er sich in eine bessere Wohngegend Berlins überzusiedeln, seinen neuen Sozialstatus fortan durch Wohngegend und regelmäßige Theaterbesuche, ein Kernmerkmal des wirtschaftlich gut situierten Bildungsbürgers, nach außen zu kommunizieren:

> Besonders den Theaterbesuch pflegte Philipp Mory jetzt, wo es ihm seine Verhältnisse erlaubten, mit großem Eifer, und es handelt sich dabei für ihn nicht nur um die Zerstreuung und geistige Anregung, sondern er hatte auch einen praktischen Zweck im Auge. Er hatte, wie jeder Geschichts- und Litteraturlehrer, seine drei oder vier historische Dramen geschrieben, die, nachdem sie ein paar Jahre in den verschiedensten Theaterbureaux sich aufgehalten, nun im Schubfach seines Schreibtisches ein unrühmliches Dasein führten. Es war Philipps geheimer Wunsch gewesen, einmal ein modernes Stück zu schaffen, aber er war bescheiden und einsichtig genug, um zu wissen, daß ihm vorläufig noch mancherlei, vor allem die Kenntnis der Technik mangelte. (S. 49)

Über seine regelmäßigen Theaterbesuche erschließt Philipp sich neue gesellschaftliche Kreise und Kontakte in diesem Metier. Er lernt den Dramatiker Fritz Hamscher kennen, der großsprecherisch mit seinem Stück *Alkohol* große Bühnenerfolge zu feiern hofft. Hamscher drängt sich als erfahrener Berater dem noch verunsicherten Philipp auf und beeindruckt diesen durch seine angebliche Bühnenpraxis. Hamscher bestärkt ihn darin, nun die dritte Stufe der Karriereleiter – die ersten beiden Stufen waren die des Feuilletonschreibers und Romanautors – zu erklimmen und sein literarisches Renommee um das eines Dramatikers zu steigern:

> Sie schreiben Romane, Philipp Mory, nicht wahr? Ja, jawohl, ich erinnere mich, habe neulich eine Arbeit von Ihnen in – Dingsda gelesen. Ganz hübsche Leistung, wirklich! Freilich, das Drama ist ja die höhere Kunstgattung, die euch Epikern meist verschlossen zu sein pflegt. (S. 52)

„In Dingsda gelesen" – despektierlicher kann man sich schwerlich über seine Romanliteratur in Presseartikeln äußern, dennoch: Philipp verehrt nicht nur den erfolgreicheren Schriftstellerkollegen, sondern hat sich inzwischen – ein Indiz seines gesteigerten Sozialprestiges – selbst Verehrer erworben. Der Schriftsteller Paul Dornbusch, der später Katharina heiraten wird, ist Rentier und somit nicht auf die Honorierung seiner schriftstellerischen Arbeit angewiesen. Er fertigt luxuriös ausgestattete Liebhaberausgaben auf eigene Kosten und entzieht sich somit den Gesetzmäßigkeiten des Marktes. Dornbusch widmet Philipp zwei seiner Bücher, um mit dem erfahreneren Autor in Verbindung zu treten. Die gediegene Buchausstattung verweist auf den ökonomisch komfortablen Status Dornbuschs: „Die äußere Ausstattung war an beiden Büchern prunkvoll. Wenn der Verfasser wirklich, wie Fritz Hamscher behauptete, die Herstellungskosten selbst bezahlt hatte, so mußte ihm seine Liebhaberei ein ganz hübsches Sümmchen gekostet haben" (S. 55).

Philipp durchlebt alle Höhen und Tiefen eines Berufsschriftstellers und muss erkennen, dass eben nicht künstlerische Geniestreiche, sondern allein eine anhaltende Schreibarbeit und dauerhafte Marktpräsenz das Einkommen gewährleisten. Die Unverkäuflichkeit seines Romans, kaschiert von der Aussage, das Verhandeln von Texten und Feilschen um Honorare sei ihm als einem Schriftsteller nicht angemessen, entscheidet er sich, die Dienstleistungen eines Literaturagenten in Anspruch zu nehmen:

> Und nun trat wieder die widerwärtige, martervolle Aufgabe an ihn heran, die Notwendigkeit, das Werk seiner Phantasie und seines Geistes in Geld umzusetzen. Ja, wenn er nur hätte produzieren, nach Herzenslust seine Lieblingsideen dichterisch ausgestalten dürfen, unbekümmert um den materiellen Ertrag, der Schriftstellerberuf wäre für ihn ein Himmel gewesen. Aber das Hausieren mit den Erzeugnissen seiner Muse, das Herumschicken von Redaktion zu Redaktion, das lange Harren und Hoffen, während einem schon die nackte Not auf den Nägeln brannte, die Enttäuschungen und Demütigungen, zuletzt das Feilschen und Handeln mit Verlegern und litterarischen Agenten, das war die Hölle des Schriftstellerlebens. [...] Nie hatte sich ihm die geschäftliche Seite seines Berufes so peinlich fühlbar gemacht wie diesmal. Der neue Roman schien rein unverkäuflich. Redaktion auf Redaktion sandte ihn zurück und den unglücklichen Verfasser befiel jedesmal ein nervöses Zittern, so oft er den gelben Postpaketwagen in seiner Straße erblickte. Die tausend Mark, welche Katharina ihm geliehen, waren fast ausgegeben und er mußte um jeden Preis den Roman losschlagen. Und so übergab er ihn denn einer der litterarischen Agenturen, die teils als Kommissionäre den Verkehr zwischen Autor und Verleger vermitteln, teils eine litterarische Ware auf eigenes Risiko fest ankaufen. (S. 73)

Doch der Literaturagent, ebenfalls nur ein Glied der Wertschöpfungskette, achtet allein auf den eigenen Profit und übervorteilt den in kaufmännischen Angelegenheiten unerfahrenen Philipp. Dieser erhält für seinen Roman nur ein einmaliges Honorar von 800 Mark, womit er nicht einmal die drängendsten Schulden bei seiner Schwägerin begleichen kann. Wie sehr Literatur zur Ware geworden ist, offenbart sich im Büro des Literaturagenten:

> Der Geschäftsmann, in dessen Bureau hohe Stöße von angebotenen Manuskripten lagerten, war dem armen Schriftsteller gegenüber von vorneherein im Vorteil. Schon in den ersten Minuten hatte der Agent die Lage des armen Teufels erkannt und er bedauerte nur, daß er nicht ein noch niedrigeres Angebot gemacht hatte. (S. 73 f.)

Später wird Philipp erfahren, dass der listige Literaturagent mit seinem Roman 3000 Mark erwirtschaftet hat. Vor dem Hintergrund dieser schmerzlichen Erfahrung entscheidet sich Philipp fortan verstärkt die Gattung des Dramas zu bedienen, unterstützt von seiner Schwägerin Katharina, die ihm bestätigt, dass doch alle seine Romane etwas Dramatisches besäßen. Diesen Gattungswechsel fördert Katharina wiederum mit großzügigen Darlehen:

> Das Drama war doch das Höhere. Schon während des Arbeitens fühlte er das. Im Roman ging alles ins Breite und hatte man beständig sein Augenmerk darauf zu richten, sich nichts ins Nebensächliche und Kleinliche zu verlieren: es war furchtbar viel Schreibwerk daran. Im Drama war alles kurz und knapp, gedrängt. Der Roman war wie ein sanft plätscherndes Gewässer. Das Drama war ein rauschender Strom mit starkem Gefäll. Bei dem Roman entwickelten sich Handlung und Charaktere langsam, im Drama herrschte ein stark vorwärts drängender Zug. (S. 76 f.)

Die Strategien, wie man sein Drama bestmöglich an ein Theater verkauft, vermittelt wiederum Fritz Hamscher, der Philipp belehrt, wie man Nachfrage stimuliert:

> Man muß die Menschen zu ihrem eigenen Besten zu zwingen wissen. Ich stecke mich hinter den neuen Regisseur, der darauf brennt, ein Stück zu inscenieren. Ich stachle den Ehrgeiz der ersten Schauspieler auf, die sich in den Hauptrollen meines Stückes einen großen Erfolg versprechen. Da sind ferner ein paar Geschäftsleute, die mit der Direktion in Verbindung stehen. Die habe ich angepumpt und die singen nun das Lob meines Stückes in allen Tonarten, bloß um zu ihrem Geld zu kommen. Kurz, ich lasse den Direktor, dessen Bühne ich für mein Stück in erster Linie ins Auge gefaßt habe, so lange von allen Seiten bearbeiten, bis er mürbe ist und nachgiebt. (S. 78)

Doch wiederum wird Philipp desillusioniert. Die vorgebliche Steigerung des Renommees als Dramendichter nivelliert sich, denn die Theaterdirektoren sehen ihre Aufgabe eben nicht darin, junge Talente zu fördern, sondern verstehen sich als Kaufleute:

> Ein Theaterdirektor kann sich nicht damit abgeben, Talente zu züchten. Ein Theaterdirektor ist Geschäftsmann und hat gar keine Pflicht als nur die, Geschäfte zu machen, um seinen großen Verpflichtungen nachkommen zu können und für das in das Theater gesteckte Kapital und für seine Mühe eine entsprechende Rente herauszuschlagen. Mit den Zukunftskassenerfolgen, die ein junger Autor vielleicht einmal erringen wird, kann er keine Gagen bezahlen. (S. 84)

Die Zusammenarbeit mit seinem Literaturagenten gestaltet sich für Philipp als Dramenautor indes unerfreulich, weil dieser versucht, das Risiko mit immer neuen Geschäftsstrategien auf seinen Klienten abzuwälzen:

> Der Agent machte dem Autor den Vorschlag: Philipp solle ihm den Roman in kommissionsweisen Vertrieb geben, er, der Agent, wolle darauf einen Vorschuß von dreihundert Mark gewähren gegen einen Anteil von dreiunddreißig einhalb Prozent der zu erzielenden Honorare. Oder aber, wenn ihm, dem Autor, diese Offerte nicht anstehe, so sei er, der Agent, auch bereit, das Vertriebsrecht des Romans für den Zeitraum von drei Jahren gegen ein einmaliges Honorar von siebenhundert Mark zu erwerben. [...] Die Chancen sind für Sie günstig. Der Direktor macht sehr mäßige Ansprüche. Ein Dutzend leere Häuser haben ihn bescheiden gemacht. Sie sollen ihm für die drei ersten Aufführungen Ihres Stückes eine Einnahme von je zwölfhundert Mark garantieren. Das ist eine sehr mäßige Forderung. Ich glaube nicht, daß Sie etwas dabei verlieren werden. Ich rate Ihnen anzunehmen. Sobald Sie den Betrag, also insgesamt dreitausendsechshundert Mark, bei mir deponieren, beginnen die Proben. (S. 103, 129)

Das Stück hat Erfolg und der Agent bietet Philipp schließlich 20.000 Mark, wenn dieser ihm die Rechte daran gänzlich überlasse (S. 156). Wenigstens im Roman *Zwischen Himmel und Hölle* gipfelt die Karriere des Romanciers und Dramatikers Philipp Mory im Erfolg. Mit der Bühnenresonanz tritt die ersehnte werbewirksame Wechselwirkung ein, von der jeder Autor, der unterschiedliche Publikationsformate bedient, träumt:

> Merkwürdig war es, welch eine Wirkung der große Bühnenerfolg Philipp Morys auf seine ganze litterarische Produktion ausübte. Das Publikum war auf einmal neugierig geworden, auch die übrigen litterarischen Leistungen des erfolgsgekrönten Dramatikers kennen zu lernen. Seine Romane kamen plötzlich in Mode und seine Bücher erlebten rasch aufeinanderfolgende neue Auflagen. Mit einem Schlage war er allen Sorgen entrückt und die Zukunft lag heiter und glänzend vor ihm. (S. 158)

IV.3 Arthur Zapp und sein Einkommen als Berufsschriftsteller

In seiner Studie *Arbeit, Zeit und Werk im literarischen Beruf* (1976) rekonstruierte Rolf Engelsing die Arbeitszyklen und -stunden von Berufsschriftstellern, die neben ihrer regelmäßigen Produktion von Feuilleton-Korrespondenzen zur Sicherung der laufenden Lebenshaltungskosten exzessive Schreibphasen für die Anfertigung von Romanen einlegten. Demnach schienen tägliche Arbeitszeiten von bis zu 18 Stunden keine Seltenheit.⁵⁵ Zu Beginn der Schriftstellerkarriere war eine Art Doppelexistenz, ein duales Produktionsverfahren, wonach tagsüber literarische Tagesware nach Termin geschrieben wurde und nachts die Arbeit an einem Roman vorangetrieben wurde, nicht untypisch. Um dieses gewaltige Arbeitspensum zu bewältigen und die knappen Fristen einzuhalten, arbeiteten die Autoren nach einem strengen Arbeits- und Zeitplan, der die nur kurzen Pausen und Schlafenszeiten erlaubte; allein diese disziplinierte Arbeitsorganisation stellte sicher, dass die Texte fristgerecht fertiggestellt werden konnten. Das regelmäßige Schreibpensum ermöglichte es dem Autor zudem, die Fertigstellung von Romanen im Voraus recht zuverlässig zu datieren.⁵⁶ Entscheidende Voraussetzung, sich im Markt erfolgreich durchzusetzen, war eine andauernde zuverlässige Produktionsbereitschaft.

Arthur Zapp scheint – auf vergleichbare Weise – seine Existenz in der Tat und wie von ihm selbst eingangs beschrieben über Schriftstellerei gesichert zu haben. Seine Werke wurden in einer Vielzahl verschiedener und im Geschäft mit Belletristik höchst erfolgreicher Verlagsunternehmen und in allen Formaten publiziert. Der Erstabdruck fand in belletristischen Zeitschriften als Fortsetzungsromane statt, es schlossen sich Wiederabdrucke in Buchreihen und einzelnen Buchausgaben an; der Autor überarbeitete seine Werke für die Bühne und schließlich konnte er sich in den Zwischenkriegsjahren darüber hinaus als Filmdrehbuchautor profilieren. Seinen Zeitgenossen galt er als „Meister des Zeitungs- und Kolportageromans",⁵⁷ die Gebrüder Enoch vermarkteten seine Romane als erotisch-soziale Literatur. Zapps Romane fanden nicht nur im Buchhandel Verbreitung, sondern auch in den kommerziellen Leihbüchereien. Eine kursorische Auswertung von *Die deutsche Leihbibliothek* von Alberto Martino und Georg Jäger zeigt, dass Zapps Romane unter den Erfolgsautoren rangierten und sich neben Autoren wie Friedrich Spielhagen, Felix Dahn, Levin Schücking und Karl May behaupten konnten.⁵⁸

Arthur Zapp bediente sämtliche Verwertungsmöglichkeiten, die der Literaturbetrieb zwischen Reichsgründung und Machtübernahme der Nationalsozialisten bot, bewies ein hohes Maß an Marktflexibilität, bediente schnell die neuen Trends im Lesergeschmack, schrieb für das Theater und den Film. Seine Pro-

---

55 Rolf Engelsing: Der literarische Arbeiter. 2 Bde. Göttingen 1976, hier Bd. 1: Arbeit, Zeit und Werk im literarischen Beruf, S. 370f.
56 Engelsing: Der literarische Arbeiter (Anm. 55), Bd. 1, S. 371f.
57 Berlin und die Berliner. Paderborn 2011 (Reprint von 1905).
58 So das Ergebnis einer kursorischen Auswertung der Analysen des Ausleihverhaltens in Alberto Martino/Georg Jäger: Die deutsche Leihbibliothek. Geschichte einer literarischen Institution (1756–1914). Wiesbaden 1990 (Beiträge zum Buch- und Bibliothekswesen 29).

duktionen in der Rubrik erotisch-soziale Romane erregten die Aufmerksamkeit der „Schmutz- und Schundkämpfer" und seine Romanproduktion fand sich nahezu vollständig auf der Liste der verbotenen Bücher nach Machtübernahme der Nationalsozialisten. Eine Vielzahl seiner Romane beschäftigte sich mit dem Literatur- und Theaterbetrieb seiner Zeit, er griff aktuelle gesellschaftspolitische Debatten auf und mit seinen erotisch-sozialen Romanen befand sich Zapp auf der Höhe des zeitgenössischen Sexualitätsdiskurses.

V Fazit und Forschungsperspektiven

Buch und Zeitschrift weisen nicht allein wegen ihres differierenden Ausgabeformats und Distributionssystems gravierende Unterschiede auf. Autoren und Leser sahen in beiden Veröffentlichungsformen eine unterschiedliche Wertigkeit und unterschiedliches kulturelles Prestige. Aber auch die Bedingungen der literarischen Produktion und Rezeption wiesen eklatante Unterschiede auf und wirkten sich auf das Autorenselbstverständnis wie auch den rechtlichen Charakter von Autorschaft aus. Im Gegensatz zum Buch, wo die individuelle Autorschaft zugleich das Autorrecht manifestierte, bildeten sich im Pressewesen kollektive Autorenkonzeptionen heraus. Es häuften sich Gerichtsverfahren, in denen die Autorschaft zu klären war, und gerade im Bereich der Populärkultur wurden prominente Autoren auf dem Umschlag eines Buches oder einer Buchreihe genannt, ohne dass diese überhaupt gefragt wurden. In der ersten Hälfte des 19. Jahrhunderts suchten die Herausgeber von Journalen und illustrierten Zeitschriften noch den Buchcharakter einer Zeitschrift herauszustreichen. Am Jahresende zusammengeführt sollten die einzelnen Zeitschriftennummern als ein Hausbuch in die reguläre Bibliothek einzugliedern sein. Aus der Perspektive des Autors war die Publikation eines literarisches Werkes als Buch oder in einer Zeitschrift evident, weil er als Zeitschriftenautor die Autorenverantwortung allein aus arbeits- und zeitorganisatorischen Gründen häufig an die Herausgeber abtrat, die aus ökonomischen Aspekten heraus Personal und Handlung eines Romans veränderten, den Text kürzten oder anderweitige Eingriffe vornahmen. Fontane räumte als erfahrener Zeitschriftenautor ein, dass das Korrigieren und Überarbeiten von literarischen Texten mehr Zeit erforderte als das Schreiben. Bei Veröffentlichung des Textes als Buchausgabe oblag die Autorisierung allein dem Autor und die Rückgewinnung der papierenen Macht durch den Autor gelang schließlich, wenn dieser dem Verlag die Drucklegung einer Gesamtausgabe abgerungen hatte.

Lynne Tatlock
Jane Eyre's German Daughters

The Purchase of Romance in a Time of Inequality (1847–1890)

In 1876 Rudolf Gottschall, long-time book reviewer, author, and editor of the *Blätter für literarische Unterhaltung* detected divergent paths of circulation in the literary public sphere. Expert literary criticism and reviewing, he noted, ignored the broader reading and enthusiasms of German popular audiences: "Ein Fehler unserer Literaturgeschichtschreibung und überhaupt der höhern literarischen Kritik, ist eine gewisse falsche Vornehmheit, welche es zum Theil dazu gebracht hat, daß die Literaturgeschichte und das Publikum ganz verschiedene Helden haben." In Germany the contrast was particularly crass: "Nun ist gerade in Deutschland der Gegensatz zwischen den 'Kennern' und der Menge in einer Weise ausgebildet, die man bei andern Nationen nicht kennt."[1] While reviewing and literary historiography presided over by pundits tended to denigrate or ignore popular works, he noted, such publishers as Ernst Keil, the editor of the *Gartenlaube*, rendered German literary life capacious and inclusive of a greater range of writers and genres, including women writers and genres that especially women readers favored.

These prescient observations open Gottschall's extensive review of the novels of E. Marlitt and E. Werner, two women novelists who had become famous through serialized publication in *Die Gartenlaube*. They also support my aim in this essay to examine fiction that tended (and tends) to operate outside the purview and/or approval of literary arbiters, what, because it too was published, marketed, sold, bought, borrowed, and read, also demands to be seen as a constituent of a literary public sphere. By examining in this essay the products of popular writers, translators, and adaptors, many of them women, I aim to restore to view work that nineteenth-century historiographers and journalists – and for that matter, present-day literary historians – often obscured, segregated, or omitted in construing and promoting their literary culture, a culture increasingly seen by many, especially after 1871, in terms of a *Nationalliteratur*, largely produced by men.

In his review Gottschall offers a useful and sometimes penetrating overview of Marlitt's and Werner's recent novels and their success. Yet in the end he brush-

---

[1] Rudolf Gottschall: Neue Novellistinnen I: Die Novellistinnen der *Gartenlaube*. In: Blätter für literarische Unterhaltung 1876, vol. II, no. 32/33 (3 & 10 August), pp. 497–501, 517–521, here p. 497.

es aside not merely some of his own astute observations but also the literary conversations in which particularly Marlitt's novels participated and the traditions on which they relied, traditions they remade, and perpetuated. His mention of the affinity of Marlitt's fiction to an English import, namely Charlotte Brontë's *Jane Eyre: An Autobiography* is most striking in this respect. Indeed, precisely this affinity points to conversations about women's agency and women's domain produced and perpetuated by romance in the decades in which the Woman Question came to the fore in the German-speaking territories, especially in the wake of new political arrangements after 1871.

I

In 1855, the British novelist Margaret Oliphant wrote in *Blackwood's Magazine* of the "invasion of Jane Eyre" that had swept the nation.[2] This "invasion" had not only spawned many English imitations but completely changed romance by infusing it with ideas of equality such as had not been seen in the older courtship novel. *Jane Eyre* was "a wild declaration of the 'Rights of Woman' in a new aspect"; here a "fierce incendiary, doomed to turn the world of fancy upside down" struggled with a lover who fought her as he would a man.[3] For Oliphant, this battle between hero and heroine, as they moved toward marriage, established woman's equality; both the struggle as plot and its message were crucial to the impact of Brontë's novel:

> The old-fashioned deference and respect – the old-fashioned wooing – what were they but so many proofs of the inferior position of the woman, to whom the man condescended with the gracious courtliness of his loftier elevation! The honours paid to her in society – the pretty fictions of politeness, they were all degrading tokens of her subjection.... The man who presumed to treat her with reverence was one who insulted her pretensions; while the lover who struggled with her, as he would have struggled with another man, only adding a certain amount of contemptuous brutality, which no man would tolerate, was the only one who truly recognized her claims of equality.[4]

---

[2] Mrs. [Margaret] Oliphant: Modern Novels – great and small. In: Blackwood's Magazine 77 (1855), vol. II, no. 475 (May), pp. 554–568, here p. 557.
[3] Oliphant: Modern Novels (note 2), p. 557.
[4] Oliphant: Modern Novels (note 2), p. 557.

Brontë had, according to Oliphant, thereby abandoned the English courtship novel, to offer a "true revolution".[5] In *Jane Eyre*, love was not expressed in terms of gallantry and humility but grew out of conflict between equals.

In this lengthy review, Oliphant goes on to point to three English women novelists whose work exhibits the effects of *Jane Eyre* – Mrs. (Elizabeth) Gaskell, Miss (Julia) Kavanagh, and Dinah Craik (Miss Mulock) – expressing a mock worry that perhaps from then on love stories would offer "nothing but encounters of arms between the knight and the lady – bitter personal altercations, and mutual defiance".[6] Brontë, Oliphant declares in her concluding remarks, exerted an unmatched influence on her times: "Perhaps no other writer of her time has impressed her mark so clearly on contemporary literature, or drawn so many followers on her own peculiar path. ..."[7]

Although she has a clear sense of the impact of "the author of *Jane Eyre*"[8] on English literature, Oliphant does not look in this essay beyond the language barrier to the European continent. She apparently did not know that by 1855 the Jane-Eyre invasion had occurred in the German-speaking world as well, in these early years especially in the form of translation and adaptation. She could not, moreover, suspect that a decade later the German Eugenie Marlitt would begin to re-animate elements of *Jane Eyre* in a series of internationally best-selling novels. She also could not know that, as serializations in a liberal family magazine, these novels would profit from new opportunities for women's writing and wide circulation, thus introducing new generations of readers to the romance conversations initiated by Brontë's novel decades earlier.[9] Nor could she have imagined in 1855 that *Jane Eyre* would reappear as German adaptations for girls in support of staid moral lessons. What then became of this British classic when it crossed the Channel in 1848 to Germany where it was repeatedly translated and adapted and where it resurfaced in diffused form in Marlitt's ten novels and three novellas? What conversation took place in German via restyled conventions of romance introduced by Brontë's novel?

Two aspects of the first fifty years of the Jane-Eyre "invasion" will especially interest us here: first, the fiction of Eugenie Marlitt (published 1865–1888) and, second, four adaptations for girls (1880–1890), two of *Jane Eyre* and one each of

---

5 Oliphant: Modern Novels (note 2), p. 558.
6 Oliphant: Modern Novels (note 2), p. 560.
7 Oliphant: Modern Novels (note 2), p. 568.
8 Oliphant: Modern Novels (note 2), p. 568.
9 For an exploration of the effects of media on women's writing, see Manuela Günter: Im Vorhof der Kunst. Mediengeschichten der Literatur im 19. Jahrhundert. Bielefeld 2008. See pp. 238–261 for her discussion of Marlitt.

two novels by Marlitt. In so doing, I consider together as a long-enduring public conversation via literature centered in romance 1) a British novel that, in its iterations across media, languages, and national borders, has enjoyed worldwide popular success up to the present day and also entered the international literary canon, 2) German fiction whose success, though once prodigious, even international and translingual, was in the end ephemeral, and 3) national production aimed at a younger female readership that fed on both Marlitt and Brontë. In uncovering some of the points of contact, aspects of creativity, and mechanisms of production within the literary system that generated these texts and books, I foreground the genre of romance as shaped by Brontë and Marlitt as a constituent of a German literary life understood as inclusive of all producers and readers, one that took up questions about women's domain and agency. The adaptations I treat in the second part of this essay serve by their omissions, alterations, interventions, and inventions to bring into focus the very conversations that romance produced.

Before we turn to the novels themselves, a brief word on the term 'conversation' as it relates to a form of 'literarische Öffentlichkeit' co-formed by the romance genre established by Brontë's *Jane Eyre:* Conversation, as will become clear over the course of this essay, constitutes the terms of marriage founded on moral and intellectual parity; the derivation of the English word itself bespeaks 'living together'. Conversation, moreover, evokes interaction, reception, and reproduction, encounters and processes that take place through writing, reading, translation, adaptation, and imitation, that is, through public print culture and because of this culture. In German translation, *Unterhaltung* – not in the sense of an independent entertainment industry as evoked in the term *U-Literatur*, but rather as intellectual exchange as a feature of social life in the sense evoked by Katja Mellmann in the introduction to this volume – suggests intellectual pleasure, recreation, and even education as part and parcel of living together and of processes of communication and reception. *Unterhaltung* recalls, for example, the title of the aforementioned *Blätter für literarische Unterhaltung*, a usage that takes seriously the reading and reviewing of a very broadly defined 'literature' as producing conversation constitutive of civil society. As Gottschall asserted in his first review of Marlitt in 1870 in the *Blätter*, reading and conversation about reading mattered. He thus did not hesitate to point out that people were reading and talking about Marlitt's novels around the globe "so weit die deutsche Zunge klingt".[10]

---

[10] Rudolf Gottschall: Die Novellistin der *Gartenlaube*. In: Blätter für literarische Unterhaltung 1870, Vol. I, no. 19 (5 May), pp. 289–293, here p. 289.

II

When Marlitt began serializing her fiction in the *Gartenlaube*, *Jane Eyre* had circulated widely in German-speaking Europe. German and Austrian publishers had put Brontë's novel on the market in both English and German. It appeared in English with Tauchnitz in Leipzig (1848) and in five different German translations with five different publishers in Berlin (1848), Stuttgart (1850), Grimma (1850), Altona (1854), and Vienna (1854).[11] In 1853, Charlotte Birch-Pfeiffer adapted the novel for the stage as *Die Waise von Lowood*, and this play in turn met with transnational popular success as it was performed in both German and English translation.[12] The identical titles of the fourth and fifth translations – *Jane Eyre oder die Waise von Lowood* – exhibit the direct influence of Birch-Pfeiffer's stage adaptation and suggest that, in the German context, the play rather than the novel became for many the first point of reference for this material. In 1862, the first German-language adaptation for younger audiences appeared in Vienna.[13] Adaptation, remediation, and translation in our common understanding of these processes had thus taken place extensively before Marlitt's works began to appear in the *Gartenlaube*.

Even if narrated nearly exclusively in the third person, populated with less-complex characters, and much shorter than Brontë's novel, all Marlitt's fiction exhibits elements familiar to readers of *Jane Eyre*.[14] When therefore in 1870 Gottschall noted that Goldelse was "eine milder gefärbte Jane Eyre" and that the object of her affection recalled Brontë's Rochester, he recognized what any experi-

---

[11] Ernst Susemihl (trans.): Johanna Eyre. Aus dem Englischen übersetzt. Berlin 1848; Christian Friedrich Grieb (trans.): Jane Eyre. Stuttgart 1850; Ludwig Fort (trans.): Jane Eyre, Memoiren einer Gouvernante. Aus dem Englischen übertragen. Grimma 1850; Anon. (trans.): Jane Eyre. Die Waise von Lowood. Nach dem Englischen. Altona 1854; A. Heinrich (trans.): Jane Eyre oder die Waise aus Lowood. Aus dem Engl. Wien 1854. As Stefanie Hohn points out, Fort's translation is very free and, moreover, abridged. In today's nomenclature it might be better termed an adaptation. Stefanie Hohn: Charlotte Brontës *Jane Eyre* in deutscher Übersetzung. Geschichte eines kulturellen Transfers. Tübingen 1998 (Transfer 13), pp. 84–86. The anonymous translation from 1854, furthermore, is an adaptation of Fort's adaptation. In fact, as was not unusual in the nineteenth century, all five translators take liberties with the original.
[12] See Patsy Stoneman: Brontë Transformations. The Cultural Dissemination of *Jane Eyre* and *Wuthering Heights*. New York 1996, pp. 33 f.
[13] Jacob Spitzer: Die Waise aus Lowood, frei bearb. nach Dr. Ch. F. Griebs Übersetzung. Wien 1862.
[14] Marlitt's novels of course also differ in significant ways from *Jane Eyre*; these differences cannot, however, be examined here and must be set aside for a future essay.

enced recreational reader might have discerned.[15] Yet Marlitt, according to her brother, Alfred John, had not read *Jane Eyre*, despite her well-known "Belesenheit".[16]

Norbert Bachleitner has questioned the veracity of John's statement, noting the striking echoes of *Jane Eyre* in Marlitt's oeuvre and asserting that we must assume at the very least her secondary familiarity with the novel.[17] Both circumstantial and textual evidence support Bachleitner's view. Indeed, Marlitt had served for ten years (1853–1863) as a reader and companion to Fürstin Mathilde von Schwarzburg-Sondershausen, precisely during this novel's initial penetration and saturation of the German book market and the German stage. It seems odd that of all popular novels the well-read Marlitt did not know precisely this one first hand, especially when textual evidence suggests borrowing of language, plot elements, motifs, and character names from it. Let us consider a few of the more obvious such indications.

In *Goldelse*, an insane young woman named Bertha (recalling Brontë's Bertha Mason) menaces the heroine; the text refers to her as a "Furie" just as *Jane Eyre* refers to Bertha Mason as a "fury".[18] Moreover, the sickly Helene von Walde, in her name and disability recalling Brontë's Helen Burns, wastes away. Goldelse, like Jane Eyre, encounters her future husband, who is accompanied by his dog, when his horse shies at her presence on a forest path, and chapters later valiantly saves his life. In *Das Heideprinzesschen*, the protagonist recounts her own story in the first person, like Jane, concluding in the present moment of writing surrounded by husband and family. Like Rochester, this novel's hero suffers from compromised vision that ultimately heals; the heroine, diminutive like Jane, must uncover the mystery of secret apartments in the house, banish the horror of her profligate aunt who lurks just beyond the garden walls, and learn whom to trust. Brontë's mad Bertha also haunts this novel in the form

---

15 Gottschall: Die Novellistin der *Gartenlaube* (note 10), p. 291.
16 [Alfred John]: Eugenie John-Marlitt. Ihr Leben und ihre Werke. In: Marlitt's gesammelte Romane und Novellen. Leipzig ²n.d., vol. 10: Thüringer Ezählungen, pp. 399–444, here p. 419.
17 In reviewing *Jane Eyre* reception in Germany, Bachleitner denies Marlitt's fiction the status of "produktive Rezeption" and turns instead to Amely Bölte's *Elisabeth, oder eine deutsche Jane Eyre* (1873). Norbert Bachleitner: Die deutsche Rezeption englischer Romanautorinnen des neunzehnten Jahrhunderts, insbesondere Charlotte Brontës. In: Susanne Stark (ed.): The Novel in Anglo-German Context. Cultural Cross-Currents and Affinities. Amsterdam/Atlanta 2000 (Internationale Forschungen zur allgemeinen und vergleichenden Literaturwissenschaft 38), pp. 173–194, here p. 189.
18 E. Marlitt: Goldelse. In: Marlitt's Gesammelte Romane und Novellen (note 16), vol. 8, here p. 142; Charlotte Brontë: Jane Eyre. Third Norton Critical Edition. Ed. by Richard J. Dunn. New York 2001, pp. 179, 264.

of the heroine's grandmother, a Jewish woman driven insane by her fury at social injustice. In *Das Geheimnis der alten Mamsell* the orphaned Felicitas, like Jane the product of a mesalliance, develops a crucial relationship with the maiden aunt whom the family has banished to a secret mansard apartment and ultimately marries the older son of the house. While Aunt Cordula, unlike Bertha Mason, is a benign presence, her secret existence calls to mind Brontë's fury. Like Jane, Felicitas is raised in a foster family as one of their own until the benevolent father dies, at which point she is subjected to the cruelty of the wife and sons – the nastiness of the second son calls to mind Jane's male cousin, John Reed. *Die zweite Frau* features a hidden woman of colonial origin who cannot speak, vaguely reminiscent of Brontë's Bertha.[19] Moreover, Liane, the second wife, must contend with the vestiges of her husband Raoul's past: the spoiled child from his first marriage, the memory of his first wife whose perfume still permeates the private spaces of the home, and his faithless first love who at long last is again free to marry him. Brontë's consumptive Helen Burns seems reincarnated in *Im Hause des Kommerzienrates* in the form of the sickly Henriette Mangold, as does the madwoman in the excitable and cruel Flora Mangold, who, though not insane, is nevertheless explicitly compared, like Bertha Mason, to a vampire. Lucile, the flighty daughter of a French dancer in *Im Schilllingshof* recalls Rochester's ward, the shallow Adele Varens, who is likewise the daughter of a French dancer. These examples number among the most obvious of the many coincidences of motif, names, and plot events.

Jane Eyre, however, reverberates more broadly in Marlitt's oeuvre; new conventions introduced by Brontë's novel shape the very parameters in which Marlitt's novels operate and structure these plots generally. Especially the interrogation of domestic space through the use of gothic conventions and the religious questioning that characterize *Jane Eyre* significantly inform Marlitt's fiction. Indeed, the title of Marlitt's novella *Blaubart* bespeaks the generic affinity of Marlitt's plots to the "Bluebeard tale" at the center of Brontë's novel. As Heta Pyrhönen outlines, the Bluebeard tale relies on its curious heroine's "quest for knowledge" and depends on "relating material spaces to mental states".[20] At

---

19 See Ruth-Ellen Boetcher Joeres: Respectability and Deviance. Nineteenth-Century German Writers and the Ambiguity of Representation. Chicago 1998 (Women in Culture and Society), pp. 241 f.; and Ivonne Defant: The Mystery of the Past Haunts Again. *Jane Eyre* and E. Marlitt's *Die zweite Frau*. In: Revue LISA/LISA e-journal 2010, doc. no. 3, http://lisa.revues.org/3510 (last accessed 13 February 2015).
20 Heta Pyrhönen: Bluebeard Gothic. Jane Eyre and Its Progeny. Toronto 2010, p. 2. Although she concedes that "Jane Eyre has trotted the globe, leaving non-English adaptations in its wake," Pyrhönen generally discounts these, choosing to focus on a single cultural context

its core lies the captive or hidden woman, in Brontë's case the mad Bertha Mason. Precisely this motif, the hidden woman, recurs in *Goldelse*, *Geheimnis*, *Die zweite Frau*, *Die Frau mit den Karfunkelsteinen*, *Blaubart* itself, and in the variation of a secreted family, in *Das Heideprinzesschen*. The country estates, small towns, and large rambling houses of Marlitt's fiction harbor secrets that must be brought to light and put right to resolve conflict and restore social harmony. Often the fate of an edifice itself, like that of Thornfield, figures significantly in the plot. Like Brontë, Marlitt recognized that the constrained claustrophobic settings that the young virtuous heroines properly inhabit, settings with a limited cast of characters, lend themselves to tense emotions and moral conflict.

Most of Marlitt's romances, like *Jane Eyre*, interweave, as part of their core structure, engagement with religion and religious practice and roundly condemn religious hypocrisy as exercised by both sexes, especially as it poisons the family, home, school, and other social settings that constitute nineteenth-century women's domain. The Lowood in the titles of the German translations and adaptations evokes a penurious piety and its devastating consequences: at Lowood children go hungry when their breakfast is scorched, awaken to frozen water in their wash basins, have their food stolen by older girls, are told they must eschew vanity even as the school benefactor's daughters visit the school decked out in furs and silks. Brontë's text generally undercuts its narrowly pious characters – even the good and kind ones. The novel concludes with Jane's happy and fertile marriage to Rochester as it contrasts with the impending death of the icy religious zealot St John Rivers.

In a similar vein, Marlitt's protagonists contend with small communities steeped in religious hypocrisy, especially as it is tyrannically and cruelly wielded by female family members within spaces inhabited by women, and this confrontation is woven into the romance plot. In the 1870s, reflecting the Kulturkampf, religious hypocrisy becomes the special purview of Catholics, and especially clergy, in Marlitt's novels (e. g., *Die zweite Frau* and *Im Schillingshof*), but in the 1860s, in *Goldelse* and *Geheimnis*, Protestants are equally mean spirited. Romance à la Marlitt in the wake of *Jane Eyre* embraces, in contrast to the false piety it deplores, a broad-minded religious sensibility and charitable practice that extend and support the female protagonist's full emotional life and fulfillment within a marriage based in mutual desire.[21]

---

and thus asserting that Brontë's novel serves as "a cultural myth and mnemonic symbol" first and foremost on its home turf (meaning Great Britain) (pp. 11 f.). She does not take account of the migration of Brontë's novel to Germany.

21 Katja Mellmann outlines the role this criticism of religious hypocrisy played in the early reception of Marlitt in: Tendenz und Erbauung. Eine Quellenstudie zur Romanrezeption im nach-

The resemblances of Marlitt's novels to *Jane Eyre* are in short many, multifarious and unmistakable; yet no hard evidence exists to answer the question as to how precisely they came to appear in Marlitt's fiction. That question must therefore remain beyond the scope of this essay. Instead, I propose understanding these affinities in terms of a broader Jane-Eyre-Effect, that is, as examples of diffused reception in the wake of the broad international success of *Jane Eyre* that has less to do with direct imitation – Marlitt does not, after all, write "governess novels" – than with a general sense of how romance can and should delight and instruct, how it can address women's subjectivity and examine and invest in domestic spaces.[22] This *Effect* inheres in the language, motifs, plot structures, and themes that constitute Marlitt's novels. Most especially, romantic love, as Oliphant observed of Brontë's novel and its English daughters, grows out of conflict and struggle and in that struggle the female protagonist proves herself the male protagonist's equal. As an American review of *Im Schillingshof* observed, precisely the fencing between hero and heroine structures all of Marlitt's plots: "the grave and stern hero maintains an agreeable and lively game of fencing with the haughty heroine till it is finished on the last page by a happy marriage".[23]

This struggle toward parity – insofar as it could be conceived in a time of inequality – and ultimately toward union and harmony enables Marlitt to project marriages in which the well-educated wife will play a crucial role in determining the marriage's terms and conversations.[24] While the hero may appear to have the upper hand and while the heroines may make mistakes, the novels conclude with the latter exercising considerable control within the limited sphere of the

---

märzlichen Liberalismus (mit einer ausführlichen Bibliographie zu E. Marlitt). Habilitationsschrift, Ludwig-Maximilians-Universität. München 2014.

22 While I am not employing it in precisely his terms, the concept of a traceable textual 'effect' is inspired by Andrew Piper's work on Goethe's *Werther*. See Andrew Piper et al.: The Wertherian Exotext. Topologies of Translational Literary Circulation in the Long Eighteenth Century (http://piperlab.mcgill.ca/pdfs/WertherEffectMLA2014.pdf, last accessed 13 February 2015), and the ongoing experiments in text mining being undertaken in the digital humanities lab directed by Andrew Piper at McGill University (http://txtlab.org/?p=223, last accessed 13 February 2015). Piper is interested largely in such an effect as defined by groups of words that recur over time in complex patterns in later works to constitute a latent presence, as it were, of one text in another.

23 Rev. of *In the Schillingscourt*, by E. Marlitt. In: The Nation 29 (1879), no. 756 (25 December), pp. 443f.

24 In contrast to *Jane Eyre*, Marlitt occasionally accords the female protagonist the higher birth status or more wealth, but even in these cases other inequalities obtain that assign the woman a lower status that love must bridge.

household, just as Jane does, when at the conclusion of Brontë's novel she has inherited her uncle's wealth and married the maimed Rochester. *Die zweite Frau*, for example, highlights the wife's control by ending with the male protagonist's preposterous declaration that as an "unverbesserlicher Egoist" he has "alles wohl überlegt zu einer glücklichen Zukunft eingefädelt", when it is obvious that the heroine has won him over to her views and will run the household accordingly. Given the task of completing Marlitt's last novel "in ihrem Sinne"[25] Wilhelmine Heimburg preserved that same vision on the final pages of *Das Eulenhaus* in a six-line contretemps in which each spouse defers to the other only to conclude with the wife's original wishes prevailing.[26] Like *Jane Eyre*, Marlitt's novels roundly condemn the marriage of convenience, since here inequality can never be mitigated because desire and affinity of mind and spirit are lacking from the start – no "freundliche Unterhaltung" can come to be, as Rochester, in Susemihl's translation, laments of his doomed marriage of convenience to Bertha Mason.[27]

With German-inflected stories written in the critical decades of the first extended public engagement by both women and men with the Woman Question in German-speaking lands, Marlitt trafficked in romance that operated with the ideal of companionate marriage grounded in mutual desire and characterized by intellectual and moral parity, or, as Brontë phrases it, conversation "all day long".[28] In so doing Marlitt addressed for romance readers a set of issues involving women's authority and domain that early bourgeois feminists too raised largely within discourses of domesticity. By affirming the family as the foundation of the state, that is, early bourgeois feminists leveraged a re-evaluation of women's roles as wives and mothers and argued for women's education and dignity. The novelist and feminist Fanny Lewald asserted, for example in *Für und wider die Frauen:* "Pflichttreue, opferfähige Bürger erzieht dem Staate nur die in sich festgegliederte Familie und eine solche ist ohne Frauen, die sich selbst achten und sich, weil ihre Einsicht entwickelt ist, gewissenhaft den von ihnen übernommenen Pflichten als Gattin und Mutter unterziehen, nicht zu

---

25 E. Marlitt. In: Die Gartenlaube 1877, no. 29, pp. 472–476, here p. 476.
26 E. Marlitt: Das Eulenhaus. Hinterlassener Roman [vollendet von W. Heimburg]. In: Marlitt's Gesammelte Romane und Novellen (note 16), vol. 9, here p. 349.
27 Susemihl: Johanna Eyre (note 11), vol. 3, p. 17. *Die zweite Frau* constitutes an exception: here the spouses in a misguided marriage of convenience eventually discover mutual desire and spiritual compatibility.
28 "We talk, I believe, all day long: to talk to each other is but a more animated and an audible thinking." Brontë: Jane Eyre (note 18), p. 384.

denken."²⁹ Thus in a tract advocating the education of all women to enable them to support themselves, Lewald upheld marriage as an ideal, even if marriage, as she repeatedly pointed out, could not be the destiny of all women.

Marlitt herself (like Brontë), for the most part, avoids widening her vision beyond the home and local setting to ponder overtly the relationship of both to the modern state. Nevertheless, as a staple of the *Gartenlaube*, her fiction played an auxiliary role in nation building. All her novels project for her young, often teen-aged heroines, a sphere of action in which their views, by determining the nature of the family, accrue to the benefit of the proximate world and the broader social order. *Im Hause des Kommerzienrats*, for example, makes clear in the insistence of the hypocritical Flora on her right "in die ruhige schützende Häuslichkeit zu flüchten"³⁰ that domesticity must not constitute a retreat from local tragedies and obligations. Within the limits of the romance genre, Marlitt's oeuvre thus produced and extended conversation about women's dignity, intellectual and moral capacities, and domain while perpetuating a taste formation shaped by Brontë's novel. Unlike Amely Bölte's *Elisabeth, oder eine deutsche Jane Eyre* (1873) or Ludwig Philippson's *Die Gouvernante* (1870), whose titles overtly establish a link to Brontë's novel only to disappoint, Marlitt's novels, in a diffused form, reanimated values, debates, modes, genres, motifs, language, and formulae of romance shaped by *Jane Eyre* to popular acclaim. Through their long-enduring success they kept alive for their many readers romance in the ilk of *Jane Eyre* into the 1880s and beyond.

While none of Brontë's other works captured popular attention in the German-speaking world, as did *Jane Eyre*,³¹ Marlitt penned thirteen popular works of fiction that resemble one another and also resonate with *Jane Eyre*. Marlitt's critics have sniffed at the formulaic quality of her writing, yet precisely this aspect cemented her enduring success. In guaranteeing happy endings and a titillating struggle for them in verbal sparring and scenarios of delayed gratification, her formula encouraged serial reading – and purchasing – while also making room for the optimistic social imaginary that romance can deliver.

---

29 Fanny Lewald: Für und wider die Frauen. Vierzehn Briefe. Zweite, durch eine Vorrede verm. Aufl. Berlin1875, p.v.
30 E. Marlitt: Im Hause des Kommerzienrats [1876]. In: Marlitt's Gesammelte Romane und Novellen (note 16), vol. 5, here p. 326.
31 Brontë's *Shirley*, *Villette*, and *The Professor* also reached a German-speaking public in German translation but enjoyed nothing like the success and long-term circulation of the iconic *Jane Eyre*.

III

By the time Marlitt died in 1887, generations of German readers had grown up with her novels as they also had with *Jane Eyre*. Her death became the occasion for issuing her collected works in an illustrated edition with ornately designed contemporary covers, available as a boxed set. Keil's successor urged new generations, especially women and girls, to rediscover the author who for over twenty years had enthralled readers.[32]

The first issue of the illustrated collected works coincided with two additional trends that reflect the stepped-up and varied publishing of the decades of the so-called "zweite Leserevolution".[33] First, Reclam sponsored a new and complete translation of *Jane Eyre* and published it in its *Universal-Bibliothek*. Prochaska published an anonymous translation in the series *Die besten Romane der Weltliteratur in neuen Ausgaben*,[34] and Hartleben marketed its translation of *Jane Eyre* anew in its *Collection Hartleben: Eine Auswahl der besten Romane aller Nationen*.

Even as the late-century book trade capitalized on out-of-copyright books sold in cheap editions as "die besten", that is, literary classics, thereby playing on the notion of "reading up",[35] it also discovered the adolescent. The 1880s witnessed the beginnings of the systematic and increased publication of books specifically aimed at teenaged readers. Unabridged novels by Marlitt and Brontë's *Jane Eyre* circulated side-by-side in the broader market while adaptations, de-

---

[32] On this collected edition, see Lynne Tatlock: The Afterlife of Nineteenth-Century Popular Fiction and the German Imaginary. The Illustrated Collected Novels of E. Marlitt, W. Heimburg, and E. Werner. In: Lynne Tatlock (ed.): Publishing Culture and the "Reading Nation". German Book History and the Long Nineteenth Century. Rochester, NY 2010 (Studies in German Literature, Linguistics and Cultures), pp. 118–152.

[33] Monika Estermann/Georg Jäger: Geschichtliche Grundlagen und Entwicklungen des Buchhandels im Deutschen Reich bis 1871. In: Geschichte des deutschen Buchhandels im 19. und 20. Jahrhundert. Im Auftrag des Börsenvereins des deutschen Buchhandels hg. von der Historischen Kommission, vol. 1: Das Kaiserreich 1871–1918. Im Auftrag der Historischen Kommission hg. von G. J., Teil 1. Frankfurt a. M. 2001, pp. 17–41, here pp. 24f.

[34] Hohn claims that the translation published by Prochaska is Susemihl's with recourse to Maria Borch's much later translation for Reclam. Hohn: Charlotte Brontës Jane Eyre (note 11), pp. 85, 105. In fact the Prochaska version shows significant deviations from Susemihl's throughout. If the basis for this edition is Susemihl's translation, then it has been thoroughly revised, line by line, so thoroughly that we can take this edition to be a new product and thus an indication of a reinvestment of the publishing industry in a by then forty-year-old novel.

[35] "When a reader approaches a text because experts have deemed it 'the best' thing to read and reads in the interest of self-interest, that reader is 'reading up'." Amy L. Blair: Reading Up. Middle-Class Readers and the Culture of Success in the Early Twentieth-Century United States. Philadelphia 2012, pp. 2f.

signed to pass muster with parents and rewritten with girls' perceived special needs in mind, addressed an emergent niche market.[36]

These adaptations for girls testify eloquently by their omissions and alterations to the enduring explosive potential of Brontë's original and to Marlitt's ability to tap into and perpetuate the appealing emotional force and structures of romance that constitute that novel. In the second part of this essay, an examination of four adaptations for girls will show how the romance conversation was abruptly curtailed for younger audiences.

In Bernhardine Schulze-Smidt's *Mellas Studentenjahr* (1893) the eponymous heroine sighs on her fifteenth birthday over her book "mit dem düsteren Lord Rochester".[37] She has hidden this well-worn copy of *Jane Eyre* since she fears her mother's disapproval.[38] When Mella begins composing melancholy poetry, an activity condemned in the text as "Zeitvertrödeln" and "geistige Trunksucht", readers understand Mella's mother's concerns.[39] By the novel's end she has tried her hand at a raft of popular women's genres finally to be able on her sixteenth birthday to write in her diary a simple coherent account of the day's activities. Among other things, she has straightened her room and secretly played dolls with her best friend thereby recalling their boarding school friends. "Eigentlich sollte ich's wohl nicht mehr thun", Mella writes in her diary of this one last time playing with dolls, "aber ich kann's nicht helfen ..."[40] As charming as this descent into girlishness may be, the novel's pedagogical program is not: Mella must forego secret reading and writing that concerns passion and obsession to be left only with the guilty pleasures of reenacting the girl culture of boarding school. Expression of subjectivity now occurs either in controlled and censored forms of writing or in regression.

By 1893, Mella's disapproving mother could in fact have intervened early on by directing her daughter to two *Jane Eyre* surrogates written in the pedagogical spirit of Schulze-Smidt's novel. In her adaptation of *Jane Eyre* (1890), Anna Wed-

---

[36] On this emergent market, see Gisela Wilkending: Vom letzten Drittel des 19. Jahrhunderts bis zum Ersten Weltkrieg. In: Reiner Wild (ed.): Geschichte der deutschen Kinder- und Jugendliteratur. 3., vollst. überarb. und erw. Aufl. Stuttgart 2008, pp. 173–240; Gisela Wilkending: Erzählende Literatur. In: Otto Brunken et al. (eds.): Handbuch zur Kinder- und Jugendliteratur von 1850 bis 1900. Stuttgart 2008, 279–759; Ute Dettmar et al.: Kinder- und Jugendbuchverlag. In: Jäger (ed.): Das Kaiserreich (note 33), pp. 103–163. See especially the data on pp. 104f., signaling the segmentation of the market and increased production of titles directed especially at younger audiences.
[37] Bernhardine Schulze-Smidt: Mellas Studentenjahr. Bielefeld/Leipzig 1893, p. 7.
[38] Schulze-Smidt: Mellas Studentenjahr (note 37), p. 4.
[39] Schulze-Smidt: Mellas Studentenjahr (note 37), p. 8.
[40] Schulze-Smidt: Mellas Studentenjahr (note 37), p. 302.

ding addresses up front adults' concerns about 'mature contents' for girls: "In meiner Jugend ... wurde mir der Einblick in manches Buch versagt, dessen Titel schon genügte, meine Phantasie in Feuer und Flamme zu versetzen und das ich mit großem Herzeleid in den Tiefen eines verschlossenen Bücherschranks verschwinden sah, wenn ich eben Miene machte, mir seinen Inhalt anzueignen."[41] Although acknowledging her frustration as an adolescent at not being allowed to decide for herself what to read, Wedding declares here that as an adult she realizes that books do need to be screened. Upon a second look at the forbidden books of her youth, especially English literature, however, she has discovered that some of their contents are well suited to entertain and instruct younger readers in the interest of their moral education. Therefore she has adapted the very book that others were wont to forbid. In the process, one suspects, Wedding has excised precisely what set her youthful imagination aflame and what she had hoped to "aneignen", to integrate into her habit of being. Indeed, as we will see, to provide entertainment and edification for girls, whose moral and social education was deemed vital to empire and nation, but whose desire was suspect, she and her fellow adaptors suppressed in *Jane Eyre* and in adaptations of Marlitt the Jane-Eyre Effect, and thus much of what excited Oliphant decades earlier.

Marlitt's novels also contain elements potentially suspect to guardians of girls' sexual and social innocence and social education, despite appearances to the contrary. While the advice writer Elise Polko commends Marlitt's novels to girls as appropriate reading,[42] an anonymous essay from 1885 points to their darker side, condemning them as "verderblich und vergiftend". These novels, the author asserts, stir up readers with sensational plots of delayed gratification in "hysterisch-krankhafter Weise".[43] Though judgmental, this author rightly perceives the titillating structure of Marlitt's narrative. And, as we have seen, Marlitt does preserve a number of the sensation elements native to *Jane Eyre*. While Marlitt's heroes are not as dark as the "düstere Rochester", her taciturn male protagonists have secrets that make them the object of the heroine's tense curiosity. Together the slightly mystified male protagonists and the sexual-

---

[41] Anna Wedding: Jane Eyre, die Waise von Lowood von Currer Bell. Aus dem Englischen für die reifere weibliche Jugend bearbeitet. Berlin W [1890]), p. iii.
[42] Elise Polko: Unsere Pilgerfahrt von der Kinderstube bis zum eignen Heerd. Lose Blätter. Fünfte verb. Aufl. Leipzig 1874, p. 138.
[43] Katja Mellmann illuminates the authorship of this essay and the broader debate it unleashed in: Die Clauren-Marlitt. Rekonstruktion eines Literaturstreits um 1885. In: Internationales Archiv für Sozialgeschichte der deutschen Literatur 39 (2014), pp. 285–324. Mellmann quotes the article at length on p. 286.

ly aggressive villains confront Marlitt's young heroines with an array of perplexing and dangerous elements belonging to an alien male world. What then became of this exciting, if veiled, confrontation with male sexuality and feeling; the ideas of women's agency, subjectivity, and equality; the validation of desire and emotion; and the mutual torment, testing, and verbal sparring when Brontë and Marlitt were adapted for girls?

The adaptations of Brontë and Marlitt from the 1880s suggest that adult writers detected danger in the originals in precisely these areas. They model conventional good behavior for female readers including their treatment of family members, their fulfillment of duty, and the development of their intellect and the cultivation of their penchant for pedagogy. While eliding desire, they fasten onto the moralizing and normative elements present to a degree in the originals and amplify them to tell stories that, though based on the source texts, differ from them. They, moreover, culminate in happy endings that, by comparison, render the original happy endings merely bittersweet.

First published with the Schreitersche Verlagsbuchhandlung in a series of "illustrierten Jugendschriften" and available subsequently in at least five reprint editions from two additional publishers at least until 1905, Wedding's aforementioned *Die Waise von Lowood* "für die reifere weibliche Jugend bearbeitet" (1890) shortens the original from thirty-eight chapters to nineteen. Wedding hews closely to the original up to Jane's arrival at Thornfield, essentially producing an abridged translation of just over half the novel. At Thornfield, however, she intervenes aggressively, eliding nearly all the sensational and morally transgressive elements of the original. To be sure a mad woman plays a significant role at Thornfield. In her rewriting of romance, Wedding, however, transforms the rabid Bertha Mason into the beloved Aimée, the bereaved widow of Rochester's elder brother who has gone mad with grief, becoming obsessed with "warming up" her dead husband, for whom she mistakes Rochester, by setting his bed on fire. Jane's charge is Aimée's legitimate daughter and Rochester's niece, not the bastard daughter of a Paris courtesan of the original. Rochester's gloom stems from his betrayal by Aimée and his older brother and his own now much-regretted betrayal of them both, when he informed Old Mr. Rochester that his aristocratic son had married a woman from the despised merchant class – here Wedding's Brontë begins to sound more like Marlitt.

One happy event follows another: the cruel Mrs. Reed and Jane are reconciled, Jane travels to Madeira to be with her long-lost uncle before he dies, Rochester overcomes his guilt and is also relieved of the insane Aimée even as he tries to save her from the fire, Rochester is not maimed in the conflagration, Thornfield will be rebuilt, and Jane and Rochester will settle there with Adele after an extended honeymoon seeing the world. The novel concludes as Jane lays down her pen and goes silent from happiness: "denn für das höchste Glück giebt es keine Worte!"[44] The struggles and suffering of the past required words; the "Seeligkeit der Gegenwart", her hard-won domestic felicity, does not. While Brontë imagines a marriage replete with words, with talk "all day long", Wedding imagines silence.

In retaining the madwoman but reinventing her past, Wedding took a cue from Birch-Pfeiffer's stage adaptation, which likewise took pains to render Rochester less morally compromised. Auguste Wachler's *Die Waise von Lowood* "für die reifere Jugend" (1882) borrows from both the novel and the play to produce an adaptation still more distant from the original novel and more attune to the German context. Wachler, who tells the story in the third person rather than the first person, adds five chapters recounting Jane's happy years with the Reeds before her benefactor died. Mr. Reed loved the German Christmas tree and so as a young child Jane, in rural England, enjoyed German Christmases. In recounting at length Mr. Reed's treatment of the orphaned Jane, Wachler echoes not *Jane Eyre* but the opening chapters of Marlitt's *Geheimnis der alten Mamsell*, which provide an account of the orphaned Felicitas's years with the Hellwigs before her foster father's death. Upon Jane's arrival in Thornfield, Wachler begins to rely on Birch-Pfeiffer's play instead of Brontë. The Reeds reappear at Thornfield, Mrs. Reed remains cruel, and Georgina means to marry Rochester for his money.

Wachler attenuates romance in favor of Jane's suffering at the hands of the Reeds. She, however, retains a titillating moment from the original, which she embellishes with the addition of a rescuing male hand. After playing an active role, Jane herself seems to require rescue: overcome with strange new feelings after saving Mr. Rochester from his burning bed, Jane feels, "als wenn sie von den Wellen eines hochgehenden Sees umhergeworfen würde, als wenn sie beständig dem Versinken nahe sei, aber jedes Mal, wenn sie daran war, die Besinnung vollständig zu verlieren, von einer starken männlichen Hand wieder zum Licht des Tages emporgetragen würde".[45] Yet, despite the hint of sexual attraction here, Jane's virtue justifies Rochester's wish to marry her in this adaptation, not their desire for one another. He grounds his reasonable choice in the rational language of virtue and sentiment: "... Sie achten mich, Sie lieben Adele, Sie sind freundlich gesinnt gegen Mistreß Harleigh, Sie wollten sich opfern für das Glück Ihrer Verwandten, die Sie nur gehaßt und verfolgt haben, Sie sind ein Weib für mein Herz, eine Gefährtin für mein Leben, wie ich Sie brauche...."[46] And since

---

[44] Wedding: Die Waise von Lowood (note 41), p. 215
[45] Auguste Wachler: Die Waise von Lowood. Leipzig ²n. d., pp. 162f.
[46] Wachler: Die Waise von Lowood (note 45), p. 236.

Rochester makes all the life decisions in this version, Wachler's Jane has no opportunity to declare, "Reader, I married him." Wachler wraps up all loose ends to put the world right: Rochester pays the Reeds' debts, Jane and Rochester adopt Adele, Thornfield does not burn down, and the madwoman dies quietly in her sleep. In this saccharine version of Brontë's novel, Wachler creates a story world far less ominous and tragic than the original and transforms the "düsteren Lord Rochester" into good marriage material. In her adaptation of Marlitt's *Goldelse*, however, she largely ignores romance.

Wachler's *Goldelschen* "für die weibliche Jugend von 12–15 Jahren bearbeitet" (1880) circulated for at least three decades in ten editions. Here Wachler made of Elisabeth Ferber more of a pedagogue than she is in Marlitt's original; indeed, in teaching knitting classes for local girls, Elisabeth emulates Brontë's Jane who for a time teaches "farmer's daughters ... knitting, sewing, reading, writing, ciphering".[47] While inventing new pedagogical tasks for this model sister, daughter, niece, and friend, Wachler elides the gothic elements of Marlitt's original: the walls of the family castle contain a hidden treasure not the corpse of a gypsy ancestor, threatening male sexuality is banished by the omission of the character Hollfeld, Elisabeth has no need to save von Walde's life since no attempt is made on it, and no mad Bertha tries to harm to her out of jealousy.

Meanwhile conflicts in human relations turn out to be simple. The nasty Frau von Hollfeld (Wachler's incarnation of Marlitt's Baroness von Lessen) experiences a change of heart when Elisabeth rescues her young son, the disgruntled Bertha becomes fast friends with Elisabeth when the latter intercedes on her behalf, and Baron von Walde's invalid sister recovers and marries. In short, as Wachler has it, the world is not a dangerous place; it takes merely a kind word or deed to put it in order. Finally, the romantic union of the hero and heroine is not critical to the happy ending; instead it is Elisabeth's goodness that matters. While Elisabeth eventually marries von Walde, readers learn this fact only after the narrator has declared that the story has reached its "Abschluß" with Elisabeth's "Eintritt in das Leben".[48] While the match may not surprise readers, the text has also not invited them to think much about it.

The happy ending of Wachler's adaptation makes visible the contrasting darkness of the original *Goldelse* not to mention *Jane Eyre*. Marlitt's original does not conclude with an uncomplicated "heile Welt": even if the heroine attains the object of her desire, secrets come to light, and menacing characters are dispatched, hypocrites, sexual predators, and sickness persist in a some-

---

47 Brontë: Jane Eyre (note 18), p. 303.
48 Auguste Wachler: Goldelschen. Berlin ⁶n. d., p. 215.

where elsewhere. Wachler's *Goldelschen*, by contrast, never seriously admits the existence of the dangerous world that Marlitt's domestic bliss holds at bay. A second Marlitt adaptation shows similar tendencies.

Marie Otto's *Das Heideprinzeßchen* (1889) "für die deutsche Mädchenwelt bearbeitet" remained in print at least to 1912, circulating in a variety of decorative bindings that suggest the tastes of late-century female audiences.[49] Like Wachler, Otto omits the titillating elements of the original plot, especially those involving sexual and social transgression and betrayal. The flower merchant's house has lost its secret rooms, gates, and passages, and the text elides the duel that resulted in the hero's compromised vision. The profligate Dagobert, who in the original menaces the heroine with untoward sexual advances, figures in the adaptation merely as a young man suffering from an inherited lust for gambling. While in the original he must leave the military to become a farmer in America, in the adaptation he reforms to become a model military officer. Otto also expurgates the megalithic tomb alluding to heroes and giants – and thus vague allusions to dormant sexual longing – that plays an important role in the opening episode on the heath and the naïve heroine's first encounter with attractive men on her seventeenth birthday. Instead of archeologists in search of the ancient heathen past, bibliophiles come to the farm on the heath to have a look at an old family Bible. While in the original Lenore's childhood was, as the *Hünengrab* suggests, just a bit heathen, Otto takes pains to mention Lenore's Confirmation. She also banishes Lenore's insane and vindictive Jewish grandmother and thus Marlitt's criticism of Christian cruelty and all mention of raging women in the vein of Bertha Mason.

Although less didactic than Wachler's *Goldelschen*, Otto's *Heideprinzeßchen* too teaches lessons; above all, Lenore must learn not to keep secrets from male authority. To be sure, this problem plays a role in the original, but there plot and situation motivate the keeping of secrets. Otto does retain hints of Lenore's growing fondness for Mr. Claudius, but when he finally declares his love, it leads not to a kiss but much weeping.

One aspect in particular makes visible what Otto's adaptation denied the adolescent female reader and what Marlitt's and Brontë's originals supplied. *Jane Eyre* is written in the first person in a powerful female voice that renders of the entire novel a luxurious sojourn in female subjectivity; in *Heideprinzeßchen*, Marlitt imitated this model the one and only time, recounting the story from Lenore's perspective and at times cleverly playing with the possibilities

---

[49] Marie Otto: Heideprinzeßchen. Mit teilweiser Benutzung von E. Marlitt's Erzählung *Heideprinzeßchen* für die deutsche Mädchenwelt. Berlin n. d.

that first-person narration allows for withholding secrets, sustaining mystery, misapprehension of reality, self-discovery and expression of desire. Marlitt's original novel, like *Jane Eyre*, concerns itself, moreover, with its protagonist's "Bildung" and connects that "Bildung" with Lenore's ability to express herself in writing. Unlike this adaptation, both Brontë's and Marlitt's originals provide access to subjectivity in the form of desire and rage, and in both originals the protagonist recounts these experiences in the form of a written autobiography.

In Marlitt's original, Lenore concludes by reporting that it has taken her five years to complete this text, i. e., her autobiography. The narrative thereby features the book itself as the achievement of a girl who at seventeen could barely read and write and who in the merchant's home advanced to literacy. While by the end of her "Studentenjahr", Mella learned to write a terse account of her straitened daily doings in her diary, by the end of her formative years, Lenore writes a thick autobiographical novel in the vein of *Jane Eyre*, one not written for the benefit of a pedagogue, such as Mella's mother or indeed her own husband, but rather for an imagined reader whose receptive role may be filled by anyone who picks up the book and reads it.

In her adaptation, by contrast, Otto shatters the unity of the first-person narration, telling Lenore's story in the third person and interrupting it intermittently with Lenore's correspondence with the simple farmwoman Ilse. This mix has several effects. First, the third-person narrator tends to unravel quickly any mystery or confusion that arises and puts firm limits on Lenore's imagination. The letters themselves constitute simple communications of principal events. They lack the ambiguity, mystery, and excitement – indeed, most of the affect (and effects) – of Marlitt's original. Often they elide sensation elements and simply jump forward in time. Recalling the sensible writing habits that Mella finally acquires, these letters, in contrast to the original, largely block entry into imagination, reflection, delusion, and desire. In short, as a result of breaking up the unity of first-person narration and censoring Lenore's letters, Otto's adaptation pointedly does not provide readers with the access to "a unified and coherent subjectivity"[50] that romance can offer and that the originals did offer.

---

[50] Alison Light: 'Returning to Manderley'. Romance Fiction, Female Sexuality, and Class. In: Morag Shiach (ed.): Feminism & Cultural Studies. Oxford 1999 (Oxford Readings in Feminism), pp. 371–394.

IV

Why Read Romance? Romance was everywhere in the domains inhabited especially by women of the middle classes in the late-century German-speaking world; it was as much symptomatic of the cultural conditions of the epoch as a creator of them. In the complementary gender arrangements of those decades, emotion per se shaped bourgeois women's sphere; it colored the social tasks that readers, who, discouraged from sighing over Mr. Rochester, were expected to shoulder as grownups. Women were charged with managing the emotional life of the family, expected to bond intensely with their children and to love their husbands. Marriage and the raising of children were clothed with romance as social ideals, depicted with hearts and flowers. Furthermore, as Jennifer Askey outlines, girls were expected to form a sentimental attachment to empire and its rulers.[51] It hardly surprises then that women sought out books that attributed significant power to the emotion demanded of them, even if their daily reality of "sweeping the nation", in Nancy R. Reagin's formulation, was more prosaic and their emotions heavily regulated and narrowly directed.[52] As I shall outline in this concluding section, however, the purchase of romance is greater, more extensive, and more profound than first meets the eye. An essay on Daphne du Maurier's *Rebecca* by Alison Light supports my own rethinking of such writing and reading as a part of German literary life, 1847–1890.

In her revisionist examination of the romance genre, Light refuses to dismiss romance reading as silly or merely escapist. Although she recognizes that romance has been condemned as an "oppressive ideology, which works to keep women in their socially and sexually subordinate place," she exhorts scholars to recognize that "literature is a source of pleasure, passion, *and* entertainment". Pleasure does not "explain away politics".[53] Romance, she maintains, grants its female readers "uncomplicated access to a subjectivity which is unified and coherent *and* still operating within the field of pleasure".[54] Therein lies its allure. The hunger for such access as evidenced by women's repeated and serial reading of romance can be seen as symptomatic of the difficulty of fulfilling the demands and realizing the promises of femininity in real social life. Herein lies the polit-

---

[51] Jennifer Drake Askey: Good Girls, Good Germans. Girls' Education and Emotional Nationalism in Wilhelminian Germany. Rochester, NY 2013 (Studies in German Literature, Linguistics and Cultures).
[52] Nancy R. Reagin: Sweeping the German Nation. Domesticity and National Identity in Germany, 1870–1945. Cambridge 2007.
[53] Light: Returning to Manderley (note 50), p. 372.
[54] Light: Returning to Manderley (note 50), p. 391.

ical truth. Thereby advocating a more complex and less judgmental view of both this popular literature and the consumption of it, Light sees the genre as allowing for and responding to readers' *active seeking*. She recognizes, furthermore, that reading romance can have transgressive effects and meanings in the context of historical readers' realities, that is, life worlds that withhold what the story worlds of novels deliver.[55] If, as Janice Radway famously maintains, romances "supply a myth in the guise of the truly possible",[56] then, as Light points out, readers may need such myths. What then of the specific nineteenth-century German-speaking context in which these novels were avidly read?

By the last decades of the century women and girls had come ever more to constitute the main audience for Brontë and Marlitt. As later in the century the split in men and women's tastes were encouraged by the packaging and marketing of books and as new forms and genres began making inroads into literary life, readers, especially men it appears, moved on to other kinds of reading. Brontë and Marlitt, however, persisted as 'women's reading' and circulated as such. Given their circumscribed lives in a moment of enormous change, girls were possibly those readers most hungry for the pleasures of romance in Light's sense that these books delivered.

The autobiography of the anarchist Emma Goldman speaks to this likelihood, testifying to girls' need both for enjoyment and something more and suggesting how romance reading could infuse the habits of being of girls and the women they would become. Here Goldman recounts reading Marlitt with her German teacher during her years in the Realschule in Königsberg (ca. 1878 – 1881). The two of them bonded over Marlitt's "unhappy heroines".[57] Yet even as the consumptive German teacher and the precocious young Emma wept over Marlitt, that same teacher encouraged her pupil to continue her education in Germany, thus fueling her dreams of studying medicine. Emma's real world proved harsh. As Goldman recalls, a male religion teacher shamed her before her entire class – in a scenario that evokes Jane Eyre's shaming at Lowood – denying her the certificate of good character she needed to enter the Gymnasium.

Life, as Goldman produces it in her autobiography imitates literature. Indeed, the recollection of reading Marlitt and of her own broken girlhood dreams occurs in the same chapter in which Goldman affirms the importance of passion and herself offers a gloss on romance narrative. Here she recounts her love for an

---

[55] Light: Returning to Manderley (note 50), p. 392.
[56] Janice A. Radway: Reading the Romance. Women, Patriarchy, and Popular Literature. Chapel Hill 1991, p. 207.
[57] Emma Goldman: Living my Life. New York 1931, p. 116.

anarchist, in whose arms she "learned the meaning of the great life-giving force".⁵⁸ When, however, he became possessive and protective – in the manner of Mr. Rochester and any number of Marlitt's male protagonists – Goldman, unlike her literary counterparts, insisted on her political mission. After all, fifty years later in a new world, she was writing her own romance, one in which she took center stage as a political activist.

What then of the adaptations for girls? Unlike the romance offered by Brontë and Marlitt, the adaptations for girls of the 1880s set out to deny fulfillment of the need for pleasure and possibility that Goldman's autobiography signals; deforming the originals to teach girls life lessons, they deflect their readers from the conversations, myths, and subjectivities that the original texts offer.

Romance remained and remains suspect across the political spectrum. When, for example, in an essay from 1905 the Austrian feminist Rosa Mayreder pillories romance plots as a mere "Puppenbühne" – Mella's regressive play with dolls, as it were – she seems to join forces with social and cultural conservatives.⁵⁹ Ignoring the importance and difference in forms of imaginative play, Mayreder maintains that romance cheats women by giving them false ideas about what lies before them as wives and mothers – and thus herself upholds limits on women's options. Yet given the fine sense for the ironies of social ideals and gendered arrangements that she reveals in such stories as "Sein Ideal" (1897), Mayreder may have known more about the pleasures of reading romance than she admits here. She may have known, that is, what Oliphant, by contrast, recognized and openly acknowledged fifty years earlier and what Goldman herself apparently experienced: reading romance can signal profound disenchantment with real social arrangements – as can, for that matter, playing with dolls – and so make visible the wish for change. Indeed, the circulation of romance as material books can exteriorize the desire for something more and something different, whatever its appearance of foolishness or impracticality. While romance scholar Lynne Pearce identifies the "gift of selfhood" as the special purchase of *twentieth-century* romance novels, *Jane Eyre* and Marlitt's novels in fact offered readers a nineteenth-century attenuated form of that gift.⁶⁰

As an element of the literary public sphere, *Jane Eyre* and her German daughters initiated for romance readers conversations about women's domain and women's subjectivity that entertained a tentative social and sexual parity in marriage. The adaptations for girls of these texts, by contrast, actively cur-

---

58 Goldman: Living my Life (note 57), p. 120.
59 Rosa Mayreder: Familienliteratur. In: R. M.: Zur Kritik der Weiblichkeit. Jena 1905, pp. 187–198, here p. 189.
60 Lynne Pearce: Romance Writing. Cambridge 2007, pp. 135–160.

tailed the conversations of the originals. A cartoon entitled "In der Leihbibliothek" from 1889 suggests precisely that state of affairs. Here a clerk recommends books that might interest a "Backfisch": "Vielleicht *dieses* hier: Geschichten für die *reifere* Jugend." The young lady demurs: "Haben Sie nicht Etwas für *noch reifere* Jugend?"[61]

---

[61] Hermann Schlittgen: In der Leihbibliothek. In: Fliegende Blätter 40 (1889), no. 2285, p. 165.

Abb. 1: Hermann Schlittgen: In der Leihbibliothek. In: Fliegende Blätter 40 (1889), no. 2285, p. 165.

‚Volksschriftstellerei'

Jesko Reiling
Der Volksschriftsteller und seine verklärte Volkspoesie

Zu einem vergessenen Autormodell um 1850

Dass der literarische Markt im 19. Jahrhundert große Umwälzungen erlebte, ist unbestritten. Die pointierte Bemerkung von Hans-Otto Hügel, dass das erstmalige Erscheinen der *Gartenlaube* den Beginn der modernen Massenpublizistik darstelle, mag diese Veränderungen schlagwortartig zusammenfassen.[1] Freilich enthält das Bild dieser generellen Entwicklungstendenz viele blinde Flecken und allerlei Unscharfes. So mangelt es schon am Grundlegenden: am Wissen über die quantitative Basis. Bis heute verfügen wir über keine genauen Angaben zur jährlichen Buchtitelproduktion, und auch die jährlichen Auflagenzahlen eines Titels lassen sich nur in Einzelfällen detailliert nachweisen.[2] Bereits Ilsedore Rarisch, die 1976 mit ihrer Studie grundlegende empirische Buchmarktdaten vorlegte, die bis heute unüberholt sind, wies auf die Vagheit ihrer Erkenntnisse hin, die aufgrund des zur Verfügung stehenden Materials als lediglich ungefähre statistische Angaben zu verstehen seien.[3] Ähnliches konstatierte Reinhard Wittmann in seiner ebenfalls bis heute einschlägigen, ohne Kenntnis von Rarischs Studie verfassten, da zeitgleich publizierten Übersicht über *Das literarische Leben 1848–1880*.[4] Auf die Revisionsbedürftigkeit einiger „Feststellungen und Mutmaßungen" durch künftige Forschungen verwies er auch im Vorwort der Zweit-

---

[1] Hans-Otto Hügel: Lob des Mainstreams. Zu Begriff und Geschichte von Unterhaltung und populärer Kultur. Köln 2007, S. 68.
[2] Vgl. Ulrich Schmid: Buchmarkt und Literaturvermittlung. In: Gert Sautermeister/Ulrich Schmid (Hg.): Zwischen Restauration und Revolution 1815–1848. München/Wien 1998 (Hansers Sozialgeschichte der deutschen Literatur vom 16. Jahrhundert bis zur Gegenwart 5), S. 60–93, hier S. 61.
[3] Ilsedore Rarisch: Industrialisierung und Literatur. Buchproduktion, Verlagswesen und Buchhandel in Deutschland im 19. Jahrhundert in ihrem statistischen Zusammenhang. Berlin 1976 (Historische und pädagogische Studien 6), S. 11.
[4] Vgl. Reinhard Wittmann: Das literarische Leben 1848 bis 1880 (mit einem Beitrag von Georg Jäger über die höhere Bildung). In: Max Bucher u. a. (Hg.): Realismus und Gründerzeit. Manifeste und Dokumente zur deutschen Literatur 1848–1880. 2 Bde. Stuttgart 1975/76, Bd. 1, S. 161–258, hier S. 169.

auflage von 1982[5] und auch in seiner 2011 in dritter Auflage erschienenen *Geschichte des deutschen Buchhandels* finden sich mehrfach entsprechende Hinweise.[6] Die von Rarisch und Wittmann zusammengestellten Produktionszahlen müssen somit als „grobe Tendenzen der Produktions- und Nachfrageentwicklung" gelten.[7] Rarisch wies zudem darauf hin, dass die „niedrige Jahrmarkts- und Pamphlet-Literatur" sowie Dissertationen,[8] darüber hinaus auch Nachdrucke[9] und Buchreihen, die unter einem Titel mehrere Dutzende Hefte resp. Lieferungen umfassen konnten,[10] sowie Zeitschriften und Zeitungen in den Erhebungen nicht (oder sehr lückenhaft) enthalten seien. Der publizistische Output des gesamten deutschen Buchhandels ist also bis heute nur ungefähr erfasst, man geht aber zu Recht davon aus, damit die generellen Entwicklungslinien des Buchmarkts nachvollziehen zu können.

Die zur Verfügung stehenden Zahlen zur Buchtitelproduktion belegen zwar kein durchgehendes kontinuierliches Wachstum, aufs ganze Jahrhundert gesehen stellt man dies freilich leicht fest. 1801 belief sich die Gesamtproduktion auf 4.008 Titel, die danach wegen der Befreiungskriege sank und erst in den 1820er wieder den ursprünglichen Wert erreichte; 1830 wurden 7.308 Titel publiziert, 1843 ca. doppelt so viele (14.039 Titel). Danach gingen die Zahlen wieder zurück (wegen der Revolutionsjahre und dem Erstarken der Zeitschriften- und Zeitungskonkurrenz) und erreichten erst 1879 erneut diesen Wert (14.179 Titel); im Jahr 1900 verzeichnete man 24.792 Titel.[11] Der Anteil der literarischen Titel betrug während dieser ganzen Zeit ungefähr 15–20 Prozent,[12] wobei die Spitzenwerte gleich im ersten Dezennium erreicht wurden und 1801 sogar 35% betrugen (1.401 literarische Titel). Damit ist die ‚Literatur' das ganze Jahrhundert hindurch das größte

---

5 Reinhard Wittmann: Vorwort. In: R. W.: Buchmarkt und Lektüre im 18. und 19. Jahrhundert. Beiträge zum literarischen Leben 1750–1880. Tübingen 1982 (Studien und Texte zur Sozialgeschichte der Literatur 6), S. VII–XII, hier S. XI.
6 Reinhard Wittmann: Geschichte des deutschen Buchhandels. 3., überarb. Aufl. München 2011, S. 121 f.
7 Schmid: Buchmarkt (Anm. 2), S. 61.
8 Rarisch: Industrialisierung (Anm. 3), S. 82.
9 Wittmann: Geschichte (Anm. 6), S. 225.
10 Die Lieferungsausgabe der Romane Walter Scott, die die Brüder Franckh in Stuttgart seit 1827 herausgaben, erschien in einer Startauflage von 20.000 Exemplaren und hatte nach drei Jahren die drei Millionengrenze erreicht, vgl. Wittmann: Geschichte (Anm. 6), S. 237 f.
11 Vgl. hierzu auch die Graphik bei Rarisch: Industrialisierung (Anm. 3), S. 43.
12 Dies lässt sich aus den Angaben bei Rarisch berechnen, wenn man die Kategorien „Schöne Literatur, „Volksschriften" und „Vermischte Schriften", die Kalender u. ä. enthielten, zusammenführt; vgl. Rarisch: Industrialisierung (Anm. 3), S. 100. Die Jugendliteratur bleibt dabei unberücksichtigt, weil sie zur „Pädagogik" gerechnet wurde (ebd., S. 98).

Buchsegment; 1851 kommt es auf 1.395 Titel (vor der ‚Theologie'), 1879 auf 2.190 Titel (vor der ‚Pädagogik') und 1900 auf 4.113 Titel (wiederum vor der ‚Pädagogik').[13]

Ermöglicht wurde die Steigerung der Titelproduktion durch verschiedene verlegerische Maßnahmen, allen voran technische Innovationen, die den Herstellungsprozess nicht nur umfangreicher, sondern auch schneller und billiger machten. Die 1818 eingeführte dampfgetriebene Papiermaschine erlaubte z. B. eine zehnmal größere Papierherstellung, die 1814 erstmals zum Druck der Londoner *Times* eingesetzte mechanische Schnellpresse erhöhte die Druckgeschwindigkeit markant und wurde fortwährend – ebenso wie die Papierherstellung – weiterentwickelt und leistungsfähiger gemacht.[14] Und auch die Anzahl und Verbreitung der buchgewerblichen Betriebe nahm kontinuierlich zu, was noch nachdrücklicher das Wachstum der Branche belegt als die Zählung der jährlich publizierten Buchtitel.[15] Während es 1820 in 163 Orten 519 Buchhandlungen gab, waren es 1830 860 Firmen in 251 Orten, 1840 bereits 1.340 Geschäfte in 385 Orten,[16] innerhalb von 20 Jahren hatten sich die Handlungen also fast verdreifacht; diese Tendenz hielt auch in der zweiten Jahrhunderthälfte an.[17] Zu dieser betrieblichen Verdichtung gesellen sich weitere Formen der gesteigerten Distribution wie etwa der Kolportagehandel oder öffentliche Leihbibliotheken.

Parallel mit dem Anwachsen des Buchmarkts stieg auch der Alphabetisierungsgrad des deutschen Volkes. Es lassen sich freilich auch hier keine genauen Zahlen angeben, sondern allenfalls Schätzungen. Rudolf Schenda ging 1976 von optimistischen Globalwerten für ganz Mitteleuropa aus, wonach 1770 15 % der

---

13 Rarisch: Industrialisierung (Anm. 3), S. 74.
14 Vgl. hierzu Rarisch: Industrialisierung (Anm. 3), S. 27–31, Reinhard Wittmann: Das literarische Leben 1848–1880. Mit einem Beitrag von Georg Jäger: ‚Die höhere Bildung'. In: R. W.: Buchmarkt und Lektüre im 18. und 19. Jahrhundert. Beiträge zum literarischen Leben 1750– 1880. Tübingen 1982 (Studien und Texte zur Sozialgeschichte der Literatur 6), S. 111–231, hier S. 111f., Schmid: Buchmarkt (Anm. 2), S. 61–63, Wittmann: Geschichte (Anm. 6), S. 220–223.
15 So schon Rarisch: Industrialisierung (Anm. 3), S. 50, oder Monika Estermann/Georg Jäger: Geschichtliche Grundlagen und Entwicklung des Buchhandels im Deutschen Reich bis 1871. In: Geschichte des deutschen Buchhandels im 19. und 20. Jahrhundert. Im Auftrag des Börsenvereins des deutschen Buchhandels hg. von der Historischen Kommission, Bd. 1: Das Kaiserreich 1871– 1918. Im Auftrag der Historischen Kommission hg. von G. J., Teil 1. Frankfurt a. M. 2001, S. 17–41, hier S. 18, vgl. auch Katja Mellmann: Die Clauren-Marlitt. Rekonstruktion eines Literaturstreits um 1885. In: Internationales Archiv für Sozialgeschichte der deutschen Literatur 39 (2014), S. 285– 324, hier S. 312f.
16 Wittmann: Geschichte (Anm. 6), S. 220.
17 Vgl. Wittmann: Geschichte (Anm. 6), S. 260, vgl. hierzu auch Rarisch: Industrialisierung (Anm. 3), S. 42–50.

Bevölkerung lesen konnten, 1800: 25%, 1830: 40%, 1870: 75%, 1900: 90%.[18] Wittmann hat diese Zahlen nach unten korrigiert und den Alphabetisierungsgrad um 1800 mit 10% und um 1830 mit 25% angegeben.[19] Noch 1886 hielt die *Deutsche Schriftstellerzeitung* fest, dass „[w]eit über die Hälfte der Bevölkerung" in Deutschland „für die Literatur verloren", also nicht lesefähig sei.[20] Schendas Zahlen müssen also noch weiter nach unten korrigiert werden, auch wenn man für einzelne Regionen ein höheres Lesevermögen nachweisen kann.[21] Dass die Lesefähigkeit jedoch zunahm, ist angesichts der Verbesserung der schulischen Ausbildung kaum von der Hand zu weisen.

Trotz ihrer Vagheit lassen all diese Angaben insgesamt erkennen, welch Massenproduktionen und -distributionen im Buchmarkt des 19. Jahrhunderts geleistet wurden. Schwierigkeiten, sich auf diese neuen Gegebenheiten einzustellen, hatte vor allem eine Gruppe: die Autoren. Im Vergleich mit Lesern und Verlegern „erscheint die Lage der Schriftsteller inmitten all dieser Veränderungen eher zwiespältig, gefährdet und isoliert".[22] Diese Gefährdung resultierte insbesondere aus der Schwierigkeit, die neuen Marktbedingungen mit dem Selbstverständnis des freien Schriftstellers in Einklang zu bringen und angesichts der sich potenzierenden Publikationsmöglichkeiten ein passendes Rollenverhalten als Autor zu entwickeln. Um die Jahrhundertmitte sahen sich die Dichter einem „Dreifrontenkampf" ausgesetzt und mussten sich zunehmend gegen „Konkurrenz, Kommerz und Zensur" behaupten,[23] wobei insbesondere die Medienkonkurrenz durch die Zeitschriften und Zeitungen vielen schreibenden Zeitgenossen zu schaffen machte. So kritisierte etwa Hermann Marggraff 1845, dass Autoren „heute einen kritischen Artikel, morgen eine Correspondenz für ein Journal verfassen, zwischendurch an einem Roman arbeiten, oder ihre für Alles zugeschnittene Feder an der Uebersetzung eines ausländischen Buches abnutzen und bald an dieses, bald an jenes Journal wie an einen letzten Rettungsanker sich

---

18 Rudolf Schenda: Volk ohne Buch. Studien zur Sozialgeschichte der populären Lesestoffe 1770–1910. München 1977, S. 444.
19 Wittmann: Geschichte (Anm. 6), S. 253.
20 Deutsche Schriftstellerzeitung 13 (1886), S. 333, hier zit. nach Wittmann: Das literarische Leben (Anm. 14), S. 200.
21 Vgl. Wittmann: Geschichte (Anm. 6), S. 188–192. Peter Uwe Hohendahl: Literarische Kultur im Zeitalter des Liberalismus 1830–1870. München 1985, S. 303–309, erörtert die eingeschränkte Aussagekraft solcher Angaben für eine Geschichte des Lesens.
22 Wittmann: Geschichte (Anm. 6), S. 279.
23 Germaine Goetzinger: Die Situation der Autorinnen und Autoren. In: Gert Sautermeister/Ulrich Schmid (Hg.): Zwischen Restauration und Revolution 1815–1848. München/Wien 1998 (Hansers Sozialgeschichte der deutschen Literatur vom 16. Jahrhundert bis zur Gegenwart 5), S. 38–60, hier S. 54.

anklammern".²⁴ Marggraff fokussiert damit einen neuen Autorentypus, der sich im Zuge der zunehmenden Ökonomisierung des Buchmarkts herausbildete und der das mediale Feld kalkuliert mit seinen Texten zu bedienen wusste – und der vorwiegend negativ wahrgenommen wurde. Der neue Typus des Berufsschriftstellers, von den Zeitgenossen abwertend als „Industrieritter der Presse" oder „literarische[s] Proletariat" apostrophiert,²⁵ unterschied sich für viele durch seine Marktorientierung deutlich vom „wirkliche[n] Schriftsteller"²⁶ und ließ dessen Ethos und Sozialprestige schmerzlich vermissen. So grenzte sich etwa auch Gottfried Keller 1857 entschieden von ihm ab:

> Ich werde überhaupt von allen möglichen Feuilletons und dergleichen um novellistische Beiträge angegangen, und man bietet mir jedes Honorar an, so daß ich jetzt Geld verdienen könnte wie Heu, wenn ich die Fabrik recht im Gange hätte. Doch ist es mir ein Beweis, daß meine Sachen viel gelesen werden; auch glaube ich, daß es sich solider und nachhaltiger ausnimmt, wenn man nicht alle Tage mit Beiträgen in allen Zeitschriften figuriert und auf den Lesetischen herumflattert à la Hackländer.²⁷

Obwohl Keller dem Markt kritisch gegenüber steht, lassen seine Äußerungen ein ausgeprägtes Bewusstsein von den Marktmechanismen erkennen, wenn er sich Sorgen um sein Ansehen macht: Wer häufig in Zeitschriften abgedruckt wird, wie z. B. Friedrich Wilhelm Hackländer, verliert in der öffentlichen Meinung seine dichterische Reputation, weil man – so ist zu ergänzen – durch das häufige Publizieren in den Verdacht gerät, ein Vielschreiber zu sein, der die enormen Textmassen nur deshalb produzieren könne, weil sie keinen Tiefgang aufweisen. Damit bezeugt Keller nicht nur den Aufstieg der Zeitschriften und Zeitungen auf Kosten des Buches, sondern auch den scharfen Gegensatz zwischen dem ‚Image' des Berufsschriftstellers (in kritischer Formulierung: „Fabrikschreiber") und des ‚genialen', autonomen, freien Dichters, der sich den Anforderungen und Wün-

---

24 Hermann Marggraff: Der lyrische und der dramatische Dichter und ihr Publikum. In: Augsburger Allgemeine Zeitung, 8.–10. Februar 1845, hier zit. nach Wittmann: Das literarische Leben (Anm. 14), S. 157.
25 Friedrich Schaubach: Zur Charakteristik der heutigen Volksliteratur. Gekrönte Preisschrift. Hamburg 1863, S. 6.
26 Schaubach: Zur Charakteristik (Anm. 25), S. 7.
27 Gottfried Keller an Franz Duncker, 4. Juli 1857. In: G. K.: Gesammelte Briefe in vier Bänden, Bd. 3, 2. Hälfte. Hg. von Carl Helbling. Bern 1953, S. 174; vgl. auch den Brief an Eduard Vieweg vom 9. November 1858 (ebd., S. 141 f.): „Auch ist es jetzt gewöhnlicher Usus, daß die Novellisten ihre Arbeiten durchgehens zuerst in Feuilletons etc. erscheinen lassen und wo möglich noch im gleichen Jahre einem Verleger geben, es kommt alles nur auf die unabhängige Stellung an, in der sich einer befindet. Ich habe aber für dergleichen keine Liebhaberei, und vorzüglich halte ich das, was ich einmal für ein Buch bestimmt habe, schon der inneren Idee wegen fest."

schen des Marktes verweigert. In seiner 1860, also zeitnah verfassten Novelle *Die mißbrauchten Liebesbriefe*, die jedoch erst in der *Deutschen Reichs-Zeitung* 1865 vorabgedruckt wurde, nimmt er nicht nur den „Fabrikschreiber" aufs Korn, sondern auch einen weiteren Autorentypus, der ebenfalls seit den 1820er Jahren zunehmend in die Öffentlichkeit trat: den literarischen Dilettanten.[28] Beide Typen stehen wegen ihrer (vermeintlich) minderwertigen ästhetischen Arbeit in Opposition zum ‚echten' Dichter.

Mit dem Gewahrwerden der veränderten Marktbedingungen erhoben sich aber nicht nur Klagen über die Fabrikschreiber, sondern auch die Leserschaft wurde kritisch(er) betrachtet. Die Schriftsteller warnen jedoch anders als die Volkspädagogen nicht in erster Linie vor einer unkontrollierten Lesesucht,[29] vielmehr wird das veränderte Verhältnis zwischen Autor und Leser beklagt, das sich aus den verschiedenen Marktentwicklungen ergeben haben soll. Friedrich Spielhagen etwa konstatierte 1883, dass die zeitgenössische Kunst von ihrer „Parnassushöhe, auf der sie jezuweilen ihr ätherisches Leben lebte, herabgestiegen [sei] in die prosaischen Niederungen" und „da banausische Gewohnheiten angenommen" habe.[30] Die Künstler seien der „Unstätheit" und „Rastlosigkeit" ausgesetzt, darin aber freilich auch nur ein „Kind der Zeit" – wie das Publikum.[31]

---

28 Vgl. hierzu auch den Brief Kellers an Hermann Hettner, in dem er die dilettierenden Literaten scharf angeht: „Auch in der Schweiz hat der Dr. [Ludwig] Eckardt, ein vollendeter Marktschreier und falscher Prophet, der zudem gar keine Kenntnisse besitzt, einen ästhetischen und dilettantischen Schreibschwindel entfacht [...], wie man ihn hier früher nie gekannt hat. Ein ganzes Bataillon von drucksüchtigen Pfaffen, Gerichtsschreibern, Sekretärs, Kellnern und Handelskommis hat die Canaille auf die Füße gebracht [...]. Es ist eine völlige Sündfluth, die der Bursche losgelassen hat." (Keller an Hermann Hettner, 31. Januar 1860. In: Gottfried Keller: Sämtliche Werke. Historisch-Kritische Ausgabe, Bd. 21: Die Leute von Seldwyla. Apparat zu Band 4 und 5. Hg. von Peter Villwock u. a. Basel/Frankfurt a. M. 2000, S. 497.) Vgl. hierzu bspw. auch Wilhelm Hauffs Literaturmarktparodien, dazu Christine Haug: Der ‚Berufsschriftstellerroman' – ein neues Literaturgenre im Zeitalter der Industrialisierung im 19. Jahrhundert. Zu Wilhelm Hauffs Roman *Mittheilungen aus den Memoiren des Satan* (1824–1826). In: Immermann-Jahrbuch 8 (2007), S. 29–60.
29 Vgl. etwa Schaubach: Charakteristik (Anm. 25), S. 5 f., hierzu auch Wolfgang R. Langenbucher: Die Demokratisierung des Lesens in der zweiten Leserevolution. Dokumentation und Analyse. In: Herbert G. Göpfert (Hg.): Lesen und Leben. Eine Publikation des Börsenvereins des Deutschen Buchhandels in Frankfurt am Main zum 150. Jahrestag der Gründung des Börsenvereins der Deutschen Buchhändler am 30. April 1825 in Leipzig. Frankfurt a.M. 1975, S. 12–35, insbes. S. 14.
30 Friedrich Spielhagen: Produktion, Kritik und Publikum. In: Westermanns Jahrbuch der Illustrirten Deutschen Monatshefte 54 (1883), hier zit. nach: Max Bucher u. a. (Hg.): Realismus und Gründerzeit. Manifeste und Dokumente zur deutschen Literatur 1848–1880. 2 Bde. Stuttgart 1975/76, Bd. 2, S. 613–618, hier S. 616.
31 Spielhagen: Produktion (Anm. 30), S. 617.

Zur Folge habe dies, dass das „geschwisterliche Verhältnis früherer glücklicherer Zeiten" zwischen Dichter und Publikum verloren sei und sich zur „tiefe[n] Kluft" gewandelt habe.[32] Die „goldene Zeit des Urverhältnisses, jenes Verhältnisses, in welchem der Künstler seinem Publikum direkt gegenüberstand, direkt Wohl oder Wehe aus dessen Händen empfing" sei „ein für allemal vorüber".[33] Das „Publicum in dem bisherigen Sinne" gebe es nicht mehr und sei so heterogen geworden, dass es sich selbst „untereinander nicht mehr" verstehe.[34] Zudem tragen lokale und regionale sowie konfessionelle Unterschiede zu divergierenden Lesereaktionen bei, so dass Spielhagen das Publikum als das „völlig Unberechenbare und Unentwirrbare" bezeichnet.[35] Damit artikuliert Spielhagen eine mediale Modernitätserfahrung, die viele seiner schreibenden Zeitgenossen ebenfalls machten. Angesichts des anonymen Massenmedienmarktes wurde das ehemals (vermeintlich) harmonische Kommunikationsverhältnis zwischen Autor und Leser zunehmend als ge-, wenn nicht gar ganz zerstört angesehen. Die Forschung hat diese Verlusterfahrung, wie oben angedeutet, bislang cum grano salis mit zwei entgegengesetzten Reaktionsweisen der Autoren verbunden: Zum einen mit dem Rückzug des Autors vom Markt, wie es vor allem den großen Realisten attestiert wurde,[36] zum andern aber auch mit einer bewussten Marktorientierung wie sie sich etwa schon bei Wilhelm Hauff, Heinrich Heine oder Karl Gutzkow beobachten lässt, die sich auf die unterschiedlichen Medien und Publika bewusst einließen.

Dass es neben der Bejahung oder der Ablehnung des Marktes auch alternative Modellierungen gab, wie das Verhältnis von Autor und Leser und damit zusammenhängend auch die gesellschaftliche Stellung und Funktion des Autors gedacht werden konnte, soll im Folgenden näher erläutert werden. Bis ins letzte Drittel des 19. Jahrhunderts lässt sich der Versuch beobachten, zwischen dem Genie auf der einen und dem Fabrikschreiber auf der anderen Seite einen weiteren Autorentypus zu etablieren, den man mit wechselnden, aber doch verwandten Bezeichnungen wie „Volksschriftsteller", „Volksdichter", „Volkspoet", gelegentlich gar „Naturdichter" oder „Naturpoet" sowie auch „Nationaldichter" oder

---

32 Spielhagen: Produktion (Anm. 30), S. 618.
33 Spielhagen: Produktion (Anm. 30), S. 613.
34 Spielhagen: Produktion (Anm. 30), S. 613f.
35 Spielhagen: Produktion (Anm. 30), S. 614.
36 Vgl. etwa Wittmann: Das literarische Leben (Anm. 14), S. 185: „Mit Ausnahme Fontanes – des einzigen ‚Journalisten' unter ihnen – vermochten sich die großen realistischen Erzähler dem literarischen Markt der Gründerzeit nur mehr äußerlich anzupassen. Ihr künstlerisches Selbstverständnis innerhalb der kapitalistischen Gesellschaft war von bewusster Separation und Isolation geprägt, besaß freilich darin weit mehr soziales Verantwortungsbewusstsein als das der Solipsisten des fin de siècle."

„Nationalautor" u. Ä. bedachte. Charakteristisches Merkmal dieses semantischen Feldes ist die Tatsache, dass die Rede vom Autor von Reflexionen über die Leserschaft begleitet wird; literarische Produktion und Rezeption werden in diesen Modellen stets zusammengedacht. Das bezeugt das besondere Interesse der Zeitgenossen an dieser Relation, die sie gegen die Modelle des ‚welt- und leserabgewandten' Genies und des lediglich aus ökonomischen Gründen das Publikum adressierenden Berufsschriftstellers ins Feld führten. Wie die Ausführungen von Spielhagen zeigten, dachte man die literarische Kommunikation zwischen Dichter und Leser auch gegen Ende des Jahrhunderts noch nach dem Modell des zwischenmenschlichen, mündlichen Dialogs, gleichzeitig wurde dieses aber zunehmend als obsolet wahrgenommen. Das im Folgenden näher erläuterte Autormodell des Volksschriftstellers lässt sich durchaus als Synthese der beiden dominierenden Paradigmata verstehen: Zum einen suchte es das soziale Prestige und das künstlerische Ethos des Genies mit der Popularität des Fabrikschreibers zu verbinden. Zum anderen sollten die vereinzelten Leser (wieder) in eine Gemeinschaft integriert und die Kommunikation mit der anonymen Masse (wieder) als Gespräch möglich werden.

I Der Volksschriftsteller und seine Leserschaft(en)

Gemeinhin verbindet man heute mit dem Begriff des Volksschriftstellers in ästhetischer Hinsicht vorwiegend den Verdacht des Trivialliterarischen: Ein Schriftsteller, der fürs Volk schreibt, setzt auf Gefühlserregung, die er mittels einfacher Sprache und spannungsreicher Handlungsführung immer wieder neu anzustacheln sucht. Verschachtelte Kompositionen, Mehrdeutigkeiten und andere den Verstand – und eben nicht bloß die Gefühle – ansprechende Textelemente fehlen in den Werken dieses Autorentypus weitgehend, weil sie die Fähigkeiten der Leser überfordern würden. Sollte man den Begriff literarhistorisch verorten müssen, würde man vielleicht auf die Heimatliteratur des beginnenden 20. Jahrhunderts verweisen oder auch auf die moralischen Erzählungen der gegen Ende des 18. Jahrhunderts einsetzenden Volksaufklärung. Aber egal, welche Literatur man anführt, die negative Assoziation beliebt aus heutiger Perspektive bestehen; Arno Schmidt spitzte es zu: „Die Volksschriftstellerei ist ein Zweig der Toilettenpapierindustrie."[37]

---

[37] Arno Schmidt: Sitara und der Weg dorthin. Eine Studie über Wesen, Werk und Wirkung Karl Mays. Frankfurt a. M./Hamburg 1969, S. 83.

Das 19. Jahrhundert freilich fasste den Begriff des Volksschriftstellers deutlich positiver – und in einer überraschend vielfältigen Semantik, die sich nicht nur auf den Autorentypus ‚Volksaufklärer' beschränkt. *Pierer's Universal-Lexikon* z. B. definiert 1864 die Volksschriftsteller zum einen als Schriftsteller, „welche Volksschriften verfassen od. verfaßt haben",[38] wobei Volksschriften als Schriften zu verstehen sind, „welche für das Bedürfniß u. die geistige Bildung der niederen u. mittleren Schichten eines Volks, mit Ausschluß der wissenschaftlich Gebildeten, berechnet sind u. diesen in einer ihnen zugänglichen Weise Belehrung u. Unterhaltung darbieten sollen".[39] Es handelt sich hierbei also um den Volksaufklärer, der sich an die kaum oder nur wenige gebildeten Schichten richtet.[40] Zum anderen sind Volksschriftsteller jedoch auch als Dichter zu verstehen, „welche von dem ganzen Publicum eines Volks als trefflich u. schön anerkannt werden" und somit auch als „klassische[] Schriftsteller einer Nation od. [als] Nationalschriftsteller" bezeichnet werden.[41] Als historische Beispiele könnte man hierfür etwa Homer (vgl. dazu weiter unten) oder Schiller anführen, den man 1859, also nur wenige Jahre bevor der Artikel im *Universal-Lexikon* erscheint, als großen deutschen Volks- resp. Nationaldichter gefeiert hatte. Diese Charakterisierung des ‚Volksschriftstellers' bildet die Grundstruktur der zeitgenössische Semantik von ‚Volk' ab, einerseits verstanden als „die grosze masse der bevölkerung im gegensatz zu einer oberschicht", andererseits als „gemeinschaft der bewohner eines landes, die durch abstammung, sprache, staatliche ordnung mit einander verbunden" sind.[42]

1791 hatte Friedrich Schiller beide Dimensionen des ‚Volksschriftsteller'-Begriffs zu Gegensätzen stilisiert und die Kunstautonomie der Belehrung gegenübergestellt, d. h. die Unterscheidung zwischen hoher oder niederer Literatur mit dem soziologischen Aspekt verknüpft. In seiner Rezension der *Gedichte* von Gottfried August Bürger hatte er den „Volksdichter" darauf verpflichtet, „sich ausschließlich der Fassungskraft des großen Haufens zu bequemen und auf den Beifall der gebildeten Klasse Verzicht zu tun – oder den ungeheuren Abstand, der zwischen beiden sich befindet, durch die Größe seiner Kunst aufzuheben und

---

38 Anon.: Volksschriftsteller. In: Pierer's Universal-Lexikon, Bd. 18. Altenburg 1864, S. 662.
39 Anon.: Volksschriftsteller (Anm. 38), S. 661.
40 Vgl. hierzu die Beiträge von Reinhart Siegert und Holger Böning in diesem Band. Zur engeren Begriffsgeschichte vgl. Reinhart Siegert: Der Volksbegriff in der deutschen Spätaufklärung. In: Hanno Schmitt/Rebekka Horlacher/Daniel Tröhler (Hg.): Pädagogische Volksaufklärung im 18. Jahrhundert im europäischen Kontext: Rochow und Pestalozzi im Vergleich. Bern/Stuttgart/Wien 2007 (Neue Pestalozzi-Studien 10), S. 32–56.
41 Anon.: Volksschriftsteller (Anm. 38), S. 662.
42 Anon.: Volk. In: Deutsches Wörterbuch von Jacob Grimm und Wilhelm Grimm. Bd. 12, 2. Abt. Leipzig 1951, Sp. 454–471, hier Sp. 462 u. 464.

beide Zwecke vereinigt zu verfolgen",[43] d. h. also entweder für das ungebildete Volk zu schreiben oder aber für die ganze Nation. Schillers Rezension nutzt, anders als das *Universal-Lexikon*, die beiden Definitionen jedoch strategisch in polemischer Absicht; er attestiert Bürger, lediglich minderwertige, sprich triviale Gedichte für Ungebildete hervorbringen zu können, und weist dessen Anspruch, ein Nationaldichter zu sein, zurück. Dass Schiller seine Buchbesprechung zudem moralisch auflädt und die ästhetische Qualität mit der moralisch-sittlichen korreliert, ist literaturmarktbezogenen Überlegungen geschuldet, die im Grunde bis heute greifen. Er sucht das Werk herabzusetzen und es dem Leser abspenstig zu machen, indem er die Person des Autors diskreditiert.

Im 19. Jahrhundert war das Schreiben fürs Volk jedoch keineswegs so schlecht angesehen, wie es Schiller nahelegt. Man stellte sogar an den ‚volksaufklärerischen' Volksschriftsteller ästhetische Ansprüche,[44] wie etwa Philipp Bachmann noch im Jahr 1900 über die christlichen Volksschriftsteller im *Evangelischen Volkslexikon* festhielt:

> Streng muß aber an der Fordrung [sic] festgehalten werden, daß diese Form [der prosaischen Volkserzählung] in *künstlerischem Sinn* gebraucht wird; der V.[olksschriftsteller] muß ein *wirklicher Dichter* sein, der die dürre Wirklichkeit mit dem Glanz der poetischen Schönheit und Wahrheit zu umgeben vermag, ohne dabei in romanhafte Spannung oder allzu verwickelte Handlung zu geraten; auch die Sprache muß dem Gesetz der Schönheit entsprechen. *Alles bloß Handwerksmäßige* ist darum ausgeschlossen.[45]

Anders als Schiller spielt Bachmann Kunstautonomie und Belehrung nicht gegeneinander aus, sondern hält an beiden Begriffsausprägungen des Volks-

---

[43] Friedrich Schiller: Über Bürgers Gedichte. In: Schillers Werke. Nationalausgabe, Bd. 22. Hg. von Herbert Meyer. Weimar 1958, S. 248.

[44] Das ließe sich als Nachhall von Bürgers Selbstpositionierung auffassen, der die „Popularität" beim Volk keineswegs wie Schiller als Ausdruck einer trivialen Kunst verstand, vgl. etwa Gunter E. Grimm: ‚Lieber ein unerträgliches Original als ein glücklicher Nachahmer.' Bürgers Volkspoesie-Konzept und seine Vorbilder. In: Reinhard Breymayer (Hg.): In dem milden und glücklichen Schwaben und in der Neuen Welt. Beiträge zur Goethezeit. Festschrift für Hartmut Fröschle. Stuttgart 2004 (Suevica 423), S. 55–74, auch online unter http://www.goethezeitportal.de/db/wiss/buerger/grimm_volkspoesie.pdf (letzter Zugriff 7. Juli 2015), oder Klaus L. Berghahn: Volkstümlichkeit ohne Volk? Kritische Überlegungen zu einem Kulturkonzept Schillers. In: Reinhold Grimm/Jost Hermand (Hg.): Popularität und Trivialität. Fourth Wisconsin Workshop. Frankfurt a. M. 1974, S. 51–75.

[45] Philipp Bachmann: Volksschriftsteller, christliche. In: Evangelisches Volkslexikon zur Orientierung in den sozialen Fragen der Gegenwart. Hg. von Evangelisch-sozialen Central-Ausschuß für die Provinz Schlesien, in Verbindung mit Fachgelehrten redigiert v. Theodor Schäfer. Bielefeld/Leipzig 1900, S. 799–803, hier S. 799 (Herv. J. R.).

schriftstellers fest. Dem Volksschriftsteller dürfe es „nicht allein um die Geschmacksbildung oder gar bloß um angenehme Unterhaltung des Volks [gehen], sondern es muß ihm zugleich um die Bildung seines [des Volkes] sittlichen Urteils und Gefühls zu thun sein".[46] Bachmann reiht den Volksschriftsteller in die Tradition der (religiösen) Volksaufklärung ein, ohne ihm deswegen ästhetische Ansprüche (des klassischen Nationalautors) zu erlassen, wodurch er den Volksaufklärer nobilitiert.

Wie Bachmann band auch Joseph von Eichendorff 1848 den Volksschriftsteller teilweise in ein realistisches Literaturprogramm ein, ordnete ihm jedoch eine andere Leserschaft zu. Seiner Ansicht nach ist die „Volksschriftstellerei", welche das „Einfache, Natürliche und Wirkliche" darstelle, aus „Überdruß an der vornehmen Literatur" entstanden.[47] Sie schreibe „teils über das Volk [...], indem sie dessen Leben zu ihrem Gegenstande macht", und „teils für das Volk", das sie „belehren, veredeln und poetisch erfrischen will".[48] Mit dieser Wendung rekurriert Eichendorff auf Berthold Auerbachs Poetik *Schrift und Volk* (1846), in der dieser die volkstümliche Literatur – und das heißt vor allem auch die *Dorfgeschichten*, mit denen er selbst in den 1840er große Erfolge feierte[49] – gerade wegen dieser doppelten Adressierung gelobt hatte. Da sich die Erzählungen an Gebildete und Ungebildete zugleich richten und somit die ganze Nation ansprechen würden, seien sie mit der Literatur eines Nationalautors vergleichbar. Gegen eine solche Auffassung wendet Eichendorff sich polemisch, wenn er die Volksliteratur demgegenüber als „künstliche[ ] Herabstimmung [...] zu der Fassungskraft oder der äußeren Beschränktheit des Volkes" charakterisiert und ihr somit literarhistorisch kaum Bedeutung zumisst. Aber gleichwohl – und dies steht zumindest in einem Spannungsverhältnis mit der vorangehenden Bestimmung – entlässt er diese ‚mindere' Literatur nicht aus der „unabweisbaren Aufgaben der Poesie", das „Ewige[] und Schöne[] im Irdischen" darzustellen,[50] wie alle anderen Dichter müssten auch die Volksschriftsteller die Wirklichkeit „verklären".[51]

---

46 Bachmann: Volksschriftsteller (Anm. 45), S. 799.
47 Joseph von Eichendorff: Die deutschen Volksschriftsteller. In: J. v. E.: Sämtliche Werke, Bd. 8.1: Aufsätze zur Literatur. Hg. von Wolfram Mauser. Regensburg 1962, S. 868.
48 Eichendorff: Volksschriftsteller (Anm. 47), S. 868.
49 Vgl. Anita Bunyan: Berthold Auerbach's Schwarzwälder Dorfgeschichten: Political and Religious Contexts of a Nineteenth-Century Bestseller. In: Charlotte Woodford/Benedict Schofield (Hg.): The German Bestseller in the Late Nineteenth Century. Rochester, NY 2012 (Studies in German Literature, Linguistics and Cultures), S. 127–144. Vgl. zu den *Dorfgeschichten* auch den Beitrag von Stefan Born in diesem Band.
50 Eichendorff: Volksschriftsteller (Anm. 47), S. 868. – Dass die Volksschriftstellerei trotz dieser Bestimmung als eher mindere Literatur gelten soll, wird nur plausibel, wenn man sich die polemische Stoßrichtung von Eichendorffs Aufsatz vor Augen führt.

Ob allerdings das Volk diese Literatur auch wirklich lese, bezweifelt Eichendorff, weil das Volk neben der Erwerbsarbeit „keine überflüssige Zeit" für die Lektüre habe und, wenn doch, dann „seine Hauskalender und Gebetsbücher" lese.[52] Und weil die Volksschriftstellerei in erster Linie „aus der Blasiertheit der Gebildeten" denn aus einem „tieferen Bedürfnis des Volks" entsprungen sei, werde sie auch vor allem von diesem „bisherige[n], gewöhnliche[n] Lesepublikum" rezipiert.[53] Damit stellt Eichendorff das seine Ausführungen grundierende Konzept des volksaufklärerischen Volksschriftstellers auf den Kopf: Die Volksliteratur richtet sich an ein ausgewähltes Lesersegment, das bei ihm jedoch nicht wie im *Evangelischen Volkslexikon* und im *Universal-Lexicon* die Ungebildeten, sondern die Gebildeten ausmachen. Sieht man jedoch von der Frage nach der Leserschaft ab, so bleibt zu konstatieren, dass auch er die Volksliteratur nicht von ästhetischen Ansprüchen befreit (Verklärung) und auch ihm die (partielle) Überblendung von ‚Volksaufklärer' und ‚Nationalautor' vertraut ist. Die auch bei Eichendorff feststellbare Segmentierung der Leserschaft in Ungebildete (Volk), Gebildete und Nation (als Zusammenschluss der Ungebildeten und Gebildeten) ist im Kontext des ‚Volksschriftstellers' ein wichtiger Aspekt, der unmittelbar zu dessen Begriffsbestimmung beiträgt. Die Zwei- resp. Dreiteilung stellt zwar ziemlich unbestimmte Kategorien her und wird von den Zeitgenossen nur in wenigen Fällen genauer inhaltlich (soziologisch) bestimmt, vermag aber gerade deshalb die semantische Überschneidung von Volksaufklärer und Nationalautor zu erklären.

II Die Sehnsucht nach einer homogenen Leserschaft und einem harmonischen Autor-Leser-Verhältnis

Für die Begriffsbildung des ‚Volksschriftstellers' waren historische Vorbilder prägend, was sich auch in Schillers Bürger-Rezension beobachten lässt:

> Ein Volksdichter in jenem Sinn, wie es Homer seinem Weltalter oder die Troubadours dem ihrigen waren, dürfte in unsern Tagen vergeblich gesucht werden. Unsre Welt ist die homerische nicht mehr, wo alle Glieder der Gesellschaft im Empfinden und Meynen ungefähr

---

51 Eichendorff: Volksschriftsteller (Anm. 47), S. 868.
52 Eichendorff: Volksschriftsteller (Anm. 47), S. 869.
53 Eichendorff: Volksschriftsteller (Anm. 47), S. 869.

dieselbe Stufe einnahmen, sich also leicht in derselben Schilderung erkennen, in denselben Gefühlen begegnen konnten.⁵⁴

Schiller referiert in dieser Passage auf Johann Gottfried Herders epochemachenden *Ähnlichkeits*-Aufsatz, in dem dieser Homer und die mittelalterlichen Troubadours als Volksdichter gepriesen hatte. Zentral in seinen Ausführungen sind dabei zwei Aspekte. Zum einen wird das Volk als Leser- resp. Zuhörerschaft als homogene Gemeinschaft dargestellt, zum anderen ein harmonisches Autor-Rezipienten-Modell entworfen, das den Volksdichter als zentrale Bezugsperson in diese Gemeinschaft integriert:

> Wie das Volk dastand und horchte! was es alles in dem Liede hatte und zu haben glaubte! wie heilig es also die Gesänge und Geschichten erhielt, Sprache, Denkart, Sitten, Taten, an ihnen mit erhielt und fortpflanzte. Hier war zwar einfältiger, aber starker, rührender, wahrer Sang und Klang, voll Gang und Handlung, ein Notdrang ans Herz, schwere Akzente oder scharfe Pfeile für die offne, wahrheittrunke Seele.⁵⁵

Während Bürger und mit diesem viele Autoren des 19. Jahrhunderts den Typus des Volksdichter erneuern wollten, gerade weil es ihn früher einmal gegeben habe, bestritt Schiller mit einem geschichtsphilosophischen Argument die zeitgenössische Adäquatheit: Da der „Abstand" zwischen den Gebildeten und Ungebildeten („zwischen der Auswahl einer Nation und der Masse") in der Gegenwart jedoch „ein sehr großer" sei, sei es „umsonst" und „willkührlich in Einen Begriff zusammen zu werfen, was längst schon keine Einheit mehr ist".⁵⁶ Das Konzept eines Volksschriftstellers im Sinne eines Nationalschriftstellers lehnte Schiller also für seine Zeit ab; das schillergläubige 19. Jahrhundert folgte ihm hierin, wie gesagt, jedoch nur bedingt.⁵⁷

---

54 Schiller: Über Bürgers Gedichte (Anm. 43), S. 247.
55 Johann Gottfried Herder: Von Aehnlichkeit der mittlern englischen und deutschen Dichtkunst, nebst Verschiedenem, das daraus folgt. In: J. G. H.: Werke in zehn Bänden, Bd. 2: Schriften zur Ästhetik und Literatur 1767–1781. Hg. von Gunter E. Grimm. Frankfurt a. M. 1993, S. 558.
56 Schiller: Über Bürgers Gedichte (Anm. 43), S. 247 f.
57 Als eine Ausnahme seien die *Blätter zur Kunde der Litteratur des Auslands* zitiert, welche Schiller direkt zu paraphrasieren scheinen: „je größer der Unterschied der Stände und der gesellschaftlichen Zustände wird, desto seltner werden auch die Volksdichter, d. h. diejenigen Dichter werden, welche, wo nicht das ganze Volk, doch Menschen aus den verschiedensten Klassen, und nicht nur Einzelne, sondern die Mehrzahl der überhaupt Empfänglichen, in einem gemeinsamen Interesse und Genuss verbinden." (Anon.: Beranger. In: Blätter zur Kunde der Litteratur des Auslands, Nr. 48, 30. Juli 1836, S. 190–192, hier S. 192) Die allseits bekannte Differenzierung zwischen elitären Künstlern und ‚trivialen' Autoren der Massenmedien trägt diese

Paradigmatisch sei in diesem Zusammenhang auf die bereits erwähnte Poetik von Auerbach verwiesen, in der sich viele der hier angesprochenen Aspekte in konzentrierter Form studieren lassen. In *Schrift und Volk* geht es Auerbach, um die Darlegung der „Grundzüge der volkstümlichen Literatur", wie es im Untertitel heißt. Weil er dies zugleich als eine „Charakteristik J.[ohann] P.[eter] Hebel's" bezeichnet, scheint es naheliegen, diese Schrift in den Kontext der Volksaufklärung zu stellen.[58] Auerbach zielt jedoch auf die Bestimmung der Aufgaben und Funktion aller gegenwärtigen Literaturen (und das heißt auch seiner eigenen *Schwarzwälder Dorfgeschichten*) und zitiert in diesem Zusammenhang Schillers Volksdichter-Definition aus der Bürger-Rezension zustimmend.[59] Den „ungeheuern Abstand" zwischen Masse und Elite zu überbrücken, ist für Auerbach, gegen die Intention Schillers, das konkret anzustrebende Ziel des Dichters. Da das Bürgertum „wesentlich atomistisch in Individuen" zerfallen sei, müsse man danach trachten, das „freie Individuum zu wahren und dabei eine Gemeinschaft herzustellen", in der ein jeder in eine „organische Verbindung mit anderen gebracht" werde.[60] Um die bestehenden Differenzen hinsichtlich Bildungsstand, Erkenntnis- und Urteilsvermögen etc. innerhalb der Gesellschaft des 19. Jahrhunderts aufzuheben, dürfe man einer „Volkschrift die Bedingungen der Kunst" nicht erlassen,[61] d. h. nur eine Literatur, die den klassizistischen Idealen der Autonomiekunst verpflichtet sei, vermöge das Volk auf die Höhe der Gebildeten zu heben, in Auerbachs Worten: die „aus dem unmittelbaren Leben erwachsende[ ] Bildung [...] [der] allgemeinere[n] zuzuführen, an das unmittelbare Leben anzuknüpfen und von da aus höher zu leiten".[62] Sei dieser Zustand der „gesunden Nationalbildung" erreicht und der „ungeheure Abstand" eingeholt, brauche es „gar keine ausschließliche Volksschrift" mehr,[63] dann nämlich sei das Lesepublikum so homogen, dass es nur noch eine Literatur für alle benötigt: „[D]ann ist

---

Auffassung ebenfalls weiter; Klassiker sind per definitionem ‚singuläre' und außergewöhnliche Erscheinungen.
58 Vgl. Michael Knoche: Volksliteratur und Volksschriftenvereine im Vormärz. Literaturtheoretische und institutionelle Aspekte einer literarischen Bewegung. Frankfurt a. M. 1986 (Archiv für Geschichte des Buchwesens, 27).
59 Berthold Auerbach's gesammelte Schriften, Bd. 20: Schrift und Volk. Grundzüge der volksthümlichen Literatur, angeschlossen an eine Charakteristik J. P. Hebel's. Zweite Gesammtausgabe. Stuttgart 1864, S. 68–71 (Erstausgabe als Einzeldruck: Leipzig 1846).
60 Auerbach: Schrift und Volk (Anm. 59), S. 249.
61 Auerbach: Schrift und Volk (Anm. 59), S. 121.
62 Auerbach: Schrift und Volk (Anm. 59), S. 119.
63 Auerbach zit. nach Knoche: Volksliteratur (Anm. 58), S. 111.

alles wirklich Wahre und Schöne allen Volksgenossen zugänglich und förderlich".[64]

Dieses Telos der volkstümlichen Literatur lässt sich als Erbe von Schillers Ideen einer ästhetischen Erziehung verstehen, die zugleich als Teil einer liberalen Nationalpädagogik die deutsche Nation erneuern resp. befördern sollte. Für Auerbach bleibt die Literatur (anders als Schiller) jedoch den konkreten gesellschaftlichen, sozialen und politischen Gegebenheiten nachgeordnet; erst wenn die äußeren Verhältnisse gebessert sind, könne die Literatur die innere Veredlung des Einzelnen erfolgreich angehen.[65]

Die utopische Idee einer Volksliteratur als der einen und alleinigen Nationalliteratur findet sich nicht nur bei Auerbach, sondern auch bei anderen zeitgenössischen Autoren. Auch bei ihnen lassen sich politische Implikationen nicht von der Hand weisen: Otto Ludwig etwa gefiel die Möglichkeit einer alle Leser umfassenden Volksliteratur, die sich als eine „Literatur ohne Exklusivität [...] weder auf eine gewisse Bildungsstufe[,] noch auf eine Partei (politische), eine Konfession stützt und von da aus etwa polemisch zu Werke geht", eine Literatur also, die sich „nicht für die Gelehrten oder Kenner vom Fache und den Kritiker" alleine empfiehlt.[66] Ebenso hoffte auch Gottfried Keller auf die Abschaffung der bestehenden Ständepoesien und wartete darauf, „daß es nur noch eine Poesie" geben würde.[67] Die Vorstellung, die bestehenden Unterschiede innerhalb der Leserschaft aufheben und die verschiedenen Publikumssegmente in *eine* lesende Gemeinschaft überführen zu können, referiert durchaus auf die gesellschaftlich-politischen Ideale von Freiheit und Gleichheit. In poetologischer Hinsicht rekurriert sie auf das historische Modell der Natur- bzw. Volkspoesie, welches seit den Arbeiten von Herder intensiv diskutiert wurde.

---

64 Auerbach: Schrift und Volk (Anm. 59), S. 118.
65 „Die Poesie richtet euch eure Schulen, Fabriken, Gefängnisse, Kanzleien etc. nicht besser ein, sie zeigt euch aber das Walten der ewigen Urmächte unter der Oberfläche des Lebens, sie stellt euch Verknüpfungen von Ursache und Wirkung dar, die ihr so anschaulich gewöhnlich nicht erkennt." (Auerbach: Schrift und Volk [Anm. 59], S. 104.)
66 Otto Ludwig: Volksroman – Volksliteratur. In: O. L.: Romane und Romanstudien. Hg. von William J. Lillyman. München/Wien 1977, S. 635–654, hier S. 635.
67 Gottfried Keller: Jeremias Gotthelf. In: G. K.: Sämtliche Werke, Bd. 22: Aufsätze zur Literatur und Kunst, Miszellen, Reflexionen. Hg. von Carl Helbling. Bern 1948, S. 43–117, hier S. 48.

III Die moderne Literatur als Volkspoesie

In seinen literaturkritischen Schriften seit Ende der 1760er Jahre interessiert sich Herder insbesondere für die Wirkungsweisen der Poesie und reflektiert deshalb den Zusammenhang von Dichtung und Gesellschaft in verschiedenen historischen Konstellationen. Dabei arbeitet Herder vor allem eine Opposition immer wieder heraus, diejenige von Gelehrtendichtung und Volksdichtung, die er in erster Linie (aber nicht ausschließlich wie später Jacob Grimm) als historische Erscheinungsformen der Poesie begreift und mit der er das bis ins 18. Jahrhundert favorisierte Modell des poeta doctus vom Sockel stößt.[68] Während die moderne Dichtung sich im negativen Sinne durch Elitarismus und Künstlichkeit auszeichne (von Gebildeten für Gebildete, keine sinnliche Wirkkraft der Dichtung), sei die ältere Poesie „das Archiv des Volks, der Schatz ihrer Wissenschaft und Religion, ihrer Theogonie und Kosmogonien der Taten ihrer Väter und der Begebenheiten ihrer Geschichte, Abdruck ihres Herzens, Bild ihres häuslichen Lebens in Freude und Leid, beim Brautbett und Grabe"[69] – kurz: für alle und sinnlich wirkend. Die seit Jahrhunderten vorherrschende Gelehrtenpoesie sei „so bunt, so artig, ganz Flug, ganz Höhe" wie ein „Paradiesvogel", habe aber keinen „Fuß auf [der] deutsche[n] Erde"; die wahre Dichtung, die „sich aufs Volk beziehet" und somit „volksmäßig" ist,[70] fehle insbesondere in Deutschland. Diesem Missstand Abhilfe schaffen sollte u. a. seine Sammlung von *Volksliedern*, die er 1778/79 herausgab.

Mit Nachdruck verzahnt Herder den Dichter mit dem Volk, was auch seine Ausführungen zu Homer zeigen. Homer, der „größte Sänger der Griechen" und zugleich der „größte Volksdichter" habe gesungen, „was er gehöret, stellte dar[,] was er gesehen und lebendig erfaßt hatte: seine Rhapsodien blieben nicht in Buchläden und auf den Lumpen unsres Papiers, sondern im Ohr und im Herzen lebendiger Sänger und Hörer",[71] die seine Dichtungen aufbewahrten und weitertrugen. Diese Vorstellungen von einer homogenen literarischen Öffentlichkeit ist auch im 19. Jahrhundert gerade für die Bestimmung des ‚Volksschriftstellers' von

---

68 Vgl. Gunter E. Grimm: Vom poeta doctus zum Volksdichter? Bemerkungen zum Selbstverständnis deutscher Schriftsteller im 18. Jahrhundert. In: Siegfried Jüttner u. a. (Hg.): Europäische Aufklärung(en). Einheit und nationale Vielfalt. Hamburg 1992 (Studien zum achtzehnten Jahrhundert 14), S. 203–217.
69 Herder: Ähnlichkeit (Anm. 55), S. 560 f.
70 Herder: Ähnlichkeit (Anm. 55), S. 557.
71 Johann Gottfried Herder: Vorrede. Volkslieder. Nebst untermischten andern Stücken. Zweiter Teil. In: J. G. H.: Werke in zehn Bänden, Bd. 3: Volkslieder, Übertragungen, Dichtungen. Hg. von Ulrich Gaier. Frankfurt a. M. 1990, S. 231. – Auf diese Ansicht referierte Schiller in seiner Bürger-Rezension (vgl. auch oben).

größter Bedeutung. Nicht nur bei Auerbach finden sich entsprechende Hinweise,[72] auch bei Jeremias Gotthelf heißt es, dass „in dem [literarischen] Bilde das Volk sich wieder erkennen" müsse, ansonsten sei „das Bild nicht treu, der Verfasser kein Volksschriftsteller".[73] Die *Blätter zur Kunde der Litteratur des Auslands* urteilten 1836 ganz ähnlich und definierten den Volksdichter als „Organ der Volksgesinnung" und den „Gemeingeist, de[n] Geist der Nation", als „seine Muse";[74] hier tritt also der Volksschriftsteller als Nationaldichter in Erscheinung. Von heterogenen Leserschaften, wie sie Spielhagen beschrieb, kann aus dieser Perspektive nicht die Rede sein.

Aber nicht nur den theoretischen Formulierungen verschiedener Dichtermodelle gaben Naturpoesie-Vorstellungen Anregungen, auch die moderne Literatur wurde davon beeinflusst. Herder hatte die von ihm und seinen Freunden gesammelten Volkslieder nicht in der aufgezeichneten Fassung abgedruckt, sondern in überarbeiteter Form, und selbst diese Varianten nicht so sehr als „Dichtkunst", sondern vielmehr als „Materialien zur Dichtkunst" bezeichnet,[75] als „gebrochnes Metall, wie es aus dem Schoß der großen Mutter kommt, für geprägte Klassische Münze".[76] Es geht ihm darum, dass diese Lieder von zeitgenössischen Dichtern ihrem „Ton" gemäß weitergedichtet werden; dadurch können sie auch auf die Gegenwart einwirken und erweisen sich als „volksgemäß". Spätere Volkslieder-Sammler folgten dieser Sichtweise. Reinhard Wager attestierte in seiner Studie *Ueber Volkspoesie und Umdichtung* Goethe, Uhland, Heine, Eichendorff, Chamisso, Hoffmann von Fallersleben und Roquette, dass sie in ihren Gedichten „Geist und Ton der wirklichen Volkslieder" nachgeahmt hätten, jedoch nicht „deren Mängel" und so eine „vollendete Formschönheit mit volksthümlicher Einfachheit, Natürlichkeit [...] und wenigstens scheinbarer Naivetät" geschaffen

---

[72] Vgl. Auerbach: Schrift und Volk (Anm. 59), S. 13–46; dazu auch Jesko Reiling: Eine Literatur für alle. Auerbach und die Volkspoesie. In: J. R. (Hg.): Berthold Auerbach (1812–1882). Werk und Wirkung. Heidelberg 2012 (Beiträge zur neueren Literaturgeschichte 302), S. 97–120, insbes. S. 104–109.
[73] Jeremias Gotthelf: Sämtliche Werke in 24 Bände. 1. Ergänzungsband: Der Herr Esau. Erster Teil. Bearb. von Rudolf Hunziker und Hans Blosch. Erlenbach 1922, S. 8 f.
[74] Anon.: Beranger (Anm. 57), S. 192. – Die restliche Bestimmung des Volksschriftsteller deckt sich mit dem bisher ausgeführten: Die *Blätter* forderten darüber hinaus, dass „Stoff" und „Geist der dem Volke gebotenen Poesie [...] dasselbe als verwandt ansprechen" solle, wobei „die Gedanken, die Empfindungen, die Interessen, die Anschauungsweise des Volkes" nicht in „natürlicher oder erkünstelter Rohheit und Derbheit" dargeboten werden dürfen, sondern „in einer veredelnden, von dem Boden der gemeinen Wirklichkeit sie ablösenden Sprache", wodurch eine „zugleich heimliche und gesteigerte Stimmung" erzeugt werde (ebd.).
[75] Herder: Vorrede (Anm. 71), S. 245.
[76] Herder: Vorrede (Anm. 71), S. 246.

hätten.⁷⁷ Es seien „Volkslieder in höherer Potenz", Lieder also, die die alten Volkslieder übertroffen haben.

Dieses Verfahren wurde auch auf andere Bereiche der Literatur übertragen und demgemäß die moderne Literatur als Natur- resp. Volkspoesie „in höherer Potenz" aufgefasst. Auerbach reihte z. B. explizit seine *Schwarzwälder Dorfgeschichten* in die Tradition der Naturpoesie ein und stellte seine Erzählungen mit der Gattung der Sage, die seit Herder zur Volkspoesie gerechnet wird, in eine Linie: „Die *neuere* Volksdichtung kann damit zugleich mit Bewußtsein aufgreifen und fortsetzen, was ehedem die Sage in rein naiver Weise that, indem sie bestimmte Orte mit ihren Gebilden umwob."⁷⁸ In diesem Sinne rezipierte Julian Schmidt dann auch Auerbachs Erzählungen als „Naturpoesie", wies jedoch gleichzeitig darauf hin, dass sie einen „doctrinären Anstrich" hätten,⁷⁹ also nicht als reine, ursprüngliche Naturpoesie aufzufassen seien.

Das Modell einer zeitgenössischen bzw. ‚künstlichen Naturpoesie' fand auch bei anderen Autoren Anklang. Karl Rosenkranz zeichnete in seinem 1832 erschienenen *Handbuch einer allgemeinen Geschichte der Poesie* die Literaturgeschichte als fortwährendes Zusammen- und Gegenspiel von Natur- und Kunstpoesie nach: „Der einfachste Gegensatz, der durch die ganze Geschichte der Poesie hingeht, ist der der Natur- und Kunstpoesie."⁸⁰ Während die Naturpoesie für den kreatürlichen Ausdruck einer bestimmten Empfindung steht und somit die „natürliche Grundlage" einer jeden Poesiegeschichte bildet (wie bei Herder),⁸¹ steht die Kunstpoesie für den bewussten Gestaltungswillen und strebe die „Vollendung der Form" an.⁸² Beide Poesien können, wie Rosenkranz' Gang durch die Geschichte der Weltliteratur zeigt, in verschiedenen Konstellationen zueinander stehen,⁸³ die „schönste Vereinigung beider Momente, de[r] Anblick der kunst-

---

77 Reinhard Wager: Ueber Volkspoesie und Umdichtung. Nebst umgedichteten Liedern. Barmen 1860, S. 49.
78 Auerbach: Vorreden spart Nachreden. In: Berthold Auerbach's gesammelte Schriften, Bd. 1. Zweite Gesammtausgabe. Stuttgart 1864, S. X (Herv. J. R.), dazu ausführlicher Reiling: Eine Literatur für alle (Anm. 69), S. 110–113.
79 Julian Schmidt zit. nach Bucher u. a. (Hg.): Realismus und Gründerzeit (Anm. 30), S. 176.
80 Karl Rosenkranz: Handbuch einer allgemeinen Geschichte der Poesie. 3 Bde. Halle 1832, Bd. 3, S. 397.
81 Rosenkranz: Handbuch (Anm. 80), Bd. 1, S. 34.
82 Rosenkranz: Handbuch (Anm. 80), Bd. 3, S. 397.
83 Ausführlicher hierzu Jesko Reiling: Natur- und Kunstpoesie. Zum Fortleben zweier poetologischer Kategorien in der Literaturgeschichtsschreibung nach den Grimms. In: Claudia Brinker-von der Heyde u. a. (Hg.): Märchen, Mythen und Moderne. 200 Jahre Kinder- und Hausmärchen der Brüder Grimm. 2 Bde. Frankfurt a. M. 2015 (Medien – Literaturen – Sprachen 18), Bd. 2, S. 767–781.

reichsten Volkspoesie" finde sich in der griechischen Dichtkunst, aber auch in der deutschen Literatur des Mittelalters und der deutschen Klassik.[84] Diese höchste Entwicklungsstufe der Poesie ist charakterisiert durch die „vollendetste Einheit des Inhaltes mit der Form", hier könne man von einer „höhere[n] Verklärung" der Volkspoesie sprechen.[85] Diesen Zustand könne die Poesie immer wieder erreichen, da die Kunstpoesie fortwährend zu „einer bestimmteren Weise des Ausdrucks" und damit zu einem immer wieder neuen „charakteristischen Styl fortschreitet", was sich in bestimmte „Perioden" fassen lasse.[86]

In eine solch „neue Epoche" sah Rudolph Gottschall 1855 in seiner Geschichte der *Deutschen Nationalliteratur* die zeitgenössische Literatur eintreten.[87] Sie stelle das „Leben der Gegenwart" dar und dichte im „Geiste ihres Jahrhunderts", wodurch sie sich anschicke, „echte Volksthümlichkeit und ewige Dauer zu gewinnen".[88] Weil sie die „überlieferten Kunstform[en] mit allem Reichthum des modernen Lebens" fülle, gelinge ihr die „vollkommene Versöhnung der Gelehrten- und Volkspoesie",[89] weshalb sie als „neue und ideale Volkspoesie" anzusehen sei.[90] Für Gottschall, wie auch für Auerbach, Rosenkranz und weitere, ist die moderne Literatur nicht eine Wiederkehr der früheren Naturpoesie, sondern (im Herder'schen Sinn) deren Aktualisierung. Wie in frühen Phasen der Menschheitsgeschichte resp. der nationalen Geschichte gilt sie als authentischer Ausdruck des Volksgeistes, der sich freilich im Vergleich zur alten Naturpoesie weiterentwickelt hat, aber gleichwohl Ursprungs- wie Zielkategorie der Dichtung bleibt. Wie die frühere soll auch die moderne Volkspoesie aus dem Geist der Nation heraus auf diesen einwirken und ihn befördern.

Den Volksgeist darzustellen, d.h. das geistige, kulturelle und soziale Leben der Nation zu schildern und dabei dem Fortschritt in Wissenschaft und Gesellschaft, den zunehmenden Erkenntnissen und erweiterten Wissensbeständen in allen Lebensbereichen Rechnung zu tragen, ist das Programm, das man in den alten Natur- und Volkspoesien zu entdecken glaubte und an das man auch die zeitgenössische Literatur anschließen wollte. Die Autoren und Literaturkritiker

---

84 Rosenkranz: Handbuch (Anm. 80), Bd. 3, S. 398. – Das Mittelalter gilt auch Schiller als Epoche der homogenen Einheit von Leser und Autor (vgl. oben).
85 Rosenkranz: Handbuch (Anm. 80), Bd. 3, S. 398.
86 Rosenkranz: Handbuch (Anm. 80), Bd. 3, S. 399.
87 Rudolph Gottschall: Die deutsche Nationalliteratur in der ersten Hälfte des neunzehnten Jahrhunderts. Literarhistorisch und kritisch dargestellt, Bd. 1. Breslau 1855, S. 7.
88 Gottschall: Die deutsche Nationalliteratur (Anm. 87), Bd. 1, S. 7.
89 Gottschall: Die deutsche Nationalliteratur (Anm. 87), Bd. 1, S. 7.
90 Rudolph Gottschall: Die deutsche Nationalliteratur des neunzehnten Jahrhunderts. Literarhistorisch und kritisch dargestellt. 6., verm. und verb. Aufl. in vier Bänden, Bd. 1. Breslau 1891, S. IX.

wussten sich dabei in guter Gesellschaft: Die entstehende germanistische Philologie beschäftigte sich zeitgleich mit der wissenschaftlichen Erforschung der naturpoetischen Überlieferung und wertete damit eine Phase der literarischen Vergangenheit auf, wie es zuvor mit keiner Epoche der deutschen Literaturgeschichte geschehen war.[91] Was lag da, so gesehen, näher, als sich als Dichter ebenfalls an diese Literatur anzuschliessen? Durch die historische Arbeit der Philologie wurde eine Poesie aufgewertet, aus der man die Aufgaben der Literatur für die Gegenwart zu gewinnen suchte. Als Fortführung der alten Naturpoesie konnte sich die zeitgenössische volkstümliche Dichtung als natürliche Weiterentwicklung der nationalen Poesie begreifen. Dieser vermeintlich objektive Status legitimierte sie in den Augen ihrer Anhänger gegenüber anderen Literaturen wie der romantischen Subjektpoesie oder der vormärzlichen Tendenzdichtung, die auch durch ihre kleinen Leserschaften zum Ausdruck brachten, wie subjektiv und willkürlich, und damit, wie obsolet sie im Grunde seien. Dass die Anhänger der verklärten Volkspoesie an ihrer Sehnsucht nach der *einen* grossen Lesegemeinschaft festhielten, ist freilich ebenso irrig. Aufgrund der gesellschaftlichen Differenzierungen war diese im Grunde bereits seit Ende des 18. Jahrhunderts nicht mehr zeitgemäß. Dieses Urteil aus heutiger Perspektive ändert jedoch nichts an der Attraktivität, die die verklärte Volkspoesie und das mit ihr verbundene Autormodell des von der ganzen Nation rezipierten Volksschriftstellers fürs und im 19. Jahrhundert hatte.[92]

---

[91] Vgl. hierzu Mark-Georg Dehrmann: Studierte Dichter. Zum Spannungsverhältnis von Dichtung und philologisch-historischen Wissenschaften im 19. Jahrhundert. Berlin 2015 (Historia Hermeneutica 13), und Matthias Buschmeier: Poesie und Philologie in der Goethe-Zeit. Studien zum Verhältnis der Literatur mit ihrer Wissenschaft. Tübingen 2008 (Studien zur deutschen Literatur 185).
[92] Vgl. hierzu auch Jesko Reiling: Mit Uhland im Parlament. Josef Ranks apolitischer Blick auf die Frankfurter Nationalversammlung. In: Robert Seidel/Bernd Zegowitz (Hg.): Literatur im Umfeld der Frankfurter Paulskirche 1848/49. Bielefeld 2013 (Vormärz-Studien/Forum Vormärz-Forschung 26), S. 321–344.

Holger Böning

Volksaufklärung, Dorfgeschichten und Bauernroman in den literarischen Verhältnissen um die Mitte des 19. Jahrhunderts*

> Wir leben in einem Jahrhundert, welches wir gern vorzugsweise das der Aufklärung nennen, weil in demselben die allmächtige Wissenschaft den Schleier von gar mancher dunkel[e]n Truhe weggezogen [...] hat.
>
> Wilhelm Hamm 1852[1]

> Das vorige Jahrhundert nannte sich das Jahrhundert der Aufklärung und mit Recht, es war das Jahrhundert der Philosophen und Encyklopädisten. Aber diese Aufklärung war nur das Vorrecht Weniger, die Anderen staken noch im finstern Aberglauben. Da sprach Gott zum zweiten Male: ‚Es werde Licht!' [...] [E]ndlich wird die Aufklärung allgemein werden, dann werden unsere Nachkommen lachen über uns und über unsere Einfalt, und wie wir jetzt nicht begreifen, wie sich unsere Großväter gegen Blitzableiter, Erdäpfelkultur und Pockenimpfung sträuben konnten, so werden unsere Enkel nicht begreifen, wie wir diesen oder jenen vor Gericht stellen und bestrafen konnten, weil er gegen die Existenz des Teufels schrieb, an den zu glauben, ein Dogma der geoffenbarten Religionen war. [...] Wer es mit der Freiheit ehrlich meint und etwas thun will, sie zu befestigen, muß in dem kleinen Kreise, in dem er sich bewegt, Aufklärung verbreiten. Der Aufklärung muß Bildung vorangehen, Bildung ist die Fibel, Aufklärung das Lesebuch.
>
> Eduard Breier 1868[2]

Hans-Wolf Jäger, dem Freund und Lehrer zum 80. Geburtstag

I

Noch in *Hansers Sozialgeschichte der deutschen Literatur* mit ihren Autorinnen und Autoren, die infolge einer sozialgeschichtlichen Wende nach 1968 und einer gewachsenen Wertschätzung der Aufklärung eine neue Aufgeschlossenheit für literarische Formen und Genres neben dem traditionellen Kanon der Literatur-

---

* Meine erste eindrückliche Begegnung mit der Dorfgeschichtenliteratur der Aufklärung und des Vormärzes in den 1970er Jahren verdanke ich meinem Lehrer Hans-Wolf Jäger.
1 Wilhelm Hamm: Die Thierwelt und der Aberglaube. Ein Lesebuch für Jedermann. Leipzig: J. J. Weber 1852, Anfang der Vorrede.
2 Eduard Breier: Luzifer und Kompagnie ein Buch wider den Aberglauben dem Volke gewidmet von Eduard Breier. Ill. von E. Juch. o. O.: Selbstverlag des Verf. o. J. [1868], S. 165 f.

wissenschaft zeigten, finden sich so apodiktische Worte wie jenes, dass die Volksaufklärung auch nach der Französischen Revolution vorpolitisch geblieben sei und diese Bürgerbewegung ihr Ende ausgerechnet mit dem Jahr 1800 gefunden haben soll.³ Richtig an solcher Epochisierung ist allein, dass es eines der wesentlichen Kennzeichen des 18. Jahrhunderts ist, dass das zuvor weitgehend literaturunwürdige alltägliche Leben der arbeitenden Stände erstmals an Dignität gewinnt und zum Gegenstand literarischer Gestaltung wird. Für das Fortwirken von Aufklärung und Volksaufklärung im 19. Jahrhundert spielt die Jahrhundertwende hingegen überhaupt keine Rolle. Allenfalls das Epochenereignis der Französischen Revolution kann als ein Datum gelten, das für das Selbstverständnis ihrer Träger von großer Bedeutung war.

Selbst gelehrten Kennerinnen und Kennern des literarischen Lebens um die Mitte des 19. Jahrhunderts ist oft nicht bewusst, dass die Traditionen von Aufklärung und Volksaufklärung in einem Maße lebendig bleiben, das Autoren dazu bewegt hat, nicht das 18., sondern, wie die Motti zu diesem Aufsatz belegen, das 19. als *das* Jahrhundert der Aufklärung zu bezeichnen. Bereits in unserer ersten Konzeption zu einer Biobibliographie der Volksaufklärung aus dem Jahre 1983, die als Ergebnis des von Hans-Wolf Jäger begründeten Forschungsschwerpunktes Spätaufklärung an der Universität Bremen und in gemeinsamer Arbeit mit Reinhart Siegert, dessen Dissertation wichtige Anregungen dazu gab,⁴ entstand, war für Band 3 die Erforschung der populären Aufklärung während der ersten Hälfte des 19. Jahrhunderts vorgesehen. Seit nun einem guten Jahrzehnt konzentriert sich mein Mitstreiter mit bemerkenswerten Ergebnissen darauf, diesen Zeitraum und

---

3 Wolfgang Ruppert: Volksaufklärung im späten 18. Jahrhundert. In: Rolf Grimminger (Hg.): Deutsche Aufklärung bis zur Französischen Revolution 1680–1789. München/Wien 1980 (Hansers Sozialgeschichte der deutschen Literatur vom 16. Jahrhundert bis zur Gegenwart 3), S. 341–361, hier S. 344.
4 Siehe Reinhart Siegert: Aufklärung und Volkslektüre. Exemplarisch dargestellt an Rudolph Zacharias Becker und seinem ‚Noth- und Hülfsbüchlein'. Mit einer Bibliographie zum Gesamtthema. Frankfurt a. M. 1978. Die Forschungsliteratur zur Volksaufklärung findet sich in den folgenden drei Tagungsbänden: Holger Böning/Hanno Schmitt/Reinhart Siegert (Hg.): Volksaufklärung. Eine praktische Reformbewegung des 18. und 19. Jahrhunderts. Bremen 2007 (Presse und Geschichte 27); Hanno Schmitt/Holger Böning/Werner Greiling/Reinhart Siegert (Hg.): Die Entdeckung von Volk, Erziehung und Ökonomie im europäischen Netzwerk der Aufklärung. Bremen 2011 (Presse und Geschichte 58), sowie Reinhart Siegert in Zusammenarbeit mit Peter Hoare und Peter Vodosek (Hg.): Volksbildung durch Lesestoffe im 18. und 19. Jahrhundert Voraussetzungen – Medien – Topographie. Educating the People through Reading Materials in the 18th and 19th Centuries. Principles – Media – Topography. Bremen 2012 (Presse und Geschichte 68/Philanthropismus und populäre Aufklärung 5).

zusätzlich auch die zweite Hälfte dieses Säkulums zu dokumentieren.[5] Die zahllosen Funde wurden im Detail 2015 in nicht weniger als vier Teilbänden veröffentlicht, während ich mich hier neben dem, was ich mir selbst in verschiedenen Studien zur Literatur des 19. Jahrhunderts erarbeitet habe – zu Auerbach, Gotthelf und Zschokke besonders, aber auch zur Publizistik sowie der Dorfgeschichten- und Bauernliteratur –, mit einigen Trouvaillen auseinandersetzen will, die in dieser Bibliographie Schlaglichter auf das Verhältnis von Traditionen und Neuerungen bei der Weiterentwicklung der populären Aufklärung werfen.[6]

Zunächst zu einigen durchaus repräsentativen Beispielen für eine Literatur, die in der Literaturgeschichtsschreibung des 19. Jahrhunderts trotz ihrer beträchtlichen Verbreitung und Bedeutung für den Buchmarkt bisher fast vollständig unberücksichtigt geblieben ist. In keiner Literaturgeschichte findet sich beispielsweise die 1845 erschienene Erzählung Franz Joseph Ennemosers *Die glückliche Gemeinde zu Friedensthal oder Andeutungen, durch welche Mittel Friedensthal es dahin brachte, daß daselbst Wohlstand und Zufriedenheit herrscht.*[7] Das schmale, 118 Seiten umfassende Werk erlebt bis 1881 immerhin neun Auflagen, die Friedensthaler verbessern ihre Volksschule, legen eine Kleinkinderschule an, vergnügen und bilden sich in einem Lese- und Gesangsverein, sorgen für die Kranken, die Arbeitsunfähigen und nach dem Vorbild von Heinrich Zschokkes *Goldmacherdorf* auch für die Arbeitsunwilligen.[8] In keiner Literaturgeschichte ist

---

5 Holger Böning/Reinhart Siegert: Volksaufklärung. Biobibliographisches Handbuch zur Popularisierung aufklärerischen Denkens im deutschen Sprachraum von den Anfängen bis 1850, Bd. 1: Holger Böning: Die Genese der Volksaufklärung und ihre Entwicklung bis 1780; Bde. 2.1–2.2: Reinhart Siegert/Holger Böning: Die Volksaufklärung auf ihrem Höhepunkt 1781–1800. Mit Essays zum volksaufklärerischen Schrifttum der Mainzer Republik von Heinrich Scheel und dem der Helvetischen Republik von Holger Böning; Bde. 3.1, 3.2, 3.3, 3.4: Reinhart Siegert: Aufklärung im 19. Jahrhundert – „Überwindung" oder Diffusion? Mit einer kritischen Sichtung des Genres ‚Dorfgeschichte' auf seinen volksaufklärerischen Gehalt hin von Holger Böning. Stuttgart-Bad Cannstatt 1990, 2001, 2015.
6 Es sei hier noch einmal darauf hingewiesen, dass die meisten dieser Funde Reinhart Siegert zu danken sind.
7 F[ranz] J[oseph] Ennemoser: Die glückliche Gemeinde zu Friedensthal oder Andeutungen, durch welche Mittel Friedensthal es dahin brachte, daß daselbst Wohlstand und Zufriedenheit herrscht. Mannheim: Fr. Moritz Hähner 1845 [Vgl. Ausg. Mannheim: Bensheimer 1846. – 2.A. Kaiserslautern 1852; 3.A. ebd. 1853; 4.A. ebd. 1854; 5.A. ebd. 1854; 6.A. Wien 1871; 7.A. ebd. 1879; 8.A. ebd. 1881].
8 Zu dieser Erzählung, ihrer Wirkung und Rezeption siehe mein Nachwort in Holger Böning/ Werner Ort (Hg.): Das Goldmacherdorf, oder wie man reich wird. Dazu einige Ideen zur Hungersnot von 1817 aus dem „Aufrichtigen und wohlerfahrenen Schweizerboten", der Aufsatz „Volksbildung ist Volksbefreiung!" und ein wenig Satirisches. Ein historisches Lesebuch von Heinrich Zschokke. Bremen 2007 (Presse und Geschichte 25).

Johann Metzgers Werk *Das Mistbüchlein oder des Bauern Goldgrube* aus dem Jahre 1853 bekannt; Neuauflagen erscheinen 1869 und 1883,⁹ das Vorwort dazu stammt von Lambert Freiherr von Babo, der im selben Jahr den literarischen Markt mit einem weiteren Werk bereichert, das mit seinem Titel dem 18. Jahrhundert anzugehören scheint: *Das Leben des Bauern Johannes Knapp vom Fauthenhof. Eine Erzählung für den Bauernstand.*¹⁰ Von Ferdinand Söhner liegt 1851 das Werk *Anna Früh, die Hausfrau auf dem Lande. Ein Buch für Jung und Alt* vor, das weitere Auflagen 1858, 1870 und 1874 erlebt.¹¹

Bemerkenswert auch William Löbes *Dorfgeschichten und Lebensbilder aus Feld und Haus zur Belehrung über Land- und Hauswirthschaft und zur Beförderung der Ortswohlfahrt und Ortsverschönerung*, eine unterhaltsam-erzählende Volksbelehrung in immerhin fünf Bändchen mit Titeln wie 1858 *Jacob der erfahrene Ackersmann*, 1859 *Jacob der verständige Viehzüchter*, 1860 *Johann der Dorfschulze*, 1863 *Der Schullehrer Matthias als Gärtner, Seiden- und Bienenzüchter* sowie im selben Jahr *Regina, die mustergültige Hausfrau.*¹² „Fortschritt! ist das Losungswort der Gegenwart", so heißt es in der Vorrede des ersten Bändchens:

> An diesem Fortschritt muß sich auch der kleinere Landwirth betheiligen, wenn er seine Lage verbessern, wenn er es zu Ansehen und Wohlstand bringen will. Wie Derjenige, welcher an dem Alten unverbrüchlich hält und vorurtheilsvoll alles Neue verwirft – eben weil es neu ist – in der gegenwärtigen Zeit nicht mit Ehren bestehen, nicht fortkommen kann, so gewiß ist es, daß sich Derjenige sein gutes Auskommen und noch etwas mehr sichern wird, der mit der Zeit

---

9 Johann Metzger: Das Mistbüchlein oder des Bauern Goldgrube. Mit einem Vorwort von Freiherrn v. Babo. Frankfurt a. M: Heinrich Ludwig Brönner 1853 [2.A. ebd. 1869; 3.A. 1883].

10 (L[ambert]) Frh. von Babo: Das Leben des Bauern Johannes Knapp vom Fauthenhof. Eine Erzählung für den Bauernstand von Freiherrn v. Babo. Frankfurt a.M.: Heinrich Ludwig Brönner 1853 [2.A. Frankfurt a.M. 1872], S. 69. In der Schrift heißt es: „Der Stand des Bauern ist, wenn auch nicht gerade der einträglichste, doch der freieste und angenehmste, aber der Mann darf nicht faullenzen und muß immer der erste sein; er darf in seinen Kenntnissen nicht zurückbleiben, sondern muß in seinem Wissen und seinen Erfahrungen immer vorwärts zu kommen suchen, ohne deßhalb alles Neuaufkommende blindlings nachzuahmen. Dann hat auch der denkende Bauersmann immer Nahrung für seinen Geist, und der Vorwurf der Einförmigkeit, welcher seinem Geschäfte so gerne gemacht wird, fällt für ihn weg."

11 Ferdinand Söhner: Anna Früh, die Hausfrau auf dem Lande. Ein Buch für Jung und Alt [...]. Mit einem Vorwort von Joh. Metzger. Frankfurt a.M.: Heinrich Ludwig Brönner 1851 [2.A. ebd. 1858, 3.A. 1870; 4.A. 1874].

12 William Löbe: Dorfgeschichten und Lebensbilder aus Feld und Haus zur Belehrung über Land- und Hauswirthschaft und zur Beförderung der Ortswohlfahrt und Ortsverschönerung. [Bdch.] I–IV [geplant: 5 Bdchn.]. Berlin: Carl Heymann 1859/1863 [1: Jacob der erfahrene Ackersmann. 1858; 2: Jacob der verständige Viehzüchter. 1859; 3: Johann der Dorfschulze. 1860; 4: Der Schullehrer Matthias als Gärtner, Seiden- und Bienenzüchter. 1863; 5: Regina, die mustergültige Hausfrau (angekündigt, aber wohl nie erschienen)].

fortschreitet [...]. Zwei Wege sind es hauptsächlich, auf welchen dieses geschehen kann: die Beteiligung an den landwirthschaftlichen Vereinen und das Lesen guter Schriften.[13]

In diesen Bändchen geschieht alles das, was die volksaufklärerische Literatur seit fast einem Jahrhundert kennt, die Einrichtung eines Kindergartens nämlich, einer Spar- und Leihkasse, einer Brandversicherung, Gemeindeapotheke und Obstbaumschule sowie nicht zuletzt die Gründung eines Lesevereins als Grundlage einer Ortsbibliothek. Wichtig für die Entwicklung des Musterdorfes Schönau ist – auch dies seit dem späten 18. Jahrhundert ganz traditionell[14] – der Musterlehrer Matthias.[15] Die literarische Verkleidung der Belehrung wird begründet wie seit den 1770er Jahren, nämlich, damit die Unterrichtung „um so sicherer gelinge, da ja die Erzählungen „dem Volke besser munden, als trockene Lehrbücher, daher auch von demselben eher gelesen werden."[16] Auch die Appelle zur Verbreitung der Werke sind höchst vertraut: Der Preis eines jeden Bändchens dieser Volksschriften ist so billig gestellt, daß dadurch die Anschaffung selbst dem kleinsten Landwirth ermöglicht wird. „Es kommt nur vor Allem darauf an, daß diese Volksschriften dem Volke auch vor die Augen kommen, und daß dieses geschehe, dazu erbitte ich mir die Mitwirkung der Herren Geistlichen und Lehrer, der Volksschriften-, Lese-

---

13 William Löbe: Jacob der erfahrene Ackersmann. Eine anregende Erzählung (= Dorfgeschichten und Lebensbilder aus Feld und Haus zur Belehrung über Land- und Hauswirthschaft und zur Beförderung der Ortswohlfahrt und Ortsverschönerung. Von Dr. William Löbe, [Bdch.] I). Berlin: Carl Heymann 1858 [2.Ausg. ebd. u.d.T. „Der musterhafte Ackersmann", ebd. 1863], S. III.
14 Siehe dazu Joachim Scholz: Die Lehrer leuchten wie die hellen Sterne. Landschulreform und Elementarlehrerbildung in Brandenburg-Preußen. Zugleich eine Studie zum Fortwirken von Philanthropismus und Volksaufklärung in der Lehrerschaft im 19. Jahrhundert. Bremen 2011 (Philanthropismus und populäre Aufklärung 4). Zur Tradition im 18. Jahrhundert Johanna Goldbeck: Volksaufklärerische Schulreform auf dem Lande in ihren Verflechtungen. Das Besucherverzeichnis der Reckahner Musterschule Friedrich Eberhard von Rochows als Schlüsselquelle für europaweite Netzwerke im Zeitalter der Aufklärung. Bremen 2014 (Philanthropismus und populäre Aufklärung 7), sowie Silke Siebrecht: Der Halberstädter Domherr Friedrich Eberhard von Rochow – Handlungsräume und Wechselbeziehungen eines Philanthropen und Volksaufklärers in der zweiten Hälfte des 18. Jahrhunderts. Bremen 2013 (Presse und Geschichte. Neue Beiträge 71).
15 William Löbe: Der Schullehrer Matthias als Gärtner, Seiden- und Bienenzüchter und seine eigenthümliche und erfolgreiche Unterrichtsweise. Eine anregende Erzählung (= Dorfgeschichten und Lebensbilder aus Feld und Haus zur Belehrung über Land- und Hauswirthschaft und zur Beförderung der Ortswohlfahrt und Ortsverschönerung. Von Dr. William Löbe, [Bdch.] IV). Berlin: Carl Heymann 1863.
16 William Löbe: Johann der Dorfschulze. Eine anregende Erzählung (= Dorfgeschichten und Lebensbilder aus Feld und Haus zur Belehrung über Land- und Hauswirthschaft und zur Beförderung der Ortswohlfahrt und Ortsverschönerung. Von Dr. William Löbe, [Bdch.] III). Berlin: Carl Heymann 1860, hier unpag. Vorwort.

und landwirtschaftlichen Vereine, die ja dazu berufen sind und das Ziel sich gestellt haben, zur Volksbildung nach Kräften mitzuwirken!"[17]

Derselbe Autor stellt in seiner *lehrreichen Geschichte für den Bürger und Landmann*, der er den Titel *Das Musterdörfchen* gibt, fest, dass es mit dem Lesen und ländlicher Aufklärung bereits weit gekommen sei:

> Es ist gewiß eine höchst erfreuliche Erscheinung unserer Zeit, daß sich der Landmann mehr und mehr zum Lesen, und zwar zum Lesen guter und nützlicher Schriften bequemt; eine erfreuliche Wahrnehmung ist es ferner, daß sich überall in unserm deutschen Vaterlande Vereine bilden zur Gründung von Lesevereinen, Dorf-, Gemeinde- und Wanderbibliotheken [...]. Denn das Volk, und vor Allem der Landmann, hat es nötig, durch das Lesen guter, verständlicher, in sein Fach einschlagender Schriften sich Belehrung zu verschaffen, damit er vorwärts geht mit der Zeit und ihrem Wirken und Schaffen. Dies ist um so nothwendiger, als die Zeiten vorüber sind, wo der Landmann, auch im Besitz geringer Kenntnisse, den Fußtapfen der Altvordern treulich folgend und allen, auch den wohlthätigsten Neuerungen hartnäckig Trotz bietend, mit Vortheil wirthschaften und zu einem gewissen Wohlstande gelangen konnte.[18]

Bequem könnte hier der gesamte zur Verfügung stehende Platz mit Titeln gefüllt werden, die, das ist noch einmal zu betonen, in keiner Literaturgeschichte zu finden sind, aber das literarische Leben um und nach 1850 fraglos geprägt haben – und dies bis zur Wende zum 20. Jahrhundert und im Einzelfall sogar darüber hinaus – hier kann tatsächlich von vergessenen Konstellationen literarischer Kommunikation gesprochen werden. Hermann Jäger schreibt 1856 *Eine unterhaltende und lehrreiche Erzählung für Bauern und Bauernfreunde*. Er nennt sie *Angelroder Dorfgeschichten oder die Amerikaner in Deutschland* und will damit lehren, wie kluge Köpfe, die von fremden Erfahrungen beispielsweise aus den USA lernen, nicht dorthin auszuwandern brauchten.[19] In welchen Traditionen sich der Autor begreift, zeigt seine Vorrede: „Ueber die Personennamen", erläutert er, „bin ich den Lesern eine Erklärung schuldig. Ich habe nämlich mehreren Männern meiner Erzählung die Namen solcher Männer gegeben, die sich um die Landwirtschaft und die Bauern besonders verdient gemacht haben [...]. So: [Rudolph Zacharias] Becker, [Philipp Emanuel von] Fellenberg, Friedrich List, [Johann Peter] Hebel, [Johann Daniel] Metzger, Justus Möser, [Johann Friedrich] Oberlin, [Johann

---

17 Löbe: Jacob der erfahrene Ackersmann (Anm. 13), hier S. VII zur Reihenplanung.
18 William Löbe: Das Musterdörfchen. Eine lehrreiche Geschichte für den Bürger und Landmann. Mit in den Text gedruckten Abbildungen. 2 Bde. Dresden/Leipzig: Arnold 1846; 1847 [2. Ausg. = Titelaufl. Leipzig 1850]; [Bd. 1], hier Bdch. I, S. IV.
19 Hermann Jäger: Angelroder Dorfgeschichten oder die Amerikaner in Deutschland. Eine unterhaltende und lehrreiche Erzählung für Bauern und Bauernfreunde. Mit vielen Holzschnitten. Weimar: Ferd. Jansen & Comp. 1856.

Christian] Schubart, Schweizer, [Johann Nepomuk] Schwerz, [Albrecht Daniel] Thaer. Wer noch nichts oder wenig von diesen Männern gehört hat, beeile sich, mehr von ihnen zu erfahren, denn sie haben Großes geleistet."[20]

Von 1882 gar datieren *Landwirthschaftliche Gespräche*, die den Titel haben *Wie Vater Jost die Bauern in Fleissheim düngen lehrt*.[21] Eine ganz klassische volksaufklärerische Erzählung hat 1891 Fritz Möhrlin mit der *Geschichte eines kleinen Landguts* verfasst, er erzählt sie aus dem Munde einer Frau, der Bäuerin Regine Frühauf.[22] Es handelt sich um Bändchen 45 einer Reihe mit dem Titel *Des Landmanns Winterabende*, in der 1878 auch Möhrlins Erzählung *Joseph Bauknecht oder die Dienstbotennoth* erscheint, die uns mit dem Schicksal eines Dienstmädchens, das von einem Bauernsohn geschwängert wird, und dessen Sohn vertraut macht.[23] Es kann nur darauf hingewiesen werden, dass auch weitere Erzählungen Möhrlins lesenswert sind, weil sie nicht einfach stur dem Leitfaden folgen, der für die volksaufklärerische Belehrung vorgegeben ist. Beispielhaft sind hier 1876 *Peter Schmied's Lehrjahre oder Freuden und Leiden eines Schuldenbauern*[24] und 1877 als zweiter Band *Peter Schmied der Fortschrittsbauer*, Schriften, deren erste noch 1913 eine vierte und deren zweite 1904 eine dritte Auflage erlebt.[25] Die Protagonisten kommen zunächst trotz aller Mühe auf keinen grünen Zweig, erst das zweite Bändchen lässt den Kleinbauern durch guten Rat eines alten bäuerlichen Nachbarn zu bescheidenem Wohlstand gelangen und es als Gemeinderat zu einigem Ansehen bringen. „Der aufklärerische Optimismus ist anthropologisch stark reduziert", so hat Reinhart Siegert diese Erzählung im 3. Band unserer Bibliographie kommentiert, „es gibt keine spektakulären Entwicklungen oder gar Bekehrungen,

---

20 Jäger: Angelroder Dorfgeschichten (Anm. 19), S. V.
21 F[elix] Anderegg: Wie Vater Jost die Bauern in Fleissheim düngen lehrt. Eine Volksschrift zur Hebung der Pflanzenproduktion durch richtige Behandlung und zweckmässige Verwendung des Düngers [= Landwirthschaftliche Gespräche, Th. 2]. Chur: F. Gengel 1882.
22 Fritz Möhrlin: Die Geschichte eines kleinen Landguts. Nach den Mitteilungen der Frau Regine Frühauf aufgezeichnet von Fritz Möhrlin (= Des Landmanns Winterabende, Bdch. 45). Stuttgart: Eugen Ulmer 1891.
23 Fritz Möhrlin: Joseph Bauknecht oder die Dienstbotennoth. Mit 5 Abbildungen (= Des Landmanns Winterabende, Bdch. 9; 1881 ersetzt durch F. M.: Kalendergeschichten für die Bauernstube). Stuttgart: Eugen Ulmer 1878.
24 Fritz Möhrlin: Peter Schmied's Lehrjahre oder Freuden und Leiden eines Schuldenbauern. Mit 8 Abb. (= Des Landmanns Winterabende, Bdch. 3). Stuttgart: Eugen Ulmer 1876 [2.A. ebd. 1885; 3.A. 1899; 4.A. 1913].
25 Fritz Möhrlin: Peter Schmied der Fortschrittsbauer (= Des Landmanns Winterabende, Bdch. 6). Stuttgart: Eugen Ulmer 1877 [2.A. ebd. 1891; 3.A. 1904].

nur Verstärken oder Abschwächen bereits vorhandener Züge durch die Umstände oder die Umwelt".[26]

Ein weiteres Beispiel endlich noch von vielen weiteren möglichen bietet Leo E. Pribyl 1887 mit seiner Erzählung *Wie die Gutendorfer reich wurden. Eine Geschichte aus dem Volke*. Pribyl bezieht sich auf Zschokkes *Goldmacherdorf* und will diesen Autor aktualisieren, da dieser als ursprüngliches Vorbild „dermalen trotz der unbestrittenen Wahrheit der Darstellung veraltet" sei. Was er dann allerdings tut, ist wenig anders als das, was Zschokke 1817 einst zeigte:

> Ich stellte mir in vorliegender Schrift die Aufgabe, in populärer Weise den Nachweis zu liefern, daß selbst das scheinbar verlottertste Gemeinwesen durch zielbewußte Arbeit eines Einzelnen nach und nach gehoben und gebessert, selbst zu hohem Erfolge gebracht werden kann, wenn die einzelnen Theilnehmer nach und nach von dem Erfolge der verbesserten Wirthschaft überzeugt, die gewonnenen Erfahrungen zur Verbesserung benützen wollen. Insbesondere lege ich in dieser einfachen Darstellung einen großen Werth auf die Anwendung des Genossenschaftswesens [...] sowie auf die Verbreitung des Versicherungswesens, das vielfach, besonders von der ländlichen Bevölkerung, noch nicht genügend geschätzt und benützt wird.[27]

Selbst die Wende zum 20. Jahrhundert bedeutet für die Weiterführung fast unveränderter volksaufklärerischer Traditionen keine Grenze. Nur zwei Beispiele: Otto Schwarzmaier bezeichnet im Jahre 1900 seine Erzählungen *Feldmann, der Bauernfreund*[28] und *Jakob, der Großbauernsohn* als lehrreiche Dorfgeschichten. In letzterer ist es keine positive, als Vorbild wirkende Gestalt mehr, die dem Leser geboten wird, sondern mit der Hauptfigur führt der Autor – fast im gotthelfschen Ton – „einen schlagenden Beweis, wohin Jakob gekommen ist auf der breiten Straße des ‚Zeitgeistes', welche er wandelte." „Wenn seine Lebensgeschichte dazu beiträgt, daß er keine Nachahmer findet, dann hat auch dieses Bändchen des Sammelwerkes: ‚Landmanns Winterabende' seinen Zweck: ‚Nutzen zu stiften' erfüllt."[29] Mein zweites Beispiel bildet Heinrich Sohnreys und Ernst Löbers Erzählung mit dem hübschen Titel *Das Glück auf dem Lande. Ein Wegweiser, wie der*

---

26 Böning/Siegert: Volksaufklärung. Biobibliographisches Handbuch (Anm. 5), Bd. 3.4, Sp. 3309f., Nr. 10165.
27 Leo E. Pribyl: Wie die Gutendorfer reich wurden. Eine Geschichte aus dem Volke. Wien: Selbstverlag [W. Frick i. K.] 1887, S. VIIf.
28 O[tto] Schwarzmaier: Feldmann, der Bauernfreund. Grundregeln für den bäuerlichen Wirtschaftsbetrieb (= Des Landmanns Winterabende, Bdch. 66). Stuttgart: Eugen Ulmer 1900, S. 8.
29 Otto Schwarzmaier: Jakob, der Großbauernsohn. Eine lehrreiche Dorfgeschichte (= Des Landmanns Winterabende, Bdch. 69). Stuttgart: Eugen Ulmer 1900, S. IV.

kleine Mann auf einen grünen Zweig kommt, die von 1906 bis 1910 nicht weniger als zwölf Auflagen erlebt.[30]

II

Wie nun wäre nach den vorgestellten Beispielen des Fortwirkens volksaufklärerischer Erzählungen nach 1840 jene Epik zu charakterisieren, deren Handlungsraum das Land und deren handelnde Figuren aus der Landbevölkerung kommen? Ich möchte hier zwei Stränge unterscheiden, die allerdings durchaus auch Berührungspunkte aufweisen: die politisierte Dorfgeschichtenliteratur vor allem der 1840er Jahre und jene Werke, die als relativ bruchlose Fortführung volksaufklärerischer Traditionen bezeichnet werden können, allerdings durchaus auch Neuerungen und nicht selten auch Politisierungstendenzen aufzuweisen haben.

Beide Stränge weisen zurück auf das achtzehnte Jahrhundert. Die Epik des neunzehnten Jahrhunderts, die mit unterschiedlichsten Bezeichnungen als Dorfgeschichte, als Volkserzählung, Dorf- oder Bauernroman charakterisiert wird,[31] hat hier ihre Ursprünge. Allen diesen literarischen Erscheinungen ist gemeinsam, dass ihr thematisches Zentrum der ländlich-bäuerliche Lebensraum bildet und Geschehnisse des Alltagslebens eine Rolle spielen, doch bestehen Unterschiede hinsichtlich der Adressatenwahl und der sozialen Funktion dieser Literatur. Führt ein beträchtlicher Teil der Erzählungen noch das ganze 19. Jahrhundert die volkspädagogischen und volksaufklärerischen Traditionen des 18. Jahrhunderts fort, so wird ein anderer Teil insbesondere der Dorfgeschichten zum Medium bürgerlich-liberaler Selbstverständigung im Vorfeld der Revolution von 1848.[32]

Wie keine andere literarische Gattung verweist ein großer Teil der bäuerlich-ländlichen Epik der Zeit zwischen Restauration und Revolution auf die Rolle, die spätaufklärerisches Denken und Engagement auch noch im 19. Jahrhundert

---

30 Heinrich Sohnrey/Ernst Löber: Das Glück auf dem Lande. Ein Wegweiser, wie der kleine Mann auf einen grünen Zweig kommt (= Bücherschatz des Deutschen Dorfboten, Bd. 1). Berlin: Deutsche Landbuchhandlung 1906 [3.A. 1906; 4.A. 1907; 6. u. 7.A. 1908; 8.A. 1909; n.A. ebd. 1909; 9.A. 1909; 10.–12.A. 1910].
31 In der Forschungsliteratur sind beträchtliche Anstrengungen zur Gattungsdefinition besonders der Dorfgeschichte unternommen worden. Einen Überblick geben Jürgen Hein: Dorfgeschichte. Stuttgart 1976 (Sammlung Metzler 145), und Uwe Baur: Dorfgeschichte. Zur Entstehung und gesellschaftlichen Funktion einer literarischen Gattung im Vormärz. München 1978.
32 Siehe dazu insbesondere Baur: Dorfgeschichte (Anm. 31), sowie Klaus Jarchow: Bauern und Bürger. Die traditionale Inszenierung einer bäuerlichen Moderne im literarischen Werk Jeremias Gotthelfs. Frankfurt a. M. u. a. 1989 (Hamburger Beiträge zur Germanistik 12).

spielen. Sie zeigt zugleich aber auch den Einfluss neuer geistiger Strömungen. Von großer Bedeutung ist diese Epik für eine sozialgeschichtliche Erforschung der Literatur, die mehr sein will als eine neue Wanderung auf dem Höhenkamm der kanonisierten Werke. Die bäuerlich-ländliche Epik umfasst in ihren unterschiedlichsten Erscheinungsformen hunderte von Erzählungen und Romanen, von denen viele eine große Leserschaft fanden, kaum aber eine literaturgeschichtliche Würdigung.

Hier kann nur kurz angesprochen werden, was zur Dorfgeschichte und zum Bauernroman zwar bereits an anderer Stelle gesagt wurde,[33] hier aber doch noch einmal erwähnt werden muss, dass die Dorfgeschichte seit den 1840er Jahren nämlich in neuen Formen fortführt, was mit dem Beginn einer regelrechten Volkskunde seit der Mitte des 18. Jahrhunderts von zahlreichen volksaufklärerisch Engagierten begonnen worden war und seinen Niederschlag in der aufklärerischen Dorfutopie gefunden hat.[34] Zu Recht ist die Dorfgeschichte aber auch als eine „heimatliche Robinsonade" bezeichnet worden, in der mit den ländlichen Verhältnissen unvertraute Leser eine exotische Welt vorfinden.[35] Sie ist zugleich auch Ausdruck jener Vorliebe für die kleinen Formen, von denen Friedrich Sengle für die „Biedermeierzeit" gesprochen hat, für die Neigung zum Kleinen, Nahen und Konkreten.[36]

Ein Schriftsteller wie Berthold Auerbach[37] – er scheint mir hier beispielhaft zu sein – begreift die literarische Dorfgeschichte zu Beginn der vierziger Jahre als neue literarische Gattung, in der „das Volksleben in seiner Selbständigkeit zum Gegenstande der Dichtung" gemacht wird.[38] Zwar weiß er, dass es in Stoff und

---

[33] Siehe Holger Böning: Volkserzählungen und Dorfgeschichten. In: Gert Sautermeister/Ulrich Schmid (Hg.): Zwischen Restauration und Revolution 1815–1848. München/Wien 1998 (Hansers Sozialgeschichte der deutschen Literatur vom 16. Jahrhundert bis zur Gegenwart 5), S. 281–312.

[34] Siehe beispielhaft die Dorferzählung von Johannes Tobler *Idee von einem christlichen Dorf* in: Idee von einem christlichen Dorf und andere Studientexte zur frühen Volksaufklärung [...]. Mit einer Einleitung zur Entstehung der Volksaufklärung von Holger Böning. Stuttgart-Bad Cannstatt 2002 (Volksaufklärung 4).

[35] Friedrich Sengle: Biedermeierzeit. Deutsche Literatur im Spannungsfeld zwischen Restauration und Revolution, 1815–1848, 3 Bde. Stuttgart 1971–1980, hier Bd. II, S. 864.

[36] Sengle: Biedermeierzeit (Anm. 35), hier Bd. I, S. 48 ff.

[37] Zu ihm jetzt Jesko Reiling (Hg.): Berthold Auerbach (1812–1882). Werk und Wirkung. Heidelberg 2012 (Beiträge zur neueren Literaturgeschichte 302), sowie dort, S. 41–74, Holger Böning: Berthold Auerbach – ein deutsch-jüdischer Dichter und Publizist in der Tradition von Aufklärung und Volksaufklärung.

[38] Berthold Auerbach: An J. E. Braun vom Verfasser der Schwarzwälder Dorfgeschichten. In: Europa 1843/44, S. 33–36. Auch in: Max Bucher u. a. (Hg.): Realismus und Gründerzeit. Ma-

Form Vorgänger gibt, doch sieht er das neue Genre eng verknüpft mit den in den 1840er Jahren aktuellen politischen und literarischen Aufgaben. Es erscheint deshalb wenig sinnvoll, eine Liste von Vorgängern zu konstruieren, die von Hallers Lehrgedicht *Die Alpen* bis Goethes *Hermann und Dorothea*, von Jean Pauls Erzählung eines wunderlichen Schulmeisters bis zu Hebels Kalendergeschichten, von Zschokkes *Goldmacherdorf* bis zu Immermanns *Oberhof*, von Jung-Stillings *Lebensgeschichte* bis zu Melchior Meyrs idyllischem Epos *Wilhelm und Rosina* oder von Brentanos *Geschichte vom braven Kasperl und dem schönen Annerl* bis zu Droste-Hülshoffs *Judenbuche* reicht. In der Idyllik des 18. Jahrhunderts sind ebenso wie in den volkspädagogischen Geschichten zweifellos einige stoffliche und literarische Parallelen zu entdecken, doch ist die Dorfgeschichte in den 1840er Jahren zu Recht als etwas völlig Neuartiges aufgefasst worden.

Dazu einige Gedanken: Die literarische Aufwertung des Bauernstandes, die Einführung von Personen aus den Unterschichten als handelnde literarische Figuren und das intensive Studium des Volkslebens ist eng verbunden mit den politischen Interessen des liberalen Bürgertums im Vormärz. Deutlich setzen sich die Dorfgeschichten von der volksaufklärerischen Literatur etwa dadurch ab, dass in ihnen in der Regel die aufklärerisch engagierten Geistlichen fehlen. Stattdessen beherrschen ignorante, nur auf das eigene Wohlleben bedachte und mit den Obrigkeiten im Bunde agierende Pfarrer die Szene, die auf „demagogische Reden" derer schimpfen, die verändern wollen, denn sie hatten, wie Auerbach bemerkt, „den neuen Ketzerstempel Kommunismus noch nicht!"[39]

In der literarischen Dorfgeschichte werden diejenigen Volksschichten porträtiert, die zur Durchsetzung einer neuen Gesellschaftsordnung als Bündnispartner benötigt werden. „Der Furchenbauer konnte sich neben jedem Ritterbürtigen sehen lassen", lautet ein typischer Satz bei Auerbach.[40] Den Zeitgenossen war die politische Brisanz dieser Literatur sehr wohl bewusst: „Wie der französischen Revolution, als bedeutungsvolles Vorzeichen, der Umschwung der Phi-

---

nifeste und Dokumente zur deutschen Literatur 1848–1880. 2 Bde. Stuttgart 1981, Bd. 2, S. 148–151, hier S. 148.

[39] Berthold Auerbach: Die Frau Professorin. In: Berthold Auerbachs Werke. In Auswahl herausgegeben und mit Einleitungen versehen von Anton Bettelheim. 15 Bde. Leipzig o. J. [1907], Bd. 5, S. 5–147, hier S. 48. Noch 1876 spricht Auerbach von den „christlichen Geistlichen", die den Sklavenhaltern das Abendmahl erteilten und sie sonntäglich von Liebe und Gotteskindschaft anpredigeten: „Da wird natürlich alles Humbug". Brief an Jakob Auerbach vom 14. Februar 1876, in: Berthold Auerbach: Briefe an seinen Freund Jakob Auerbach. Ein biographisches Denkmal. Mit Vorbemerkungen von Friedrich Spielhagen und dem Herausgeber [Jakob Auerbach]. 2 Bde. Frankfurt a. M. 1884, Bd. 2, S. 272.

[40] Berthold Auerbach: Der Lehnhold. In: Berthold Auerbachs Werke (Anm. 39), Bd. 5, S. 6.

losophie durch die Enciklopädisten voranging", schreibt Ferdinand Kürnberger 1848 in liberaler Emphase,

> so war die schöne Literatur, und zwar die Poesie der Dorfgeschichten das Symptom der Revolution in Deutschland. Eigenthümlich und neu war die Erscheinung wie plötzlich ohne Verabredung, ja ohne Bewußtsein und Tendenz eines politischen Zweckes deutsche Schriftsteller anfingen, das schlichte Volk der Wälder, den Bauern bei seinem Pfluge, die Magd bei ihrem Spinnrade, den Knaben in der Dorfschule zur Herrschaft der deutschen Literatur zu berufen. Neu nenn ich diese Erscheinung [...]. Ja, diese sanften, freundlichen Dorfgeschichten, die so unschuldig schienen, wie ein Veilchen, so harmlos wie ein Tagfalter, diese friedlich umhegten Dorfgeschichten waren es, welche es mahnend verriethen: der Tag der Volksherrschaft ist in Deutschland angebrochen, und die Poesie, der Herold des Zeitgeistes, verkündet sein Morgenroth.[41]

Dem heutigen Leser, der in vielen der Dorfgeschichten vor allem die beschauliche, manchmal idyllisierende Schilderung dörflichen Lebens zu entdecken meint, erscheint die These wenig plausibel, hier sei literarisch die Revolution von 1848/49 vorbereitet worden. Von der freudigen Ahnung spricht Auerbach in einer seiner Dorfgeschichten, „daß die Zeit der Not und der Ehrlosigkeit vorüber sei", und auch in „Wald und Feld, mit Axt und Pflug in der Hand, schaute jegliches oft plötzlich aus, als müßte ein Wunder kommen, ein neues Erlösungswerk [...]. Es war die Zeit der Zeichen und Wunder [...]. Die Hoffnung, daß eine Zeit gekommen sei, in der man seines Schweißes froh werde", wuchs auch auf dem Lande.[42] Kürnberger bezeichnet 1848 die Dorfgeschichte als „Demagogie im bedeutendsten Sinne des Wortes", ein Zitat, das ich gerne wiederhole:

> Wär ich ein König, oder ein Aristokrat gewesen, diese Novellen hätten mich mehr erschreckt, als die verwegenste Destruktions-Phrase eines französischen Redners. Angegriffen werden ist nichts, aber vergessen, übergangen werden ist alles! Und das thaten die Dorfgeschichten den Optimaten Deutschlands. Sie machten eine Miene, als ob es keinen König, keinen Erzherzog, Großherzog, Herzog, Fürsten, Grafen, gefürsteten Grafen, keinen Baron, keinen Ritter, keinen Junker und kein Edelfräulein mehr gebe durch ganz Deutschland, für sie war nur der dritte Stand vorhanden, das Zweikammersystem gestürzt, die Pairskammer abgeschafft, die Privilegien vernichtet. [...] Man sah, dem Adel war bereits der Stab gebrochen, er gehörte zu den Todten. Und doch war es noch hoher und höchster Adel, den die Dorfpoeten behandelten, die Bauern des Schwarz- und Böhmerwaldes hoffähige Aristokraten und der ganze dritte Stand ein bevorzugter, gegen einen großen Theil der vaterländischen Bevölkerung. [...] Es wird in Frage gestellt, ob der dritte Stand reif und mündig sei, seine politischen

---

41 Ferd[inand] Kürnberger: Literarische Charaktere. Leopold Kompert. In: Literaturblatt. Beilage zu den Sonntagsblättern 2/12, Wien, 10. September 1848, S. 49–52. Ebenfalls in: Bucher u. a. (Hg.): Realismus und Gründerzeit (Anm. 38), Bd. 2, S. 167–168, hier S. 167.
42 Berthold Auerbach: Der Lehnhold. In: Berthold Auerbachs Werke (Anm. 39), Bd. 5, S. 28.

> Rechtsverhältnisse selbst zu pflegen und zu regieren; Auerbach und Rank erscheinen und zeigen ein Volk in der ganzen Kraft und Schönheit menschlicher Einsicht und Gesittung, verständig, mäßig, besonnen, offenen Sinns und klaren Urtheils, bescheiden, treu schlicht und gerecht, voll frommer Zucht und Ehrbarkeit. Ihre Gemälde eben so reell als ideell, schlagen jede Verneinung des Böswilligen, jeden Zweifel des Schwachsinnigen nieder, und zur Bestätigung folgt ihnen das Jahr 1848 auf dem Fuße.[43]

Hier liegt ein wesentlicher Unterschied der Dorfgeschichten zu den volkspädagogischen und volksaufklärerischen Erzählungen bis hin zu Gotthelf-Bitzius. In ihnen war das „Volk" zumeist Objekt erzieherischer Absichten, Thema waren seine Vorurteile und Fehler, literarisch gestaltet wurden seine „Veredlung und Verbesserung". In vielen Dorfgeschichten erscheinen Menschen aus den Unterschichten hingegen als handelnde Subjekte, die auf die literarische Bühne gestellt werden. Galt in der volksaufklärerischen Literatur die Sittlichkeit des „Volkes" als wichtigstes Erziehungsziel, so geht es in der Dorfgeschichte darum, bürgerlich-liberalen Lesern vorzuführen, dass ein politisches Bündnis mit diesem „Volk" durchaus nicht zu einer unkontrollierbaren Entwicklung führen musste.

Die Demonstration vorhandener Sittlichkeit und Rechtlichkeit des „Volkes" ist ein häufig wiederkehrendes Thema der Dorfgeschichten. Sie lohnen ein Wiederlesen. Sie zeigen – ich nenne Auerbach oder Leopold Kompert als mir besonders liebe Beispiele – Dichter, die bewusst in der Tradition von Aufklärung und Volksaufklärung stehen, sich aber ebenso der neuen Anforderungen sehr bewusst sind, die in der Mitte des 19. Jahrhunderts mit aufklärerischem Engagement verbunden sind. Viele Erzählungen können als literarische Diskussionsbeiträge zu der Frage gelesen werden, welche Möglichkeiten sich einer Volksaufklärung unter vormärzlichen Bedingungen eröffneten. Der bürgerliche „Volkslehrer" darf die Mentalität des Bauern nicht mehr nach seinem Bilde zu wandeln suchen, sondern er soll die freie Entwicklung von im „Volk" bereits vorhandenen Anlagen ermöglichen. Dies schließt die erzieherische und sittliche Einwirkung nicht aus, doch unter den Bedingungen der vierziger Jahre des 19. Jahrhundert hat der Aufklärer auf der Seite des „Volkes" in Opposition zu einer staatlichen Gewalt zu stehen. Ganz besonders interessant ist hier Auerbach, denn er will Volksliteratur und „hohe" Literatur zu einer Nationalliteratur verschmelzen; seine volkspädagogischen Absichten zielen auch nach 1848 auf die Vermittlung einer Bildung, durch die er Demokratie erst ermöglicht sieht, eine Überzeugung die er in dem dreibändigen Roman *Neues Leben* literarisch gestaltet.[44] Besonderen Wert legt

---

43 Kürnberger: Literarische Charaktere (Anm. 41), S. 167 f.
44 Berthold Auerbach: Neues Leben. In: B. A.: Gesammelte Schriften. Zweite Gesamtausgabe. Stuttgart: Cotta 1864, Bd. 14 – 16.

Auerbach auf die Vermittlung eines Bewusstseins dafür, dass nur frei sei, wer sich seiner Würde als Mensch bewusst ist, seine eigenen Gedanken ausbildet, ohne Menschenfurcht urteilt und eine gerechte Ordnung anstrebt, in der das Gesetz herrsche und Menschenliebe Jedem die Achtung zolle, worauf er als „gottbegabtes freies Wesen" Anspruch habe; „man darf vor niemand knien, als vor Gott", heißt es beispielsweise.[45]

Es sind nicht allein die hier genannten, in der Literaturgeschichte präsenten Autoren, die für diese Art von Vormärzliteratur stehen. Mit Johannes Scherrs gekonnter Erzählung von 1846 *Reicher Bursch und armes Mädchen, eine oberschwäbische Bauerngeschichte* sei ein weniger bekanntes Beispiel dafür genannt, wie die ländliche Epik der Charakterisierung bäuerlicher Mentalität und Geisteshaltungen dient. Ein Besucher aus der Stadt erlebt die Auseinandersetzungen um das, wie es schon der Titel verrät, beliebte, auch von Gotthelf mehrfach variierte Thema Liebes- versus Geldheirat. Das arme Vevele und der reiche Bauernsohn Jages lieben sich, doch einer Heirat steht der Stolz des reichen Bronnenbauers entgegen. Eingeflochten in die verwickelte, aber spannende Erzählung verschiedener „Dorfgeschichten" ist ein Studienfreund des Besuchers, ein Priester, der sich in seiner Tätigkeit mit vor allem auf Besitz ausgerichteten bäuerlichen Haltungen auseinandergesetzt hat. Einst hatte er unter seinen Bauern eine Rolle spielen wollen wie der Oswald im *Goldmacherdorf*, doch „bei meinen Bauern kam ich mit meinen aufklärerischen, humanen Ideen schön an!" Gesprochen wird von dem

> krassen Materialismus, in welchem sich unsere Bauernschaft bewegt oder in welchem sie vielmehr eingerostet ist, in welchem sie, trotz der Windmacherei mit dem Volksschulwesen, von Jahr zu Jahr tiefer versinkt. [...] Eingekeilt in die geistige Unmündigkeit, welche das Ideal unserer Kabinette, angenagt von den Nahrungssorgen, werden sie auf der einen Seite durch römischen, auf der anderen pietistischen Obskurantismus vollends versimpelt.[46]

Hingewiesen sei hier schließlich auch auf die Werke von Louise Otto. *Die Lehnspflichtigen* beispielsweise, *eine Westfälische Dorfgeschichte* aus dem Jahre 1848 steht ganz im Zeichen revolutionären Umbruchs, „denn es sollte Frühling werden", heißt es im ersten Absatz, „Frühling sein und bleiben überall im deutschen Lande, und all die Spuren des erstarrenden Winters mit Macht getilgt werden von der deutschen Erde. Auch im Schwarzwald, im gesegneten Westfalen, wollte der Frühling kommen." Schloss und elende Bauernkaten stehen ebenso

---

45 Auerbach: Neues Leben (Anm. 44), Bd. 15, S. 32.
46 Johannes Scherr: Reicher Bursch und armes Mädchen, eine oberschwäbische Bauerngeschichte. Ulm: Seitz 1846, S. 43 f.

starr gegeneinander wie ein halsstarriger Graf einer Bauernschar, die noch glaubt, mit Eingaben beim Gutsherrn Veränderungen bewirken zu können. Die Dorfgeschichte steht beispielhaft dafür, dass der die traditionelle volksaufklärerische Literatur bevölkernde wohltätig wirkende aufgeklärte Gutsherr selbst im Roman nicht mehr möglich ist. Aufgeklärt wird nun die Tochter des Grafen, Helene, von einem Bauern, August, der ihr vor Augen führt, dass in Westfalen noch der Druck mittelalterlicher Barbarei herrscht: „Es ist wahr, die Fronden sind abgelöst, wir haben aufgehört, die Leibeigenen der Grafen zu sein – wir haben große Summen dafür hingeben müssen, aus dieser Sklaverei uns loszukaufen". Die Autorin hat ihre weibliche Hauptfigur als aufgeschlossene Vertreterin ihres Standes gezeichnet, doch bleiben alle Versuche, Änderungen friedlich zu bewirken, vergeblich. Die Bauern stürmen das Schloss, verbrennen alle alten Akten, werden sodann jedoch vom Militär zur Räson gebracht. Die wenig realistisch in Liebe zueinander findenden Hauptfiguren erleiden den Tod durch Kugeln, die der Graf auf vermeintlich Aufständische abgibt. „Der Graf", so der letzte Satz, „hat nachher ‚aus freier Entschließung' den Bauern gegeben, was sie damals forderten".[47] Ähnlich interessant ihre *Erzählung für das Volk aus der neuesten Zeit*, der sie 1849 den Titel *Ein Bauernsohn* gegeben hat. Hier wird offen ausgesprochen, was Auerbachs Erzählungen implizit beabsichtigen:

> Ach, ich möchte, ich könnte dies Buch in die Hütten tragen auf dem Lande, damit es dem Landmann erzähle, wie groß wir in der Stadt von ihm denken! – Damit es auf den stillen Dörfern da und dort einen Bundesgenossen mehr werbe für die großen und heiligen Gedanken, welche diese Zeit bewegen, die einen Jeglichen, er sei Hoch oder Niedrig, Gelehrt oder Einfach, Bürger oder Bauer, aufruft, Theil zu nehmen an dem Kampf für den Fortschritt, der jetzt sichtbarer gekämpft wird als jemals [...]. Und wieder auch möcht' ich, dies Buch käme in die Hände mancher Städter, damit sie von Johannes, dessen Stolz es ist, ein Bauernsohn zu sein, den Landmann noch höher achten, als sie bisher wohl gethan und sich's nicht mehr einfallen ließen, sich irgendwie über ihn erheben zu wollen.[48]

Beispielhaft für einen Mitte des 19. Jahrhunderts häufiger anzutreffenden geradezu volkskundlichen Blick auf die ländlichen Verhältnisse sind sodann Otto Konrad Zitelmanns *Norddeutschen Bauerngeschichten*, etwa die Erzählung *Der Grenzzaun*. Neben ausführlicher Schilderung der bäuerlichen Eß-, Arbeits- und

---

[47] Louise Otto: Die Lehnspflichtigen. Westfälische Dorfgeschichte aus dem Jahre 1848. In: Frauenzeitung. Jg. 1, Großenhain: Haffner 1849, Nr. 1–2 u. 4; zit. nach: Dorfgeschichten aus dem Vormärz. Hg. und mit einem Nachw. vers. von Hartmut Kircher, Bd. 2. Köln 1981, S. 251–269, hier S. 251, 258, 269.
[48] Louise Otto: Ein Bauernsohn. Eine Erzählung für das Volk aus der neuesten Zeit. Leipzig: A. Wienbrack 1849, S. IIIf.

Lebensgewohnheiten kommt drastisch beispielsweise auch die bei vielen Bauern zu findende Judenverachtung zur Sprache. Auf der einen Seite werden die Bauern in ihrem halsstarrigen Eigensinn gezeigt, mit dem sie sich selbst schaden, andererseits scheint Bewunderung durch für die Art und Weise, wie sie auf ihrem vermeintlichen Recht bestehen. Stets präsent ist die gerade erst vergangene Herrschaft des Gutsherrn, in der Widersetzlichkeit mit der Peitsche und Gefängnis bestraft wurde: „Die Zeiten sind auch vorbei anjetzt, meinte die junge Mannschaft. Wir würden uns das alleweil nicht mehr gefallen lassen".[49] Der Gutsherr im Dorf, der sich von diesen alten Zeiten losgesagt hat, steht als eine der positiven Figuren im Mittelpunkt der Erzählung, zwei Bauern hingegen, Lubahn und Marten, werden Opfer ihres selbstzerstörerischen Bestehens auf ihrem vermeintlichen Recht; sie repräsentieren traditionelles Bauerntum, dem eine junge Generation entgegengestellt ist, die zu Hoffnungen berechtigt. Am Anfang der Erzählung steht der Besuch eines hochdeutsch sprechenden Pfarrers auf dem Hof Lubahns, die Begrüßung ist sogleich mit diversen Belehrungen zu richtigem Lüften, zum Heizen und Umgang mit dem Licht oder zu um der Gesundheit willen gebotener Reinlichkeit im Hauswesen verbunden: „Ich werde nicht unterlassen, Euch immer und immer wieder darauf aufmerksam zu machen. [...] Reinlichkeit, Ordnung und Heiterkeit des Gemüths thun das Meiste. Aber Ihr seid so schwerfällig, Ihr entschließt Euch nicht, für Euch selbst, für Eure eigne Annehmlichkeit etwas zu thun, Euch an bessre Zustände zu gewöhnen [...]."[50] Solche Art Aufklärung, so merkt der Leser sofort, kann ihren Zweck nur verfehlen. Der Bauer besteht darauf, seine Wirtschaft durchaus in Ordnung zu haben; wo es mangele, sei der Jahrhunderte dauernde schwere Druck des Gutsherrn und die Armut daran schuld: „Und nun haltet's zu Gute, und laßt uns einfache Bauern sein, wie wir's sind. Wir leben nach unsrer Weise, und halten auf guten Namen und treten Keinem nicht zu nahe".[51]

Anders als bei Auerbach und in den meisten anderen der frühen Dorfgeschichten erscheint um 1848 das „Volk" in einigen Erzählungen als politisch handelnde Kraft. Gottfried Kinkels Dorfgeschichte *Die Heimatlosen* beispielsweise weist entschieden über das Revolutionsjahr 1848 hinaus. Der Autor wurde 1849 wegen Teilnahme am badisch-pfälzischen Aufstand zu lebenslanger Festungshaft verurteilt, 1850 aber von Carl Schurz befreit und konnte nach England fliehen. Die Erzählung entstand in der Haftzeit und berichtet von der Not, die den Familienvater Valentin zum Verlassen seines Dorfes zwingt. Beim Eisenbahnbau lernt er,

---

[49] K. Ernst [d.i. Otto Konrad Zitelmann]: Norddeutsche Bauerngeschichten. 6 Bdchn. Leipzig: Otto Wigand 1850/1851 [2.A. der Sammlung ebd. 1854. – Bdch. 3 – 5 zuvor einzeln anonym erschienen u. d. T. *Aus Dorf und Wald*, ebd. 1848]. Die Erzählung *Der Grenzzaun* in Bd. 1, hier S. 53.
[50] Zitelmann: Der Grenzzaun (Anm. 49), S. 4 f.
[51] Zitelmann: Der Grenzzaun (Anm. 49), S. 7.

an der „eigenen einzelnen Kraft" verzweifelt, „Glauben an die Gesamtheit fassen". Die Eisenbahn als riesiges Gemeinschaftswerk wird zum Symbol jener sich unter den Arbeitern verbreitenden neuen „Lehre, welche bestimmt ist, in der nächsten Zukunft die Gestalt unseres alternden Weltteils noch einmal zu verjüngen". Der Held der Erzählung erkennt, „daß aller Reichtum des Volkes allein auf der Arbeit ruht und daß das Kapital selbst nur das Kind der Arbeit ist, das undankbare Kind, welches seine Mutter in den Hungerturm sperrt". Valentin begreift, „daß, wer arbeitet, nicht bittweise das Recht zu leben erlangt, sondern daß er von Natur Anspruch hat auf ein menschenwürdiges Dasein" und erkennt an seinem eigenen Schicksal, „daß eine Weltordnung wie die gegenwärtige, eben weil sie auf das Eigentum einen falschen Wert legt, das Recht des Eigentums der großen Mehrheit der Lebendigen grausam entreißt; daß also ein neuer Begriff des Eigentums in den Geistern der Menschen lebendig werden müsse". Von nun an steht die Erzählung ganz im Zeichen von 1848 und der badischen Revolution mit ihrem Ruf „Freiheit, Wohlstand, Bildung für alle!", ein zweites Kind wird geboren, „das nun schon Bürgerin einer neuen Weltordnung werden sollte". Valentin beteiligt sich militärisch an der Revolution, in die er seine ganze Hoffnung setzt. Auch im Kampf bleibt er Mensch und rettet einem mecklenburgischen Aristokraten das Leben, obwohl dessen Brieftascheninhalt – 300 Gulden – ihm die Ehe ermöglicht hätte. Valentin muss mit seiner Familie, seiner Schwiegermutter und seinen Schwägerinnen als gesuchter Revolutionär nach Amerika fliehen, die Reise wird ihm ermöglicht durch die Familie des von ihm Geretteten, die ihm auch ein Grundstück in St. Louis schenkt und das Kapital zum Aufbau einer Farm leiht. Die Vertreter der alten Ordnung, die durch Valentin zur Nachdenklichkeit bewegt werden, stoßen am Ende „Aufs Wohl des vierten Standes" an: „Auf Wiedersehen in einem Lande, das keine Sklaverei mehr kennt". Das vorzüglich erzählte, spannend zu lesende Werk bietet zahlreiche feine Beobachtungen des ländlichen Lebens. Beispielhaft sei darauf hingewiesen, wie die wichtige Rolle des Wirtshauses in der ländlichen Gesellschaft Badens geschildert wird, das „als Hochschule des Volks für die Politik" vorgestellt wird. Zugleich sei die Gaststube „Bank und Börse des Dorfes", der Wirt habe mit der neuen Zeitung und durch die einreisenden Fremden stets die neuesten Nachrichten und wisse seine Belehrungen an den Mann zu bringen.[52]

Erste Dorferzählungen wie Ernst Willkomms *Bauernleben* machen den Wandel von agrarisch bestimmten zu industriellen Verhältnissen zum Ausgangspunkt eines Konflikts. Im Mittelpunkt der Erzählung stehen der Bauer David und der

---

[52] Gottfried Kinkel: Die Heimatlosen. In: Erzählungen von Gottfried und Johanna Kinkel. Stuttgart/Tübingen: J. G. Cotta 1849, S. 371–464; hier zit. nach: Dorfgeschichten aus dem Vormärz (Anm. 47), Bd. 2, S. 270–329, hier in der Reihenfolge der Zitate S. 306, 306, 306 f., 308 f., 328.

Weber Tobias, welche die alte bäuerliche und die neue durch Industrialisierung und Entwertung von Traditionen geprägte Welt repräsentieren. Bauerssohn und Webertochter wollen heiraten, wogegen der Bauer, für den nur eine Bauerstochter in Frage kommt, energischen Einspruch einlegt, da durch eine solche Verbindung die „gute alte Bauernsitte" und die „alte deutsche Bauernehre" in Gefahr sei. Die Tochter des Webers hat städtische Sitten, ja spielt gar Klavier; der Bauernsohn gibt wenig auf das von seinem Vater vertretene „gute, alte Bauernrecht", das von der Zeit ebenso längst überholt sei wie „alle die tausend Privilegien, die gegen das Recht des gesunden Menschenverstandes und gegen das allgemeine Volksglück ausgerichtet sind. Wie der Adel in Frankreich zur Zeit der Revolution seiner Rechte sich selber beraubte, um das Land zu retten, so muß heut zu Tage auch der Bauer seinen harten Sinn fahren lassen, und er kann es wohl eher, als vordem der Adel, denn er gewinnt an Bildung". Über verschiedene Verwicklungen kommt es am Ende doch noch zur Hochzeit.[53]

Gleichzeitig findet sich in einigen Dorfgeschichten herbste Sozialkritik. Ernst Dronkes Erzählung *Die Maikönigin* mit dem Untertitel *Ein Volksleben am Rhein* gestaltet neue soziale Konflikte und zeigt ungerechte soziale Verhältnisse. Ein zugleich als Unternehmer tätiger Großbauer behandelt seine Arbeiter in der Landwirtschaft wie in den Steinbrüchen gleich Leibeigenen. Durch sexuelle Erpressung zerstört er die Familie eines Waldwärters, dessen individuelle Rache – er brennt das Haus des Herrn nieder – wenig wirksam ist: Sein Reichtum ermöglicht es dem Geschädigten, das niedergebrannte Haus umgehend wieder aufzubauen. Sarkastisch zitiert Dronke als „Altes Lied" die Verse „Ich bin der Herr, du bist der Knecht, / So ist es gut, so ist es recht!" Mit ungewöhnlichen Gedanken weist er auf neue Perspektiven: „Wenn aber soviel Hunderttausende an denselben Verhältnissen elend zugrunde gehen, muß man sie auch ändern können [...]. Nur müßten die Leute zuerst auch einsehen, daß sie alle an denselben Verhältnissen zugrunde gehen [...]. Aber [...] jeder sieht nur sein eigen Leid und nicht die Verhältnisse [...]. Und das ist unsere Schwäche, die die Reichen stark macht".[54]

---

53 Ernst Willkomm: Bauernleben. Ein Sittenbild. In: Grenzer, Narren und Lootsen. Eine Sammlung von Novellen, Land- und Seebildern von Ernst Willkomm, Th. 3. Leipzig: Chr. Ernst Kollmann 1842, S. 3–180, hier S. 27 u. 44f.
54 Ernst Dronke: Die Maikönigin. Ein Volksleben am Rhein. Leipzig: Lorck 1846 [n.A. Leipzig/Meißen 1850], zit. nach: Dorfgeschichten aus dem Vormärz (Anm. 47), Bd. 2, S. 19–142, hier S. 73.

III

Die Dorfgeschichtenliteratur ist aber, dies sei noch einmal nachdrücklich betont, nur *ein* Strang der in der Tradition von Aufklärung und Volksaufklärung stehenden und sie in Richtung einer starken Politisierung variierenden erzählenden Literatur vor 1848. Daneben und verstärkt nach der Jahrhundertmitte fließt, wie gezeigt wurde, aus den Federn ungezählter Autoren weiterhin eine bemerkenswert große Zahl von Schriften, die der literarisch-unterhaltenden Aufklärung einfacher Leser verpflichtet sind und dabei in manchmal verblüffender Weise weiterhin dem folgen, was hier in den vergangenen Jahrzehnten an Fundament gelegt wurde, zugleich aber in der erzählend-unterhaltenden wie auch der Sachliteratur auch Neuerungen bieten, die aufschlussreich sind. Als wichtigste Innovationen seit der Mitte des 19. Jahrhunderts seien hier wenigstens kurz die folgenden Punkte genannt:

1. Es ist ganz selbstverständlich geworden, was ein Jahrhundert zuvor in den Debatten der Aufklärer noch fraglich erschien, dass das „Volk" nämlich liest und eigenständige Bildungsinteressen hat: „Ihr lest jetzt gern und thut recht daran, denn was nützt das lesen Lernen, wenn man nachher nicht auch liest?"[55] Jetzt geht es nicht mehr um das Ob, sondern um das Was, das mehr und mehr entgrenzt wird:

> Woher aber entnehmen wir [...] den Inhalt, den Stoff unserer Volksschriften? [...] überallher. Die Welt steht uns offen. Kein Gebiet menschlichen Wissens, menschlicher Geistesthätigkeit sei hier ausgeschlossen! Die Geschichte, sei es in Form der Erzählung und Novelle, sei es in Gestalt von Lebensbeschreibungen ausgezeichneter Männer, die Geschichte, zumal die vaterländische, wie reichen Stoff sie bietet! Das Wissenswürdigste aus Geologie, Astronomie, Physik, Chemie u.s.w., das Alles in leichtfasslicher Darstellung und gefälliger Behandlung wird viele willige und dankbare Leser finden. Ethische und soziale Fragen und Probleme, wie sie zu Dutzenden und mit der unabweisbar sich aufdrängenden Forderung ihrer baldigen Lösung gerade unserer Zeit eignen, solche Fragen und Probleme vielleicht auch im Gewande des Romans, der Novelle, dargestellt und gelöst, welch hohe, wichtige und segensreiche Arbeit.[56]

---

55 Ernst Wislicenus: Darstellungen aus der deutschen Geschichte zur Belehrung über deutsche Volkszustände[,] wie sie gewesen und wie sie geworden. Eine Schrift für das deutsche Volk. 2 Bdchn. Leipzig: Otto Wigand 1846; 1847 [2.A. von Bdch. 2 ebd. 1861]; Bdch. 1: Der Deutschen älteste Geschichte und Volkszustände. 1846. X S., S. 11–210, 1 Bl. [Inh.]; Bdch. 2: Entstehung von Königthum und Adel in Deutschland oder Umsturz der ursprünglichen Verhältnisse des altdeutschen Volkslebens durch die Völkerwanderung. 1847, hier Bdch. 1, S. IV.

56 Grob: Referat über die von der Jahresdirektion der schweiz. gemeinnützigen Gesellschaft ausgeschriebene Frage betreffend Volksliteratur. In: Schweizerische Zeitschrift für Gemeinnüt-

Oder mit anderen Worten: „,Alle Zweige des menschlichen Wissens sollen Gemeingut werden!' Das ist das Losungswort unseres Jahrhunderts."[57]

2. Eine große Bedeutung erhalten in diesem Zusammenhang Volksschriftenvereine,[58] Volks- und Dorfbibliotheken[59] sowie kommerzielle verlegerische Aufklärungsprojekte nach dem Motto: „Dicke Bände bilden Gelehrte, kleine Büchlein heben das Volk."[60] *Meyers Groschenbibliothek* ist ein schönes Beispiel. Sie enthalte „das Beste der deutschen classischen Literatur", lautet die Werbung: „Sie soll ein Werkzeug werden für die intellektuelle Emanzipation des Volkes, – der Masse. – Sie soll es seyn; sie wird es seyn: – denn jeder Schulknabe und jedes Mädchen, jeder Lehrling, jeder Arbeiter und jeder Handwerker, jeder Bauer, selbst der Allerärmste, der täglich zwei Pfennige zur Anschaffung der Groschenbibliothek erübrigt, kann sich in Besitz bringen der reinsten und reichsten Quelle des Wissens, der Unterhaltung und der Erhebung von Herz und Geist."[61]

3. Eine größere Bedeutung haben periodische Schriften, insbesondere die politische Presse, erhalten, denn nun, so wissen die Aufklärer, „liest Jedermann die Zeitungen", und da der Bürger nicht mehr nur Pflichten zu erfüllen, sondern auch Rechte hat, die für denjenigen nicht vorhanden seien, der sie nicht kennt, ist es wichtig, – beispielsweise durch ein *Staatsbürgerliches Fremdwörterbuch* – zu erklären, was „in unserer politischen Sprache [...] einem großen Theile des Volkes unverständlich ist, „denn leider wimmelt es auch von Fremdwörtern!": „Wer aber aus aufrichtigem Herzen das Wohl des Volkes will, wer da will, daß die neue Freiheit feste Wurzel fasse, um zu einem Friedensbaume zu erstarken, der muß nach Kräften zur Aufklärung des *ganzen* Volkes beitragen."[62]

---

zigkeit 6, Zürich 1867, S. 239–259; zit. nach Bucher u.a. (Hg.): Realismus und Gründerzeit (Anm. 38), Bd. 2, S. 680–682 [Textabdruck von S. 243 u. 252–255].
57 Josef Raith: Der populäre Hausarzt. Gemeinverständliche Darstellung der Gesundheitslehre und Heilkunde für Leib und Seele. Zur Selbstbelehrung für Jedermann. Ein Familienbuch von Dr. med. Josef Raith, praktischem Arzte in Wien. Mit vielen Abb. Wien/Pest: A. Hartleben 1868, S. 5.
58 Dazu Michael Knoche: Volksliteratur und Volksschriftenvereine im Vormärz. Literaturtheoretische und institutionelle Aspekte einer Bewegung. Frankfurt a. M. 1986.
59 Dazu die Beiträge in Siegert (Hg.): Volksbildung durch Lesestoffe (Anm. 4).
60 K[arl] F[riedrich] W[ilhelm] Wander: Taschenkatechismus für das Volk. 2., verm. u. verb. Aufl. Hirschberg: Selbstverlag d. Hg./M. Rosenthal i. K. 1850 [EA ebd. 1849], Motto Rückseite des Titelblatts.
61 Meyers Groschenbibliothek der deutschen Classiker für alle Stände. Eine Anthologie in 365 Bndchn. („Bildung macht frei"). 364 Bde. [mind.]. Hildburghausen: Bibliographisches Institut/ New York: Herrmann J. Meyer 1850–1855, Werbetext auf der Rückseite.
62 E. Baldamus: Staatsbürgerliches Fremdwörterbuch für das Volk. Dessau und Köthen: H. Neubürger 1848.

4. Bildung ist zu einer in der Öffentlichkeit anerkannten Voraussetzung erfolgreichen Wirtschaftens geworden. „Dem umsichtigen Beobachter", so weiß man, „kann es auch gar nicht entgehen, daß unser heutiger Landmann in seiner geistigen und moralischen Anschauungsweise ein gar viel anderer ist, als vor 80 – 70 Jahren und daß er bereits viel von den ‚modernen Ansichten' eingesogen hat, was sich am allerüberraschendsten in seinem politischen Vorstellungskreise kundgibt."[63] Selbst dem Befangensten müsse einleuchten, heißt es an anderer Stelle, „daß der landwirthschaftliche Fortschritt umso intensiver gefördert wird, je mehr sich die Zahl derjenigen verstärkt, welche sich nicht genügen lassen, nur formell besseren Betriebsweisen Eingang zu gewähren, welche vielmehr intellectuell thätig sind."[64] „Wir leben gegenwärtig in einer Zeit", so erfahren wir 1856 in der Schrift *Die Zehn Gebote der Landwirthschaft*,

> in welcher der Satz ‚Bildung ist Macht' eine Geltung erlangt hat, wie nie vorher. Die Bildung ist nicht mehr wie früher blos das Eigenthum gewisser durch Geburt, Stand und zeitliche Glücksgüter begünstigter Klassen und einzelner Personen, sondern sie ist heutzutage zum Gemeingut geworden. Alle ohne Unterschied können sich ihrer Segnungen erfreuen, sobald es ihnen nur ein wahrer Ernst ist, sich eine tüchtige Bildung zu verschaffen. Und an Gelegenheiten dazu fehlt es gegenwärtig durchaus nicht. Nicht nur sind die Volksschulen weit besser als früher [...]. Als weitere Bildungsmittel werden sodann Reisen, Vereine und das Lesen guter, des Bauern spezielles Fach betreffender Schriften genannt.[65]

5. Selbsttätigkeit und Selbstorganisation der Aufzuklärenden werden Ziele der Aufklärer, verbunden mit der „tiefe[n] Überzeugung, dass die Besserung hauptsächlich durch die Landwirte selbst, jeder in seiner Wirtschaft und durch gemeinsames Handeln, wo der Einzelne zu schwach ist, erzielt werden muß",[66] vor allem habe es um Hilfe zu gehen, damit jeder „aus eigener Kraft und eigener Anstrengung sich die Grundlagen der bürgerlichen Existenz" erwerben könne.[67]

---

63 Johann Gustav Diegel: Die Popularität, richtiger Gemeindemäßigkeit der Predigt und die dermalige Zerspaltung in den Grundanschauungen. In: Denkschrift des evangelischen Prediger-Seminariums zu Friedberg für die Jahre 1862 bis 1864. Hg. von Dr. Franz Schwabe. Friedberg: Bindernagel und Schimpff (Druck und i. K.), 1865, S. 1–149, hier S. 14.
64 H[einrich] K[onrad] Schneider: Die Landwirthschaft der Provinz Rheinhessen. Von Dr. H. K. Schneider, Vorsteher der landwirthschaftlichen Lehranstalt in Worms. Mannheim: J. Schneider 1867, S. 7f.
65 William Löbe: Die Zehn Gebote der Landwirthschaft. Mit 46 Abbildungen. 2., stark verm. Aufl. Leipzig: Otto Wigand 1856 [EA u.d.T. „Die zehn Hauptgebote der Landwirthschaft", ebd. 1855], S. IIIf.
66 Württembergisches Wochenblatt für Landwirtschaft, 28. August 1892.
67 Die soziale Frage. In: Berthold Auerbach's Volks-Kalender auf das Jahr 1868, S. 21–37, hier S. 29.

Handwerker und Handarbeiter schaffen sich wie Bauern mit ihren Landwirtschaftsvereinen Organisationen der Selbstbildung. Der Berliner Handwerkerverein besitzt einen Vortragssaal mit 1.500 Plätzen: „Die fast ausnahmslos ernste Stille, mit der im Vereine zugehört wird, das beinahe andächtige Schweigen von so vielen Hunderten hat vielfach Gäste des Vereins überrascht. Es erklärt sich daraus, daß die Zuhörer zum großen Theil daran gewöhnt sind, sich das Vorgetragene durch eigene Gedankenarbeit zu erobern."[68]

6. Eine größere Bedeutung erhalten *Erziehung und Unterricht des weiblichen Geschlechts*, denn es „ist von jeher unter gesitteten, besonders aber christlichen Völkern anerkannt, daß die, welche die eine Hälfte des ganzen Menschengeschlechts ausmachen, eben so vollgültige Ansprüche an eine geistige Bildung haben, als die[, die] der andern Hälfte angehören": „[...] die Erziehung und der Unterricht des weiblichen Geschlechts [sind] eine Hauptaufgabe für die ganze Menschheit".[69]

7. Bildungsziele und -inhalte nehmen nun häufig einen enzyklopädisch-emanzipativen Charakter an, sie sind innig verbunden mit einer allenthalben stärker politisierten populären Aufklärung. Der Gedanke an eine dem „Volk" mit vielen Bedenken zugeteilte Aufklärung wird verworfen, denn wenn „eine ‚Schrift für's Volk' für den eigentlichen Kern des Volkes, den Bürger- und Bauernstand oder sämmtliche gewerbe- und ackerbautreibende Klassen, wahrhaft bildend und Aufklärung befördernd sein soll, so muß sie nach des Verfassers Absicht nach Inhalt und Darstellung so geschrieben sein, daß sie auch den Gebildetsten befriedigt. Sie muß auch diesem nicht gehaltlos erscheinen, denn sonst wird sie wirklich gehaltlos sein."[70] Selbst in einem *Konversations-Lexikon für alle Stände* sind Sätze zu lesen wie die folgenden:

> Das Haupttrachten unserer Zeit ist die Ausfüllung der weiten Kluft zwischen den verschiedenen Klassen der Gesellschaft. Das tiefste Sinnen, das heißeste Bemühen der besten Köpfe gilt der Lösung der großen Frage: wie ist die allgemeinste Theilnahme an den Genüssen des Lebens zu erreichen? wie sind die socialen und politischen Scheidewände zu beseitigen, welche der großen Mehrzahl keinen Zugang gestatten zu den höchsten, materiellen und geistigen Gütern der Menschheit? [...] Der Mittelstand zwischen den Gelehrten und den Laien, die nicht einmal die Vorhalle der Wissenschaft betreten können, die Klasse der Gebildeten,

---

[68] Der Unterricht im Berliner Handwerkerverein. In: Der Arbeiterfreund. Zeitschrift des Central-Vereins für das Wohl der arbeitenden Klassen, Jg. 2, Berlin 1863, S. 396–418.
[69] Franz Joseph Ennemoser: Ueber Erziehung und Unterricht des weiblichen Geschlechts, in Briefen von Dr. Franz Joseph Ennemoser. Mannheim: Friedrich Moritz Hähner 1848, Motto auf Titelrückseite und S. IV.
[70] Ernst Wislicenus: Washington oder die Entstehung der nordamerikanischen Freistaaten. Ein Schrift für das deutsche Volk. Leipzig: Otto Wigand 1844 [2.A. Leipzig 1852], S. III.

muß immer größer werden und endlich das ganze Volk absorbi[e]ren. Allgemeine Menschenrechte giebts nur für die, welche sich ihrer bewußt werden. Zu diesem Bewußtsein führt kein anderer Weg, als die Bildung.[71]

Es geht jetzt um weit mehr als die Vermittlung von Grundfertigkeiten. „Schreiben und lesen", so weiß man, „diese bescheidene und doch so herrliche Kunst ist die Grundlage und Grundbedingung der Aufklärung, und wenn wir auch annehmen wollen, der Mensch könnte gut und glücklich sein ohne diesen Unterricht, so kann er gewiß nicht *frei* sein ohne denselben. [...] Allein für ein *freies* Volk ist schreiben und lesen können nicht genug [...]; es muß nicht nur sagen können, was es fühlt; es muß auch im Stande sein, der Dialektik der andern zu folgen und ihre Knoten aufzuknüpfen, wenn es nöthig ist; es muß zur Unabhängigkeit im Sprechen und Denken gelangen."[72] Eine neue Bedeutung erhält so die politische Volksaufklärung, denn man weiß, dass ein Volk, wenn es Gesetzgeber sein soll, fähig sein muss, selbst zu urteilen und sich vernünftige Gesetze zu geben. Als in ihrer Verbindung von aufklärerischen Idealen und Revolution beispielhaft für den Wandel von einer Volksaufklärung, die auf die Unterstützung der aufgeklärten Musterfürsten zählen konnte, hin zum politischen Liberalismus des 19. Jahrhunderts hat Reinhart Siegert Friedrich Neffs *Beiträge zur Bauern-Politik* von 1849 charakterisiert. „Auch wir bedauern es", so heißt es dort,

> daß es so ist, und wie es scheint, so sein muß, daß nur durch Blut die Freiheit und Humanität eines Volkes können begründet werden. [...] Da muß das Volk aufgerüttelt werden aus seinem kleinlichen häuslichen Al[l]tagsleben, aufgerüttelt durch Schauder und Schrecken. [...] So wollen denn auch wir uns in das Unvermeidliche schicken. Die Bruderliebe, die Achtung der Menschenwürde in jeder Person, das sei das Ziel, welchem wir zustreben. Dieses kann aber nimmermehr bestehen neben den Fürsten. Entweder müssen sie freiwillig abdanken, ihre Vorrechte aufgeben, oder wir müssen sie abdanken, d. h. zusammenschlagen. Dann erst, wenn der Boden frei ist, können die edler[e]n Pflanzen im Menschenleben, wie Humanität, Menschenliebe und Menschenwürde gedeihen.[73]

---

71 Wigand's Conversations-Lexikon für alle Stände. Von einer Gesellschaft deutscher Gelehrten bearbeitet. 12 Bde. Leipzig: Otto Wigand 1846–1852, Lieferungswerk: Jeder Band in 12 Heften zu je 5 Bogen 8°, hier Vorwort.
72 Der moralische Volksbund und die freie Schweizer Männerschule, oder der Grütli-Verein. Eine vertrauensvolle Rede ans Schweizer Volk, vornehmlich an die Jüngeren. [Verf.: Albert Galeer]. Genf: Mark Vaney 1846 [2.A. mit Verfassernennung, Bern 1864], S. 30.
73 Fr[iedrich] Neff: Beiträge zur Bauern-Politik oder wie dem niedergetretenen Mittelstand wieder aufzuhelfen ist. Philadelphia [fingierter Verlagsort]: „Verlag von Kaspar Hauser" [d.i. Basel: Fischer] 1849, S. 4.

Die neuen Vorstellungen von der Vermittlung einer inhaltlich uneingeschränkten Aufklärung kulminieren in einem *Volks-Conversationslexikon*.[74] Ein außergewöhnliches Beispiel für den enzyklopädischen wie emanzipativen Anspruch populärer Aufklärung bietet weiter Hermann Jägers 1851 erschienene Erzählung *Reichenau oder Gedanken über Landesverschönerung*, in der über die Vermittlung von Informationen und Wissen hinaus so etwas wie das Konzept einer pädagogischen Ästhetik popularisiert werden soll: Mit verschönerten Landschaften sei es „wie mit der Musik in einzelnen gelungenen Meisterwerken, und der Macht der Töne, welche eine ganze Bevölkerung durchdrungen hat". [75] Ausdrücklich geht es auch um „den Sieg des Schönen, aber nur insofern, als es nützlich ist und wahren edlen Lebensgenuß gewährt." [76] Das ganz neue Thema einer ästhetischen Bildung greift 1856 auch Heinrich Schwerdt in seiner Schrift *Schöndorf, oder: Wie sich der Landmann das Leben angenehm macht. Eine Erzählung für's Volk, als Beitrag zur Landesverschönerung* auf. Bisher sei das Schöne weitgehend den höheren Ständen vorbehalten geblieben, in den Lesestoffen hätten nur Wenige wie Zschokke, Löbe oder Metzger dasselbe für das Volk reklamiert.[77]

8. Die volksaufklärerische Literatur zeichnet sich auch über den Vormärz hinaus durch eine starke Politisierung und darüber hinaus durch Prozesse der Selbstorganisation derjenigen aus, die einst vorwiegend Objekte der Aufklärung waren. Dabei muss betont werden, dass die gescheiterte Revolution von 1848 eine starke Zäsur bedeutet. „Das Volk ist mächtig, aber auch mündig geworden", so hieß es für einen kleinen Augenblick.[78] Auch in Schriften „für das Volk" wurde das „republikanische ABC" verkündet.[79] Mit dem Sieg der Reaktion musste nicht nur Friedrich Hecker, sondern auch so mancher Autor der Volksaufklärung nach Amerika auswandern oder in die Schweiz flüchten. Gerade in den Kernregionen

---

74 Volks-Conversationslexikon. Umfassendes Wörterbuch des sämmtlichen Wissens. Bearbeitet von Gelehrten, Künstlern, Gewerbe- und Handeltreibenden, und hg. von der „Gesellschaft zur Verbreitung guter und wohlfeiler Bücher". Vollständig in Einem Bande. [Hg. von Franz Kottenkamp]. Stuttgart: Scheible, Rieger & Sattler 1845 [vgl. Ausg. in 16 Bdn. 12° ebd. 1844–1846].
75 Hermann Jäger: Reichenau oder Gedanken über Landesverschönerung. Eine Erzählung. Leipzig: J. J. Weber 1851, S. XII; zit. nach dem Kommentar von Reinhart Siegert.
76 Jäger: Reichenau (Anm. 75), S. XIV.
77 Heinrich Schwerdt: Schöndorf, oder: Wie sich der Landmann das Leben angenehm macht. Eine Erzählung für's Volk, als Beitrag zur Landesverschönerung (= H. S.: Beiträge zur Volkswohlfahrt in belehrenden Erzählungen, Bd. 1). Gotha: Hugo Scheube 1856, Vorrede, S. VII.
78 [Heinrich Schwerdt]: Die jetzigen Bauernunruhen und die Stimme Luthers in den Wirren unserer Zeit. Ein Wort der Verständigung und Beruhigung an alle[,] die es mit dem Volke gut meinen, insbesondere an den Bauernstand. Grimma: Verlags-Comptoir 1848, S. 5.
79 [Adolph] Douai: Das republikanische ABC. Von Dr. Douai. Altenburg: Selbstverlag des Verfassers 1848.

der Volksaufklärung hatten sich deren Träger auch politischen Veränderungen und der sozialen Frage geöffnet,[80] mit dem Sieg der Reaktion muss hier manches zurückgenommen werden; dies wäre eine eigene Studie wert. Allerdings kann keine Rede davon sein, dass nach 1848 nur noch Resignation zu finden sei. Ganz unverändert bleiben ökonomische und medizinische Aufklärung wichtig, Handwerkeraufklärung kommt verstärkt hinzu. Manches zeigt, dass seit dem 18. Jahrhundert Fortschritte zu verzeichnen sind, dass die Schulbildung etwa in fast allen deutschsprachigen Gebieten besser und die Lesefähigkeit nahezu allgemein geworden ist. Auch sehen sich selbst konservativ geneigte Autoren zur Erörterung politischer und sozialer Fragen gezwungen, oder es wird die Bedeutung von Recht und Gesetz thematisiert wie in einer erzählenden Schrift Isidor Täubers mit dem sprechenden Titel *Die Gesetze als Grundlage der Wohlfahrt der Völker. Ein Volksbuch*. Es ist nur eines jener bisher unbeachtet gebliebenen Werke, das doch in den 1850 Jahren immerhin in sechs Auflagen erscheint und mit einer Auflage von 14.000 Exemplaren vor und mit einfachen Lesern Fragen diskutiert, die einst tabu waren.[81]

Sodann wird aus dem Geist der Aufklärung die soziale Frage entdeckt, volksaufklärerische Traditionen und neue Argumentationsstrategien verbinden sich, wenn in *Berthold Auerbach's Volks-Kalender auf das Jahr 1868* die soziale Frage als „der letzte Kampf um das Bürgerrecht Aller" definiert wird.[82] Damit verbunden ist die Utopie der Befreiung von den schlimmsten Menschheitsplagen: Drei Dinge, so heißt es in diesem Kalender, würden noch als unveränderliche ewige Grundlage des europäischen Staatsrechts gesehen werden, nämlich Krieg, Elend, Unwissenheit: „Einst werden diese Dinge als vermeidlich allgemein anerkannt werden, als die geschworenen, rastlosen, lebensgefährlichen Widersacher jeder wachsenden Gesellschaft. Es wird erkannt werden, daß nichts in der Ordnung der Natur, nichts in der Beziehung von Mensch zu Mensch sie zu unüberwindlichen Notwendigkeiten stempelt [...]."[83] Vor allem, so der Autor, habe es

---

80 Dazu die beispielhafte Studie von Alexander Krünes: Die Volksaufklärung in Thüringen im Vormärz (1815–1848). Köln/Wien 2013 (Veröffentlichungen der Historischen Kommission für Thüringen 39).
81 Isidor Täuber: Die Gesetze als Grundlage der Wohlfahrt der Völker. Ein Volksbuch von Isidor Täuber. Herausgegeben von dem Vereine zur Verbreitung von Druckschriften für Volksbildung. Wien: o.V. [„aus der kaiserlich-königlichen Hof- und Staatsdruckerei"] 1855 [3.A. 1855; 5.A. 1856; 6.A. 1856].
82 Die soziale Frage. In: Berthold Auerbach's Volks-Kalender auf das Jahr 1868, S. 21–37, hier S. 37.
83 Die soziale Frage (Anm. 82), S. 37.

um Hilfe zu gehen, damit jeder „aus eigener Kraft und eigener Anstrengung sich die Grundlagen der bürgerlichen Existenz" erwerben könne.

Zu den auffälligsten neuen Themen gehören nach 1848 in der Tradition von Zschokkes *Goldmacherdorf* selbsttätige und selbstorganisierte gegenseitige Hilfe, die Gründung von Genossenschaften, Versicherungen und Sparkassen, mehr und mehr auch landwirtschaftliche Vereine und Gesellschaften, in denen Bauern selbst aktiv werden. Wie solche Anregungen wirkten und selbst wieder Literatur wurden, zeigt der Bauer und Schriftsteller Franz Michael Felder. Er gründet eine „Partei der Gleichberechtigung", nicht von Mann und Frau, sondern der sozialen Klassen, und berichtet von Selbstorganisationsversuchen der Bauern in Vorarlberg, die sich ausdrücklich auf das literarische Vorbild des *Goldmacherdorfes* berufen. Unter anderem wird 1867 ein genossenschaftlicher Käsehandlungsverein gegründet, damit sich die Bauern aus der finanziellen Abhängigkeit von den sogenannten „Käsgrafen", den monopolistischen Käsegroßhändlern, befreien können.[84] Greifbar wird in Felders Schilderung der Übergang der Volksaufklärung in die Selbstbildungsbestrebungen der Sozialdemokratie, auch kommt es nun in einer behäbig wirkenden Volksaufklärungsschrift einmal vor, dass umfassende Volksbildung als Voraussetzung für die Einführung des Sozialismus diskutiert wird.[85]

9. In der populären Aufklärung wandeln sich nicht nur die Themen, es kommen neben den traditionellen auch neue Autorengruppen hinzu, Redakteure von landwirtschaftlichen Zeitungen oder Dorfzeitungen beispielsweise, landwirtschaftliche Fachautoren, Volksschullehrer, Gründer Landwirtschaftlicher Vereine und Gesellschaften, nicht zuletzt aber – Felder ist ein Beispiel – Bauern und Landwirte selbst. Ein eigenes, für die Literaturverhältnisse um 1850 wichtiges Thema wären die zahlreichen christlichen Erzählungen, die ohne die volksaufklärerische Literatur zwar kaum denkbar wären, denen die Frische und auf Selbsthilfe des „Volkes" abzielende Radikalität aber ganz fehlen, die manche volksaufklärerische Erzählung auszeichnet. In ihnen werden – ein Beispiel ist Johann Georg Toblers *Gotthold der wackere Seelsorger auf dem Lande* – schlechte Zustände gerne als Folge fehlender Hausandacht und fehlenden „frommen Sinns" begriffen.[86]

---

[84] Franz Michael Felder: Aus meinem Leben. Salzburg u. a. 1985.
[85] Deutsches Bürgerbuch für 1845 [bzw. 1846]. Hg. von H[ermann] Püttmann. Darmstadt: C. W. Leske 1845; T. 2: Mannheim: o.V. 1846; 1845, T. 1, S. VII.
[86] J[ohann] G[eorg] Tobler: Gotthold[,] der wackere Seelsorger auf dem Lande. Seitenstück zum Goldmacherdorf [von Heinrich Zschokke]. Aarau: Heinrich Remigius Sauerländer 1820, S. 84 ff. und insbes. S. 91.

IV

Zum Schluss ein Zustandsbericht zur bäuerlichen Bildung aus der Mitte des 19. Jahrhunderts, der andeuten soll, dass sich nicht nur die Literatur, sondern – an einigen Orten stärker, an anderen weniger – auch die Verhältnisse veränderten. Der Bericht bedeutet die Verwirklichung einer volksaufklärerischen Utopie, Realität sicherlich nur in wenigen deutschen Gebieten. Er erschien 1845, verfasst von William Löbe, der die Entwicklung eines halben Jahrhunderts im Altenburger Land rekapituliert und von Schreib- und Bücherschränken in Bauernhäusern berichtet, von großem Sinn für die Schule und gar Hauslehrern in Bauernfamilien, von Gesellschaften, in denen Bauern im Winterhalbjahr vierzehntäglich lehrreiche Gespräche führen und Konzerte veranstalten, von der Ausleihe von Büchern wissenschaftlich gebildeter Landwirte, von chemischen Vorlesungen, die ein Apotheker auf bäuerliches Ersuchen hält, von kleinen Reisen, die Bauern unternehmen, um die Wirtschaft ihrer Standesgenossen kennenzulernen und Verbesserungen zu übernehmen, ja, die hier porträtierten Altenburger Bauern zählen unter sich sogar Dichter, Schriftsteller und Maler. Kurz, eine Freude für den Aufklärungsforscher: „Wohlstand und häusliches Glück breiteten sich mehr und mehr aus."[87] Hier ist die Utopie Realität geworden, die eine interessante *Zeitschrift zur Beförderung größerer Mündigkeit im häuslichen und öffentlichen Leben* mit ihrem Titel formuliert hat.[88] „Bis vor Kurzem", heißt es programmatisch in diesem Blatt, „hatten die Nichtgelehrten kein Recht auf Freiheit des Forschens und des Glaubens. Ausschließlich war das Sache der Gelehrten vom Fach derer, die sich durch ein lebenslängliches Studium der Wissenschaft ganz gewidmet hatten. Unsere Zeit hat diesen Zustand verändert."[89]

---

[87] William Löbe: Geschichte der Landwirthschaft im Altenburgischen Osterlande. Nach den besten Quellen bearbeitet von William Löbe. Leipzig: F. A. Brockhaus 1845, S. 167–170.
[88] Der Vorläufer, eine Zeitschrift zur Beförderung größerer Mündigkeit im häuslichen und öffentlichen Leben. Unter Mitwirkung eines Vereins ausgezeichneter Pädagogen und Geistlichen herausgegeben von Chr[istian] Fr[iedrich] Stötzner. Schaffhausen: Brodtmann 1841.
[89] Der Vorläufer (Anm. 88), Nr. 1 (6. Januar 1841), Sp. 1.

Reinhart Siegert
Aufklärung im 19. Jahrhundert – „Überwindung" oder Diffusion?

Überlegungen zum Schlussband des biobibliographischen Handbuchs zur Volksaufklärung von den Anfängen bis 1850*

I Aufklärung im 19. Jahrhundert?

Horst Stukes Handbuchartikel „Aufklärung"[1] ist auch nach vierzig Jahren noch unübertroffenes begriffsgeschichtliches Meisterwerk zu unserem Thema. Wer Stukes differenzierte, in ihrem Facettenreichtum aber auch erschlagende Darstellung bis zum Ende liest, kommt zu einem Kapitel „VI. Grundzüge und Aspekte des Aufklärungsverständnisses im 19. Jahrhundert". Dort weist er die Meinung, der „Name [...] ‚Volksaufklärung' komme im 19. Jahrhundert nicht mehr vor und sei aus „Literatur und Gesetzgebung" verschwunden, zurück: „Das ist in der ersten Hälfte des 19. Jahrhunderts ganz offensichtlich nicht der Fall. Auch in der zweiten Hälfte ist das Wort verbreitet. Und am Anfang des 20. Jahrhunderts steht es im Zentrum der Agitationstätigkeit der Freidenkerbewegung [...]."[2]

Diese Erkenntnis ist keineswegs im allgemeinen Bewusstsein verankert, auch nicht im wissenschaftlichen.[3] Es hat zweier Sondergutachten bedurft, die DFG

---

* Der vorliegende Beitrag ist ein auszugweiser Vorabdruck aus der Einführung zum bibliographischen Abschlussband des Projekts „Volksaufklärung" (VA 3, vgl. Anm. 4). Die dortigen Unterkapitel 1.2, 3.1, 3.2, 3.3.5, 3.4 sind hier ausgelassen, zusätzlich einige Absätze gestrichen. Damit der Aufsatz unabhängig von den Kommentaren der Bibliographie gelesen werden kann, wurden hier einige darin enthaltene Quellen-Zitate eingefügt, auf die in der Einführung nur verwiesen ist.
1 Horst Stuke: Aufklärung. In: Otto Brunner/Werner Conze/Reinhart Koselleck (Hg.): Geschichtliche Grundbegriffe, Bd. 1. Stuttgart 1972, S. 243–342 [wiederabgedr. in H. S.: Sozialgeschichte – Begriffsgeschichte – Ideengeschichte. Gesammelte Aufsätze. Hg. von Werner Conze und Heilwig Schomerus. Stuttgart 1979 (Industrielle Welt 27), S. 21–120].
2 Stuke: Aufklärung (Anm. 1), S. 335.
3 So stellte Wolfgang Albrecht zu Recht fest: „Ausklang und Nachwirkung der deutschen Aufklärungsbewegung sind noch kaum erforscht, obgleich hier eines der vordringlichsten Desiderate der neuen multidisziplinären Aufklärungsforschung liegt." (Wolfgang Albrecht: Aufklärung, Reform, Revolution oder „Bewirkt Aufklärung Revolutionen?" Über ein Zentralproblem der Aufklärungsdebatte in Deutschland. In: Lessing Yearbook 22 [1990], S. 1–75, hier Anm. 269.)

dazu zu bewegen, den geförderten Untersuchungszeitraum für das Projekt „Volksaufklärung"[4] bis zur Revolution 1848/1849 auszudehnen. Schließlich ist es noch nicht lang her, dass das Internationale Referatenorgan *Germanistik* die Epoche der Aufklärung mit dem Jahr 1770[5] enden ließ. Es bedarf schon des Blicks auf die Volksaufklärung, um die ganze Bedeutung und Dauer der Aufklärung zu erfassen.

Wer Belege aus der Praxis für den unorthodoxen Befund wünscht, den Stuke aus theoretischen Schriften erarbeitet hat, findet sie in den demnächst vorliegenden Handbuchbänden bis zur Evidenz. Er möge nur mitten hineinspringen: mit der Lektüre der Einträge zum Jahr 1841[6] beginnen oder gar gleich mit 1861[7]. Er wird sich in den Einträgen beider Jahre zweifelsfrei im „Zeitalter der Aufklärung" wiederfinden und sogar dem *19.* Jahrhundert als dem „Jahrhundert der Aufklärung" begegnen.[8] Freilich stammen diese Belege zu einem großen Teil nicht aus Literatur, die die Germanistik üblicherweise zu ihrem Untersuchungsgebiet macht. Wer würde schon in einem „Versuch einer Düngerlehre für die gemeinen

---

4 Holger Böning/Reinhart Siegert: Volksaufklärung. Biobibliographisches Handbuch zur Popularisierung aufklärerischen Denkens im deutschen Sprachraum von den Anfängen bis 1850. 4 Bde. Stuttgart-Bad Cannstatt 1990 ff. Bisher erschienen: Bd. 1: Holger Böning: Die Genese der Volksaufklärung und ihre Entwicklung bis 1780 (1990); Bd. 2.1/2: Reinhart Siegert/Holger Böning: Der Höhepunkt der Volksaufklärung 1781–1800 und die Zäsur durch die Französische Revolution. Einführung von Reinhart Siegert. Introduction transl. by David Paisey. Bibliographische Essays von Heinrich Scheel† zur Mainzer Republik, Holger Böning zur Helvetischen Republik, Reinhart Siegert zur volksaufklärerischen Kolportage (2001); Bd. 3.1–4: Reinhart Siegert: Aufklärung im 19. Jahrhundert – „Überwindung" oder Diffusion? Einführung von Reinhart Siegert. Introduction transl. by David Paisey. Mit einer kritischen Sichtung des Genres ‚Dorfgeschichte' auf seinen volksaufklärerischen Hintergrund hin von Holger Böning (2015). – Titel aus diesem Handbuch werden zur Entlastung des Anmerkungsapparats im Folgenden nachgewiesen mit (Teil-)Band- und laufender Nummer (z. B. VA 2.1/1735), wo sich eine weiterführende bibliographische und inhaltliche Beschreibung findet.

5 Ein Autor von 1866 bemerkt zu dieser aus Betrachtung der „Höhenkammliteratur" stammenden Epochengrenze, die Aufklärung sei eine „alle Lebensgebiete durchdringende welt- und culturgeschichtliche Krisis und Revolution, die im achtzehnten Jahrhundert begann und in so fern noch jetzt dauert, als heut zu Tage die Masse sich in einem Zustande befindet, der damals der der Elite war" (Johann Eduard Erdmann: Grundriss der Geschichte der Philosophie. 2 Bde. Berlin 1866, Bd. 2, S. 244; zit. bei Stuke: Aufklärung [Anm. 1], S. 119 nach 3. A., 1878).

6 VA 3.2: 1841–1860 – Vormärz, Revolution, Nachmärz.

7 VA 3.4: Fundstücke 1861 ff., Zeitschriften, Kalender, Kolportageschriften, Undatiertes.

8 In Wilhelm Hamm: Die Thierwelt und der Aberglaube. Leipzig 1852 (VA 3.3/9554: „Jahrhundert der Aufklärung"); Franz Wörther: Der Schuhmacher und Meistersinger Hans Sachs, Darmstadt 1868 (VA 3.4/10090: dto.); [August Reichensperger:] Phrasen und Schlagwörter, Paderborn 1862 (VA 3.4/10017: „Zeitalter der Aufklärung").

Landwirthe der Oestreichischen Staaten"⁹ nach Aufklärung suchen – und doch findet man sie dort, sogar mit Abbildung, in Liedform gegossen und mit beigefügtem Notenblatt.

II Aufklärung und Volksaufklärung – Stand um 1800

Das entsprechende Kapitel im Vorgängerband (VA 2) hatte für den Zeitraum von 1781 bis 1800, den Höhepunkt der Volksaufklärung, ein ‚wahres Trommelfeuer' einer breiten Gebildetenschicht konstatiert, die auch die Masse der Bevölkerung für die neue Gedankenwelt und die Grundlagen unseres modernen Politikverständnisses zu gewinnen suchte: für Menschen- und Bürgerrechte, für Toleranz, für das heliozentrische Weltbild, für das Wahrnehmen geschichtlicher Veränderungen, für geistige Beweglichkeit überhaupt. Das ‚Volk' war selbst zum Adressaten aufklärerischer Gedanken geworden, zum Adressaten des Versuchs, seine Mentalität zu ändern und damit einerseits auch den Benachteiligten zu einer weiteren Entfaltung ihrer Persönlichkeit und der in ihr angelegten menschlichen Möglichkeiten zu verhelfen, andererseits aber durch Verhaltensänderung zur Lösung von brennenden Problemen der Zeit beizutragen (insbesondere zur Bewältigung der durch eine Bevölkerungsexplosion eingetretenen Knappheit an Nahrungsmitteln und Energie).

Volksaufklärung war anfangs weitgehend Bauernaufklärung gewesen; Themenschwerpunkt war Landwirtschaft, dann auch Gesundheit und gegen 1780 allmählich auch weltliche und religiöse Geistesbildung mit der Bekämpfung herkömmlichen Aberglaubens als auffallendstem Einzelthema. Auf dem Höhepunkt der Bewegung waren jedoch in den beiden Jahrzehnten um die Französische Revolution neben einer Spezialisierung und Verfeinerung dieses Themenspektrums (s. eingehend VA 2, S. 27*f.)[10] und der Professionalisierung der Vermittlerschicht, die neue Ideen ins „Volk" bringen sollte (ebd., S. 32*), auch ganz neue Themenbereiche ins Repertoire der Volksaufklärung gekommen, die mehr auf Weitung des Horizonts und Entfaltung der Persönlichkeit und weniger auf direkte Nutzanwendung zielen: juristische Volksaufklärung, politische

---

9 Jos[eph] Arnold Ritter von Lewenau: Versuch einer Düngerlehre für die gemeinen Landwirthe der Oestreichischen Staaten. Zur leichteren Fassung dieses wichtigen Unterrichts in Fragen und Antworten eingeleitet. Neue verb. Aufl. Wien 1818 (VA 3.1/7043).
10 Ich ersetze die unübersichtliche römische Paginierung durch arabische mit Sternchen.

Volksaufklärung, historische Volksaufklärung und religiöse Volksaufklärung,[11] außerdem die direkte Attacke der Volksaufklärung auf das bisherige geozentrische Weltbild (ebd., S. 28*–31*). Diese neuen Themenbereiche beinhalteten nicht einfach nur neuen Stoff, sondern eine neue Qualität: das war emanzipative Volksaufklärung, die dem „gemeinen Mann" genau die Kenntnisse und mentalen Eigenschaften vermitteln wollte, die das Funktionieren einer modernen demokratischen Gesellschaft voraussetzt. Ohne mehrheitlich von Demokratie zu sprechen, wollte sie den „gemeinen Mann" die ersten Schritte zum mündigen Staatsbürger und zum modernen Individuum tun lassen (ebd., S. 31*f.). Die Volksaufklärung hatte in diesen beiden Jahrzehnten sich auch an neue Zielgruppen gewandt (an Handwerker, Frauen, Juden, Dienstboten usw., ebd., S. 32*), Autoren aus dem „Volk" selbst ermutigt, hatte die erzählende Volksschrift als Prototyp aufklärerischer Agitation durch Lesestoffe entwickelt (ebd., S. 33*), versucht, sich der Kolportage als Vermittlungsweges zu bedienen und große Schenkungsaktionen von Privaten und von Obrigkeiten ins Werk gesetzt.[12] Das war gleichermaßen in katholischen wie in protestantischen Regionen geschehen, in katholischen allerdings mit einer gewissen Zeitverzögerung und oft auf eine behutsamere, auf längere Einwirkungsdauer berechnete Weise, so dass in katholischen Regionen die Aufklärung in der Regel noch nicht so weit ins „Volk" eingedrungen war, als die Französische Revolution die Situation einschneidend änderte.[13] Insbesondere das bis dahin meist enge und vertrauensvolle Hand-in-

---

11 Die Wortfügungen „politische" (Nordmann 1792), „religiöse" (Sartori 1793), „medizinische" (Programm über …, 1802) und „ökonomische" (Volks-)Aufklärung (Oekonomisches Taschenbuch 1802) sind zeitgenössisch, „historische" und „juristische" Volksaufklärung analog gebildet und zwar sprachlich so unschön wie „Französische Revolution", aber praktischer als „Aufklärung in Rechtsfragen" o. ä. – Nach 1800 kann man gut auch von ästhetischer, geographischer, naturkundlicher, pädagogischer, regionaler/identitätsstiftender Volksaufklärung als hinzukommenden Ausprägungen sprechen; „moralisch" ist Volksaufklärung als ethische Richtungsweisung zwar immer, doch könnte man außerdem auch die nicht-politisch betrachtete Erziehung zum „guten Menschen", wie sie uns insbesondere in erzählenden Volksschriften begegnet, als „moralische Volksaufklärung" bezeichnen.

12 Seit dem Vorwort zu VA 2 (2001) sind zu den darin angerissenen Themen u. a. zwei Sammelbände erschienen: Holger Böning/Hanno Schmitt/Reinhart Siegert (Hg.): Volksaufklärung. Eine praktische Reformbewegung des 18. und 19. Jahrhunderts. Bremen 2007 (Presse und Geschichte 27); Hanno Schmitt/Holger Böning/Werner Greiling/Reinhart Siegert (Hg.): Die Entdeckung von Volk, Erziehung und Ökonomie im europäischen Netzwerk der Aufklärung. Bremen 2011 (Presse und Geschichte 58).

13 Überhaupt ist daran zu erinnern, dass der Fortschritt der Volksaufklärung regional sehr unterschiedlich war und stark vom Auftreten einzelner charismatischer Trägergestalten wie auch von obrigkeitlichen Kursänderungen bei Herrscherwechseln abhing. Vgl. dazu Reinhart Siegert: Zur Topographie der Aufklärung in Deutschland 1789. Methodische Überlegungen an Hand der

Hand von aufklärerischer Privatinitiative und obrigkeitlicher Fortschrittspflege des aufgeklärten Absolutismus wurde jäh unterbrochen. Und für die Bevölkerung kriegsgeplagter Gebiete traten ganz andere Themen in den Vordergrund als geistige Zivilisierung: Viehseuchen, Kontributionen, Brandschatzungen, Konskriptionen, das bloße Überleben.

Der lähmende Einfluss der Französischen Revolution auf die Volksaufklärung ist im Vorwort zu Band 2 näher analysiert; ich kann hier auf das Kapitel „Die Französische Revolution als Katastrophe für die Volksaufklärung im deutschen Sprachraum" verweisen (VA 2, S. 38*–42*).[14] Der Ausblick „Die Lage der Volksaufklärung um 1800" endet dort mit einem Zitat von Wilhelm Müller von 1818/1820, in dem es u. a. heißt:

> Jetzt ist es in dem größten Teile unsres Vaterlandes dahin gediehen, vom Schornsteinfeger bis zum Brunnenräumer, daß jung und alt von Weltumseglern, ägyptischen Pyramiden, Staatsverfassung, Magnetismus und natürlicher Religion liest und spricht, der schönen Literatur gar nicht zu gedenken. Selbst der Bauer erfährt, daß die Erde rund ist und sich um die Sonne dreht, daß Donner und Blitz aus elektrischen Dünsten und dergleichen entsteht und mit unserm Herrgott nichts zu schaffen hat. Dazu ein wenig Geographie von Asien und Afrika, die Naturgeschichte der Affen und Meerkatzen, und wenn er einen recht großstädtischen aufgeklärten Prediger im Dorfe hat oder selbst fleißig nach der Stadt geht, so wird er auch bald wissen, daß *Der gehörnte Siegfried* und der *Till Eulenspiegel* alberne Bücher sind und daß unser Herr Jesus Christus anstatt der Auferstehung von seinen Jüngern in der Nacht aus dem Grabe gestohlen worden ist. Durch diese wissenschaftliche Not und Hülfe zerfällt das Volk mit sich selbst: es schämt sich seines Glaubens, seiner Liebe und seines Geschmackes. […] die wahre Volksbildung geht verloren um eine fremdartige, wissenschaftliche Schminke.[15]

---

zeitgenössischen Presse. In: Holger Böning (Hg.): Französische Revolution und deutsche Öffentlichkeit. Wandlungen in Presse und Alltagskultur am Ende des 18. Jahrhunderts. München u. a. 1992 (Deutsche Presseforschung 28), S. 47–89 [mit Karten und Zahlenmaterial]; Reinhart Siegert: Volksaufklärung in den katholischen Ländern des deutschen Sprachraums. Mit dem Versuch einer konfessionsstatistischen Topographie. In: Hanno Schmitt/Holger Böning/Werner Greiling/R. S. (Hg.): Die Entdeckung von Volk, Erziehung und Ökonomie im europäischen Netzwerk der Aufklärung. Bremen 2011 (Presse und Geschichte 58), S. 179–219 (S. 200–219 Anhänge [Tabellen]; 2 Karten).

14 Gliederungspunkte dort: 3.1 Die Reaktion der Volksaufklärer auf die Französische Revolution; 3.2 Das Aufkommen gegen-volksaufklärerischer Literatur; 3.3 Das Verhältnis zwischen Volksaufklärern und Obrigkeiten; 3.4 Der Einfluß der Französischen Revolution auf die Rezeptionshaltung des „Volkes" als der Zielgruppe der Volksaufklärung; 3.5 Zwei Sonderfälle: Die Mainzer Republik von 1792/1793 und die Helvetische Republik von 1798/1803.

15 Wilhelm Müller: Rom, Römer und Römerinnen. Hg. von Wulf Kirsten. Berlin [Ost] 1978, S. 167–169; das Original nachgewiesen in VA 3.1/7179.

Das ist – glänzend formuliert – freilich eine Rezeptionsdarstellung[16] der deutschen Volksaufklärung aus dem Blickwinkel der Romantik; aus anderem Blickwinkel kann es als eine Erfolgsbilanz gelesen werden, deren weiterer Verlauf allerdings offen war. Das *Noth- und Hülfsbüchlein* hatte nur ein Jahr Zeit zur ungestörten Wirkung gehabt; als Becker, Schlez, Steinbeck, Struve, Zerrenner ihre Volksschriften zu komplexen Volksschriftensystemen[17] ausbauten, herrschte bereits Kriegszustand. Die späteren Schriften und Aktivitäten der Volksaufklärer trafen bereits auf ein wesentlich ungünstigeres Klima und fanden starke Gegenkräfte damit beschäftigt, die ganze Entwicklung oder zumindest ihren emanzipativen Teil auf einen früheren Stand zurückzudrehen. – Diesen Ausblick gilt es jetzt an Hand der vorgefundenen Schriften zur Volksaufklärung ins 19. Jahrhundert hinein weiterzuführen.

III Die Entwicklung der Volksaufklärung nach 1800

Die Aufteilung des Schlussbandes 3 unseres Handbuchs in vier Teilbände ist nicht einfach nur buchbinderisch und benutzerpraktisch gedacht, sondern auch als eine grobe historische Untergliederung:

Teilband 3.1 (1801–1820) umfasst die napoleonische Herrschaft, die Befreiungskriege und die Karlsbader Beschlüsse. Die durch die napoleonischen Kriege und die Kontinentalsperre ausgelöste Wirtschaftsdepression widerspiegelt sich in der gesamten Buchhandelsstatistik, nicht nur in der Volksschriftenproduktion; insofern ist der zahlenmäßige Rückgang aufklärerischer Volksschriften nicht einfach als Folge von Unterdrückungsmaßnahmen zu betrachten. Die Befreiungskriege sind für die Volksaufklärung bedeutsam durch die Nationalisierung der Öffentlichkeit: neben den aufklärerischen gemeinnützigen Patriotismus trat ein neuer nationaler, wenn nicht nationalistischer. Und die Karlsbader Beschlüsse hinterlassen ihre Spuren in der Volksaufklärung durch frustrierende Nichterfüllung der gegebenen Verfassungsversprechen und durch Niederhaltung aller unliebsamen Meinungsäußerungen.

---

[16] Die von ihm karikierte Überschwemmung des einfachen Lesers mit exotischem naturkundlichem Wissen greift allerdings der tatsächlichen Entwicklung voraus.
[17] Vgl. zu Becker den Eintrag „Das ‚Mildheim'-System von Volkslesestoffen (1788/1801)" (VA 2.1/2598), zu Struve „Noth- und Hülfstafeln" (VA 2.2/4050), zu Schlez den Eintrag zur Erstausgabe von *Geschichte des Dörfleins Traubenheim* (VA 2.2/3300).

Teilband 3.2 (1821–1840) umfasst das politische Biedermeier, aber auch die Versuche des Aufbegehrens im Hambacher Fest und im *Hessischen Landboten*. Sozialökonomisch gesehen ist dieses Biedermeier keineswegs eine Idylle, sondern eine Zeit der Verschuldung und Verarmung weiter Bevölkerungskreise mit Pauperismus, Trunksucht und beginnender Auswanderungsbewegung als Massensymptomen. Und kirchenpolitisch ist es vollends eine Kampfzeit: einerseits zwar (noch) die Zeit evangelischer Kirchenunionen; andererseits aber die Anfangsphase des Ultramontanismus, des Kirchenkampfes in der Schweiz, der Rekonfessionalisierung und interkonfessioneller Richtungskämpfe.

Teilband 3.3 (1841–1860) umfasst Vormärz, Revolution und Nachmärz. Er betrachtet damit erst recht eine Kampfphase: in der weltlichen Politik den Kampf zwischen Konservativen, Liberalen und aufkommendem Sozialismus und Kommunismus, gipfelnd im Revolutionsversuch von 1848/1849; im kirchlichen Bereich den Triumph der Restauration in der katholischen Kirche (Trierer Rock, 1844) und evangelikaler Strömungen in der evangelischen mit Deutschkatholiken und Lichtfreunden als aufklärungsinspirierten Gegenpolen. Hier ist vor allem von Interesse, wie sich dieser Kampf in der Volksbildung widerspiegelte. Da sich entgegen der Erwartung herausstellte, dass die aufklärerische Richtung keineswegs mit einem Schlag von der preußischen militanten Restauration mundtot gemacht werden konnte, hielt ich es für sinnvoll, 1848/1849 nicht als Endpunkt dieses Zeitraums zu nehmen, sondern in dessen Mitte zu legen.

Teilband 3.4 (Fundstücke 1861ff.) erhebt nicht denselben Anspruch wie die Vorgängerbände. Das in ihm präsentierte Material ist nicht aus systematischer Recherche hervorgegangen, aber zu interessant, als dass es verlorengehen dürfte.

Mit seinem fächerübergreifenden und die gängigen Epochengrenzen negierenden Ansatz erschließt der jetzt vorgelegte Band 3 völliges Neuland. Ich gestehe, dass ich – von der 2. Hälfte des 18. Jahrhunderts mit ihrem aufklärerischen Fortschrittsoptimismus und dem weitgehend harmonischen Zusammenwirken der Elite zu diesem Zweck kommend – ungern das 19. Jahrhundert in Angriff genommen habe, um dort Reaktion, Rückgang, Verfall nach dem Knick durch die Französische Revolution zu protokollieren. Dass nicht einfach ein Dahinsiechen oder der kontinuierliche Erfolg von Repressionsmaßnahmen zu beschreiben sein würde, wurde allerdings schon bei den Vorarbeiten klar. Wie facettenreich sich die Entwicklung dann aber erwies, war doch eine Riesenüberraschung; dass mengenmäßig mehr zu sichten wäre als im ganzen Vorgängerjahrhundert, konnte niemand ahnen, und schon gar nicht, was für interessante Schriften abseits der sonst üblicherweise allein untersuchten Erzählliteratur auftauchen würden. Und am Schluss war die vielzitierte „Überwindung" der Aufklärung nicht nur um zwei oder drei Generationen nach hinten verlegt, sondern zudem mit einem dicken

Fragezeichen versehen. Denn es hat ganz den Anschein, als hätten nicht nur die Trümmer der niedergeschlagenen Revolution von 1848/1849 die Bewegung nur teilweise zuschütten können, sondern als sei damals schon so viel von ihr ins Unterbewusstsein, in die Mentalität, auch in Einrichtungen und Lebensumwelt eingeflossen gewesen, dass sie gar nicht in der alten Form und Intensität fortbestehen musste.

Mir scheint es aber ratsam, nicht gleich den großen interpretatorischen Wurf über 100 oder mehr Jahre zu wagen, sondern lieber erst einmal die ‚handlicheren' Portionen der Teilbände jeweils interpretatorisch zu sichten. Diese erste Sichtung des Vorgefundenen erfolgt in getrennten Einführungen in die jeweiligen Teilbände; wobei ich für den hier vorgelegten Beitrag die eingangs gemachte Einladung wahrnehme, die Einführungen zu Teilband 1: *1801–1820 – Napoleonik, Befreiungskriege, Karlsbader Beschlüsse* und zu Teilband 2: *1821–1840 – Biedermeier* kühn überspringe und – dem Thema des vorliegenden Sammelbandes folgend – einfach mit dem dritten Zeitraum beginne.

IV Die Volksaufklärung 1841–1860 – Vormärz, Revolution, Nachmärz

IV.1 Vormärz – Revolution – Nachmärz

An den Textzeugnissen dieses Zeitraums lässt sich überaus plastisch sehen, wie die Mitarbeit aufklärerischer Patrioten, die sich als Privatleute für die Reform des Gemeinwesens engagierten, übergeht in politischen Liberalismus mit beinharten politischen Forderungen gegenüber restaurativen Regierungen, die vom Mitstreiter zum politischen Gegner mutiert sind. Wenn selbst ein so überlegter Mann wie Zschokke formuliert: „Regierungen sind ruhmeswert, wenn sie das Löbliche begünstigen oder es nur nicht hindern",[18] zeigt das das veränderte Verhältnis der aufklärerischen Reformer zur Mehrzahl der Regierungen. Nur in der Schweiz hatten die Reformer ja eine direkte Möglichkeit der Mitwirkung.

Demokraten sind unter den politischen Liberalen noch in der Minderzahl: Zu viele Gebildete befürchten, dass die Masse der Bevölkerung vom Bildungsstand her noch nicht für die Teilhabe an der politischen Macht qualifiziert sei. Während einerseits die Lebensverhältnisse auf dem Lande mit der „Dorfgeschichten"-Welle sogar zum Mode-Gegenstand erzählerischer Darstellung werden (die allerdings nur eingeschränkt das Volk als Zielgruppe hatte), erklären andere Autoren das

---

18 Heinrich Zschokke: Eine Selbstschau, Th. 1. Aarau 1842 (VA 3.3/8710), S. 236.

Volk bereits für so mündig, dass es keiner erzählenden Verpackung mehr für die zu transportierenden Inhalte bedürfe.[19] Und in den süd- und (kleinen) mitteldeutschen Staaten, die nach 1815 tatsächlich eine Verfassung erhalten haben,[20] versuchen juristische und politische Volksaufklärung geduldig die Bürger an die Wahrnehmung der neuen Rechte heranzuführen.

Es formieren sich politische Gruppierungen, und die politische Landschaft wird unübersichtlicher, auch für die Volksaufklärer. In der Schweiz kämpfen die Volksaufklärer nicht nur mit sämtlichen liberalen Kräften gegen die (z. T. ultramontane) Reaktion, sondern auch gegen einen neuen, ausgesprochen unsozialen Liberalismus nach angelsächsischem Vorbild;[21] sie suchen andererseits sozialistischen Bestrebungen das Wasser abzugraben, und in dieser Gegnerschaft treffen sie sich wieder mit dem sozial engagierten Teil der (zunehmend nicht mehr aufklärungsfreundlichen) Amtskirchen aller Konfessionen. Die preußische Regierung sucht mit Prozessen gegen unerwünschte private Einmischung in die von ihr beanspruchten Hoheitsrechte Volksaufklärer mundtot zu machen (Friedrich Harkort, Johann Jacoby); Bayern, Preußen und Hessen bekämpfen polizeilich und juristisch die Hauptträger der Hambacher Bewegung; in Zürich droht der Mob mit Mord und Totschlag bei der Berufung der liberalen Fortschrittsträger Johannes Scherr und David Friedrich Strauß; Schweizer Liberale und Konservative schlagen sich beim Luzerner Freischärlerzug die Schädel ein; der Ton wird gereizter und militanter. Insbesondere die Organisation in Vereinen und Genossenschaften wird ein Politikum: Gesangsvereine und Landwirtschaftliche Vereine konnten mit staatlicher Akzeptanz oder zumindest Duldung rechnen; Turnvereine, Volksschriftenvereine, genossenschaftliche Selbstbildungs- und Bibliotheksvereine hingegen waren suspekt, das Handwerkerwandern ins Ausland als Verbreitungsweg von Sozialismus und Kommunismus ganz besonders überwacht.

Bei diesem Zeitraum scheint es mir angezeigt, wegen der Revolution von 1848/ 1849 sozusagen die Zeitlupe einzuschalten und die Jahre vor 1848, die Revolutionsjahre 1848 und 1849 und die Jahre 1850 – 1860 jeweils separat zu behandeln.

---

19 Siehe Kommentare zu William Löbe: Der kluge Hausvater, 1843 (VA 3.3/8760) und Irenäus Gersdorf: Das Volksschriftenwesen der Gegenwart, 1843 (VA 3.3/8735).
20 Außer Baden (1818) haben von den größeren Staaten nur noch Bayern (1818, vgl. VA 3.1/ 7070) und Württemberg (1819, vgl. VA 3.1/6966 u. 6967) ihr Verfassungsversprechen erfüllt – mit ähnlich positiven Auswirkungen auf die politische Volksbildung. (Zu weiteren Staaten vgl. F[riedrich] W[ilhelm] Putzger: Historischer Weltatlas. Hg. von Ernst Bruckmüller und Peter Claus Hartmann […]. 103. Aufl. Berlin 2001, S. 136, Karte: Verfassungen im Deutschen Bund.)
21 Auch Gotthelf kämpfte nach zwei Seiten und wurde wegen seiner Ablehnung des Radikalliberalismus als Konservativer verkannt. Vgl. Kommentare zu Gotthelf: Bauernspiegel, 1837 (VA 3.2/8251), Berner-Kalender, 1838 – 1852 (VA 3.2/8321), Käthi, die Großmutter (1847, VA 3.3/9105), Zeitgeist und Berner Geist (1852/9552).

Die Revolution kann sich zwar in Monographien nicht so direkt und differenziert spiegeln, wie das in Periodika möglich ist – darum wird man hier besonders schmerzlich empfinden, dass keine Mittel für deren Bearbeitung zur Verfügung standen.[22] Und selbst Rückblicke waren nur gefiltert möglich, da nach dem Scheitern der Revolution das Jahr der ungewohnten Pressefreiheit schon wieder beendet war.[23] Trotzdem lässt sich auch aus den Volksschriften und Kalendern der Zeit ein Eindruck von den Hoffnungen und Enttäuschungen gewinnen, die mit dem Ablauf dieser für die weitere Geschichte von Deutschland und Europa so verhängnisvoll endenden Krisenzeit verbunden waren.

IV.2 Charakteristische Themen und herausragende Schriften 1841–1847

Wenn auch in diesem Zeitraum die bisherigen Themen der Volksaufklärung weiter traktiert werden, also weiterhin von Obstanbau, von Bienenzucht und gesunder Lebensführung die Rede ist, so ist doch jetzt die Politik allgegenwärtig. Und zwar vor allem als Frustration über die Nichteinlösung des Verfassungsversprechens der Befreiungskriege. Als Beispiel sei Ferdinand Marquards *Politischer Katechismus für Preußen* von 1846 zitiert:

> Es gab eine Zeit, wo die Ansicht herrschend war, und es giebt Leute, welche diese Ansicht noch jetzt predigen: man müsse in allem der väterlichen Milde, Gerechtigkeit und Weisheit der Regierungen und Behörden unbedingt vertrauen [...]. Solche Ansicht und Handlungsweise ist aber eines Mannes, eines Bürgers unwürdig; sie beschimpft zugleich die Regierung, gegen die sie in Anwendung gebracht wird.[24]

Kaum sonstwo kann man so schön den Übergang von (erwünschtem oder unerwünschtem) Mitwirken engagierter Aufklärer für das Gemeinwohl zu politischem

---

22 Im Gegensatz zu VA 1 und VA 2 mussten wir bei VA 3 auf die Berücksichtigung von Periodika weitgehend verzichten, weil es uns nicht gelang, die Finanzierung gemäß den völlig unerwarteten Materialmengen auszudehnen.

23 Vgl. dazu Reinhart Siegert: Zensur im Spiegel von Volkslesestoffen um 1848. In: Jahrbuch für Kommunikationsgeschichte 6 (2006), S. 89–107.

24 Ferdinand Marquard: Politischer Katechismus für Preußen. Eine alphabetische Zusammenstellung aller dem preußischen Staatsbürger nach der Verfassung und Gesetzgebung seines Landes zustehenden Rechte in Bezug auf Freiheit der Person, des Eigenthums, des Gewerbes und Verkehrs, auf Glaubens-, Rede-, Lehr- und Preßfreiheit, nebst Angabe der ihm gesetzlich zuständigen[!] Rechtsmittel zur Geltendmachung dieser Rechte (= Politischer Katechismus für Deutschland [...] hg. von Karl Biedermann, 1) Leipzig 1846 (VA 3.3/9026), S. VIf. (Vorwort zur geplanten Reihe).

Liberalismus mit Gegnerschaft zur autokratischen Regierung nachvollziehen. (Später wurden Sozialismus und Kommunismus von Liberalen und Konservativen als gemeinsamer Gegner empfunden – die Liberalen rückten nach rechts). Im kirchlichen Bereich führten die aufklärerischen Kräfte auf protestantischer Seite ein Rückzugsgefecht gegen Erweckungsbewegung und Pietismus, auf katholischer Seite gegen den Ultramontanismus, der 1844 mit der Wallfahrt zum Trierer Rock eine provokante Demonstration seiner Stärke zelebrierte. Die Rückkehr des 1773 – 1814 aufgehobenen Jesuitenordens hatte in den 1840er Jahren ähnliche Symbolkraft und findet auch ihren Niederschlag in Volksschriften. Unsere Bibliographie spiegelt auch die oben erwähnte rege und kontrovers beurteilte Tätigkeit von Vereinen in diesem Zeitraum wider. Der Pauperismus war weiterhin ein beherrschendes Thema (Weberaufstand 1844), doch standen ihm die Volksaufklärer als philanthropische Privatleute zwar betroffen, aber weitgehend hilflos gegenüber. Besonders erwähnenswert ist in diesem Zusammenhang John Adolphus Etzlers Schrift *Das Paradies, für jedermann erreichbar*, das wenigstens für den Energiemangel mit Hinweis auf Alternative Energien eine damals (1844, VA 3.3/8813) utopische Lösung anbot.

Qualitativ herausragender Autor dieses Zeitraums ist sicher Jeremias Gotthelf mit seinen psychologisch wie volkskundlich tiefgründigen großen Romanen, namentlich *Uli der Knecht* (1841, VA 3.3/8572), deren Einschätzung als Volksschriften allerdings problematisch ist. Letzteres gilt erst recht für Berthold Auerbachs *Schwarzwälder Dorfgeschichten*, die in ihrer praktischen Gestaltung (1843/1854, VA 3.3/8716) weniger zur Volksaufklärung gehören als ihre theoretische Grundlegung, Auerbachs Volksschriften-Poetik *Schrift und Volk* (1846, VA 3.3/8988). Ein interessanter und durchaus auch literarisch reizvoller Sonderfall sind Simon Krämers Erzählungen[25]: das ist dezidiert Volksaufklärung für Juden, die Haskalah in kleiner Münze. Sie lassen durchblicken, welch große Hindernisse sie angesichts eines so starren Traditionsgebäudes im Judentum erwarteten.[26]

Die 1840er Jahre sind zugleich eine Blütezeit der Volkskalender mit reichem Bildungs- und Unterhaltungs-Angebot in Wort und Bild. Zu Recht sagt der Zeitgenosse Adolf Friedrich Rutenberg über die Volkskalender des Vormärz:

---

25 Die Schicksale der Familie Hoch (1839, VA 3.2/8427); Hofagent Maier, der Jude des neunzehnten Jahrhunderts (1844, VA 3.3/8834); Bilder aus dem jüdischen Volksleben (1845, VA 3.3/8928); Jüdische Erzählungen (1851, VA 3.3/9511); Israelitische Erzählungen (1862, VA 3.4/9978).
26 Dazu interessant Julia Wood Kramer: This, too, is for the best. Simon Krämer [1808 – 1887] and his stories. New York u. a. 1989.

> Wie die Bibel die zahllosen Scharen der Erbauungsschriften im Grunde überflüssig macht, so geht das Bestreben des Kalenders in neuester Zeit darauf hin, sich wenigstens an die Spitze der Volksbücher zu setzen; dieses Streben hat die sogenannten Volkskalender erzeugt [...]. [...]. Die Kalender, früher wohl die Träger abergläubischer Verkehrtheiten und Schmeichler eingenisteter Vorurtheile, fingen an[,] ihre Aufgabe zu begreifen und zu lösen, Repräsentanten der Zeit zu sein, welcher sie ihr Dasein verdanken. [..., S. 188]. Ein hauptsächliches Hilfsmittel für ihre Verbreitung haben die Kalender in artistischer Ausstattung verschiedener Art gefunden, wodurch sie mehr oder minder zugleich Träger der Kunst werden und die ästhetische Empfänglichkeit des Volks in gewisser Hinsicht anregen.[27]

Durch Riesenauflagen wurden trotz der zum Teil opulenten und qualitativ hervorragenden Bebilderung konkurrenzlos niedrige Preise möglich, so dass Volkskalender vielfach gegenüber Büchern das attraktivere Angebot gewesen sein dürften. In dieser Zeit fällt auf, wie oft sie das Wort „gemeinnützig" im Titel tragen. Gleichzeitig breitet sich der Titelbestandteil „Volks-" geradezu epidemisch aus; vgl. die einschlägigen Bände der Bücherlexika von Kayser und Heinsius („Volksbuch", „Volksfreund", „Volkshalle", „Volkskalender", „Volkslieder", „Volksrath", „Volksredner" usw.).

In diesem Zeitraum treten auch radikale demokratische und sozialistische Autoren auf den Plan. Zu nennen sind Julius Fröbel, Konrad Hollinger, Johann Jacoby, Johannes Nefflen, Louise Otto, Wilhelm Weitling.

IV.3 Charakteristische Themen und herausragende Schriften der Revolutionsjahre 1848/1849

Das Revolutionsjahr 1848 ist geprägt von gegenläufigen Strömungen: zum einen durften jetzt Schriften erscheinen, die vorher aus Zensurgründen liegengeblieben waren; zum anderen ging die Entwicklung so schnell, dass Schriften, die aus aktuellem Anlass geschrieben waren, oftmals während des Druckvorgangs schon überholt waren. Und weiterhin erschienen Schriften zu den herkömmlichen Themen der Volksaufklärung, die vorher schon geplant, begonnen oder gedruckt waren. Dass sie und politische Volksschriften des Revolutionsjahres hier in alphabetischer Ordnung durcheinander stehen, gibt Gelegenheit, zu studieren, wie *ein* Geist hinter Bodenmeliorationen, rationeller Haushaltsführung und Verbesserung des Staates durch Berücksichtigung der Interessen mündiger Bürger stehen kann.

---

[27] [Adolf Friedrich] Rutenberg: Deutsche Kalender. In: Zeitschrift des Vereins für deutsche Statistik 2 (1848), S. 187–192, hier S. 187 bzw. 188 (VA 3.3/9250).

Die Politisierung war in diesem Jahr allgegenwärtig, in dem „durch die Kraft des erwachenden Volkswillens [niedergestürzt] war jenes schimpfliche Regierungssystem, welches über 32 Jahre lang, gleich einem Vampyr, alles Blut aus Deutschlands Adern gesogen hatte und sich unablässig bemühte, die von ihm Geknechteten zu überzeugen[,] daß sie nichts ander[e]s seien als erwachsene, unmündige Kinder, denen man weder zu viel Geld noch zu vielen Willen lassen dürfe".[28] Hauptthemen dieses Jahres in politischen Schriften zur Volksaufklärung waren:
- die Vermittlung von staatsbürgerlichem Grundwissen
- die Abwägung zwischen Konstitutioneller Monarchie und Demokratie als anzustrebender zukünftiger Staatsform
- der Reichsverweser Erzherzog Johann als Hoffnungsträger.

Die revolutionären Umstände bewegen auch den sonst nicht als Volksaufklärer aufgetretenen Philosophieprofessor Vorländer zu einer öffentlichen politischen Stellungnahme. In seiner Flugschrift *Die gegenwärtige politische Bewegung oder Was das deutsche Volk will, soll, kann und muß*[29] formuliert er in zeittypischer Sicht das Problem, dass einerseits der Volksbildungsstand eine absolutistische Monarchie nicht mehr zulasse, andererseits für eine Demokratie aber noch nicht ausreiche:

> Erst um die Mitte des vorigen Jahrhunderts beginnt das unglückliche, von allen Seiten mißhandelte deutsche Volk, zerspalten in eine formlose Masse von Staaten und Städten, einen neuen literarischen Aufschwung; neben französischer Bildung blüht deutsche Poesie und Wissenschaft auf und verbreitet eine gewisse Aufklärung und Bildung unter dem Volke. Es bedurfte indeß der welterschütternden französischen Revolution, um auch in Deutschland die alten abgelebten Formen zu beseitigen, um die Fesseln des Volks, Leibeigenschaft u.s.w. zu lösen. Das alte Deutschland mußte erst von Napoleon zu Grabe gebracht werden, ehe das neue Deutschland in den Freiheitskriegen verjüngt auferstand. Nachdem der Adel und das alte System überhaupt sich unfähig bewiesen[!] hatte, die Nation zu retten, da erhob sich das eigentliche Volk, der dritte Stand. Freiwillig und mit freudiger Begeistung eilt es zum Freiheitskampfe [...]: Alles wird verlassen und aufgeopfert, um endlich den schweren Sieg über den gewaltigen Eroberer zu vollenden. [...]. Das deutsche Volk hatte in seinem Kern, dem dritten Stande, seine alten Tugenden, es hatte seine Intelligenz und Macht auf gleiche Weise bewährt; es konnte jetzt erwarten und fordern von seinen Fürsten, daß es nicht mehr als ein unmündiges Kind behandelt würde, daß vielmehr, wie versprochen worden war, Landes-

---

[28] Julius Frank: Erzherzog Johann von Oesterreich[,] der Deutsche Reichsverweser. Leipzig 1848 (VA 3.3/9193), S. 3.
[29] Franz Vorländer: Die gegenwärtige politische Bewegung oder Was das deutsche Volk will, soll, kann und muß. Ein Wort zur Verständigung von Prof. Dr. Vorländer zu Marburg. Marburg 1848 (VA 3.3/9285).

Verfassungen bewilligt würden. Aber vergebens! es sieht sich getäuscht [..., S. 9]. Der sogenannte deutsche Bund [...] erläßt die berüchtigten Karlsbader Beschlüsse, wodurch die freie Gedanken-Mittheilung aufs äußerste beschränkt, alle freisinnigen Bestrebungen geächtet und die einzelnen milder und deutsch gesinnten Regierungen verhindert wurden, ihren Unterthanen etwas zu gewähren. (S. 8f.)

Die Reaktionäre hätten jedoch „gegen die unversiegbare geistige Kraft der deutschen Nation" (S. 10) nichts erreicht:

> Der jetzt bereits über 30 Jahre fortdauernde Friedens-Zustand Europa's machte ein Aufblühen des Volks-Wohlstandes und aller friedlichen Bestrebungen der Bildung möglich. Das deutsche Volk hat verhältnißmäßig in dieser Zeit vielleicht die größten Fortschritte gemacht[,] und zwar sowohl in der Förderung seiner materiellen, technischen, industriellen Interessen, als in wissenschaftlicher Bildung und Verbreitung desselben[!] im Volk. (S. 10)

Dennoch folgt die Warnung, die „socialistisch-republicanische Gährung" könne von Frankreich aus auf Deutschland übergreifen und eine nachhaltige Entwicklung verhindern, und das Fazit:

> Es lassen sich jedoch in keiner Entwicklung Sprünge machen, Zwischenstufen überspringen. Ein unausführbarer Sprung wäre die Einführung von Republiken in Deutschland [...]. (S. 38)

Damit ist die bei den Volksaufklärern vorherrschende Gedankenlinie beispielhaft formuliert.

Auch im Schrifttum des Revolutionsjahrs 1849 gehen die zwei Welten weiter bunt durcheinander: der Höhepunkt des Revolutionsgeschehens – und friedlicher Weiterbetrieb von Seidenraupenzucht, Anträge auf Flurbereinigung und Boden-Ablösung ...

Das Ende ist bekannt. In einer Volksschrift (*Nassauische Chronik des Jahres 1848. Das ist: Die Geschichte der Erhebung des Nassauischen Volkes*, Wiesbaden 1849) zeichnet Wilhelm Heinrich Riehl genau die zukünftige verhängnisvolle Entwicklung vor: statt Demokratie Militarismus, statt aufklärerischem Gemeinnützigkeits-Patriotismus nationalistischer Hurra-Patriotismus, gipfelnd in:

> Die Sprecher und Schreiber konnten uns die deutsche Einheit nicht schaffen, – vielleicht bringt sie uns jetzt der Soldat vom Schlachtfeld heim.[30]

Unter den unzähligen Flugschriften oder gar Flugblättern der Revolutionszeit konnte nur eine kleine Auswahl, die ausdrücklich und speziell auf die Agitation beim „Volk" zugeschnitten war, berücksichtigt werden: politische ABC-Bü-

---

30 Riehl: Chronik, 1849 (VA 3.3/9369), S. 98.

cher und Katechismen, biographische Schriften, die Erzherzog Johann auch in Deutschland popularisieren wollen,[31] u. Ä. Bekannte Revolutionäre, die hier auch im Zusammenhang der Volksaufklärung auftauchen, sind vor allem Robert Blum, Rudolph Dulon, Friedrich Hecker, Wenzel Messenhauser und Friedrich Neff. In unserem Zusammenhang aufgeführt werden musste auch wegen der Gleichzeitigkeit das „Kommunistische Manifest" (VA 3.3/9229), obwohl es in den 1848er/1849er Schriften zur Volksaufklärung noch keine Rolle spielt.

Unter den vielen interessanten Schriften dieser politisch bewegten Zeit möchte ich nur zwei hervorheben: Christian Steins *Geschichte der Deutschen Bauernkriege für das Volk erzählt* (H. 1–6 [m. n. e.] Zerbst 1849/1850, VA 3.3/9377) als Aufruf zum Streben nach Demokratie und Johann Gottfried Zschalers Berichterstattung über und mutiger Rückblick auf die Revolution (1848–1850).[32]

IV.4 Charakteristische Themen und herausragende Schriften 1850–1860

Ab dem Folgejahr 1850 ist in den Schriften zur Volksaufklärung das Ausweichen vor Politik ganz offensichtlich; der Frust kann bis ins Vorwort landwirtschaftlicher Schriften hineinreichen:

> Aber nur durch gesetzliche Freiheit überhaupt und der Ackerbautreibenden insbesondere gedeiht mit Entwickelung allgemeiner Volksbildung Wissenschaft und Aufklärung unter ihnen, und nur durch diese tritt eine regsame und allseitige Vervollkommnung der Landwirthschaft und der Staaten höchster Flor ins Dasein. [...] Es ist die Verdammniß despotischer Regierungen, die so gern die Gewerbsamkeit, die materiellen Interessen ihrer Unterthanen fördern möchten, um davon selbst Vortheil zu ziehen, aber dabei die geistige Entwickelung und Volksbildung von Grund aus hemmen, weil neben dieser alleinherrische Despotengewalt nicht fortbestehen könnte: – daß sie durch diese Hemmung zugleich die Gewerbsindustrie in der Wurzel vernichten, sie gleichsam des Lichts und der Wärme berauben und also auch in dieser Beziehung der Entwickelung der Cultur und Civilisation vernichten.[33]

---

31 Seine Volksverbundenheit, seine nachweisbaren Verdienste um Landwirtschaft, Gewerbe und Volksbildung, sein bürgerliches Auftreten, gipfelnd in seiner bürgerlichen Heirat, konnten ihn auch in Deutschland als Hoffnungsträger erscheinen lassen. Robert Blum allerdings charakterisierte den 66jährigen als „abgelebt" und „tot" (Ralf Zerback: Robert Blum. Leipzig 2007, S. 250).
32 J. G. Zschaler: Das ewigdenkwürdige Jahr 1848/Das ewig unvergeßliche Jahr 1848 (1848/1849, VA 3.3/9299 u. 9300); Geschichte der ereignißvollen Jahre 1848 u. 1849 (1848–1850, VA 3.3/9301); Geschichte des ereignißvollen Jahres 1849 (1849/1850, VA 3.3/9393).
33 Der Landwirth der Gegenwart oder zeitgemäße Anregungen und Belehrungen über alle Berufs- und Gewerbsinteressen des Landwirthes zur Bildung und zur Erzielung eines möglichst hohen Ertrages. Hg. von Moritz Beyer und Wilhelm Protz. 2 Bde. Nordhausen 1850/1851 (VA 3.3/9404),

Blum, Neff und Messenhauser sind erschossen; Douai, Dulon, Albert Grün, Hecker, Hollinger, Nefflen, Ruppius nebst vielen anderen ausgewandert,[34] Erzherzog Johann hat sich ins Privatleben nach Graz zurückgezogen. Nur wenige Schriften trauen sich offen, auf die gescheiterte Revolution Bezug zu nehmen;[35] Johann Gottfried Zschalers bereits erwähnte Volksschriften über die Revolution (1848–1850) sind eine bewundernswerte Ausnahme.

Generell aber ist die politische Volksaufklärung mit wenigen Ausnahmen[36] an ihr Ende gekommen.[37] Das Themenspektrum wird auffällig auf Naturkundliches verlagert, diese Verlagerung aber durchaus politisch gesehen;[38] Andreas Daum spricht förmlich von der Popularisierung der Naturkunde als einer „Ersatzöffentlichkeit für Gesellschaftskritik".[39] Daneben steht natürlich weiterhin die unverfängliche ökonomische Volksaufklärung etwa eines Nikolaus Binz,[40] William

---

Bd. 1, S. 25–27. – Sonst behandeln die beiden Sammelbände vorwiegend Agrartechnologisches und Agrochemie.

34 Von den 632.223 Deutschen, die zwischen 1847 and 1853 in die USA auswanderten, sollen 3.000–4.000 1848er Emigranten gewesen sein (Andreas Reichstein: German pioneers on the American frontier. Denton, TX 2001, S. 101). – Die USA und die Schweiz waren für demokratisch gesinnte Auswanderer verständlicherweise bevorzugte Exilländer, ganz abgesehen von der dort jeweils großen deutschen Sprachgruppe.

35 Franz Joseph Ennemoser: Die glückliche Gemeinde zu Friedensthal, 2. A. 1852 (VA 3.3/9544); F. J. E.: Ergebnisse der Berathungen ... in der Gemeinde Sorgenheim, 1851 (VA 3.3/9488); Adolph Streckfuß: Das Volks-Archiv, 1850 (VA 3.3/9469).

36 Außer den in Anm. 35 Genannten wären v. a. noch Friedrich Harkort und Isidor Täuber anzuführen sowie Karl Friedrich Wanders *Taschenbuch für das Volk* (1849, 2. A. 1850, VA 3.3/9475). Friedrich Harkort kam wegen zweier „Bürger- und Bauernbriefe" (1851 und 1852, VA 3.3/9497 u. 9555) vor Gericht; Isidor Täubers *Die Gesetze als Grundlage der Wohlfahrt der Völker. Ein Volksbuch* (hg. von dem Vereine zur Verbreitung von Druckschriften für Volksbildung, EA Wien 1855, VA 3.3/9711) konnte erstaunlicherweise in 6 Auflagen bis 1856 erscheinen.

37 Dazu bis jetzt als Pionierarbeit allein Alexander Krünes: Die Volksaufklärung in Thüringen im Vormärz. Die Volksaufklärung in Thüringen im Vormärz (1815–1848). Köln/Wien 2013 (Veröffentlichungen der Historischen Kommission für Thüringen 39). Eine nähere Würdigung von Krünes' Werk findet sich gegen Schluss der Einführung zu VA 3.

38 Vgl. die Kommentare zu Jacob Moleschott: Georg Forster, der Naturforscher des Volkes (1857, VA 3.3/9765), zu „Meyers Universum" (1858, VA 3.3/9798) und zu Albert Hummel: Das Leben der Erde (1870, VA 3.4/9959).

39 Andreas Daum: Naturwissenschaften und Öffentlichkeit in der deutschen Gesellschaft. Zu den Anfängen einer Populärwissenschaft nach der Revolution von 1848. In: Historische Zeitschrift 267 (1998), H. 1, S. 57–90, Zitat S. 90.

40 V. a. *Landwirthschaftliche Abendunterhaltungen* (1853, VA 3.3/9588) und *Das verarmte Dorf* (1853 u. ö., VA 3.3/9589 u. ö.).

Löbe[41] oder Johann Metzger.[42] Mehr und mehr wird die Rolle des einzelnen engagierten Volksaufklärers von Vereinen übernommen.[43] Nach 1850 wird das Streben nach staatlicher Förderung durch Aufruf zur Selbsthilfe mittels Genossenschaften und Versicherungen ersetzt. – Zu unüberschaubaren, bibliographisch und ideologiegeschichtlich schwer fassbaren Volksschriften-Reihen, die verlegerisch selbsttragend waren,[44] traten auflagenstarke Autoren diffuser Volksunterhaltungsschriften mit religiösem Hintergrund, z. B. W. O. v. Horn und schon zehn Jahre zuvor W. Glaubrecht. Zu den *Schillingsbüchern des Rauhen Hauses* ist anlässlich des Reihenbeginns (1847) im Kommentar (VA 3.3/9150) das Nötige gesagt. Den Volksschriftenvereinen[45] ist offenbar nach dem Revolutionsversuch der Boden unter den Füßen weggezogen, obwohl sie sich wahrlich nicht durch besonderen Freimut hervorgetan hatten: sie gehen ein. Der größte und bis dahin liberalste[46] von ihnen, der Zwickauer, existiert zwar noch eine Zeitlang fort, schwenkt aber im Programm um in Richtung Innere Mission.[47]

---

41 V. a. *Die zehn Hauptgebote der Landwirthschaft* (1855, VA 3.3/9703); *Jacob, der erfahrene Ackersmann* (1858, VA 3.3/9796); *Jacob, der verständige Viehzüchter* (1859, VA 3.3/9835); *Johann, der Dorfschulze* (1860, VA 3.3/9865), *Der Schullehrer Matthias als Gärtner, Seiden- und Bienenzüchter* (1863, VA 3.4/9990).

42 V. a. *Das Mistbüchlein oder des Bauern Goldgrube* (1853 u. ö., VA 3.3/9614); Folgeauflagen von *Der Bauernspiegel oder Peter Lang, der verständige Bauer und Bürgermeister* (1845 u. ö., VA 3.3/8938), *Karl Will, der kleine Obstzüchter* (1843 u. ö., VA 3.3/8746), *Marie Flink, die kleine Gemüsegärtnerin* (1845 u. ö., VA 3.3/8937).

43 Dokumentiert und kommentiert am Beispiel von *Rechenschaftsbericht ... des Tübinger landwirthschaftlichen Bezirks-Vereines*, 1850 (VA 3.3/9461).

44 Dazu in der Einführung zu VA 3 die Kapitel 3.2.5 und 3.3.5.

45 Mir sind bisher Schriften der folgenden Vereine bekanntgeworden: Verein zur Verbreitung guter katholischer Bücher (Wien 1829ff.); Deutscher Verlags-Verein zur Verbreitung nützlicher Volksschriften (oder „Verein zur Förderung des Menschenwohles, allgemeiner Volksbildung und zur Verbreitung nützlicher Kenntnisse", Leipzig 1836ff.); Zwickauer Verein (gegr. 1841, nachweisbar bis 1861); Württembergischer Verein (1843 – 51); Zschokke-Verein (1844ff., nachweisbar bis 1854); Badischer Verein (1844 bis um 1850); Norddeutscher Verein (1846 – 48); Verlagshandlung des allgemeinen deutschen Volksschriften-Vereins (Springer/Simion, Berlin 1847 ff., kommerziell); Verein zur Verbreitung nützlicher Kenntnisse durch gemeinfaßliche Schriften (München 1844ff.); Verein zur Verbreitung von Druckschriften für Volksbildung (Wien 1849ff.). Dazu v. a. Michael Knoche: Bücher fürs Volk. Volksschriftenvereine im Vormärz. In: Buchhandelsgeschichte 1986, H. 1, S. B1–B16, und Michael Knoche: Volksliteratur und Volksschriftenvereine im Vormärz. Literaturtheoretische und institutionelle Aspekte einer literarischen Bewegung. In: Archiv für Geschichte des Buchwesens 27 (1986), S. 1 – 130 (auch in Buchform: Frankfurt a. M. 1986), Übersicht S. 27 – 50.

46 Er hatte sich 1849 mit der anonymen Schrift *Die Ereignisse in Wien* (VA 3.3/9328) sogar in die aktuelle politische Berichterstattung vorgewagt.

Qualität bieten weiterhin in immer neuen Auflagen Hebel, Gotthelf, Auerbach, Zschokke. Die Gattung „aufklärerische erzählende Volkschrift" wird auch gut vertreten von neuen Schriften William Löbes und Heinrich Schwerdts. Eine Überraschung ist August Ludwig Luas *Der Dorfgelehrte. Eine Erzählung für das Volk* (1852, VA 3.3/9566): Hier wird nicht ökonomische Spitzenleistung oder Workaholismus als Ziel angestrebt, sondern Lebensqualität. Und wer würde in einer Schrift *Der Zahnretter. Eine auf Wissenschaft und Erfahrung begründete populäre Anleitung, die Zähne gesund und schön zu erhalten* (1854 von G. Hartmann, 1859 von Dr. Franz Rauch)[48] eine Absage an die Jammertal-Theologie erwarten, deren Negierung Grundvoraussetzung aller volksaufklärerischen Bemühungen war?

Der Sieg der ultramontanen Reaktion über die katholische Aufklärung kulminiert in dem publizistischen Rummel um die Wallfahrt zum Trierer Rock 1844. Da auch auf protestantischer Seite mittlerweile eine Rekonfessionalisierung stattgefunden hat, führen die Amtskirchen aller Konfessionen die ökumenische, tolerante Tendenz der religiösen Volksaufklärung nicht weiter. Die „Deutschkatholiken" (Johannes Ronge, Robert Blum) und die „Lichtfreunde" (Gustav Adolf und Adolf Timotheus Wisliscenus, Leberecht Uhlich) erscheinen nur in der Revolutionszeit als ernstliche Gegenpole. Dass mittlerweile zum Kampf gegen den Aberglauben der Kampf gegen den Unglauben (oft in Verbindung gesehen mit Sozialismus und Kommunismus) kam, der von den Konfessionen getragen wurde, schwächte die religiöse Volksaufklärung zusätzlich.

V Wissenschaft und Volksbildung

Es ist kein Zufall, dass die griffigste Charakteristik der Tendenz der Folgejahre von einem *Natur*wissenschaftler herrührt. In seiner Akademie-Rede „Die moderne Landwirthschaft als Beispiel der Gemeinnützigkeit der Wissenschaften"[49] schreibt Justus von Liebig im Rückblick auf die letzten 33 Jahre:

> Nicht in allen Schichten der Bevölkerung ist es freilich zur Klarheit gekommen, in welcher Weise die Pflege der Wissenschaft ihr eigenes Wohl berührt, und es dürfte darum nicht

---

47 Siehe Kommentar zu Erster [usw., bis 20.] Jahresbericht des [Zwickauer] Vereins zur Verbreitung guter und wohlfeiler Volksschriften [...], Zwickau 1842–1861 (VA 3.3/8659), mit Literatur.
48 VA 3.3/9658 bzw. 9839.
49 Justus Freiherr von Liebig: Die moderne Landwirthschaft als Beispiel der Gemeinnützigkeit der Wissenschaften. Rede in der öffentlichen Sitzung der k[öniglichen] Akademie der Wissenschaften zu München am 28. November 1861 gehalten von Justus Freiherrn von Liebig. Braunschweig 1862 (VA 3.4/9984).

unangemessen sein, einen Blick auf die Entwickelung des landwirthschaftlichen Gewerbes zu werfen, und daran zu zeigen, wie mächtig und tief eingreifend ihr Einfluß ist. Kein Gewerbe war von den Fortschritten der Zeit weniger berührt worden als die Landwirthschaft; in keinem war das Althergebrachte fester gewurzelt und die Hindernisse, welche einer Verbesserung entgegenstanden, größer. (S. 7)

Das enorme Bevölkerungswachstum seit 1790 sei durch eine enorme Produktionssteigerung der Landwirtschaft seit dem letzten Viertel des 18. Jahrhunderts aufgefangen worden, der aber kein hinreichendes wissenschaftliches Wissen zugrundegelegen habe. Selbst Albrecht Thaer habe, von falschen Grundannahmen ausgehend, aus richtigen Beobachtungen falsche Schlüsse gezogen.

Den Hauptakzent legt Liebigs Rede auf die Gemeinnützigkeit der Wissenschaften:

[...] allein mit solchen Dingen, die nur Einzelnen nützen, giebt sich die Wissenschaft nicht ab; sie beschäftigt sich nur mit dem, was Allen gemeinsam nützt[,] und dies sind die Ideen, welche das Thun der Menschen beherrschen und leiten; sie untersucht, ob diese Ideen den Gesetzen der Vernunft oder der Natur entsprechen; sie berichtigt die falschen Ansichten und setzt an die Stelle der unvollkommenen die vollkomm[e]neren. Die Wissenschaft nützt nur dadurch, daß sie die Vorstellungen der Menschen ändert und verbessert; aber ein jeder Fortschritt in der Geistesrichtung erfordert eine lange Entwickelungszeit[,] und es vergehen Menschenalter, ehe ein alter gemeinschaftlicher Irrthum einer neuentdeckten Wahrheit weicht. (S. 28 f.)

Damit die Wissenschaften aber gemeinnützig werden könnten, brauche es Volksbildung:

Wenn die Bevölkerungen nicht empfänglich für die Lehren der Wissenschaft sind, wenn Erziehung und Unterricht sie nicht fähig gemacht haben, zu prüfen und das Beste zu behalten, so scheitern alle Bemühungen, sie gemeinnützig zu machen; die Bevölkerungen stoßen sie alsdann als etwas ihnen Fremdes zurück. (S. 31)

Sein Schlussplädoyer lautet:

Auch das mächtigste Wirken der Wissenschaft auf das Leben und den Geist der Menschen ist so langsam, geräuschlos und still und so wenig augenfällig, daß es einem oberflächlichen Beobachter ganz unmöglich ist, wahrzunehmen, wie und ob sie überhaupt gewirkt hat. Aber der Kundige weiß, daß kein großer Fortschritt in der Welt in unserer Zeit überhaupt möglich ist ohne die Wissenschaft und daß der Vorwurf, daß sie nicht gemeinnützig sei, die Bevölkerungen und nicht die Männer der Wissenschaft trifft, die, jeder in seiner Weise, ihre Ziele unbeirrt verfolgen, unbesorgt wegen des künftigen Nutzens, den ihre Arbeiten nicht ihnen, nicht einem einzelnen Lande, sondern dem Menschengeschlechte bringen. (S. 33)

Diese durch die Verdrängung politischer Volksaufklärung erfolgte Verlagerung auf Naturwissenschaften ist vielleicht mit ein Grund dafür, dass die späte Aufklärung ab da aus dem Spektrum der *Geistes*wissenschaften verschwunden ist. So erschien die Volksaufklärung im *Handbuch der Philosophiegeschichte* erstmals 2014.[50] Tatsächlich fehlten Themen der Geisteswissenschaften in den Schriften zur Volksaufklärung seit 1848/1849 weitgehend: politische, historische, juristische Volksaufklärung. Ein expliziter Zusammenhang dieses Befunds mit der Reaktion nach 1848/1849 wird selten hergestellt, liegt aber doch vor in Eduard Breiers *Luzifer und Kompagnie* (Wien 1868, VA 3.4/9897) oder Albert Hummels *Das Leben der Erde* (Leipzig 1870, VA 3.4/9959) oder aus der Sicht der Aufklärungsgegner in Philipp Mayers *Gute Nacht!* (München 1866, VA 3.4/9992, s. jeweils die Handbuch-Kommentare).

Volksbildung war jetzt weitgehend dem freien Markt überlassen; der fortschrittliche Pädagoge Roßmäßler formulierte: „Man überläßt es den Verfassern und Verlegern ganz allein, das Riesenwerk zu übernehmen, die Lesewuth für triviale Dinge in Wissensdrang zu verwandeln [...]."[51] Doch die „niederen Volksschichten [...] brauchen ihr Geld zu Brod und – Schnaps, und kaufen keine Bücher".[52] Lediglich enge Fachbildung konnte mit staatlicher Förderung rechnen, so in diesem Betrachtungszeitraum als neues Volksbildungsmedium landwirtschaftliche Wanderlehrer.[53]

Dennoch gibt es auch in diesem Zeitraum bemerkenswerte Autoren und Titel. Ich nenne hier G. Bauernfreunds *Der Tannenwirt* (Freising 1869, VA 3.4/9889) mit seinem Plädoyer für Bildung und Ethos als wichtigste Ausstattung für das bäuerliche Leben. Oder Eduard Breiers oben schon erwähnten *Luzifer* (VA 3.4/9897), der 1868 als „Buch wider den Aberglauben" gegen die „Volksverdummer und Finsterlinge" auf den Plan tritt. Oder *Breithaupts Vermächtniss*, mit dem (1868!) ein aufklärerischer Philanthrop durch eine Stiftung ganz dezidiert Rudolph Zacharias

---

50 Reinhart Siegert: [Teilkapitel] Die Volksaufklärung. In: Helmut Holzhey (Hg.): Grundriss der Geschichte der Philosophie. Begründet von Friedrich Ueberweg. Völlig neu bearb. Ausgabe, Bd. 5.1. Basel 2014, S. 415–424, 445–447. Mein Beitrag ist geschrieben 2002 noch ohne die Quellengrundlage, die der vorliegende Band VA 3 bietet.
51 Emil Adolf Roßmäßler: Die Fortschrittspartei und die Volksbildung. Berlin 1862 (VA 3.4/10040), S. 11. – Es gibt aber auch andere Einschätzungen. So gehe den nicht ganz proletarisierten „kleinen Leuten" Wissensdurst oft vor Unterhaltungsbedürfnis (F. Schaubach: Zur Charakteristik der heutigen Volksliteratur. Hamburg 1863 = VA 3.4/10054, S. 11).
52 Heinrich Schwerdt: Der homöopathische Doctor. Sondershausen 1861 (VA 3.4/10061), S. X.
53 Pabst: Ueber landwirtschaftliche Fortbildungsschulen und Wanderlehrer, 1867 (VA 3.4/10013), H. K. Schneider: Die Landwirtschaft der Provinz Rheinhessen, 1867 (VA 3.4/10058).

Beckers Anliegen in zeitgemäßer Form weiterführen will.[54] Oder Rapet/Mayers erzählende Volksschrift *Volkswirthschaft für Jedermann* (1867 u. ö., VA 3.4/10028), die ökonomische Volksaufklärung nicht auf den Tellerrand reduzierte. Von Justus Liebigs Rede und E. A. Roßmäßlers gewichtigen Beiträgen war oben die Rede. Aus der Belletristik ist an die Entstehungsgeschichte von Fritz Reuters *Ut mine Stromtid* (1863/64, VA 3.4/10033) zu erinnern: wie ein volksaufklärerischer Tendenzroman (geplant als *Herr von Hakensterz*, MS 1847 ff.) nach 1848 zum plattdeutschen Genrebild entschärft wurde. Ganz klar volksaufklärerische Züge haben bei gleichzeitig beachtlicher literarischer Qualität die Romane eines bäuerlichen Autors, der vor allem als politischer Aufklärer und praktischer Vorkämpfer der Genossenschaftsbewegung aufgetreten ist, Franz Michael Felders *Nümmamüllers und das Schwarzokaspale* (1863, VA 3.4/9914), *Sonderlinge* (1867, VA 3.4/9915) und *Reich und Arm* (1868, VA 3.4/9916); das Erscheinen seiner theoretischen Schrift *Gespräche des Lehrers Magerhuber mit seinem Vetter Michel* konnte hingegen 1866 durch einen ultramontanen Geistlichen hintertrieben werden.[55]

VI Vorläufiges Fazit und Ausblick

Die jetzt vorgelegten vier Teilbände präsentieren über fünftausend Belege dafür, dass die Aufklärung im 19. Jahrhundert keineswegs ‚überwunden' oder gar tot war. Auf die zwanzig Jahre, in denen die Volksaufklärung die Volksbildung dominierte, folgte nach dem verheerenden Einbruch durch die Französische Revolution noch ein halbes Jahrhundert, in dem die Volksaufklärung in die Breite wirkte, jetzt meist ohne staatliche Unterstützung und oft gegen massive staatliche und ultramontane Repression. Und selbst nach der brutalen Niederschlagung der Revolution von 1848/1849, nach dem militärisch, nicht politisch errungenen Sieg der Reaktion und der Flucht vieler der besten Köpfe ins Exil, sind noch deutliche Spuren erkennbar, jetzt – leider und für den Gang der deutschen Geschichte und der Entwicklung zur Demokratie verhängnisvoll – als Minderheitenhaltung. Dem Nachweis dieses Weiterlebens war der dritte und letzte Band unserer Bibliographie gewidmet. Die Volksaufklärung scheint ein Spezifikum Deutschlands (und einiger kleinerer mittel- und nordeuropäischen Länder) zu sein, der genuine Beitrag der

---

54 Breithaupts Vermächtniss. Noth- und Hülfsbuch für den Bürger und Landmann. 3 Thle. Langensalza 1868/1870 (VA 3.4/9898); vgl. gar – hundert Jahre nach Becker – Karl Bernhard [d. i. Karl Bernhard Arwed Emminghaus] (Hg.): Neues Noth- und Hilfsbüchlein. Frankfurt a. M./ Lahr o. J. [1888] (VA 3.4/10239).
55 Walter Methlagl: Der Traum des Bauern Franz Michael Felder. Bregenz 1984 (Brenner-Studien 5), S. 77.

deutschen Aufklärung zur europäischen. Und diese Volksaufklärung reicht in Deutschland bis in die zweite Hälfte des 19. Jahrhunderts.

Die Volksaufklärung hatte begonnen als volksbildnerische Bürgerinitiative gebildeter Privatleute. Dieser Kernbereich wurde ihr – wie oben vermerkt – im weiteren Verlauf des 19. Jahrhunderts weitgehend abgenommen vom mittlerweile staatlichen Bildungswesen – nachdem sie maßgeblich daran mitgestaltet hatte. Neben dem Kernbereich Allgemeine Volksbildung fielen ganze Zweige der Volksaufklärung weg: Politische Volksaufklärung (durch Unterdrückung), juristische Volksaufklärung (durch Fortdauer des Untertanenstaats), religiöse Volksaufklärung (durch Dominanz von Ultramontanismus und Evangelikalen in den Amtskirchen),[56] historische Volksaufklärung (von den Staaten übernommen im Rahmen der Volksschulbildung); medizinische Volksaufklärung (durch verbesserte Ärzteversorgung und moderne Krankenhäuser, aber auch Eindämmung des Aberglaubens und der Jammertal-Theologie). Die „Innere Mission" trat auf den Plan als Konkurrenz für soziale Inklusion der weniger gebildeten Schichten durch die Volksaufklärung. Die erzählenden Volksschriften der Volksaufklärung erhielten Konkurrenz durch ein Riesenangebot kommerzieller Unterhaltungs-, aber auch Sachschriften. Die ökonomische Volksaufklärung war unumstritten und wurde nicht behindert;[57] aber auch sie verlor an Bedeutung in dem Maße, in dem Staaten und Verbände gewerbliche Bildungsangebote machten und auch Bauern durch bessere Grundbildung zur Lektüre von unspezifischer Fach- und Sachliteratur befähigt wurden.

Das Ausklingen der Volksaufklärung erklärt sich also zum Teil durch Unterdrückung (politische und religiöse Volksaufklärung), zum Teil aber durch nachlassenden Bedarf (allgemeine Volksbildung, medizinische Volksaufklärung, ökonomische Volksaufklärung). Es scheint, als ob sich die Volksaufklärung in diesen Bereichen durch ihren Erfolg überflüssig gemacht hätte.[58]

Und es scheint, als ob sie genug mentale Spuren auch in dem Bereich hinterlassen hätte, der ihr seit 1789 nur mit Einschränkungen und Behinderungen, seit 1849 aber fast gar nicht mehr offenstand. Wir sehen das Erbe der Volksauf-

---

56 Ein letztes Aufbäumen ist hier zu verzeichnen bei Gründung der Altkatholischen Kirche angesichts des Unfehlbarkeitsdogmas von 1870. Es ist sicher kein Zufall, dass der Altkatholizismus seine größte Verbreitung genau dort fand, wo Wessenbergs Reform-Klerus religiöse Volksaufklärung betrieben hatte.
57 Nachdem bis zur Bauernbefreiung die feudalistische Agrarverfassung die Umsetzung aller tiefergehenden Verbesserungsvorschläge behindert hatte.
58 Vgl. den Kommentar Holger Bönings zu Zschokkes *Goldmacherdorf* (1817, VA 3.1/6970). – Auf neue, aktuelle Betätigungsfelder im Sinne der Volksaufklärung weise ich am Ende von Kap. 1 der Einführung zu VA 3 hin.

klärung in Institutionen[59] des funktionierenden Teils der europäischen demokratischen Staaten. Immer wieder werden beim gegenwärtigen holprigen Zusammenwachsen Europas Grenzen dort sichtbar, wo die beiden fürs Gemeinschaftsleben wichtigsten Grundsätze der Aufklärung: Gemeinnützigkeit und Billigkeit[60] in staatsbürgerliche Praxis übergegangen sind – oder eben nicht. Ob ein Land die Epoche der Aufklärung mitgemacht hat, ist eine selbst von der Tagespolitik bemühte Erklärung angesichts von Korruption und Cliquenwirtschaft, Misstrauen in jedwede Regierung, mangelnder Steuermoral, mangelhafter staatlicher Infrastruktur, mangelhafter sozialer Sicherungssysteme usw. in einem Teil der Staaten oder sogar einzelner Regionen innerhalb heutiger Staaten. Manche Erscheinungen innerhalb des West-Ost- und des Nord-Süd-Gefälles lassen sich damit recht schlüssig erklären; andere harren der Klärung. England und Frankreich etwa zeigen einen ähnlichen Bürgersinn wie den, der oben auf das Wirken der Volksaufklärung zurückgeführt wird; sie haben aber zwar maßgeblich die Aufklärung mitgetragen, doch ist aus ihnen deutlich weniger von Volksaufklärung bekannt als in Deutschland, der Schweiz, Österreich und den früheren Habsburgerländern, den Niederlanden, den skandinavischen Staaten. Und andererseits hat ausgerechnet Deutschland als Land der Volksaufklärung die unüberbietbare Barbarei der NS-Zeit hervorgebracht. Es bleiben also Fragen im Zusammenhang mit der Volksaufklärung, die tief in unser heutiges Selbstverständnis und in unseren Wertekanon hineinreichen.[61]

Zu solchen Fragen will der vorliegende Abschlussband anregen – und zu ihrer Beantwortung Material an die Hand geben. Und zu ihrer Beantwortung wird darüber hinaus die Datenbank beitragen, wenn sie die über 6.000 Autoren,[62] fast 27.000 Titel[63] und 90.000 Digitalfotos von Schlüsselseiten zugänglich macht, die bisher nur uns Bearbeitern des Projekts „Volksaufklärung" zur Verfügung stehen. Es gilt, diese Datenbank so aufzubereiten,[64] dass künftige Forschergenerationen mit ihren Fragen möglichst ergiebige Antworten finden.

---

59 Mit der Institutionalisierung kommt freilich auch die Möglichkeit des Missbrauchs: das Ende der Freiwilligkeit und das Zurückdrängen und Benachteiligen konkurrierender Einflüsse. Bei der reinen Persuasion ist die Missbrauchsmöglichkeit geringer: Überredung statt echter Überzeugung. (Zum Terminus „Persuasive Literatur" siehe meine Einführung zu VA 3.)
60 Dazu Wolfram Mauser: Billigkeit. Literatur und Sozialethik in der deutschen Aufklärung. Ein Essay. Würzburg 2007.
61 Vgl. den Schluss von Kap. 1 der Einführung zu VA 3, wie Anm. 58.
62 Stand: 10. März 2015.
63 Davon 10.700 in den drei Bänden unserer Bibliographie annotiert.
64 Die Umsetzung ist von der UB Freiburg zugesagt und soll bald nach Drucklegung der abschließenden Bibliographienbände beginnen.

Nachbemerkung

Diese Arbeit ist aus bisher unbekanntem Quellenmaterial entstanden und unabhängig von Vorgängerarbeiten. Diese gibt es aber; sie sind freilich auf Grund von völlig anderen Quellengattungen geschrieben und nach meinem Eindruck bisher viel zu wenig in das vorherrschende Geschichtsbild eingegangen. Ich nenne hier insbesondere bis 1930 zurückreichende Beiträge Hans Rosenbergs,[65] Georg Bollenbecks Aufsatz *Die Abwendung des Bildungsbürgertums von der Aufklärung* (1995),[66] die Sammelbände *Nachklänge der Aufklärung im 19. und 20. Jahrhundert* (2008)[67] und *Der nahe Spiegel. Vormärz und Aufklärung* (2008)[68] und neueste Dissertationen[69]. Die dort herangezogenen Quellentexte und Autoren sind ganz unterschiedlich und überlappen sich kaum; sie kommen aber darin überein, dass das Gedankengut der Aufklärung bis in die zweite Hälfte des 19. Jahrhunderts in Deutschland virulent und alltagspraktisch wirksam war. Das Handbuch *Volksaufklärung* stützt diesen Befund[70] und sichert ihn jetzt auf breiter, unverbrauchter Quellenbasis ab.

---

[65] Gesammelt in Hans Rosenberg: Politische Denkströmungen im deutschen Vormärz. Göttingen 1972 (Kritische Studien zur Geschichtswissenschaft 3); vor allem „Theologischer Rationalismus und vormärzlicher Vulgärliberalismus" (S. 18–50, ED 1930) und „Arnold Ruge und die *Hallischen Jahrbücher*" (S. 97–114, ED 1930).

[66] Georg Bollenbeck: Die Abwendung des Bildungsbürgertums von der Aufklärung. Versuch einer Annäherung an die semantische Lage um 1880. In: Wolfgang Klein/Waltraud Naumann-Beyer (Hg.): Nach der Aufklärung. Beiträge zum Diskurs der Kulturwissenschaften. Berlin 1995 (LiteraturForschung), S. 151–162.

[67] Klaus Müller-Salget/Sigurd Paul Scheichl (Hg.): Nachklänge der Aufklärung im 19. und 20. Jahrhundert. Für Werner M. Bauer zum 65. Geburtstag. Innsbruck 2008 (Innsbrucker Beiträge zur Kulturwissenschaft/Germanistische Reihe 73).

[68] Wolfgang Bunzel/Norbert Otto Eke/Florian Vaßen (Hg.): Der nahe Spiegel. Vormärz und Aufklärung. Bielefeld 2008 (Vormärz-Studien 14). Darin für unser Thema besonders ergiebig: Wolfgang Bunzel/Norbert Otto Eke/Florian Vaßen: Geschichtsprojektionen. Rekurse auf das 18. Jahrhundert und die Konstruktion von ‚Aufklärung' im deutschen Vormärz (S. 9–27); Wolfgang Albrecht: Nachklänge und Neuansätze. Thesen zur vormärzlichen Phase der Aufklärungsdebatte (S. 31–49); Christian von Zimmermann: Jeremias Gotthelf und die Volksaufklärung. Bemerkungen zur Schweizer Literatur zur Zeit des Vormärz (S. 367–384).

[69] Petra Schlüter: Berthold Auerbach – ein Volksaufklärer im 19. Jahrhundert. Würzburg 2010 (Epistemata 700); Krünes: Die Volksaufklärung in Thüringen (Anm. 37); Markus Pahmeier: Die Sicherheit der Obstbaumzeilen. Adalbert Stifters literarische Volksaufklärungsrezeption. Heidelberg 2014 (Beihefte zum Euphorion 77).

[70] Besonders gut scheint es mir Georg Bollenbecks Thesen zu untermauern.

Stefan Born
Realismus oder Manierismus?

Über den Maßstab der Kritik an den Auerbach'schen Dorfgeschichten im bürgerlichen Realismus

I Der bürgerliche Realismus und die Dorfgeschichte

Es ist bekannt, dass die Dorfgeschichte „bei der Entstehung eines deutschsprachigen literarischen Realismus im 19. und 20. Jahrhundert eine tragende Rolle" gespielt hat.[1] Die in Berthold Auerbachs Poetik *Schrift und Volk* (1846) formulierten Grundsätze der Idealisierung und „Verklärung" der Wirklichkeit erscheinen als Axiome des späteren Realismus und sie werden dementsprechend als wegweisende Vorstufe entsprechender realistischer Verfahren in der zweiten Hälfte des 19. Jahrhunderts gewertet. Die Auerbach'schen Dorfgeschichten gelten als „protorealistisch":[2] An ihnen ließ sich bereits vor der ‚Märzrevolution' studieren, was anschließend literarische Praxis wurde.

Das anfangs gute Verhältnis zwischen Auerbach und der bürgerlich-realistischen Literaturkritik blieb dennoch nicht von Dauer. In den sechziger Jahren des 19. Jahrhunderts geriet die Produktion von Dorfgeschichten Auerbach'scher Prägung in eine Krise: Jürgen Lehmann konstatiert eine „gewollte Reduktion von Komplexität in Verbindung mit einer ausgeprägten Tendenz zur Entpolitisierung" der Landlebenliteratur,[3] die am Ende des Jahrhunderts in eine konservative oder reaktionäre Heimatkunstbewegung mündet. Die literaturprogrammatische Relevanz der Dorfgeschichte war in den 60er Jahren des 19. Jahrhunderts verbraucht. Jörg Schönert hat dargelegt, wie die Dorfgeschichte in den fünfziger Jahren durch die Literaturkritik zunehmend als beschränkt und provinziell kritisiert wurde und

---

[1] Jürgen Lehmann: ‚Bauernroman', ‚Dorfgeschichte' und ‚Dorfprosa'. Anmerkungen zu Theorie und Geschichte, zu Formen und Funktionen der Landlebenliteratur. In: Danubiana Carpathica 52 (2011), H. 5, S. 119–136, hier S. 121.
[2] Jörg Schönert: Berthold Auerbachs ‚Schwarzwälder Dorfgeschichten' der 40er und 50er Jahre als Beispiel eines „literarischen Wandels"? In: Michael Titzmann (Hg.): Zwischen Goethezeit und Realismus. Wandel und Spezifik in der Phase des Biedermeier. Tübingen 2002 (Studien und Texte zur Sozialgeschichte der Literatur 92), S. 331–345.
[3] Lehmann: ‚Bauernroman', ‚Dorfgeschichte' und ‚Dorfprosa' (Anm. 1), S. 125.

schließlich ihre Bedeutung für den literarischen Diskurs verlor.[4] Andererseits habe diese „Ansehenskrise" der Dorfgeschichte erst begonnen, nachdem ihr poetologischer Gehalt in den 1850er Jahren generalisiert worden und auch in benachbarten Gattungen und Genres wirksam geworden sei.[5] Schönert und andere beobachten, dass die frührealistische Dorfgeschichte in dem Moment an normprägender Kraft verloren hat, in dem die ihr immanenten ästhetischen Vorgaben von konkurrierenden Genres adaptiert worden sind.

Der Widerspruch zwischen einer normprägenden ästhetischen Konfiguration des Dorfgeschichtengenres einerseits und ihrem geringen Renommee am Ende der sechziger Jahre andererseits ist irritierend. Im Folgenden soll deswegen nachgewiesen werden, dass die Dorfgeschichte nicht ausschließlich wegen ihres ländlich-provinziellen Schauplatzes in die Kritik geriet. Da Auerbach als maßgeblich für die Entstehung des Dorfgeschichtengenres gilt und seine literarischen und theoretischen Schriften mittlerweile gut erschlossen sind,[6] wird sich die Nachweisführung dabei auf Texte von ihm stützen. Dabei soll deutlich werden, dass bei dem Begründer des Dorfgeschichtenmodells eine ästhetische Reflexion einsetzte, die eine zentrale philosophische Prämisse des von ihm begründeten Genres infrage stellte. Für die Literaturkritik, so die These, stellte dies den eigentlichen Stein des Anstoßes dar. Um diese Verbindungen nachzuweisen, sollen zwei Stationen im Werk Auerbachs vorgestellt werden. Die Dorfgeschichte *Frau Professorin* von 1846 steht dabei stellvertretend für einen früheren Stand der ästhetischen Reflexion Auerbachs (II) und die zehn Jahre später erschienene Dorfgeschichte *Barfüßele* für einen späteren (III). Im letzten Abschnitt soll dargelegt werden, wie die Literaturkritik auf die Entwicklung reagierte, die sich mit dem *Barfüßele* zeigte, und welche ästhetisch-philosophischen Maßstäbe und Voraussetzungen diese Reaktion hatte (IV).

---

4 Schönert: Berthold Auerbachs ‚Schwarzwälder Dorfgeschichten' (Anm. 2), S. 341 f.
5 Schönert: Berthold Auerbachs ‚Schwarzwälder Dorfgeschichten' (Anm. 2), S. 342. Vgl. auch Gerhard Plumpe: Einleitung. In: Edward McInnes/G. P. (Hg.): Bürgerlicher Realismus und Gründerzeit 1848–1890. München/Wien 1996 (Hansers Sozialgeschichte der deutschen Literatur vom 16. Jahrhundert bis zur Gegenwart 6), S. 17–83, hier S. 72–79.
6 Vgl. zuletzt die beiden Sammelbände von Jesko Reiling (Hg.): Berthold Auerbach (1812–1882). Werk und Wirkung. Heidelberg 2012 (Beiträge zur neueren Literaturgeschichte 302), und Christof Hamann/Michael Scheffel (Hg.): Berthold Auerbach. Ein Autor im Kontext des 19. Jahrhunderts. Trier 2013 (Schriftenreihe Literaturwissenschaft 88). Vgl. außerdem die beiden Dissertationen Petra Schlüter: Berthold Auerbach – ein Volksaufklärer im 19. Jahrhundert. Würzburg 2010 (Epistemata 700); Bettina Wild: Topologie des ländlichen Raums. Berthold Auerbachs Schwarzwälder Dorfgeschichten und ihre Bedeutung für die Literatur des Realismus. Mit Exkursen zur englischen Literatur. Würzburg 2011 (Epistemata 723).

II Das Beispiel *Frau Professorin*

Als „normbildendes Muster" der Dorfgeschichten gilt insbesondere Auerbachs Erzählung *Frau Professorin* von 1846.[7] Bis ans Ende des 19. Jahrhunderts wurde dieser Text von zahlreichen Autoren rezipiert und aufgegriffen. Er soll deswegen der Ausgangspunkt dieser Untersuchung sein.

Auerbach war 1846 bereits prominent. Im selben Jahr war er Gast in Weimar und hatte Gelegenheit, die höfische Welt zu beobachten: Am 1. Februar 1846 schreibt er an seinen Freund und Namensvetter Jakob Auerbach:

> Ich bin seit 14 Tagen hier in Leipzig und bleibe bis zum Frühling. Allgemein wollte man mich in Weimar nicht fortlassen. Der Erbgroßherzog fuhr noch beim Abschiede mit mir in seinem großen Wagen bis in das Haus eines Freundes. Auch die Erbherzogin und Erbgroßherzogin wollten mich bereden zu bleiben. Es war mir doch einmal eigen zu Muthe, als ich mit der ersteren, der Schwester des russischen Kaisers, stundenlang so offen und ungenirt sprach und dabei auch an meine Vergangenheit gedachte. Die Herzogin von Orleans hat an den Erbgroßherzog einen schönen Brief über meine Sträflinge geschrieben, die er ihr geschickt hat. Alles das erzähle ich dir nur – und du wirst nicht davon reden –, um dir zu sagen, daß ich tiefe Blicke in eine mir ganz neue Welt gethan, daß ich sie jetzt von innen kenne, daß aber diese Art Lebensbeziehung durchaus nicht zu meinem eigentlichen Naturell passt; ich habe große, schwere Pflichten gegen das Volk, ich will suchen, ihnen zu genügen.[8]

Die höfische Welt in ihrem Verhältnis zur bürgerlichen und ländlichen ist dann auch Gegenstand der im Oktober desselben Jahres veröffentlichten *Frau Professorin*. Die Handlung der Geschichte ist schnell paraphrasiert: Die Freunde Reinhard, ein freischaffender Künstler, und Adalbert, ein Verwaltungsbeamter, unternehmen einen Ausflug in das Dorf Weißenbach. Der Künstler verliebt sich in Lorle, die Tochter eines Bauern und Wirtes. Lorle erwidert Reinhards Liebe und beide verbringen ein paar glückliche Tage im Dorf, die nur von wenigen Kleinigkeiten getrübt werden. Reinhard beschließt, eine Stelle als Künstler am Hof anzunehmen, um bessere Chancen bei der Brautwerbung zu haben. Diese gelingt nach anfänglichen Widerständen des Vaters, und beide ziehen in die Stadt. Während Reinhard sich am Hof aufhält und eine Zeit lang zufrieden damit ist, fühlt

---

[7] Achim Aurnhammer/Nicolas Detering: Berthold Auerbachs *Frau Professorin*. Revisionen und Rezeptionen von Charlotte Birch-Pfeiffer bis Gottfried Keller. In: Jesko Reiling (Hg.): Berthold Auerbach. Werk und Wirkung. Heidelberg 2012 (Beiträge zur neueren Literaturgeschichte 302), S. 173–220, hier S. 176.
[8] Berthold Auerbach: Briefe an seinen Freund Jakob Auerbach. Ein biographisches Denkmal. Mit Vorbemerkungen von Friedrich Spielhagen und dem Herausgeber [Jakob Auerbach]. Frankfurt a.M. 1884, Bd. 1, S. 54.

sich Lorle eingeengt. Ihre Versuche, Bekanntschaften zu machen, misslingen. Auch Reinhard erfährt die Umstände zunehmend als bedrückend. Die Situation verschärft sich, als sein Freund Adalbert durch eine politische Flugschrift seinen Beruf verliert und Reinhard sich von einem Engländer am Hof zu einem Duell provozieren lässt. Dieses überlebt er zwar, doch beim Hof und den Stadtbewohnern ist er in Ungnade gefallen. Als er eines Abends betrunken nach Hause kommt, beschließt Lorle, allein ins Dorf zurückzuziehen. Die Erzählung endet mit dem Hinweis, der Bücherverwalter sei als „Teilhaber einer Mineralienhandlung" auf Reisen, Reinhard als Künstler in der Toscana und Lorle als „Schutzengel der Hilfsbedürftigen" im Dorf.

Auerbachs Erzählung von 1846 kann als eine geflissentliche Umsetzung seiner im selben Jahr veröffentlichten Literaturtheorie *Schrift und Volk* gelesen werden. Dort bestimmte er es als die Aufgabe des Dichters, das vernünftige Allgemeine der Zeit im für-sich bloß kontingenten und chaotischen Individuellen zur Darstellung zu bringen:

> Der rechte Mittelpunkt läßt Philosophen und Dichter eine Fern- und Uebersicht gewinnen, von der aus sie das *Gegenwärtige* wie ein *Vergangenes* und *Fernes* schauen; unbehindert von den tausend Einzelheiten, den allgemeinen innerlich bedingenden Gedanken offenbaren, Träger derselben aufstellen, die, mit individuellem Leben ausgestattet, das allgemeine Zeitbewußtsein in sich darstellen. Von dieser Höhe der Offenbarung aus werden sie dann Propheten in der eigentlichen Bedeutung des Worts, sie schauen, auf dem Boden der Phantasie stehend, das innerste Leben der Wirklichkeit, werden Verkündiger des Ewigen in seiner endlichen Erscheinung, in der Zeit.[9]

In *Frau Professorin* versucht Auerbach, diese poetologische Zielsetzung umzusetzen. Die gesamte Erzählwelt – im Folgenden grob differenziert in ländliche, urbane und höfische Welt – ist nämlich als geistige Totalität gedacht, die sich jedoch räumlich und sozial unterschiedlich realisiert. Der soziale Raum „Dorf" wird in Auerbachs Geschichte von Menschen bewohnt, die trotz ihrer bitteren Armut[10] und verschiedenen staatlichen Repressalien[11] zu beneiden sind. Denn im Dorf ist eine Lebendigkeit und Unmittelbarkeit der Anschauungen zu spüren, die in der Stadt und am Hof nicht zu finden sind. Den Bauern ist diese Ursprünglichkeit nicht bewusst, denn die

---

[9] Berthold Auerbach: Gesammelte Schriften, Bd. 20: Schrift und Volk. Grundzüge der volksthümlichen Literatur angeschlossen an eine Charakteristik J. P. Hebel's. Stuttgart 1858, S. 14f. (Herv. im Orig.).
[10] Vgl. Berthold Auerbach: Frau Professorin. In: B. A.: Sämtliche Schwarzwälder Dorfgeschichten. Volksausgabe in zehn Bänden. Stuttgart 1884, Bd. 3, S. 27, 33.
[11] Z. B. ein Liederverbot, vgl. Auerbach: Frau Professorin (Anm. 10), S. 23.

still in sich ruhende Naivität hat ihre eigene Welt noch nicht überwunden, sie beherrscht sie nicht; sie steht in sich fest wie ein reines Naturerzeugniß. Erst wenn man sich entäußert, an die Außenwelt hingegeben oder verloren, kehrt man bewußten Geistes wieder zur eigenen Welt zurück, wie man die Muttersprache eindringlicher versteht, nachdem man fremde Sprache und Ausdrucksweise erforscht hat. – Wer nicht hinauskommt, kommt nicht heim.[12]

Die dörfliche Welt und besonders Lorle stehen als Typen für diese historische Stufe des Geistes; Lorle ist ein Sinnbild der volksgeistigen Ursprünglichkeit und Naivität. Bezeichnend ist, wie sie von den beiden gebildeten Städtern, die diesem Zustand schon recht fern stehen, wahrgenommen wird:

> Ungesehen von dem Mädchen konnte er [Reinhard] dasselbe eine Weile beobachten; er stand betroffen beim ersten Anblick. Das war ein Antlitz voll seligen, ungetrübten Friedens, eine süße Ruhe war auf den Wangen ausgebreitet; diese Züge hatte noch nie eine Leidenschaft durchtobt, oder ein wilder Schmerz, ein Reuegefühl verzerrt, dieser feine Mund konnte nichts Heftiges, nichts Niedriges aussprechen, eine fast gleichmäßige zarte Röte durchhauchte Wange, Stirn und Kinn, und wie das Mädchen jetzt mit niedergeschlagenen Augen das Bügeleisen still auf der Halskrause hielt, war's wie der Anblick eines schlafenden Kindes.[13]

In der Beschreibung Lorles durch Reinhard erkennt man die Beschreibung des Bauern durch Auerbach in *Schrift und Volk* wieder: Lorles jugendliche Unschuld erscheint als Pendant des noch in sich ruhenden, ursprünglichen Bewusstseins des Bauernstandes, der erst durch historische Erfahrungen zu Selbstbewusstsein finden kann. Die Betrachtung des weiteren Handlungsverlaufs – nämlich den Erstkontakt des unschuldigen Kindes mit anderen kulturellen Sphären und die Entwicklung von Selbstbewusstsein – lässt es als legitim erscheinen, in der Figur ein Symbol für den noch historisch ‚unschuldigen' Bauernstand, ja die ursprüngliche Menschheit selbst zu sehen.[14] Der Wirt der Dorfschänke kann durchaus zutreffend behaupten: „Wir stammen alle vom Bauern ab [...], der Erzvater Adam ist seines Zeichens ein Bauer gewesen."[15]

Die beiden begeisterten Städter haben trotz – oder gerade wegen – dieser unentfremdeten Zustände Verständigungsschwierigkeiten. Insbesondere Adalbert mit seinen romantischen Ideen hat bereits vor aller Anschauung einen bestimmten Begriff von den Landleuten und wirkt dadurch herablassend und despektierlich auf die ländliche Bevölkerung. Insbesondere hat er einen sozusagen „antiquarischen" Blick auf diese Schicht und betrachtet sie insofern als „vollendet", als man

---

12 Auerbach: Schrift und Volk (Anm. 9), S. 11.
13 Auerbach: Frau Professorin (Anm. 10), S. 14f.
14 Vgl. auch Auerbach: Frau Professorin (Anm. 10), S. 18, 19, 25, 29, 31, 39, 87f.
15 Auerbach: Frau Professorin (Anm. 10), S. 7.

an diesem Idealzustand nichts verändern dürfe. In der Stadt wirft er Reinhard folgerichtig vor, er „kunstgärtnere" mit Lorle.[16] Dem Künstler, dem zugemutet wird, das Volk nicht romantisch-abstrakt, sondern „realistisch" zu sehen, gelingt es dagegen schließlich, in ein harmonisches Verhältnis zu den Bauern zu treten und namentlich Lorle zu verstehen und in ihrer Eigenart anzuerkennen.

Entscheidend ist jedoch, dass die Verständigung mit den Bauern nicht zufällig gelingt, sondern die Städter sich selbst in den Bauern wiederentdecken können, wenn es ihnen gelingt, ihre historisch bedingte kulturelle Entfremdung vom gemeinsamen Ursprung zu überwinden. In diesen Situationen stellt sich die Erkenntnis einer substantiellen Identität mit den Bauern ein; und dort, wo deren Volkstümlichkeit ihren reinsten Ausdruck findet – so im Volkslied und in der Religion – finden sich die Städter in ihrem Wesen und ihrer Seele mit den Bauern übereinstimmend. So sind Lorle und Reinhard nach einem gemeinsamen Kirchgang „tief erschüttert, wie von einer überirdischen Macht erregt", und trotz dieser metaphysischen Erregung „war es auch ihr eigener Wille",[17] der durch die Messe angesprochen wurde.

Diese metaphysische Macht, die die zerstreuten gesellschaftlichen Individuen eint, kann nicht nur als Gott, sondern auch als jener Welt- bzw. Volksgeist gedeutet werden, den Auerbach zum Axiom und Gegenstand seiner historischen und poetologischen Überlegungen gemacht hatte. In seinem *Lauterbacher* schreibt er: „Die stetige und fast unbewegliche Macht des Volkstums, des Volksgeistes, ist eine heilige Naturmacht; sie bildet den Schwerpunkt des Erdenlebens, und ich möchte wiederum sagen, die *vis inertiae* im Leben der Menschheit."[18] Alle soziale Uneinigkeit erweist sich auf diese Weise als bloß historisch-akzidentielle Entfernung von einem gemeinsamen Ursprung. Denn obwohl der Städter ebenso wie der Bauer Teil des Volks ist, hat er seine Volkstümlichkeit durch eine Reihe künstlicher und abstrakter Denkweisen aus dem Blick und an das ‚bürgerlich-atomistische Zeitalter' verloren.[19]

Das Problem der „Verstellung" der ursprünglichen Zugehörigkeit zur Totalität des Volksganzen und der daraus resultierenden Verständigungsprobleme findet sich in der gesamten Erzählung[20] und wohl auch schon von Beginn an in Auer-

---

16 Vgl. Auerbach: Frau Professorin (Anm. 10), S. 87 f.
17 Auerbach: Frau Professorin (Anm. 10), S. 45.
18 Berthold Auerbach: Der Lauterbacher. In: B. A.: Sämtliche Schwarzwälder Dorfgeschichten. Volksausgabe in zehn Bänden. Stuttgart 1884, Bd. 2, S. 96.
19 Vgl. Auerbach: Schrift und Volk (Anm. 9), S. 104.
20 Vgl. Auerbach: Frau Professorin (Anm. 10), S. 102 f.: Lorle kümmert sich in der Stadt um eine kranke alte Frau; der Erzähler merkt dazu an: „Die Kranke war eine Frau voll ruhigen schönen Verständnisses für das Wesen Lorles, da sie dieselbe nicht zuerst durch Reden und Unterhalten,

bachs Œuvre.²¹ Ganz folgerichtig ahnt Lorle schon unterwegs in die Stadt „dunkel, welchen kleinlichen, engbrüstigen Verhältnissen sie entgegen gingen".²² Ihre Befürchtungen bestätigen sich. Die Lebensverhältnisse sind von Ignoranz und Unterordnung geprägt. Die Unterhaltung dreht sich außerdem hauptsächlich um die Zustände am Hof, und Lorle „fühlte wohl die Erbärmlichkeit eines solchen Lebens, wo man, statt an eigener gesunder Kost sich zu erfreuen, nach den Brosamen und dem Abhub der vornehmen Welt hascht."²³

Nun ist aber selbst in diesen entfremdeten Verhältnissen nicht alle Hoffnung verloren, denn „die Menschen sind doch überall gleich, nur kennen sie in der Stadt einander nicht."²⁴ Lorle mit ihrer unverwüstlich-gesunden Volkstümlichkeit anerkennt die Zweckmäßigkeit des Straßenbaus, fühlt sich von einer – allerdings schon alten und sterbenden – Frau verstanden und gewinnt immerhin ein gewisses Verständnis für Beethoven und die Oper. Überhaupt könne „eine allgemeine Bildung [...] auch hier bestimmte Anknüpfungen finden lassen, denn sie verbindet mit Menschen, die auf fernen Bahnen wandelnd doch dieselben allgemeinen Lebenseindrücke, dieselben Interessen in sich hegen".²⁵

Bildung ist dann auch das Prinzip, das die bürgerliche Gesellschaft hierarchisiert – so bemerkt Reinhard in einer Diskussionsrunde aus „Advokaten, Aerzte[n], Kaufleute[n] und Techniker[n]", die „sich im Kampfe erhitzten, als ob sie vom Forum, aus der Volksversammlung kämen oder sich darauf vorbereiteten", dass auch hier ein „monarchische[r] Mittelpunkt[ ]" vorhanden sei. Und zwar Adalbert, dessen „machtvolle Stimme und sein ausgebreitetes Wissen [...] ihm diese Würde ohne alle Etikette" bescheren.²⁶ Hier wird die Möglichkeit der Aufhebung des ständischen Systems und dessen Ersetzung durch eine freie Assoziation von Bürgern auf der Grundlage von Bildung angedeutet. Aber auch wenn der demokratisch gesonnenen Runde gegenüber der höfischen Gesellschaft eine eindeutige Überlegenheit attestiert wird, ist sie nicht das Ideal Auerbachs, dem es

---

sondern frischweg durch die That kennen lernte. [...] Lorle entnahm hieraus einen besonderen Trost: eine Stadtfrau hatte sie doch auch verstanden und ihr solche Liebe zugewendet." Vgl. auch S. 45, 48, 50, 103, 114 und S. 23, 37 (Verständigung Reinhards und Adalberts).

21 Vgl. etwa zum Problem moderner Individualität in Auerbachs Frühwerk Philip Ajouri: Gesellschaftlicher Wandel und Individualitätssemantik in Berthold Auerbachs Dichter und Kaufmann (1840). In: Jesko Reiling (Hg.): Berthold Auerbach (1812–1882). Werk und Wirkung. Heidelberg 2012 (Beiträge zur neueren Literaturgeschichte 302), S. 287–310.
22 Auerbach: Frau Professorin (Anm. 10), S. 75.
23 Auerbach: Frau Professorin (Anm. 10), S. 90.
24 Auerbach: Frau Professorin (Anm. 10), S. 82 f.
25 Auerbach: Frau Professorin (Anm. 10), S. 99.
26 Alle Zitate Auerbach: Frau Professorin (Anm. 10), S. 93.

um eine harmonische und *organische* – nicht um eine künstlich-hierarchische – Assoziation aller auf der Grundlage des Volkes und dessen Volkstümlichkeit ging.

Die höfische Welt ist ihrem Volksursprung am meisten entfremdet. Sowohl Lorle als auch Reinhard sind dort Fremde – beide reagieren gemäß ihrer jeweiligen geistigen Entwicklung auf die Verhältnisse, die der Inbegriff der Starrheit und Unbeweglichkeit des Denkens sind. Reinhard ist es „wie wenn man aus freiem Felde in ein dumpfes Gemach tritt; die darinnen waren, wissen nichts von der gepreßten Luft, aber dem Eintretenden beengt sie die Brust".[27] Es kommt erschwerend hinzu, dass die „Ausländer", hier: die Briten, einen so starken Einfluss am Hof haben, was sich dem gesunden Verhältnis zum eigenen Volksgeist als abträglich erweist. In den Kategorien des Hofes zu denken, erscheint somit als aussichtslos. Während Reinhard es nicht geschafft hat, „sein häusliches Heiligtum dem Hofe zu entziehen", beweist Lorle während ihrer kurzen Audienz beim Prinzen ihre „unzerstörbare[ ] Naturkraft"[28] und bewährt sich als ‚unzähmbare Naturfrau'.[29]

Auerbach entfaltet in der *Frau Professorin* ein gesellschaftliches Panorama, das es ermöglicht, die ‚Totalität' des Volkes in all seinen typischen gesellschaftlichen Zusammenhängen in einer bestimmten historischen Situation darzustellen. Die Figuren verhalten sich ihren sozialen Räumen gemäß. Im Sinne Auerbachs sind sie soziale Typen: „Die Poesie, die sich dem Leben anschließt, hebt nun nothwendig Charaktere aus der sogenannten Masse heraus, sie als Typen aber mit individuellem Leben betrachtend."[30] Und schließlich geht es Auerbach auch um die Einlösung dessen, was er als Bestimmung des Dichters postuliert hatte: Dieser sollte ja ‚Prophet' sein und poetisch vorwegnehmen, was sich aus dem Chaos der Gegenwart entwickeln würde.[31] *Einen* ‚Vorschein' dieser Entwicklung findet der Leser in der *Frau Professorin* nämlich ohne Zweifel, insofern die vordergründige Handlung die Grundlage für eine darüber hinausgehende, der Erzählung immanente *historische Prognose* darstellt: Es geht um nichts geringeres als eine Nation, die sich durch den Zusammenschluss der selbstbewussten Totalität des Volkes zu

---

27 Auerbach: Frau Professorin (Anm. 10), S. 84.
28 Auerbach: Frau Professorin (Anm. 10), S. 98, 99.
29 Vgl. Wolfgang Lukas: Die ‚fremde Frau'. Berthold Auerbachs Dorfgeschichte und Künstlernovelle *Die Frau Professorin* und ihre Rezeption bei Theodor Storm in *Immensee*. In: Jesko Reiling (Hg.): Berthold Auerbach (1812–1882). Werk und Wirkung. Heidelberg 2012 (Beiträge zur neueren Literaturgeschichte 302), S. 151–172, v. a. S. 158–162.
30 Auerbach: Schrift und Volk (Anm. 9), S. 105.
31 Auerbach: Schrift und Volk (Anm. 9), S. 14 f.

einem organischen Staatsleben herausbildet; darum, „daß die Staatsmaschine vor dem organischen Leben zurücktrete."³²

Der ästhetische Versuch einer Einlösung dieser historischen Theorie operiert mit der Darstellung der sozialen Typen und ihrer jeweiligen ,Wahrheit' und ,Vitalität'. Der ,Volksgeist' kann von den überkommenen Beharrungskräften höchstes noch ignoriert werden. Dass dies aber keine sehr aussichtsreiche Strategie ist, wird durch die Hinfälligkeit der bürgerlichen und höfischen Verhältnisse ästhetisch vorgeführt und gleichzeitig bewiesen. Denn ihnen gegenüber hatte sich die Volkstümlichkeit Lorles als überlegen erwiesen. Die Tendenz von Auerbachs Kunst besteht darin, diesen Gedanken aus der geschichtsphilosophischen Theorie in die ästhetische Praxis zu überführen. In *Schrift und Volk* fasst er zusammen:

> Wir Deutschen haben keinen nationalen Mittelpunkt, wir haben keine Typen des Nationallebens. Wir sind auch darin das Weltvolk, daß wir nicht nur das Fremde leicht in uns aufnehmen, sondern auch in uns selber die größte Mannigfaltigkeit darstellen. Seit lange nur auf innere Freiheit des Individuums hingewiesen, die nicht zu fesseln und zu binden ist von äußeren Gewalten, hat sich das individuelle Leben, losgetrennt von aller Gemeinsamkeit, bei uns am unfügsamsten ausgebildet. So bei einzelnen Menschen, so bei den Volksstämmen. Der Schritt über die subjective Poesie hinaus zur provinzialen bezeichnet schon ein Eingehen in eine Gemeinsamkeit. Ist es nun wohl eine zu hoch getriebene Erwartung, wenn wir von der provinzialen Poesie aus den Gang zu einer erneuten volksthümlichen und nationalen erwarten?³³

Mit der Vorgabe, eine metonymisch für eine Totalität stehende Dorfgemeinschaft an der Schwelle einer historischen Bewegung bzw. „an den Rändern der ,Moderne'"³⁴ zu zeigen und dabei diverse Modelle der Nationalstaatsbildung zu diskursivieren,³⁵ hat Auerbach maßgeblich an der Entstehung einer zentralen Sinnvorgabe eines ganzen Genres mitgewirkt. Die frührealistische Dorfgeschichte ist mit anderen Worten eine *historische* Erzählung bzw., in der Formulierung Otto Ludwigs, der „Embryo des provinziellen historischen Romans".³⁶ Um im Bilde zu

---

32 Auerbach: Schrift und Volk (Anm. 9), S. 53. Vgl. auch die theoretischen Überlegungen ebd., S. 33, 55, 82f., 85, 105, 107.
33 Auerbach: Schrift und Volk (Anm. 9), S. 56f.
34 Michael Neumann/Marcus Twellmann: Dorfgeschichten. Anthropologie und Weltliteratur. In: Deutsche Vierteljahrsschrift für Literaturwissenschaft und Geistesgeschichte 88 (2014), S. 22–45, hier S. 23.
35 Marcus Twellmann: Literatur und Bürokratie im Vormärz. Zu Berthold Auerbachs Dorfgeschichten. In: Deutsche Vierteljahrsschrift für Literaturwissenschaft und Geistesgeschichte 86 (2012), S. 578–608, hier S. 581.
36 Otto Ludwig: Walter Scott (Bezüge zu Shakespeare). In: O. L.: Gesammelte Schriften, Bd. 6: Studien. Zweiter Band. Hg. von Adolf Stern und Erich Schmidt. Leipzig 1891, S. 84.

bleiben: Die Entwicklung vom Embryo zur ‚vollständigen Person' setzte eine *nationalstaatliche* Verfassung voraus, die um die Mitte des 19. Jahrhunderts noch nicht gegeben war – es sei denn in der Inauguration der dorfgeschichtlichen Prophetie.

Damit ist zugleich eine Reihe von Techniken und Verfahren des historischen Romans auf den Plan gerufen; etwa die Tendenz, historisches und lokales Kolorit in die „Totalität" einer abschlusshaften Fabel zu überführen – nicht als nebensächliches Ornat, sondern als das „Thema"[37] der Erzählung. In ihr geht es schließlich um den lokal sichtbar werdenden Prozess einer angenommenen „historischen Totalität",[38] d. h. hier: der deutschen Nationalstaatsbildung auf der Grundlage eines volkshaften Totums. So wie es vom Literaturkritiker Julian Schmidt als die Aufgabe des historischen Romans angesehen wurde, der Nation anhand weit zurückliegender historischer Ereignisse ins Bewusstsein zu bringen „daß sie eine Totalität sei",[39] war es die Aufgabe der Dorfgeschichte, dies anhand der provinziellen *Gegenwart* und dem „Reich der Alltäglichkeit"[40] zu erreichen. Die *Frau Professorin* Auerbachs enthält einen Teil der hierbei angewandten Figuren und Verfahren, die schließlich zu Konventionen und Topoi des ganzen Genres wurden.

III Das Beispiel *Barfüßele*

An Auerbachs *Barfüßele* von 1856 lässt sich zeigen, dass der Verfasser seine ursprüngliche ästhetische Konzeption reflektiert und weiterentwickelt hatte. Mit dieser Erzählung, die sowohl die erfolgreichste[41] als auch die am heftigsten kritisierte von Auerbachs Dorfgeschichten war, ist das Dorfgeschichtengenre auf gewisse Weise selbstreflexiv geworden. An ihr entzündete sich gleichzeitig am folgenreichsten die Kritik der Dorfgeschichte durch den programmatischen Realismus.[42]

---

37 Vgl. Paul Ricœur: Zeit und Erzählung, Bd. 1: Zeit und historische Erzählung. München 1988 (Übergänge 18/I), S. 106–108.
38 Georg Lukács: Der historische Roman [1937]. Berlin 1956, S. 28.
39 Julian Schmidt, Der vaterländische Roman [1852]. In: Max Bucher u. a. (Hg.): Realismus und Gründerzeit. Manifeste und Dokumente zur deutschen Literatur 1848–1880. 2 Bde. Stuttgart 1975/76, Bd. 2, S. 278–281, hier S. 281.
40 Ludwig: Walter Scott (Anm. 36), S. 96 f.
41 Werner Hahl: Gesellschaftlicher Konservatismus und literarischer Realismus. In: Max Bucher u. a. (Hg.): Realismus und Gründerzeit. Manifeste und Dokumente zur deutschen Literatur 1848–1880. 2 Bde. Stuttgart 1975/76, Bd. 1, S. 48–93, hier S. 51.
42 Vgl. Schönert: Berthold Auerbachs ‚Schwarzwälder Dorfgeschichten' (Anm. 2), S. 341.

Die Hauptfigur der Erzählung ist die barfüßige Vollwaise Amrei, die von der Dorfgemeinschaft am Leben erhalten wird, sich von der Gänsehirtin zur Magd emporarbeitet und schließlich nach nur geringem Widerstand des Vaters den Sohn eines Großbauern heiratet. Wer sich Amreis sozialer Karriere entgegensetzt, wird durch moralische Überlegenheit leicht bezwungen oder bekehrt. Die Stilisierung der Figuren zu ‚sozialen Typen', beinahe Klischees, lässt sich im *Barfüßele* besonders gut beobachten. Die gesamte Geschichte ist durchsetzt von umfangreichen Betrachtungen und Sentenzen und in einem meist sentimentalen, manchmal pathetischen Ton erzählt – jedenfalls weniger nüchtern als sonst bei Auerbach. Das *Barfüßele* nimmt im Œuvre Auerbachs eine Ausnahmestellung ein. In einem Brief vom 5. April 1856 an Jakob Auerbach erklärte Berthold Auerbach: „Ich spüre es, ich stehe stofflich und technisch an einem Wendepunkte, und ich hoffe, er führt zu Gutem." – Dennoch wurde die Geschichte durch die Literaturkritik zum (schlechten) Exempel für das gesamte Genre stilisiert. Auch von der Literaturwissenschaft wurde sie immer wieder als Beleg für den vermeintlichen Eskapismus oder die unkritische soziale Schönfärberei des Genres herangezogen.[43]

Eine Verharmlosung sozialer Missstände lässt sich in der Geschichte allerdings nur erkennen, wenn man sie als einfaches Märchen liest, in dem am Ende alle auf wunderbare Weise zu ihrem guten Recht kommen. Indessen lässt sich zeigen, dass gerade das Wunderbare und Unwahrscheinliche der Fabel selbst Gegenstand der Erzählung ist und als solcher reflektiert und kommentiert wird.

Als Beispiel soll eine Szene analysiert werden, in der der Kohlenbrenner, der dem Bruder Amreis für einige Zeit sein Unterkommen sichert, eine Geschichte erzählt. Der

> Kohlebrenner, der in der Nacht gern sprach, erzählte allerlei Wundergeschichten aus der Vergangenheit, [...] und jetzt eben berichtete er die Geschichte vom Schimmelreiter, der eine Wandlung des alten Heidengottes ist und überall Glanz und Pracht verbreitet und Glück ausgießt. Es gibt Sagen und Märchen, die sind für die Seele, was für das Auge das Hineinstarren in ein loderndes Feuer: wie das züngelt und sich verschlingt und in bunten Farben spielt, hier verlischt, dort ausbricht und plötzlich wieder alles in eine Flammenwoge sich erhebt. Und wendest du dich ab von der Flamme, so ist die Nacht noch dunkler. [...] Da hielt er inne; dort kam vom Berge herab ein Schimmel, und darauf sang es so lieblich. Will die Wunderwelt herabsteigen?[44]

---

43 Vgl. Jürgen Hein: Berthold Auerbach. *Barfüßele* (1856). Dorfgeschichte als Rettung der „Schönheit des Heimlichen und Beschränkten". In: Horst Denkler (Hg.): Romane und Erzählungen des bürgerlichen Realismus. Neue Interpretationen. Stuttgart 1989, S. 173–188, und auch Plumpe: Einleitung (Anm. 5), S. 72–74. Zuletzt Lehmann: ‚Bauernroman', ‚Dorfgeschichte' und ‚Dorfprosa' (Anm. 1), S. 125 f.
44 Berthold Auerbach: Barfüßele. In: B. A.: Sämtliche Schwarzwälder Dorfgeschichten. Volksausgabe in zehn Bänden, Bd. 6. Stuttgart 1884, S. 180 f.

Auf dem Schimmel sitzt Amrei mit ihrem ‚Märchenprinzen', dem Sohn des Großbauern. Diese Binnenerzählung, die an den Rändern fast bruchlos in die Rahmenerzählung übergeht, kann als poetologischer Kommentar zum *Barfüßele* verstanden werden. Als solcher sagt sie einerseits aus, dass Erzählen das Wunderbare, Nicht-Alltägliche und ‚Unrealistische' zum Gegenstand hat. Gleichzeitig wird dieses Wunderbare als Resultat einer narrativen *Konfiguration*, mithin als Artefakt ausgewiesen. Den Glanz und die Pracht des Heidengottes sucht man in der Dunkelheit schließlich zunächst vergebens.

Auf diese Weise wird auch das *Barfüßele* als Konstrukt ausgewiesen und der historische Kontext dieser Erzählung als ‚dunkle Nacht', in der das Glück nicht ohne gründliche ‚Verklärung' sichtbar ist. Diese „wunderbare" Geschichte – ständig wird das Wunderbare betont,[45] womit nur gemeint sein kann, dass die Geschichte aus der gewöhnlichen Ordnung der Dinge herausfällt – ist somit gerade durch ihre Unglaubwürdigkeit als Versuch einer Kritik der realen sozialen Verhältnisse zu verstehen und nicht als eine Suspendierung der Kritik.

Auch Jesko Reiling stellt heraus, dass Amreis Tagträume sich als „autopoetischer, metatextueller Kommentar zu Auerbachs Erzählung" verstehen lassen.[46] Amrei und ihr Bruder stünden „synekdochisch als Symbol für die Lage des deutschen Volkes in der Mitte des 19. Jahrhunderts".[47] Die Erzählung wiederum artikuliert durch ihre metatextuellen Verweise die Utopie einer Aufhebung der Entfremdung des Volkes in einem harmonischen und freien Zustand. Mangelndes Engagement kann der Dorfgeschichte also auch dann nicht vorgeworfen werden, wenn man das *Barfüßele* zum Maßstab der Betrachtung macht. Dass diese Erzählung aber nicht exemplarisch für das ganze Genre steht, ergibt sich aus ihrer ungewöhnlichen Reflexivität, die Auerbach als ein neuartiges Interesse an der bewussten künstlerischen „Construction" charakterisiert hatte:[48] So erkennt man zwar nach wie vor in der unschuldigen und moralisch überlegenen Amrei Auerbachs Gedanken von der unentfremdeten Volkstümlichkeit. Aber die Überlegenheit und Überzeugungskraft des unentfremdeten und ‚wahren' Standpunktes in der Totalität seiner Verhältnisse stellt sich nicht mehr wie von selbst ein. Vielmehr wird die Erzählung durch den Kommentar als Resultat einer Konstruktion ausgewiesen, die von der Wirklichkeit in entscheidenden Punkten abweicht.

---

45 Auerbach: Barfüßele (Anm. 44), S. 79, 86, 99, 135, 143, 164, 167, 174.
46 Jesko Reiling: Eine Literatur für alle. Auerbach und die Volkspoesie. In: J. R. (Hg.): Berthold Auerbach (1812–1882). Werk und Wirkung. Heidelberg 2012 (Beiträge zur neueren Literaturgeschichte 302), S. 97–120, hier S. 118.
47 Reiling: Eine Literatur für alle (Anm. 46), S. 118.
48 Auerbach: Briefe an seinen Freund Jakob Auerbach (Anm. 8), S. 100.

IV Reaktionen der Literaturkritik

Insofern überrascht es nicht, dass der Dorfgeschichte gerade ihr politisches und historisches Interesse, ihr ‚Engagement', von einzelnen Stimmen der Literaturkritik zum Vorwurf gemacht wurde. Heinrich Treitschke urteilt durchaus plausibel, wenn auch versnobt: „Selten nur aus der reinen Lust am Schönen entstanden, vermögen sie auch nur selten interesseloses Wohlgefallen zu erzeugen. Seht es Euch doch an, dies blasirte Publicum, das der Dorfgeschichten nicht müde wird."[49] Eine ähnliche Tendenz hat die Bemerkung Gustav Freytags von 1862, dass das Landleben inzwischen doch „bereits anderweitig nach vielen Richtungen Gegenstand eines ernsten Interesses geworden" sei.[50] Wichtige politische Reformen seien durchgeführt worden; das Dorfgeschichtenprojekt habe dementsprechend seinen Zweck erfüllt und könne beendet werden.

Auerbach, der für Teile der Literaturkritik zu einer Symbolfigur wurde, hatte ursprünglich bei der Etablierung der Dorfgeschichte als ‚literarische Institution' eine Schlüsselrolle eingenommen. Aufgrund seiner versöhnlichen Art war er selbst an manchen Höfen – wie dem in Weimar – angenommen worden. Seine diplomatische Sozialkritik war „die Brücke in die fünfziger Jahre, in den programmatischen Realismus" gewesen,[51] weil bloß eine ‚diplomatische' Sozialkritik vom bürgerlichen Konservatismus geduldet wurde. Aber nun brachte ausgerechnet das hartnäckige Festhalten am sozialen Interesse dem Publikum der Dorfgeschichten den Vorwurf ein, „blasirt" zu sein.[52]

Die recht pauschale Abwertung des Dorfgeschichtengenres am Ende der 50er Jahre wurde aber häufiger mit einem anderen, viel grundlegenderen Argument begründet, das sich scheinbar auf den Stil der Dorfgeschichten bezog, aber, wie im Folgenden gezeigt wird, mindestens ebenso sehr ein Problem mit der inhaltlichen Dimension ausdrückte.

Treitschke beispielsweise stellt pauschal fest, viele Dorfgeschichtenschreiber seien „ideenlose Nachahmer Auerbachs", deren Kunst teilweise „zu virtuoser Manier ausartet".[53] Schon früher war, etwa von Gustav Freytag, beanstandet

---

49 Heinrich Treitschke: Otto Ludwig [1859]. In: Max Bucher u. a. (Hg.): Realismus und Gründerzeit. Manifeste und Dokumente zur deutschen Literatur 1848–1880. 2 Bde. Stuttgart 1975/76, Bd. 2, S. 193–195, hier S. 195.
50 Gustav Freytag: Deutsche Dorfgeschichten [1862]. In: Max Bucher u. a. (Hg.): Realismus und Gründerzeit. Manifeste und Dokumente zur deutschen Literatur 1848–1880. 2 Bde. Stuttgart 1975/76, Bd. 2, S. 196f., hier S. 197.
51 Hahl: Gesellschaftlicher Konservatismus und literarischer Realismus (Anm. 41), S. 63.
52 Heinrich Treitschke: Otto Ludwig (Anm. 49), S. 195.
53 Treitschke: Otto Ludwig (Anm. 49), S. 195.

worden, die Dorfgeschichte tendiere leider dahin, ganz bewusst – und insofern ‚künstlich' – das Landleben „dem modernen Leben als Ganzes von schöner Einfachheit, ein Ideal von Kraft gegenüber zu stellen."[54] Doch spätestens mit dem *Barfüßele* wird Auerbach für einige Literaturkritiker zu einem wichtigen Argument, wenn es darum geht, ästhetische Verfehlungen des Dorfgeschichtengenres nachzuweisen. Von Julian Schmidt war ihm schon früher vorgehalten worden, er sei gegenüber dem Naturtalent Gotthelf zu manieriert, da „viel bewußtes"[55] in seiner Kunst liege. Anlässlich einer vernichtenden Besprechung des *Barfüßele* meint Rudolf Gottschall pauschal, die Dorfgeschichtenschreiber seien „einer unglücklichen Manier" verfallen.[56] Fragt man nach dem Gemeinsamen der zitierten Stimmen aus der Literaturkritik, fällt auf, dass alle Anstoß daran nehmen, dass die Dorfgeschichte sich in der bewussten Wiederholung von Konventionen erschöpfe und insofern ‚manieriert' sei.

Auffällig ist, dass mit keinem Wort die historische Erzählung der Dorfgeschichten beanstandet wird, der Nation liege das einigende Band einer positiven volkshaften Totalität zugrunde. Vielmehr konzentrieren sich die Einwände auf die ‚Bewusstheit' oder ‚Manieriertheit' der *Darstellung*. Allerdings wird in diesen Einwänden nicht trennscharf zwischen Stilistischem und Inhaltlichem unterschieden. Schließlich verändert eine Proposition über die historische Situation ihre epistemische Qualität, wenn ihr durch die gekünstelte oder ‚manierierte' Art der Darbietung auch die Information beigefügt wird, dass sie zunächst einmal das ist: eine Aussage im Medium der Kunst. In dem Fall handelt es sich nicht mehr um eine Darbietung der unmittelbaren historischen Realität, sondern um die Darbietung einer Aussage über diese Realität. Eine Entwicklung, die bloß äußerlich und ‚formal' geblieben wäre, hat Auerbach jedenfalls nicht vollzogen. Zwar erzählt das *Barfüßele* nach wie vor von einer historischen Wirklichkeit, die durch die positive Totalität des Volksgeistes bestimmt wird. Allerdings wird dieses Positive auf eine Weise dargeboten, die den Künstlichkeitscharakter der vitalen und volkshaften Totalität hervorhebt, so dass sie nicht mehr ohne Weiteres als genuines Element der Wirklichkeit selbst gelten kann. Auerbachs ‚Manier' wirkt sich deswegen gleichzeitig auch auf das Thema beziehungsweise den ‚Inhalt' des

---

54 Gustav Freytag: Deutsche Romane [1853]. In: Gerhard Plumpe (Hg.): Theorie des bürgerlichen Realismus. Eine Textsammlung. Stuttgart 1997, S. 212–217, hier S. 217.
55 Julian Schmidt: Die Märzpoeten [1850]. In: Max Bucher u. a. (Hg.): Realismus und Gründerzeit. Manifeste und Dokumente zur deutschen Literatur 1848–1880. 2 Bde. Stuttgart 1975/76, Bd. 2, S. 78–83, hier S. 81.
56 Rudolf Gottschall: Eine neue Dorfgeschichte [1857]. In: Max Bucher u. a. (Hg.): Realismus und Gründerzeit. Manifeste und Dokumente zur deutschen Literatur 1848–1880. 2 Bde. Stuttgart 1975/76, Bd. 2, S. 200–203, hier S. 203.

Barfüßele aus. In dieser Erzählung wurde das Konventionelle und Topische an der dorfgeschichtentypischen ‚Verklärung' der Wirklichkeit im Sinne eines sie durchwaltenden Volks- oder Nationalgeistes reflektiert und in den künstlerischen Prozess aufgenommen, so dass die Manierismus-Diagnose nur folgerichtig erscheint.

Mit dieser Diagnose verbinden die zitierten Literaturkritiker offenbar eine negative Kritik. Der positive Maßstab einer solchen Kritik kann jedoch nur sein, dass die Kunst sich ihrer Künstlichkeit gerade *nicht* bewusst sein sollte. Die grundlegenden Operationen der Kunst sollten unbewusst bleiben. Mehr noch: Die Poesie sollte überhaupt nicht ‚künstlich' sein, sondern einen Ausschnitt der Wirklichkeit selbst darbieten. Literatur sollte, mit anderen Worten, ‚realistisch' sein in dem Sinne, dass das Schöne mit dem Realen bereits *vor* den gestaltenden Operationen des Künstlers identisch sei: „Der Realismus der Poesie wird dann zu erfreulichen Kunstwerken führen, wenn er *in der Wirklichkeit* zugleich die positive Seite aufsucht", führte Julian Schmidt im Erscheinungsjahr des *Barfüßele* programmatisch aus.[57] Mit der Überzeugung, dass die Nation bereits vor jeder literarischen Manier „eine Totalität sei",[58] die bloß gezeigt, nicht aber eigens hergestellt werden muss, formuliert Julian Schmidt eines der theoretischen Fundamente des realistischen Literaturprogramms.[59]

Dass diese Auffassung durchaus mit guten Gründen angezweifelt werden kann, wurde nicht erst durch die kommenden Dezennien evident; sie war bereits in Julian Schmidts Gegenwart nicht über jeden Zweifel erhaben, wie die poetische Entwicklung Auerbachs zeigt. Die Entwicklung zum Manierismus im Sinne einer Demonstration *bewusster* Kunstfertigkeit lag für Auerbach in der Logik der allgemeinen historischen Entwicklung. Die 1846 poetologisch-theoretisch in *Schrift und Volk* und ästhetisch-praktisch in *Frau Professorin* dokumentierten sozialen und politischen Erwartungen und Hoffnungen wurden schließlich bereits zwei Jahre später im Zuge der ‚Märzrevolution' enttäuscht. Auerbachs Briefe an seinen Freund Jakob Auerbach dokumentieren seine beginnende Desillusionierung. Am 7. Mai 1850 schreibt er:

> Unser Vertrauen und unsere Hoffnung hat in den Revolutionsjahren einen schmählichen Bankerott erlebt, aber wir müssen frischauf bleiben, und meine Ueberzeugung ist: wie im privaten Leben so auch im allgemeinen ist das Glück in unsere Hand gegeben, wenn wir

---

57 Julian Schmidt: Der neueste englische Roman und das Princip des Realismus [1856]. In: Max Bucher u. a. (Hg.): Realismus und Gründerzeit. Manifeste und Dokumente zur deutschen Literatur 1848–1880. 2 Bde. Stuttgart 1975/76, Bd. 2, S. 90–94, hier S. 94 (Herv. S. B.).
58 Julian Schmidt: Der vaterländische Roman (Anm. 39), S. 281.
59 Dazu s. Plumpe: Einleitung (Anm. 5), S. 76.

arbeiten, das äußere Sein und unsere Ansichten recht zu gestalten, der Stimmungen Meister zu werden. Noch ist überall aus Muthwillen und Feigheit entstandenes Chaos, noch hab ich keine volle schöne Zuversicht, wie und was werden soll, ich fühle mich nach diesen letzten Jahren als ob ich von einem Schiff käme, aber ich weiß, der feste Halt, mindestens im Geiste, wird wieder kommen, und so harre ich still seiner und arbeite in mir ganz wie ein neu beginnender Mensch. Ich kann dir das alles nicht so sagen, du mußt dir das schon ausdeuten.[60]

In dem Maße aber, in dem Auerbachs Utopie der Selbstverwirklichung einer volkshaften Totalität ein Nicht-Ort blieb, musste die historische Erzählung, die dem naiv-symbolischen Dorfgeschichtengenre von Beginn an immanent war, einen rein topischen Charakter erhalten.

Die verschiedenen kritischen Beanstandungen an Auerbachs stilistischer Entwicklung, seiner ‚Manier', durch einzelne Stimmen aus der Literaturkritik können mit Paul de Mans Theorie des Symbols auf einen theoretischen Nenner gebracht werden. In de Mans Terminologie kann man die Entwicklung Auerbachs und – wenn man den Verallgemeinerungen einiger seiner Zeitgenossen folgen möchte – die Entwicklung des Dorfgeschichtengenres als Schritt vom Symbol der volkshaften Totalität zur Allegorie derselben beschreiben.

Während das Symbol noch an der Wirklichkeit, die es bezeichnen soll, teilhat, korrespondiert die Allegorie nicht mehr direkt mit der Wirklichkeit, die sie bezeichnet. Sie verhält sich ‚indifferent' gegenüber dem konkret Bezeichneten und leugnet nicht die Differenz zwischen ihrem konventionellen Gehalt und ihrem Signifikat. Auch dem Künstler ist diese Differenz bewusst:

> Während das Symbol die Möglichkeit einer Identität oder Identifikation postuliert, bezeichnet die Allegorie in erster Linie eine Distanz in Bezug auf ihren eigenen Ursprung, und indem sie dem Wunsch und der Sehnsucht nach dem Identischwerden entsagt, richtet sie sich als Sprachform in der Leere dieser zeitlichen Differenz ein. Damit bewahrt sie das Ich vor einer illusionären Identifikation mit dem Nicht-Ich, das nun erst, wenn auch unter Schmerzen, ungeschmälert als Nicht-Ich erkannt wird.[61]

Die ‚Schmerzen' Auerbachs stellte durchaus zutreffend auch Julian Schmidt heraus. Dem Schweizer Jeremias Gotthelf stellt er den „elegischen" Deutschen Au-

---

60 Auerbach: Briefe an seinen Freund Jakob Auerbach (Anm. 8), S. 79f.
61 Paul de Man: Allegorie und Symbol [1969]. In: P. d. M.: Die Ideologie des Ästhetischen. Frankfurt a.M. 1993, S. 83–130, hier S. 88. Mit größerem zeitlichen Abstand, am 1. Mai 1880, resümiert Auerbach: „Ohne daß ich es wußte und wollte (denn ich schrieb damals die Geschichten aus tiefstem Heimweh) traf ich in den Dorfgeschichten mit einem Zuge der Zeit zusammen, daß in dem politischen Hoffnungsmuth und Aufstreben, Leute aus dem Volk interessant und willkommen waren. Das ist jetzt vorbei in dem Pessimismus einerseits und andererseits in dem Schreck vor der Sozialdemokratie." – Auerbach: Briefe an seinen Freund Jakob Auerbach (Anm. 8), S.431.

erbach gegenüber: „Der Deutsche, in dem großen Zusammenhang des Idealismus aufgewachsen, erkennt mit stiller Trauer die Notwendigkeit des Auflösungsprocesses; der Schweizer, der außerhalb dieser Gegensätze steht, weiß nur von endlichen Schwächen und Bedenken".[62] Anders als es Schmidt sah, war die „Trauer" Auerbachs nicht bloß einem stattfindenden Auflösungsprozess geschuldet, sondern auch einem ausbleibenden Aufhebungsprozess im Zeichen eines Volksgeistes. Dem Ausbleiben einer konkreten historischen Entsprechung zur künstlerischen Form korrespondierte bei Auerbach – mit den Worten de Mans – das Bewusstsein von ‚der Leere' des historischen Raums gegenüber den eigenen, im Medium der Kunst formulierten Hoffnungen auf eine Versöhnung der sozialen Gegensätze im Zeichen der Totalität des Volksgeistes. Gerade diese in den Manierismus führende Bewusstheit wurde Auerbach von manchen Zeitgenossen als Schwäche des poetischen Stils angekreidet, da mit ihr automatisch auch eine Relativierung des poetischen ‚Inhalts' einhergehen musste.

Über die inhaltlichen Resultate des allegorischen Stils wollten Auerbachs Kritiker vielleicht gar nicht diskutieren und haben sich in ihrer Kritik daher eher auf die vermeintlich bloß äußerlich bleibende Form der Erzählung konzentriert. Jedenfalls wollten sich die angeführten Literaturkritiker, anders als Auerbach, nicht von einem überkommenen Erzählmuster distanzieren. Es stand nichts Geringeres als eine historische Zielvorstellung der gelingenden Versöhnung sozialer Gegensätze in einem nationalen Ganzen auf dem Spiel. Dieses Ganze der Nation sollte durch eine Einheit der einzelnen sozialen Gruppen garantiert sein, die den Individuen zwar noch gar nicht bewusst war, aber theoretisch durch Bildung gewonnen werden konnte.

Dass die ambitionierte Dorfgeschichte sich im Laufe der 50er Jahre zunehmend in der allegorisch ausgedrückten ‚Leere' des historischen Raums einrichtete, führte deswegen zum Ende der Wohlwollensbekundungen der programmatisch-realistischen Literaturkritik. Diese sah mit dem allegorischen Stil Auerbachs nämlich einen wesentlichen Inhalt ihres eigenen Programms in Frage gestellt. Sie wollte am *Symbol*charakter der historischen Erzählungen einer volkshaften Totalität festhalten – und mithin an der Vorstellung eines bereits unmittelbar in der Realität positiv ‚gefüllten' historischen Raumes, der bloß noch durch die Kunst ‚entdeckt' werden musste. Die Literaturkritik strebte somit eine Erneuerung der historischen Perspektive in der literarischen Öffentlichkeit an – man könnte auch sagen: In wesentlichen Punkten wurde eine Restauration der historischen Ori-

---

[62] Julian Schmidt: Geschichte der deutschen Literatur im neunzehnten Jahrhundert [1855]. In: Max Bucher u. a. (Hg.): Realismus und Gründerzeit. Manifeste und Dokumente zur deutschen Literatur 1848–1880. 2 Bde. Stuttgart 1975/76, Bd. 2, S. 176–178, hier S. 177.

entierung auf den Stand vor einer Dekade angestrebt. Missfallen äußerte sich dabei nicht wegen des poetischen Programms der Dorfgeschichten an sich; Kritik entzündet sich vielmehr an dessen bewusster, teils elegischer Reflexion in einem späteren Stadium des Genres.[63]

Stattdessen wurde die Idee der einheitsstiftenden, historischen Totalität der deutschen Nation im Realismus programmatisch beibehalten und über den Topos des Bauernstandes hinaus „generalisiert":[64] Es sei, um die Bemerkung Gustav Freytags zu wiederholen, „sehr bedenklich, das beschränkte Leben dieses Standes, in zierlicher poetischer Verklärung dem Leben der Gebildeten, dem modernen Leben als Ganzes von schöner Einfachheit, ein Ideal von Kraft *gegenüber* zu stellen".[65] Die Gegenüberstellung der sozialen Milieus erübrigt sich in dem Moment, in dem angenommen wird, dass beide wesentlich zusammenfallen. Es gibt nach dieser Logik gar keinen Grund mehr, sich auf eines der Milieus zu beschränken, als die fehlende Initiative, vielleicht auch das fehlende Talent des Künstlers. Die Dorfgeschichtenproduktion sei dementsprechend „bei vielen Symptom einer mit sich selbst unzufriedenen Bildung, welche gerade genug Verstand hat, einzusehen, daß es ihr fehlt, aber nicht Kraft genug, dieses Fehlende zu erwerben".[66]

Mit dem Postulat von der Generalisierbarkeit der Dorfgeschichtenästhetik über den zentralen Gegenstandsbereich der ländlichen Milieus auf sämtliche sozialen Orte der Nation war zugleich das ästhetische Programm vorgegeben, das die literarische Produktion im bürgerlichen Realismus begleitete. Das Motivfeld sollte nicht auf den ländlichen Raum eingeengt werden, sondern das gesamte Leben umfassen, und das Interesse der Darstellung sollte nicht mehr kollektivistisch, sondern – im psychologischen Entwicklungsroman – individualistisch, d. h. auf persönliche Bildung abgestellt sein.

Dabei schloss der Bildungsbegriff des programmatischen Realismus erneut die naive Vorstellung eines geistigen Zusammenhangs der Wirklichkeit selbst ein, die Auerbach anfangs zum Thema seiner *Schwarzwälder Dorfgeschichten* gemacht hatte. Doch gerade im Genre des realistischen Entwicklungsromans zeigte die „Erfahrung einer ganz anderen Wirklichkeit" den *„ästhetizistische[n]* Charakter des Realismusprogramms: Poesie folgte nicht der Welt, diese sollte vielmehr der

---

63 Dass diese Kritik nicht immer sauber zwischen dem ganzen Genre und der ästhetischen Praxis Auerbachs unterschied, sei am Rande erwähnt.
64 Schönert: Berthold Auerbachs ‚Schwarzwälder Dorfgeschichten' (Anm. 2), S. 342.
65 Freytag: Deutsche Romane (Anm. 54), S. 217 (Herv. S. B.).
66 Freytag: Deutsche Romane (Anm. 54), S. 216.

Poesie Genüge tun."[67] Die Adoleszenzgeschichten der realistischen Entwicklungsromane lösten selten den idealistischen Bildungsgedanken ein.

Die energische Behauptung des Programms dürfte jedoch nicht zuletzt einem Unbehagen an moderner Individualität und Vereinzelung geschuldet sein, deren Überwindung von Beginn an Berthold Auerbachs Anliegen gewesen war: Die prophetischen Dichter, so hatte er in *Schrift und Volk* ausgeführt, „erlösen den dunkel und zerstreut in der Brust der Einzelnen wohnenden Geist, indem sie ihn klären und zusammenfassen, sie werden Verkündiger dessen, was aus den wirren Kämpfen der Einzelkräfte sich harmonisch entwickeln wird und soll".[68] Dieses Programm in dem Moment zu *erneuern*, in dem Auerbach und anderen das Problematische, ja Aporetische daran bewusst geworden war, dürfte die historische Pointe der Kritik von Schmidt, Freytag und anderen gewesen sein. Sie trägt zur Re-Stabilisierung einer sozialen Perspektive der literarischen Öffentlichkeit bei, die durch ihre historische Erprobung bereits instabil geworden war.

---

[67] Plumpe: Einleitung (Anm. 5), S. 83 (Herv. im Orig.).
[68] Auerbach: Briefe an seinen Freund Jakob Auerbach (Anm. 8), S. 15. Vgl. auch Ajouri: Gesellschaftlicher Wandel und Individualitätssemantik (Anm. 22), S. 309 f.

Geschichts- und Wissenschaftsdiskurse

Nikolas Immer
Mnemosyne dichtet

Lyrisches Erinnern in der Mitte des 19. Jahrhunderts

Gegen Ende des 19. Jahrhunderts dekretiert der Literaturkritiker Julius Hart, der soeben mit seinen *Kritischen Waffengängen* (1882–1884) die Formierung des Naturalismus entscheidend befördert hat,[1] welcher ästhetischen Maßgabe der moderne Künstler zu folgen habe: „Der Künstler soll Wirklichkeiten schaffen, wie die Natur selbst, kein Traumleben bedeutet sein Denken und Thun."[2] Hart äußert diese Forderung in seinem Essay *Was heißt eine „moderne" Poesie?*, der im Juli 1886 in der *Täglichen Rundschau* erscheint und der in der Hauptsache aus einer lyrikgeschichtlichen Rückschau auf das 19. Jahrhundert besteht. Der Literaturkritiker erinnert darin zunächst an den Philhellenismus Goethes, der geradezu eine Entgegnung der romantischen Dichter provozieren musste. Deren „Irrthum" habe vor allem darin bestanden, die griechische Antike durch das wiederentdeckte Mittelalter zu substituieren, um sodann in dieser künstlichen Vergangenheit heimisch zu werden:

> Die allgemeine Erschlaffung Europas nach den Stürmen der großen Revolution und der Napoleonischen Kriege, die Tage der heiligen Allianz und der Karlsbader Beschlüsse begünstigten das Vordringen weichlich-weibischer Frömmigkeit, dämmerndes Traumleben, mark- und kraftlose Flucht vor der Wirklichkeit. Eigentlichstes Element der Romantik ist jene unbestimmte, in leisen, verlorenen Tönen schluchzende, ganz in den Fesseln subjektiver Launen und Beschränktheiten gefangene Stimmungslyrik [...], welche hart an der Grenze des Dilettantismus liegt [...].[3]

Offensiv wendet sich Hart gegen den Eskapismus der Romantik, dem er die revolutionären Bestrebungen des ‚Jungen Deutschland' entgegensetzt. Schließlich sei es Dichtern wie Gutzkow, Wienbarg und Laube gelungen, die nationale Poesie „mit dem Geiste der Zeit zu durchtränken".[4] Doch die Ausrichtung der Literatur auf die aktuellen gesellschaftlichen Verhältnisse habe aus ihr freilich auch eine

---

[1] Vgl. Ingo Stöckmann: Der Wille zum Willen. Der Naturalismus und die Gründung der literarischen Moderne 1880–1900. Berlin/New York 2009 (Quellen und Forschungen zur Literatur- und Kulturgeschichte 52 [286]), S. 138f.
[2] Julius Hart: Was heißt eine „moderne" Poesie? In: Tägliche Rundschau. Zeitung für unparteiische Politik 6 (1886), Nr. 150 (1. Juli), S. 597f.; Nr. 151 (2. Juli), S. 601f.; hier S. 602.
[3] Hart: Poesie (Anm. 2), S. 598.
[4] Hart: Poesie (Anm. 2), S. 597.

„Schleppträgerin der Politik" gemacht.⁵ Das Ziel, moderne Lyrik zu schreiben, werde notwendig verfehlt, beschränkten sich die Dichter allein auf die rein äußerliche Erfüllung des Modernitätsgebots. Im Ergebnis käme es zu jenem qualitativen Niedergang der Poesie, den Hart in der zweiten Hälfte des 19. Jahrhunderts zu erkennen meint:

> Eine Lyrik, die alle Pindarischen Elemente ablehnt, großes Geistes- und Gedankenleben auszutönen vermeidet und statt bedeutsame leidenschaftliche Gestalten zu zeichnen, ihr letztes Heil in der Nachahmung Heine'scher Aphoristik findet und nur mehr oder weniger trübe und heitere Stimmungen und schwächliche Naturschwärmereien mit geringen Abwechselungen wiederzugeben weiß, kann dem tausendfachen Ringen und gewaltigen Kämpfen des modernen Lebens nicht gerecht werden. Sie ist nicht zeitlos, sondern verschwommen und charakterlos; der Poet sitzt, trunken von sich selbst, blind und taub, am offenen Markte, und starrt wie ein Fakir stier auf seinen Nabel nieder.⁶

Die Alternative zu dieser regressiven Entwicklung kann nur in einer Neuprofilierung moderner Lyrik bestehen. Mit Verweis auf die programmatische Anthologie *Moderne Dichter-Charaktere* (1885) soll sich der lyrische Künstler vom Typus des selbstbespiegelnden Fakirs emanzipieren und wieder, so Hermann Conradi, „Hüter und Heger, Führer und Tröster, Pfadfinder und Weggeleiter, [...] [Arzt] und Priester der Menschen" sein.⁷ Bis zur Vorstellung eines Dichterpropheten, wie sie Stefan George um die Jahrhundertwende entfalten wird, ist es dann nur noch ein kleiner Schritt.

Trotz ihrer literaturpolitischen Implikationen bietet Harts Rückschau nicht nur einen vorläufigen Überblick über die konzeptionell disparaten Lyrikströmungen des 19. Jahrhunderts, sondern bestätigt auch die von Steffen Martus, Stefan Scherer und Claudia Stockinger getroffene Feststellung, dass die Lyrik dieser Periode als „Ferment einer im Umbruch befindlichen Kultur" anzusehen ist.⁸ Die enorme Bedeutung dieses ‚Gärungsmittels' für die Kommunikationskultur stellen die drei Herausgeber im Vorwort ihres Sammelbandes *Lyrik im 19. Jahrhundert* heraus: „Lyrik ist *das* massenhaft verbreitete literarische Kommunikationsmedium des 19. Jahrhunderts."⁹ Diese Aussage gründet vor allem auf einem

---

5 Hart: Poesie (Anm. 2), (Anm. 2), S. 601.
6 Hart: Poesie (Anm. 2), (Anm. 2), S. 602.
7 Hermann Conradi: Unser Credo. In: Wilhelm Arent (Hg.): Moderne Dichter-Charaktere. Mit Einleitungen von Hermann Conradi und Karl Henckell. Berlin 1885, S. I–IV, hier S. III.
8 Steffen Martus/Stefan Scherer/Claudia Stockinger: Einleitung. Lyrik im 19. Jahrhundert – Perspektiven der Forschung. In: S. M./S. S./C. S. (Hg.): Lyrik im 19. Jahrhundert – Gattungspoetik als Reflexionsmedium der Kultur. Bern u. a. 2005 (Publikationen zur Zeitschrift für Germanistik NF 11), S. 9–30, hier S. 16.
9 Martus/Scherer/Stockinger: Einleitung (Anm. 8), S. 15.

Befund Joachim Barks, demzufolge die Zahl der Autoren, die im 19. Jahrhundert Lyrik veröffentlichen, auf eine Menge von ca. 20.000 anwächst – auch wenn nur knapp 100 von ihnen noch in der Forschung berücksichtigt werden.[10] Wie schon an Harts kritischer Haltung sichtbar geworden ist, begegnen bereits die Zeitgenossen dieser massenhaften Produktion von Gedichten mit deutlicher Reserviertheit bis Ablehnung.[11] Dies vergegenwärtigt exemplarisch eine im Mai 1849 veröffentlichte Stellungnahme eines anonymen Autors: „Unsere Zeit ist ganz und gar nicht lyrisch, und doch wurden nie mehr Gedichte veröffentlicht als gerade jetzt."[12]

Ausschlaggebend für das rasante Anwachsen der Lyrikproduktion ist neben den technischen Verbesserungen der Distribution zum einen die institutionelle Vermittlung und Verbreitung poetischer Werke. Wie Günter Häntzschel dargelegt hat, avanciert die Lyrik in der zweiten Hälfte des 19. Jahrhunderts insbesondere zur „Domäne der [höheren] Mädchenschulen".[13] Darüber hinaus kommt sie verstärkt in der Liedkultur der wiederum männlich geprägten Berufsvereine, aber auch im Kontext religiöser Frömmigkeit zur Geltung.[14] Zum anderen führt die Etablierung neuer Publikationsformate zur Erschließung einer größeren Leserschaft, zu denen neben den literarischen Zeitschriften und Familienblättern in erster Linie die Lyrikanthologien zählen. Während Jürgen Fohrmann konstatiert, dass im 19. Jahrhundert ca. 400 Lyrikanthologien erschienen sind, haben Peter Hühn und Jörg Schönert in jüngerer Zeit festgestellt, dass in den Jahren zwischen 1840 und dem Ende des Ersten Weltkriegs ca. 4.000 bis 5.000 Lyrikanthologien veröffentlicht wurden.[15] Ungeachtet der erkennbaren Differenz in der Beurteilung des

---

10 Vgl. Joachim Bark: Der Wuppertaler Dichterkreis. Untersuchungen zum Poeta Minor im 19. Jahrhundert. Bonn 1969 (Abhandlungen zur Kunst-, Musik- und Literaturwissenschaft 86), S. IX.
11 Vgl. Dorothea Ruprecht: Untersuchungen zum Lyrikverständnis in Kunsttheorie, Literarhistorie und Literaturkritik zwischen 1830 und 1860. Göttingen 1987 (Palaestra 281), S. 199.
12 Anon.: Zur Geschichte der neuesten Lyrik. In: Blätter für literarische Unterhaltung 1849, Nr. 118 (17. Mai), S. 469–471; Nr. 119 (18. Mai), S. 473–475; Nr. 120 (19. Mai), S. 477f.; Nr. 121 (20. Mai), S. 481–483; hier S. 469. Dieses Zitat findet sich bereits bei Günter Häntzschel, der es in seinen lyrikgeschichtlichen Arbeiten mehrfach aufgegriffen hat. Vgl. Günter Häntzschel: „In zarte Frauenhand. Aus den Schätzen der Dichtkunst". Zur Trivialisierung der Lyrik in der zweiten Hälfte des 19. Jahrhunderts. In: Zeitschrift für deutsche Philologie 99 (1980), S. 199–226, hier S. 199.
13 Häntzschel: Frauenhand (Anm. 12), S. 204.
14 Vgl. Günter Häntzschel: Lyrik und Lyrik-Markt in der zweiten Hälfte des 19. Jahrhunderts. Fortschrittsbericht und Projektskizzierung. In: Internationales Archiv für Sozialgeschichte der deutschen Literatur 7 (1982), S. 199–246, hier S. 211–215.
15 Vgl. Jürgen Fohrmann: Lyrik. In: Edward McInnes/Gerhard Plumpe (Hg.): Bürgerlicher Realismus und Gründerzeit 1848–1890. München/Wien 1996 (Hansers Sozialgeschichte der deutschen Literatur vom 16. Jahrhundert bis zur Gegenwart 6), S. 394–461, hier S. 432; Peter Hühn/

Publikationsvolumens betont beispielsweise Friedrich Hebbel schon Mitte des 19. Jahrhunderts, dass man „in einer Zeit der Anthologien" lebe.[16] Nach der Konjunktur der Musenalmanache und literarischen Taschenbücher, die im ersten Drittel des 19. Jahrhunderts langsam zurückgeht, beginnt sich das Format der Lyrikanthologie zunehmend auf dem literarischen Markt zu behaupten.[17] Als eine der repräsentativsten Anthologien dieser Periode darf Theodor Echtermeyers *Auswahl deutscher Gedichte für höhere Schulen* angesehen werden, die 1836 zuerst erscheint, 1931 die 47. Auflage erlebt und 1954 von Benno von Wiese unter dem Titel *Deutsche Gedichte. Von den Anfängen bis zur Gegenwart* neu herausgegeben wird.[18] Auch wenn Echtermeyer die Sammlung anfangs nach didaktischen Prinzipien für den Schulgebrauch konzipiert, gewinnt sie zusehends den „Charakter" eines „poetischen Nationalschatzes", wie der seit der vierten Auflage amtierende Herausgeber Robert Heinrich Hiecke betont.[19]

Für die literarische Kommunikationskultur des 19. Jahrhunderts darf die Bedeutung der Lyrikanthologien für die Leserbildung keineswegs unterschätzt werden, da sie aufgrund ihrer hohen Verbreitung maßgeblich zur Kanonisierung der präsentierten Gedichte beitragen.[20] Darüber hinaus beeinflusst die thematische Gruppierung der lyrischen Dichtungen in Sektionen und ihre Kombination

---

Jörg Schönert: Beobachtete Beobachtungen in Lyrik-Texten und Lyrik-Diskussionen des 19. Jahrhunderts nach dem Ende der ‚Kunstperiode'. In: Steffen Martus/Stefan Scherer/Claudia Stockinger (Hg.): Lyrik im 19. Jahrhundert – Gattungspoetik als Reflexionsmedium der Kultur. Bern u. a. 2005 (Publikationen zur Zeitschrift für Germanistik NF 11), S. 419–439, hier S. 430.

16 Zit. nach Joachim Bark: Nicht nur Echtermeyer. Die Rolle der Lyrikanthologien für die Bildung von Kanon und Geschmack im 19. Jahrhundert. In: Ortwin Beisbart/Helga Bleckwenn (Hg.): Deutschunterricht und Lebenswelt in der Fachgeschichte. Frankfurt a. M. 1993 (Beiträge zur Geschichte des Deutschunterrichts 12), S. 131–140, hier S. 135.

17 Vgl. Günter Häntzschel: Prinzipien der vorliegenden Bibliographie. In: Günter Häntzschel (Hg., unter Mitarbeit von Sylvia Kucher und Andreas Schumann): Bibliographie der deutschsprachigen Lyrikanthologien 1840–1914. 2 Bde. München u. a. 1991 (Studien zur Philosophie und Literatur des neunzehnten Jahrhunderts 2), Bd. 1, S. 9–21, hier S. 10, wo Häntzschel den Beginn dieser Entwicklung um 1840 ansetzt.

18 Vgl. Kurt Abels: Kontinuität und Wandel am Beispiel einer Gedichtanthologie für die Schule. 150 Jahre „Echtermeyer". In: Wirkendes Wort 36 (1986), S. 67–75; Elisabeth Katharina Paefgen: Der „Echtermeyer" (1836–1981) – eine Gedichtanthologie für den Gebrauch in höheren Schulen. Darstellung und Auswertung seiner Geschichte im literatur- und kulturhistorischen Kontext. Frankfurt a. M. 1990 (Beiträge zur Geschichte des Deutschunterrichts 2).

19 [Robert Heinrich] Hiecke: Vorwort zur vierten Auflage [1846]. In: Theodor Echtermeyer (Hg.): Auswahl deutscher Gedichte für höhere Schulen. Halle [18]1872, S. V–X, hier S. VII.

20 Zur Vielfalt der Kanonisierungsformen im 19. Jahrhundert vgl. Ilonka Zimmer: Uhland im Kanon. Studien zur Praxis literarischer Kanonisierung im 19. und 20. Jahrhundert. Frankfurt a. M. 2009 (Siegener Schriften zur Kanonforschung 8), S. 46.

mit formal oder inhaltlich vergleichbaren Gedichten die Rezeption der einzelnen Texte.[21] Dabei ist freilich zu beachten, dass sich die bürgerlichen Anthologien nach 1850, wie Fohrmann exemplarisch dargelegt hat, „zunehmend auf die Belieferung der Innenperspektive – mittels alter Topoi" – konzentrieren.[22] Diese Verengung der inhaltlichen Ausrichtung korrespondiere mit dem ästhetischen Niedergang der lyrischen Dichtkunst ab Mitte des 19. Jahrhunderts,[23] oder, wenn man ihn am Tod Heines festmachen wolle, mit dem ‚Ende der Künstlerperiode'. Zwar orientierten sich die Dichter noch am stimmungshaften Gehalt romantischer Lyrik, tilgten aber die Einbindung in übergreifende poetologische Konzepte. Wie Fohrmann weiter ausführt, entpuppe sich „die Lyrik der Gründerzeit" als „reflexionslose Mimikry romantischer Poesie".[24] Angesichts solcher Einschätzungen fragt sich allerdings, ob der überwiegende Teil der deutschen Lyrik, der in der zweiten Hälfte des 19. Jahrhunderts publiziert wird, nicht eher eine zu Recht ‚vergessene Konstellation literarischer Kommunikation' der Phase zwischen 1840 und 1885 darstellt. Schließlich haben Hart aus publizistischer Sicht und – 110 Jahre später – Fohrmann aus wissenschaftshistorischer Sicht ein der Tendenz nach übereinstimmendes Urteil gefällt.

Demgegenüber ist prinzipiell einzuwenden, dass literaturkritische Einschätzungen, die einem vergleichsweise umfangreichen Korpus an Texten ihren ästhetischen Eigenwert pauschal abzusprechen versuchen, diesem bestenfalls bedingt oder nur schematisch gerecht werden. So ist mit Blick auf die Lyrik des 19. Jahrhunderts durchaus zu beobachten, dass Gedichte wiederholt als Reflexionsmedien funktionalisiert werden, ohne dass diese Verwendung allein auf die Konjunktur der sogenannten ‚Gedankenlyrik' beschränkt bliebe. Vielmehr ist festzustellen, dass lyrische Texte sowohl zum Ort poetologischer Selbstreflexion als auch zum Ort ästhetischer Zeitreflexion avancieren. Entwickelt sich im ersten Fall eine differenzierte poetologische Lyrik, die sich in Interaktion mit systema-

---

21 Zu den einzelnen Rezeptionskriterien vgl. Bark: Echtermeyer (Anm. 16), S. 135; Günter Häntzschel: Zum Forschungsstand. In: G. H.: Hg., unter Mitarbeit von Sylvia Kucher und Andreas Schumann): Bibliographie der deutschsprachigen Lyrikanthologien 1840–1914. 2 Bde. München u. a. 1991 (Studien zur Philosophie und Literatur des neunzehnten Jahrhunderts 2), Bd. 1, S. 3–7, hier S. 6 f. Vgl. schon Dietger Pforte: Die deutschsprachige Anthologie. Ein Beitrag zu ihrer Theorie. In: Joachim Bark/Dietger Pforte (Hg.): Die deutschsprachige Anthologie. 2 Bde. Frankfurt a. M. 1969–1970, Bd. 1, S. XII–CXXIV; Jörg Schönert: Die populären Lyrik-Anthologien in der zweiten Hälfte des 19. Jahrhunderts. Zum Zusammenhang von Anthologiewesen und Trivialliteraturforschung. In: Sprachkunst 9 (1978), S. 272–299.
22 Fohrmann: Lyrik (Anm. 15), S. 434.
23 Vgl. Ruprecht: Lyrikverständnis (Anm. 11), S. 208, mit einschlägigen zeitgenössischen Zitaten.
24 Fohrmann: Lyrik (Anm. 15), S. 425.

tischen Bestimmungsversuchen von lyrischer Dichtung herausbildet,[25] entsteht im zweiten Fall eine thematisch vielfältige Erinnerungslyrik, in deren Rahmen innovative Gestaltungsformen ‚ästhetischer Eigenzeitlichkeit' entworfen werden.[26] Dass die Erinnerungslyrik in der bisherigen Forschung nur marginal berücksichtigt worden ist,[27] mag nicht zuletzt damit zusammenhängen, dass sie in der zeitgenössischen poetologischen Reflexion überhaupt erst gegen Ende des 19. Jahrhunderts näher in den Blick rückt.[28] Gleichwohl belegen eine Reihe von mnemopoetischen Dichtungen, die die Voraussetzungen, den Prozess oder die Konsequenzen der Erinnerungsbildung selbst thematisieren,[29] die Manifestation der Erinnerungslyrik als dichterisches Phänomen. Um im Folgenden eine differenzierte Gattungszuordnung vornehmen zu können, soll unter Erinnerungslyrik die lyrikpoetische Repräsentation sowohl von individuellen als auch kollektiven Erinnerungsvorgängen, -ereignissen und -topoi verstanden werden. Das heißt in

---

25 Vgl. Sandra Pott: Poetiken. Poetologische Lyrik, Poetik und Ästhetik von Novalis bis Rilke. Berlin 2004; Sandra Pott: Poetologische Reflexion. Lyrik als Gattung in poetologischer Lyrik, Poetik und Ästhetik des 19. Jahrhunderts. In: Steffen Martus/Stefan Scherer/Claudia Stockinger (Hg.): Lyrik im 19. Jahrhundert – Gattungspoetik als Reflexionsmedium der Kultur. Bern u. a. 2005 (Publikationen zur Zeitschrift für Germanistik NF 11), S. 31–59.
26 Vgl. Michael Gamper/Helmut Hühn: Was sind Ästhetische Eigenzeiten? Hannover 2014 (Ästhetische Eigenzeiten 1).
27 Vgl. Markus Fauser: Intertextualität und Historismus in der Lyrik des 19. Jahrhunderts. In: Daniel Fulda/Silvia Serena Tschopp (Hg.): Geschichte und Literatur. Ein Kompendium zu ihrem Verhältnis von der Aufklärung bis zur Gegenwart. Berlin/New York 2002, S. 391–410; Günter Butzer/Joachim Jacob/Gerhard Kurz: „Und vieles / Wie auf den Schultern eine / Last von Scheitern ist / Zu behalten." Zum Widerstreit von Gedächtnis und Erinnerung an Beispielen aus der Lyrik des 16. bis 19. Jahrhunderts. In: Günter Oesterle (Hg.): Erinnerung, Gedächtnis, Wissen. Studien zur kulturwissenschaftlichen Gedächtnisforschung. Göttingen 2005 (Formen der Erinnerung 26), 265–296; Dirk Niefanger: Lyrik und Geschichtsdiskurs im 19. Jahrhundert. In: Steffen Martus/Stefan Scherer/Claudia Stockinger (Hg.): Lyrik im 19. Jahrhundert – Gattungspoetik als Reflexionsmedium der Kultur. Bern u. a. 2005 (Publikationen zur Zeitschrift für Germanistik NF 11), S. 165–181.
28 Während sich erste Ansätze bereits in Friedrich Theodor Vischers *Ästhetik* (1846–1857) finden, entwirft erst Wilhelm Dilthey eine auf die Lyrik ausgerichtete Reproduktionspoetik, die auf der Wirkungskraft von „Erinnerungsbilder[n]" (Wilhelm Dilthey: Das Erlebnis und die Dichtung. Lessing, Goethe, Novalis, Hölderlin. Vier Aufsätze. Leipzig 1906, S. 145) basiert. Grundgedanken dieses Konzepts hat Dilthey bereits in seinem 1877 verfassten und 1878 publizierten Aufsatz *Ueber die Einbildungskraft* der Dichter entfaltet. Vgl. Wilhelm Dilthey: Ueber die Einbildungskraft der Dichter. In: Zeitschrift für Völkerpsychologie und Sprachwissenschaft 10 (1878), H. 1, S. 42–104.
29 Vgl. exemplarisch die Gedichte *Erinnerung* aus der Sammlung *Gedichte* (1837) von Ludwig Bechstein, *Erinnerung* aus der Sammlung *Gedichte* (1847) von Franz von Gaudy und *Erinnerung* aus der Sammlung *Adjutantenritte und andere Gedichte* (1883) von Detlev von Liliencron.

konzeptioneller Hinsicht, dass Erinnerungsgedichte nicht nur die Vergegenwärtigungen persönlicher Vergangenheitseindrücke, sondern auch die Veranschaulichungen überpersönlicher Vergangenheitsversionen umfassen. Daraus folgt wiederum, dass die Geschichtslyrik, die sich im 19. Jahrhundert in zunehmendem Maße zu entfalten beginnt, nicht als eigenständige Binnengattung neben der Erinnerungslyrik, sondern als deren zentrale Erscheinungsform mit kollektiver Gedächtnisfunktion gewertet wird.[30] Um nun die Erinnerungslyrik näherhin als ‚vergessene Konstellation literarischer Kommunikation' des 19. Jahrhunderts zu kennzeichnen, werden drei profilgebende Subgenres der Erinnerungslyrik anhand von repräsentativen Beispieltexten vorgestellt. Da es beabsichtigt ist, einen Bogen von der kollektiven bis zur individuellen Erinnerungsperspektive zu schlagen, werden die ausgewählten Gedichte in achronologischer Reihenfolge präsentiert. Der Fokus liegt dabei auf der lyrikpoetischen Faktur eines Erinnerungsereignisses, eines Erinnerungsortes und einer Erinnerungsperson.

I Georg Herwegh: *Eine Erinnerung* (1843)

In einem anonymen *Bericht über deutsche Poeten aus dem Jahre 1841*, der in den *Blättern für literarische Unterhaltung* erscheint, heißt es zu Beginn der dritten Folge: „Es ist nicht zu verkennen, eine politische Poesie ringt sich immer klarer und in schärfern Umrissen aus den Ansichten, Gefühlen und Bestrebungen der Neuzeit ans Tageslicht."[31] Mit dieser Aussage zielt der Verfasser auf Heine, Lenau und Freiligrath, vor allem aber auf den Vormärz-Dichter Georg Herwegh, der soeben den ersten Teil seiner *Gedichte eines Lebendigen* (1841) veröffentlicht hat. Mit dieser Gedichtsammlung, deren Titel bekanntermaßen Hermann von Pückler-Muskaus *Briefe eines Verstorbenen* (1830–31) satirisch aufgreift, exponiert Herwegh ein enthusiastisches Freiheitsverständnis patriotischer Prägung.[32] Der

---

30 Zur theoretischen Neubestimmung der Gattung ‚Geschichtslyrik' vgl. Peer Trilcke: Geschichtslyrik. Reflexionsgeschichte – Begriffsbestimmungen – Bauformen. In: Heinrich Detering/Peer Trilcke (Hg., unter Mitarbeit von Hinrich Ahrend, Alena Diedrich und Christoph Jürgensen): Geschichtslyrik. Ein Kompendium. 2 Bde. Göttingen 2013, Bd. 1, S. 13–56. Trilcke seinerseits grenzt die Geschichtslyrik dezidiert von der „individuelle[n] Erinnerungslyrik" (ebd., S. 39) ab.
31 Anon.: Bericht über deutsche Poeten aus dem Jahre 1841. Dritter Artikel. In: Blätter für literarische Unterhaltung 1842, Nr. 301 (28. Oktober), S. 1213–1215; Nr. 302 (29. Oktober), S. 1217–1220; Nr. 303 (30. Oktober), S. 1221–1223; Nr. 304 (31. Oktober), S. 1225–1228; hier S. 1213.
32 Vgl. Jean Firges: Georg Herwegh, eine Symbolfigur des Vormärz. In: Hartmut Melenk/Klaus Bushoff (Hg.): 1848 – Literatur, Kunst und Freiheit im europäischen Rahmen. Freiburg i. B. 1998 (Ludwigsburger Hochschulschriften 19), S. 63–84.

zweite Teil dieser Sammlung, der 1843 erscheint, enthält das fünfstrophige Gedicht *Eine Erinnerung*,[33] das zu Herweghs Polenliedern gehört und seine späteren Dichtungen *Für Polen* (1846) und *Polen an Europa* (1846) vorbereitet.[34]

Angesichts der retrospektiven Thematisierung des polnischen Novemberaufstands von 1830/31 ist Herweghs Erinnerungsgedicht fraglos dem Bereich der Geschichtslyrik zuzuordnen. Trotz der temporalen Distanz gegenüber dem aufgerufenen Ereignis, die nach Walter Hinck jeder Form von Geschichtslyrik eingeschrieben sei,[35] gehört Herweghs Gedicht der von Peer Trilcke reformulierten Kategorie der ‚Zeitgeschichtslyrik' an.[36] Zwar hält Herwegh durchaus an der „Etablierung divergierender Zeitebenen" fest,[37] perspektiviert den Redegestus des Gedichts jedoch ausdrücklich auf die gesellschaftliche Gegenwart. Folglich avanciert die geschichtslyrische Erinnerung an das historische Ereignis zum Übermittlungsträger einer politischen Aussage.

Bereits zu Beginn der ersten Strophe wird das Scheitern des polnischen Novemberaufstands angesprochen, der nach der Pariser Julirevolution und der Belgischen Revolution von 1830 gewissermaßen den „dritten Akt" im Streben nach nationaler Souveränität und bürgerlichen Rechten bildet.[38] Ohne auf die Niederlage einzugehen, erfolgt bei Herwegh sogleich eine geographische Veränderung des Schauplatzes: „Da ging's hinunter an den Rhein, / Und auf den Bergen ward geschworen: / ‚Wir wollen freie Männer sein!'" (V. 2–4) Diese Bekräftigung einer freiheitlichen Gesinnungsgemeinschaft lässt unmittelbar an das Hambacher Fest denken, in dessen Verlauf die Verbrüderung mit dem polnischen Volk öf-

---

33 [Georg Herwegh:] Gedichte eines Lebendigen. 2 Bde. Zürich 1841/43, Bd. 2, S. 35–37. – Zeitgleich erscheint *Eine Erinnerung* auch in dem von Ludwig Wihl herausgegebenen *Jahrbuch für Kunst und Poesie* (1843), S. 321 f.
34 Vgl. Gerhard Kosellek: Reformen, Revolutionen und Reisen. Deutsche Polenliteratur. Wiesbaden 2000 (Studien der Forschungsstelle Ostmitteleuropa an der Universität Dortmund 30), S. 375, der darauf verweist, dass Herwegh auch dank seiner späteren Gattin Emma Siegmund mit den politischen Verhältnissen in Polen vertraut war.
35 Vgl. Walter Hinck: Einleitung: Über Geschichtslyrik. In: W. H. (Hg.): Geschichte im Gedicht. Texte und Interpretationen (Protestlied, Bänkelsang, Ballade, Chronik). Frankfurt a. M. 1979, S. 7–17, hier S. 9.
36 Vgl. Trilcke: Geschichtslyrik (Anm. 30), S. 43–45.
37 Trilcke: Geschichtslyrik (Anm. 30), S. 43.
38 Stefan Treugutt: Die Polen-Begeisterung in der deutschen Literatur nach 1830. In: Rainer Riemenschneider (Hg.): Die deutsch-polnischen Beziehungen 1831–1848. Vormärz und Völkerfrühling. Braunschweig 1979 (Schriftenreihe des Georg-Eckert-Instituts für Internationale Schulbuchforschung 22.2), S. 115–125, hier S. 116.

fentlichkeitswirksam ausgestellt wird.[39] Dass der Kampf für die deutsche Freiheit zweifellos hohe Verluste fordert, wird in der zweiten Strophe angemahnt: „Wohl viel hat uns der Tod genommen, / Mehr noch das Leben uns geraubt; / Doch drum, ihr Brüder, unbeklommen, / Noch trägt die Freiheit stolz ihr Haubt!" (V. 11–14) Trotz der drohenden Todesgefahr wird über den kollektiven Redegestus („wir", „uns") sowie über die Verwendung einer gemeinschaftsstiftenden Anredeform („ihr Brüder") ein parteipolitisches Bewusstsein erzeugt, das dem in der dritten Strophe genannten „Geschlecht der Zwerge" kontrastiv entgegengesetzt wird. Gleichzeitig beginnt sich die retrospektive Sicht zunehmend in eine prospektive zu verkehren, da die personifizierte Freiheit einen politischen Auftrag formuliert, der erst in der Zukunft realisiert werden kann: „Kein Bücken gilts mehr und kein Biegen, / Die Freiheit ruft schon an den Wiegen: / ‚In meinem Zeichen müßt ihr siegen!'" (V. 27–29) Nach der mythischen Überhöhung dieser Konstellation in der vierten Strophe wird schließlich der bevorstehende „Völkerfrühling" (V. 40) angekündigt, der allerdings erst Einzug halten kann, wenn der ‚alte Geist', wie es in der letzten Strophe heißt, dem ‚jungen Geist' geopfert worden ist (V. 49 f.).

Es zeigt sich, dass die im ersten Vers aufgerufene Reminiszenz an den polnischen Aufstand letztlich in eine von jenen „politische[n] Predigten in Versen" mündet, die für die Polenlyrik dieser Jahre kennzeichnend sind.[40] Der knappe Rekurs auf die revolutionären Verhältnisse dient vor allem dazu, die eigene politische Zukunft zu thematisieren, weshalb Eberhard Kolb auch von einer „funktionale[n]" Polenfreundschaft gesprochen hat.[41] Die eigene Nation hingegen, so der optimistische Duktus des Gedichts, steuere auf einen „Völkerfrühling" zu, womit Herwegh einen Begriff popularisiert, den Ludwig Börne bereits 1818 geprägt hatte.[42] In der Entstehungszeit des Gedichts beschreibt die von Belebung und Aufbruch zeugende Metapher allerdings einen eher vagen politischen Aktionswillen, wie zu Beginn der 1850er Jahre im Brockhaus-Lexikon *Die Gegenwart* (1848–56) resümiert wird: „Es war eine Lyrik der Postulate, die unbestimmte Ahnung eines Völkerfrühlings, einer schönen, großen Zukunft, die Sehnsucht

---

[39] Vgl. Eberhard Kolb: Polenbild und Polenfreundschaft der deutschen Frühliberalen. Zur Motivation und Funktion außenpolitischer Parteinahme im Vormärz. In: Saeculum 26 (1975), H. 1, S. 111–127, hier S. 123.
[40] Anneliese Gerecke: Das deutsche Echo auf die polnische Erhebung von 1830. Wiesbaden 1964 (Veröffentlichungen des Osteuropa-Instituts München 24), S. 44. Vgl. auch Hans-Georg Werner: Der polnische Aufstand von 1830/31 und die deutsche politische Lyrik. In: Zeitschrift für Slavistik 20 (1975), H. 1, S. 114–130.
[41] Kolb: Polenbild (Anm. 39), S. 117. Vgl. Treugutt: Polen-Begeisterung (Anm. 33), S. 123.
[42] Vgl. Karol Sauerland: Die Wendeproblematik von Polen aus gesehen. In: Willi Huntemann u. a. (Hg.): Engagierte Literatur in Wendezeiten. Würzburg 2003, S. 169–179, hier S. 170f.

nach Kampf, gegenüber der Übermüdung durch triviale Verhältnisse."[43] Trotz dieser Relativierung einer eindeutigen politischen Zielstellung kommt dem Erinnerungsgedicht die primäre Funktion zu, konkrete historische Ereignisse im kommunikativen Gedächtnis zu bewahren. Aus der ideologischen Vereinnahmung der aktualisierten Geschichtswirklichkeit resultiert ferner die sekundäre Funktion des Erinnerungsgedichts, die in der rhetorischen Mobilisierung des Lesepublikums für einen politischen Handlungsauftrag besteht.

Das als primäre Funktion ausgewiesene Wirkungsziel, konkrete Ereignisse im kollektiven Bewusstsein zu verankern, gründet auf der Einsicht in das identitätsstiftende Potential dieser Ereignisse. Um die dauerhafte Verfestigung dieser Begebenheiten im kommunikativen und bestenfalls auch kulturellen Gedächtnis zu sichern, werden sie gezielt ästhetisch überhöht und sprachlich ausgeschmückt. Diese Gestaltungstendenz gewinnt vor allem in der Zeitgeschichtslyrik Kontur und damit in jenen geschichtslyrischen Texten, die von einer dezidiert gegenwartsdominanten Darstellungsperspektive geprägt sind. Beispiele für solche Erinnerungsgedichte finden sich im 19. Jahrhundert vor allem dort, wo es – wie etwa im Falle der Antinapoleonischen Lyrik – darum geht, das politische Selbstbild auf- und das des Gegners abzuwerten, oder wo – wie etwa im Falle der panegyrischen Dichtung auf Otto von Bismarck – beabsichtigt wird, einen politischen Handlungsträger zur dominanten Führerpersönlichkeit zu stilisieren.[44] Wie mit der genannten sekundären Funktion angedeutet wird, ist diesen lyrischen Gestaltungen immer auch eine ideologische Intention eingeschrieben, die in erster Linie darin besteht, die national- bzw. parteipolitische Gesinnung der Rezipienten zu stärken oder sie für diese Anliegen zumindest zu sensibilisieren. In diesem Sinne hat beispielsweise auch der Historiker Adolf Schottmüller in seiner Lyrikanthologie *Klio* (1840) betont, dass Geschichtsgedichte prinzipiell das Potential besitzen, die Gefühle für das „Edle, Große und Ruhmwürdige" rege zu machen.[45]

---

43 Anon.: Die neue deutsche Lyrik. In: Die Gegenwart. Eine encyklopädische Darstellung der neuesten Zeitgeschichte für alle Stände. 12 Bde. Leipzig 1848–1856, Bd. 8, S. 29–78, hier S. 38.
44 Zu den Antinapoleonischen Kriegen vgl. Ernst Weber: Lyrik der Befreiungskriege (1812–1815). Gesellschaftspolitische Meinungs- und Willensbildung durch die Literatur. Stuttgart 1991 (Germanistische Abhandlungen 65). Zu Bismarck vgl. die von Paul Arras herausgegebene Anthologie *Bismarck-Gedichte* (1898). Als charakteristisch für die Zeitgedichte aus der Mitte des 19. Jahrhunderts können beispielsweise Theodor Fontanes *Preußen-Lieder* (1846/47) angesehen werden. Vgl. Markus Fauser: Theodor Fontanes *Preußen-Lieder* und die vaterländisch-historische Lyrik. In: Heinrich Detering/Peer Trilcke (Hg., unter Mitarbeit von Hinrich Ahrend, Alena Diedrich und Christoph Jürgensen): Geschichtslyrik. Ein Kompendium. 2 Bde. Göttingen 2013, Bd. 2, S. 787–828.
45 Adolf [Schott]müller: Vorrede. In: Klio. Eine Sammlung historischer Gedichte mit einleitenden, geschichtlichen Anmerkungen. Hg. von Adolf [Schott]müller. Berlin 1840, S. V–VIII, hier S. VI. Vgl.

II Philipp Heinrich Welcker: *Der Kyffhäuser* (1831)

Wenn Jürgen Osterhammel in seiner Monographie über *Die Verwandlung der Welt* (2009) das 19. Jahrhundert als „eine Epoche der gehegten Erinnerung" beschreibt, umfasst diese Einschätzung auch die zunehmende öffentliche Auseinandersetzung mit den nationalen Erinnerungsorten.[46] Wie Etienne François und Hagen Schulze betonen, sind diese „Kristallisationspunkte kollektiver Erinnerung und Identität" zwar in „gesellschaftliche, kulturelle und politische Üblichkeiten eingebunden", allerdings wird ihr Bedeutungsgehalt durch die Intention, den Modus und den Kontext ihrer jeweiligen Aktualisierung beständig neu akzentuiert.[47] Zur literarischen Wiederbelebung der nationalen Vergangenheit regen insbesondere die Ruinen als symbolträchtige Erinnerungsorte an, so dass bereits gegen Ende des 18. Jahrhunderts eine nachhaltige Ruinenpoesie entsteht.[48] In der Lyrik werden neben unbekannten Kloster- und Schlossruinen beispielsweise die Ruinen der hessischen Burg Königstein oder auch die Ruinen des Heidelberger Schlosses thematisiert. Dass auch die Ruine der ehemaligen Reichsburg Kyffhausen zum Gegenstand lyrischer Dichtung erhoben wird, belegt bereits die Elegie *Empfindungen in den alten Ruinen des alten Bergschlosses Kyphhausen*, die ein anonymer Autor im Jahr 1806 veröffentlicht.[49] Darin findet die lyrische Sprechinstanz zwar nur noch steinerne Artefakte vor, die von der einstigen Größe des Herrschaftssitzes zeugen, jedoch überwältigt sie die Erinnerung an die historischen Vorfahren am Ende derart, dass sie jedem Frevler den Zorn des Varus androht, der diesen Ort zu entweihen trachtet.

Darüber hinaus ist die einstige Reichsburg Kyffhausen untrennbar mit dem Barbarossa-Mythos verbunden, der im 19. Jahrhundert eine fulminante Renais-

---

Nikolas Immer: „Und herrlich tagt der Kosmos der Geschichte". Geschichtstransformationen in Adolf Schottmüllers Lyrikanthologie *Klio* (1840). In: Sonja Georgi u. a. (Hg.): Geschichstransformationen. Medien, Verfahren und Funktionalisierungen historischer Rezeption. Bielefeld 2015 (Mainzer historische Kulturwissenschaft 24), S. 393–415.
46 Vgl. Jürgen Osterhammel: Die Verwandlung der Welt. Eine Geschichte des 19. Jahrhunderts. Sonderausgabe. München 2011 [EA 2009], S. 44. Er bevorzugt es allerdings, von ‚Erinnerungshorten' (ebd., S. 31) zu sprechen.
47 Etienne François/Hagen Schulze (Hg.): Deutsche Erinnerungsorte. 3 Bde. München 2001, Bd. 1, S. 17.
48 Vgl. Lotte Kander: Die deutsche Ruinenpoesie des 18. Jahrhunderts bis in die Anfänge des 19. Jahrhunderts. Wertheim 1933; Hermann Bühlbäcker: Konstruktive Zerstörungen. Ruinendarstellungen in der Literatur zwischen 1774 und 1832. Bielefeld 1999.
49 Vgl. W. f. th.: Empfindungen in den alten Ruinen des alten Bergschlosses Kyphhausen sowie Erläuterungen zur Geschichte von Kyphhausen und der etwa eine halbe Stunde davon entfernten Rothenburg. In: Erholungen 2 (1807), S. 219–231.

sance erlebt und vielfach politisch instrumentalisiert wird.[50] Auch im Bereich der Lyrik wird der Stauferkaiser zu einer Ikone stilisiert, die zunächst die wiederkehrende Herrlichkeit und späterhin die erhoffte Einigkeit des Reiches garantieren soll. Ein frühes Beispiel dieser Entwicklung stellt Friedrich Rückerts Gedicht *Barbarossa* dar, das er 1817 in seiner Sammlung *Kranz der Zeit* veröffentlicht und das aufgrund mehrerer Vertonungen sowie der Verbreitung über Schulbücher eine hohe Popularität erlangt.[51] Während der Kyffhäuser in den nachfolgenden lyrischen Gestaltungen zunehmend auf eine Kulisse für die Kaisersage reduziert wird, greift der Thüringer Dichter Philipp Heinrich Welcker den Erinnerungsort in seinen *Thüringer Liedern* von 1831 noch einmal dezidiert auf. Dabei inszeniert er im ersten Abschnitt seines insgesamt sechsteiligen Gedichts *Der Kyffhäuser* einen gleichsam authentischen Besuch der Burgruine.[52]

Der dreistrophige erste Abschnitt setzt zunächst mit einem idyllischen, aber konventionell gezeichneten Landschaftsbild ein: Ein in Wonne schwelgendes Auge nimmt einen blauen Himmel sowie eine golden strahlende Wiese wahr. Im scharfen Kontrast zu dieser heiteren Stimmung rücken sogleich „die Trümmer vom Bergessaum" ins Blickfeld, die direkt auf ein „verblühtes Glück" und einen „todte[n] Traum" (V. 5 f.) verweisen. Im unmittelbaren Anschluss erfolgt die geographische und auch kulturgeschichtliche Konkretisierung: „Und unter dem Schloß *Kyffhäuser*, / Da sitzt noch der alte Kaiser!" (V. 7 f.) In Anlehnung an die reaktualisierte Kaisersage wird der Fokus in der zweiten Strophe auf Friedrich I. verengt: Während dieser in zeitlicher Rückschau von seinen einstigen Schlachten träumt, gibt der lyrische Sprecher einen kurzen Ausblick auf Barbarossas zukünftige Taten: „Da wird er durch's Reich im Triumphe ziehn; / Dann kämpft er noch einmal mit Saladin, / Und kehrt mit dem herrlichen Ruhme / Zum verlassnen Kaiserthume." (V. 13–16)[53] Von diesem Verlassensein zeugt wiederum die dritte Strophe, in der erneut der gegenwärtige Erinnerungsort in den Blick genommen und als *locus desertus* gekennzeichnet wird. Im Gegensatz zu der kurz aufblitzenden Vision vom siegreichen Regenten Barbarossa zeugen die wild gemischten

---

50 Das Standardwerk zu diesem Thema bildet die auf einer Vielzahl von Quellen fußende Monographie von Camilla G. Kaul, die in mehreren Abschnitten auch auf die Barbarossa-Lyrik des 19. Jahrhunderts eingeht. Vgl. Camilla G. Kaul: Friedrich Barbarossa im Kyffhäuser. Bilder eines nationalen Mythos im 19. Jahrhundert. 2 Bde. Köln u. a. 2007.
51 Vgl. Kaul: Friedrich Barbarossa (Anm. 50), S. 104.
52 Vgl. P.[hilipp] H.[einrich] Welcker: Thüringer Lieder. [Gotha] 1831, S. 337–351, hier S. 337 f. (Abschn. I).
53 Kaul betont, dass im Verlauf von Welckers Gedicht kein „Bezug zur zeitgenössischen politischen Situation in Deutschland […] hergestellt" (Kaul: Barbarossa [Anm. 50], S. 164) wird.

Trümmer, die zerschlagenen Hallen sowie die einsamen Wände eher vom endgültigen Untergang seiner früheren Herrschaftsmacht.

Bei der Auseinandersetzung mit diesem ersten Abschnitt von Welckers Gedicht *Der Kyffhäuser* fällt auf, dass er alle drei Deutungsmuster zu bestätigen scheint, die Katharina Grätz für die Ruinenpoesie geltend gemacht hat. Diese umfassen die Stilisierung der Ruine zu einem toten Ort, die Imagination einer mit der Ruine verknüpften Vergangenheit und die Synthetisierung der Ruinenkunst mit der sie umgebenden Natur.[54] Bei Welcker nun erscheint die einstige Reichsburg insbesondere in der dritten Strophe nicht nur als ein zerstörter, sondern sogar als ein toter Ort, da die Trümmer, wie es explizit heißt, „[v]on keiner Sonne zum Leben erfrischt" (V. 17) werden. Gleichwohl gelingt über die Erinnerung an den Staufenkaiser die Imagination seiner ruhmwürdigen Vergangenheit, die sogar prospektiv auf eine unbestimmte Zukunft ausgerichtet wird. Schließlich steht der Synthese von Kunst und Natur zwar die anfängliche Opposition von ‚schaurigen Trümmern' (V. 5) und idyllischer Landschaft entgegen,[55] jedoch wird in der dritten Strophe betont, dass mit den Trümmern immerhin die „Donner noch reden" (V. 20). In Welckers postromantischer Bildästhetik werden somit Kunst und Natur im Zeichen des Erhabenen enggeführt. Dem Erinnerungsgedicht *Der Kyffhäuser* kommt folglich die Funktion zu, die titelgebende Gedenkstätte als einen symbolischen Ort auszuweisen, der die poetische Imagination einer glorreichen Vergangenheit ermöglicht. Gleichzeitig wird die lyrische Visualisierung des Stauferkaisers von der Beschreibung einer Trümmerlandschaft gerahmt, die ihrerseits die signifikante historische Distanz gegenüber dieser nationalen Hochphase markiert.

Welckers *Kyffäuser*-Gedicht steht im Kontext einer Vielzahl mnemopoetischer Dichtungen, in denen die Gestalt und Bedeutung geschichtsträchtiger Ruinen thematisiert werden. Neben dem Kyffhäuser sind es im frühen 19. Jahrhundert vor allem das Heidelberger Schloss und im späteren 19. Jahrhundert insbesondere die Wartburg, die wiederholt als kulturhistorische und nationalpolitische Erinnerungsorte inszeniert werden.[56] Gleichzeitig ist zu beobachten, dass sich der Erinnerungsakzent in diesen lyrischen Gestaltungen zunehmend von der Ruine auf das Denkmal zu verschieben beginnt. Finden sich zunächst vorwiegend Denk-

---

54 Vgl. Katharina Grätz: Zeitstrukturen in der Lyrik. Am Beispiel der Ruinenpoesie. In: Heinrich Detering/Peer Trilcke (Hg., unter Mitarbeit von Hinrich Ahrend, Alena Diedrich und Christoph Jürgensen): Geschichtslyrik. Ein Kompendium. 2 Bde. Göttingen 2013, Bd. 1, S. 171–188, hier S. 178.
55 Das Argument gründet auf der Voraussetzung, dass die Bruchstücke der Ruine als künstlerische Artefakte eines vormals intakten Bauwerks angesehen werden.
56 Vgl. exemplarisch die Gedichte *Die Heidelberger Ruine* (1833) von Nikolaus Lenau und das Gedicht *Wartburg* aus der Sammlung *Mein Lebensgang* (1893) von Louise Otto.

malsgedichte, die den Präsentationsgestus des jeweiligen Denkmals affirmativ bekräftigen – wie es etwa Karl von Holteis Gedicht *Blüchers Denkmal, von Rauch* (1827) belegt –, mehren sich ab der Mitte des 19. Jahrhunderts jene Gedichte, in denen ein explizit denkmalskritischer Ton angeschlagen wird.[57] Damit erweist sich die Erinnerungslyrik verstärkt als ein Medium, in dem offen über den Status und die Bedeutung von gesellschaftlich institutionalisierten Erinnerungsobjekten reflektiert wird.

III Franz von Gaudy: *Chamisso ist todt!* (1838)

Dass im 19. Jahrhundert verschiedene literarische Genres des Totengedenkens tradiert, aber auch variiert werden, hat Ralf Georg Bogner in seiner Monographie *Der Autor im Nachruf* (2006) am Beispiel des Memorialkults herausgearbeitet, der infolge von Goethes Tod entsteht.[58] Eine populäre Würdigungsform bildet in diesem Zusammenhang der lyrische Nekrolog, mit dem insbesondere versucht wird, die Erinnerung an große Dichter zu konservieren. Dabei werden nicht nur Charakteristika der verstorbenen Dichterpersönlichkeit thematisiert, sondern auch ihre Werke intertextuell aufgegriffen. Exemplarisch wird dieses Verfahren in Franz Dingelstedts Nekrolog *Am Grabe Chamissos* (1838) sichtbar, der seine lyrische Würdigung noch im Todesjahr des deutsch-französischen Dichters Adelbert von Chamisso verfasst. Auch wenn Dingelstedt in seinem autobiographisch gefärbten Erinnerungsgedicht den lyrischen Sprecher bekunden lässt, Chamisso zeitlebens nicht begegnet zu sein, zeichnet er ein vergleichsweise genaues Bild seiner äußeren Erscheinung: „Ich seh' ihn ganz: der Augen dunkles Feuer, / Die lichte Stirn, die Brauen stolz geschweift, / Und streng der Mund, als seyen Worte theuer."[59] Die Preisung Chamissos wird von Dingelstedt schließlich dadurch intensiviert, dass er die Rede ausdrücklich auf dessen populäre Ballade *Salas y Gomez* (1830) lenkt.[60]

---

57 Vgl. Nikolas Immer: Denkmalsgedichte. Mnemopoetische Aspekte von Geschichtslyrik. In: Heinrich Detering/Peer Trilcke (Hg., unter Mitarbeit von Hinrich Ahrend, Alena Diedrich und Christoph Jürgensen): Geschichtslyrik. Ein Kompendium. 2 Bde. Göttingen 2013, Bd. 1, S. 386–407.
58 Ralf Georg Bogner: Der Autor im Nachruf. Formen und Funktionen der literarischen Memorialkultur von der Reformation bis zum Vormärz. Tübingen 2006 (Studien und Texte zur Sozialgeschichte der Literatur 111), S. 341–377.
59 Franz Dingelstedt: Am Grabe Chamissos. In: F. D.: Gedichte. Stuttgart/Tübingen 1845, S. 122–124, hier S. 123.
60 Vgl. Dingelstedt: Am Grabe Chamissos (Anm. 59), S. 123.

Ein anderes Darstellungsverfahren wählt dagegen Franz von Gaudy in seinem Trauergedicht *Chamisso ist todt!*, das er am 21. September 1838 – und damit genau einen Monat nach Chamissos Todestag – niederschreibt.[61] Wie Julius Eduard Hitzig in seiner Chamisso-Biographie ausführt, war Gaudy zunächst 1836 von Chamisso als „Redaktionsgehülfe" eingestellt worden und hatte später gemeinsam mit ihm die Übersetzung der Gedichte Pierre-Jean de Bérangers angefertigt.[62] Hitzig resümiert, dass die Zusammenarbeit mit Gaudy zu Chamissos „schönsten Genüssen seines Lebensabends" gehörte.[63] Nach dem Abschluss der Béranger-Übersetzung begibt sich Gaudy im Sommer 1838 nach Neapel,[64] wo ihn schon bald die Nachricht von Chamissos Tod erreicht.

In seinem sechsstrophigen Trauergedicht inszeniert Gaudy eine autobiographische Rückschau, die mit der Wahrnehmung der Abenddämmerung einsetzt. Die harmonische Natur korrespondiert dabei mit der inneren Verfassung des lyrischen Sprechers, dessen Herz mit „stiller, inn'ger Seligkeit" (V. 2) angefüllt ist. In der zweiten Strophe wird das Landschaftsbild ausgeweitet, indem der umherschweifende Blick den Golf von Neapel, die in der Dunkelheit schimmernden Städte und den rauchumhüllten Vesuv registriert. Ferner erfolgt in der dritten Strophe die akustische Untermalung der heiteren Abendstimmung mit dem einsetzenden Glockengeläut und dem Gesang des „Ave Marie" (V. 24). Die umfassende Friedlichkeit des geschilderten Ortes findet schließlich ihr Echo in der Gelöstheit des lyrischen Sprechers: „Ich träumte süß. Vergangenes war vergangen, / Spurlos des Leids Erinnerung entrückt; / Des Lebens Zauber hielt mich hold umfangen, / Das Herz verlangte nichts – es war beglückt." (V. 25–28) Dass diese friedvolle Stimmung allerdings nicht von Dauer ist, kündigen bereits die zwei folgenden Verse an, in denen das Bild eines auf dem Meer „schwanke[nden] Bootes" (V. 30) evoziert wird, das seinerseits an den Topos von der Lebensfahrt auf dem Meer der Welt erinnert.[65] Schon im direkten Anschluss wird die Brüchigkeit dieses vermeintlichen Lebensglücks offengelegt: „Da zuckt der Blitz. – Ein Brief – ein schwarzes Siegel / Woher? – Von Hause. – Chamisso ist todt!" (V. 31 f.) Die elliptische Rede macht die hohe emotionale Anspannung des lyrischen Sprechers

---

61 Vgl. Franz von Gaudy: Gedichte. Hg. von Arthur Mueller. Berlin 1847, S. 273 f. Gaudy unterschreibt das Gedicht mit: *„Neapel,* den 21. September 1838" (ebd., S. 274).
62 Adelbert von Chamisso: Leben und Briefe. Hg. von Julius Eduard Hitzig. 2 Bde. Leipzig 1839, Bd. 2, S. 199.
63 Chamisso: Leben und Briefe (Anm. 62), Bd. 2, S. 199.
64 Vgl. Moderne Klassiker. Deutsche Literaturgeschichte der neueren Zeit in Biographien, Kritiken und Proben. Mit Porträts, Bd. 21: Franz Freiherr Gaudy. Kassel 1853, S. 20.
65 Vgl. Christoph Hönig: Die Lebensfahrt auf dem Meer der Welt. Der Topos. Texte und Interpretationen. Würzburg 2000.

sichtbar, der in der fünften Strophe die Trauer um den Dichterfreund sofort in die Glorifizierung seines Andenkens münden lässt: „Die Lippe, die der Kuß der Musen / Geheiligt, ist verstummt." (V. 37 f.) Dabei fällt auf, dass die melancholische Stimmung die Wahrnehmung der Umwelt unmittelbar zu beeinflussen beginnt: Im Gegensatz zu dem idyllischen Landschaftsbild der Eingangsstrophen werden nun das wilde Geräusch des Volkes, das sich in Klage und Zank artikuliert, sowie die zerrissenen Mandolinenklänge registriert. Während abschließend das Abendrot um den Vesuv verschwimmt, verleiht der lyrische Sprecher seiner anhaltenden Trauer nochmals expliziten Ausdruck, weshalb der Gaudy-Biograph Johannes Reiske auch von dessen „tief empfundene[r] Klage" gesprochen hat:[66] „Ich weinte still: Mein einz'ger Freund, mein Vater, / Mein Chamisso, mein Chamisso ist todt! –" (V. 47 f.)

Im Gegensatz zu dem lyrischen Nekrolog Dingelstedts, der hauptsächlich von der Anerkennung für den prominenten Dichter zeugt, bekräftigt Gaudy seine persönliche Beziehung zu Chamisso, indem er ihn zu seinem „einz'ge[n] Freund", ja sogar zu seinem „Vater" stilisiert. Die innige Verbundenheit mit dem Dichterfreund kommt auch insofern zum Ausdruck, als in der fünften Strophe auf das letzte Gespräch mit Chamisso zurückgeblickt wird: „So ernst gemeint war also deine Mahnung, / Als jüngst ich reisefreudig von dir schied?" (V. 33 f.) Die Erinnerung an die ahnungsvollen Abschiedsworte sensibilisiert den lyrischen Sprecher dafür, das Todesmotiv auch in Chamissos Dichtungen aufzufinden. Allerdings beschränkt sich Gaudy auf die pauschale Feststellung, dass „die Grabesahnung" in den lyrischen Werken des Dichterfreundes wiederholt gegenwärtig sei. Wahrscheinlich hat er dabei die zwei *Letzten Sonette* Chamissos im Blick, die unter diesem Titel 1836 im *Deutschen Musenalmanach* erschienen waren. Im ersten Quartett des zweiten Sonetts heißt es entsprechend: „Ich fühle mehr und mehr die Kräfte schwinden; / Das ist der Tod, der mir am Herzen nagt, / Ich weiß es schon und, was ihr immer sagt, / Ihr werdet mir die Augen nicht verbinden."[67] Folglich bekundet sich auch in Gaudys verdeckter intertextueller Anspielung die persönliche Würdigung des Dichterfreundes, da nur der sie zu ‚entschlüsseln' vermag, der mit Chamissos literarischem Werk eingehend vertraut ist. Das Erinnerungsgedicht übernimmt somit nicht nur die Aufgabe, dem gewürdigten Schriftsteller einen Platz im kulturellen Gedächtnis zuzuweisen, sondern auch die Funktion, die

---

66 Johannes Reiske: Franz Freiherr von Gaudy als Dichter. Berlin 1911 (Palaestra 60), S. 65.
67 Adelbert von Chamisso: Die letzten Sonette. 2. In: A. v. C.: Sämtliche Werke in zwei Bänden. Nach dem Text der Ausgaben letzter Hand und den Handschriften. Textredaktion: Jost Perfahl. Bibliographie und Anmerkungen von Volker Hoffmann. Darmstadt 1975, Bd. 1, S. 495 f., hier S. 495.

innige Beziehung des Verfassers zu dem Verstorbenen dauerhaft zu dokumentieren.

Aufgrund der deutlichen Sympathiebekundung für den verstorbenen Dichter Chamisso ließe sich Gaudys Gedicht auch in die Tradition der Freundschaftsgedichte einordnen. Mit der Publikation einer solchen lyrischen Würdigung wird nicht nur der Respekt für die geehrte Person öffentlich bekundet, sondern auch das ihr gewidmete Ehrengedächtnis im literarischen Text konserviert. Schon Chamisso selbst hatte eine Reihe solcher Dichtungen publiziert und sie sogar literaturstrategisch einzusetzen versucht.[68] Auch in den lyrischen Sammlungen des 19. Jahrhunderts finden sich eine Vielzahl solcher Freundschaftsgedichte, die bisweilen direkt in lyrische Nekrologe übergehen. So präsentiert beispielsweise Detlev von Liliencron in seiner Sammlung *Gedichte* (1889) die dichterische Würdigung *An Conrad Ferdinand Meyer* direkt neben dem poetischen Nachruf *An Heinrich von Kleist*.[69] Zu beobachten ist ferner, dass der lyrische Nekrolog gleichsam den Übergang vom individuellen Gedenken zum kollektiven Andenken bildet. Denn in diesen mnemopoetischen Gedichten wird nicht allein das persönliche Verhältnis zu der geehrten Person zum Ausdruck gebracht, sondern zugleich die gesellschaftliche Relevanz und historische Bedeutung des Verstorbenen herausgestellt. Damit tragen die lyrischen Nekrologe in keinem geringen Maße zur Etablierung kollektiver Dichterbilder bei, die vor allem in den großen Dichterfeiern des 19. Jahrhunderts verstärkt popularisiert werden.[70]

IV Resümee

Wenn Julius Hart in seinem eingangs erwähnten Essay die Qualitäten moderner Poesie zu bestimmen versucht, setzt er ihr das Stereotyp einer subjektiven und sich selbst bespiegelnden Stimmungslyrik entgegen. Es dürfte unbestritten sein, dass insbesondere in der zweiten Hälfte des 19. Jahrhunderts zahlreiche reflexionsarme Dichtungen entstehen, die dem von Hart formulierten Negativkonzept entspre-

---

68 Vgl. Nikolas Immer: Berliner Sympoesie. Adelbert von Chamisso als Mitherausgeber des *Musenalmanachs* (1804–1806). In: Marie-Theres Federhofer/Jutta Weber (Hg.): Korrespondenzen und Transformationen. Neue Perspektiven auf Adelbert von Chamisso. Göttingen 2013 (Palaestra 337), S. 125–141, hier S. 133–139.
69 Vgl. Detlev von Liliencron: Gedichte. Leipzig [1889], S. 142–144.
70 Selbstverständlich bilden auch die Dichterfeiern Anlässe für die Produktion mnemopoetischer Dichtungen. Vgl. beispielsweise die Gelegenheitsgedichte, die Hoffmann von Fallersleben im ersten Teil seiner *Unpolitischen Lieder* (1840) veröffentlicht und anlässlich verschiedener Breslauer Schillerfeste verfasst hat.

chen. Demgegenüber bilden sich aber auch lyrische Strömungen wie die Erinnerungslyrik heraus, die in Harts schematischer Oppositionsbildung von moderner und epigonaler Poesie bestenfalls indirekt Berücksichtigung finden.[71] Darüber hinaus zeichnet sich die Erinnerungslyrik im Gegensatz zu der von ihm als „verschwommen und charakterlos" beurteilten Stimmungslyrik durch eine anspruchsvolle ästhetische Faktur aus,[72] die sich nicht nur aus der produktiven Aneignung individuell reaktivierter oder kollektiv etablierter Vergangenheitsversionen, sondern auch aus der reflexiven Kombination differenter Zeitordnungen ergibt. Dabei umfasst die Erinnerungslyrik, wie dargelegt wurde, ein breites Spektrum diverser Gestaltungsformen, zu denen die geschichtslyrische Darstellung konkreter Erinnerungsereignisse, die nationalpolitische Beschreibung spezifischer Erinnerungsorte sowie die kulturpolitische Stilisierung einzelner Erinnerungspersonen zählen. Am Beispiel der drei vorgestellten Gedichte lässt sich darüber hinaus erkennen, dass vermittels dieser lyrischen Texte unterschiedliche rezeptionsästhetische Wirkungsformen generiert werden: So entfaltet Herweghs geschichtslyrische Dichtung eine appellative, Welckers ruinenlyrische Dichtung eine evokative und Gaudys gedenklyrische Dichtung eine admirative Kommunikationsstruktur. In jedem Fall wird der Leser zum konstitutiven Partizipanten des lyrischen Erinnerungsvorgangs erhoben und sowohl affektiv als auch reflexiv am Prozess der memorativen Reproduktion beteiligt. Diese integrative Tendenz der Erinnerungslyrik zeigt sich insbesondere dort, wo auf das kollektive Vergangenheitswissen einer Gemeinschaft rekurriert wird, um spezifische kulturelle Ereigniszusammenhänge in poetisch konzentrierter Form zu rekonstruieren. Dieses sowohl zeit- als auch raumübergreifende Darstellungspotential gewinnt im 19. Jahrhundert zum einen in vielfältigen geschichtslyrischen Aktualisierungen Kontur, die sich zumeist auf nationalpolitisch relevante historische Perioden beziehen. Im Unterschied zu der wesentlich gegenwartsbezogenen Zeitgeschichtslyrik formiert sich beispielsweise eine stark anwachsende mediävalistische Lyrik, die aus der romantischen Wiederentdeckung des Mittelalters hervorgeht und in deren Entwicklungsverlauf etwa der Tannhäuser-Mythos neu belebt wird.[73] Zum anderen ist die Verbreitung lyrisch gestalteter Erinnerungslandschaften zu beobachten, wobei die kulturhistorische ‚Erschließung' bestimmter

---

[71] So heißt es in Harts Essay *Was heißt eine „moderne" Poesie?*: „Stellt man daher an den Poeten die Forderung, dem Geiste seiner Zeit Körper und Gestalt zu verleihen, so fasse man das nicht so äußerlich auf, *als solle er seine Helden und Handlungen nur der Gegenwart entnehmen* [...]" (Hart: Poesie [Anm. 2], S. 602).

[72] Hart: Poesie (Anm. 2), S. 602.

[73] Vgl. beispielsweise den Tannhäuser-Zyklus aus den *Balladen und Liedern* (1878) von Felix Dahn.

Regionen zumeist im Rahmen von Anthologien erfolgt, die einzelnen europäischen Nationen gewidmet sind.[74] Schließlich entfaltet die Erinnerungslyrik auch das metareflexive Potential zur Auslotung mnemopoetischer Grenzbereiche, wenn bisweilen das Vergessen, als Komplementärfunktion des Erinnerns, dichterisch thematisiert wird.[75] Auf diese Weise macht das Erinnerungsgedicht letztlich implizit auf sich selbst aufmerksam: Denn nicht nur das thematisierte Erinnerungsobjekt, sondern auch das Erinnerungsgedicht selbst soll gegenüber dem Vergessen bewahrt werden.

V Anhang

V.1 Georg Herwegh: *Eine Erinnerung* (1843)[76]

Als Polens letzte Schlacht verloren,
Da ging's hinunter an den Rhein,
Und auf den Bergen ward geschworen:
„Wir wollen freie Männer sein!"
5 Und tief im Thal hört man's gewittern,
Und durch die Lande fliegt ein Wort,
Daß freudig alle Herzen zittern –
Ein böser Traum! und jenen Rittern
Ist hinter sieben Eisengittern
10 Der Jugend Blüte schnell verdorrt.

Wohl viel hat uns der Tod genommen,
Mehr noch das Leben uns geraubt;
Doch drum, ihr Brüder, unbeklommen,
Noch trägt die Freiheit stolz ihr Haubt!
15 Uns blieb ihr Bild – was liegt am Rahmen?
Wen wird das schlechte Holz gereu'n?
Laßt sie vergehn, die großen Namen!
Sie werden kommen, wie sie kamen,
Und neue Helden, neuen Samen

---

74 Vgl. vor allem die von Levin Schücking herausgegebenen Anthologien *Italia. Natur, Geschichte und Sage* (1851) und *Helvetia. Natur, Geschichte, Sage im Spiegel deutscher Dichtung* (1851).
75 Vgl. beispielsweise das *Lied vom Vergessen* aus der Sammlung *Gedichte* (1836) von Ernst von Feuchtersleben.
76 Herwegh: Gedichte (Anm. 28), Bd. 2, S. 35–37.

20 In unsrer Todten Asche streu'n.

Noch giebt's ja Prediger vom Berge,
Für die man schon die Dornen flicht,
Doch freilich! dieß Geschlecht der Zwerge
Versteht ihre Sprüche nicht;
25 Die tief im Witz begraben liegen,
Die hohen Herrn verstummen hier –
Kein Bücken gilts mehr und kein Biegen,
Die Freiheit ruft schon an den Wiegen:
„In meinem Zeichen müßt ihr siegen!"
30 In ihrem Zeichen siegen wir.

Wie Zeus durch den Olympus schreitet
Mit Donnern, naht der große Tag:
Ob aller Welt wird er verbreitet,
Daß alle Welt sich freuen mag.
35 Dem Sehnen ward das Wort verliehen,
Der Stern der Zeit fand seine Bahn;
Dem Sturm geweihter Melodien
Wird auch der letzte Feind entfliehen,
Und, der Verheißung Schwalben, ziehen
40 Dem Völkerfrühling wir voran.

Der Knechtschaft Baal wird zu Schanden,
Der Blinde weiß nicht was er thut:
Er schlägt den süßen Wein in Banden
Und mehrt nur seines Feuers Glut.
45 Seht ihn, der heut der Haft entsprungen,
Wie wirft er seiner Perlen Schaar!
Hurrah, ihr frischen, freien Zungen!
Hurrah, du Volk der Nibelungen,
Bring' diesen alten Geist dem jungen,
50 Dem guten Geist zum Opfer dar!

V.2 Philipp H. Welcker: *Der Kyffhäuser* I (1831)[77]

Wo schwelgend in Wonne das Auge schweift,
Und unter dem himmlischen Blaue
Der Erde Früchte der Segen häuft,
Dort in der goldnen Aue,
5 Blickt schaurig die Trümmer vom Bergessaum,
Ein verblühtes Glück, ein todter Traum;
Und unter dem Schloß *Kyffhäuser*,
Da sitzt noch der alte Kaiser!

Er denkt noch an seine Königspracht,
10 Er denkt noch der Hohenstaufen;
Er träumt von mancher glücklichen Schlacht;
Und wenn sich die Zeiten verlaufen:
Da wird er durch's Reich im Triumphe ziehn;
Dann kämpft er noch ein Mal mit Saladin,
15 Und kehrt mit dem herrlichen Ruhme
Zum verlassnen Kaiserthume.

Von keiner Sonne zum Leben erfrischt,
Auf den schweigenden Felsenöden
Da liegen die Trümmer, so wild gemischt,
20 Mit denen nur Donner noch reden.
Dort in der Landschaft unsäglichem Reiz
Sind zerschlagen die Hallen, gebrochen das Kreuz;
Nur einsam ragen im Sturme
Noch die Wände vom Kaiserthurme!

V.3 Franz von Gaudy: *Chamisso ist todt!* (1838)[78]

Die Sonne sank. Ich stand auf dem Balkone,
Das Herz voll stiller, inn'ger Seligkeit.
Der Abendstrahl lieh schmeichelnd der Citrone
Noch vor der Reise ihr goldschimmernd Kleid;

---

77 Welcker: Thüringer Lieder (Anm. 45), S. 337 f.
78 Gaudy: Gedichte (Anm. 52), S. 273 f.

5   Der Oleander streute Purpurglocken,
    So oft der Wind ihn leisen Hauchs berührt,
    Wenn er der Wölkchen duft'ge, ros'ge Flocken,
    Die Kinderengeln gleichenden, entführt.

    Tief schlummerte der Golf: er glich der Schale
10 Des purpurdunkeln Weins voll bis zum Rand,
    Und wie Demanten blitzte am Pokale
    Der dichtverwebten Städte schimmernd Band.
    Als ob das Opfer wieder sich bereite,
    Und nur gewärtig sei des Priesters Ruf,
15 Stand auch dem Becher der Altar zur Seite,
    Der ewig rauchumhüllte – der Vesuv.

    Die Glocken läuteten zum Engelsgruße,
    Hin über's Meer schwamm zitternd leis' ihr Schall,
    Und weckte jenseits an des Berges Fuße
20 Der Schwesterklänge matten Wiederhall.
    Und gleich den Stimmen südwärts zieh'nder Schwäne,
    Verworren rauh, und doch voll Melodie,
    So tönte von dem Bord der fernen Kähne
    Der Schiffer Wechselsang: Ave Marie!

25 Ich träumte süß. Vergangnes war vergangen,
    Spurlos des Leids Erinnerung entrückt;
    Des Lebens Zauber hielt mich hold umfangen,
    Das Herz verlangte nichts – es war beglückt.
    So schaukelt auf des Meers tiefblauem Spiegel
30 In sel'ger Sicherheit das schwanke Boot –
    Da zuckt der Blitz. – Ein Brief – ein schwarzes Siegel
    Woher? – Von Hause. – Chamisso ist todt!

    So ernst gemeint war also deine Mahnung
    Als jüngst ich reisefreudig von dir schied?
35 So tief war sie gefühlt, die Grabesahnung,
    Die oft wie Geisterhauch durchweht dein Lied?
    Wahr, wahr! – Die Lippe, die der Kuß der Musen
    Geheiligt, ist verstummt. Des Sanges Gluth
    Verglomm. Das Herz, das stets im siechen Busen

40 Voll Lieb' und Milde schlug für All' – es ruht! –

   Zu Füßen rauschte wild des Volks Gedränge
   In roher Lust, in Klag', in gell'ndem Zank;
   Zerrissen wehten Mandolinenklänge
   Nachtfaltern gleich, den stillen Golf entlang;
45 Um des Vesuvs in Schlaf gewiegten Krater
   Verschwamm das letzte müde Abendroth –
   Ich weinte still: Mein einz'ger Freund, mein Vater,
   Mein Chamisso, mein Chamisso ist todt! –

Neapel, den 21. September 1838.

Daniela Gretz
Happy End im ‚Kampf ums Dasein'?
Vergessene Konstellationen von Literatur und Wissen in Kellers *Sinngedicht* und Raabes *Lar*

I Zeitschriften als „Spiel-Räume" für literarische „Formexperimente" zwischen Literatur und Darwinismus

Konstellationen von Literatur und Wissen werden vor dem Hintergrund der ‚Two-Cultures-Debate', deren Ursprünge sich bis in die zweite Hälfte des 19. Jahrhunderts zurückverfolgen lassen, derzeit aus den unterschiedlichsten Perspektiven intensiv und durchaus kontrovers diskutiert.[1] Dabei hat sich vor allem der Zusammenhang von Literatur und Darwinismus als produktives Forschungsfeld erwiesen, auf dem sich dennoch vergessene Konstellationen von Literatur und Wissen entdecken lassen.[2] Dies hat zum einen mit der Vernachlässigung medialer Aspekte der epistemologischen Sonderstellung des Darwinismus in der Zeitschriftenkultur des 19. Jahrhunderts zu tun; zum anderen mit der Dominanz derjenigen literaturhistorischen Positionen, die seit dem Naturalismus den Ein-

---

1 Vgl. dazu Nicolas Pethes: Literatur- und Wissenschaftsgeschichte. Ein Forschungsbericht. In: Internationales Archiv für Sozialgeschichte der deutschen Literatur 28 (2003), H. 1, S. 181–231, sowie Yvonne Wübben: Forschungsskizze: Literatur und Wissen nach 1945. In: Roland Borgards/Harald Neumeyer/Nicolas Pethes/Y. W. (Hg.): Literatur und Wissen. Ein interdisziplinäres Handbuch. Stuttgart/Weimar 2013, S. 5–16.
2 Vgl. dazu u. a. Monika Fick: Sinnenwelt und Weltseele. Der psychophysische Monismus in der Literatur der Jahrhundertwende. Tübingen 1991 (Studien und Texte zur Sozialgeschichte der Literatur 125), Werner Michler: Darwinismus und Literatur. Naturwissenschaftliche und literarische Intelligenz in Österreich, 1859–1914. Wien/Köln/Weimar 1999 (Literaturgeschichte in Studium und Quellen 2), und Peter Sprengel: Darwin in der Poesie. Spuren der Evolutionslehre in der deutschsprachigen Literatur des 19. und 20. Jahrhunderts. Würzburg 1998, sowie die folgenden monographischen Einzeluntersuchungen zu den hier untersuchten Autoren: Katharina Brundiek: Raabes Antworten auf Darwin. Beobachtungen an der Schnittstelle von Diskursen. Göttingen 2005 (Universitätsdrucke Göttingen); Philip Ajouri: Erzählen nach Darwin. Die Krise der Teleologie im literarischen Realismus: Friedrich Theodor Vischer und Gottfried Keller. Berlin/New York 2007 (Quellen und Forschungen zur Literatur- und Kulturgeschichte 43 [277]).

fluss Darwins als ‚naturwissenschaftliche Grundlagen der Poesie' explizit literaturtheoretisch reflektieren.³

Die epistemologische Sonderstellung des Darwinismus resultiert daraus, dass er dem zeitgenössischen fortschrittsorientierten Idealbild einer objektiven Experimentalwissenschaft mit technisch-industriellem Veränderungspotential nicht entspricht. Er bezieht zwar sein „symbolisches Kapital"⁴ aus diesem Ideal, verdankt aber seinen Erfolg „nicht allein (inner)szientifischer Schlüssigkeit, sondern vor allem seiner Überzeugungskraft als Erzählung und der Eingängigkeit seiner Metaphern, die für den Austausch mit anderen Bereichen der Wissenskultur als Gelenkstellen fungierten".⁵ Dies eröffnet die Möglichkeit einer Inszenierung als „Metawissenschaft":⁶ Darwinismus ist entsprechend weniger eine fest umgrenzte, auf den Theorien Darwins beruhende Forschungsrichtung, als ein genuin populärwissenschaftlicher Universaldiskurs, ein „hochgradiges Mischaggregat".⁷ Eine „Schlüsselfunktion"⁸ im Hinblick auf diese „Hyper-Konnektivität"⁹ kommt dem medialen Verbreitungskontext in populären Kultur- und „Rundschauzeitschriften"¹⁰ zu. Sie bieten nicht nur (populär-)wissenschaftlichen Abhandlungen, sondern auch literarischen Texten eine Plattform und befördern dadurch einen Austausch zwischen Literatur und Darwinismus. Diese medienhistorische Konstellation wird zwar immer wieder en passant erwähnt,¹¹ aber weder in die konkreten Analysen der entsprechenden literarischen Texte einbezogen noch gar systematisch aufgearbeitet.

Dies hat nicht zuletzt damit zu tun, dass der traditionelle common sense der autorzentrierten Forschung bezüglich der Erstpublikation von Literatur in

---

3 Vgl. dazu exemplarisch Wilhelm Bölsche: Die naturwissenschaftlichen Grundlagen der Poesie. Hg. von Johannes J. Braakenburg. Tübingen 1976 (Deutsche Texte 40).
4 Michler: Darwinismus (Anm. 2), S. 52.
5 Bernhard J. Dotzler: Ordnungen des Wissens b) Neure deutsche Literatur. Zum Beispiel Kellers *Sinngedicht*. In: Claudia Benthien/Hans Rudolf Velten (Hg.): Germanistik als Kulturwissenschaft. Eine Einführung in neue Theoriekonzepte. Reinbek bei Hamburg 2002, S. 103–123, hier S. 113.
6 Michler: Darwinismus (Anm. 2), S. 52. Vgl. dazu auch Sprengel: Darwin (Anm. 2), bes. S. 493, sowie Ajouri: Erzählen (Anm. 2), S. 93.
7 Vgl. dazu Brundiek: Raabes Antworten (Anm. 2), S. 28.
8 Ajouri: Erzählen (Anm. 2), S. 93.
9 Vgl. dazu Urs Stäheli: Das Populäre als Unterscheidung – eine theoretische Skizze. In: Gereon Blaseio/Hedwig Pompe/Jens Ruchatz (Hg.): Popularisierung und Popularität. Köln 2005 (Mediologie 13), S. 146–167, bes. S. 160.
10 Vgl. dazu Michler: Darwinismus (Anm. 2), S. 78.
11 Lediglich Gerhart von Graevenitz (Wissen und Sehen. Anthropologie und Perspektivismus in der Zeitschriftenpresse des 19. Jahrhunderts und in realistischen Texten. Zu Stifters *Bunten Steinen* und Kellers *Sinngedicht*: In: Lutz Danneberg/Friedrich Vollhardt [Hg.]: Wissen in Literatur im 19. Jahrhundert. Tübingen 2002, S. 147–189) bezieht in seine *Sinngedicht*-Analyse den Publikationskontext auf einer allgemein-theoretischen Ebene ein.

Zeitschriften lautet, dass sich künstlerische Innovation im Rahmen einer „Dialektik von challenge and response"[12] gerade der individuellen ‚Meisterschaft' im „‚Spießruten laufen' *gegen* die Preßapparatur"[13] verdanke. Differenzierungen unterschiedlicher Zeitschriftenformate finden im Rahmen solcher eher spekulativer als materialgesättigter Pauschalaussagen nicht statt und deren konkrete Formatbedingungen[14] sowie das kon-, ko- und zuweilen sogar intertextuelle Publikationsumfeld der Texte bleiben weitgehend unberücksichtigt. Entsprechend pauschal fällt auch das Urteil aus: „Übermäßige Bildungslast oder theoretische Vertiefung waren in den Zeitschriften ebenso verpönt wie experimentelle Neuerungen der Struktur oder Erzählweise."[15] Im Gegensatz dazu etabliert sich in einschlägigen neueren literaturwissenschaftlichen Arbeiten sukzessive ein neuer common sense, der die „Produktivkraft"[16] der populären Zeitschriften betont, die gerade neue „Spiel-Räume"[17] für literarische „Formexperimente"[18] eröffneten.

Im Anschluss an diese beiden Beobachtungen soll im Folgenden die zentrale Bedeutung vergessener medienspezifischer Konstellationen von Literatur und Wissen als ‚Spiel-Raum' für literarische „Formexperimente" am Beispiel zweier Texte angedeutet werden, die zwar schon vereinzelt im Hinblick auf ihr Verhältnis zum Darwinismus analysiert wurden, aber noch nicht unter gleichzeitiger Berücksichtigung des konkreten Publikationskontextes:[19] Gottfried Kellers *Sinnge-*

---

12 Hans-Jürgen Schrader: Autorfedern unter Preß-Autorität. Mitformende Marktfaktoren der realistischen Erzählkunst an Beispielen Storms, Raabes und Kellers. In: Jahrbuch der Raabe-Gesellschaft (2001), S. 1 – 40, hier S. 5.
13 Hans-Jürgen Schrader: Im Schraubstock moderner Marktmechanismen. Vom Druck Kellers und Meyers in Rodenbergs *Deutscher Rundschau*. In: Jahresbericht Gottfried Keller-Gesellschaft 62 (1994), S. 3 – 38, hier S. 22.
14 Aus den allgemeinen pressespezifischen Formatbedingungen Publizität, Periodizität, Aktualität und Kollektivität ergeben sich jeweils konkret spezifische Programmlogik, unterschiedliche Rubriken, Sequentialität/Fortsetzungsdruck, generische Serialität, thematische und diskursive Universalität, Mehrfachadressierung, Intermedialität etc. Vgl. dazu Gustav Frank/Madleen Podewski/Stefan Scherer: Kultur – Zeit – Schrift. Literatur und Kulturzeitschriften als „kleine Archive". in: Internationales Archiv für Sozialgeschichte der deutschen Literatur 34 (2009), H. 2, S. 1 – 45.
15 Schrader: Autorfedern (Anm. 12), S. 7.
16 Christof Hamann: Zwischen Normativität und Normalität. Zur diskursiven Position der ‚Mitte' in populären Zeitschriften nach 1848. Heidelberg 2014 (Diskursivitäten 18), S. 13.
17 Manuela Günter: Im Vorhof der Kunst. Mediengeschichten der Literatur im 19. Jahrhundert. Bielefeld 2008, S. 15; Hamann: Normativität (Anm. 16), S. 48.
18 Hamann: Normativität (Anm. 16), S. 60.
19 Vgl. zu Kellers *Sinngedicht* neben Ajouri: Erzählen (Anm. 2), Dotzler: Ordnungen (Anm. 5), und Graevenitz: Wissen (Anm. 11), Gerhard Kaiser: Experimentieren oder Erzählen? Zwei Kulturen in Gottfried Kellers *Sinngedicht*. In: Jahrbuch der deutschen Schillergesellschaft 45 (2001), S. 278 –

dicht in der *Deutschen Rundschau* und Wilhelm Raabes *Der Lar* in *Westermanns Monatsheften*.

II Literatur und Wissen im ‚Rundschau'-Format: Von *Westermanns Monatsheften* zur *Deutschen Rundschau*

Westermann's (illustrirte deutsche) Monatshefte für das gesamte geistige Leben der Gegenwart werden 1856 unter dem verantwortlichen Redakteur Adolf Glaser im Braunschweiger Verlag George Westermann gegründet und sind Wilhelm Raabes zentrales Publikationsorgan.[20] Auch wenn das Journal im Rekurs auf seine „Tendenz […] durch Belehrung unterhalten und durch Unterhaltung belehren [zu wollen] und also Bildung und Wissen […] dem allgemeinen Verständnis zugänglich [zu] machen"[21] meist primär dem Typus des Familienblattes zugerechnet wird,[22] spricht eine Reihe von Gründen dafür, es zugleich auch als „erste deutsche

---

301, sowie Philip Ajouri: Vom unerklärbaren Übernatürlichen zur unerklärten Natur. Gottfried Kellers *Die Geisterseher* und sein romantischer Prätext, E. T. A. Hoffmans *Ein Fragment aus dem Leben dreier Freunde*. In: Dirk Göttsche/Nicholas Saul (Hg.): Realism and Romanticism in German Literature/Realismus und Romantik in der deutschsprachigen Literatur. Bielefeld 2013, S. 261– 295; vgl. zu Raabes *Lar* neben Brundiek: Raabes Antworten (Anm. 2) Eberhard Rohse: „Transzendentale Menschenkunde" im Zeichen des Affen. Raabes literarische Antwort auf die Darwinismusdebatte des 19. Jahrhunderts. In: Jahrbuch der Raabe-Gesellschaft 1988, S. 168–210, und Eberhard Rohse: Hominisation als Humanisation. Die Figur des Affen als anthropologische Herausforderung in Werken der Literatur seit Darwin – Wilhelm Busch, Wilhelm Raabe, Franz Kafka, Aldous Huxley. In: Vorträge zum Thema Mensch und Tier. Studium generale Tierärztliche Hochschule Hannover, Bd. VI. Hannover 1989, S. 22–56, sowie Silke Brodersen: Scandalous Family Relations: Dealing with Darwinism in Wilhelm Raabes's *Der Lar*. In: The German Quarterly 81 (2008) 2, S. 152–168. Ajouri: Erzählen (Anm. 2), S. 90–142, verweist zwar auf die Bedeutung von Zeitschriften im Allgemeinen und für Kellers Darwinismus-Rezeption im Besondern (ebd., S. 259) und Brundiek: Raabes Antworten (Anm. 2), S. 18–25, rekonstruiert sogar allgemein die Thematisierung von Darwinismus in Beiträgen der *Monatshefte*, beide beziehen dies aber kaum in ihre konkreten Analysen ein.

20 Vgl. dazu Ulrike Koller: Wilhelm Raabes Verlegerbeziehungen. Göttingen 1994 (Palaestra 296).

21 Zit. nach Wolfgang Ehekircher: Westermanns illustrierte deutsche Monatshefte. Ihre Geschichte und ihre Stellung in der Literatur der Zeit. Ein Beitrag zur Zeitschriftenkunde. Braunschweig u. a. 1952, S. 14.

22 Vgl. Andreas Graf: Familien- und Unterhaltungszeitschriften. In: Geschichte des deutschen Buchhandels im 19. und 20. Jahrhundert. Im Auftrag des Börsenvereins des deutschen Buchhandels hg. von der Historischen Kommission, Bd. 1: Das Kaiserreich 1871–1918. Im Auftrag der

Revue"[23] und damit als Mischform von Familienblatt- (Illustrationen; zeittypischer Verzicht auf Tagespolitik; Allgemeinverständlichkeit) und ‚Rundschau'-Format (Überblick über Kultur und Wissen der Gegenwart) zu begreifen: Die *Monatshefte* richten sich an ein „eher exklusives Publikum",[24] orientieren sich nicht nur am Vorbild der populären amerikanischen Illustrierten *Harper's Monthly*, sondern auch an den „Musterbeispiele[n]" der französischen „Revues" und britischen „Reviews"[25] und wollen entsprechend „die Wissenschaft lebendig [...] machen und sie in's Leben [...] tragen",[26] um so eine „Versöhnung zwischen Wissenschaft, Litteratur und Leben"[27] zu erreichen. Dem entspricht das Programm des Blattes, in Gestalt eines „diffusen Enzyklopädismus"[28] mit Abteilungen wie „1. Novellen, Kulturbilder, Charakteristiken" und „2. Naturwissenschaftliches, geographische Charakterbilder, Reiseberichte" einen Überblick über das „gesamte geistige Leben der Gegenwart" zu bieten.[29] Bis in die 1870er Jahre liegt der Schwerpunkt dabei klar auf den Wissenschaften, danach findet zwar eine „deutliche Wendung zum Literarischen"[30] statt, die Wissenschaften bleiben aber integraler Bestandteil der *Monatshefte*.

Deren Schwerpunktverschiebung fällt mit der Neugründung der für das Format namengebenden *Deutschen Rundschau* als Konkurrenzorgan durch Julius Rodenberg 1874 im Gebrüder Paetel Verlag in Berlin zusammen, in der Kellers gesamtes Prosa-Spätwerk erscheint. Wenige Jahre nach der Reichsgründung soll sie im neuerlichen Anschluss an englische und französische Vorbilder, „in welchen mit den Schriftstellern ersten Ranges sich die repräsentativen Männer der Wissenschaft zu gemeinsamer Arbeit vereinigten",[31] in der elitären Ausrichtung auf die „hochgebildeten Kreise" eine Marktlücke schließen und „Unterhaltung in der edelsten Form bieten und zugleich den wissenschaftlichen Fragen, den politischen, literarischen und künstlerischen Vorgängen mit der größten Aufmerk-

---

Historischen Kommission hg. von Georg Jäger, Teil 2. Frankfurt a. M. 2003, S. 409–447, hier S. 433.

23 Ehekircher: Westermanns (Anm. 21), S. 128.
24 Graf: Familien- und Unterhaltungszeitschriften (Anm. 22), S. 433.
25 Vgl. dazu Ehekircher: Westermanns (Anm. 21), S. 13.
26 Westermanns Monatshefte [künftig „WM"] 1 (1856/57), Vorwort, S. V.
27 Zit. nach Ehekircher: Westermanns (Anm. 21), S. 20.
28 Ulrich Kinzel: Die Zeitschrift und die Wiederbelebung der Ökonomik. Zur Bildungspresse im 19. Jahrhundert. In: Deutsche Vierteljahrsschrift für Literaturwissenschaft und Geistesgeschichte 67 (1993), S. 669–716, hier S. 672
29 Vgl. dazu und zu den übrigen Abteilungen Ehekircher: Westermanns (Anm. 21), S. 42.
30 Ehekircher: Westermanns (Anm. 21), S. 18.
31 Julius Rodenberg: Die Begründung der *Deutschen Rundschau*. Ein Rückblick. Berlin 1899, S. 5.

samkeit folgen".[32] Dabei bezeichnet der Titel ‚Rundschau' das „Verfahren und Erkenntnisziel", den „Zusammenhang des Wissens sichtbar werden"[33] zu lassen. Dieser soll mit den zentralen Rubriken „I. Novellen und kleinere Romane" und „II. Wissenschaftliche Essays" aus diversen Gebieten[34] die klassische, ästhetisch-literarische Bildung eines bürgerlichen Publikums gleichermaßen wie die modernen Naturwissenschaften integrieren. Dank der Verpflichtung renommierter Autoren wie Keller, Meyer, Storm und Fontane und namhafter Wissenschaftler wie Heinrich von Sybel, Ernst Haeckel, Eduard von Hartmann, Wilhelm Wundt und Hermann von Helmholtz wird das Blatt im akademischen Milieu schnell populär und so zu einer „Bildungsmacht".[35]

Im Rahmen eines derartigen Literatur und Wissen „umspannenden Universalismus"[36] bleibt bei einer umfangsmäßigen Dominanz vermischter wissenschaftlicher Essays die erste Stelle im Heft jeweils in der Regel der Belletristik vorbehalten. Neben verkaufsstrategischen Gründen dürfte dies nicht zuletzt dem Verstärkereffekt im Hinblick auf die mediale Selbstthematisierung[37] der Zeitschriften geschuldet sein, wie er exemplarisch anhand der spezifischen Konstellationen von Literatur und Wissen/Darwinismus in Kellers *Sinngedicht* und Raabes *Lar* im Erstpublikationskontext zu beobachten ist.

---

32 Rodenberg: Begründung (Anm. 31), S. 29f.
33 Graevenitz: Wissen (Anm. 11), S. 152.
34 Rodenberg: Begründung (Anm. 31), S. 31.
35 Kinzel: Zeitschrift (Anm. 28).
36 Wilmont Haacke: Julius Rodenberg und die deutsche Rundschau. Eine Studie zur Publizistik des deutschen Liberalismus (1870–1918). Heidelberg 1950 (Beiträge zur Publizistik 2), S. 48; Katja Lüthy spricht präziser von „thematischer Universalität" (Katja Lüthy: Die Zeitschrift. Zur Phänomenologie und Geschichte eines Medium. Konstanz/München 2013 [Kommunikationswissenschaft], S. 28).
37 Vgl. dazu Gerhart von Graevenitz: Memoria und Realismus. Erzählende Literatur in der deutschen ‚Bildungspresse' des 19. Jahrhunderts. In: Anselm Haverkamp/Renate Lachmann (Hg.): Memoria. Vergessen und Erinnern. München 1989 (Poetik und Hermeneutik 15), S. 283–304, bes. S. 299.

III Kellers *Sinngedicht* in der *Deutschen Rundschau* oder: Darwinismus im ‚Licht' der Literatur

Die Erstpublikation von Gottfried Kellers Novellenzyklus *Das Sinngedicht* erfolgt von Januar bis Mai 1881 in fünf Folgen[38] und lässt sich dort als Beitrag zu einer seit Erscheinungsbeginn in der *Deutschen Rundschau* virulenten Debatte über den Darwinismus lesen.[39] Entsprechend hat die Forschung also in gewisser Weise sogar recht, wenn sie in Bezug auf Kellers Kenntnis der Naturwissenschaften, resp. des Darwinismus despektierlich konstatiert, dass es mit dessen „Informiertheit in dieser Sache [...] jedes Mittagsblatt mit ihm aufnehmen könnte",[40] nur dass sich die *Rundschau*-Debatte eben nicht auf dem vermeintlichen Niveau ‚eines Mittagsblattes' bewegt; diese wird von namhaften Wissenschaftler vielfältiger Disziplinen geführt und arbeitet sich konkret vor allem an Haeckels und Hartmanns monistischen Lesarten von Darwins Theorien ab. Keller muss diese Debatte gerade nicht in ihrer Komplexität wiedergeben, weil er sie bei den *Rundschau*-Lesern als bekannt voraussetzen kann und entsprechend verstreute Anspielungen ausreichen, um sie in Erinnerung zu rufen.

Anlass zum Disput geben in erster Linie zwei Aspekte: Zum einen die Frage nach dem epistemologischen Status von Darwins Theorien und deren Übertragbarkeit auf unterschiedliche wissenschaftliche Disziplinen und die zeitgenössische Lebensrealität (z. B. in Form des Sozialdarwinismus) und zum anderen deren teleologische Auslegung in den unterschiedlichen Spielarten des Monismus. Während dessen Vertreter Darwins Theorien den Status von unveränderlichen Naturgesetzen einräumen, verweisen die Kritiker, deren Position sich mit Emil du Bois-Reymond als die eines Ignoramus bzw. Ignorabimus[41] charakterisieren lässt, auf die „bestehende Lückenhaftigkeit der Detailkenntnisse"[42] sowie die Inter-

---

38 Gottfried Keller: Das Sinngedicht. Novellen. In: Deutsche Rundschau [künftig „DR"] 26 (1881), I: S. 1–38, II: S. 161–192, III: S. 323–343 und DR 27 (1881), IV: S. 1–38, V: S. 161–194. Zitiert wird jeweils unter Angabe der Sigle SG, der Folge und der Seitenzahl.
39 Vgl. dazu auch ausführlicher Daniela Gretz: Ein literarischer ‚Versuch' im Experimentierfeld Zeitschrift. Medieneffekte der *Deutschen Rundschau* auf Gottfried Kellers *Sinngedicht*. In: Zeitschrift für deutsche Philologie 134 (2015), H. 2, S. 191–216.
40 Kaiser: Experimentieren oder Erzählen (Anm. 19), S. 299.
41 Vgl. dazu Kurt Bayertz/Walter Jaeschke/Myriam Gerhard: Weltanschauung, Philosophie und Naturwissenschaft im 19. Jahrhundert. Bd. 3: Der Ignorabimus-Streit. Hamburg 2007.
42 Haeckel's gesammelte populäre Beiträge. In: DR 24 (1880), S. 148–150, S. 148.

pretationsbedürftigkeit der beobachteten Tatsachen.[43] Stattdessen präsentiere der Monismus – „Lücken der Erkenntnis durch [...] provisorische Construction[en] [...] überbrücken[d]"[44] – „speculative Resultate nach inductiv naturwissenschaftlicher Methode",[45] die als „unklare Nothelfer"[46] lediglich „mehr oder weniger sinnige und anregende Schöpfungen der Phantasie seien",[47] und unterstelle eine der Naturentwicklung immanente Teleologie, die auf dem „ästhetische[n] Eindruck der Welt"[48] beruhe, von der sich aber im Darwinismus selbst „keine Spur"[49] finde. Von besonderem Interesse ist jedoch, dass zugleich die „[e]inseitig betrieben[e] Naturwissenschaft" als „Krankheit unserer Zeit" bezeichnet wird, die „den Gesichtskreis" verenge; so „verarmt [...] leicht der Geist an Ideen, die Phantasie an Bildern, die Seele an Empfindungen, und das Ergebnis ist eine enge, trockene und harte, von Musen und Grazien verlassene Sinnesart". Entscheidend ist, dass dann die Versenkung ins „Meer des ewig Schönen" und „der Reiz vollendeter Form"[50] als mögliche Korrektive aufgerufen werden. Wenn hier bereits im Rahmen der Monismuskritik das Verhältnis von naturwissenschaftlichem Wissen und literarischen Verfahren doppelt reflektiert wird, nämlich einerseits negativ, wenn Literatur zur Fortsetzung der Wissenschaft mit anderen Mitteln wird, und andererseits positiv, wenn Literatur komplementär zur Naturwissenschaft als Korrektiv dient, ergibt sich daraus nicht zuletzt auch ein Reflexionspotential für das ‚Rundschau'-Format. Dabei ist die Grundanlage des *Sinngedicht*s mit der Gegenüberstellung des augenkranken Naturwissenschaftlers Reinhart, dessen belletristische Bibliothek auf dem Dachboden verstaubt, und der literarisch gebildeten Lucie, die wie ihr Kosename „Lux" (SG V, 194) nahelegt, die dunkle Welt des Naturwissenschaftlers in ein neues Licht rückt, so bereits vorgebildet.

---

[43] Adolf Lasson: Eduard von Hartmann und seine neuesten Schriften. In: DR 9 (1876), S. 391–417, hier S. 394: „Denn alle diese Thatsachen, die vorgebracht werden, sind vieldeutig und lassen viele Erklärungsgründe offen."
[44] Haeckel's gesammelte populäre Beiträge (Anm. 42), S. 149.
[45] Lasson: Hartmann (Anm. 43), S. 9.
[46] Oscar Schmidt: Darwinismus und Socialdemokratie. In: DR 17 (1878), S 278–292, hier S. 286.
[47] Rez. zu „Zur Kritik moderner Schöpfungslehren". In: DR 5 (1875), S.131–133 hier S. 131.
[48] Wilhelm Wundt: Die Theorie der Materie. In: DR 5 (1875), S. 364–386, hier S. 365. Vgl. dazu auch Bernhard Kleeberg: Evolutionäre Ästhetik. Naturanschauung und Naturerkenntnis im Monismus Ernst Haeckels. In: Renate Lachmann/Stefan Rieger (Hg.): Text und Wissen. Technologische und anthropologische Aspekte. Tübingen 2003 (Literatur und Anthropologie 16), S. 153–179.
[49] Schmidt: Darwinismus (Anm. 46), S. 286.
[50] E.[mil] du Bois-Reymond: Culturgeschichte und Naturwissenschaft. In: DR 13 (1877), S. 214–248, hier S. 237 f.

In diesem spezifischen medialen Kontext überführt das *Sinngedicht* die Darwinismus-Debatte im Rahmen eines ‚literarischen Menschenexperiments' tatsächlich gleich doppelt ‚in's Leben' seiner fiktiven Figuren: *erstens* durch die Verkörperung der monistischen Weltanschauung durch Reinhart, *zweitens* durch das Wörtlichnehmen des metaphorischen Begriffs der „Zuchtwahl."[51] Damit ist zunächst die Überführung des titelgebenden Sinngedichts in ein an der zeitgenössischen Auseinandersetzung mit Darwin geschultes physiognomisches Experiment zur Wahl der richtigen Ehefrau verbunden ist. Anschließemd entspannt sich zwischen Reinhart und Lucie zudem noch ein Erzählwettstreit um die Frage, ob jeweils der Mann oder die Frau in den erzählten Liebesgeschichten ‚gewählt' hat, der zugleich den metaphorischen Begriff des ‚Kampf ums Dasein'[52] als ‚Krieg der Geschlechter' ausbuchstabiert.

Der erste Satz des *Sinngedichts* mit der zeitlichen Einordnung der Handlung – „Vor etwa fünfundzwanzig Jahren, als die Naturwissenschaften eben wieder auf einem höchsten Gipfel standen, obgleich das Gesetz der natürlichen Zuchtwahl noch nicht bekannt war [...]" (SG I, 1) – lässt sich durchaus als „satirische Attacke auf die Wissenschaftsgläubigkeit der Zeit"[53] lesen. Daraus lässt sich aber gerade nicht ableiten, dass es sich insgesamt um einen „Erzählzyklus contra Darwin"[54] handelt, denn die Polemik richtet sich vielmehr gegen den Monismus als einen ganz bestimmten Typus der Darwin-Exegese, den Keller mittels einer Reihe konkreter Anspielungen in der Figur Reinhart portraitiert. Dessen Urteil, dass selbst die „moralischen Dinge" am Faden der Ursachen und Wirkungen gut angebunden seien (vgl. SG I, 3), sowie das Zurückführen des „unendlichen Reichtum[s] der Erscheinungen [...] auf eine einfachste Einheit [...], wo es heißt, im Anfang war die Kraft, oder so was" (SG I, 2), weisen ihn als Monisten avant la lettre aus. Dabei dokumentiert sich im Rahmen medienspezifischer Mehrfachadressierung eine dem Profil der *Rundschau* angemessene Doppelstrategie, bei der über vielfältige Anschluss- und Ausdeutungsmöglichkeiten klassisch-literarisch gebildete wie naturwissenschaftlich orientierte Leser gleichermaßen angesprochen werden. Dies lässt sich bereits an der Eingangspassage verdeutlichen, in der der

---

51 Vgl. dazu Charles Darwin: Über die Entstehung der Arten durch natürliche Zuchtwahl oder die Erhaltung der begünstigten Rassen im Kampfe ums Dasein. In: C. D.: Gesammelte Werke. Nach Übersetzung aus dem Englischen von J. Victor Carus. Frankfurt a.M. 2009, S. 347–691, hier S. 415.
52 Darwin: Über die Entstehung der Arten (Anm. 51), S. 404.
53 Jürgen Rothenberg: Geheimnisvoll schöne Welt. Zu Gottfried Kellers *Sinngedicht* als antidarwinistischer Streitschrift. In: Zeitschrift für deutsche Philologie 95 (1976), S. 255–290, hier S. 280.
54 Rothenberg: Geheimnisvoll (Anm. 53), S. 269.

Naturwissenschaftler Reinhart als moderner „Doctor Fausten" eingeführt wird, wobei die konkret geschilderte Versuchsanordnung intertextuelle Bezüge zu Goethes Newton-Kritik an dessen experimentum crucis in der Farbenlehre aufweist, zugleich aber auf zwei jüngere Innovationen der Physik Bezug nimmt, die ein *Rundschau*-Artikel[55] explizit bis zu Newton und Goethe zurückverfolgt: die Lichtwellenlehre[56] und die ‚epochemachende' Entdeckung der „Spectralanalyse". Letztere erfolgt in demselben Jahr, „in welchem [...] der Darwinismus seine umwälzende Laufbahn in der organischen Wissenschaft begonnen hat",[57] was sich als möglicher Ausgangspunkt für die Verschiebung von der Auseinandersetzung mit der Physik zu der mit dem Darwinismus im *Sinngedicht* lesen lässt. Parallel dazu verweist auch das Goethe-Zitat „am Anfang war die Kraft" gleichermaßen auf die literarische Tradition wie auf die aktuelle Zeitschriftendebatte. Denn in dieser wird der „Begriff der Kraft" bzw. „Lebenskraft" einerseits als „einheitliche und gemeinsame Grundlage für eine in sich einige Weltanschauung"[58] stark gemacht, andererseits wird er als bloße Projektion menschlichen Willens in naturwissenschaftliche Theorien massiv kritisiert.[59] Auch der Kommentar des intradiegetischen Erzählers Reinhart anlässlich der einzigen, zudem noch ausgesparten, Liebesszene in *Die arme Baronin* „Hier ist nun weiter nichts zu sagen, als daß eine jener langen Rechnungen über Lust und Unlust, die unsere modernen Shylocks eifrig aufsetzen und dem Himmel so mürrisch entgegenhalten, wieder einmal wenigstens ausgeglichen wurde" (SG III, 337), lässt sich erneut gleichermaßen auf Shakespeare wie auf Haeckels Zurückführung des Seelenlebens aller lebendigen Materie bis zum Protoplasma auf „die Empfindungsform der Lust und Unlust"[60] bzw. auf „die peinliche Berechnung von Lust und Unlust"[61] bei von Hartmann beziehen.

Reinharts Bemühen, Logaus titelgebendes Sinngedicht im Rahmen einer Hybridisierung von Literatur und Wissenschaft als „köstliches Experiment" und „Versuch" (SG I, 3) in loser Analogie zum eingangs anzitierten Gesetz der natürlichen Zuchtwahl in eine Art naturwissenschaftliche Versuchsreihe zur Wahl einer

---

55 C.[arl] G.[ustav] Reuschle: Die letzten sechzig Jahre in der Physik. I. In: DR 9 (1876), S. 362–373; II. III. IV. In: DR 12 (1877), S. 274–292.
56 Reuschle: Die letzten sechzig Jahre (Anm. 55), S. 372.
57 Reuschle: Die letzten sechzig Jahre (Anm. 55), S. 287. Vgl. dazu auch, allerdings ohne Berücksichtigung des *Rundschau*-Kontextes Dotzler: Ordnungen (Anm. 5), S. 105 f.
58 M.[oriz] Carriere: Der Mechanismus der Natur und die Freiheit des Geistes. In: DR 12 (1877), S. 377–405, hier S. 385 u. 387.
59 Vgl. dazu: Du Bois-Reymond: Culturgeschichte (Anm. 50), S. 216.
60 Ernst Haeckel: Die Naturanschauung von Darwin, Goethe und Lamarck. In: DR 33 (1882), S. 40–59, hier S. 58.
61 Lasson: Hartmann (Anm. 43), S. 407.

geeigneten Ehefrau zu überführen, lässt sich zudem als Reflex auf die medienspezifische Konstellation der *Rundschau* lesen. Dabei verdeutlicht der Übergang vom naturwissenschaftlichen Experimentator zum Literatur-Interpreten, der gleichermaßen die Metaphorik Darwins wie Logaus wörtlich nimmt und als Handlungsanweisung ins ‚reale' Leben überträgt, den speziellen epistemologischen Status des Monismus und reflektiert so zugleich mögliche Probleme des ‚Rundschau'-Formats.

In einer ersten Experimentalanordnung, die signifikanterweise als bloße Übertragung von wissenschaftlichen auf literarische Verfahren zunächst scheitert, soll durch Austausch von variablen Eigenschaften der potentiellen Ehefrauen die gezielte Reproduktion der bei Logau beschriebenen Reaktion auf den Kuss als Kombination aus „Erröthen" und „Lachen" gelingen, wobei das Serialitätsprinzip der naturwissenschaftlichen Versuchsreihe in den ersten sechs Kapiteln zugleich in ein serielles Erzählverfahren überführt wird, das sich bereits in den Kapitelüberschriften dokumentiert. Dieses ‚Kussexperiment' korrespondiert mit zwei weiteren *Rundschau*-Artikeln,[62] über die sich ein konkreter Zusammenhang zwischen Darwinismus, Logaus Sinngedicht und dem Monismus ergibt. Denn bei „Erröthen" und „Lachen" handelt es sich um „zwei Phänomene, in denen wie kaum in zwei andern die moralische Welt und die Welt des Stofflichen und Sinnlichen in Wechselwirkung treten",[63] und die Artikel kritisieren an Darwin gerade, dass dieser solchen menschlichen „symbolische[n]" Ausdrucksbewegungen, die sich durch ihre „Mehrdeutigkeit" auszeichnen und „daher auch für den Künstler die größte Bedeutung" haben, zu wenig Aufmerksamkeit widme.[64] Reinhart hingegen glaubt zunächst gerade an eine eindeutige Lesbarkeit, wenn er konstatiert, dass „das Gesicht" als „Aushängeschild des körperlichen wie des geistigen Menschen [...] auf die Länge doch nicht trügen" könne (SG I, 26); aber der Leser wird eines Besseren belehrt, indem die Mehrdeutigkeit der geschilderten Gesichtsausdrücke nicht nur immer wieder explizit thematisiert wird, sondern sogar das Scheitern erzählter Liebesbeziehungen wesentlich auf physiognomi-

---

[62] Wilhelm Wundt: Ueber den Ausdruck der Gemüthsbewegungen. In: DR 11 (1877), S. 120–133 und F.[elix] V.[ictor] Birch-Hirschfeld: Ueber den Ursprung der menschlichen Mienensprache mit Berücksichtigung des Darwin'schen Buches über den Ausdruck der Gemüthsbewegungen. In: DR 22 (1880), S. 41–61.
[63] Wolfgang Preisendanz: Gottfried Kellers *Sinngedicht*. In: Zeitschrift für deutsche Philologie 82 (1963), S. 129–151 hier S. 147.
[64] Birch-Hirschfeld: Ueber den Ursprung (Anm. 62), S. 45, 46, 61. Vgl. dazu Wundt: Ueber den Ausdruck (Anm. 62), S. 126 u. 128. Zur seriellen Deutung von diesen und anderen typisch menschlichen Gemütsausdrücken im *Sinngedicht* vgl. Priscilla Manton Kramer: The Cyclical Method of Composition in Gottfried Keller's *Sinngedicht*. New York 1939.

schen Fehldeutungen (vgl. SG II, 182 und SG V, 186 f.) beruht. Reinharts These von der eindeutigen Lesbarkeit steht im Kontext seiner im Erzählduell mit Lucie formulierten übergreifenden Grundthese, die „Schönheit" bzw. das „persönliche Wohlgefallen" (SG I, 26) sei bei der Partnerwahl maßgeblich, die wiederum dem funktionalen Schönheitsbegriff in Haeckels teleologischer, monistischer Vorstellung von sexueller Zuchtwahl entspricht, „als schön werde empfunden, was überlebensdienlich sei."[65] In diesem Erzählduell zwischen Reinhart als Vertreter der männlich kodierten Naturwissenschaft und Lucie als weiblicher Repräsentantin von Literatur und geisteswissenschaftlicher Hermeneutik[66] wird die rundschauspezifische Konstellation von Literatur und Wissen verkörpert. Im Zuge dessen wird in einer Art zweiter textimmanenter Versuchsanordnung, die im Durchgang durch eine Serie von Fallgeschichten, in denen diverse gesellschaftliche und kulturelle Variablen in der Konstellation von Mann und Frau erzählerisch durchgespielt werden,[67] jeweils perspektivgebunden die Frage kontrovers diskutiert, ob in den vorgetragenen Liebesgeschichten der Mann oder die Frau ‚gewählt' habe. Dabei gerät noch einmal das Bemühen um eine monistische, einheitliche Weltdeutung in den Blick, das hier nicht nur den Naturwissenschaftler, sondern auch die Literatin kennzeichnet, indem von beiden gleichermaßen der von Darwin ausdrücklich metaphorisch gebrauchte Begriff der ‚Zuchtwahl' fälschlicherweise als Willensfreiheit[68] wörtlich genommen und der ebenso explizit metaphorische ‚Kampf ums Dasein' in einen ‚Krieg der Geschlechter' überführt wird, der sich zugleich auch als ironischer Seitenhieb auf das Konkurrenzverhältnis von Literatur und Wissenschaften im ‚Rundschau'-Format verstehen lässt. Entscheidend ist nun aber, dass in der einzigen Novelle, die Lucies Onkel erzählt, den *Geistersehern*, in der eingeflochtenen Versuchsanordnung Hildeburgs die Wahl letztlich dem Zufall überlassen wird, was nicht nur dem Darwin'schen Konzept sexueller Zuchtwahl eher entspricht als Haeckels ästhetisch-teleologische Lesart derselben,[69] sondern dieses auch wieder entmetaphorisiert. Der Zyklus bietet so nicht nur unterschiedliche Lesarten des Darwinismus an, sondern problematisiert zugleich eine einfache Übertragung von naturwissenschaftlichen Gesetzen in kulturelle Zusammenhänge als Allzuwörtlichnehmen und bezieht dies gleichermaßen auf den Monismus (Reinhart) wie auf die Literatur

---

65 Kleeberg: Evolutionäre Ästhetik (Anm. 48), S. 166.
66 Vgl. dazu Kaiser: Experimentieren (Anm. 19).
67 Vgl. dazu: Graevenitz: Wissen (Anm. 11), S. 181.
68 Hierin kann man zugleich einen Seitenhieb gegen eine an Schopenhauers Willensmetaphysik geschulte monistische Darwin-Rezeption sehen, wie sie Eduard von Hartmann vorgelegt hat. Vgl. dazu allgemein auch Sprengel: Darwin (Anm. 2), S. 16.
69 Vgl. dazu Ajouri: Vom unerklärbaren Übernatürlichen (Anm. 19), S. 277.

(Lucie). In Gestalt des *Sinngedichts* kommt letzterer so im Rahmen des ‚Rundschau'-Formats gerade nicht die Funktion einer einfachen, bloß popularisierenden Übersetzung von (Natur)Wissenschaft in (fiktive) Leben(s)realität) zu, sondern gerade deren „entspezialisierende[] Reflexion"[70] und Problematisierung, die zugleich eine des ‚Rundschau'-Formats ist.

In diesem Zusammenhang lassen sich die „aufklärerische[n] Streitgespräche"[71] zwischen Reinhart und Lucie als Replik auf die zeitschriftenspezifische „diskursive Universalität"[72] der *Rundschau*-Debatte lesen, in der, insbesondere bezüglich der Übertragbarkeit von Darwins Theorien auf den Menschen und seine Lebenswelt und der damit verbundenen Frage nach dem Verhältnis von Wissenschaft und Literatur, unterschiedliche Meinungen zirkulieren, und damit zugleich als Hinweis auf die prinzipielle Interpretationsbedürftigkeit darwinistischer Theorien in kulturellen Kontexten. Im Rahmen eines hybriden Genremix, der u. a. das naturwissenschaftliche Experiment mit einer Reihe von Liebesgeschichten mit Happy End verbindet, ist das doppelte Spiel mit den Erwartungen der Zeitschriftenleser von zentraler Bedeutung, wie es sich in den *Geistersehern* dokumentiert. Deren weibliche Hauptfigur Hildeburg heißt nämlich eigentlich Else Morland (SG IV, 19), was auf die Figur der Elzia Moorland in Putlitz' Novelle *Ricordo* aus dem allerersten Heft der *Rundschau* zurückverweist,[73] aus der nicht nur dieser Name entlehnt wird, sondern auch die Figurenkonstellation und die zentrale Liebesgeschichte des *Sinngedichts*.[74] Durch die Namensallusion und die analoge Figurenkonstellation wird so schon das unvermeidliche Happy End der prospektiven ‚Ersatzheirat' zwischen Ludwig und Lucie vorweggenommen, mittels deren die in der Konkurrenzsituation von Lucies Onkel und Reinharts Vater literarisierte sexuelle Zuchtwahl im ‚Kampf ums Dasein'[75] erzählerisch teleologisch in ein Happy End mündet wie Haeckels auf dem ‚ästhetische[n] Eindruck der Welt' beruhender Monismus als ‚Schöpfung der Phantasie' in den Fortschritt.

---

[70] Frank/Podewski/Scherer: Kultur – Zeit – Schrift (Anm. 14), S. 27 u. 40.
[71] Wolfgang Albrecht: Die Utopie der Liebe. Über den rahmenstiftenden Sinnzusammenhang in Kellers Novellenzyklus *Das Sinngedicht*. In: Michigan Germanic studies (1997) 1, S. 39–56, hier S. 44.
[72] Lüthy: Zeitschrift (Anm. 36), S. 28.
[73] Gustav zu Putlitz: Ricordo. Novelle. In: DR 1 (1874), S. 343–379.
[74] Vgl. dazu Gretz: Medieneffekte (Anm. 39).
[75] In diesem Zusammenhang ist von Interesse, dass Keller in der Buchausgabe die ‚Schlangenepisode' mit Reinharts Rekurs auf den ‚allgemeinen Vertilgungskriege' einfügt, der in der Forschung stets als affirmative Bezugnahme auf Darwins ‚Kampf ums Dasein' gelesen wird, was ein Indiz dafür sein könnte, dass der nun fehlende Kontext der *Rundschau*-Debatte so in den Zyklus selbst integriert werden sollte.

Fraglich ist allerdings, ob es sich dabei auch um ein Happy End im Rahmen der ‚Liebesbeziehung' zwischen Lucie als Repräsentantin der Literatur und Reinhart als Verkörperung der Wissensschaft im ‚Rundschau'-Format handelt, denn mit der Vorwegnahme des glücklichen Ausgangs geht zugleich dessen Problematisierung einher, die sich erneut aus dem Spiel mit konventionellen Erzählschemata bei der Schnittsetzung zwischen den einzelnen Sequenzen des Fortsetzungsdrucks ergibt und eine alternative Lesart des Endes eröffnet. So endet die erste Folge mit dem Ende des ersten Teils der *Regine* ganz ‚klassisch' mit einem Happy End: dem glücklichen Paar im Reisewagen auf der Hochzeitsreise (SG I, 38). Zu Beginn der zweiten Folge steht dann jedoch ironisch die Leserschaft derartiger Liebesgeschichten in Gestalt der beiden zuhörenden Mägde im Fokus, die Lucie in diesem Moment ins Bett schickt, um ihnen die „Kehrseite" (SG II, 162) der Geschichte zu ersparen, die nun folgt. Diese auf Serialität hin angelegte Struktur hat Auswirkungen auf die Wahrnehmung des Zyklusendes, das zunächst ebenfalls wie ein klassisches Happy End wirkt. Deutliche Ironiesignale sind jedoch nicht nur der „Pechdraht", den der Schuhmacher anfertigt, während er angesichts des frischverliebten Paares „in einem verdorbenen Dialecte" „Goethe's bekanntes Liebesliedchen ‚Mit einem gemalten Band'" intoniert (SG V, 193), und der (vermutlich im Käfig sitzende) Kanarienvogel, der „mit seinem schmetternden Gesang immer lauter drein lärmte" (SG V, 194), sondern auch die durchgehende Modellierung von Eheverhältnissen mittels der Metaphorik von Eroberung, Besitz, Dienstbarkeit und Sklaverei. So liegt der Schluss nahe, dass auch das Happy End der ‚Liebesbeziehung' von Literatur (Lucie) und Wissenschaft (Reinhart) im ‚Rundschau'-Format seine ‚Kehrseite' und die Geschichte eine Fortsetzung haben könnte, da die Gefahr besteht, dass sich die Literatur dabei lediglich zur Sklavin der Wissenschaft macht. So thematisiert das *Sinngedicht* parallel zur Darwinismus-Debatte der *Rundschau* kaleidoskopartig nicht nur unterschiedliche Möglichkeiten der (monistischen) Übertragung von Darwins Theorien auf die menschliche Lebensrealität, sondern problematisiert damit zugleich literarische Verfahrensweisen im Rahmen des ‚Rundschau'-Formats, die sich in den Dienst einer solchen Übertragung stellen, statt diese kritisch zu reflektieren.

IV Raabes *Lar* in *Westermanns Monatsheften* oder: Das Hütchen auf dem Pithecus

Eine ganz ähnliche Konstellation lässt sich an Wilhelm Raabes Roman *Der Lar. Eine Oster-, Pfingst-, Weihnachts-, und Neujahrsgeschichte* beobachten, der in drei

Folgen von April bis Juni 1889 in *Westermanns Monatsheften* erscheint.[76] Dort wird der Darwinismus bereits seit Beginn der 1860er Jahre in einer Reihe recht heterogener Beiträge diskutiert[77] und die Debatte umfasst so auch die Konsolidierungsphase, in der Darwins Theorien – namentlich die Selektionstheorie der natürlichen Zuchtwahl und des ‚Überlebens des Passendsten' im ‚Kampf ums Dasein' sowie die Deszendenztheorie der Abstammung des Menschen vom Affen und den Menschenaffen als (möglichem und noch fehlendem) Mittelglied – zunächst noch als zwar „geistreiche", aber noch keineswegs bewiesene „Hypothese[n]"[78] aus unterschiedlichen Perspektiven betrachtet und in Frage gestellt werden. So wird zwar bereits 1860 einerseits konstatiert, dass nicht zu bestreiten sei, dass „wir den Menschen als Thierkörper seiner Abstammung nach nur mit dem nächstverwandten Affen zusammenbringen"[79] können, andererseits wird aber die Hominisation als Fortentwicklung „von dem Zerrbilde des Menschen, dem Affen, zu dem ‚nach Gottes Ebenbilde' geschaffenen Menschen" noch in Frage gestellt. Man verweist auf den „Mangel[] lebender Zwischenformen", die bislang allenfalls „Phantasie-Wesen" seien,[80] und auf die Gottesähnlichkeit des Menschen, „der allein [...] zu unbegrenzter Vervollkommnung veranlagt und dadurch jedem anderen Thierorganismus heterogen" sei.[81] Zugleich aber werden derartige Kritiker, „die uns das erste Capitel Genesis als Grundlage für Geologie und Kosmogonie aufnötigen", und ihre „klerikale[n] Anmaßungen auf dem Gebiet der Naturforschung" wiederum zurückgewiesen.[82] Erst in den 1870er Jahren avanciert der Darwinismus selbst zur prinzipiell weitgehend unangefochtenen „Religion des Jahrhunderts".[83] „Darwinistische Streitfragen"[84] beziehen sich nun nur noch auf Details: Anlass zu „darwinistischen Ketzereien" geben – parallel zur

---

[76] Wilhelm Raabe: Der Lar. Eine Oster-, Pfingst-, Weihnachts-, und Neujahrsgeschichte. In: Westermanns illustrierte deutsche Monatshefte. Ein Familienbuch für das gesamte geistige Leben der Gegenwart 66 (1889), I: S. 1–28, II: S. 137–170, III: S. 273–304. Zitiert wird jeweils unter Angabe der Sigle DL, der Folge und der Seitenzahl.
[77] Vgl. dazu: Brundiek: Raabes Antworten (Anm. 2), S. 18–25.
[78] Jakob Nöggerath: Altes und Neuestes über den Vogel Dronte und über einige andere ausgestorbene Thiere. In: WM 21 (1867), S. 607–613, hier S. 606.
[79] Matthias Jacob Schleiden: Die Einheit des Menschengeschlechts. In: WM 8 (1860), S. 68–83, hier S. 77f.
[80] Friedrich Lichterfeld: Die Anthropomorphen, Gorilla, Schimpanse und Orangutang. In: WM 32 (1872), S. 630–646, hier S. 630.
[81] Lichterfeld: Die Anthropomorphen (Anm. 80), S. 635.
[82] J. H. v. Mädler: Die British Association for the advancement of Science und ihre Versammlung in Norwich 1868. In: WM 26 (1869), S. 280–288, hier S. 283.
[83] Otto Zacharias: Charles R. Darwin, der wissenschaftliche Begründer der Descendenzlehre. In: WM 54 (1883), S. 341–357, hier S. 355.
[84] Vgl. Moritz Wagner: Darwinistische Streitfragen. In: WM 51 (1881), S. 45–53.

Rundschau – vor allem „maßlose Übertreibungen, ungerechtfertigte Anwendungen, abenteuerliche Schlüsse und unlogische Ableitungen, die man uns nur zu sehr als unwiderlegliche Glaubenssätze hat aufdrängen wollen."[85] Dies betrifft auch hier u. a. die Ausweitung des Darwinismus zu einer monistischen Weltanschauung,[86] die affirmativ in der teleologisch gedeuteten „Macht der Vererbung" die „Hauptursache für den gesammten Fortschritt des menschlichen Geschlechts in leiblicher wie in geistiger Beziehung"[87] erblickt und so dem „Ignorabimus"[88] ein „Sciemus"[89] entgegensetzt. So wird durchaus kontrovers diskutiert, ob z. B. das „Schmarotzertum" zeigt, dass „Anpassung und Vererbung [...] nicht nothwendig zur Vervollkommung der Organisationen führen müssen, sondern häufig sogar das Gegentheil zu Wege bringen",[90] oder aber vielleicht in einer mittleren Lesart „gerade eine Weltansicht, die den Menschen mit der ganzen übrigen Natur aufs innigste verkettet, den Ansprüchen des Gemüts im höchsten Grade gerecht wird", indem „[n]icht trotz der Entwicklungslehre [...] unsere ethischen Ideale ihren Wert behalten, sondern durch dieselbe [...] dieser Wert erst erläutert und fest begründet"[91] wird.

Im Gegensatz zur *Sinngedicht*-Forschung hat die *Lar*-Forschung nicht nur die zentrale Bedeutung des Darwinismus, sondern auch die des medialen Publikationskontextes für den Roman herausgearbeitet, allerdings weitgehend unabhängig voneinander: Die zentralen Untersuchungen zum Darwinismus berücksichtigen den Publikationskontext gar nicht[92] oder verweisen nur recht allgemein auf die darwinistischen Beiträge der *Monatshefte*.[93] Die bislang einzige äußerst material- und detailreiche Monographie zum *Lar* kommt nur einmal en passant auf den Darwinismus zu sprechen, ohne dabei den konkreten Publikationskontext

---

85 Karl Vogt: Einige Darwinistische Ketzereien. In: WM 61 (1887), S. 481–491, hier S. 481.
86 Vgl. dazu Zacharias: Charles R. (Anm. 83), S. 356, sowie Thomas Achelis: Eduard von Hartmann. In: WM 65 (1888/89), S. 482–90, hier S. 490.
87 Ludwig Büchner: Die Macht der Vererbung. In: WM 50 (1881), I: S. 315–330, II: S. 442–456, hier I, S. 316, 323, 327.
88 Vgl. dazu auch Adolf Kohut: Emil du Bois-Reymond. In: WM 57 (1884/85), S. 803–819, hier S. 807 f.
89 Büchner: Macht (Anm. 87), S. 455.
90 Karl Vogt: Schmarotzer im Thierreich. In: WM 37 (1874/75), I: S. 32–45, II: S. 159–170, hier II, S. 169.
91 Rez. Zur Naturgeschichte des Menschen. In: WM 62 (1887), S. 805. Vgl. zu dieser mittleren Position auch Moriz Carriere: Der Emporgang des Lebens in der Natur und Geschichte. In: WM 42 (1877), I: S. 37–54, II: S. 140–151.
92 Rohse: Hominisation (Anm. 19) und Rohse: Transzendentale Menschenkunde (Anm. 19).
93 Brundiek: Raabes Antworten (Anm. 2), S. 18–25; obwohl Brundiek (ebd., S. 25) schon auf einen möglichen konkreten Einfluss hinweist.

zu berücksichtigen;[94] konstatiert aber – im Sinne des oben skizzierten traditionellen common sense der literaturwissenschaftlichen Forschung – ausgehend von konkreten biographischen Überlegungen zu Raabes wechselhaften Publikationserfahrungen in den *Monatsheften* und allgemeinen zum literarischen Markt, der zwar prinzipiell zur „ästhetische[n] Minderwertigkeit" zwinge, aber so ex negativo „zu innovativer Auseinandersetzung eines Autors mit sich selbst und den Möglichkeiten einer modernen Literatur"[95] führe, „eine Neuerung der Romantechnik". Diese bestehe vor allem in „kunstvoll und hinterlistig hineinkomponierten, sich überlagernden Lesarten", einer „Schichtung von unverfänglichem Vordergrundtext und mehreren, immer verfänglicheren Hintergrundtexten, die über die Fiktion weit in literarische, berufliche und private Kontexte ausgreifen".[96] Der konkrete Publikationskontext der *Monatshefte* mit der Darwinismus-Debatte spielt hier als unmittelbarster Kontext nicht zuletzt deshalb keine Rolle, weil dieser nicht als spezielles Medienformat in den Blick gerät, das mittels thematischer und „diskursiver Universalität"[97] und Mehrfachadressierung auf die Inklusion einer möglichst breiten, an (populär)wissenschaftlicher und belletristischer Literatur interessierten Leserschaft zielt, sondern nur allgemein als ‚Markt', der einseitig mit einem rein weiblichen, nur an ‚Trivialliteratur' des Typs Liebesgeschichte mit Happy End interessierten Publikum assoziiert wird. Eine solche Lesart interpretiert die vorangestellten Paratexte – das Motto „O bitte, schreiben auch Sie doch wieder mal ein Buch, in welchem sie sich kriegen" (DL I, 1), und das auch im Zeitschriftendruck dem eigentlichen „Buch" vorausgehende „Vorwort", in dem paradoxerweise das Happy End der Geschichte (in Gestalt der Taufe des Sohnes von Warnefried Kohl und Rosine Müller, deren Liebesgeschichte als Vorgeschichte dieser Taufe im folgenden „Buch" nachtragen wird) vorweggenommen wird – einseitig als „Romanzeitschriften-Publikumstäuschung."[98] Es handelt sich aber eher um ein subversives Spiel mit unterschiedlichen Lesererwartungen, das die bereits im Motto antizipierte prompt erfüllt, zugleich aber, da „durch die Vorwegnahme des Endes der Ausgang der Liebesgeschichte nicht zum alleinigen Movens der Handlung wird", einen „erzählerische[n] Freiraum" eröff-

---

94 Eckhardt Meyer-Krentler: „Unterm Strich". Literarischer Markt, Trivialität und Romankunst in Raabes *Der Lar*. Paderborn/München/Wien/Zürich 1986 (Schriften der Universität-Gesamtschule Paderborn 8), S. 56. Meyer-Krentler konstatiert sogar bezüglich der darwinistischen Allusionen im Roman, „daß die Zeitgenossen diese Anspielungen aus der Aktualität des Themas heraus besser verstanden als heutige Leser", denkt dabei aber gerade nicht speziell an die Leser der *Monatshefte*.
95 Meyer-Krentler: „Unterm Strich" (Anm. 94), S. 24.
96 Meyer-Krentler: „Unterm Strich" (Anm. 94), S. 24, 100, 9.
97 Lüthy: Zeitschrift (Anm. 36), S. 28.
98 Meyer-Krentler: „Unterm Strich" (Anm. 94), S. 24.

net, um u. a. in Bezug auf den Darwinismus „zeitgenössische Formationen und Einstellungen zu schildern und in Spannung zueinander zu bringen"[99] und so wiederum eine andere Art der mit dem Programm der *Monatshefte* verbundenen Publikumserwartung zu bedienen: die Wissenschaft ‚ins's Leben zu tragen'. Dies geschieht im *Lar* auf dreifache Weise: *erstens* wird die Deszendenzlehre symbolisch durch den titelgebenden *Lar* verkörpert, *zweitens* werden natürliche und sexuelle Zuchtwahl im ‚Kampf ums Dasein' in berufliche und amouröse Konkurrenzverhältnisse im Rahmen der fiktiven Lebensläufe der Figuren übersetzt und *drittens* wird Haeckels Rekapitulationslehre in eine seriell angelegte gedoppelte Familienkonstellation überführt, wobei zugleich anhand des vorweggenommenen und dennoch prekären Happy Ends auch die Möglichkeit einer monistisch-teleologischen Auslegung von Darwins Theorien erneut thematisiert wird.

Bereits der titelgebende *Lar* vereint im doppelten Bezug auf die Menschenaffenart des Hylobates Lar und die altrömischen Hausgötter Lares Familiares naturwissenschaftliches Wissen und bürgerliche Bildung miteinander,[100] wobei dessen Deutung als Symbol der darwinistischen Deszendenzlehre nahegelegt wird, indem es sich bei der Gibbonart um eine Menschenaffenart handelt, die zeitgenössisch als mögliches (missing) link zwischen Menschen und Affen diskutiert wird, und die antiken Hausgötter in einer Form von Ahnenkult zugleich die Seelen der verstorbenen Vorfahren verkörpern. Hinzu kommt noch, dass es sich nicht etwa um einen lebenden Affen handelt, sondern um einen ausgestopften, der zum Hausstand des ehemaligen Tierarztes Schnarrwergk gehört, der diesem noch dazu die Augen seines „Vetters Hagenbeck" (DL II, 169) eingesetzt hat: Es handelt sich also tatsächlich um eine Art von Affen-Mensch-Hybride, was zugleich den Konstruktionscharakter der Theorie des missing link reflektiert.[101] Entsprechend wird die Gattungsbezeichnung immer wieder durch weitere Gattungsbezeichnungen von Hominiden ersetzt wie in der Aufzählung „seinen Lar, seinen Orang-Utan, seinen Pongo, Maias, Majas, seinen Gorilla, seinen Pithecus Satyrus L." (DL III, 289), die wie die alternative Bezeichnung „Waldmensch[]" (DL II, 169) vermutlich aus *Meyers Lexikon* übernommen wurde,[102] zugleich aber im Rahmen der *Monatshefte* auf einen Artikel zurückverweist, der Darwins Theorie

---

[99] Brundiek: Raabes Antworten (Anm. 2), S. 99.
[100] Vgl. Rohse: Hominisation (Anm. 19), S. 40, Brundiek: Raabes Antworten (Anm. 2), S. 93, Brodersen: Scandalous Family (Anm. 19), S. 155.
[101] Brodersen: Scandalous Family (Anm. 19), S. 163. Vgl. dazu auch die ironische Anspielung Rosines auf die zeitgenössische Theoriebildung, wenn sie konstatiert, als Frauenzimmer sei sie „auch nur ein Mittelding" (DL II, 169) zwischen dem Lar und Tierarzt Schnarrwergk.
[102] Vgl. Rohse: Hominisation (Anm. 19), S. 41

eher ablehnend gegenübersteht und das Problem des missing link im Rekurs auf „Phantasie-Wesen, die in den Stammbaum des Menschen eingeschoben sind", kritisch adressiert und auch fast die gesamte Bandbreite der im *Lar* genannten Gattungen ins Spiel bringt.[103] Dass es sich beim Lar um eine Spiegel- und „Reflexionsfigur"[104] der Deszendenzlehre handelt, wird bereits an der Umzugsszene deutlich, in der der Lar als „Urgroßvater", „Urahn[ ]", „Vater", „Bruder", „Vetter", „Stammvater" (später sogar „Stammvater des Menschengeschlechts") (DL I, 11 f. und 13) bezeichnet wird,[105] den es pfleglich in die neue Wohnung zu transportieren gilt. In diesem Zusammenhang wird auch die Zeitschriftendiskussion um die Frage, inwiefern die neue Deszendenzlehre mit der Lehre von der Gottesähnlichkeit des Menschen zu vereinbaren sei, im Rahmen einer ironischen Umkehrung aufgegriffen, wenn Schnarrwergk Kohl in einem Satz zugleich als „Ebenbild Gottes" und als „junge[n] Pavian" (DL I, 12) bezeichnet und so beide Deutungen monistisch integriert.[106] Auch die Szene, in der der Tierarzt Kohl mit dem Affen als seinem Spiegelbild konfrontiert (DL II, 151), und diejenige, in der der Lar für Schnarrwergk in einer Art komatösem Fiebertraum alle Menschen, „mit denen er zu thun gehabt hatte auf seinem Wege", „als persona, als Maske" gebraucht und ihn angrinst: „Ja, wir sind es, du und ich und wir alle, wie wir aus dem Chaos herauf und bis zu dem heutigen Tage herangekommen sind. Ich bin du und du bist ich, und eine schöne, eine saubere Gesellschaft sind wir und bleiben wir von Ewigkeit zu Ewigkeit" (DL III, 291), verdeutlichen, dass der Lar für den Naturwissenschaftler Schnarrwergk in erster Linie die Deszendenzlehre verkörpert. Dabei wird über die Allusion von Schopenhauers „tat twam asi" jedoch zugleich die zeitgenössische Verbindung der Deszendenzlehre mit Schopenhauers Metaphysik des Willens im Monismus Eduard von Hartmanns aufgerufen, die in den *Monatsheften* zuvor bereits kritisiert wurde.[107] In Analogie zur Debatte der *Monatshefte*, die im Darwinismus die „Religion des Jahrhunderts" erblickt,[108] avanciert der Lar hier im doppelten Sinne zum „Hausgott" (DL I, 12 u. II, 169). Wird diese Deutung durch den Philosophen Kohl, der seiner Profession entsprechend den Bezug zu den ‚Laren und Penaten' herstellt, zu Beginn noch mehr oder minder bestätigt (DL I, 12: „er ist Mann vom Fach und muß es wissen"), so regt sich in

---

103 Vgl. Lichterfeld: Die Anthropomorphen (Anm. 80), S. 633, 637 u. 644.
104 Brundiek: Raabes Antworten (Anm. 2), S. 94.
105 Vgl. Brundiek: Raabes Antworten (Anm. 2), S. 96 f.
106 Vgl. dazu Rohse: Transzendentale Menschenkunde (Anm. 19), S. 207 u. 210, der allerdings von einer Widersprüchlichkeit beider Aussagen ausgeht, die hier gerade durch die Gleichsetzung aufgehoben wird.
107 Vgl. dazu Achelis: Hartmann (Anm. 86), S. 485–490.
108 Zacharias: Charles R. Darwin (Anm. 83), S. 355.

Gestalt der Musikerin Rosine Müller Widerspruch, wenn sie zunächst konstatiert, dass „sein Hausgott [...] noch lange nicht der meinige ist" (DL I, 12), und diesen bei allgemeiner Akzeptanz des „reizende[n] Tierchen[s]" und „allerliebste[n] Kerl[s]" (DL I, 13) als „Hausgötzen" (DL II, 165) und somit als ‚falsches Idol'[109] entlarvt. Die unterschiedlichen Deutungen des Lars durch die Figuren spiegeln so unterschiedliche Perspektiven auf den Darwinismus wider, wobei erneut weniger die Deszendenzlehre als solche als vielmehr deren monistische Ausdeutung als ‚Religion' problematisiert wird. Damit stehen insgesamt die unterschiedlichen Möglichkeiten der Interpretation naturwissenschaftlicher Theorien bei der Anwendung auf menschliche Lebenszusammenhänge im Zentrum des Romans. Auffällig ist, dass Schnarrwergk und Kohl als die beiden männlichen Hauptfiguren eher monistische Lesarten des Darwinismus entfalten, während Rosine Müller und die Naturheilerin Frau Erbsen, die den Lar ebenfalls als „Hausgötzen" tituliert (DL III, 298), als zentrale weibliche Figuren diese eher konterkarieren.[110]

Eine davon ausgehende mögliche monismuskritische Deutung des Romans kann sich auch auf die Tatsache stützen, dass der Lar am Ende in der Wohnung des Ehepaars zwar nicht mehr seine Zentralstellung als ‚Hausgott' innehat, aber, wenngleich mottenzerfressen, noch „als Kuriosität draußen auf dem Vorplatz auf dem Schranke" (DL III, 298)[111] steht, wobei die so von ihm ausgehende Bedrohung immerhin noch ausreicht, um die Kinder zu disziplinieren. Damit werden zugleich solche Positionen der Zeitschriftendebatte reflektiert, die gerade aus der Hominisation die Notwendigkeit einer Humanisation ableiten.[112] Die Konkurrenz monistischer und monismuskritischer Lesarten des Darwinismus lässt sich zudem anhand der Episode um die „Glückshand", „orchis latifolia" (DL II, 162f.), als naturmagischen Glücksbringer und der unterschiedlichen Deutung der Liebesgeschichte zwischen Warnefried und Rosine verdeutlichen: Während Kohl am Ende den Lar als eine Art ‚Amor' betrachtet, „der uns endlich zusammengebracht und zu Kindern eines Hauses gemacht hat" (DL III, 296), und damit letztlich Darwins Theorie im Hinblick auf das Happy End der Romanhandlung teleologisch ausdeutet, konstatiert Rosine „Es war die Glückshand" (DL III, 297) und räumt so

---

109 Vgl. dazu Brodersen: Scandalous Familiy (Anm. 19), S. 156.
110 Vgl. Brodersen: Scandalous Familiy (Anm. 19), S. 163f.
111 Parallel dazu wird zuvor im Text schon mit Möglichkeiten einer Dezentrierung des Affen gespielt, wenn Frau Erbsen vorschlägt ihn „hinter die Gardine" zu schieben (DL II, 282) und Kohl ihn umzudrehen (DL III, 284), damit der Blick in dessen ‚menschliche Augen' nicht länger die eigene ‚dumpfe Tierheit' widerspiegele.
112 Vgl. dazu die Rez. Zur Naturgeschichte des Menschen. In: WM 62 (1887), S. 805. Zu Raabe, ohne den Bezug auf den konkreten Publikationskontext auch Rohse: Hominisation (Anm. 19) und Rohse: Transzendentale Menschenkunde (Anm. 19).

dem Zufall einen Spielraum ein. Diese erneut auch als strategische Mehrfachadressierung lesbare Überblendung unterschiedlicher Lesarten, wird in einer Metalepse, in der der „Historiograph" in die „Geschichte eine Geschichte" einschiebt, allgemein reflektiert: Dort berichtet der Erzähler zunächst von einem befreundeten Dante-Verehrer, der eine „Kolossalbüste des großen Florentiners" besitzt und sich über einen jungen Literaten beschwert, der während eines Besuchs seine neueste lyrische Produktion zum Besten gibt und dabei Dante seinen „Hut", „seinen trivialen Filz" aufstülpt, um anschließend zu berichten, dass Rosine, immer wenn sie den Nachbarn Schnarrwergk besucht „ihr Hütchen seinem Pithecus" aufsetzte, was der Tierarzt für ein „Sakrilegium" (DL II, 164f.) hielt. Diese „Geschichte in der Geschichte" lässt sich zunächst einmal auf die die monistische Weltanschauungsreligion und die mit dieser verbundene Überblendung unterschiedlicher Lesarten des Darwinismus im *Lar* beziehen, aber zugleich auch ganz allgemein auf das Verhältnis von Literatur und Wissen im ‚Rundschau'-Format, indem hier die Künstlerin Rosine dem Lar als Verkörperung der unterschiedlichen Lesarten von Darwins Theorien im ‚Rundschau'-Kontext ihr ‚Hütchen' aufsetzt.

Neben der Etablierung des titelgebenden Lar als ‚Reflexionsfigur' unterschiedlicher zeitgenössischer Lesarten der Deszendenztheorie auf der Ebene der Figurenrede wird im *Lar* zugleich auf der Handlungsebene auf vielfältige Art und Weise die mögliche Anwendung der Selektionstheorie auf menschliche Lebensrealität durchgespielt. Aufschlussreich ist hierbei zunächst vor allem die Metaphorik des Textes. So wird der ‚Kampf ums Dasein' in seiner Hobbes'schen Lesart als „Kampf aller gegen alle",[113] die in Kohls Abwandlung von Hobbes' Formel „Homo homini lupus" zu „Homo simia hominis" (DL I, 12) anklingt, gleich doppelt in die Romanhandlung übersetzt, indem einerseits in Gestalt beruflicher Konkurrenzverhältnisse um Geld und damit letztlich um Nahrung die natürliche Zuchtwahl, andererseits in Form amouröser Konkurrenzverhältnisse um die Fortpflanzung die sexuelle Zuchtwahl thematisiert wird. Einen ersten Anhaltspunkt für diese doppelte Übertragung bietet die Tatsache, dass zur Bezeichnung der Figuren durch den Erzähler, durch andere Figuren oder sich selbst regelmäßig Tiernamen benutzt werden, wodurch bereits allgemein die Adaption darwinistischer Theorien auf das Tier ‚Mensch' und gesellschaftliche Zusammenhänge nahegelegt wird.[114] Zentral ist in diesem Zusammenhang, dass im Sinne des zuvor in den *Monatsheften* im Rekurs auf Erasmus Darwin formulierten „ersten Gesetzes"

---

113 Vgl. zur deutschen Übersetzung des „struggle for existence" als „Kampf ums Dasein" und der damit verbundenen Hobbes-Allusion Brundiek: Raabes Antworten (Anm. 2), S. 34.
114 Vgl. dazu auch die detaillierte Auflistung bei Brundiek: Raabes Antworten (Anm. 2), S. 110f.

der „organischen Natur", „Friß oder werde gefressen",[115] vor allem die Metaphorik des Fressens und Gefressenwerdens präsent ist, wie bereits anhand der Figurennamen Kohl, Rosine oder Erbsen deutlich wird. So geht z. B. Kohls Vater, der als gelehrter Germanist für den modernen Existenzkampf in städtischen Mietskasernen (DL III, 2)[116] und den alltäglichen Geschlechterkampf im Hause Kohl gleichermaßen ungeeignet scheint und entsprechend „zu viel in sich hineingefressen hat", bereits zu Beginn mit „verdorbene[m] Magen [...] aus der Welt" (DL I, 4) und dessen Sohn, der Philosoph und „Doktor der Weltweisheit", der sich als Lokalreporter seine Existenz (parallel zum Maler Blech, der als Leichenphotograph arbeitet) in der Rubrik „Rue Morgue" (DL II, 150)[117] mit ‚Mordgeschichten' und „Metzelsuppe" (DL II, 143) im ‚Kampf ums Dasein' verdienen muss, legt sich das Motto „Vogel friß oder stirb!" (DL II, 143) zu. Wenn in diesem Zusammenhang Schnarrwergk auch als „Oger" (DL II, 145) und „Menschenfresser" bezeichnet wird, der, wie der Erzähler berichtet, durchaus „im stande" sei sich den jungen Kohl „für seine Rache an der Menschheit heranzuziehen und anzufuttern" (DL II, 152), bringt dies zugleich die Frage der Teleologie im ‚Kampf ums Daseins' auf. Denn die Tatsache, dass der zu Beginn beruflich wie finanziell kaum überlebensfähige, mittellose Taugenichts Kohl seinen Doktortitel einer Spende Schnarrwergks verdankt, die dieser ihm zudem verdeckt unter dem Namen „Hanno" hat zukommen lassen, der wiederum auf den karthagischen Feldherrn und dessen erste Begegnung mit dem Gorilla anspielt (DL II, 139),[118] rückt diesen in bedenkliche Nähe zu den Schmarotzern, die in den *Monatsheften* gegen die monistisch-teleologische These von der Vervollkommnung im ‚Kampf ums Dasein' durch Anpassung und Vererbung ins Feld geführt werden,[119] und in der Tat wirkt es letztlich „ironisch [...], dass ausgerechnet der [...] immer wieder als dumm,

---

115 Rez. zu Ernst Krause: Erasmus Darwin. In: WM 49 (1881), S. 811 f., hier S. 812.
116 Damit wird die in den *Monatsheften* virulente Frage nach dem „Einfluß der sogenannten Medien oder der äußeren Lebensumstände und Lebensbedingungen" im ‚Kampf ums Dasein' (Büchner: Macht [Anm. 87], S. 325) aufgegriffen.
117 Zuvor (DL II, 147) wird dies explizit als Anspielung auf Edgar Allen Poes Erzählung *Murders in the Rue Morgue* markiert, in der ein Orang-Utan als Mörder entlarvt wird.
118 Vgl. dazu Lichterfeld: Die Anthropomorphen (Anm. 80), S. 637. In dessen späterem Artikel *Der erste lebende Gorilla in Europa* (in: WM 41 [1877], S. 405–409, hier S. 405) wird erneut auf Hanno und diesen Artikel Bezug genommen, wobei im Hinblick auf die Anlage der Figur Schnarrwergk zudem von Interesse ist, dass der erste lebende Gorilla im Kontext der deutschen Loango-Expedition vom Mediziner und Zoologen Dr. Julius Falkenstein (ebd., S. 407) nach Europa gebracht wurde.
119 Vogt: Schmarotzer (Anm. 90), II, S. 169.

tölpelhaft und grob beschriebene Warnefried der Tüchtigste in diesem Anpassungswettstreit" sein soll.[120]

Zugleich hat die vom Erzähler hypothetisch ins Spiel gebrachte ‚Rache' Schnarrwergks an der Menschheit im Rahmen der Romanhandlung eine persönliche Dimension, die sich aus der Übertragung der Theorie der sexuellen Zuchtwahl in amouröse Konkurrenzverhältnisse ergibt. Denn der Wettstreit zwischen Blech und Kohl um die Gunst Rosines wiederholt im Rahmen einer seriellen Erzählstruktur, die Haeckels ‚biogenetisches Grundgesetz' der verkürzten Rekapitulation der Ontogenese in der Phylogenese in die ‚skandalöse' Familienanlage des Romans übersetzt,[121] die frühere Konkurrenz zwischen Schnarrwergk, dem Naturwissenschaftler, und Kohls Vater, dem Philologen, um dessen Mutter, aus der vermeintlich Kohls Vater als Sieger hervorgegangen ist. Dieser Sieg wird aber im Text gleich doppelt in Frage gestellt: zum einen dadurch, dass die sich anschließende Ehe als fortwährende „Katzbalgerei zwischen Mann und Weib" (DL III, 283) und so der ‚Kampf ums Dasein' erneut auch als Geschlechterkampf inszeniert wird, wodurch sich schließlich das vermeintliche „Happy-End des geglückten ‚Sich Kriegens' (nach dem Roman-Motto) [...] als Beginn eines ‚Sich Be-Kriegens' in lebenslänglich-trivialem Ehe-Kleinkrieg" erweist.[122] Zum andern dadurch, dass über eine Reihe von Andeutungen[123] nahegelegt wird, dass es sich bei Kohl de facto um Schnarrwergks Sohn handelt, der somit im biologischen Sinne der Vererbung als eigentlicher Sieger erscheint. Berücksichtigt man, dass damit der Philosoph Kohl, der als Lokalreporter den täglichen ‚Kampf ums Dasein' sowohl verkörpert als auch dokumentiert, sich als Nachfahre des Darwinisten erweist, liest sich das prekäre Happy End seiner Ehe mit der Künstlerin Rosine auch als Reflexion auf das prekäre Verhältnis zwischen Literatur und Wissen im ‚Rundschau'-Format.

V ‚Happy End' im ‚Kampf ums Dasein'?

Die so skizzierten literarischen Reflexionen der vergessenen Konstellationen von Literatur und Wissen im ‚Rundschau'-Format bei Keller und Raabe, die diese Konstellation jeweils unterschiedlich als Liebesgeschichte mit prekärem Happy

---

120 Brundiek: Raabes Antworten (Anm. 2), S. 111.
121 Vgl. zur Thematisierung der Familienanlage im Rahmen darwinistischer Theoriebildung Büchner: Macht der Vererbung II (Anm. 87), S. 442 f. Zur Adaption von Haeckels Rekapitulationsgesetz im *Lar* Brodersen: Scandalous Family (Anm. 19), S. 164.
122 Rohse: Hominisation (Anm. 19), S. 41.
123 Vgl. dazu Brundiek: Raabes Antworten (Anm. 2), S. 115 f.

End im ‚Krieg der Geschlechter' inszenieren, lässt sich nicht zuletzt auch als Auseinandersetzung der realistischen Autoren mit dem in den 1880er Jahren aufkommenden Naturalismus und dessen „naturwissenschaftlichen Grundlagen der Poesie" verstehen. Dieser hält just zu der Zeit, in der Raabe seinen *Lar* publiziert, zaghaft in den der neuen literarischen Strömung zunächst eher ablehnend gegenüberstehenden *Monatsheften* Einzug.[124] Deren ehemaliger Chefredakteur Friedrich Spielhagen konstatiert später in Bezug auf das Verhältnis von Wissenschaft und Literatur:

> Waren die Naturalisten nahe dran, ihrem Wahrheitsdrange zuliebe den dichterischen Schleier völlig zu opfern, so tat ihnen die Erkenntnis not, daß sie damit aus der freien Herrin, die die Poesie von Anfang an war, eine Sklavin machen, die sich der Wissenschaft als Schleppenträgerin anbietet, um sich von dieser sagen zu lassen, daß sie selbst zu diesem Zwecke verdorben ist.[125]

Als spätes Happy End erweist sich jedoch vielleicht, dass sich gerade aus der Auseinandersetzung mit dem Darwinismus im Rahmen dieser spezifischen medialen Konstellation und dem damit verbundenen Beharren auf der „Reichsunmittelbarkeit der Poesie"[126] in der Konkurrenz zum Naturalismus „Spiel-Räume" für „Formexperimente" (u. a. mit der Hybridisierung von Genres, der Polyperspektivik der Figurenrede, der Etablierung alternativer Lesarten im Rahmen medienspezifischer Mehrfachadressierung und dem damit verbundenen selbstreflexiven Spiel mit den Erwartungen der Leser) eröffnet haben, die aus heutiger Perspektive als Keimzellen der modernen Literatur erscheinen.

---

124 Vgl. dazu Ehekircher: Westermanns (Anm. 21), S. 98–107.
125 Friedrich Spielhagen: Streifblicke auf das moderne deutsche Drama. In: WM (1894), S. 337–348, hier S. 348.
126 Auf die beruft sich Keller bekanntlich im Zusammenhang mit dem Erstdruck des *Sinngedicht* in der *Rundschau*. Vgl. dazu Gottfried Keller: Sämtliche Werke. Historisch Kritische Ausgabe. Hg. unter der Leitung von Walter Morgenthaler im Auftrag der Stiftung Historisch-Kritische Gottfried Keller-Ausgabe, Bd. 23.1: Apparat I zu Band 7. Hg. von Ursula Amrein, Thomas Binder und Peter Villwock. Zürich 1998, S. 391.

Werner Garstenauer
Ethnographie, Geschichtsbewusstsein und politisches Gedächtnis

Der andere Abenteuerroman Hans Hermann Behrs im Kontext

I Verortung

Der vorliegende Beitrag zu dem deutsch-amerikanischen Arzt und Biologen Hans Hermann Behr (1818–1904), der zur selben Generation wie der auf dem Gebiet des Reise- und Abenteuerromans anerkannte Musterschreiber Friedrich Gerstäcker zählt, beschäftigt sich damit, wie ethnographische Wissensbestände dazu eingesetzt werden, politisches Gedächtnis im Abenteuerroman gestaltbar zu machen, und welche Aufnahme dieses Verfahren fand.

Als Gerstäcker sein erfolgreiches Debüt *Die Regulatoren in Arkansas* (1846) schrieb, existierte der Ort, wo die im Fokus der vorliegenden Untersuchung stehenden Werke verfasst wurden, noch gar nicht. Noch zu Mexico gehörig, ahnte man in der um die bescheidene Mission Dolores liegenden Siedlung Yerba Buena nichts von der mit den Goldfunden 1848 plötzlich aufkeimenden Kolonialisierungswut. Das Grundstück Bryant Street near Fifth in San Francisco, auf dem Behr ab 1853 versuchte, eine gemütliche und dem Tier- und Naturfreund entsprechende Vorstadtidylle aufzubauen,[1] lag noch im Überflutungsgebiet der San Francisco Bay. Eben frisch parzelliert und entsalzt, hatte den Schreibenden die rasant wachsende Stadt zum Zeitpunkt der Abfassung seines Roman-Erstlings, dem Südaustralien-Roman *Auf fremder Erde*, 1861 schon eingeholt und mit ihr der die neue und alte Welt einende Grundkonflikt der begonnenen Dekade: Beim amerikanischen Bürgerkrieg und bei der von Bismarck orchestrierten Revolution von oben handelt es sich um Prozesse der nationalen Selbstfindung und den Aufstieg zum außenpolitischen Faktor in einer Weltpolitik von Imperien. Die mit diesen Umbruchsprozessen verbundene existentielle Unsicherheit drückt sich u. a. in den Weltuntergangsängsten des aus Köthen/Anhalt stammenden Familienvaters Behr aus. Als der Bürgerkrieg gerade wenige Wochen alt ist, ringt Behr nach achtjährigem Aufenthalt am Pazifik immer noch um seine Anerkennung als Arzt und hat

---

[1] Vgl. zur Anlage und zum bewaffneten Schutz seines Vogelreservats: Hans Hermann Behr an Gustav Holzmann vom 14. Februar 1859 und 19. Dezember 1859, Familienarchiv Vierthaler = FAV.

als ambitionierter Seidenraupenzüchter sowie Konsul von Anhalt-Dessau-Köthen seinem Freund und Korrespondenzpartner, dem Köthenschen Kreisgerichtsrat Gustav Holzmann, eine heilsame Neuigkeit anzuzeigen. In einem Brief, der das erste Mal weitgehend schriftstellerischen Betrachtungen gewidmet ist, bekennt er, deutsche Helden in die Welt geschickt zu haben:

> Ich habe meine Reiseerfahrungen in Form eines Romans bearbeitet, indem ich Erlebtes, Gehörtes und Erträumtes in eine lange Geschichte zusammengestellt habe. Ich selbst bin über mein Talent zum Lügen erstaunt und möchte nun besagte Lügen an den Mann bringen. Schreiben Sie mir, ob Sie zu dieser Schandthat die Hand bieten wollen und ob Sie einen leichtsinnigen Verleger finden können. Sobald ich Ihre Antwort habe, schicke ich das Machwerk ab. Ich wünsche jedoch nicht, daß irgendein Coethener oder sonst Jemand erfahre, daß ich meine Mußestunden zu solchen Allotrias verwendet habe. [...] In Betreff der Buchhandlung wünsche ich, daß es eine rennomirte sei, denn nur auf solche Weise kann ein Erfolg erzielt werden. Gerstäcker, der eigentlich mich zu dieser Beschäftigung veranlaßt hat, ist gegenwärtig nicht in Europa, seinen letzten Brief erhielt ich aus Guayaquil. Er interessirte sich sehr für diese Arbeit und könnte, sollte er inzwischen zurückgekehrt sein, Ihnen mit Rath und That zur Hand gehen oder würde vielmehr, wie er mir aus freien Stücken zugesagt, die Angelegenheit selbst besorgen. [...] Ich muß gestehen, daß mir die Arbeit viel Vergnügen gewährt hat und daß ich mich wundere, nicht früher schon auf die Idee gekommen zu sein. Gerstäcker hat lange an mir gestört, würden die Coethener sagen, ehe ich mich zu dieser Arbeit entschloß, der ich nicht gewachsen zu sein glaubte. Er wollte immer an mir ein Talent für Belletristik entdeckt haben und meinte, mir fehle nur der Muth. [...] In der neuen Welt ist jetzt der Teufel los und wenn auch in Californien Alles ruhig bleibt [...] so machen die Vorgänge im Osten doch einen unheimlichen Eindruck, indem die geheimen Schäden unseres Systemes auf eine Weise bloßgelegt sind, das im Grunde nie eine Ordnung war. [...] Das organische Leben ist aus unserem Staatskörper längst entflohen und es ist jetzt kaum noch an Erhaltung der todten Masse zu denken.[2]

II Literaturbetrieb und Genre

Gerstäcker und Behr müssen im Herbst 1850 in San Francisco aufeinander gestoßen sein, der eine auf dem Weg von den Goldminen nach Australien via Honolulu, der andere angekommen von einem fast einjährigen Manila-Aufenthalt.[3] Von ihrer Korrespondenz hat sich nichts erhalten; anhand anderer Zeugnisse ergibt sich jedenfalls, dass Gerstäcker die Drucklegung von *Auf fremder Erde* (1864) bei seinem Verleger, der Verlagshandlung Costenoble, die bekanntermaßen

---

[2] Hans Hermann Behr an Gustav Holzmann vom 3. Mai 1861, FAV.
[3] Friedrich Gerstäcker: Reisen, Bd. 4. Leipzig 1857, S. 256; Tod Hill: A Doctors Career. In: San Francisco Call, Nr. 123 (1. Oktober 1893), S. 12; Hans Hermann Behr: Botanical Reminiscences. In: Zoe 2 (1891), Nr. 1, S. 2–6, hier S. 3.

„in dem Betrieb der in Geographie gesetzten Dichtungen ihre Spezialität hat",[4] unterstützte. Zwar übernahm er die „schwere Arbeit an Manuscript & Correkturen" als Freundschaftsdienst,[5] der Ablehnung des zweiten, nunmehr in Behrs Wahlheimat spielenden Buchprojekts *Dritte Söhne* von 1867, das „ausserordentlich hübsch zu sein scheint",[6] setzte er auf Grund des ausbleibenden Erfolgs des Debüts aber nichts entgegen.[7] Daraufhin intervenierte sogar Karl Gutzkow auf Anregung eines seiner Söhne, der sich gerade in San Francisco aufhielt, für *Dritte Söhne* erfolglos[8] und auch ein Versuch von Behrs Bruder Carl bei der Romanzeitung scheiterte,[9] sodass es bis zum 5. Juni 1870 dauerte, als sich das neugegründete San Francisco „Belletristische Wochenblatt" *Sonntags-Gast* mit Behrs Zweitroman auf der Titelseite rühmen durfte, „daß wir die ersten sind, die das Geistesprodukt eines hiesigen Deutschen nicht erst über den Ocean senden, um es von dort wieder zurück zu holen."[10] Statt der angestrebten 400 Reichstaler erhält der Autor 250.[11] Dieser gesteht selbstbewusst ein, dass der historische Wert den belletristischen bei weitem übersteige, dies aber dem Werk ein gebührendes Interesse verschaffe.[12]

Weitere Würdigungen der *Dritten Söhne* sind nicht bekannt. Der Roman galt bis dato als verschollen und liegt auch jetzt auf Grund einer Bestandslücke nur als 2/3-Fragment vor. Anders verhält es sich indes mit *Auf fremder Erde*. Insgesamt neun Rezensionen stehen uns zur Verfügung und dienen im Rahmen dieser Darstellung dazu, nicht nur zu dokumentieren, welche mit dem Genre verknüpften Erwartungen Behrs Debüt erfüllt, sondern auch, welche aufschlussreichen Abweichungen registriert wurden. Sieben Besprechungen heben die besonders

---

[4] Hieronymus Lorm: Deutsche Erzähler I und II. In: Österreichische Wochenschrift für Wissenschaft und Kunst. Beilage zur k. Wiener Zeitung 1864, Bd. IV, Nr. 47, S. 1458–1461, 1486–1491, hier S. 1460.
[5] Friedrich Gerstäcker an Hermann Costenoble vom 18. Juni 1864, zit. bei A. J. Prahl: Gerstäcker über zeitgenössische Schriftsteller. In: Modern Language Notes 49 (1934), Nr. 5 (Mai), S. 303–309, hier S. 307.
[6] Friedrich Gerstäcker an Hermann Costenoble vom 20. Mai 1867, zit. bei Prahl: Gerstäcker (Anm. 5), S. 307.
[7] Costenoble an Gustav Holzmann vom 20. November 1867, FAV.
[8] Karl Gutzkow an Hermann Costenoble vom 26. Dezember 1867, zit. bei: Prahl: Gerstäcker (Anm. 5), hier S. 307.
[9] Gustav Holzmann an Hans Hermann Behr vom 17. Januar 1868, FAV. Werner Fuld: Wilhelm Raabe. Eine Biographie. München 2006, S. 185.
[10] Max Cohnheim/Max Burkhardt: An die geehrten Leser. In: Sonntags-Gast. Belletristisches Wochenblatt (San Francisco), Nr. 1 (5. Juni 1870), S. 4.
[11] Bei Vergleichen muss Behrs Status als Gelegenheitsautor berücksichtigt werden, der renommierte Wilhelm Raabe erhielt für seinen kürzeren Roman *Drei Federn* 1865 500 Reichstaler, vgl. Fuld: Wilhelm Raabe (Anm. 9), S. 185.
[12] Hans Hermann Behr an Gustav Holzmann vom 28. September 1870, FAV.

realitätsgetreue, an „Naturwahrheit"[13] grenzende Darstellung der Fremde hervor,[14] wobei zwei die angeschnittenen Wissensgebiete dezidiert als „Ethnographie" und „Geographie" ausweisen[15] und betonen, dass es sich „theilweise" um „meisterhafte Proben ethnographischer Psychologie"[16] handle. Diese Hinweise auf die sachgemäße Einbindung von Wissensbeständen über die Fremde ist bei einem ethnographischen Abenteuerroman[17] zu erwarten, werden solche Texte doch von der zeitgenössischen Kritik und der kurz darauf erfolgenden philologischen Klassifizierung nach ihrem Schauplatz, Inhalt und Spiritus rector einfach als „Gerstäcker'sche[r] Reise- und ethnographischer",[18] „überseeische[r]",[19] „geographisch-ethnographische[r]",[20] „transatlantisch-exotische[r]" oder „Auswanderer- und Abenteuer"-Roman[21] bezeichnet.

Die effektreiche und dadurch spürbar publikumswirksame Verschränkung von Sachwissen und Fabulierkunst stellt das Literaturverständnis der Zeitgenossen auf die Probe. Während ein vulgäres Realismusverständnis ungeachtet der Relativität des eigenen Bewertungsstandpunktes geneigt ist, einen jeglichen glaubhaft erscheinenden Inhalt als Mimesis zu betrachten, und übertriebene Figurenzeichnung oder Handlungsgestaltung als unziemlich disqualifiziert, stellen Standpunkte, die entgegen dem anwachsenden Berufsschriftstellertum einem der Klassik und Romantik abgehorchten Künstlerideal verbunden sind und auf poe-

---

13 Anon.: Auf fremder Erde. In: Unterhaltungen am häuslichen Herd 1864, Nr. 29, S. 580.
14 Rudolf Sonnenburg: Neue Romane und Erzählungen. In: Blätter für literarische Unterhaltung 1864, Bd. II, Nr. 16, S. 791 f.; Anon.: o. T. In: Kölnische Zeitung, Nr. 207 (27. Juli 1864), S. 2; O. B.: Auf fremder Erde. Roman von Ati Kambang. In: Novellen-Zeitung. Eine Wochenchronik für Literatur, Kunst, schöne Wissenschaften und Gesellschaft 1864, 4. F., Nr. 42 (14. Oktober), S. 671; Anon.: Deutschland und das Ausland. Der moderne Reiseroman. In: Magazin für die Literatur des Auslandes (1864/II), Nr. 37 (11. September 1864), S. 578f.; Anon.: Ati Kambang: Auf fremder Erde. In: Ueber Land und Meer. Allgemeine illustrirte Zeitung 1864, Bd. II, Nr. 2, S. 23.
15 Sonnenburg: Neue Romane und Erzählungen (Anm. 14), S. 792, und O. N.: Kambang, Ati: Auf fremder Erde. In: Sankt Galler Blätter für häusliche Unterhaltung und Belehrung 1864, Nr. 39, S. 156 (r. Sp.).
16 O. N.: Kambang (Anm. 15), S. 156.
17 Zur Begriffsbestimmung des erst ab der Mitte des 20. Jahrhunderts in der Forschung gebräuchlichen Terminus vgl. Hans Plischke: Von Cooper bis Karl May. Eine Geschichte des völkerkundlichen Reise- und Abenteuerromans. Düsseldorf 1951, bes. S. 9–11, und Gunter Sehm: Der ethnographische Reise- und Abenteuerroman des 19. Jahrhunderts. Eine Gattungsbestimmung. Hamburg 1974 (Studien zur Trivialliteratur 3), bes. S. 13–20.
18 O. N.: Kambang (Anm. 15), S. 156.
19 Kölnische Zeitung (Anm. 14), S. X.
20 Lorm: Deutsche Erzähler (Anm. 4), S. 1490.
21 Beide Hermann Ethé: Der transatlantisch-exotische Roman und seine Hauptvertreter in der modernen deutschen Literatur. In: H. E.: Essays und Studien. Berlin 1872, S. 47 f.

tische Qualität Wert legen, der Abenteuerliteratur ein vernichtendes Zeugnis aus: Hier „ersetzt der originale Naturstoff das original künstlerische Talent, indem er zu seiner Bewältigung bloß die schriftstellerische Geschicklichkeit in Anspruch nimmt."[22] Zudem werden Verstöße gegen das Kunstideal geradezu als Verletzung des deutschen Nationalcharakters empfunden, wenn es etwa heißt:

> Es steckt in der deutschen Natur, die man füglich als moderne Repräsentantin des alten indogermanischen Nationalcharakters betrachten kann, etwas, das zu tief wurzelt, um mit Stumpf und Stiel ausgerottet werden zu können. Gleichwie sich der Inder [...] mächtig zur Unendlichkeit hingezogen fühlt, so huldigt auch der Deutsche, sein jüngerer Bruder, umrauscht von stämmigen Eichenwäldern, umstarrt von gothischen Nadelthürmen, einem natürlichen Idealismus, der den ganzen Bildungsgang des teutonischen Volks charakterisiert. Ihm diesen nehmen, hieße ihn seines bessern Theils berauben. [...] Die Herren [= Abenteuerschriftsteller] arbeiten darauf hin, diesen Trieb gänzlich zu ersticken, den Sinn für das Erhabene, Schöne zu ertödten. Dann kann die Kunst Testament machen.[23]

Unterschiedliche Maßstäbe bestehen nebeneinander und kommen selbst bei dem unbestrittenen Vorzeigeautor Gerstäcker zu gegensätzlichen Ergebnissen. Während der zuletzt zitierte Rezensent dem ‚Praktiker' Gerstäcker kulturschädigende Wirkung nachsagt, feiert zur selben Zeit der Literaturgeschichtler Robert Prutz gerade die Beimengung einer heilsamen Menge von Empirie zum sonst „im Treibhaus der Theorie"[24] großgezogenen deutschen Schreibstil und adelt den weltreisenden Autor seiner vorteilhaften Darstellung deutscher Auswanderer wegen zum Modell-Patrioten.[25] Auch kommt es vor, dass ein idealismussüchtiger Rezensent einem Roman problemlos zugesteht, als „achtbare" historische Quelle gelobt zu werden,[26] während ein anderes Mal eine zu poetische Charakterdarstellung als unglaubwürdig-dämonisierend bemängelt wird.[27]

Wenn nun in fünf Rezensionen Behrs Erstling unrealistische Züge als Fehler vorgeworfen werden, ist dies mit Blick auf die Aufnahme von Gerstäckers Werken nichts Ungewöhnliches für die Gattung. Neben manch einer „durchaus nebel-

---

22 Lorm: Deutsche Erzähler (Anm. 4), S. 1490.
23 O. N.: Friedrich Gerstäcker's neue Romane. In: Blätter für literarische Unterhaltung 1857, 21, S. 373–379, hier S. 373.
24 Robert Eduard Prutz: Die deutsche Literatur der Gegenwart. 1848 bis 1858, Bd. 2. Leipzig 1859, S. 306.
25 Robert Eduard Prutz: Menschen und Bücher. Biographische Beiträge zur deutschen Literatur- und Sittengeschichte des achtzehnten Jahrhunderts. Leipzig 1862, S. 549.
26 O. N.: Friedrich Gerstäcker's neue Romane (Anm. 23), S. 379.
27 Emanuel Raulf: Ein Roman aus den californischen Goldminen. In: Blätter für literarische Unterhaltung 1859, S. 364–367, hier S. 367.

hafte[n] Erscheinung",[28] „hyperromantische[n] Lösung"[29] oder einem „mystische[n] Dunkel" gesteht man Behr auch zu, den Protagonisten als „ein echt deutsches Gemisch von Träumerei und Willenskraft"[30] entworfen zu haben. Ebenfalls gemeinsam ist Behr und seinem Förderer die humoristische Darstellung des engstirnigen Deutschen mitten in der globalisierten ‚weiten Welt'. Bemerkenswert ist, dass ihm die Verspottung der deutschen Philister jedoch niemals wie bei Gerstäcker als Nestbeschmutzung angekreidet,[31] sondern von vier Rezensenten als angenehm unterhaltsamer Zug hervorgehoben wird.

Ein Aspekt, der m. W. bei Gerstäcker nie explizit bemerkt wird, findet in den Leipziger Blättern hinsichtlich Behr Erwähnung. Es ist die „ehrenwerthe freisinnige Darstellung"[32] bzw. der liberale Geist, der „die Tüchtigkeit des Subjekts [...] weder von seinem Glauben noch von seiner Bildung abhängig"[33] macht, der im Folgenden untersucht und als Erinnerungsarbeit an nationalliberalen sowie demokratischen Strömungen des Vormärz und der 1848er Revolution konturiert werden soll.

III Tendenz als Vermächtnis von Liberalismus und Aufklärung

Politisch-gesellschaftliche Umstände einer Reise oder Emigration finden im deutschen Abenteuerroman nur mäßig Eingang. Einen ähnlich wie bei Behr zentralen Platz in den Lebensläufen der Protagonisten und im Handlungsgang nimmt die explizit politische Partizipation bei Ruppius[34] und Möllhausen[35] ein. Zählt man die Unzufriedenheit mit den gesellschaftlichen Verhältnissen und die Flucht vor Armut oder Ausbeutung als indirekte politische Motivierung hinzu, erweitert sich der Kreis beispielsweise um Armand[36] oder Mügge[37]. Zieht man aus dem umfangreichen Gerstäckerschen Werk nur diejenigen Romane heran, bei

---

28 Anon.: Deutschland und das Ausland (Anm. 14), S. 579.
29 O. N.: Kambang (Anm. 15), S. 156 (r. Sp.).
30 Sonnenburg: Neue Romane und Erzählungen (Anm. 14), S. 792.
31 Raulf: Ein Roman aus den californischen Goldminen (Anm. 27), S. 367.
32 O. B.: Auf fremder Erde (Anm. 14), S. 671.
33 Anon.: Deutschland und das Ausland (Anm. 14), S. 579.
34 Otto Ruppius: Der Pedlar. Roman aus dem amerikanischen Leben. Berlin 1859, S. 4f.
35 Balduin Möllhausen: Die Mandanen-Waise. Erzählung aus den Rheinlanden und dem Stromgebiete des Missouri. Berlin 1865.
36 Carl Schanhorst Armand: Abenteuer eines deutschen Knaben in Amerika. Hannover 1872.
37 Theodor Mügge: Afraja. Ein nordischer Roman. Frankfurt am Main 1854.

denen die Schauplätze mit denen der Behrschen übereinstimmen, so findet lediglich in *Gold!* (1859) die 1848er Revolution als Ursache der Emigration zweier Adliger Erwähnung. Negative („Bürgerkrieg") und positive („wie ein ächter Thauwind vom Westen kommend, das alte morsche Eis im Vaterlande brach") Attributierung halten sich dabei die Waage.[38]

Bei Behr wird die Auswanderung, wie übrigens sein Debüt *Auf fremder Erde*[39] ursprünglich heißen sollte,[40] oft als Ausweg aus politischen oder gesellschaftlichen Missständen dargestellt. Zu diesen gehören nicht nur die zunehmende Repression seitens der evangelischen preußischen Staatskirche ab 1838, welche die altlutherischen Wenden, wie im Südaustralien-Roman verewigt, in mehreren Schüben nach South Australia treibt, sondern auch die Unterdrückung der jungen nationalistischen Elite im Vormärz, die deutlich in beiden Romanen ausgeführt wird. Dabei wird eine Vorliebe Behrs für die Figur des ehemaligen Theologie-Studenten erkennbar: Lehmann und Georg Pfeifer aus *Auf fremder Erde* und Carl Hederich aus *Dritte Söhne*[41] gehören zu dieser Kategorie. Ersterer ist zudem Philologie-Student und emigriert, da ihm als Mitglied einer Studentenverbindung alle Karriereaussichten verbaut sind und er den Spitzeln als „Hochverräther" (AFE I, S. 29) gilt. Aus denselben Gründen wird Pfeifer tatsächlich polizeilich verfolgt (AFE III, S. 96f.) und pflegt im Exil auf südaustralischen Weideflächen als „Brillenschäfer" weiterhin seine republikanisch-burschenschaftliche Gesinnung durch das Singen von Arndt- oder Commers-Liedern (AFE II, S. 32, 268; III, S. 32, 88) und das Rezitieren von Hölty-Zeilen (AFE II, S.118). Mit den 1848er Flüchtlingen tauscht er sich über die Revolutionsgeschehnisse aus (AFE II, S. 240–244, S. 259–277) und berät in volkserzieherischer Manier die Gruppe der liberalen „Weltkinder" in den deutschen Emigrantendörfern, die ständig wächst und sich schließlich als „Freie Gemeinde" organisiert (AFE III, S. 242–246). Hederich ist das hilfloseste Exemplar dieser Gattung, muss doch der ehemalige „22. Hülfslehrer am Gymnasium zu Paukwitz" (DS Nr. 23, S.2) nunmehr im Gasthaus seiner Frau[42] kellnern.

---

38 Das erste Zitat bei Friedrich Gerstäcker: Gold! Ein kalifornisches Lebensbild aus dem Jahre 1849. Leipzig 1858, Bd. 1, S. 175f., das zweite ebd., Bd. 3, S. 150.
39 Ati Kambang: Auf fremder Erde. 3 Bde. Leipzig 1864, im Folgenden zitiert unter Bandangabe und der Sigle „AFE" im Text.
40 Nicht klar bleibt, ob die klar deskriptive Erstversion auf Behr oder Costenoble zurückgeht, Gerstäcker setzte die poetische Version durch, vgl. Friedrich Gerstäcker an Hermann Costenoble vom 28. Januar 1864, zit. bei: Prahl: Gerstäcker (Anm. 5), hier S. 308.
41 Ati Kambang: Dritte Söhne. In: Sonntags-Gast. Belletristisches Wochenblatt (San Francisco), Nr. 1 (5. Juni 1870) – Nr. 26 (26. November 1870), im Folgenden zitiert unter Angabe der Nr. und S. mit der Sigle „DS" im Text.
42 Motivgeschichtlich ist erwähnenswert, dass sich das zum Gasthaus umfunktionierte Schiff nur bei Behr findet, vgl.: Gerstäcker: Gold! (Anm. 38); ders.: Californische Skizzen. Leipzig 1856;

Zudem ist sie diejenige, die über seine heldenhafte Vergangenheit und die für alle deutschen Protagonisten des Californien-Romans programmatische Überzeugung Auskunft gibt:

> Mein Mann ist ein Streiter für Freiheit, Recht und Licht, [...]. Als die Reaction siegte und all die theuren Errungenschaften verloren gingen, als die Schergen der Gewalt das Volk in die alten Fesseln schlugen und die Bürgerwehr aufgelöst wurde, da verlor [er] seine Stelle und die entfernte Aussicht, einmal eine Landpfarre zu bekommen. Doch wir bereuen nicht die Opfer, die wir unserer Überzeugung gebracht haben. Das Land der Freiheit öffnete uns seine Arme und hier sind wir jetzt, inmitten eines gesinnungssüchtigen Volkes stehen wir da und schmieden neue Waffen, um die Fesseln der Völker zu brechen. (DS Nr. 4, S. 2)

Neben dieser klaren Referenz auf die 1848er Revolution finden sich des Weiteren einige kleine Anspielungen. Im Südaustralien-Roman ist die Erhebung als ein Seitenmotiv eingeflochten und erfährt besonders im zweiten Band satirische sowie kritische Seitenhiebe. Behr lässt es sich nicht entgehen, anzumerken, dass Diskussionen über deutsche Politik bei Patrioten auf der ganzen Welt übermäßigen Durst bewirken (AFE II, S. 234), die Volksredner im Thiergarten „schöne Worte mit einem hässlichen Nachhall" (AFE II, S. 241) erzeugen, und tituliert eingetroffene Revolutionshelden ironisch als „Arnold von Winkelrieden" bzw. den assyrischen „König Sardanapal" (AFE II, S. 242–44) – also als Paradebeispiele todesmutigen bzw. stoischen Heldentums. Wie auch an anderen Stellen (AFE II, S. 196–200) artikuliert sich hier national-liberale Unzufriedenheit mit Parteienkampf und Anarchie, die konstruktive gesellschaftliche Reformen verunmöglichen. Umwälzung und Streit gefährden lediglich die vom Bürgertum geschätzte Ordnung und Sicherheit. In diesem Zusammenhang wird die Apologie des Bestehenden sowie der Realpolitik zentral und mutiert bei Behr zuweilen zum Naturgesetz, wenn das Verhältnis des Einzelnen zum Gesellschaftsganzen auf der Basis rechtshegelianischer Maximen verortet wird.[43] Folgerichtigerweise erscheint durch den Vergleich erfolgloser 48er Akteure mit mythischen Vorbildern heroisches Handeln im Namen der Nation als unzeitgemäß.

Abraham Krakenfuss: Münchhausen in Californien. Bremen 1849; Stanislaus Grabowski: Die Regulatoren von San-Francisco. Berlin 1859; W. F. A. Zimmermann: Californien und das Goldfieber. Reisen in dem wilden Westen Nord-Amerika's, Leben und Sitten der Goldgräber, Mormonen und Indianer. Berlin 1863.
43 Vgl. beispielsweise Hans Hermann Behr an Gustav Holzmann vom 12. Juni 1861: „Aber erst dann haben sie [Revolutionen] ihre Berechtigung, wenn das Alte vollkommen abgestorben ohne alles Lebensprincip der Fäulnis anheimgefallen ist", und vom 14. Januar 1868: „Im Bezug auf Politik komme ich immer wieder auf die Hegelsche Maxime zurück, daß alles, was ist, gut ist, und daß es zu gar nichts führt, wenn der Einzelne Geschichte machen will." (FAV)

Dritte Söhne umreißt vordergründig die Bildungs- und Selbstverwirklichungsmöglichkeiten deutscher Jugend. Die Reise ins Goldland ist ein Zufall oder wird als erzieherische Korrekturmaßnahme ausgegeben, doch die Konstellation der Generationen birgt das Wissen um die politischen Hinter- und Abgründe. Den Bauernsohn Erich Recke und den Händlersprössling Michaelis Leberecht verbindet die durch verbotene Lektüre (Heine) gestiftete Opposition gegen ihre Väter. Ersterer verwandelt sich zum Patrioten, der freiwillig für das zu einende deutsche Vaterland im Dänisch-Deutschen Krieg kämpft (DS Nr. 1, S. 1f.). Der Landadlige Adalbert von Michow tritt in burschenschaftlicher Weise für Gleichheit aller ethnischer und sozialer Gruppen (Juden, Bauern, Handwerker) ein und tötet im Streit für die Emanzipation der Juden einen ultranationalistisch-rassistischen Bundesbruder, woraufhin auch er zur Emigration gezwungen wird (DS Nr. 5, S. 1). Diese Söhne sind nicht die alleinigen Exponenten liberaler Weltanschauung. Der Auftakt zur Abenteuerhandlung bringt auch deren Väter, die bereits an den Freiheitskriegen um 1815 teilgenommen haben, in den Blick. Anlässlich der jährlichen, hier ins Revolutionsjahr 48 verlegten Gedenkfeier der Leipziger Völkerschlacht einer Bremer Veteranenrunde werden die väterlichen Erinnerungen an die Söhne weitergeben. Im Unterschied zu *Auf fremder Erde* zeichnet sich *Dritte Söhne* dadurch aus, dass die Tradierung des politischen Gedächtnisses explizit dargestellt und so eine literarisierte Ideengeschichte des liberalen deutschen Nationalismus angeboten wird. Auch die klassenübergreifende Begeisterung für nationalliberale Ziele ist hier klarer inszeniert: Wie schon bei der Vätergeneration der Fall, setzen sich die Söhne aus Repräsentanten von Adel, Bürger, Bauer und Arbeiter zusammen. Dies darf als deutlicher Hinweis auf die bereits 1815 und dann wieder 1848 angestrebte demokratische Umgestaltung gelesen werden (DS Nr. 8, S. 1). Ein illustratives Detail dafür, wie sich das elitäre Ethos der ‚satisfaktionsfähigen Gesellschaft' demokratisiert,[44] mit republikanischen Tendenzen amerikanischer Prägung oder dem kolonialen britischen Konstitutionalismus verbindet und zugleich nicht distinguierte, volkstümliche Verhaltensweisen ein neues klassenübergreifendes Identifikationsangebot der sich zur Nation berufenen Staatsbürger bilden, ist der Umgang mit dem Duell in beiden Romanen: Alle Stände dürfen sich duellieren (AFE I, S. 192; DS Nr. 5, S. 1). Angesichts dieser gesellschaftspolitischen Ausrichtung ist es nicht überraschend, dass z. B. das Auswandererschiff in *Dritte Söhne* „Reform"[45] heißt.

---

[44] Vgl. Norbert Elias: Die satisfaktionsfähige Gesellschaft. Studien über die Deutschen: Machtkämpfe und Habitusentwicklung im 19. und 20. Jahrhundert. Hg. von Michael Schröter. Frankfurt a. M. 1990, S. 61–158, hier S. 120–124.
[45] Die Namensgebung könnte zudem die autobiographische Dimension besitzen, auf Behrs Passage mit Kapitän Hearn von Manila nach San Francisco anzuspielen, vgl. Hill: A Doctors Career

Hinsichtlich der volksaufklärerischen Dimension liberalen Gedankenguts sticht die Behandlung der Religion in *Auf fremder Erde* hervor, was wohl als Reminiszenz an die Politisierung der Religion durch die Junghegelianer[46] während Behrs Studienzeit zu werten ist. Die Auswanderung religiöser Minderheiten wird im Südaustralienroman zum Anlass genommen, nicht nur deren wahnhafte und zu unzähligen sektiererischen Spaltungen führende Bibelauslegung,[47] sondern auch jedweden ideologischen Enthusiasmus, wie z. B. Lehmanns Hegelianismus-Manie (AFE I, S. 107, 116, 166, 223 f.), zu verspotten und dagegen eine über das ökumenische Prinzip hinausgehende universalistische Rationalisierung aller metaphysischen Ansichten zu lancieren, die nicht nur Inhalte anerkannter Religionen, sondern auch die des Volks- bzw. Aberglaubens gemeinschaftsfördernd zu integrieren vermag.

Auf ihre chiliastischen Ideen anspielend nennt Behr die Altlutheraner „die tausendjährige Sekte" bzw. „Gemeinschaft der Heiligen" (AFE II, S. 82; S. 34, 62), die sich durch ihren „starren Glauben" (AFE II, S. 33) auszeichnet. Als Vorzeige-Übel kreiert er Valentin, einen frommen Buchbinder (!), der hinsichtlich der akademischen Bildung eines Mitpassagiers meint: „Was nützt all den Kindern Gottes all' das heidnische Wissen, so nicht ihr Sinn erleuchtet ist, und so sie nicht einfältiglich dem Herrn dienen?" (AFE I, S. 117) Er verkörpert den beschränkten Klerikalen, der allein durch Mangel an Qualifizierten und aus strategischen Gründen ein Amt erhält, das er eben wegen seiner mangelnden Qualifikation nicht zur Zufriedenheit der Gläubigen ausführen kann,[48] und darüber hinaus aus Genusssucht und Habgier durch kriminelle Kapitalisten korrumpiert wird. Die auf

---

(Anm. 3). Der Schiffsname scheint durchaus gebräuchlich gewesen zu sein, vgl. Gerstäcker: Californische Skizzen (Anm. 42), S. 3.
46 Vgl. Warren Breckman: Die deutschen Radikalen und das Problem des Nationalcharakters 1830–1848. In: Karl-Marx-Jahrbuch 2009, S. 176–207; zum zeitgenössischen Vergleich mit religiösen Sekten: Wolfgang Eßbach: Die Junghegelianer. Soziologie einer Intellektuellengruppe. München 1988 (Übergänge 16), bes. S. 340–350.
47 Die nahezu unübersichtlich werdende Lage in ‚Neuschlesien' wird von Behr summarisch wiedergegeben, zu den historischen Umständen vgl. Jürgen Tampke: The Germans in Australia. Cambridge 2006, S. 6–32. Die mit Verve gestaltete Orthodoxie-Schelte erinnert an Feuerbachs frühen, noch negativistischen religionskritischen Beitrag in den Behrs Studienzeit prägenden Hallischen Jahrbüchern, vgl. Ludwig Feuerbach: Über Philosophie und Christentum in Beziehung auf den der Hegelschen Philosophie gemachten Vorwurf der Unchristlichkeit [1839]. In: L. F.: Werke in sechs Bänden, Bd. 2. Kritiken und Abhandlungen I (1832–1839). Hg. von Erich Thies. Frankfurt a. M. 1975, S. 261–330.
48 Möglicherweise dient hier schon historische Legendenbildung, Prediger wären unter starkem Einfluss von Ungebildeten gestanden zum Vorbild, vgl. Johann Martin Ey: Mittheilungen über die Auswanderung der preußischen Lutheraner nach Süd-Australien sowie über Entstehung und Entwicklung der australisch-lutherischen Kirche. Adelaide 1880, S. 59 f.

den Widerspruch zwischen Schein und Sein bezogene Figurenkomik gipfelt in zwei karnevalesken Szenen: Valentin wird von Volksvertretern, deren freiheitlich-subversive Absichten bekannt sind, einer Degradierung – stets vor Publikum – unterzogen. Zuerst wird er im Zuge eines Schwimmkurses auf einem Wasserfass körperlicher Marter unterzogen, später in der Wildnis seiner Kleider entledigt (AFE III, S. 294–297).

Die universalistisch-anthropologische Stoßrichtung der humoristischen Religionskritik wird bei der Schilderung eines „ästhetischen Thees" (AFE II, S. 31) im Outback deutlich. Unter Leitung des Homer rezitierenden Brillenschäfers finden sich seine bunt gemischten Arbeitskollegen zusammen. Als ein „papistischer Ire", ein Presbyterianer und ein „wälscher Methodist" (AFE II, S. 34) über die Vorrangstellung der verschiedenen vorchristlichen Glaubensinhalte ihrer Ahnen streiten, sieht sich der Brillenschäfer gezwungen, mit dem Argument eines konfessionsübergreifenden, antik grundierten Jenseits schlichtend einzugreifen (AFE II, S. 36 f.). Die allerdings eurozentristische Grundlage dieser versöhnlichen Haltung wird erkennbar, wenn währenddessen der Aborigine Tarraleng vor der Hütte weilt und aus Angst vor Waldgeistern die Versammlung stört, was angesichts der rückständigen Ängstlichkeit Heiterkeit unter den Weißen auslöst (AFE II, S. 41–46). Auch in *Dritte Söhne* findet sich eine Andeutung der humanistisch-integrativen Kraft von Religion, diesmal funktionalisiert als Seelsorge und übernationale Caritas. Der Konflikt von Nationalismus und Humanität findet anhand der Problematisierung von ethnisch motiviertem Hass[49] bei der Völkerschlacht von 1815 Eingang. Das Übel vom kollektiv erinnerten mutwilligen Abschlachten des sich bereits zurückziehenden Feindes erhält trotz der Moderation der unterschiedlichen Wortmeldungen durch den Pastor keine allgemein verbindliche Deutung (DS Nr. 8, S. 1).

IV Ethnographisch-volkskundliche Selbstfindung

IV.1 Vermischung und Menschheitsgeschichte

Welche Lösungsvorschläge für die in die Fremde getragenen Emanzipationswünsche hält Behr bereit und wodurch werden sie legitimiert? Im Südaustralien-Roman ist der die Initiation des deutschen Abenteurers ermöglichende heros ex machina Maldonado zugleich Apostel eines weltumspannenden elitären und in-

---

[49] In ähnlicher Weise wird dies beispielsweise von Berthold Auerbach angesprochen, vgl. Berthold Auerbach: Tagebuch aus Wien. Von Latour bis auf Windischgrätz. Breslau 1849, S. 47 f.

terreligiösen Geheimbundes, dessen Zentrale in den Tempelgrotten von Irula[50] bei Ellore liege:

> In den Tempelgrotten ist ein weites Gemach, in welchem in gewissen Zeiträumen sich Sendboten eines Geheimbundes zur Feier eines uralten Cultus versammeln. Nur wenige Männer kommen dort zusammen; diese Wenigen indeß sind die Begabtesten aller Zonen, aller Völker, aller Glaubensbekenntnisse. Dort aber sind sie Alle eines Glaubens und eines Willens, und tragen, was ihnen dort zu vernehmen und zu schauen vergönnt ist, als Kräftigung des gemeinsamen Strebens zu den Genossen zurück, Jeder in seine Heimath. (AFE III, S. 422)

Genaueres über diesen an Geheimbundroman und Freimaurer-Mystik erinnernden Bund, dessen Existenz erst wenige Seiten vor dem Romanende Erwähnung findet, erfährt man nicht. Bezeichnend ist hingegen die teleologische Engführung von Vergangenheit und Zukunft, wie sie sich für ein Geschichtsdenken unter stetem genealogischen Blick und mit ethnographischer Beweisführung gehört. Durchaus lässt sich Behr als Regionalschriftsteller apostrophieren, der Zeitumstände exotischer Weltwinkel für die Nachwelt sichert, doch die selbstreflexive Einbindung deutscher Auswanderer-Abenteurer in diese Ereignisse führt zu einer transregionalen und -kulturellen Perspektive. Dies wird schon deutlich, wenn Behr seinen zweiten Roman einerseits an die historische und sensationalistische Schreibtradition anbinden möchte und dennoch bei der Völkerwanderung landet. Diese abschließende Wendung wird plausibel, da er die von dem ‚Argonauten'-Zug – dieser Masseneinwanderungen aus allen Weltteilen in die californischen Goldfelder – hervorgerufenen chaotischen Zustände der Pionierzeit mit denen der europäischen Spätantike vergleicht:

> Das Californische Leben macht rasche Fortschritte auf der Bahn der Civilisation und wenn ich die Zeit der ersten Vigiliance committee mit ihren Spielhäusern, Feuersbrünsten, Straßenkämpfen mir vergegenwärtige, die Zeit in der ein Revolver Toilettengegenstand war, [...] dann kommt mir das alles wie ein wilder wüster Traum vor oder ein Roman von Eugène Sue, den ich einmal gelesen habe und nur nicht weiß wo. Erhöht wird die Illusion noch durch den Umstand, daß Stadt und Umgebung durch ausgedehnte und nicht immer nothwendige Erdarbeiten so verändert sind, daß mit der Scenerie zu jenen Ereignissen gewissermaßen der historische Boden verschwunden und Alles etwas Traumhaftes erhalten hat. [...] Mein Buch, ich will am Ende den belletristischen Werth nicht sehr hoch stellen, ist von größerem his-

---

50 Vermutlich ist damit der Dwaraka Tirumala-Tempel in der Nähe von Eluru (anglisiert Ellore), dem Distriktzentrum von West Godavari im indischen Bundesstaat Andhra Pradesh, gemeint. Die auf das 11. Jahrhundert zurückgehende Tempelanlage ist teilweise in den Berg gehauen und ihr wichtigstes Heiligtum dem Gott Venkateshwara gewidmet, vgl. Culturalindia, http://www.culturalindia.net/indian-temples/dwaraka-temple.html (letzter Zugriff 20. April 2015).

torischen Interesse als in Deutschland scheint. Es ist ein treues Bild der Jahre von 49–53, eine Zeit, in der Niemand hier Zeit und Lust zu Aufzeichnungen hatte, deren Documente fast gänzlich durch Feuer vernichtet sind und deren Augenzeugen von Tage zu Tage seltener werden [...] Es geht damit und zwar aus denselben Ursachen wie mit der Geschichte der Völkerwanderung.[51]

Die Archaisierung nimmt auch Bezug zu der besonders seit der Romantik und den Befreiungskriegen immens verstärkten Beschäftigung mit der Herkunft des eigenen Kollektivs. Unter diesem Blickwinkel deutet man die spätantike europäische Völkerwanderung als Gründungsakt des modernen, volkstümlich-nationalen Europas. In Zusammenhang mit Behrs Vorstellungswelt wird sie zudem zum Exempel für die Entstehung neuer Nationen. Die sich herausbildenden Disziplinen sowohl von Natur- als auch Kulturwissenschaften wie z. B. Geographie oder Ethnographie legitimieren sich besonders in Deutschland durch einen solchen nationalen Suchauftrag und speisen durch stets frequenter werdende Publikationen die vorwiegend über das kulturelle Feld bewerkstelligte kollektive Identitätsstiftung. Das breite Themen- und Methodenspektrum sei hier nur durch drei beispielhafte Werke angedeutet: Friedrich Ekkards volkskundlich-geographische Zeitschrift *Der Reisende* (1782), die Empirisches deskriptiv wiedergibt, Friedrich Ludwig Jahns Sitten und Gebräuche verklärendes pädagogisch-politisches Manifest *Deutsches Volksthum* (1808) und Wilhelm Heinrich Riehls *Land und Leute* (1854), das ausgewählte soziale Verhältnisse zur Volksnatur erklärt und so zur Norm erhebt. Standards für Ethnographie und Volkskunde werden erst gegen Ende des 19. Jahrhunderts eingeführt,[52] davor schafft eine idealistisch-spekulative Herangehensweise vermeintliche Fakten, die durch die Realismus-geübte Ausschmückung der Szenerie wie z. B. bei Gustav Freytags *Die Ahnen* (1. Band 1872) sich ins kulturelle Gedächtnis einschreiben. Für Behrs Version des kulturgeschichtlich-politischen Vermischungsgedanken ist es charakteristisch, dass geographisch-biologische bzw. ethnographische Ansätze ebenfalls einer deutlichen kulturellen Kodierung unterliegen, sich aber auf Grund ihres empirisch-induktiven Rahmens schneller aufklärerischer Skepsis öffnen und öfters zu zivilisationskritischen und kulturrelativistischen Aussagen führen.

---

51 Hermann Behr an Gustav Holzmann vom 1. September 1869, FAV.
52 Entgegen einer schon um die Jahrhundertmitte deutlich bemerkbaren Ausdifferenzierung der Naturwissenschaften, vgl. Wolfgang Rohe: Literatur und Naturwissenschaft. In: Edward McInnes/Gerhard Plumpe (Hg.): Bürgerlicher Realismus und Gründerzeit 1848–1890. München/Wien 1996 (Hansers Sozialgeschichte der deutschen Literatur vom 16. Jahrhundert bis zur Gegenwart 6), S. 211–241, hier S. 213; Ingeborg Weber-Kellermann (Hg.): Einführung in die Volkskunde/Europäische Ethnologie. Eine Wissenschaftsgeschichte. 3., vollst. überarb. und aktual. Aufl. Stuttgart/Weimar 2003 (Sammlung Metzler 79), S. 43, 72.

Die Kulturkontakterfahrung des Abenteurer-Auswanderers in einer globalisierten Welt aktualisiert die Vermischungserfahrung der Völkerwanderung und reformuliert sie als Horizont enttäuschter deutscher Hoffnungen. Das in Aufklärung und Klassik erstmals global konzipierte Zusammenspiel der Völker, das nach dem Prinzip der Befruchtung von rezeptiv-autochthonen durch dominant-wandernde Kollektive gedacht wird, dient, wie von Wilhelm von Humboldt vorgeführt, im selben Zuge einer Rechtfertigung des Kolonialismus als menschheitsgeschichtlicher Erziehungsaktion.[53] Nicht nur diese kulturgeschichtliche Dimension von Vermischung, wie sie auch an der von Wilhelms Bruder im *Kosmos* vorgelegten Wissensgeschichte abzulesen ist, wird bei Behr in seinen ethnographischen Essays entfaltet, sondern auch deren soziale und politische Spielart findet Eingang in seine Belletristik. Schon in einem frühen Beitrag, in dem er die Aborigines gegen die inhumane Abwertung, wie sie Usus manch anderer seiner ethnographisch dilettierenden Kollegen ist,[54] in Schutz nehmen möchte, umreißt er stichwortartig diese Auffassung von Zivilisation als „innige[r] Durchdringung verschiedener Racen":

> Die Entwicklung des Menschengeschlechtes im Großen und Ganzen aber ist unbegränzt, ist ein ewiges Vorwärtseilen, in dem der scheinbare Rückschritt nur der Weg zu neuen Gipfeln ist. Als Beispiele gelten: Perserkriege, Völkerwanderung, Kreuzzüge, sowie die Mythen aller alten Religionen, nach denen sich der Zustand der Gesittung stets aus einem Kampfe der Giganten gegen den Olymp, der Riesen gegen die Asen, kurz, der Autochthonen gegen die Einwanderer entwickelt.[55]

---

53 Wilhelm von Humboldt: Ueber die Verschiedenheit des menschlichen Sprachbaues und ihren Einfluss auf die geistige Entwicklung des Menschengeschlechts [1830–35]. In: W. v. H.: Werke in fünf Bänden. Studienausgabe, Bd. 3. Hg. von Andreas Flitner und Klaus Giel. Darmstadt 2010, S. 368–756, hier S. 381f., 401.

54 So bei Hermann Koeler: Einige Notizen über die Eingebornen an der Ostküste des St. Vincent-Golfs, Süd-Australien; 1837 und 1838. In: Monatsberichte über die Verhandlungen der Gesellschaft für Erdkunde zu Berlin [= MVGE] 1842, Nr. 3, S. 42–57; Hermann Koeler: Einige Notizen über die Eingebornen an der Ostküste des St. Vincent-Golfs, Süd-Australien; 1837 und 1838. In: MVGE 1844, Nr. 1, S. 34–75; und N. N. Schayer: Über die Verhältnisse der Eingebornen von Australien und die Ursachen der Abnahme dieser Bevölkerung. In: MVGE 1847, Nr. 4, S. 223–230.

55 Hans Hermann Behr: Über die äußern Verhältnisse, welche auf die Entwickelung der Australier eingewirkt haben. In: MVGE 1848, N. F. 7, S. 145–49, hier S. 146.

IV.2 Zivilisationskritik

Im Spektrum der an Ritter geschulten empirisch-interdisziplinären Perspektivierung einer Fremdkultur, die nunmehr eingedenk ihrer Korrelation mit dem jeweiligen Ökosystem bewertet werden soll, vertritt Behr eine graduelle Abstufung aller Menschengruppen untereinander und keine kategoriale Trennung. Er fordert seine Mitforscher auf, sich deutlicher vorzustellen, zu welchen Kulturbedingungen ein sehr niedriger Wert an „geistesbefruchtende[n] Vorgänge[n]" führen kann und in welchen Nuancen von gemeinschaftlichem Handeln entgegen der Verunglimpfung durch „ein[en] in angeborner Religionsform gänzlich verknöcherte[n] Sinn"[56] der Europäer religiöses Empfinden schlummert. Dieser Richtlinie folgend ist Behr im Südaustralien-Roman bemüht, in den wenigen Auftritten, die den Aborigines zugestanden werden, anthropologische Konstanten hervorzuheben. Wie manchmal auch bei Gerstäcker, der neben der Schilderung des urwüchsigen Lebens in der Wildnis Märchenmotive strapaziert,[57] werden im tableauartigen Auftakt zum Südaustralien-Teil von *Auf fremder Erde* ethnographische, geographische und biologische Wissensbestände mit sentimentalen Topoi verknüpft. Über den menschlichen Klagelauten einer Totenzeremonie bespricht die belebte Natur „Häupter schüttelnd, weinend und flüsternd" das „düstere Räthsel" des „wunderbaren Geschöpfes" Mensch (AFE II, S. 9–10).

Die sich aus dem Kulturkontakt ergebenden Möglichkeiten zum geistigen Austausch und die gleichermaßen für Autochthone wie Kolonisten gegebenen Gelegenheiten, sich von ihren begrenzten Horizonten abzulösen, werden bei Behr allerdings nur selten angesprochen. Manchmal geht die Vergleichbarkeit der unterschiedlichen Kulturen so weit, dass gewohnte Blickwinkel vertauscht und mittels Einfühlung ins Fremde und Verfremdung der Eigenkultur komische Effekte erzielt werden. Wichtiges Unterscheidungsmerkmal zu Formen naturalistischer Authentifizierung der Fiktion wie z.B. der Erzählung aus der Sicht eines Ureinwohners[58] ist die Reziprozität des Verfahrens. Man könnte daher von einem ethnographischen und volkskundlichen Humor bei Behr sprechen, der im Dienst einer aufklärerischen Zivilisationskritik steht. Während anders als bei Gerstäcker der Californien-Roman ohne Thematisierung der Indianer- und Chinesen-Frage

---

56 Hans Hermann Behr: Über die Urbewohner von Adelaide in Süd-Australien nach eigenen Anschauungen während dortigen Aufenthalts. In: MVGE 1848, N. F. 5, S. 82–93, hier S. 90.
57 Friedrich Gerstäcker: Im Busch [1864]. Hg. von Wolfgang Bittner und Thomas Ostwald, in Verbindung mit der Friedrich-Gerstäcker-Gesellschaft Braunschweig. Berlin 1990, S. 207f.
58 Usus im Abenteuerroman sind die Wiedergabe eines Jargons, Dialektes oder einer Fremdsprache; seltener der Wahrnehmung durch Kulturfremde wie z.B. die Ureinwohner bei Zimmermann: Californien (Anm. 42), S. 215 f.

auskommt, haben die amerikanischen Ureinwohner ihren einzigen Auftritt bei einem kulturrelativistischen Vergleich: Die Tradition, den deutschen Soldaten vor ihrem Ausrücken einen Ballbesuch zu gewähren, wird mit dem indianischen Kriegstanz verglichen (DS Nr. 2, S.1). Anders als man bei einer Thematisierung des Vermischungsgedankens erwarten könnte, wird die zerstörerische Dimension von Kolonialisierung unterschiedlich stark und wenn, dann mit sentimentalem Unterton, dargeboten. Während Gerstäcker die schleichende Verelendung der Ureinwohner in Szene setzt und in einem konzisen Kommentar koloniale Machtinteressen und ihre zweifelhafte Legitimation anspricht,[59] wählt Behr die heitere Seite des Kulturrelativismus. In einer die ‚neuschlesische' Dorfgemeinschaft vorstellenden Kulturszene wird der Treffpunkt der um Aufmerksamkeit buhlenden jungen Frauen ethnographisierend und verfremdend zum „heiligen Baum" (AFE II, S. 34) der Kommune. Daraufhin wird noch viel detailreicher der „Grin-Kari"-Glaube, der besagt, die Weißen seien die Geister der verstorbenen „Schwarzen", aus dem Bewusstsein des Aborigines geschildert. Die erdrückende Präsenz der Kolonistinnen bringt den Aborigine jedoch schnell dazu, seinen Aberglauben zu überdenken. Diese ungewöhnliche Perspektivenwahl hat zum Effekt, dass dem „Wilden" durchaus eine Reflexionsgabe zugestanden wird, während das konventionell-zivilisierte Verhalten insbesondere der kirchlichen Gemeindemitglieder als atavistischen Regungen folgend erfahrbar wird.

Kulminationspunkt dieser aufgeklärt-skeptizistischen Haltung bei Behr ist die einigermaßen sachliche und jeweils situationsbezogen empathische Einschätzung der Aborigines durch einen englischen Farmer und den ‚Brillenschäfer' im Südaustralien-Roman. Die Wahrnehmung der Europäer, die ‚Schwarzen' neigten leicht zur Gewalttätigkeit, ist dem durch Unkenntnis der Fremdkultur bedingten falschen Umgang mit den Aborigines geschuldet (AFE II, S. 17; III, S. 291f.). Besonderen Hohn hat er für die Europäer, die noch Rousseaus Idealisierung der Wilden verhaftet sind und sich die Ureinwohner als „reine Naturkinder" (AFE III, S. 102) imaginieren. Darin erblickt er eine allgemein menschliche Anfälligkeit für Verblendung und bezieht sich auf die unüberwindbare Lern- bzw. Erziehungsunfähigkeit der Menschheit (AFE III, S. 100–101). Trotz dieser Hürden für ein adäquates, unvoreingenommenes Verstehen der Fremdkultur finden sich sowohl auf der Darstellungsebene als auch in der Figurenrede Passagen, in denen den Ureinwohnern Anerkennung gezollt wird. Es wird die trotz ihrer widrigen Lebensumstände ungebrochene Vitalität bewundert und dabei von „kolossale[m]

---

[59] Friedrich Gerstäcker: Die beiden Sträflinge. Australischer Roman. 3 Bde. Leipzig 1857, Bd. 1, S. 168–170: Der tierquälerische Cowboy und Ureinwohner-Hasser als Handlanger, der Ranch-Eigentümer als humaner Ehrenretter des Kolonialismus (sic!), der Kolonialismus bemäntle materielle Interessen mit Religion.

Spaß", „köstliche[m] Leichtsinn" und „Freude am Dasein" gesprochen. Obwohl er den Aborigines in seiner Jenseitsphantasie keinen Platz zugesteht, gibt an dieser evasionssüchtigen Stelle der Brillenschäfer zu, dass er das Gesehene als Modell einer alternativen Lebensweise à la „Diogenes" nehme (AFE III, S. 158 f.).

Vereinzelt gibt es neben diesen stark positiv besetzten und öfters wiederkehrenden Momenten anders als bei Gerstäcker Anzeichen eines gewissen kulturellen Austausches zwischen Europäern und Ureinwohnern: Die mit dem englischen Farmer als Schutztruppe kooperierenden Aborigines entdecken die Hintergründe für dessen ‚Zauberkünste' mit der Laterna magica und finden so eine neue Abendunterhaltung. Ein gutmütiger sächsischer Schafzüchter rettet ein Eingeborenen-Baby durch Adoption vor einem Tötungsversuch ihres Stammes und kümmert sich hingebungsvoll mit seiner neugewonnen englischen Frau um dessen Erziehung (AFE III, S. 189–193, S. 429–431).

IV.3 Politische Genealogien

Der Californien-Roman gibt sich imperialer und kulturdarwinistisch. Er fokussiert auf die völkerübergreifende Arbeit aller Europäer am Vorzeigestaat der Freiheit, wobei US-Heilsgeschichte und deutscher Zukunftsglaube parallelisiert werden. Wenn San Francisco das neue Rom am Pazifik sein soll, in dem sich als Emanation des Weltgeistes angelsächsischer Tatendrang und asiatische Weisheit vereinigen, fehlt die Konkretisierung der zuletzt erwähnten Ingredienz (DS Nr. 21, S. 1). Einzige Größen sind der Yankee, der heldenmutige Deutsche und der dem Untergang geweihte Altcalifornier. Es zeigt sich, dass dieses leere Vermischungsmotiv noch die europäische Monokultur der späten 1860er Jahre reflektiert, und die oftmalige Erwähnung von einer Vermengung der Kräfte immer in Bezug auf freiheitliche Entwicklungsmöglichkeiten Deutschlands gesetzt wird.

In entsprechender Weise bildet den Auftakt von *Dritte Söhne* die Ableitung der mythischen Ursprünge der emanzipatorisch gesinnten deutschen Außenseiter-Söhne von Germanen und Wikingern, die sich dann in Warägern, Vitalienbrüdern und den Helden der Grimmschen Märchen (!) fortgepflanzt hätten (DS Nr. 1, S. 1). Dem patriotischen Soldaten Recke zeigen sich die Narrative des deutschen Nationalismus sogar im Traum. Noch während seiner dänischen Gefangenschaft träumt er von einer der Hermannsschlacht nachempfundenen fiktiven „Cimbernschlacht" (DS Nr. 4, S. 1–2). Der Erzähler vermerkt, hervorragende physische Qualitäten wie Kraft und Kampfesmut hätten sich im Laufe der Zivilisationsgeschichte zu geistiger Größe weiterentwickelt, um für die „Schlacht der Systeme" (DS Nr. 1, S. 1) bereit zu sein. Behrs Abenteuerromane gehen anhand der kulturell-biologischen Abstammungsgeschichte ihrer Protagonisten explizit auf die epistemologisch-poetologische Dimension der Abenteurerfigur ein und erhalten dadurch wie nur wenige ihrer Gattung einen Meta-Charakter: Aus dem früheren rachsüchtigen Rebellen wird ein Abenteurer der Humanität in Zivilgesellschaft und politischem Apparat.[60] Als später im Goldgräbercamp der junge Deutsche Hermann (!) stirbt, erfährt man, dass er Seite an Seite mit einem ebenfalls vor Ort befindlichen Polen am Novemberaufstand 1830/31 teilgenommen und die geschichtsphilosophische Losung ausgegeben habe, Polen sei die Vergangenheit, der deutsche Adel die Gegenwart, er, Hermann, die Zukunft (DS Nr. 12, S. 1). Wie allerdings die drei Protagonisten diese sozusagen geerbten transeuropäisch-liberale Hermanns-Idee umsetzen,[61] ob durch Emigration in die USA oder durch Rückkehr, das kann auf Grund der fragmentarischen Überlieferung des Romans nicht eruiert werden. Insbesondere wäre es aufschlussreich zu erfahren, ob angedeutete soziale Vermischungsoptionen, die der emanzipatorischen Grundeinstellung Behrs entspringen, wie z. B. zwischen dem Adligen von Michow und einer Jüdin tatsächlich realisiert werden.

Ähnlich wie im Californien-Roman gibt in *Auf fremder Erde* die Genealogie die politische Stoßrichtung vor. Am Romanende erfährt man, dass sich Abenteurer bzw. Initiant und Initiationshelfer die Abstammung von einem slawischen Opferpriester der Wilzen (AFE III, S. 267) und von den „Normännern" (AFE III, S. 430–431) ähnelnden Eroberern teilen. Diese Entdeckung verdeutlicht einmal die humoristische Darstellung des adligen Protagonisten. Dessen genealogischen Überlegungen sind eine Parodie der anachronistischen, auf griechische und römische Ursprünge zurückgreifenden Genealogiepraktiken europäischer Fürstenhäuser: Einmal will er sich von „Plato, einem römischen Feldherrn, der großer Philosoph war und Erfinder der Platonischen Liebe" herleiten (AFE III, S. 431), ein anderes Mal von Pylades (AFE III, S. 268). Zudem lassen die gesucht außergewöhnlichen Details des Familienursprungs eine politische Deutung der Abkunft zu. Behr nimmt in seinen beiden Romanen auf das legendäre Urbild von kolonialer Vermischungs- und Abenteurer-Politik, die ‚Normannen-Philosophie' des Alkal-

---

60 Die Einbettung der Außenseiter-Position in mentalitäts- sozialgeschichtliche und psychologische Bezüge bei Bernd Steinbrink: Abenteuerliteratur des 19. Jahrhunderts in Deutschland. Studien zu einer vernachlässigten Gattung. Tübingen 1983 (Studien zur deutschen Literatur 72), bes. S. 21–23.

61 Vgl. zur Polenbegeisterung der deutschen Liberalen, insbesondere der Studenten Anna Gabrys/Alix Landgrebe/Berit Pleitner: „Für Eure und unsere Freiheit!" Deutsche und Polen im Europäischen Völkerfrühling. In: Wolfgang Michalka u. a. (Hg.): Polenbegeisterung. Ein Beitrag im Deutsch-Polnischen Jahr 2005/2006 zur Wanderausstellung „Frühling im Herbst". Vom polnischen November zum Deutschen Mai. Das Europa der Nationen 1830–1832. Berlin 2005, S. 13–53.

den in Charles Sealsfields *Kajütenbuch* Bezug. Während Sealsfield nicht auf die Fragen eingeht, die sich aus der Extrapolierung der frühmittelalterlichen Normannen-Historie auf zeitgenössische Gesellschafts- und Mentalitätsstrukturen ergibt, enthält *Dritte Söhne* einen entsprechenden kulturgeschichtlichen Abriss.

Einige Jahre später knüpft Behr nochmals an das texanische Leitkonzept an und führt die mit dem Melting pot-Modell und emanzipatorischen Gesellschaftswandel verbundenen Implikationen für die Figur vom heroischen Feiheitskämpfer und Kolonialisten deutlicher aus. In der frühen, für die Jinks des Bohemian Club geschriebenen englischsprachigen Groteske *The Skeleton in Armor* wird unter expliziter Bezugnahme auf Wadsworth Longfellows Gedicht dessen eurozentristisches Lob über die vorbildlich angelsächsische Kolonialisierung Nordamerikas zurückgenommen.[62] Der aus den Sauerkrautwäldern Skandinaviens eingetroffene Ritter hat sich mit einer multikulturellen Gesellschaft auseinanderzusetzen, an der nunmehr doch Asiaten und Ureinwohner verlangen, teilzuhaben. Aus Verzweiflung darüber stirbt der Ritter und wird zur titelgebenden Reliquie.

IV.4 Rassig-demokratisches Volkstum

Neben der politischen Seite führt der Erstling *Auf fremder Erde* in extenso die die sentimentalen Lesebedürfnisse bedienende soziale und volkskundliche Perspektivierung des Vermischungsmodells aus. Hier erklärt die Entdeckung der gemischten Abstammung im Nachhinein, warum sich der Protagonist von Beginn an zu einem wendischen Dorfmädchen hingezogen fühlt und dies schließlich in eine bewusst republikanische (AFE III, S. 421) und wie in Gerstäcker gleichnamiger Australien-Novelle[63] erfolgreiche Mesalliance mündet. Anhand dieser Liebesgeschichte wird ein Panoptikum wendischer Kultur entworfen, das den zeittypischen z. B. von Fürst Pückler etablierten binnenethnographischen, v. a. physiognomischen Blick auf diese Volksgruppe detailliert weiterspinnt. Die Wendinnen werden in ihrer „Race" (AFE I, S. 12) als orientalisch-tartarische „Amazonen" (AFE I, S. 13) erlebbar. Die von dem Liebespaar inbrünstig gesungenen, oft in wendischer Sprache mit Übersetzung in der Fußnote abgedruckten Lieder (AFE I, S. 61, 74, 76, 81, 140) beleben die aus Kindheitstagen stammende Beziehung neu und gemeinsam mit der Geliebten lernt man die Merkmale slawischer Mythologie am

---

[62] Hans Hermann Behr: The Skeleton in Armor. In: H. H. B.: The Hoot oft he Owl. San Francisco 1904, S. 41–46.
[63] Vgl. Friedrich Gerstäcker: Eine Mesalliance. In: F. G.: Unter Palmen und Buch. Gesammelte Erzählungen. Bd. 3. Leipzig 1867, S. 1–176.

Initiationshelfer Maldonado erkennen. Die wendische Geliebte ist die erste, die dessen enigmatische Züge und seine „statuenhaften Ruhe" (AFE I, S. 238, 330) mit einem bei dem Opferstein über dem Cerna woda-Moor in der Nähe ihres Dorfes (AFE I, S. 138–141) gefundenen Triglaw-Konterfeit in Zusammenhang bringt. Im zu Tage geförderten Artefakt der Vorfahren liegt, anders als z. B. so oft in der humoristischen Literatur des Vormärz, der Schlüssel zur Identitätsfindung.[64] Maldonados Schiff, das der Reisegesellschaft zuerst als Gespensterschiff erscheint (AFE I, S. 341), heißt wie der alte Wehrturm seiner Vorfahren (AFE III, S. 267) Radegast und er reitet einen Schimmel (AFE III, S.261f.), ein dem wendischen Gott Bielybog zugeordnetes Tier. Behr amalgamiert so gemeinhin bekannte Zuschreibungen an die wendischen Götter der Vernunft, Radegast, und des hellen Sieges, Swantewit.[65]

V Humoristisch-geselliger Gesellschaftswandel

Während im Californien-Roman neben den vielen zitierten historischen Begebenheiten und Sittenbildern wenig Platz für sentimentale Handlung bleibt und Selbstfindung durch Unterwerfung unter das durch unzählige plakative Erzählerkommentare erwähnte Wirken des Hegel'schen Gemeinplatzes vom ‚Weltgeist' möglich scheint, feiert der Südaustralien-Roman ausgiebig die Wiedervereinigung mit einer durch volkskundliche Wissbegierde entdeckten Ahnenreihe und den Zugang zu der als unverfremdet erlebten Volksseele. Im Unterschied zu den unmittelbar vergleichswürdigen Werken Gerstäckers[66] ist die soziale und politische

---

64 Es entbrennt ein unterhaltsamer Streit zwischen zwei zu Hobby-Archäologen mutierten Pfarrern (AFE, I, 239–241). Zur Verspottung von post-romantischer Volkskunde z. B. die Parodie des Wissenschaftsbetriebs anlässlich des Fundes eines Grenzsteines bei Dickens oder den lachhaften Disput über vermeintliche Fundstücke germanischer Geschichte zwischen Sammler und Hofschulzen in *Münchhausen* vgl. Charles Dickens: The Posthumous Papers of the Pickwick Club. With 43 Illustrations. Reprint of the first edition of 1837. London 1979, S. 105–107, 113–115; Karl Immermann: Münchhausen. Eine Geschichte in Arabesken. München 1977, S. 140–147.
65 Vgl. die Beschreibung bei Theodor Fontane: Wanderungen durch die Mark Brandenburg, Bd. 3. Havelland. Die Landschaft um Spandau, Potsdam und Brandenburg. Ungekürzte illustrierte Taschenbuchausgabe in 5 Bänden. Hg. von Edgar Groß unter Mitw. von Kurt Schreinert. München 1978, bes. die Kapitel „Charakter. Begabung. Kultus" und „Rethra. Arkona. ‚Was ward aus den Wenden?'".
66 Ein möglichst umfassendes Panorama der Auswanderung in all ihren Konstellationen übertrifft naturgemäß die pointierte Darstellung der Emigration und ihrer Hintergründe im Abenteuerroman, vgl. Friedrich Gerstäcker: Nach Amerika! Ein Volksbuch. Illustriert von Theodor Hosemann. 6 Bde. Leipzig/Berlin 1855.

Vorgeschichte der deutschen Auswanderer deutlicher ausgearbeitet und nicht auf eine in ihrer Ökonomie unübertroffene volkskomödienhafte Verwechslungs- und Degendramaturgie reduziert. Behr wie Gerstäcker widmen den inneren Angelegenheiten der deutschen Gemeinden in humoristischer Weise viel Raum, doch der Erzähl-Routinier bindet auch die koloniale Spannung zwischen Engländern und Aborigines bzw. Amerikanern und Indianern als handlungstragenden Strang inklusive kolonialismuskritischen Kommentar ein. Der Arzt und Entomosoph, der immer wieder zu groteskem Schabernack aufgelegt ist, wie sein Eintreten für einen konstitutionellen Schutz für Insekten beweist,[67] greift des Öfteren zu grellen Kontrasten und suhlt sich gerne in Erinnerung an die Sozialisationspraktiken als Gymnasiast und Corporierter, die ihm seine – lange umkämpfte – Distinktion garantieren sollten. So ist v. a. in *Auf fremder Erde* vom Genuss des Lateinlernens (AFE I, S. 233–35), der in sportlichen Dosen ausgeübten Gewalt, wie in Völkerprügeleien am Hafen (AFE II, 307–316) oder in nächtlichem Ulk, und dem exzessiven Trinken (AFE II, S. 160–164) die Rede. Dass ein wahnsinnig gewordener Missionar als Anführer der Bushranger im Tal mit dem sprechenden Namen ‚Gehenna' zur Auslöschung eines ganzen Eingeborenen-Stammes aufruft (AFE II, S. 179–185), ist mehr als eine sensationslüsterne Variante der damaligen Missionierungskritik – man denke an Gerstäckers *Tahiti* (1854) – zu lesen denn als Verurteilung des kolonialen Genozids. Zugleich vermag so manche Übung in exotischen Topoi wie z. B. des Sich-Verirrens zu quälend-langweiligen Erörterung geologischer und biologischer Information werden (AFE III, S. 14–28). Hier hat Gerstäcker mit seiner Goldsee-Passage deutlich Akzente in puncto psychologisierender Figurendarstellung gesetzt[68] und ist nicht umsonst einer der beliebtesten Abenteuerromanautoren geblieben. Behr hingegen gebührt das Verdienst, der seit 1800 massiv ausgebauten germanophilen Tendenz im Kulturbetrieb gerade im zum Stereotyp neigenden Abenteuerroman anhand des Vermischungs-Paradigmas einen kosmopolitischen Entwurf entgegengehalten und den nationalliberalen Akteuren ein feucht-fröhliches Denkmal gesetzt zu haben. Dass er dies mitten in dem Streit um Anpassung oder Auflehnung der Liberalen der1860er Jahre tut, lässt ihn vermutlich auch eine Wahlverwandtschaft mit Wilhelm Raabe empfinden, dessen Misserfolg *Abu Telfan* (1867) – und die darin enthaltenen Anachronismen – er mit Genuss liest.[69] Sein Korrespondenzpartner, der Köthener Kreisgerichtsrat Holzmann, ist im selben Jahr einer der wenigen liberalen Abgeordneten im konstituierenden Reichstag des Norddeutschen Bundes, der nach

---

67 Anon.: Meeting of the State Horticultural Society. In: Pacific Rural Press, 8. Januar 1881, S. 25.
68 Gerstäcker: Im Busch (Anm. 57), S. 156–167.
69 Hans Hermann Behr an Gustav Holzmann vom 25. August 1873.

dem Motto „Keine Einheit ohne Freiheit" mit den republikanischen Abgeordneten gegen die Bismarck'sche Verfassungsvorlage stimmte – und damit seine Kandidatur für die darauffolgenden Wahlen verlor.[70] Zu diesem Zeitpunkt hatte Behr nach eigenem Bekunden schon den Sinn für die politischen Verhältnisse in Deutschland verloren[71] und packte seine Liebe zur Volks- und Völkerkunde sowie zur Freiheit in Romanform.

Mein Dank gilt den Familien Bramigk und Vierthaler für die freundliche Zurverfügungstellung der Korrespondenz zwischen Hans Hermann Behr und Gustav Holzmann.

---

70 Gustav Holzmann an Hans Hermann Behr vom 2./3. Dezember 1867, FAV.
71 Hans Hermann Behr an Gustav Holzmann vom 30. Juli 1868, FAV.

Religiöse und sozialpolitische Tendenz

Silvia Serena Tschopp
Religiöser Antimodernismus und ökonomische Modernität

Der Regensburger Verlag Pustet und die katholische populäre Publizistik im mittleren 19. Jahrhundert

Die Simultaneität von umfassender Modernisierung der politischen, wirtschaftlichen und gesellschaftlichen Verhältnisse und offenkundiger Hinwendung zu einer als Legitimationsbasis antimoderner Konzepte und Praktiken fungierenden Vergangenheit ist in der Historiographie zum 19. Jahrhundert längst als Konstituens einer Epoche erkannt worden, die auch und gerade in Deutschland durch fundamentale strukturelle Umbrüche gekennzeichnet war und zugleich Formen einer Traditionsbindung Raum bot, welche die mit diesen Umbrüchen einhergehenden Verlusterfahrungen zu entschärfen geeignet erschienen.[1] Besonders auffällig manifestiert sich das Spannungsfeld von Fortschrittsbeschleunigung und Rückwärtsorientierung im Bereich der Religion, deren Geltungsmacht bereits in der ersten Hälfte des 19. Jahrhunderts zunahm und die in der Folge, wie nicht zuletzt die politisch-konfessionellen Verwerfungen im Kontext des Kulturkampfs verdeutlichen, zu einem wesentlichen Katalysator gesellschaftlicher Mobilisierung avancierte. Auf die Bismarck'sche Politik und die dadurch geförderte Wahrnehmung preußisch-protestantischer Dominanz antwortete die katholische Kirche mit einer Gegenoffensive, als deren wirksamstes Instrument sich neben der deutschen Zentrumspartei als Repräsentantin des politischen Katholizismus und einer wachsenden Zahl kirchlicher Gruppierungen eine auf Massenwirksamkeit bedachte Publizistik erweisen sollte, die allerdings in der Forschung bislang kaum Aufmerksamkeit gefunden hat.[2] Deren Bedeutung für die konfessionelle Identitätsstiftung innerhalb der katholischen Bevölkerung ist zwar bemerkt worden,[3]

---

[1] Vgl. z. B. David Blackbourn: The Long Nineteenth Century. A History of Germany, 1780–1918. New York/Oxford 1998, S. 270–310.
[2] Vgl. immerhin die ältere Studie von Josef Lange: Die Stellung der überregionalen katholischen deutschen Tagespresse zum Kulturkampf in Preußen (1871–1878). Bern/Frankfurt a. M. 1974 (Europäische Hochschulschriften 40). Zur (nicht nur katholischen) Kirchenpresse generell vgl. Michael Schmolke: Kirchenpresse. In: Andreas Vogel/Christina Holtz-Bacha (Hg.): Zeitschriften und Zeitschriftenforschung. Wiesbaden 2002 (Publizistik. Sonderheft 3/2002), S. 126–146.
[3] So etwa Christopher Clark: Der neue Katholizismus und der europäische Kulturkampf. In: C. C./ Wolfram Kaiser (Hg.): Kulturkampf in Europa im 19. Jahrhundert. Leipzig 2003, S. 14–37, hier S. 21–28.

die systematische Befassung mit den verschiedenen Formen maßgeblich von kirchlichen bzw. kirchennahen Institutionen und Akteuren gesteuerter publizistischer Initiativen steht allerdings noch aus. Dies gilt nicht nur mit Blick auf die Zentrumspresse, sondern auch und vor allem für die in bemerkenswert hoher Auflage erschienenen populären Periodika, allen voran die unterhaltenden Familienzeitschriften und Kalender katholischer Prägung. Letztere bilden die empirische Basis meiner folgenden Ausführungen, deren Ziel darin besteht, die Signifikanz eines Mediums herauszustellen, dessen Beitrag zur ‚Romanisierung' des deutschen Katholizismus,[4] zur Integration katholischer Milieus[5] und zur Erneuerung einer Volksfrömmigkeit römisch-katholischer Observanz kaum zu überschätzen ist. Ich konzentriere mich dabei auf den *Regensburger Marien-Kalender*, der sich nicht nur wegen seiner weiten Verbreitung, sondern auch aufgrund seiner charakteristischen Kombination von Traditionsbezug und Innovationsfreude für eine exemplarische Analyse anbietet. Auffällig ist nämlich, dass der *Regensburger Marien-Kalender* das eingangs angesprochene Spannungsfeld in doppelter Hinsicht auslotet: Er fügt sich ein in die lange Reihe populärer Kalender und greift auf deren gattungsspezifische Merkmale zurück, zugleich jedoch aktualisiert er das Medium, das er verkörpert, um es jenen Zielsetzungen dienstbar zu machen, welche seine Existenz begründen. Diese Zielsetzungen wiederum stehen in Einklang mit zeitgenössischen Bestrebungen, vor den Verirrungen einer als feindlich wahrgenommenen Moderne zu warnen und tradierten religiösen Konzepten und Praktiken innerhalb katholischer Milieus stärkere Resonanz zu verschaffen. Die Art und Weise allerdings, wie ein derartiges, sich dezidiert antimodernistisch gebärdendes Programm im *Regensburger Marien-Kalender* vermittelt wird, ist durchaus innovativ und erhellt den für die publizistische Produktion katholischer Verlage nicht ungewöhnlichen, nur scheinbaren Widerspruch zwischen religiös bedingtem Konservatismus einerseits und zeitgemäßem Geschäftsgebaren andererseits. Der *Regensburger Marien-Kalender* erweist sich so als ein zentrales Vehikel für die Popularisierung ultramontaner Katholizität *und* als Beleg für die zukunftsorientierten, die Chancen eines sich dynamisch entwickelnden literarisch-publizistischen Markts professionell nutzenden Strategien seiner Verleger Friedrich und Karl Pustet. Der hier angedeutete Antagonismus steht im Zentrum meiner Darlegungen, in denen ich zunächst den für das

---

4 Vgl. Clark: Der neue Katholizismus (Anm. 3), S. 18.
5 Zum Begriff des ‚Milieus' als einer Kategorie zur Beschreibung konfessionell einheitlicher Kollektive vgl. Olaf Blaschke/Frank-Michael Kuhlemann: Religion in Geschichte und Gesellschaft. Sozialhistorische Perspektiven für die vergleichende Erforschung religiöser Mentalitäten und Milieus. In: O. B./F.-M. K. (Hg.): Religion im Kaiserreich. Milieus – Mentalitäten – Krisen. Gütersloh 1996 (Religiöse Kulturen der Moderne 2), S. 7–56, hier S. 24–56.

19. Jahrhundert konstitutiven Geltungsgewinn einer – wie die mit dem Kulturkampf einhergehenden Konflikte verdeutlichen – dezidiert politisch aufgeladenen Religiosität herausstelle, der der Typus des katholischen Kalenders seine Genese verdankt, bevor ich in einem zweiten Schritt den *Regensburger Marien-Kalender* einer Analyse unterziehe, die dessen theologisch und klerikal legitimierten Konservatismus konkretisiert. Abschließend sollen dann einige jener Strategien zur Sprache kommen, mittels derer es dem Unternehmen Pustet gelang, sich als einer der erfolgreichsten Repräsentanten des katholischen Verlagswesens zu etablieren, eines Verlagswesens, in dem die hier interessierende Dichotomie von Traditionsbindung und Modernität aus naheliegenden Gründen besonders evident erscheint.

I

Die aus medienhistorischer Sicht folgenreichste Entwicklung im mittleren 19. Jahrhundert stellt zweifellos die Herausbildung des modernen publizistisch-literarischen Massenmarkts dar.[6] Sie verdankt sich einer Reihe von Faktoren, die hier nur angedeutet werden können: Von zentraler Bedeutung sind zum einen die sich im Lauf des 19. Jahrhunderts in ganz Europa wandelnden Bildungsvoraussetzungen breiterer Bevölkerungsschichten. Insbesondere die Einführung eines obligatorischen Schulunterrichts begünstigte die flächendeckende Alphabetisierung auch im deutschsprachigen Raum und markierte den Beginn dessen, was in der Forschung bisweilen als ‚zweite Leserevolution' beschrieben wurde.[7] Die durch die Ausweitung der Lesefähigkeit bewirkte rapide Steigerung der Nachfrage nach Gedrucktem wiederum zwang den Buchhandel, die Produktion und Distribution zu professionalisieren, und tatsächlich gelang es durch technische Innovationen im Bereich des Buchdrucks, der Papierherstellung und der Illustration die Herstellung von Druckerzeugnissen zu beschleunigen und zu verbilligen und deren Vertrieb zu optimieren. Damit gewannen auch die in finanziell beschränkten Verhältnissen lebenden Angehörigen unterer Schichten als Rezipienten an Bedeutung, die – nicht zuletzt aufgrund der sich seit den 1850er Jahren abzeichnenden, mit einer Intensivierung und Demokratisierung des politischen Diskurses, gesteigerter wirtschaftlicher Dynamik und sozialer Mobilität sowie mit

---

[6] Vgl. hierzu Jürgen Wilke: Grundzüge der Medien- und Kommunikationsgeschichte. Von den Anfängen bis ins 20. Jahrhundert. Köln/Weimar/Wien 2000, S. 155–302, der in diesem Zusammenhang von einer „Entfesselung der Massenkommunikation" spricht (S. 155).
[7] Vgl. Ute Schneider: Leser/in. In: Friedrich Jaeger u.a. (Hg.): Enzyklopädie der Neuzeit, Bd. 7. Stuttgart/Weimar 2008, Sp. 850–853, hier Sp. 853.

neuen Denk- und Lebensstilen einhergehenden gesellschaftlichen Umwälzungen – immer häufiger als Käufer gedruckter Medien in Erscheinung treten. Der publizistisch-literarische Markt reagierte auf diese Situation, indem er einerseits mit geradezu atemberaubender Geschwindigkeit expandierte und sich andererseits den heterogenen Lesebedürfnissen eines zunehmend dispersen Publikums anpasste. Kennzeichnend für das Kommunikationssystem um 1850 erscheint demnach nicht nur das durch den stetig erhöhten Ausstoß an publizistischen und literarischen Veröffentlichungen bewirkte *quantitative* Wachstum, sondern auch ein *qualitativer* Wandel, der zunächst weniger durch die Implementierung neuer, als vielmehr durch die Modifikation und Diversifikation traditioneller Medien charakterisiert ist.

Zu jenen traditionellen Medien, deren Form und Funktion im Lauf des 19. Jahrhunderts signifikante Änderungen erfuhren, gehört auch der gedruckte Kalender, dessen Anfänge in die Frühzeit des Buchdrucks zurückreichen, der während des 16. und 17. Jahrhunderts zu der für ihn typischen Form fand und der im Zuge der Aufklärung zu einem der populärsten und am weitesten verbreiteten Druckerzeugnisse avancierte.[8] In welchem Maße der Kalender einer grundlegenden Transformation unterlag, offenbart die Kalenderproduktion seit dem 18. Jahrhundert. Das bereits im Zuge der Aufklärung signifikanten Modifikationen unterworfene Medium wandelte sich im 19. Jahrhundert noch einmal, um sich angesichts geänderter Anforderungen am Markt behaupten zu können. Wichtigster Indikator für den hier behaupteten Wandlungsprozess ist die von mir bereits angesprochene, für die Publizistik des 19. Jahrhunderts generell zu beobachtende Diversifizierung der Produktion. Den meist regional verankerten, sich an breite ländliche und städtische Leserschichten richtenden traditionellen Kalendern erwuchs Konkurrenz durch eine stetig steigende Zahl spezialisierter Kalender, die sich an ausgewählte Berufsgruppen wandten oder spezifische religiöse und ideologische Positionen vertraten. Auf prägnante Weise beschrieben hat dies 1852 der Kulturhistoriker Wilhelm Heinrich Riehl:

> Wir haben jetzt Volkskalender der politischen Parteien, mehr noch der kirchlichen; die Regierungen lassen Kalender schreiben, weil sie wissen, daß sie mit ihren offiziellen Zeitungen niemals bis zu den Bauern durchdringen können, und die Opposition säumt dann

---

8 Vgl. Alfred Messerli: Kalender, 7: Publizistisches Medium. In: Friedrich Jaeger u. a. (Hg.): Enzyklopädie der Neuzeit, Bd. 6. Stuttgart/Weimar 2007, Sp. 279–282; Jan Knopf: Kalender. In: Ernst Fischer/Wilhelm Haefs/York-Gothart Mix (Hg.): Von Almanach bis Zeitung. Ein Handbuch der Medien in Deutschland 1700–1800. München 1999, S. 121–136 sowie Ursula Brunold-Bigler: Kalender, Kalendergeschichte. In: Kurt Ranke u. a. (Hg.): Enzyklopädie des Märchens. *Handwörterbuch zur historischen und vergleichenden Erzählforschung*, Bd. 7. Berlin 1993, Sp. 861–878.

auch nicht, ihrerseits mit Kalendern ins Feld zu rücken. Nationalistische und orthodoxe Kalender werben um Land und Leute; protestantische Traktatengesellschaften lassen aus ihren Traktätchen Volkskalender zusammenstellen, und katholische Kleriker streiten in Kalendern ‚für Zeit und Ewigkeit' mit dem Eifer und der Derbheit mittelalterlicher Predigermönche für ihren Kirchenglauben. Man schreibt Bauernkalender, die niemals ein Bauer liest, um Dorfgeschichten zu ediren, und illustrirte Kalender welche Pfennigmagazin und Conversationslexikon zugleich ersetzen sollen; dazu landwirthschaftliche Kalender, statistische Geschäftskalender, Jugendkalender und Gott weiß was sonst noch.[9]

Wie lebendig und vielfältig sich die ‚Kalenderlandschaft' noch in der zweiten Hälfte des 19. Jahrhunderts präsentierte, bestätigt auch der Schweizer Theologe August Steiger, der in einem anlässlich der Versammlung der appenzellischen gemeinnützigen Gesellschaft vom 7. September 1885 gehaltenen Vortrag von der „ganz enormen Verbreitung" der Kalender spricht und deren Bedeutung als „hochwichtige[n] Volksschrift" hervorhebt.[10]

Es ist kein Zufall, dass Riehl in seiner Aufzählung die konfessionell gebundenen Kalender wiederholt erwähnt und Steiger zu berichten weiß, dass im Kanton Appenzell Innerrhoden vor allem katholische Kalender, namentlich der *Einsiedler-Kalender* und der *Regensburger Marien-Kalender*, weite Verbreitung gefunden hätten.[11] Wie Ursula Brunold-Bigler in ihrer Studie über *Die religiösen Volkskalender in der Schweiz im 19. Jahrhundert* nachweisen konnte, kam es auf dem Gebiet der Eidgenossenschaft bereits in der ersten Hälfte des 19. Jahrhunderts zu zahlreichen Gründungen vor allem evangelischer Kalender, bevor in der zweiten Hälfte des 19. Jahrhunderts katholische Verlagshäuser die religiös orientierte Kalenderproduktion zu dominieren begannen.[12] Innerhalb der ‚Kalenderlandschaft' des 19. Jahrhunderts bilden die religiösen Kalender denn auch einen – nicht nur in quantitativer Hinsicht – relevanten, bislang allerdings so gut wie gar nicht erforschten Subtypus. Das offenkundige wissenschaftliche Desinteresse an religiösen Kalendern ist nicht allein der Tatsache geschuldet, dass die Kalender aus der zweiten Hälfte des 19. Jahrhunderts als Gegenstand akademischer Studien generell eine allenfalls marginale Rolle spielen, sie dürfte auch mit der in der Forschung lange perpetuierten Auffassung zusammenhängen, der Geltungsverlust religiöser Bindungen bilde eine der wesentlichen Epochensi-

---

9 Wilhelm Heinrich Riehl: Volkskalender im 18. Jahrhundert (1852). In: W. H. R: Culturstudien aus drei Jahrhunderten. Zweiter, unveränderter Abdruck. Stuttgart 1859, S. 38–56, hier S. 40.
10 A[ugust] Steiger: Was unser Volk liest. In: Appenzellische Jahrbücher 17 (1886), S. 18–44, hier S. 33 f.
11 Steiger: Was unser Volk liest (Anm. 10), S. 33.
12 Ursula Brunold-Bigler: Die religiösen Volkskalender der Schweiz im 19. Jahrhundert. Basel 1982 (Beiträge zur Volkskunde 2).

gnaturen der Moderne.[13] Im Kontext einer derartigen Perzeption gerieten all jene Phänomene aus dem Blick, welche das Postulat eines in der Aufklärung einsetzenden Verfalls religiöser Werte und Praktiken konterkarieren. Insofern ist es zu begrüßen, dass das Säkularisierungsparadigma gegen Ende des vergangenen Jahrtausends verstärkt in die Kritik geraten ist und die prägende Kraft religiöser Vorstellungen in Politik, Wirtschaft, Gesellschaft und Kultur gerade im 19. Jahrhundert erneut in den Fokus wissenschaftlicher Analyse rückte.[14] So hat der Historiker Olaf Blaschke in einem vielbeachteten Aufsatz die These vertreten, Religion sei im 19. Jahrhundert keinesfalls einem „kontinuierlichen Auszehrungsprozeß" unterworfen gewesen, sondern habe vielmehr eine „ungeahnte Renaissance" erlebt, die es erlaube, die Jahrzehnte zwischen Vormärz und dem Wirtschaftswunder der 1950er Jahre als zweites Konfessionelles Zeitalter zu bezeichnen.[15] Blaschkes durchaus kontrovers diskutierter[16] Versuch, der Religion den ihr im 19. Jahrhundert als einer zentralen Deutungs- und Gestaltungsmacht gebührenden Platz einzuräumen, ist in unserem Zusammenhang insofern hilfreich, als er es ermöglicht, einige historische Rahmenbedingungen, innerhalb deren religiöse Kalender Bedeutung erlangten, in Erinnerung zu rufen. Erhellend scheinen mir hier insbesondere jene Entwicklungen, die Blaschke in Analogie

---

13 Vgl. hierzu u. a. Hartmut Lehmann: Säkularisierung. Der europäische Sonderweg in Sachen Religion. Göttingen 2004 (Bausteine zu einer europäischen Religionsgeschichte im Zeitalter der Säkularisierung 5); Detlef Pollack: Säkularisierung – ein moderner Mythos? Studien zum religiösen Wandel in Deutschland. Tübingen 2003; Hermann Lübbe: Säkularisierung. Geschichte eines ideenpolitischen Begriffs. Freiburg i. Br. ³2003.
14 Vgl. z. B. Gerhard Besier: Kirche, Politik und Gesellschaft im 19. Jahrhundert. München 1998 (Enzyklopädie deutscher Geschichte 48), oder Thomas Nipperdey: Religion im Umbruch. Deutschland 1870–1918. München 1988.
15 Olaf Blaschke: Das 19. Jahrhundert: Ein Zweites Konfessionelles Zeitalter? In: Geschichte und Gesellschaft 26 (2000), S. 38–75, hier S. 40. Blaschke hat seine These in der Folge in weiteren Beiträgen empirisch fundiert und differenziert; vgl. z. B. Olaf Blaschke: Der „Dämon des Konfessionalismus". Einführende Überlegungen. In: O. B. (Hg.): Konfessionen im Konflikt. Deutschland zwischen 1800 und 1970: ein zweites konfessionelles Zeitalter. Göttingen 2002, S. 13–69, oder Olaf Blaschke: Abschied von der Säkularisierungslegende. Daten zur Karrierekurve der Religion (1800–1970) im zweiten konfessionellen Zeitalter: eine Parabel. In: zeitenblicke 5 (2006), Nr. 1. URL: http://www.zeitenblicke.de/2006/1/Blaschke/index_html (letzter Zugriff 19. März 2014).
16 Vgl. etwa Carsten Kretschmann/Henning Pahl: Ein „Zweites Konfessionelles Zeitalter"? Vom Nutzen und Nachteil einer neuen Epochensignatur. In: Historische Zeitschrift 276 (2003), S. 369–392. Differenzierter zuletzt Winfried Müller: Nach der Aufklärung – die These vom 19. Jahrhundert als zweitem konfessionellen Zeitalter. In: Ulrich Rosseaux/Gerhard Poppe (Hg.): Konfession und Konflikt. Religiöse Pluralisierung in Sachsen im 18. und 19. Jahrhundert. Münster 2012, S. 221–232.

setzt zu den konfessionellen Dynamiken des als erstes Konfessionelles Zeitalter in die Geschichte eingegangenen langen 16. Jahrhunderts: Er nennt in diesem Zusammenhang *erstens* die für das 19. Jahrhundert kennzeichnende ‚Rechristianisierung' im Sinne einer „religiösen Rückbesinnung, Klerikalisierung und kirchlichen Konsolidierung."[17] Auf die Erschütterung tradierter religiöser Ordnungen etwa durch den Rationalismus der Aufklärung oder die Aufhebung kirchlicher Institutionen im Zuge der Säkularisation von 1803 hätten nämlich sowohl Protestanten als auch Katholiken mit einer verstärkten Hinwendung zu einer zunehmend konfessionell gefärbten Spiritualität reagiert. Letztere ist nur ein Beispiel für jene sämtliche Lebensbereiche durchdringende ‚Konfessionalisierung', die Blaschke als *zweite* wesentliche Epochentendenz hervorhebt. Ihren Ausdruck findet diese Konfessionalisierung in der Klerikalisierung, der Zentralisierung und einer verstärkten Sozialreglementierung innerhalb der jeweiligen konfessionellen Sphären. Steht der Begriff der ‚Klerikalisierung' sowohl für die „Professionalisierung der Pfarrerschaft" als auch für deren „Kompetenz- und Machtausweitung",[18] so bezeichnet ‚Zentralisierung' den insbesondere im Bereich des römischen Katholizismus zu beobachtenden Gewinn an institutioneller Macht und das Bestreben, die Frömmigkeit der Gläubigen mittels kirchlicher Institutionen zentral zu steuern.[19] ‚Sozialreglementierung' wiederum steht für die Wiederbelebung tradierter bzw. die Implementierung neuer Formen kirchlicher Kontrolle wie beispielsweise Visitationen, Zensurmaßnahmen oder die Überprüfung religiöser Praktiken durch Beichtzähler und die Einführung von Kommunionszetteln.[20] Von der durch die genannten Prozesse bewirkten intrakonfessionellen Konsolidierung zu unterscheiden ist *drittens* das, was Blaschke als ‚äußere Konfessionalisierung' beschreibt, d. h. die Polemisierung, die Polarisierung und die Politisierung der Interaktion zwischen den großen Konfessionskirchen und ihren Anhängern, die sich in zunehmendem Maße als Antagonisten verstanden. Manifestiert sich die Polemisierung vor allem in publizistischen Invektiven und in einer sich bisweilen äußerst aggressiv gebärdenden Rhetorik, lässt sich die Polarisierung an den zahlreichen Debatten etwa zur ‚Mischehenfrage' oder zu den Konfessionsschulen ablesen. Die Politisierung der Religion belegen nicht nur jene politischen Parteien, die, wie das katholische Zentrum oder die protestantisch dominierte Nationalliberale Partei, die Interessen spezifischer Konfessionsgruppen vertraten, sondern auch und besonders spektakulär die Auseinandersetzungen zwischen dem

---

[17] Blaschke: Das 19. Jahrhundert (Anm. 15), S. 60.
[18] Blaschke: Das 19. Jahrhundert (Anm. 15), S. 61.
[19] Blaschke: Das 19. Jahrhundert (Anm. 15), S. 62.
[20] Blaschke: Das 19. Jahrhundert (Anm. 15), S. 62 f.

preußischen Staat und der katholischen Kirche im Kontext des Kulturkampfs.[21] Diese konflikthafte religiöse Lage nun begünstigte *viertens* Formen einer konfessionsgebundenen Vergesellschaftung und damit das soziale Auseinanderdriften von Protestanten und Katholiken, die vermehrt in klar voneinander abgegrenzten Makromilieus mit jeweils eigenen Institutionen verkehrten. Protestanten und Katholiken wählten nicht nur unterschiedliche Parteien, sie verfügten über eigene Vereine und Presseorgane und sie legitimierten ihre Denk- und Handlungsweisen mit je eigenen Weltdeutungsmustern.[22] Der für das 19. Jahrhundert konstitutive konfessionelle Gegensatz äußert sich schließlich und *fünftens* in einem Utopismus, der mit der Vision einer rein katholischen bzw. protestantischen Welt einherging. Dass die Konversion zu einem hochsensiblen Thema avancierte und insbesondere in der katholischen Publizistik breiten Raum einnehmen konnte, vermag vor diesem Hintergrund kaum zu überraschen.[23]

Auch wer der durch die Formel des ‚Zweiten Konfessionellen Zeitalters' implizierten Analogiebildung zwischen 16. und 19. Jahrhundert nicht in allen Punkten folgen mag, wird konzedieren müssen, dass Blaschke ein taugliches Beschreibungsmodell liefert – nicht nur für die Geltungsmacht der Religion im 19. Jahrhundert, sondern darüber hinaus für die den uns interessierenden Zeitraum bestimmenden konfessionspolitischen Konstellationen, die im seit den frühen 1870er Jahren eskalierenden Kulturkampf ihren Kulminationspunkt erlebten. In Anbetracht der Tatsache, dass die bemerkenswerte Dynamik der katholischen Publizistik generell und der religiösen Kalender im Besonderen sich nicht zuletzt jenen Verwerfungen verdankt, die sich mit dem Begriff des ‚Kulturkampfs' verbinden, müssen jene Problemfelder, die auch und gerade in jenem Kalender, dem ich mich im Folgenden zuwenden werde, ihren Widerhall fanden, kurz beleuchtet werden. ‚Kulturkampf' bezeichnet die bereits im Kontext des Aufstiegs des politischen Liberalismus virulenten, sich in der zweiten Hälfte des 19. Jahrhunderts verschärfenden Auseinandersetzungen zwischen den sich etablierenden modernen europäischen Staaten und dem am Primat von Kirche und Religion festhaltenden römischen Katholizismus.[24] Dabei betraf der um das Ver-

---

21 Blaschke: Das 19. Jahrhundert (Anm. 15), S. 63–67.
22 Blaschke: Das 19. Jahrhundert (Anm. 15), S. 67 ff.
23 Blaschke: Das 19. Jahrhundert (Anm. 15), S. 69 f.
24 Zum Kulturkampf insbesondere in Deutschland vgl. u. a. Manuel Borutta: Antikatholizismus. Deutschland und Italien im Zeitalter der europäischen Kulturkämpfe. Göttingen 2010 (Bürgertum 7); Jürgen Strötz: Der Katholizismus im deutschen Kaiserreich 1871–1918. Strukturen eines problematischen Verhältnisses zwischen Widerstand und Integration, Bd. 1: Reichsgründung und Kulturkampf (1871–1890). Hamburg 2005 (Studien zur Religionspädagogik und Pastoralgeschichte 6); Michael B. Gross: The War against Catholicism. Liberalism and the Anti-Catholic

hältnis von Staat und Kirche zentrierte Konflikt keinesfalls nur die Institutionen der beteiligten Akteure, er manifestierte sich vielmehr, wie Winfried Becker jüngst betont hat, als „Zusammenstoß zweier sich gleichsam gegenseitig konstituierender kultureller Welten, ‚Lebensformen' oder Zivilisationen" und zwar „eines national-etatistischen, für sich allein Modernität und Fortschritt reklamierenden Kultur-Liberalismus" einerseits und „einer mehr den traditionellen Normen und Werten verpflichteten katholischen Kultur" andererseits.[25] Der Kulturkampf erweist sich so als eine nahezu alle Bereiche des sozialen Lebens tangierende Konfrontation zwischen ‚Modernisten' und ‚Traditionalisten', die die europäischen Gesellschaften auf Jahrzehnte hinaus polarisierte. Als Protagonisten traten denn auch nicht nur die Repräsentanten der staatlichen und kirchlichen Hierarchie in Erscheinung; eine entscheidende Rolle spielten darüber hinaus Parteien, Vereine und die Presse. Sie waren es, welche die Anliegen der Kontrahenten zu popularisieren versuchten und sich um die Mobilisierung einer Massenbasis bemühten, die den Forderungen liberaler bzw. ultramontaner Kräfte zum Durchbruch verhelfen sollte. Dass die Bestrebungen des politischen Katholizismus, den Rückhalt der Massen zu gewinnen, sich als besonders erfolgreich erwiesen, dürfte nicht zuletzt der Bismarck'schen Politik geschuldet sein, die ab den frühen 1870er Jahren darauf zielte, den Einfluss der römisch-katholischen Kirche sowohl in Preußen als auch auf Reichsebene zurückzudrängen. Die in diesem Zusammenhang erlassenen Gesetze und Maßnahmen, die wie etwa die 1872 erfolgte Aufhebung der geistlichen Schulaufsicht in Preußen und die drei Jahre später dekretierte Ablösung der letzten verbliebenen Ordensschulen durch staatliche Erziehungseinrichtungen oder die Einführung der obligatorischen Zivilehe 1874/75 einen Eingriff in zentrale Befugnisse der Kirche darstellten, konnten von ultramontanen Propagandisten als Indikatoren für die bedrängte Lage, in der sich die katholische Minderheit im noch jungen Kaiserreich befand, ins Feld geführt werden. Der den Geistlichen durch den ‚Kanzelparagraphen' von 1871 verpasste Maulkorb, das Jesuitengesetz von 1872, der sich in den Maigesetzen von 1873 manifestierende Anspruch des preußischen Staates, die Ausbildung und Einstellung der Geistlichen zu kontrollieren, das 1875 verabschiedete ‚Brotkorbgesetz', das der Kirche die staatlichen Zuwendungen entzog, sowie die im selben Jahr erlassenen Bestimmungen, die zur Aufhebung der meisten Orden in Preußen führten, bestärkten die Vorstellung einer illegitimer staatlicher Verfolgung aus-

---

Imagination in Nineteenth-Century Germany. Ann Arbor 2004 (Social History, Popular Culture, and Politics in Germany); Clark/Kaiser (Hg.): Kulturkampf in Europa (Anm. 3).
25 Winfried Becker: Der Kulturkampf in Preußen und in Bayern. Eine vergleichende Betrachtung. In: Jörg Zedler (Hg.): Der Heilige Stuhl in den internationalen Beziehungen 1870–1939. München 2010 (Spreti-Studien 2), S. 51–91, hier S. 51.

gesetzten Kirche, eine Vorstellung, die durch den Anschluss weiter Teile des Kirchenstaats an das Königreich Italien 1860, vor allem jedoch durch die Annexion Roms durch italienische Truppen im Sommer 1870 und den damit verbundenen Verlust der weltlichen Herrschaftsrechte des Papstes zusätzliche Nahrung erhielt. Angesichts der als äußerst prekär empfundenen Situation traten die Interessensgegensätze zwischen liberalen und konservativen Katholiken in den Hintergrund, die im Streit um das Unfehlbarkeitsdogma unterlegenen Verfechter eines nicht-ultramontanen Katholizismus verloren an Bedeutung,[26] die Einheit des Kirchenvolkes galt nun als oberstes zu verteidigendes Ziel.

Die Wahlerfolge der Zentrumspartei, der zügige Ausbau des konfessionellen Vereins- und Verbandswesens und der unübersehbare Aufschwung der katholischen Presse machen deutlich, in welchem Maße es in den 1870er Jahren gelungen ist, die katholische Bevölkerung unter der Führung des Episkopats zu vereinigen und sie zu einer schichtenübergreifenden, hinsichtlich ihrer konfessionellen und politischen Identität tendenziell geschlossenen Solidargemeinschaft zu formen.[27]

Wesentlichen Anteil an diesem Prozess hatten nicht so sehr die hinsichtlich ihrer politischen Spannbreite einigermaßen heterogenen katholischen Zeitungen, deren Zahl sich allein zwischen 1871 und 1881 fast verdoppelte,[28] sondern vor allem jene Medien, die auch die traditionell wenig politisierten bäuerlichen und kleinbürgerlichen Schichten zu erreichen vermochten und deren Reichweite die der kaum je überregionale Ausstrahlung erreichenden Zeitungen bisweilen bei weitem übertraf. Zu diesen Medien – und damit bin ich wieder bei meinem Ausgangspunkt angelangt – zählen auch und gerade die teilweise in hoher Auflage erscheinenden, oft überregional verbreiteten katholischen Kalender, etwa der *Einsiedler Marien-Kalender*,[29] der *Eichsfelder Marien-Kalender*[30] oder der *Regensburger Marien-Kalender*, dem im Folgenden meine Aufmerksamkeit gilt.

---

26 Vgl. Thomas Nipperdey: Deutsche Geschichte 1866 – 1918, Bd. 1: Arbeitswelt und Bürgergeist. München 1994, S. 428 – 431.
27 Vgl. Rudolf Morsey: Der Kulturkampf. Bismarcks Präventivkrieg gegen das Zentrum und die katholische Kirche. In: Manfred Weitlauff (Hg.): Kirche im 19. Jahrhundert. Regensburg 1998 (Themen der Katholischen Akademie in Bayern), S. 163 – 185, hier S. 172 f.
28 Wilke: Medien- und Kommunikationsgeschichte (Anm. 6), S. 263 f.
29 Zum *Einsiedler Marien-Kalender* vgl. Brunold-Bigler: Die religiösen Volkskalender (Anm. 12), S. 108 ff.
30 Zum *Eichsfelder Marien-Kalender* vgl. kürzlich Katja Lüthy: Die Zeitschrift. Zur Phänomenologie und Geschichte eines Mediums. Konstanz/München 2013 (Kommunikationswissenschaft), S. 35 – 108.

II

Wie die in Deutschland gedruckten religiösen Kalender generell, ist auch der *Regensburger Marien-Kalender* noch weitgehend unerforscht.[31] Seit 1866 vom Verlag Pustet in Regensburg herausgegeben und in seinen Anfängen von Karl Pustet persönlich redigiert,[32] erlangte er in kurzer Zeit derartige Popularität, dass die Auflage bereits im Verlagskatalog für 1879 mit fast 400.000 beziffert wird.[33] Für den Erfolg des Unternehmens spricht außerdem die Tatsache, dass der Verlag sich bald in der Lage sah, das Vertriebsnetz des Kalenders durch Filialen in Übersee zu erweitern[34] und regionale Ausgaben für unterschiedliche Gebiete des deutschsprachigen Raums anzubieten.[35] Worin nun lagen die Gründe für diesen Erfolg oder, anders gefragt, wie haben wir uns den *Regensburger Marien-Kalender* vorzustellen, der zwar ungewöhnlich verbreitet war, ansonsten jedoch als durchaus repräsentativ für die deutschsprachigen katholischen Kalender der zweiten Hälfte des 19. Jahrhunderts gelten darf? Konstitutiv für die religiösen Kalender katholischer, wie übrigens auch protestantischer Provenienz sind zunächst die offenkundigen formalen und inhaltlichen Anleihen bei den Kalendern der Aufklärung: Sie gliedern sich meist in ein durch Anekdoten, kurze Gedichte oder nützliche Informationen angereichertes und durch Monatsvignetten illustriertes Kalendarium, einen Informationsteil, der ein Verzeichnis der Märkte und Messen, Umrechnungstabellen für Maße, Gewichte und Währungen, Hinweise zum postalischen Verkehr oder Genealogien europäischer Königshäuser enthält, sowie einen mehr oder weniger umfangreichen Erzählteil, und sie integrieren darüber hinaus Abbildungen sowie Werbeanzeigen. Der *Regensburger Marien-Kalender* bildet hier keine Ausnahme: Zwar variieren die inhaltliche Gestaltung und das Bildprogramm des Kalendariums innerhalb der einzelnen Jahrgänge, die Kirchenfeste und Hei-

---

31 Vgl. immerhin den kurzen Beitrag zum *Regensburger Marien-Kalender* (im Folgenden RMK) von Christine Oßwald: Der Regensburger Marien-Kalender im 19. Jahrhundert. Marias Bote für das katholische Volk. In: C. O. (Hg.): Volkskalender im 19. und 20. Jahrhundert. Zeitweiser, Lesestoff und Notizheft. Begleitband zur Ausstellung im Kreismuseum Walderbach vom 22. Juli bis 31. Oktober 1992. Cham 1992, S. 60–78.
32 Vgl. Die Firmengeschichte des Verlags Friedrich Pustet Regensburg. Festansprache von Geh. Kommerzienrat Friedrich Pustet zum 100jährigen Gründungsjubiläum beim Festakt am 13. November 1926 im kath. Vereinshause zum hl. Erhard in Regensburg. 2. Aufl. Regensburg 1932, S. 20.
33 Vgl. Oßwald: Regensburger Marien-Kalender (Anm. 31), S. 61.
34 Ab dem Jahrgang 1871 werden als Verlagsorte neu „Regensburg, New York und Cincinnati" genannt.
35 Vgl. Oßwald: Regensburger Marien-Kalender (Anm. 31), S. 61.

ligentage, die Wetterregeln des Hundertjährigen Kalenders, die Mondphasen und Planetenerscheinungen sowie die Bauernregeln fehlen jedoch in keinem der frühen Exemplare. Auch mit Blick auf den Erzählteil ist zu konstatieren, dass der *Regensburger Marien-Kalender* mit der Kalenderlesern vertrauten Mischung aus Anekdoten, Gedichten und vor allem Prosaerzählungen belehrenden und unterhaltenden Charakters aufwartet. Was ihn von seinen säkularen Vorläufern unterscheidet, ist dessen konsequente religiöse Überformung. Dies betrifft zum einen den praktischen Teil, dessen Illustrationen Heilige, Apostel, Szenen aus dem Leben Jesu, Geschichten aus dem Alten Testament, geistliche Embleme sowie ab 1875 eine Serie von Wallfahrtskirchen darstellen, deren jeweils auf eine Marienerscheinung zurückgehende Gründungsgeschichte im Kalendarium berichtet wird. Die konfessionelle Ausrichtung manifestiert sich auch im Erzählteil, der über Vorgänge im Vatikan berichtet,[36] Lebensbilder katholischer Heiliger und Geistlicher,[37] Missionsberichte,[38] Darstellungen von Orden und geistlichen Instituten,[39] Beschreibungen bedeutender Wallfahrtsdestinationen und Kirchenbauten,[40] oder eine Darstellung des Oberammergauer Passionsspiels von 1870 bietet.[41] In so gut wie allen Jahrgängen finden sich außerdem erbauliche Gedichte und Balladen,[42]

---

[36] Vgl. z. B. *Erinnerungen an die glorreichen Thaten der päpstlichen Armee im Jahre 1867* (RMK 1869, 47 f.); *Beschreibung der Sekundizfeier Papst Pius IX.* (RMK 1870, 41–44); *Deutschland in Rom beim Papstjubiläum unsers heiligen Vaters Pius IX.* (RMK 1872, 30–33); *Dem Andenken des lieben heiligen Vaters Pius IX.* oder *Dem heiligen Vater Leo XIII. zum Gruße!* (RMK 1879, 35–42 sowie 43–50).

[37] Vgl. z. B. *Maria von Mörl* und *Erzbischof Hermann von Freiburg* (RMK 1869, 38–41 sowie 41 f.); *Pater Clemens Maria Hoffbauer* (RMK 1870, 40 f.); *Dr. Nicolaus von Weis, Bischof von Speier* (RMK 1871, 33 ff.); *Joseph Feßler, Bischof von St. Pölten und Generalsecretär des vaticanischen Concils* (RMK 1873, 42 f.); *P. Maria Alphons Ratisbonne* (RMK 1876, 49–54); *Der Sänger des schmerzhaften Freitags* (Jacopone da Todi; RMK 1877, 79–91); *Cardinal Giacomo Antonelli* (RMK 1878, 37–40).

[38] Vgl. z. B. *Der Apostel Ohio's, oder Father Fenwick's erste Missionsreise in das innere des Ohio-Gebietes* (RMK 1869, 35 f.); *Fürst Demetrius Augustin Gallitzin und sein Wirken für die katholische Kirche in Pennsylvanien* (RMK 1870, 46 ff.); *Die katholischen Missionen* (RMK 1875, 98 f.).

[39] Vgl. z. B. *Die Marien-Anstalt zu Linz* (RMK 1874, 40 f.); *Die niederdeutsche Ordensprovinz der Redemptoristen* und *Die Benediktiner-Abtei von St. Martin in Beuron im obern Donauthal* (RMK 1877, 127–134); *Das Kloster der Franziskanerinnen zu Kapellen bei Geldern, Das älteste Kloster der Ursulinerinen in Deutschland, Der Franziskaner-Orden in Norddeutschland* und *Der Ritterorden der hl. Maria von Jerusalem oder der Deutsch-Orden* (RMK 1878, 75–94); *Gründung der Gesellschaft Jesu* (RMK 1879, 59–64 u. 67 f.).

[40] Vgl. z. B. *Der Dom zu Regensburg* und *Bilder aus Rom* (RMK 1870, 26 f. sowie 28–39); *Eine Wallfahrt zu U. L. F. von Lourdes* (RMK 1874, 42–47); *Maria Laach* (RMK 1877, 113–120).

[41] Vgl. RMK 1871, 50–53.

[42] Vgl. z. B. *Vom Vertrauen auf Gott* und *Oster-Alleluja* (RMK 1869, 36 sowie äußeres hinteres Deckblatt); *Die Wunder-Apotheke* (RMK 1870, 45); *Das Waisenhaus* (RMK 1871, 36); *Die Sanft-*

sowie Psalmen;[43] ab dem Jahrgang 1872 darüber hinaus ein Zyklus von Graphiken und Gedichten zum Kirchenjahr.[44] Auch die zunehmend zahlreichen Abbildungen zeigen neben Porträts in erster Linie religiöse Motive: Sie illustrieren zum einen die Erzählungen und Gedichte und fungieren in Form ganzseitiger Darstellungen Mariens, Christi und katholischer Heiliger als Vorlagen für private Andacht. Schließlich ist festzuhalten, dass auch die auf wahren Begebenheiten beruhenden oder fiktiven Beiträge mit primär unterhaltendem Charakter fast durchgängig eine konfessionell gefärbte moralisch-didaktische Grundtendenz aufweisen und sich der religiösen Absicht des Kalenders unterordnen. Die spezifisch marianische Spiritualität, die der *Regensburger Marien-Kalenders* seinen Adressaten vermitteln will, äußert sich in vielfältiger Weise: So zeigt das Frontispiz des Kalenders Maria als Madonna mit Kind, als schmerzensreiche Mutter am Kreuz Christi sowie und vor allem als Himmelskönigin, und auch im Inneren des Kalenders finden sich wiederholt der traditionellen Ikonographie der Gottesmutter verpflichtete Visualisierungen Mariens. Letztere steht außerdem im Zentrum zahlreicher, in der Regel Text und Bild amalgamierender Beiträge, wie etwa *Unsere liebe Frau von der immerwährenden Hilfe in Rom* (RMK 1871, 31 f.), *Geh zu Maria* und *Das Marienbild* (RMK 1873, 33 sowie 47–57), *Marianisches Alphabet in Bild und Lied* (RMK 1875, 90–95), *Die Verbreitung der Ehre Mariens in den Vereinigten Staaten* und *Die Krönungsfeier U. L. Frau vom Heiligen Herzen am 25. Oktober 1874 in Innsbruck* (RMK 1876, 59–63), *Das Ave Maria* und *Maiblumen zu Ehren der Mutter Gottes* (RMK 1877, 35–40 sowie 51f.), *Das Leben der allerseligsten Jungfrau Maria in 6 Bildern nach den Gesichten der gottseligen Anna Katharina Emmerich*, *Die Marienerscheinungen in Marpingen* oder *Marianische Legende* (RMK 1878, 47–72).

Der *Regensburger Marien-Kalender*, daran kann kein Zweifel bestehen, hält, was sein Name verspricht, bietet er seiner Leserschaft doch die Möglichkeit einer noch stärkeren Verankerung im katholischen Glauben sowie einer Vertiefung marianisch geprägter Spiritualität. Nicht weniger offenkundig als der Rekurs auf eine in der Tradition der römisch-katholischen Kirche stehenden Religiosität ist allerdings dessen Bemühen um (konfessions)politische Positionierung und so gehört der insbesondere die in den 1870er Jahren erschienenen Jahrgänge charakterisierende Dualismus von Erbauung und kulturkämpferischem Impetus zu den hervorstechendsten Merkmalen des *Regensburger Marien-Kalenders*. Dass ein religiöses Periodikum seinen Lesern Erbauliches bietet, überrascht nicht, und

---

muth (RMK 1872, 62); *In Gott* (RMK 1874, 41); *Die Legende von der heiligen Odilia* (RMK 1876, 75 ff.); *Wie Gott es will* (RMK 1878, 129 f.); *Die Erbsen der heiligen Nothburg* (RMK 1879, 131 f.).
43 Vgl. z. B. Psalm 120. *Bei Gott ist Schutz und Hilfe* (RMK 1877, 49 f.).
44 Weihnachten (RMK 1872, 26 f.); Ostern (RMK 1873, 30 f.); Pfingsten (RMK 1874, 30 f.); Epiphanie (RMK 1875, 39 f.); Christi Himmelfahrt (RMK 1876, 43 f.).

tatsächlich machen „Reflexionen über die Tages-Heiligen, [...] ‚Weckrufe' an das katholische Volk, kurze moralische Erzählungen, erbauliche Gedichte" und damit jene für persönliche Andachtsübungen geeigneten religiös-literarischen Gebrauchsformen, die der Herausgeber des *Eichsfelder Marien-Kalenders* unter dem Begriff ‚Erbauung' subsumiert,[45] einen wesentlichen Teil auch des *Regensburger Marien-Kalenders* aus. Eine Auffassung von ‚Erbauung', die ausschließlich deren auf die Anleitung zu individueller Frömmigkeit zielende Intention in den Blick nimmt, greift allerdings gerade im Fall der katholischen Kalender zu kurz, bezeichnet der Begriff ‚Erbauung' im Sinne altkirchlicher Autoren doch nicht nur die Aufrichtung der Seele, sondern auch die Vervollkommnung der *ecclesia Christi*.[46] Es ist diese zweite Bedeutung, die in der zweiten Hälfte des 19. Jahrhunderts im Kontext einer sich erneuernden katholischen Spiritualität an Bedeutung gewinnt. Der britische Historiker Christopher Clark hat in seinen Studien zum europäischen Kulturkampf als Indikatoren für die von ihm postulierte „religiöse Revitalisierung" die zahlreichen Kirchenneubauten, die Gründung religiöser Stiftungen und Vereine, den Anstieg der Zahl der Ordensmitglieder, die intensivierte Missionstätigkeit, die Blüte der katholischen Massenpresse und den Geltungsgewinn katholischer Volksfrömmigkeit ausgemacht.[47] Letztere nun war weniger einem sich eigendynamisch entwickelnden Mentalitätswandel innerhalb der katholischen Bevölkerung geschuldet als vielmehr den systematischen Bestrebungen der römischen Kirche, traditionelle Formen religiöser Observanz wieder auferstehen zu lassen. Das von Papst Pius IX. am 8. Dezember 1854 verkündete Dogma von der unbefleckten Empfängnis Mariens trug wesentlich zur Popularität der Gottesmutter bei, deren Verehrung in der Folge zu einem Kristallisationspunkt katholischer Frömmigkeit avancierte.[48] Der ebenfalls außerordentlich verbreitete Herz-Jesu- sowie der Heiligenkult wurden vor allem durch Ordensgeistliche gefördert,[49] die Ausweitung des Wallfahrts- und Prozessionswesens wiederum verdankte sich primär der Initiative von Bischöfen und Priestern. Ziel der sowohl von Klerikern als auch von Laien getragenen religiösen Erneuerung war die Romanisierung des

---

45 Vgl. *Eichsfelder Marien-Kalender 1887*, hinteres äußeres Deckblatt.
46 Zur doppelten Bedeutung von ‚Erbauung' vgl. John Procopé/Rudolf Mohr/Hans Wulf: Erbauungsliteratur. In: Gerhard Müller u.a. (Hg.): Theologische Realenzyklopädie. 36 Bde. Berlin/New York 1977–2004, Bd. 10. Berlin/New York 1982, S. 28–83, hier S. 29.
47 Vgl. Clark: Der neue Katholizismus (Anm. 3), S. 14.
48 David Blackbourn spricht in diesem Zusammenhang von einer „Marianization of Catholicism" (Blackbourn: The Long Nineteenth Century [Anm. 1], S. 299).
49 Vgl. Clark: Der neue Katholizismus (Anm. 3), S. 18. Zum Herz-Jesu-Kult vgl. Norbert Busch: Frömmigkeit als Faktor des katholischen Milieus. Der Kult zum Herzen Jesu. In: Olaf Blaschke/Frank-Michael Kuhlemann (Hg.): Religion im Kaiserreich. Milieus – Mentalitäten – Krisen. Gütersloh 1996 (Religiöse Kulturen der Moderne 2), S. 136–166.

Katholizismus, d. h. die Etablierung einer uniformeren, zentralisierteren, stärker auf Rom ausgerichteten Frömmigkeit, in der kirchliche Hierarchie und Basis konvergierten.[50] Für die Propagierung eines derart wiederbelebten Katholizismus spielten nicht allein kirchliche Institutionen und Akteure, sondern außerdem die konfessionell gebundene Publizistik eine zentrale Rolle. Belege dafür bietet auch und gerade der *Regensburger Marien-Kalender*, der der Marienverehrung, den Lebensbildern katholischer Heiliger, dem Herz-Jesu-Kult, Wallfahrten und Prozessionen breiten Raum gewährt. Die doppelte Konnotation von ‚Erbauung' im Sinne einer spirituellen *aedificatio* des einzelnen Gläubigen *und* einer Festigung der Kirche als Gemeinschaft der Frommen kommt zudem in jenen rekurrierenden Erzählungen über Konvertiten und über junge Männer, welche im Priesterberuf ihre Erfüllung finden, zum Tragen, die die Autorität und die Dynamik der katholischen Kirche veranschaulichen und zugleich die geistliche Laufbahn als sinnvollen Lebensentwurf propagieren sollen.[51]

Das erstarkende konfessionelle Selbstbewusstsein der Katholiken steht nun allerdings in scharfem Kontrast zu den Anfechtungen, denen sich die Papstkirche durch den Kulturkampf ausgesetzt sah. Die Herausgeber des *Regensburger Marien-Kalenders* werden denn auch nicht müde, die missliche Lage des Kirchenoberhaupts und des katholischen Klerus hervorzuheben. Die Bedrohungslage, in der sich der *Pontifex maximus* und seine Kirche befänden, wird immer neu beschworen, während die von der intransigenten Haltung Papst Pius IX., namentlich des die Irrtümer der Moderne geißelnden *Syllabus Errorum* von 1864 und der Verkündigung des Infallibilitätsdogmas anlässlich des ersten Vatikanischen Konzils für Protestanten und liberale Katholiken ausgehende Provokation kaum thematisch wird. Vielmehr beklagt die Pius IX. sowie dem katholischen Klerus gewidmete Lyrik und Prosa das Martyrium des seines Territoriums beraubten Petrusnachfolgers, der als Gefangener des italienischen Staats im Vatikan auszuharren gezwungen ist,[52] und die Verfolgungen, denen katholische Geistliche aufgrund des ‚Kanzelparagraphen' und der Maigesetze von 1873 im Deutschen

---

50 Vgl. Clark: Der neue Katholizismus (Anm. 3), S. 14.
51 Das Thema der Konversion steht etwa im Zentrum von *Aus dem Tagebuche einer Schauspielerin* (RMK 1876, 131–138); das Schicksal eines jungen Mannes, der auf Umwegen zur Einsicht gelangt, dass er für den geistlichen Beruf bestimmt ist, gestaltet beispielsweise die Erzählung *Das Feldkreuz* (RMK 1876, 114–122).
52 Als Beispiele seien hier die Beiträge *Beruf zum Priesterthum als Lohn einer Gabe für Pius IX.* (RMK 1869, 26), *Erinnerungen an die glorreichen Thaten der päpstlichen Armee im Jahre 1867* (RMK 1869, 47 f.) oder *Pius IX.* (RMK 1873, 40 f.) genannt. Besonders plakativ wird das Martyrium des römischen Pontifex maximus in *Des Kreuzes Kampf und Sieg* (RMK 1876, 71–74) thematisiert, einem illustrierten Gedicht, in welchem das Oberhaupt der katholischen Kirche in blasphemisch anmutender Weise allegorisch mit dem gekreuzigten Jesus in eins gesetzt wird.

Reich ausgesetzt waren.[53] Die im Zuge des Kulturkampfs dekretierten Neuerungen, allen voran die Aufhebung der geistlichen Schulaufsicht und die gegen religiöse Orden gerichteten Maßnahmen werden ausführlich diskutiert und verworfen, die aus Mischehen oder einer ausschließlich zivil geschlossenen Ehe resultierenden Schwierigkeiten drastisch vor Augen geführt.[54] Ausdruck einer spürbaren Politisierung des *Regensburger Marien-Kalenders* sind darüber hinaus die die Politiker und das Programm der Zentrumspartei thematisierenden Beiträge, in denen die Leitfiguren des politischen Katholizismus als mutige Kämpfer gegen die Bismarck'sche Politik inszeniert werden.[55] Ebenfalls im Kontext des Kulturkampfs zu verorten sind schließlich die rekurrierenden, auffällig polemischen Invektiven gegen Altkatholiken etwa in der Erzählung *Der Vater und sein Kind oder „Rühre meinen Gesalbten nicht an!"* (RMK 1875, 127–144), in der ein frommer Knabe einem liberalen ‚Staatspastor' entgegentritt und die Autorität des Papstes verteidigt.

Die Schärfe der Angriffe gegen die Anhänger reformkatholischer Strömungen ist insofern bemerkenswert, als die meisten Beiträge im *Regensburger Marien-Kalender* sich einer tendenziell gemäßigten Diktion befleißigen. Ungeachtet der die Darstellung leitenden manichäisch anmutenden Auffassung einer Welt, in der die katholischen Lichtgestalten gottgefälliger Frömmigkeit schließlich im Kampf gegen die von höllischen Mächten getriebenen Ungläubigen obsiegen; ungeachtet einer omnipräsenten, in katholischer Dogmatik gegründeten *propaganda fidei*; ungeachtet schließlich der dezidierten politischen Stellungnahmen zugunsten des katholischen Zentrums bemühen sich die meisten Autoren, die Leser nicht durch eine allzu aggressive Rhetorik zu irritieren. Dies dürfte wesentlich mit den konfessionspolitischen Intentionen zusammenhängen, in deren Dienst sich der *Regensburger Marien-Kalender* stellte: Wenn wir als primäre Adressaten religiöser Kalender die Angehörigen der jeweils eigenen Konfessionsgruppe annehmen, können wir mit Blick auf den *Regensburger Marien-Kalender* festhalten, dass es dessen Herausgebern in erster Linie darum ging, jene Einheit des Kirchenvolks zu befördern, die ein übergeordnetes Ziel der katholischen Erneuerung seit den 1850er Jahren darstellte. Erreicht werden sollte dies weniger im Modus gegen den liberalen Protestantismus gerichteter polemischer Angriffe als vielmehr durch die Vermittlung von Identifikationsmustern, die im Sinne der Kirche adäquates Ver-

---

53 So etwa *Die preußischen Bischöfe als Martyrer für die heilige Sache der Kirche* (RMK 1875, 49–64).
54 Zum Thema der Zivilehe vgl. etwa die Erzählung *Civil getraut* (RMK 1877, 55–78).
55 Vgl. z. B. die *Jahres-Rundschau* (34–39) im Kalender auf das Jahr 1873, in der die Bismarck'sche Politik aus ultramontaner Perspektive eine scharfe Verurteilung, die Arbeit der Zentrumspartei hingegen, deren herausragende Exponenten den Lesern in Porträts vorgestellt werden, eine äußerst positive Würdigung erfährt.

halten exemplifizierten. Das rührende Vorbild des sich mit der Kirche und deren Oberhaupt solidarisierenden, seinen Glauben auch gegen größte Widerstände verteidigenden Katholiken und das antagonistisch darauf bezogene abschreckende Beispiel des sich von der Kirche und den in ihr verkörperten religiösen Werten abwendenden, den Lockungen liberaler oder sozialdemokratischer Propaganda folgenden und schließlich göttlicher Strafe unterworfenen Verächters des wahren katholischen Glaubens bilden dabei die Angelpunkte jener zahlreichen Erzählungen, mittels derer die Loyalität zum römischen Katholizismus bestärkt oder wiederhergestellt werden sollte. Die wesentlich mit literarischen Mitteln bewerkstelligte Inszenierung der moralischen Überlegenheit jener Geistlichen und Laien, deren Religiosität in einem Katholizismus römischer Observanz verankert erscheint, zielt darauf, die Leser auf das normative Fundament eines ultramontanen Katholizismus einzuschwören und sie so zu einem homogenen, sich durch eine fest umrissene konfessionelle Identität auszeichnenden religiösen Kollektiv zu formen.

III

Es kann kein Zweifel daran bestehen, dass der *Regensburger Marien-Kalender* sich seit seiner Gründung und vor allem während der 1870er Jahre gezielt als Sprachrohr eines ultramontanen Positionen verpflichteten Katholizismus gebärdete und sich als Bollwerk gegen liberale Bestrebungen verstand. So konservativ er hinsichtlich seiner Inhalte und der in ihm vertretenen Auffassungen auch anmuten mag, so innovativ erscheinen allerdings die Strategien, mittels derer er sich in einem zunehmend kompetitiven publizistisch-literarischen Marktumfeld zu behaupten wusste.[56] Neuartig sind etwa Gestaltungselemente wie das farblich abgehobene Verzeichnis der Märkte und Messen, das ab dem Jahrgang 1872 abwechselnd auf meist gelbem bzw. grünem Papier angeboten wurde, oder die Einführung des Spaltendrucks ab dem Jahrgang 1875, der es erlaubte, größere Textmengen zu integrieren, ohne den Kalender in seinem Umfang beträchtlich erweitern und damit verteuern zu müssen. Bemerkenswert sind außerdem das ab dem Jahrgang 1871 eingeführte „Preis-Rebus", das den Gewinnern hochwertige Lithographien und Stahlstiche sowie Bücher geistlichen Inhalts in Aussicht stellte,

---

56 In ihrem *Literarischen Handweiser zunächst für das katholische Deutschland* loben die Herausgeber denn auch den *Regensburger Marien-Kalender*, „für dessen textuelle u. bildnerische Ausstattg [sic!] die Verlagshdlg [sic!] kein Opfer scheut" (Franz Hülskamp/Hermann Rump [Hg.]: Literarischer Handweiser zunächst für das katholische Deutschland. 12. Jahrgang, Nr. 14. Münster 1873, Sp. 418f.).

sowie das ebenfalls auf eine stärkere Kundenbindung zielende beigeheftete, beidseitig beschreibbare Blatt Schieferpergament.[57] In welchem Maße die gleichermaßen umtriebigen und ideenreichen Herausgeber des *Regensburger Marien-Kalenders* ihre Adressaten im Blick behielten, belegen darüber hinaus die Umrechnungstabellen, die bemüht sind, jeweils aktuelle Informationsbedürfnisse zu befriedigen. So findet sich im Jahrgang 1875 ein „Deutscher Reichs-Münz-Rechner", der über die aufgrund des am 9. Juli 1873 verabschiedeten Münzgesetzes veränderten Währungsverhältnisse im Deutschen Reich informiert. Die Gründung des Weltpostvereins im Jahr 1874 wiederum bietet Anlass für den Abdruck von Tabellen, die über die Postgebühren im internationalen Brief- und Paketverkehr Auskunft geben.[58] Von entscheidender Bedeutung für die Attraktivität des *Regensburger Marien-Kalenders* dürften jedoch vor allem die zunehmend zahlreichen und aufwendigen Abbildungen gewesen sein, die sich die im 19. Jahrhundert neu entwickelten Bilddruckverfahren, allen voran die Xylographie, zu Nutze machen. Nicht nur das Kalendarium, auch der erzählende Teil sind mit Holzstichen durchsetzt; außerdem bietet der *Regensburger Marien-Kalender* seinen Lesern großformatige Illustrationen wie etwa diejenige des Oberammergauer Passionsspiels von 1870 im Jahrgang 1871, die bereits erwähnten Darstellungen Mariens, Christi und katholischer Heiliger sowie humoristische Bildergeschichten so bedeutender Zeichner wie Wilhelm Busch oder Adolf Oberländer.[59] Im Lauf der 1870er Jahre nimmt die Zahl ganzseitiger, teils auf festem Papier reproduzierter Graphiken deutlich zu, ab dem Jahrgang 1883 findet sich in jedem Kalender mindestens ein kolorierter Holzstich. Der *Regensburger Marien-Kalender* reagiert damit auf den sich abzeichnenden Siegeszug der illustrierten Massenpresse, die in der zweiten Hälfte des 19. Jahrhunderts zunehmende Popularität genoss. Der Rekurs auf Visualisierungen des zu Vermittelnden schien allerdings für die Herausgeber des *Regensburger Marien-Kalenders* nicht nur deshalb geboten, weil ein derartiges Vorgehen in einem sich modernisierenden publizistisch-literarischen Markt Wettbewerbsvorteile verhieß, sondern auch, weil der heterogene Adressa-

---

[57] Die Neuerung wird mit den Worten kommentiert: „Wir hoffen, daß die Beifügung desselben [Schieferpergament, S. S. T.] von unsern Kalenderkäufern als eine angenehme Verbesserung befunden werden wird und wollen, wenn wir uns nicht getäuscht haben, diese Beigabe in den künftigen Jahrgängen fortsetzen" (RMK 1879, hinteres äußeres Deckblatt).
[58] Vgl. RMK 1877.
[59] Vgl. z. B. Wilhelm Buschs *Der Wurstdieb* (RMK 1869, 55 f.). Von Adolf Oberländer stammen u. a. *Die unruhige Nacht* (RMK 1873, 78 f.), *Die beiden Turner auf der Bank mit der beweglichen Lehne* (RMK 1874, 78 f.), *Münzwanderung* (RMK 1875, 155–160), *Silhouettenbilder* (RMK 1876, 139–142) sowie die sich über mehrere Jahrgänge erstreckende Serie illustrierter Sprichwörter (RMK 1877 ff.).

tenkreis katholischer Kalender nach einer Präsentationsform verlangte, die geeignet war, ein breites, hinsichtlich seiner sozialen Herkunft und Bildung sowie seines Alters und Geschlechts disparates Publikum anzusprechen. Der systematische Einbezug qualitativ hochwertiger Illustrationen bot deshalb nicht nur einen Kaufanreiz, er erhöhte zugleich die Zugänglichkeit des *Regensburger Marien-Kalenders* und gewährleistete damit dessen Reichweite.

Die Geschäftstüchtigkeit der Herausgeber des *Regensburger Marien-Kalenders* erweist sich nicht nur in der Art und Weise, wie sie die Gestaltung eines traditionsreichen Mediums den sich ändernden Erwartungen potentieller Käufer anpassten, sondern auch in den Vermarktungsstrategien, derer sie sich bedienten. So erhielten die Käufer des *Regensburger Marien-Kalenders* die Möglichkeit, Kunstblätter mit sakralen Sujets, sogenannte ‚Prämienbilder', zu deutlich verbilligtem Preis zu beziehen;[60] außerdem wurden ihnen bei Sammelbestellungen Rabatte eingeräumt.[61] Über großformatige Anzeigen wurden sie darüber hinaus umfassend über jene Publikationen aus dem Verlag Pustet informiert, die für sie von Interesse sein konnten. Diese Werbeanzeigen nun machen deutlich, dass die Brüder Friedrich und Karl Pustet seit den 1870er Jahren bestrebt waren, das Programm ihres zunächst auf liturgische und kirchenmusikalische Werke spezialisierten Verlagshauses den sich ändernden Rahmenbedingungen anzupassen und Chancen, die ein sich etablierender publizistisch-literarischer Massenmarkt bot, zu nutzen, und sie dokumentieren zugleich, mit welcher Zielstrebigkeit und welchem Erfolg es dem Regensburger Unternehmen gelang, das Feld der seit der Mitte des 19. Jahrhunderts expandierenden populären katholischen Publizistik zu besetzen: Wesentlich beflügelt durch die Resonanz, die der *Regensburger Marien-Kalender* insbesondere im Kontext des Kulturkampfs gefunden hatte, initiierten die Brüder Pustet weitere Kalender, die sich nun allerdings weniger an eine tendenziell disparate katholische Leserschaft richteten, sondern vielmehr den Bedürfnissen spezifischer Adressatenkreise entgegenkamen. Dies gilt besonders für den seit 1876 erscheinenden *Caecilien Kalender*, der, so die Hoffnung des für den Inhalt der Publikation verantwortlich zeichnenden Regensburger Domkapellmeisters Franz Xaver Haberl, bei „Chorregenten, Organisten oder Chorpersonal" auf ein positives Echo stoßen[62] und der kirchenmusikalischen Erneuerungsbewegung des Cäcilianismus, die im Verlag Pustet seit längerem eine wichtige Pu-

---

60 Vgl. die entsprechende Ankündigung in RMK 1875 (hinteres äußeres Deckblatt). Das Angebot wird in den darauffolgenden Jahrgängen wiederholt und erweitert.
61 Vgl. die Ankündigung in RMK 1876, hinteres inneres Deckblatt.
62 Caecilien Kalender für das Schaltjahr 1876. Redigiert zum Besten der kirchlichen Musikschule von Fr. X. Haberl, Domkapellmeister in Regensburg. Druck von Friedrich Pustet in Regensburg, New York und Cincinnati, S. IV.

blikationsbasis besaß,⁶³ Aufwind verschaffen sollte. Auch der zunächst in Innsbruck bei Felix Rauch erscheinende, seit der Mitte der 1880er Jahre vom Verlag Pustet fortgeführte *Glöckleins-Kalender für die Terziaren des hl. Vaters Franciscus* zielt auf spezifische Rezipienten, namentlich Angehörige des Franziskanerordens bzw. Mitglieder der den Regeln des Heiligen Franziskus verpflichteten Laienbruderschaften. Allerdings betont die Redaktion im ersten Jahrgang, das titelgebende Glöcklein verstehe sich nicht als „Mönchsglöcklein" und läute keinesfalls nur für Terziaren, es sei vielmehr jedem frommen, an franziskanischer Spiritualität interessierten Katholiken nützlich, „ruft und mahnt [es] doch zu nichts Anderem, als zu wahrem, kernigem Christentum im täglichen Leben und Treiben des Menschen in der Welt, und ein wahrer Christ zu sein muß doch Jeder verlangen, der nicht dem Glauben an den Gekreuzigten entsagt hat."⁶⁴ Der von Pustet 1873 erstmals aufgelegte *Kleine Marien-Kalender für christliche Frauen und Jungfrauen* zeugt ebenfalls vom Bestreben, ein komplementäres Kalenderangebot zu generieren, das den vielfältigen Anforderungen, die ein sich stetig diversifizierendes Lesepublikum stellte, gerecht zu werden in der Lage war. Wie der Titel des Periodikums verrät, weist der *Kleine Marien-Kalender für christliche Frauen und Jungfrauen* hinsichtlich seiner marianischen Ausrichtung Berührungspunkte mit dem *Regensburger Marien-Kalender* auf. So bietet bereits der erste Jahrgang neben der Reproduktion und ausführlichen Erläuterung eines kolorierten Gnadenbilds Mariens⁶⁵ einen Beitrag über *Unsere Liebe Frau*, und auch in den späteren Jahrgängen finden sich immer wieder geistliche Auslegungen der Muttergottes, Marienlyrik sowie xylographische Farbdrucke, in denen Maria in unterschiedlicher Ikonographie dargestellt erscheint. Ein zweites wesentliches Element des in der Nachfolge der um 1800 vor allem für eine weibliche Leserschaft gedachten Almanache stehenden Kalenders⁶⁶ bilden jene Erzählungen und Betrachtungen, in

---

63 Vgl. Andreas Jobst: Pressegeschichte Regensburgs von der Revolution 1848/49 bis in die Anfänge der Bundesrepublik Deutschland. Regensburg 2002 (Regensburger Studien 5), S. 56.
64 Glöckleins-Kalender für die Terziaren des hl. Vaters Franciscus. Herausgegeben von der Redaktion des St. Francisci Glöcklein. 1. Jahrgang 1884. Innsbruck. Druck und Verlag von Fel. Rauch, S. 17.
65 Vgl. im *Kleinen Marien-Kalender* (im Folgenden KMK) *Das Gnadenbild genannt: Maria Unsere Liebe Frau von der immerwährenden Hilfe zu Rom* (KMK 1873, 20–50). Der Beitrag über *Unsere Liebe Frau* findet sich in KMK 1873, 51–74.
66 Zum Typus des Almanachs vgl. Wolfgang Bunzel: Almanache und Taschenbücher. In: Ernst Fischer/Wilhelm Haefs/York-Gothard Mix (Hg.): Von Almanach bis Zeitung. Ein Handbuch der Medien in Deutschland 1700–1800. München 1999, S. 24–35 [dort weitere Literatur]. Dafür, dass der *Kleine Marien-Kalender für christliche Frauen und Jungfrauen* weniger in der Tradition volkstümlicher Kalender als vielmehr in derjenigen des Almanachs steht, sprechen neben inhaltlichen Aspekten das kleinere Format, die sorgfältige Gestaltung, die geringe Bedeutung, die

denen Idealentwürfe weiblicher Sozialisation mitsamt dem diesen inhärenten Normensystem vor Augen geführt werden. Repräsentativ ist in diesem Zusammenhang der sich über mehrere Jahrgänge erstreckende, mit „Frauenspiegel" überschriebene Zyklus kurzer Erzählungen, in denen typische Rollenmuster für Mädchen und Frauen narrativ entfaltet werden.[67] Dass in der Folge außerdem vermehrt Kurzbiographien historisch bedeutender Frauen sowie auf weibliche Lebenswelten bezogene, primär der Information dienende Beiträge integriert wurden,[68] ändert nichts an der grundsätzlich erbaulichen Ausrichtung einer Veröffentlichung, die sich explizit an ein bürgerliches weibliches Publikum wandte, dem geistlicher Beistand und eine katholisch fundierte Individual- und Sozialethik vermittelt werden sollten.

Nicht nur im Bereich der Kalenderpublizistik, auch auf dem Feld der Familienzeitschriften war der Verlag Pustet darum bemüht, einen an Bedeutung gewinnenden Markt zu erobern. Der enorme Erfolg der *Gartenlaube*, deren Auflage sich bis 1875 auf 382.000 Exemplare steigerte,[69] dürfte den wesentlichen Ansporn zur Gründung des *Deutschen Hausschatzes* gegeben haben, der bereits im ersten Jahr seines Erscheinens 40.000 Abonnenten zu gewinnen vermochte.[70] Es waren nicht allein pekuniäre Überlegungen, welche die Brüder Pustet dazu bewogen,

---

dem Kalendarium beigemessen wird, das im ersten Jahrgang fehlt, sowie die verschiedenen Ausführungen, die der Verlag anbot: Die Leserinnen konnten wählen zwischen einer preiswerten und einer aufwendigeren Ausgabe, die auf der Rückseite des Titelblatts des dritten Jahrgangs 1875 mit den Worten angepriesen wird: „In schön Chagrin gebunden mit reicher Deckenverzierung kostet dieser Kalender 1 Mark 80 Pf."

67 Vgl. KMK, 75 – 110. Die Titel der Erzählungen lauten *Die brave Tochter, Die kluge Braut, Die treue Gattin, Die liebende Mutter, Die edle Schwester, Die fleißige Wittwe, Die aufopfernde Dienerin*, sowie *Die Braut des Herrn*.

68 Vgl. beispielsweise den Beitrag *Unsere warmen Getränke* (KMK 1878, 183 – 191), in welchem die Autorin sich zu Kaffee, Schokolade und Tee äußert, oder die unter dem Titel *Die Kleidung der Frauen* versammelten kulturhistorischen Ausführungen zur Geschichte verschiedener weiblicher Kleidungsstücke (KMK 1882, 133 – 178).

69 Vgl. Wilke: Medien- und Kommunikationsgeschichte (Anm. 6), S. 277.

70 Vgl. den Hinweis am Ende der 26. Nummer des Jahrgangs 1874/75, wo es heißt: „Mit dieser Nummer schließt der *Deutsche Hausschatz*, 40.000 Abonnenten zählend, sein erstes Halbjahr" (S. 416). Es scheint zunächst nicht gelungen zu sein, die Abonnentenzahlen noch deutlich zu steigern. Ab den späten 1870er Jahren pendelte sich die Zahl der Abonnenten bei etwa 25.000 ein, bevor sich um die Mitte der 1880er Jahre ein weiterer Rückgang der Absatzzahlen abzeichnete (vgl. Jobst: Pressegeschichte Regensburgs [Anm. 63], S. 309). Unter den Nachfolgern von Venanz Müller entwickelte sich das Blatt dann allerdings zur verbreitetsten katholischen Familienzeitschrift (vgl. Jobst: Pressegeschichte Regensburgs [Anm. 63], S. 87). Auf die Vorbildfunktion der *Gartenlaube* für den *Deutschen Hausschatz* weist Sigfrid Färber: Die Pustet und ihr Verlagswerk. In: Verhandlungen des Historischen Vereins für Oberpfalz und Regensburg 117 (1977), S. 289 – 298, hier S. 295, hin.

eine Familienzeitschrift ins Leben zu rufen, wie der verantwortliche Redakteur Venanz Müller in der ersten Nummer deutlich macht, wenn er die Notwendigkeit einer katholischen Alternative zur liberalen Positionen zuneigenden *Gartenlaube* hervorhebt:

> Seit Jahrzehnten ist von den deutschen Katholiken der Mangel eines illustrirten Unterhaltungsblattes von dem äußeren Umfang, der literarischen Bedeutung, künstlerischen Ausstattung und raschen Erscheinungsweise, wie sie mehreren ausgesprochenen Organen unserer Gegner eigen sind, tief und immer tiefer empfunden worden. Und während katholischerseits das politische Zeitungswesen einen mächtigen Aufschwung nahm, blieb das belletristische Gebiet spärlich angebaut und die Befriedigung des Bedürfnisses nach einer illustrirten Zeitschrift ersten Ranges schien sich von Jahr zu Jahr in unabsehbarer Ferne zu verlieren. Das war doch nachgerade schier als eine Art geistigen Armuthszeugnisses anzusehen und konnte nicht länger ertragen werden. So reifte denn der Entschluß zur Gründung eines illustrirten Central-Organs für wahrhaft sittliche Unterhaltung und volksthümliche Belehrung. Das Projekt ward dem heiligen Vater, Papst Pius IX., ehrfurchtsvoll unterbreitet und von Seiner Heiligkeit [...] gut geheißen [...]. Jetzt aber ist der Entschluß eine That geworden. Die erste Nummer der neuen Wochenschrift: *Deutscher Hausschatz in Wort und Bild* tritt hiermit in die Welt, gastliche Aufnahme allenthalben suchend, wo christlicher Glaube und christliche Sitte wohnen.[71]

Ungeachtet der konfessionspolitischen Ziele, die sich mit dem *Deutschen Hausschatz* verbanden, bot die Herausgabe eines unbestritten äußerst populären Mediums attraktive ökonomische Perspektiven. Die Herausgeber des *Deutschen Hausschatzes* waren denn auch bestrebt, das Erfolgsrezept der *Gartenlaube* zu kopieren; zugleich jedoch setzten sie eigene Akzente, nicht nur indem sie die Verankerung des wöchentlich erscheinenden Periodikums in einer dezidiert römischen Katholizität immer neu zum Ausdruck brachten, sondern indem sie außerdem ein noch vielfältigeres inhaltliches Konzept verfolgten, als es die *Gartenlaube* ihren Lesern bot, und besonderen Wert auf die Qualität der Illustrationen legten.[72]

---

71 Deutscher Hausschatz in Wort und Bild. Erster Jahrgang. Verlag von Fr. Pustet. Regensburg, New York & Cincinnati 1874, S. 1f.
72 Vgl. die programmatischen Äußerungen des Redakteurs in der ersten Nummer des Organs: „Der *Deutsche Hausschatz* wird anziehende, sittliche Unterhaltung und allgemein nützliche Belehrung verbreiten und so an der Förderung der Volksbildung mitwirken. Einen großen Theil seines Inhaltes bilden neben Gedichten vorzüglich Romane und Novellen. In den Kreis der Hausschatz-Erzählungen gehört Alles, was eine Menschenbrust bewegt, natürlich in poetischer Gestaltung, mit christlich-ethischem Grundton und selbstverständlich mit strengster Abweisung dessen, was das sittliche und religiöse Gefühl verletzt. [...] Der belehrende Teil des *Hausschatzes* nimmt seinen Stoff aus allen Gebieten des Wissens, der Kunst und des Lebens überhaupt. Da, wo es nöthig scheint, werden Illustrationen den Text begleiten. Unsere Zeit ist die Epoche des ma-

Die Herausgeber des *Deutschen Hausschatzes* haben dessen Popularität nicht nur durch das für die illustrierten Familienblätter des 19. Jahrhunderts konstitutive inhaltliche „Allerlei" zu gewährleisten versucht, sondern außerdem auf jene strategischen Maßnahmen zurückgegriffen, mittels welcher sie auch anderen im Verlag Pustet erscheinenden Periodika, seien es nun Zeitungen,[73] Zeitschriften oder Kalender, zum publizistischen Erfolg zu verhelfen gewillt waren und die es nachfolgend noch einmal knapp zu bündeln gilt: Zum einen knüpften die Brüder Pustet bewusst an die Tradition ihres Unternehmens an, das sich einen Namen als führender Verlag für liturgische Drucke sowie Werke katechetischen, dogmatischen, homiletischen, moral- und pastoraltheologischen, hagiographischen und kirchenhistorischen Charakters gemacht hatte. Die dezidiert katholische Programmatik der populären Publizistik gewann ihre hohe Glaubwürdigkeit wesentlich dadurch, dass sie in Einklang stand mit einem Verlagsprofil, zu dessen Markenzeichen theologische Kompetenz und die offensiv kommunizierte konfessionelle Prägung zählten. Zum anderen nutzten die Brüder Pustet ihre guten Beziehungen zu kirchlichen Würdenträgern und Institutionen, um ihre Verlagsproduktion mit dem Gütesiegel päpstlicher Autorisierung zu versehen und die durch den Klerus[74] sowie das katholische Vereinswesen[75] eröffneten Absatzkanäle

---

teriellen Fortschrittes. Der *Hausschatz* schildert also auch hie und da die erstaunlichen Leistungen der Technik und Industrie und widmet den materiellen Interessen die gebührende Beachtung. Daran reihen sich zeitweilig Belehrungen über Gesundheits- und Krankenpflege. Der *Hausschatz* wird ferner die wichtigeren Begebenheiten auf der Weltbühne verzeichnen und die Lebensbilder von hervorragenden Zeitgenossen vorführen. Auch periodische Berichte aus der Hauptstadt der Christenheit und aus anderen Weltstädten passen in den Rahmen dieses Unterhaltungsblattes, unter dessen auserlesenem „Allerlei" sogar die nun einmal unvermeidlichen Knackmandeln, Räthsel, Rösselsprünge, Schachaufgaben et hoc genus omne nicht fehlen dürfen. Die Wahl des Bilderschmuckes geschieht auf das Sorgfältigste in Harmonie mit Schönheit und Sittlichkeit. Sowohl die besten Erzeugnisse im Fache der jetzigen deutschen Genremalerei als auch berühmte Werke alter Meister werden wir in trefflichen Holzschnitten zur Anschauung bringen, um den Kunstgeschmack im Volke läutern zu helfen. Das ist nun so ziemlich unser Programm" (Deutscher Hausschatz [Anm. 71]., S. 2).
73 Zu den im Verlag Pustet erschienenen Zeitungen vgl. Jobst: Pressegeschichte Regensburgs (Anm. 63), passim.
74 Zur Bedeutung der katholischen Priester für die konfessionsgebundene Schriftkultur und deren Vermittlung an breitere Leserschichten vgl. Olaf Blaschke: Die Kolonialisierung der Laienwelt. Priester als Milieumanager und die Kanäle klerikaler Kuratel. In: O. B./Frank-Michael Kuhlemann (Hg.): Religion im Kaiserreich. Milieus – Mentalitäten – Krisen. Gütersloh 1996 (Religiöse Kulturen der Moderne 2), S. 93–135, hier S. 118–129.
75 Zum katholischen Vereinswesen vgl. Josef Mooser: Das katholische Milieu in der bürgerlichen Gesellschaft. Zum Vereinswesen des Katholizismus im späten Deutschen Kaiserreich. In: Olaf Blaschke/Frank-Michael Kuhlemann (Hg.): Religion im Kaiserreich. Milieus – Mentalitäten – Krisen. Gütersloh 1996 (Religiöse Kulturen der Moderne 2), S. 59–92.

in Anspruch zu nehmen. Die enge Kooperation mit Rom, die Friedrich Pustet 1862 den Titel „Typograph des heiligen Apostolischen Stuhles und der Congregationen der heiligen Riten und Indulgenzen"[76] sowie 1864 die Ernennung zum Ritter des Gregoriusordens[77] eintrug, entsprach einem auch persönlichen Wunsch der Verleger, die sich als fromme Christen und Exponenten eines ultramontan geprägten politischen Katholizismus engagierten;[78] sie dürfte sich jedoch auch als äußerst vorteilhaftes Vermarktungsinstrument erwiesen haben und macht deutlich, in welchem Maße Frömmigkeit und Geschäftssinn im Falle der Brüder Pustet konvergierten. Vor allem jedoch und drittens erkannten diese früh die Synergieeffekte, die sich aus einem gleichermaßen um einen ‚Markenkern' zentrierten *und* ausdifferenzierten Verlagsprogramm ergaben und wussten sie in den Dienst wirtschaftlicher Handlungsmodi zu stellen, die in ihrer Gesamtheit bemerkenswert modern erscheinen. Das von den Brüdern Pustet geschaffene Gefüge sich ergänzender populärer Publizistik bot *erstens* eine ideale Werbeplattform, erreichte ein massenhaft verbreitetes Medium wie der *Regensburger Marien-Kalender* doch zahlreiche Leserinnen und Leser, denen weitere Verlagspublikationen nahe gebracht werden konnten. So wendet sich der Verlag 1875 in einer prominent platzierten ganzseitigen Anzeige an die Leser des *Regensburger Marien-Kalenders*, um ihnen den *Deutschen Hausschatz* zu empfehlen,[79] und in den Folgejahren finden sich im *Regensburger Marien-Kalender* – wie übrigens auch im *Kleinen Marien-Kalender für christliche Frauen und Jungfrauen* – immer wieder großformatige Anzeigen, die für das Familienblatt werben. Umgekehrt diente auch der *Deutsche Hausschatz* als Multiplikator nicht nur der Buch-, sondern auch der Kalenderproduktion des Regensburger Unternehmens, wie zahlreiche für die beiden vorgenannten Kalender werbende Anzeigen belegen. Von Vorteil dürfte *zweitens* gewesen sein, dass die im Bereich der Herstellung graphischer Serien und Einzelblätter erworbene Expertise, die langjährigen Geschäftsbeziehungen zu Künstlern[80] und die dem Verlag verfügbaren technischen Infrastrukturen es er-

---

76 Jobst: Pressegeschichte Regensburgs (Anm. 63), S. 56.
77 Vgl. Otto Denk: Friedrich Pustet, Vater und Sohn. Zwei Lebensbilder, zugleich eine Geschichte des Hauses Pustet. Regensburg u. a. 1904, S. 88.
78 Zum kirchlichen und politischen Engagement insbesondere Friedrich Pustets vgl. Jobst: Pressegeschichte Regensburgs (Anm. 63), S. 55 ff.
79 Vgl. RMK 1875, vorderes inneres Deckblatt.
80 Zu nennen wäre hier etwa der Kirchenmaler Max Schmalzl, der im Rahmen seiner sich über mehrere Jahrzehnte erstreckenden Zusammenarbeit mit dem Verlag Pustet eine Reihe von Illustrationen für den *Regensburger Marien-Kalender* geschaffen hat (vgl. Monika Schwarzenberger-Wurster: *Frater Max Schmalzl (1850–1930). Katholische Bildpropaganda in der christlichen Kunst des späten 19. Jahrhunderts. Monographie und Werkkatalog*. Diss. Universität Regensburg 2010, S. 236–262 [urn:nbn:de:bvb:355-epub-153010; letzter Zugriff 15. Mai 2015]).

laubten, den für den Erfolg populärer Medien unabdingbaren Bilderreichtum zu generieren und ihn, etwa indem ein Entwurf mehrfach Verwendung fand,[81] ökonomisch zu organisieren. *Drittens* profitierten Verlag und Autoren von der für die belletristische Produktion des 19. Jahrhunderts konstitutiven symbiotischen Beziehung zwischen Zeitschriftenwesen und Buchmarkt. Kalender und Familienzeitschrift boten Autoren die Möglichkeit, sich einem breiteren Publikum zu präsentieren; der Verlag wiederum erreichte, indem er namhafte Schriftsteller unter Vertrag nahm und deren Werke zunächst in Fortsetzungen abdruckte, um sie dann als Volksausgabe auf den Markt zu bringen, eine stärkere Leserbindung, höhere Auflagenzahlen und zusätzliche Gewinne. Bedeutende Exponenten einer konfessionell gefärbten Belletristik wie etwa Conrad von Bolanden [i. e. Joseph Eduard Konrad Bischoff] oder Franz von Seeburg [i. e. Franz Xaver Hacker] spielen denn auch nicht nur in den unterhaltenden Periodika, sondern auch im Literaturprogramm des Verlags Pustet eine zentrale Rolle. Das Zusammenspiel unterschiedlicher Medien bot *viertens* Raum für die Erprobung innovativer Ideen, die den Erfolg der Unternehmungen in einem äußerst kompetitiven Marktumfeld sichern sollten. So dürfte, um nur ein Beispiel zu nennen, das positive Echo auf die Einführung eines Preisrätsels und die Beigabe von Anzeigenbeilagen im *Regensburger Marien-Kalender* die Brüder Pustet dazu bewogen haben, im *Deutschen Hausschatz* Vergleichbares zu bieten; umgekehrt konnte, was sich in der Familienzeitschrift bewährt hatte, in den Kalender Eingang finden. Schließlich und *fünftens* verbesserte sich durch die Erweiterung des Geschäftsfeldes die Auslastung der technischen Infrastruktur. Für einen Verlag, der seit den 1860er Jahren über eine der leistungsstärksten Druckereien Süddeutschlands verfügte[82] und im Besitz einer eigenen, hochmodernen Papierfabrik war,[83] dürfte dies durchaus von Bedeutung gewesen sein.

Wenn Michael Schmolke dem Katholizismus im hier interessierenden Zeitraum ein „gebrochenes Verhältnis" zur Publizistik im Verbund mit einem „wenig herzhaften Verhältnis zur kapitalistischen Ökonomie" attestiert,[84] erscheint dies

---

81 Dies gilt beispielsweise für die Abbildung *Unserer lieben Frau von der immerwährenden Hilfe in Rom*, die sowohl im *Regensburger Marien-Kalender* (RMK 1871, 31 f.) als auch – nun in Form einer kolorierten Xylographie – im *Kleinen Marien-Kalender für christliche Frauen und Jungfrauen* (KMK 1873, 20) begegnet.
82 Jobst: Pressegeschichte Regensburgs (Anm. 63), S. 56 f.
83 Vgl. [Elisabeth Pustet]: Pustet. Das Buch. Ein bayerisches Unternehmen. [Regensburg 2014], S. 32 f.
84 Michael Schmolke: Katholisches Verlags-, Bücherei- und Zeitschriftenwesen. In: Anton Rauscher (Hg.): Katholizismus, Bildung und Wissenschaft im 19. und 20. Jahrhundert. Paderborn 1987 (Beiträge zur Katholizismusforschung), S. 93–117, hier S. 94.

angesichts der Souveränität, mit der das Unternehmen Pustet religiös fundierten Konservatismus und moderne Geschäftspraktiken zu harmonisieren wusste, durchaus fragwürdig. Wie der ebenfalls in Regensburg tätige Verlag Manz oder jener des Donauwörther Pädagogen Ludwig Auer belegen, waren die Brüder keinesfalls die einzigen katholischen Verleger in Bayern, denen es seit der Mitte des 19. Jahrhunderts gelang, sich erfolgreich neuen Marktbedingungen anzupassen und mit ihrer dem Dreiklang von Erbauung, Unterhaltung und Politik verpflichteten publizistischen Produktion jenem Ideal gerecht zu werden, das der aus dem Bistum Regensburg gebürtige Priester und Schriftsteller Andreas Niedermayer in einer 1861 anonym erschienenen Schrift mit dem Titel *Die katholische Presse Deutschlands* formuliert hatte. In Anbetracht der Angriffe, denen sich die Katholiken durch die liberale Presse ausgesetzt sähen, müssten die romtreuen Christen, so der Autor, „von den Feinden lernen"[85] und „die Circulationsmittel und die mächtigsten Triebfedern der modernen Gesellschaft sich tributbar machen",[86] zu denen Niedermayer in erster Linie die Presse zählt.[87] Niedermayer belässt es nicht mit einem Appell, die Möglichkeiten, welche ein sich professionalisierendes Publikationswesen böten, zu nutzen, er konkretisiert die zu ergreifenden Maßnahmen, beklagt in diesem Zusammenhang den Mangel an katholischen Journalen nach dem Muster der *Gartenlaube*, der Leipziger *Illustrirten Zeitung* oder der Zeitschrift *Über Land und Meer* und fordert eine katholische populäre Publizistik, welche die Leser nicht dem „grundlose[n] papierne[n] Meer" all der „flachen Romane, seichten Schauspiele, phantasielosen Märchen, Almanache, Taschenbücher, Journale und Tageblätter" überlasse, die mangels Alternativen auch in katholischen Kreisen Verbreitung gefunden hätten,[88] sondern sie auf erbauliche und zugleich ästhetisch anspruchsvolle Weise unterhalte. Als nachahmenswerte Beispiele katholischen Volksschrifttums führt Niedermayer übrigens einige Kalender ins Feld, namentlich Adolph Kolpings *Kalender für das katholische Volk*, Alban Stolz' *Kalender für Zeit und Ewigkeit für das gemeine Volk und nebenher für geistliche und weltliche Herrenleute* oder den auch in Deutschland verbreiteten *Einsiedler Kalender*,[89] verkörpern diese in seinen Augen doch eine gelungene Synthese zwischen katholischer Programmatik und zeitgemäßer Diktion und

---

85 [Andreas Niedermayer]: Die katholische Presse Deutschlands. Freiburg/Br. 1861, S. 7.
86 Niedermayer: Die katholische Presse (Anm. 85), S. 8.
87 Vgl. Niedermayer: Die katholische Presse (Anm. 85), S. 6, wo er die Presse als eine Sprache beschreibt, „die stärker tönt als die gewöhnliche Sprache; die Dampfkraft und die Electricität stehen in ihrem Dienste, mit Sturmeseile und Blitzesschnelle gehen die Reproductionen des Gedankens durch die ganze Welt".
88 Niedermayer: Die katholische Presse (Anm. 85), S. 50.
89 Niedermayer: Die katholische Presse (Anm. 85), S. 52.

machten darüber hinaus deutlich, welchen Einfluss Priester gewinnen könnten, wenn sie sich publizistisch betätigen. Niedermayer plädiert denn auch für eine aktive Rolle der Geistlichkeit und erinnert daran, dass die „Publicisten berufen [seien], die Kerntruppen der Wahrheit und der Freiheit zu sein".[90] Die Kirche, so Niedermayers Fazit, solle die Presse nicht perhorreszieren, sondern sich vielmehr darauf besinnen, dass sie eine „katholische" sei und „auch in den Mitteln zur Erreichung ihrer Bestimmung universal";[91] sie solle sich mit jenen „Buchhändlern, die sich als wahrhaft katholische ausweisen" verbinden, „sie mit Rath und That [...] unterstützen und durch ein offenes, planmäßiges Zusammenwirken mit ihnen die Literatur in großartiger Weise zu heben" versuchen.[92] In einer Zeit, „da die Industrie das Unglaublichste erzielt, ein unermeßlicher Verkehr den Planeten umgestaltet und die Weltgeschichte mit Riesenschritten vorangeht"[93] bedürfe es dazu selbstverständlich all jener Instrumente, welche einem Verleger zu Dienste stünden.

Wie der Aufschwung der katholischen Presse in der zweiten Hälfte des 19. Jahrhunderts zeigt, verhallte der Ruf nach einer zeitgemäßen konfessionsgebundenen Publizistik, welche die Bedürfnisse eines rasant wachsenden Lesepublikums in ihrem Sinne nutzt, statt sie zu verurteilen, nicht ungehört. Wie auch andere katholische Verleger waren die Brüder Pustet seit den 1860er Jahren bestrebt, das Feld der massentauglichen Publizistik systematisch zu besetzen, indem sie Kalender und Familienzeitschriften gründeten, Volksausgaben konfessionell gefärbter Belletristik veröffentlichten, das Angebot an Predigt- und Gebetsbüchern, Heiligen- und Legendensammlungen erweiterten, die Herstellung und den Vertrieb religiöser Druckgraphik forcierten und sich damit als eines der kommerziell erfolgreichsten katholischen Verlagshäuser zu etablieren vermochten. So traditionsorientiert die Ideen auch anmuten mögen, die das Regensburger Unternehmen – oft mit päpstlicher Lizenz und immer unterstützt von publizistisch engagierten Angehörigen des Klerus – unter das Kirchenvolk brachte, so zeitgemäß wirken die Praktiken, mittels derer es katholisches Gedankengut popularisierte. Die populäre Publizistik aus dem Hause Pustet bietet denn auch ein besonders interessantes Beispiel für jene Synthese von Konservatismus und ökonomisch motivierter Modernität, die zu den bemerkenswertesten Befunden der Analyse des katholischen Pressewesens im mittleren 19. Jahrhundert zählt.

---

90 Niedermayer: Die katholische Presse (Anm. 85), S. 56.
91 Niedermayer: Die katholische Presse (Anm. 85), S. 59.
92 Niedermayer: Die katholische Presse (Anm. 85), S. 68.
93 Niedermayer: Die katholische Presse (Anm. 85), S. 70.

Anja Kreienbrink
„Von kundiger Hand geführt"
Ästhetisches Selbstverständnis und didaktischer Impetus der neo-orthodoxen jüdischen Belletristik[1]

Der junge Heinrich Wertheimer, Sohn einer konvertierten Jüdin, der unter dem Namen Paul Weiland in dem Glauben aufwuchs, ein Christ zu sein, entdeckt sein Interesse für die jüdische Religion im Kreise der orthodoxen Familie Wolf. Mit deren Tochter Hulda liefert er sich lebhafte Diskussionen über das Judentum:

> Mit dem größten Feuereifer vertheidigte sie alle Satzungen und Einrichtungen des orthodoxen Judenthums. Paul liebte es, sich mit ihr in eine Controverse einzulassen. Er nahm scheinbar für die Reformer Partei, um Hulda zur Widerlegung der von ihm vorgebrachten Ansichten über Fortschritt und Entwicklung anzuregen. Manchmal war er erstaunt über die Schlagfertigkeit des jungen Mädchens und über die Gediegenheit ihres Urtheils. Wenn er dann diesem Staunen Worte verlieh, so lehnte Hulda das von ihm ausgesprochene Lob in bescheidenster Weise ab. „Es darf Sie nicht wundern", sagte sie, „daß ich in diesen Fragen ein wenig Bescheid weiß. *Der Israelit* ist meine Lieblings-Lectüre von meiner frühesten Kindheit an, und da werden alle diese Dinge derart erörtert, daß auch ein unwissendes Mädchen sich ein Urtheil zu bilden vermag.[2]

Dieser kurze Ausschnitt ist der Erzählung *Gegenströmungen* von Markus Lehmann entnommen, welche 1880 in 29 Fortsetzungen in eben der von Hulda genannten Zeitschrift *Der Israelit* erschien. Er macht in pointierter Weise mehrere zentrale Charakteristika der neo-orthodoxen Belletristik deutlich: Zum einen das Selbstverständnis der Zeitschrift als „Central-Organ für das orthodoxe Judenthum" – so deren Untertitel –, welches sich auf die Fahnen geschrieben hat, „dem orthodoxen Judenthume für alle es berührenden Fragen, für Gemeinde und Familie, für Synagoge und Schule, für Literatur, Wohlthätigkeits-Anstalten etc. einen Sprachsaal zu bieten, der ihm in wöchentlicher Wiederkehr offenstehe", sowie „durch Lehre zur Erkenntniß zu führen und durch Mahnung zu warnen, zu stärken, zu ermuntern".[3] Diese Absicht findet ihre literarische Umsetzung in der Inszenierung von Figuren wie Hulda, die als „gediegene" Verteidiger des orthodoxen Judentums auftreten.

---

[1] Der Beitrag präsentiert Forschungsergebnisse meiner Dissertation, die den Arbeitstitel trägt: *Die gewaltige Macht des Familienlebens. Ordnung, Grenze und Wandel in der neo-orthodoxen Belletristik in Deutschland 1859–1888.*
[2] [Markus Lehmann]: Gegenströmungen. In: Der Israelit 1880, Nr. 1–29, hier Nr. 17, S. 434.
[3] Anon.: Prospectus. In: Der Israelit 1860, Nr. 1, S. 11 f.

Zweitens ist der im obigen Ausschnitt inszenierte Schlagabtausch zwischen den Positionen des orthodoxen und des Reformjudentums ein wiederkehrendes Motiv in zahlreichen neo-orthodoxen Erzählungen.[4] Er ist dem didaktischen Impetus dieser Erzählliteratur geschuldet, denn die Neo-Orthodoxie begreift sich selbst als Vertreterin eines ‚authentischen' halachischen Judentums; ein Anspruch, den es zu verteidigen gilt gegen konkurrierende jüdische Strömungen. Das geschieht aus einer doppelten Frontstellung heraus: zum einen innerjüdisch und zum anderen gegen bestimmte Normen und Praktiken der Mehrheitsgesellschaft gerichtet. Grundlage des neo-orthodoxen Selbstverständnisses ist das Modell der „Tora-im-Derech-Eretz" (TDE),[5] welches kurz gesagt das Ideal eines Lebens als observanter Jude bei gleichzeitiger aktiver Partizipation am modernen gesellschaftlichen Leben formuliert. Da dies eng mit pädagogischen und kulturellen Konzepten verknüpft ist, impliziert dieses Modell eine Verzahnung bzw. Auseinandersetzung und Reibung orthodoxer Normen und Praktiken mit gesamtgesellschaftlichen Werten und Diskursen. Dies wird bspw. deutlich an der im obigen Ausschnitt anklingenden Auseinandersetzung der neo-orthodoxen Autor(inn)en mit dem Thema Mädchenerziehung.

Denn es ist drittens kein Zufall, dass es mit der jungen Hulda gerade eine Frau ist, die als gelehrige Leserin des *Israelit* gezeigt wird. Die Diskussion über konkrete pädagogische Themen, wie etwa Inhalt, Umfang und Methode der kindlichen Unterrichtung oder geschlechterspezifische Bildung, wurde in allen Strömungen des Judentums geführt, so auch in den neo-orthodoxen Periodika.[6] In der Erzählung *Gegenströmungen* erscheint der *Israelit* selbst – und damit auch die dort publizierte Belletristik – als geeignetes Medium der weiblichen Erziehung. Der eigene Anspruch, mit der neo-orthodoxen Belletristik für LeserInnen geeignete Literatur zu produzieren, wird denn auch bereits in der ersten Ausgabe benannt; nämlich „durch kleine, ansprechende Erzählungen und Schilderungen aus jüdi-

---

4 Der Schlagabtausch zwischen Hulda und Heinrich fungiert hier außerdem als amourös konnotiertes Mittel der Eheanbahnung: Die beiden werden am Ende der Erzählung ein glücklich verheiratetes Ehepaar sein. Zu den Ehekonzeptionen in der neo-orthodoxen Belletristik s. Anja Kreienbrink: „Unglücklich muß enden, was der göttlichen Ordnung zuwiderläuft" – Ehekonzeptionen in der neo-orthodoxen Belletristik. In: MEDAON – Magazin für jüdisches Leben in Forschung und Bildung. 12 (2013), S. 1–14, online unter http://www.medaon.de/pdf/MEDAON_12_Kreienbrink_pdf (letzter Zugriff 17. April 2015).
5 Ausführlich dazu s. Roland Tasch: Samson Raphael Hirsch. Jüdische Erfahrungswelten im historischen Kontext. Berlin 2011 (Studia Judaica 59); Mordechai Breuer: Jüdische Orthodoxie im Deutschen Reich 1871–1918. Die Sozialgeschichte einer religiösen Minderheit. Frankfurt a. M. 1986 (Eine Veröffentlichung des Leo-Baeck-Instituts), S. 73–86.
6 Vgl. Simone Lässig: Jüdische Wege ins Bürgertum. Kulturelles Kapital und sozialer Aufstieg im 19. Jahrhundert. Göttingen 2004 (Bürgertum 1), S. 335.

scher Vergangenheit und Gegenwart auf das religiöse Gemüth erweckend und belebend zu wirken".[7] Die Wahl des modernen Mediums der Feuilletonliteratur stellt dabei eine Neuerung in der traditionellen jüdischen Lesekultur dar und markiert einen „Bruch mit traditionellen Formen religiöser Wissensvermittlung".[8] Auch die teils explizite, teils implizite Adaption bürgerlicher Konventionen sowie die selektive Auswahl halachischer Gebote bei der Festschreibung orthodoxer Religiosität und die daraus entstehenden ‚hybriden' Konstellationen[9] sind Zeichen eines Transformationsprozesses, den das deutsche Judentum im 19. Jahrhundert durchlaufen hat. Dieser manifestiert sich u. a. in den Debatten über Akkulturation, Tradition, Antisemitismus und Konversion sowie religionsübergreifend in dem allgemeinen Bedeutungsverlust von Religion im öffentlichen Raum. Dem gegenüber steht eine Familiarisierung und eine „Intimisierung der öffentlich praktizierten Religion",[10] die mit veränderten Geschlechterordnungen und einem Bedeutungswandel religiöser Traditionen einhergehen, und die unter dem Begriff der ‚Familienreligion' gefasst werden können.

Vor diesem Hintergrund möchte der Beitrag der Frage nachgehen, inwieweit die neo-orthodoxe Belletristik als ein Ort fungiert, in dem sich dieser religiöse und kulturelle Wandel manifestiert und gleichzeitig aktiv mitgestaltet wird. Wie positioniert sie sich zum immer wieder postulierten Primat von Tora und Talmud einerseits und zu den Konventionen der rezenten Literaturgeschichte, die etwa in den zahlreichen intertextuellen Verweisen und Anleihen[11] deutlich werden, andererseits? Nach einem kurzen Überblick über Erscheinungsort, formale Charakteristika und inhaltliche Gemeinsamkeiten dieser Literatur sowie ihre religionshistorische Kontextualisierung soll deren ästhetisches Selbstverständnis am

---

[7] Anon.: Prospectus (Anm. 3), S. 12.
[8] Eva Lezzi: Neoorthodoxe Belletristik. Kanonerweiterung und didaktische Herausforderung für deutsch-jüdische Literaturstudien. In: Ines Sonder/Irene A. Diekmann/Elke-Vera Kotowski u. a. (Hg.): „... und handle mit Vernunft". Beiträge zur europäisch-jüdischen Beziehungsgeschichte. Hildesheim u. a. 2012 (Haskala 50), S. 263–281, hier S. 265.
[9] Zum Begriff der Hybridität als Beschreibungskategorie für die Wechselwirkungen zwischen Juden und Nicht-Juden im kulturellen, wirtschaftlichen und gesellschaftlichen Leben s. Klaus Hödl: „Jenseits des Nationalen" – Ein Bekenntnis zur Interkulturation. Einleitung zum Themenheft. In: Transversal. Zeitschrift für jüdische Studien 1 (2004), S. 3–17.
[10] Rebekka Habermas: Weibliche Religiosität – oder: Von der Fragilität bürgerlicher Identitäten. In: Klaus Tenfelde/Hans-Ulrich Wehler (Hg.): Wege zur Geschichte des Bürgertums. Göttingen 1994 (Bürgertum 8), S. 125–148, hier S. 128.
[11] So kann beispielsweise die eingangs zitierte Erzählung *Gegenströmungen* als eine orthodoxe Version von George Eliots *Daniel Deronda* gelesen werden, s. Jonathan M. Hess: Middlebrow Literature and the Making of German-Jewish Identity. Stanford 2010 (Stanford Studies in Jewish History and Culture), S. 193–197.

Beispiel einer konkreten Erzählung vorgestellt und in Beziehung gesetzt werden mit dem didaktischen Impetus, welcher der neo-orthodoxen Belletristik innewohnt.

I Die neo-orthodoxen Belletristik – medialer und zeithistorischer Kontext

Ein zentrales Medium der Selbstverständigung und Positionierung innerhalb der innerjüdischen wie gesamtgesellschaftlichen Debatten waren die seit der Haskala erscheinenden jüdischen Periodika. Erste deutschsprachige orthodoxe Zeitschrift des 19. Jahrhunderts war der *Treue Zions-Wächter* (1845–1854), eine vergleichsweise späte Reaktion auf die zahlreichen, von Vertretern der Reformbewegung bereits ab 1806[12] herausgegeben deutschsprachigen Zeitschriften. 1854 schließlich gründete Samson Raphael Hirsch, der als einer der Begründer der Neo-Orthodoxie gilt, in Frankfurt a. M. den *Jeschurun*, der monatlich bis 1869 erschien, und dann erneut nach einer Pause von 1883 bis 1888, bis er im darauffolgenden Jahr in *Der Israelit* aufging. In der Zeitungslandschaft des mittleren und ausgehenden 19. Jahrhunderts ist *Der Israelit* laut Eigenbezeichnung das *Central-Organ des orthodoxen Judenthums*, zumindest aber eines der auflagenstärksten deutsch-jüdischen Periodika.[13] Herausgegeben wurde *Der Israelit* von Markus Lehmann in Mainz, später in Frankfurt a. M. Er erschien in wöchentlichem Rhythmus, ab 1883 sogar zweimal pro Woche, von 1860 bis zum Verbot durch die Nationalsozialisten 1938. Als drittes Blatt aus dem neo-orthodoxen Umkreis ist die *Jüdische Presse* zu nennen. Das „Organ für die religiösen Interessen des Judenthums", so der Untertitel,[14] erschien ab 1870 bis 1923 wöchentlich in Berlin und wurde auf Initiative von Esriel Hildesheimer gegründet.

Alle drei Periodika können dem Umkreis der sog. Austrittsorthodoxie zugerechnet werden, welche ein Ergebnis der andauernden Auseinandersetzung zwischen orthodoxem und Reformjudentum war. Der zunehmende innerjüdische

---

12 1806 ist das Gründungsjahr der *Sulamith*, der ersten deutschsprachigen jüdischen Zeitung, gegründet von David Fraenkel und Joseph Wolf in Dessau. Über ihre einflussreiche Rolle bei der Entstehung der Reformbewegung s. Benjamin Maria Baader: Gender, Judaism, and Bourgeois Culture in Germany, 1800–1870. Bloomington 2006 (The Modern Jewish Experience), S. 19–41.
13 1891 hat *Der Israelit* eine Auflagenhöhe von 4.500, die *Jüdische Presse* von 3.000. Zum Vergleich: Die bekannte *Allgemeine Zeitung des Judentums* hat eine Auflage von 1.650 (s. Adressbuch der Deutschen Zeitschriften und der hervorragenden politischen Tagesblätter. Hand- und Jahrbuch der deutschen Presse. 32. Jahrgang, 1891).
14 Der später in „Organ für die Gesamtinteressen des Judenthums" geändert wurde.

Minderheitenstatus der Orthodoxie seit der Mitte des 19. Jahrhunderts hatte zur Folge, dass die Orthodoxen sich nicht nur vielfach in Gemeinden wiederfanden, deren Institutionen und Leitungsfiguren reformorientiert waren, sondern sie mussten diese auch durch ihre Steuern mitfinanzieren. Das weckte das Verlangen nach eigenen Gemeinden und kulminierte schließlich im sog. Austrittsgesetz, welches 1876 im preußischen Landtag sowie später auch in einigen anderen Ländern verabschiedet wurde. Es schuf die rechtliche Möglichkeit, sich von der Ortsgemeinde zu trennen und erlaubte somit die Abspaltung eigener, orthodoxer Gemeinden, ohne dass dies wie bislang den gleichzeitigen Austritt aus dem Judentum bedeutete. Meist werden unter dem Begriff der Neo-Orthodoxie die Gemeinden dieser Austrittsorthodoxie gefasst, v. a. die Frankfurter Israelitische Religionsgesellschaft um Samson Raphael Hirsch und die Berliner Adass Jisroel-Gemeinde unter Esriel Hildesheimer.[15] Der konzeptuelle Separatismus dieser Gemeinden bedeutete die Notwendigkeit klar definierter Grenzen, so dass hier in verschärfter Form zum Tragen kommt, dass sie sich, um eine Gruppenidentität bzw. ein Selbstbild zu schaffen und zu bewahren, nach außen hin abgrenzen mussten: etwa gegen die ‚Gemeindeorthodoxie', die Reformbewegung und die nicht-jüdische Mehrheitsgesellschaft.[16] Diese Auseinandersetzungen wurden nicht nur auf gemeindepolitischer Ebene geführt, sondern auch, wie bereits gezeigt, mit publizistischen Mitteln. In der neo-orthodoxen Belletristik lässt sich dementsprechend besonders deutlich die Beschäftigung mit Grenzen, Grenzüberschreitungen und deren Sanktionierung beobachten.

Ab 1859 erschienen im *Jeschurun* und ab 1866 im *Israelit* regelmäßig Fortsetzungserzählungen.[17] Neben historischen und Ghettoerzählungen[18] sind dies v. a. solche, die in der zeitgenössischen Gegenwart angesiedelt sind und ihren Anspruch auf Wirklichkeitstreue und Aktualität etwa durch die Verdichtung bestimmter zeitgeschichtlicher Strömungen und Diskurse in den auftretenden Figuren und den expliziten Bezug auf zeitgenössische politische, gesellschaftliche und innerjüdische Ereignisse deutlich machen. Generell ist ein bestimmendes

---

[15] Mehr zum „Austrittsstreit" um S. R. Hirsch bei Matthias Morgenstern: Von Frankfurt nach Jerusalem. Isaac Breuer und die Geschichte des „Austrittsstreits" in der deutsch-jüdischen Orthodoxie. Tübingen 1995 (Wissenschaftliche Abhandlungen des Leo-Baeck-Instituts 52).
[16] Zum Umgang der Neo-Orthodoxie mit der zunehmend nicht-observanten jüdischen Bevölkerung s. Adam S. Ferziger: Exclusion and Hierarchy. Orthodoxy, Nonobservance, and the Emergence of Modern Jewish Identity. Philadelphia 2005 (Jewish Culture and Contexts).
[17] Auch in der *Jüdischen Presse* erschienen von Beginn an, also ab 1870, Fortsetzungserzählungen.
[18] Zu den Genres der historischen Erzählung und der Ghettogeschichten speziell in der neo-orthodoxen Belletristik s. Hess: Middlebrow Literature (Anm. 11), S. 26–111.

formales Merkmal der Fortsetzungsliteratur ihre Erscheinungsform über mehrere, meist aufeinanderfolgende Ausgaben der jeweiligen Zeitung hinweg; oft wurden auch zwei Erzählungen gleichzeitig bzw. im wöchentlichen Wechsel publiziert. Mit schematisierten Plots, einfacher, zur Identifikation einladender Figurenzeichnung und spannungssteigernden Elementen wie Cliffhangern und mehreren Höhepunkten – die der seriellen Erscheinungsform geschuldet waren –, sind diese Erzählungen Teil der deutsch-jüdischen Populärkultur.[19] Das Spezifische der neo-orthodoxen Fortsetzungsliteratur ist ihre Inszenierung von gesetzestreuen Juden und Jüdinnen als Helden, die den Verlockungen der zunehmend säkularisierten Umwelt widerstehen und statt dessen ein Leben nach den Maßstäben des jüdischen Religionsgesetzes führen – sich jedoch gleichzeitig als Teil der modernen Gesellschaft begreifen. Diese Charakteristik kann als literarische Demonstration des TDE-Modells verstanden werden, und als didaktisches Mittel der Selbstdarstellung.

Die neo-orthodoxe Belletristik inszeniert die jüdische Religion primär als Familienreligion – in der überwiegenden Mehrheit erzählt sie mehrere Generationen und Familien umgreifende Geschichten, deren zentraler Ort das Haus als Ort der Familie ist. Dabei schlägt sich das Judentum der Familie kaum in der Schilderung des Hauses und seiner Räume nieder (etwa durch spezifisch jüdische Ausstattung), sondern vielmehr in der Darstellung der in ihm begangenen religiösen Handlungen, wie etwa das Begehen des Schabbat oder der Ausübung der Speisevorschriften. Die Synagoge oder die Studierstube (als öffentliche bzw. semi-öffentliche Orte) stellen dagegen bis auf wenige Ausnahmen keine Handlungsorte dar; es sind jüdische Männer und Frauen als Familienväter, Hausfrauen, Ehepartner, Eltern und Kinder, die im Zentrum der Erzählungen stehen. Die Familie erscheint dabei zugleich als latent bedrohter Ort jüdischer Identität – bedroht durch ‚Mischehen‘, das Reformjudentum und andere, ökonomische, kulturelle oder soziale Einflüsse –, wie auch als Hort eines ‚authentischen‘ Judentums. Im Zentrum der Erzählungen steht meist die orthodoxe Idealfamilie, deren glückliche Ehe und wohlerzogener und gebildeter Nachwuchs als Maßstab dienen für das als ‚unreligiös‘ oder ‚unjüdisch‘ gekennzeichnete Verhalten der erweiterten Familie: der Onkeln und Tanten, Nichten und Neffen und Freunde der Familie; aber auch der (Reform-)Rabbiner oder Lehrer. Die textinternen Differenzierungen und Grenzziehungen verlaufen so in einem Großteil der Erzählungen nicht nur zwischen ‚Juden‘ und ‚Nicht-Juden‘, sondern primär innerhalb des pluralisierten Ju-

---

19 Dazu s. Franziska Meyer/Madleen Podewski: Einleitung. In: Christiane Haug/F. M./M. P. (Hg.): Populäres Judentum. Medien, Debatten, Lesestoffe. Tübingen 2009 (Conditio Judaica 76), S. 1–17.

dentums. Das Überschreiten dieser Grenzen wird an einzelnen Figuren vorgeführt und oftmals als Generationenkonflikt inszeniert. Die Konfliktlinien verlaufen also innerhalb der Familie und lassen die zugrundeliegende Ordnung, die als Maßstab für konformes Verhalten dient – die Halacha, bzw. das, was in der neoorthodoxen Belletristik als göttliches Gesetz vorgeführt wird – umso schärfer zutage treten. Das Übertreten bzw. die Wiederherstellung der familialen Ordnung wird über verschiedene Handlungsschemata inszeniert. Zum einen über den Mechanismus der Strafe: Die Abkehr vom Religionsgesetz, und somit die Abkehr von der familialen Ordnung, wird in den Erzählungen konsequent bestraft, etwa durch finanziellen Misserfolg, Krankheit oder gar den Tod. Diesem Bestrafungsmechanismus wohnt eine dreifache Dimension inne: 1. Die *traditionell-religiöse Dimension*, basierend auf der Annahme, dass ein Missachten der halachischen Gebote eine von Gott ausgehende Bestrafung nach sich zieht.[20] 2. Damit verknüpft, aber um eine *zeithistorische Dimension* erweitert, ist die Strafdidaktik der Neo-Orthodoxie, die ihrer insularen Position geschuldet ist, und deren spezifische Abgrenzung gegen differierende innerjüdische wie gesamtgesellschaftliche Positionen der Motor der Bestrafungsdynamik ist. 3. Eine *literarische Dimension*: Abseits von religiösen Motiven ist die Bestrafung der Verletzung der familialen Ordnung ein Topos der Literaturgeschichte,[21] besonders virulent etwa im bürgerlichen Trauerspiel, von dem einige der neo-orthodoxen Erzählungen stark beeinflusst sind.[22]

Ein zweites Handlungsschema ist das der Re-Integration in die familiale Ordnung, deren Voraussetzung eine reumütige Abkehr vom unorthodoxen Lebensweg ist und dem das Konzept der teschuwa, der Reue oder Umkehr,[23] zugrunde liegt. „Solche Rückkehrer-Geschichten sind innerhalb der Literatur, die – bevorzugt im Kontext der deutsch-jüdischen Zeitschriften – den Fortbestand des Judentums unter den Bedingungen weitestgehender Assimilation erzählerisch zu

---

20 Vgl. Susanne Galley: Das jüdische Jahr. Feste, Gedenk- und Feiertage. München 2003, S. 30 f.
21 Siehe etwa die Studie von Peter von Matt: Verkommene Söhne, mißratene Töchter. Familiendesaster in der Literatur. München 2004. Zum Topos der intakten Kleinfamilie in der Literatur des 18. und 19. Jahrhunderts, deren Gefährdung regelmäßig eine Bestrafung nach sich zieht, s. Christine Kanz (Hg.): Zerreissproben/Double Bind. Familie und Geschlecht in der deutschen Literatur des 18. und 19. Jahrhunderts. Bern/Wettingen 2007 (Gender-Wissen 10).
22 Zur Re-Inszenierung einer neo-orthodoxen Emilia Galotti in der Erzählung *Aus der Gegenwart II* von Sara Guggenheim (1863/64), s. Eva Lezzi: „Liebe ist meine Religion!" Eros und Ehe zwischen Juden und Christen in der Literatur des 19. Jahrhunderts. Göttingen 2013, S. 155–162, sowie Hess: Middlebrow Literature (Anm. 11), S. 190 ff.
23 Dazu s. Lezzi: Liebe ist meine Religion (Anm. 22), S. 261–277.

bewältigen sucht, ein weit verbreitetes Erzählschema."[24] Spezifisch ist in der neo-orthodoxen Belletristik wiederum die Rückkehr zum dezidiert orthodoxen Judentum mit allen damit verbundenen Praktiken, Ge- und Verboten – und das Postulat, dass dies das einzig wahre Judentum sei, zu dem man zurückkehren könne.

II Ästhetisches Selbstverständnis und didaktischer Impetus

Eine in orthodoxen Kreisen explizit geführte – wenn auch kurze – Debatte über den Status und die Funktion belletristischer Literatur erschien in den späten 1850er Jahren in einer Reihe von Artikeln im *Jeschurun*. Hier ging es weniger um das Verhältnis von ‚deutscher' und ‚jüdischer' oder religiöser und weltlicher Literatur als vielmehr um den Authentizitätsanspruch der Darstellung von Juden in der modernen Literatur, durch jüdische wie nicht-jüdische Autoren. Die literarischen Inszenierungen biblischer Stoffe wurden als „Mißgriffe und Uebergriffe"[25] bewertet, da die Urtexte keiner Bearbeitung bedürften und vollkommen ausreichend seien als Lesestoff für die Jugend. Angesichts der oft negativen und unwissenden Darstellungen von Juden und Judentum in Werken von nicht-jüdischen Autoren, müssten jedoch die Versuche, jüdische Belletristik zu schaffen, begrüßt werden – solange diese Literatur die Vorrangstellung der Heiligen Schrift respektiere. Die in der Debatte geäußerte Folgerung war: „Wer den Juden in seinem wahren, wirklichen Wesen schildern will, muß in der That Jude sein, nicht nur heißen."[26] Somit erscheint die jüdische – und das bedeutet in diesem Fall die orthodoxe – Identität des Autors als entscheidend für den ästhetischen Gehalt des Kunstwerks. Die schlussendlich ganz selbstverständliche Publikation von Fortsetzungserzählungen in den neo-orthodoxen Periodika war also ein folgerichtiger Schritt, um diesen Anspruch zu verwirklichen: „By the end of the debates in *Jeschurun* in 1860 it had become clear that orthodox fiction was necessary both as an aesthetic project in its own right and as an antidote to other forms of literature written by non-Jews or by Jews who had abandoned Jewish law."[27] Der Begriff

---

24 Madleen Podewski: Triviale Erzählstile als alternative Komplexitäten: Versuch einer historischen Rekonstruktion. In: Kodikas/Code. Ars Semeiotica. An international Journal of Semiotics 1–2 (2007), S. 79–91, hier S. 87.
25 N. G.: Ein Wort über jüdische Belletristik. In: Jeschurun 1858, Nr. 11, S. 575.
26 I. H. [Isaac Hirsch, Sohn von S. R. Hirsch]: Der Jude in der Literatur. In: Jeschurun 1859, Nr. 5, S. 207.
27 Hess: Middlebrow Literature (Anm. 11), S. 174.

Belletristik greift dabei nicht nur die zeitgenössische Selbstbezeichnung auf. Er reflektiert auch den ästhetischen Anspruch dieser Erzählungen, die nicht nur belehrend und unterhaltend wirken, sondern auch als eigenständige Kunstwerke wahrgenommen werden wollten; „despite it's liberal borrowings from sentimental melodrama and the suspense-driven world of serialized fiction, orthodox fiction inevitably presented itself not as popular entertainment with the proper religious inflection but as an ideal form of high culture, one able to compete with the best that great literature had to offer."[28]

Vor diesem Hintergrund ist es der neo-orthodoxen Literaturkritik[29] ein Anliegen, die ‚gute' von ‚schlechter' Literatur zu trennen. In einem Artikel im *Israelit* über die „moderne jüdische Tendenzpoesie" stellt Markus Lehmann mit Blick auf die zeitgenössische deutsch-jüdische Literatur fest, dass sich hier eine Tendenzliteratur ausbreite, welche die Dichtung missbrauche, „um für die religiöse Reform im Judenthume Propaganda zu machen".[30] Der Begriff Tendenzroman wird hier also abwertend für eine Literatur verwendet, die eine dezidierte religiöse Agenda verfolgt – ein Vorwurf, den sich die neo-orthodoxe Belletristik selbst auch gefallen lassen muss.[31] Während Lehmann den erzählerischen Werken seiner Erzfeinde von der *Allgemeinen Zeitung des Judenthums*, Ludwig und Phöbus Philippson,[32] jegliche Relevanz abspricht, nicht primär wegen ihres „antireligiösen" Inhaltes, sondern vielmehr aufgrund ihrer mangelnden ästhetischen Vollkommenheit – da sie „so miserabel, so ohne allen Schick, so ohne jede poetische Form, so ohne jeden Gehalt" seien –, attestiert er dem Gedicht *Bajazzo* von Moritz Rappaport gerade aufgrund von dessen literarischer Bedeutsamkeit eine potentielle Gefährlichkeit, die jedoch von der Stellung des Autors „außerhalb des echten Judenthums" ausgebremst werde.[33] Das Gedicht schildert die religiösen Irrungen eines polnischen ungebildeten Juden und führt das Konfliktpotential von dessen Konfrontation mit den säkularen Wissenschaften vor – eine Thema, dem Lehmann durchaus Berechtigung zuerkennt, dessen Gestaltung er aber als „psychologisch unwahr" und als „rohes Poltern mit an den Haaren herbeigezogenen talmudi-

---

28 Hess: Middlebrow Literature (Anm. 11), S. 174.
29 Zur Rolle der Literaturrezensionen in den deutsch-jüdischen Zeitschriften des Kaiserreichs s. Madleen Podewski: Judentum als Unterhaltung. Erzählende Literatur in deutsch-jüdischen Zeitschriften um 1900. In: Leipziger Jahrbuch zur Buchgeschichte 14 (2005), S. 125–151, hier S. 133–138.
30 [Markus Lehmann]: Die moderne jüdische Tendenzpoesie. In: Der Israelit 1863, Nr. 39–40, S. 479.
31 Vgl. Breuer: Jüdische Orthodoxie (Anm. 5), S. 146 f.
32 Dazu s. Itta Shedletzky: Literaturdiskussion und Belletristik in den juedischen Zeitschriften in Deutschland 1837–1918. Unveröffentl. Diss. Jerusalem 1986, S. 45 f.
33 Lehmann: Die moderne jüdische Tendenzpoesie (Anm. 30), S. 480.

schen Erzählungen" bezeichnet.[34] Ein begabterer Autor hätte „echt tragische Conflicte [...] in diesem Kampfe"[35] zwischen Tradition und Moderne gestalten können. So präsentiert Lehmann denn auch selbst eine der religionspolitischen und -pädagogischen Stoßrichtung der neo-orthodoxen Periodika entsprechende alternative Lesart: „Die sich daraus ergebende Lehre wäre dann die: nicht das profane Wissen an sich ist schädlich und dem Juden gefährlich, aber die falsche Anwendung kann es werden."[36] Ein Hand-in-Hand-Gehen von echter Religiosität mit sozialer Bildung ist das Ideal, welches Lehmann hier verwirklicht sehen will in literarischen Werken – und an dem er selbst mitschreibt, wie wir am Beispiel einer seiner Erzählungen sehen werden.

Auch Gustav Karpeles widmet sich in einer Artikelreihe im *Israelit* aktuellen literarischen Erscheinungen, v. a. im Hinblick auf deren Eignung für die religiöse Bildung junger Leser und Leserinnen. Gerade bei Letzteren stellt er einen Mangel an religiöser Erziehung fest, die ihre Ursache zum Teil in der Lektüre ungeeigneter Literatur habe: „einerseits die furchtbare Ueberschwemmung mit seichten, verderblichen, moralisch giftigen Tendenzromanen, anderseits wieder der gänzliche Mangel an guten Erbauungs- und Unterhaltungsschriften im Geiste des wahren Judenthums."[37] Sein Plädoyer für eine „gesunde, kernige, religiöse und gute Literatur [...], an der unsere jüdischen Frauen sich erbauen und erheben können",[38] schließt an die zeitgenössische „Suche nach der jüdischen Erzählliteratur"[39] an und macht gleichzeitig deutlich, dass eine so konzipierte Literatur nicht nur ästhetischen Ansprüchen genügen muss, sondern mithin auch religionspolitischen und -pädagogischen Zielen dienen muss. Im Medium der Literaturkritik treten somit nicht nur die ästhetischen, sondern auch moralische und politische Standards „einer kulturellen Epoche im Spiegel der sie reflektierenden Literatur ans Licht des öffentlichen Diskurses."[40]

So ist das didaktische Element ein erklärter Bestandteil der neo-orthodoxen Belletristik und wurde schon im eingangs zitierten Prospectus deutlich, wo der „belehrende" und „mahnende" Anspruch benannt wurde. Ein Merkmal dieser

---

34 Lehmann: Die moderne jüdische Tendenzpoesie (Anm. 30), S. 482.
35 Lehmann: Die moderne jüdische Tendenzpoesie (Anm. 30), S. 482.
36 Lehmann: Die moderne jüdische Tendenzpoesie (Anm. 30), S. 482.
37 Gustav Karpeles: Jüdische Literaturbriefe. In: Der Israelit 1870, Nr. 7, S. 115 f.
38 Karpeles: Jüdische Literaturbriefe (Anm. 37), S. 116.
39 So die Studie von Hans Otto Horch über die Literaturkritik in der *Allgemeinen Zeitung des Judenthums*; Hans Otto Horch: Auf der Suche nach der jüdischen Erzählliteratur. Die Literaturkritik der „Allgemeinen Zeitung des Judentums" (1837–1922). Frankfurt a. M. 1985 (Literarhistorische Untersuchungen 1).
40 Jan Urbich: Literarische Ästhetik. Köln/Weimar/Wien 2011 (UTB 3543), S. 270.

Literatur ist demnach die Warnung und die – durch den o.g. Bestrafungsmechanismus – intendierte Abschreckung der LeserInnen vor den Gefahren der Gegenwart für das orthodoxe Judentum. Itta Shedletzky beschreibt die Erzählungen, die im *Israelit* und *Jeschurun* erschienen sind, als „militant-orthodox", eine Bezeichnung, die auf deren teilweise drastischen didaktischen Mittel zur Stabilisierung der orthodoxen Gruppenidentität rekurriert.[41] Dieser Begriff verdeckt m. E. aber gerade die Transformationsprozesse, welche das neo-orthodoxe Judentum durchläuft und die u. a. aus den Konflikten zwischen dem Anspruch eines gesetzestreuen Lebens einerseits und akkulturierten Formen der Teilhabe an der modernen Gesellschaft und ihrer bürgerlichen Kultur andererseits resultieren. Wie bereits Shulamit Volkov feststellte, ist auch die Neo-Orthodoxie an dem Projekt der „Erfindung einer Tradition" beteiligt, das laut Volkov in dem Versuch besteht, „die Vergangenheit zu bestimmten Zwecken zu rekonstruieren, die für die Gegenwart von Bedeutung sind",[42] und in dem sich ‚bürgerliche' und ‚jüdische' Normen und Praktiken[43] vermischen, reiben und auch widersprechen.

Ihre Absicht, das jüdische Leben auf dem Boden der „wichtigsten Institutionen des Judenthums" zu schildern und die erklärte Bereitschaft, wenn nötig, „schwerdtumgürtet"[44] für ihre orthodoxen Überzeugungen zu kämpfen, waren sicher Gründe für die negative bzw. fehlende Rezeption der neo-orthodoxen Periodika und der ihn ihnen veröffentlichten Erzählliteratur. So wurde sie lange nicht als Teil der deutsch-jüdischen Literaturgeschichte wahr- bzw. ernst genommen. Mordechai Breuers Urteil über die „von Grund auf engagierte", „traditionsfreundliche Belletristik", sie habe zwar quantitativ viel, aber aufgrund ihres Mangels an „künstlerischer Schöpfungskraft" kaum etwas literarisch Bedeutsames geschaffen,[45] blieb lange unwidersprochen. Dieser Beitrag möchte nicht den Beweis antreten, dass sich in dieser Erzählliteratur vergessene Schätze höchsten literarischen Ranges heben lassen. Dennoch soll für ihre Aufnahme in den Lehr- und Forschungskanon der deutsch-jüdischen Literatur- und Zeitgeschichte plädiert werden. Zwar teilt auch die neuere Forschung die Selbsteinschätzung der neo-orthodoxen Erzählliteratur als „belehrend" und didaktisch, macht dabei aber gerade die „stereotype Einfachheit [der] literarischen Konzeption"[46] fruchtbar, um bspw. deutlich zu machen, auf welche Weise diese Literatur die Vision der Neo-

---

41 Shedletzky: Literaturdiskussion und Belletristik (Anm. 32), S. 302f.
42 Shulamit Volkov: Die Erfindung einer Tradition. Zur Entstehung des modernen Judentums in Deutschland. München 1992 (Schriften des Historischen Kollegs 29), S. 7.
43 Die es so klar getrennt natürlich nicht gibt, s. Hödl: Jenseits des Nationalen (Anm. 9).
44 Anon.: Prospectus. In: Jeschurun 1854, Nr. 1, o.S.
45 Breuer: Jüdische Orthodoxie (Anm. 5), S. 145.
46 Breuer: Jüdische Orthodoxie (Anm. 5), S. 146.

Orthodoxie von der Vereinbarkeit einer Zugehörigkeit zur orthodoxen Gemeinschaft einerseits und zur nicht-jüdischen Mehrheitsgesellschaft andererseits realisierte.[47]

III *Vater und Sohn* von Markus Lehmann

Jonathan Hess beschreibt die neo-orthodoxe Belletristik als eine „ersatz form of secular culture with clear religious allegiances, literature that allowed and encouraged Jews to adapt to modernity while simultaneously celebrating orthodoxy's triumph in the modern world".[48] Diese trete jedoch nicht in einen wirklichen Dialog mit dem gesellschaftlichen literarischen Leben, sondern verbleibe in einer insularen Position, trotz ihrer Adaption bildungsdeutscher Klassiker wie Lessing und Schiller an die Bedürfnisse und das Selbstbild der Neo-Orthodoxie.[49] Neben der Verwendung intertextueller Verweise – von denen fraglich ist, ob sie vom Lesepublikum wahrgenommen wurden[50] –, nimmt die neo-orthodoxe Belletristik aber auch ganz explizite Bewertungen geeigneter und ungeeigneter Literatur vor, und positioniert sich selbst als ideale Lektüre für ein jüdisches Publikum.

> Lehmanns [...] dichterische, journalistische und pädagogische Begabung [...] befähigte [ihn], ein Volkserzieher im weitesten Umfang zu sein. Seine Jugenderzählungen sind noch heute – man möchte sagen leider – fast die einzige belletristische Lektüre, die der fromme Jude ohne Bedenken seinen Kindern in die Hand geben kann, und wer will abmessen, wieviel Erhebung und Stärkung der *Israelit* unter seiner Leitung einem großen Leserkreis gebracht, wieviel jüdisches Wissen und jüdisches Empfinden allwöchentlich hier vermittelt wurde.[51]

Um verstehen zu können, was vom Standpunkt der neo-orthodoxen Belletristik aus als ‚ungefährliche', „jüdisches Wissen" vermittelnde Lektüre verstanden wird, soll im Folgenden eine der so gelobten Lehmann'schen „Jugenderzählungen"[52]

---

47 Nämlich u. a. über eine Simulation säkularer Kultur, so Hess: Middlebrow Literature (Anm. 11).
48 Hess: Middlebrow Literature (Anm. 11), S. 188.
49 Hess: Middlebrow Literature (Anm. 11), S. 191–197; Lezzi: Liebe ist meine Religion (Anm. 22), S. 156–160.
50 Vgl. Hess: Middlebrow Literature (Anm. 11), S. 197.
51 Anon.: Erziehungsfragen in Ost und West. In: Jeschurun 1917 (neue Folgen), Nr. 3/4.
52 Nicht nur Lehmanns Erzählungen wurden als ideales Geschenk zur Bar Mitzwah beworben (s. Hess: Middlebrow Literature [Anm. 11], S. 166); auch anlässlich der Veröffentlichung von Sara Guggenheims Erzählung *Gerettet* heißt es: „Sie [die Erzählung] kann daher als die beste Lektüre, welche wir unserer Jugend in die Hand geben, bezeichnet werden. Jugend und Schülerbiblio-

näher betrachtet werden. *Vater und Sohn*, erschienen 1868 in 14 Teilen im *Israelit*, erzählt die Lebens- und Bildungsgeschichte von Isak Rosenstrauß, der von einem frommen Juden, verleitet durch die falsche Lektüre, zu einem getauften Justizrat wird, schlussendlich jedoch reuevoll zum Judentum zurückkehrt. Erzählt wird diese Geschichte von einem Ich-Erzähler, der unverkennbare Ähnlichkeit aufweist mit dem Verfasser, Markus Lehmann: Es ist ein Rabbiner, der in einem Kurort Bekanntschaft mit eben diesem Isak Rosenstrauß macht und von ihm gebeten wird, seine Erlebnisse „zur Warnung" seiner Landsleute zu veröffentlichen.[53] Diese Rahmengeschichte wartet bereits eingangs mit der programmatischen Beschreibung eines idealen jüdischen Dichters auf: Bei einem Ausflug auf die Ruine der Trimburg berichtet der Ich-Erzähler von „Süßkind von Trimberg, de[m] einzige[n] jüdische[n] Minnesänger", der in der Nähe geboren worden sei:

> ich schilderte, wie wunderbar es sei, daß in dieser Zeit der schrecklichsten Judenverfolgungen Deutschland einen jüdischen Dichter hatte, der in der Landessprache so herrliche Lieder dichtete, daß er neben den besten [...] genannt wird; [...] daß er Lieder zum Preise tugendhafter Frauen und Psalmen zur Verherrlichung seines Gottes in mittelhochdeutscher Sprache gedichtet, daß er aber nie aufgehört habe, Jude zu sein und dem väterlichen Glauben treu anzuhangen.[54]

Diese Schilderung enthält in nuce alle wichtigen Eigenschaften eines modernorthodoxen Schriftstellers bzw. einer Lektüre, die geeignet ist für eine modernorthodoxe Leserschaft: Das Schreiben in der Landessprache, ein Inhalt, der ausgewogen ist zwischen bürgerlich-sittlichen („Preise *tugendhafter* Frauen") und religiös-jüdischen Anteilen („Psalmen zur Verherrlichung seines Gottes"), eine Ästhetik, die ihn „neben den besten" einreiht sowie, ganz entscheidend, eine dezidiert religionstreue Identität des Dichters.[55] Diese gleich zu Beginn der Erzählung gesetzte idealtypische Dichtung dient als starker Kontrast für die nachfolgende Geschichte der durch fehlgeleitete Lektüre verursachten Verirrung von Isak Rosenstrauß. Situiert ist diese im osteuropäischen Litauen – ein erzählerisches Mittel, um ein besonders observantes Milieu zu evozieren und somit die Fallhöhe deutlich zu machen. Ein Plädoyer am Ende der Erzählung aktualisiert diese jedoch auch für die deutsche zeitgenössische Leserschaft.

---

theken, Knabenvereine, sowie Lehrer, welche das Werk zur Prämienvertheilung benützen wollen, genießen bei Bezug besondere Vergünstigungen." (In: Der Israelit 1888, Nr. 93, S. 1642).
53 [Markus Lehmann]: Vater und Sohn. In: Der Israelit 1868, Nr. 47, S. 872; im Folgenden nur mit Titel und entsprechender Heft- und Seitenangabe zitiert.
54 Lehmann: Vater und Sohn (Anm. 53), Nr. 34, S. 640.
55 Hier klingt der bereits erwähnte Anspruch aus der Literaturdebatte an.

Isak Rosenstrauß wächst in einer frommen Familie auf und berechtigt seinen Vater zu den schönsten Hoffnungen:

> Der fromme Abraham gedachte denn auch das Glück zu haben, dereinst seinen Sohn zu einem berühmten Rabbinen erwachsen zu sehen, und hatte für die Ausbildung desselben die größte Sorgfalt gehabt. Die besten Melamdim (Lehrer) mußten den jungen Itzele unterrichten, der seinerseits die glänzendsten Fortschritte machte. Einen Tractact des babylonischen Talmuds nach dem andern lernte er auswendig, die subtilsten Fragen warf er auf und gab die treffendsten Antworten.[56]

Die traditionelle männliche Laufbahn des religiösen Gelehrten, die Isak antritt, und die hier im osteuropäischen Milieu als noch ganz unverfälscht imaginiert wird, erfährt durch den Tod seiner Eltern nur eine unwesentliche Unterbrechung. Im Hause seines Onkels Rabbi Bär Rosenstrauß setzt Isak seine Studien fort und wird ob seiner Talente bereits als zukünftiger Ehemann für seine Cousine Zippora anvisiert. Um sich als würdiger Schwiegersohn zu erweisen, wird Isak von seinem Onkel auf die Jeschiwa eines „talmudgelehrte[n], weit und breit berühmte[n] Rabbi"[57] geschickt, mit dem Versprechen von Zipporas Hand, wenn er zu seiner Bar Mitzwa vom Rabbi den Chawer (einen Ehrentitel) verliehen bekomme. Einen ersten Einbruch der ‚wirklichen' Welt in dieses traditionelle Idyll des Lernens stellt die Ankunft von „Berlinern" in der Stadt dar: Anhängern der Haskala, der von Berlin ausgegangenen jüdischen Aufklärung. Obwohl Isak aufgrund seiner ausschließlichen Beschäftigung mit dem Talmud und anderen heiligen Schriften „von der Richtung und dem Geiste der Berliner" gar keine Ahnung hat, verfasst er ein hebräisches Gedicht, in dem er „ihre Personen, ihre Gestalten, ihre Familien, gewisse Züge aus ihrem Leben, die Itzele sich hatte mittheilen lassen, [...] in sathyrischer Weise behandelt und dar[ ]stellt".[58] Dieses Gedicht wird in der ganzen Stadt verbreitet und führt zu einer direkten Konfrontation von Isak und drei „Berlinern". Statt ihn wie erwartet zu beschimpfen, bemitleiden sie ihn jedoch als „Wahnbethörte[n]" und empfehlen ihm, das Buch „Thëuda Bejisrael" von Jizchak Bär[59] zu lesen. Der Rabbiner ist entsetzt, als Isak ihm davon erzählt: „Du sollst es

---

56 Lehmann: Vater und Sohn (Anm. 53), Nr. 35, S. 655.
57 Lehmann: Vater und Sohn (Anm. 53), S. 656.
58 Lehmann: Vater und Sohn (Anm. 53), Nr. 36, S. 680. Interessanterweise verwendet Isaak ein literarisches Medium als religionspolitisches Instrument – analog zum religionspolitischen Impetus der vorliegenden Erzählung.
59 Das Werk *Te'uddah be-Israel* von Isaak Bär Levinsohn (1788–1860), einem russischen Aufklärer, betont u. a. die Notwendigkeit des Studiums der Landessprache, von Wissenschaften und Literatur.

für ein Greuel halten, du sollst es verabscheuen, Banngut ist es!"[60] Doch als Isak nach seiner Verlobung mit Zippora wieder an die Jeschiwa zurückkehrt, kauft er eines Tages einem Buchhändler ein Exemplar dieses so gescholtenen Buches ab. Nach einer ersten Lektüre schließt sich Isak der Meinung seines Rabbiners an und vergisst es. Doch das Buch hat anscheinend eine geheime Anziehungskraft entwickelt, dann nach einiger Zeit holt er es wieder hervor, und nun trägt die Lektüre ganz andere Früchte:

> Itzele nahm das Buch und fing wieder da an zu lesen, wo er aufgehört hatte, und allmählich ging eine Veränderung in seiner Denkungsart vor; er fing an, es nicht mehr für ein Verbrechen zu halten, die russische, deutsche oder französische Sprache zu erlernen; er las mit Aufmerksamkeit, wie die Literaturschätze, die in diesen Sprachen niedergelegt sind, gerühmt werden und bekam eine förmliche Sehnsucht danach.[61]

Isak beginnt, die deutsche Sprache zu lernen, und besorgt sich immer mehr Bücher, die er begierig liest. Was genau die Motivation für eine erneute Beschäftigung mit dem „Thëuda Bejisrael" ist, wird nicht wirklich klar[62]; doch bezeichnenderweise entdeckt Isak das Buch unter seinem Bett, als ihm Zipporas Verlobungsring hinunterfällt. Der „Keim zum Verderben"[63] ist somit gelegt, denn Isak liest nun alle möglichen Bücher durcheinander,

> Kotzebue's Komödien und Schillers Sendung Mosis, Leibrocks Räuberromane und Kants Kritik der reinen Vernunft, schlechte Uebersetzungen von Paul de Coqu's Schandschriften und Erdmanns Geschichte der Philosophie, Broschüren in großen Mengen, allerlei Sinn und Unsinn enthaltend. Jedes gedruckte deutsche Buch hielt Itzele für ein Meisterwerk, jeden auf einem Titelblatte genannten Namen für den eines bedeutenden Schriftstellers. Welch' ein Chaos entstand da in dem jugendlichen Kopfe![64]

Obwohl die Neo-Orthodoxie prinzipiell das Erlernen der Landessprache und die Beschäftigung mit weltlicher Literatur gutheißt, werden hier die Grenzen markiert, die ein frommer Jude nicht überschreiten soll; Isaak ist also in die Grenzzone zwischen ‚geeigneter' und ‚ungeeigneter' Lektüre vorgestoßen. Der Erzähler, der sich nun mit einer Diagnose dieser ‚Leseverwirrung' einschaltet und eine Vorausschau gibt auf die weitere Entwicklung von Isak hinsichtlich seiner religiösen

---

60 Lehmann: Vater und Sohn (Anm. 53), Nr. 36, S. 680. Auch in anderen Erzählungen ist die Lektüre ‚weltlicher' Bücher der Grund für ein Zerwürfnis zwischen Rabbiner und Schüler.
61 Lehmann: Vater und Sohn (Anm. 53), Nr. 37, S. 699.
62 Ein Mangel an „psychologischer Wahrheit", die Markus Lehmann sonst der „jüdischen Tendenzpoesie" reformerischer Prägung attestiert, s. o.
63 Lehmann: Vater und Sohn (Anm. 53), Nr. 37, S. 700.
64 Lehmann: Vater und Sohn (Anm. 53), Nr. 37, S. 700.

Überzeugungen, benennt die Ursache von Isaaks Ver(w)irrung mit dem treffenden Bild einer fehlenden „leitenden Hand", in dem das Selbstverständnis der neo-orthodoxen Belletristik, eben eine solche zu sein, aufscheint.

> Wir haben es in den letzten Jahrzehnten häufig erlebt, daß begabte polnische und deutsche Jünglinge, die sich Jahre lang ausschließlich mit dem Talmud beschäftigt hatten, plötzlich, nachdem sie kaum deutsch zu lesen gelernt, der Gotteslehre den Rücken wandten und der Religion in ihrem Herzen untreu wurden; das Fremde, das sie sich aneigneten und das überdies den Reiz und die Süßigkeit des ‚gestohlenen Wassers' hatte, verblendete sie. Keine leitende Hand führte sie auf den rechten Pfad bei diesen Studien; sie lasen ohne Auswahl das Gute und das Schlechte durcheinander und nebeneinander.[65]

Heimlich liest Isak von nun an seine Romane und versteckt sie vor seiner Familie. Doch schließlich findet sein Onkel die Bücher und stellt seinen Schwiegersohn vor die Wahl: Entweder solle der sich nun Tag und Nacht seinen Studien widmen oder Zippora Get geben, d. h. die Scheidung vollziehen. Isak entscheidet sich für Letzteres, beginnt ein Jurastudium und macht schließlich die Bekanntschaft mit dem jungen Freiherrn Ulrich von Ulrinski und dessen Schwester Juliane. Sein Namenswechsel – er nennt sich nun Julius – markiert seinen Aufstieg in die höhere Gesellschaft auch äußerlich. Mit diesem Übergang ist ebenfalls die Übernahme eines neuen Männlichkeitsbildes verbunden: Isak verbringt nun seine freie Zeit, neben der Lektüre von Dante, „mit chevaleresken Uebungen, Reiten, Schießen, Turnen".[66] Daniel Boyarin hat gezeigt, dass der Ritter, als nicht-jüdisches Männlichkeitsideal, dem jüdischen Ideal des Gelehrten gegenübersteht; „for traditional Jewish iconography it was the ideal of knighthood that represented the negative ideal, the ‚wicked son', the antithesis of a pattern of virtue. For such traditional Jews the knight and all that he represented both on the field of battle and in the bedroom of courtly and romantic love were the essence of *goyim naches*."[67] Isaks „chevalaresken" Betätigungen verweisen also bereits auf seine Abkehr von jüdischer Religion und Lebensform, eine Abkehr, die in seiner Taufe und anschließenden Heirat von Juliane deutlich zum Ausdruck kommt.

Doch obwohl Isak ein Sohn geboren wird und er eine glänzende Karriere als kaiserlicher Justizrat macht, fühlt er sich nicht glücklich. Er ist der „missratene Sohn" im Sinne Peter von Matts, der aus der familialen Ordnung fällt,[68] der in der

---

65 Lehmann: Vater und Sohn (Anm. 53), Nr. 37, S. 699f.
66 Lehmann: Vater und Sohn (Anm. 53), Nr. 39, S. 740.
67 Daniel Boyarin: Unheroic Conduct. The Rise of Heterosexuality and the Invention of the Jewish Man. Berkeley 1997 (Contraversions 8), S. 53. Goyim naches bezeichnet hier die (merkwürdigen) Vergnügungen, denen sich Nicht-Juden hingeben.
68 Von Matt: Familiendesaster (Anm. 21).

Gesellschaft ein Fremder bleibt und ans Christentum weder glaubt, noch es liebt. Stattdessen „ist es ihm Bedürfnis, sich anzulehnen an den einzigen, allmächtigen Gott",[69] also in die angestammte, göttlich-familiale Ordnung zurückzukehren. Als Abgesandter dieser Ordnung erscheint ein alter Rabbiner, den Isak gegen den Vorwurf der Ermordung eines Christenkindes verteidigt hatte und der ihm den Weg der teschuwa, der Rückkehr zum Judentum weist mit dem Prophetenwort: „Und es ist noch Hoffnung für dein Ende, spricht Gott, und es werden zurückkehren die (verirrten) Kinder zu ihrem Gebiet."[70] Dieses wortgenaue Zitat – bezeichnenderweise in deutscher Übersetzung – nebst Angabe der Bibelstelle verweist einerseits auf die religionsphilosophische Dimension des Topos der Rückkehr zum Judentum und der damit erfolgenden Re-Integration in die familiale Ordnung. Andererseits fungiert das Zitat im Gesamtkontext der Erzählung, genau wie Süßkinds von Trimberg „Psalmen zur Verherrlichung seines Gottes", als Ausweis für die jüdisch-observante Verfasstheit nicht nur der hier eingeführten Figur des Rabbiners, sondern der gesamten Erzählung. Es dient zudem als Beleg dafür, dass ein Konsum ‚weltlicher' Lektüre immer mit einem durch das Studium religiöser Texte erlangten Wissen über die jüdischen Gebote und Traditionen einhergehen muss.

Doch bevor Isak reumütig zum Judentum zurückkehren kann, müssen erst noch die beiden Faktoren, die ihn bislang an einer Rekonversion hinderten, beseitigt werden: „Weib und Kind, die als Christen geboren sind", und seine Arbeit „im Dienste des Kaisers, der unter seinen Beamten keine Juden duldet".[71] Seiner Anstellung als Staatsdiener geht Isak denn auch bald verlustig aufgrund seiner nicht ganz einwandfreien Betätigung als juristischer Beistand seines Schwagers Ulrich, der – berechtigterweise – des Mordes verdächtigt wird. Mit ihr verliert er sein Vermögen, seine gesellschaftliche Stellung – und zuletzt auch seine Frau, die seit der Tat ihres Bruders beständig kränkelt und schließlich stirbt. Es bleibt ihm nur noch sein Sohn Iwan, für den er, in starkem Kontrast zu seinem eigenen ursprünglichen Lebensziel als Rabbiner, den Aufstieg in höchste Staatsämter wünscht. Anders als sein Vater schämt Iwan sich jedoch seines jüdischen Erbes und findet den Tod im Duell,[72] als er seine Ehre angesichts antisemitischer Beschimpfungen verteidigen will. Isak erkennt darin eine Strafe Gottes; der erste Schritt auf seinem Weg zurück zum Judentum. Auch die familiale Ordnung wird letzten Endes wieder hergestellt, denn an die Stelle seines ‚unjüdischen' Sohnes

---

69 Lehmann: Vater und Sohn (Anm. 53), Nr. 41, S. 784.
70 Lehmann: Vater und Sohn (Anm. 53), Nr. 41, S. 784.
71 Lehmann: Vater und Sohn (Anm. 53), Nr. 41, S. 784.
72 Das Duell, in seiner Verbindung mit sozialem Status und Ehrbegriff, steht für ein Männlichkeitsritual, von dem Juden ausgeschlossen sind, s. George L. Mosse: Das Bild des Mannes. Zur Konstruktion der modernen Männlichkeit. Frankfurt a. M. 1997, S. 19.

Iwan tritt sein ihm bislang unbekannter Sohn Joseph, mit dem die mittlerweile verstorbene Zippora schwanger war, als Isak sie verließ. Dieser fromme Jude ist nicht nur der letzte Beweggrund für Isaks Rekonversion, er ist auch der Garant für die Fortexistenz eines traditionellen Judentums, wenn er sich in die Heimat begibt, „um sich dort eine Frau zu holen"[73] und mit ihr eine Familie zu gründen.

Isaks Conclusio seiner Lebensgeschichte, die sich an seine Bitte an den Ich-Erzähler um Veröffentlichung seiner Erlebnisse anschließt, lässt an Deutlichkeit nichts zu wünschen übrig:

> Wie friedlich und glücklich hätte sich mein Leben gestalten können, wenn wir in Rußland Schulen besäßen, in denen von kundiger Hand geführt, die Jugend das Studium der Thora mit dem der nichtjüdischen Wissenschaften verbindet! Solche Schulen, an deren Spitze wahrhaft fromme, Gottbegeisterte Männer ständen, würden meine Landsleute aus der Armuth emporheben und sie der heiligen Religion Israels und dem Gesetze unseres Gottes erhalten.[74]

Angesichts des in den neo-orthodoxen Periodika breit geführten Diskurses über eine modern-orthodoxe Bildung und Erziehung des Nachwuchses kann dieses Plädoyer auch als Kommentar zur zeitgenössischen Schulsituation in den deutschen Landen verstanden werden. Der didaktische Impetus der Erzählung macht deutlich, dass Markus Lehmann seine Erzählung als ein Beispiel für die „kundige Hand" konzipiert, die den LeserInnen die Auswahl zwischen guter und schlechter Lektüre abnimmt, indem sie selbst die Funktion eines modernen Süßkind von Trimberg übernimmt und in sich religiöses wie ‚weltliches' Wissen in einem zeitgemäßen Medium vereint und vermittelt – ein Wissen, dass „hochgradig selektiv"[75] ist in seiner religionspolitischen und didaktischen Zielrichtung und etwaige Konflikte und Probleme zugunsten eines idealisierten Selbstbildes verschwinden lässt. Eine kulturwissenschaftlich orientierte Lektüre dieser Erzählung, die einerseits den medialen Erscheinungskontext und anderseits das zeithistorische Umfeld in den Blick nimmt, kann jedoch diese verdeckten Reibungen sichtbar machen. So wird etwa am Beispiel der hier verhandelten – und mehrfach gebrochenen – Männlichkeitsbilder deutlich, dass die neo-orthodoxe Belletristik ein Medium der kulturellen und religiösen Transformation ist: Das traditionelle Männlichkeitsbild des ‚Lernens', des männlichen Privilegs des Studiums der religiösen Texte und der hebräischen Sprache – die Grundsteine der Geschlech-

---

73 Lehmann: Vater und Sohn (Anm. 53), Nr. 47, S. 872.
74 Lehmann: Vater und Sohn (Anm. 53), Nr. 47, S. 872.
75 Madleen Podewski: Literatur in/und Zeitschriften. Zur Relevanz eines Mediums für die Textinterpretation am Beispiel von Vicki Baums Erzählung *Rafael Gutmann* aus *Ost und West* (1911). In: Christiane Haug/Franziska Meyer/M. P. (Hg.): Populäres Judentum. Medien, Debatten, Lesestoffe. Tübingen 2009 (Conditio Judaica 76), S. 121–132, hier S. 131.

terordnung im halachischen Judentum –, wird ebenso verabschiedet wie die in der Erzählung als Gegenpol gesetzte, in die Konversion führende völlige Assimilation. Diese von der Vaterfigur verkörperten Männlichkeitsbilder stehen beide dem Modell einer modernen Orthodoxie entgegen, die sich einerseits gegen die „Altorthodoxie" und ihre als nicht mehr zeitgemäß wahrgenommene ausschließliche Konzentration auf die Halacha abgrenzt, und andererseits gegen die Säkularisierungstendenzen der modernen Gesellschaft. Erst im wohlgemerkt genealogisch einwandfreien Sohn manifestiert sich das Ideal einer von „rechter Hand"[76] geleiteten Verwurzelung in der Tradition – die jedoch im Sinne Volkovs nur eine Erfundene sein kann – bei gleichzeitiger Kenntnis der modernen, weltlichen Bildung. Ein Ideal, dass Lehmann schon in seinem Artikel über die jüdische Tendenzpoesie als Maxime für die neo-orthodoxe Belletristik ausgegeben hat und das in dieser Erzählung literarisch aktualisiert wird. Die Erzählungen fungieren also primär als *Verhandlungstexte*, in denen eine neo-orthodoxe Gruppenidentität nicht bereits a priori gegeben ist, sondern erst ausgehandelt und performativ hergestellt werden muss. Die Erzählungen bergen dementsprechend Spannungsmomente, wie hier am Beispiel des Umgangs mit und der Selbstinszenierung von ‚guter' Lektüre deutlich wurde. In ihrer Stellung zwischen ästhetischem Anspruch und didaktischem Impetus lässt sich die neo-orthodoxe Belletristik als Ort der Aushandlung eines neo-orthodoxen Selbstbildes verstehen, der mit der Markierung von Grenzen und der Inszenierung von Ordnung gleichzeitig den Blick auf innerjüdische wie gesamtgesellschaftliche Transformationsprozesse freigibt.

---

[76] Bezeichnenderweise ist es die Mutter welche das „fleißig[e]" Lernen ihres Sohnes mit sorgfältiger Hand leitet, s. Lehmann: Vater und Sohn (Anm. 53), Nr. 45, S. 855.

Walter Hettche
Päpste, Könige und Wänzchen

Paul Heyses Belli-Übersetzungen und ihr Kontext

Zu den bleibenden Leistungen Paul Heyses zählen seine Editionen italienischer Dichtung. 1860 hat er das *Italienische Liederbuch* mit eigenen Übersetzungen italienischer Volkspoesie vorgelegt, 1868 folgte im Auftrag des Stuttgarter Verlegers Eduard Hallberger die *Antologia dei moderni poeti italiani* mit einer Auswahl zeitgenössischer Lyrik in der Originalsprache, 1875 und 1878 schlossen sich die Nachdichtungen der Werke Giuseppe Giustis und Giacomo Leopardis an und 1914 hat er drei Lustspiele von Lodovico Ariosto, Lorenzino de' Medici und Niccolò Machiavelli in deutscher Übertragung herausgebracht.[1] Im Zentrum seiner Übersetzertätigkeit steht indessen die fünfbändige Sammlung *Italienische Dichter seit der Mitte des 18. Jahrhunderts. Übersetzungen und Studien* (1889–1905), in der sich Heyse nicht nur als meisterlicher Übersetzer, sondern auch als akribischer Editor und ebenso sachgerecht wie elegant erläuternder Kommentator präsentiert. Viele der in diesem Werk vorgestellten Autoren waren bis dahin nicht nur in Deutschland unbekannt, manche waren sogar in ihrer italienischen Heimat fast in Vergessenheit geraten. Zu diesen gehört der römische Dialektdichter Giuseppe Gioachino[2] Belli (1791–1863), dessen über 2.200 Sonette nur zum geringsten Teil publiziert waren, als Heyse die schwierige Aufgabe ihrer Übersetzung in Angriff nahm. Gegenstand dieses Beitrags sind weder eine literarhistorische Würdigung Bellis noch die ästhetische Bewertung der Übersetzungen Heyses, sondern die Umstände ihrer Entstehung, das Geflecht der Interessen und Abhängigkeiten, in das die beteiligten Akteure des literarischen Lebens eingebunden sind, und schließlich auch die Spuren, die Heyses Beschäftigung mit Belli in seiner Lyrik hinterlassen hat.

Im Dezember 1877 hat sich Heyse zum zweiten Mal seit 1852 für längere Zeit in Rom aufgehalten. Nach dem Tod des sechsjährigen Sohnes Wilfried am 19. Juni

---

1 Drei italienische Lustspiele aus der Zeit der Renaissance. Übersetzt von Paul Heyse. Jena 1914 (Das Zeitalter der Renaissance. Ausgewählte Quellen zur Geschichte der italienischen Kultur. Hg. von Marie Herzfeld, 1. Serie, Band 9).
2 Die Schreibweise des zweiten Vornamens schwankt; in den zeitgenössischen italienischen Ausgaben lautet er „Gioachino", Heyse verwendet die Form „Gioacchino". – Ich danke Frau Dr. Maria Gazzetti und Frau Dorothee Hock (Casa di Goethe, Rom) herzlich für ihre Gastfreundschaft und die geduldige Beantwortung meiner vielen Fragen.

1877[3] war das Ehepaar Heyse zu einer Italienreise aufgebrochen, in der Hoffnung, die Trauer um den Lieblingssohn auf diese Weise bewältigen zu können. Doch der Schatten der Erinnerung lag über allen Erlebnissen und Unternehmungen, wie aus vielen Briefen Heyses und vor allem aus seinen Gedichten hervorgeht, die auf dieser Reise entstanden sind und die er 1880 in dem Band *Verse aus Italien* veröffentlicht hat. Am 5. Dezember 1877, abends um 9 Uhr 40, waren die Reisenden in Rom angekommen, wo sie nach einigem Suchen eine passende Wohnung an einer prominenten Adresse fanden: „Corso 18 Casa di Goethe", wie Heyse nicht ohne Stolz im Tagebuch notiert.[4] Während des römischen Aufenthalts werden sie Zeugen von Geschehnissen, die man ohne Übertreibung als historisch bezeichnen kann. Das beginnt bereits im Dezember 1877, als der Innenminister Giovanni Nicotera (1828–1894) wegen seiner oppositionellen Einstellung gegenüber Premierminister Agostino Depretis (1813–1887) zurücktreten muss, der seinerseits am 24. März 1878 wegen der Einführung einer Getreidesteuer entmachtet wird. Im selben Jahr wird Innenminister Francesco Crispi (1819–1901) der Bigamie beschuldigt und muss sein Amt aufgeben.[5] – Am 9. Januar 1878 bummeln die Heyses wie gewöhnlich über den Corso, als ihnen plötzlich auffällt, dass man am hellichten Tag alle Geschäfte schließt; bald darauf verbreitet sich die Nachricht, dass König Vittorio Emanuele „um 2 ¼ Uhr gestorben ist", und als ob drei gestürzte Minister und ein toter König noch nicht genug wären, stirbt am 7. Februar 1878 Papst Pius IX. nach dem mit 31 Jahren, 6 Monaten und 25 Tagen längsten Pontifikat der Geschichte.

In literaturgeschichtlicher Hinsicht reichen weder die zurückgetretenen Minister noch der Tod des Königs, ja nicht einmal der Wechsel auf dem Heiligen Stuhl an das Ereignis heran, das Heyse unter dem Datum des 10. Dezember 1877, fünf Tage nach seiner Ankunft in Rom, im Tagebuch vermerkt. In der Buchhandlung Spithöver[6] hat er ein Buch gekauft, das auf seine weitere literarische Tätigkeit eine nachhaltige Wirkung ausüben sollte: „Belli's römische Sonette". Belli hatte zunächst Lyrik in der italienischen Standardsprache geschrieben, berühmt gewor-

---

3 Vgl. dazu Heyses Tagebuchnotizen im Kommentar zu Paul Heyse: Liederquelle, Traum und Zauber. Ausgewählte Gedichte. Hg. von Walter Hettche. München 2013 (Edition Monacensia), S. 304–306.
4 Bayerische Staatsbibliothek München, Abteilung für Handschriften und Alte Drucke, Heyse-Archiv I 39/13 (serifenlose Schrift zeigt lateinische Handschrift an). Aus diesem Tagebuch wird künftig nur noch unter Angabe des Datums zitiert.
5 Vgl. Heyses Sonett „Politisches", in: Verse aus Italien. Skizzen, Briefe und Tagebuchblätter. Berlin 1880, S. 213.
6 Vgl. dazu Friedrich Noack: Das Deutschtum in Rom seit dem Ausgang des Mittelalters. Stuttgart/Berlin/Leipzig 1927, Bd. I, S. 730.

den ist er aber mit seinen Sonetten im römischen Dialekt, die zum größten Teil zwischen 1829 und 1849 entstanden und erst nach seinem Tod herausgegeben worden sind.[7] Heyse hat in seinem Tagebucheintrag nicht vermerkt, welche Edition er bei Spithöver erworben hat, aber sehr wahrscheinlich ist es die Ausgabe der *Duecento Sonetti in dialetto romanesco* gewesen, die Luigi Morandi im Jahr 1870 „con prefazione e note" im Florentiner Verlag Barbèra herausgegeben hat. Eigentlich hätte Heyse die Sonette schon im heimatlichen München studieren können, denn bereits 1869 hatte ihm ein italienischer Freund, der Dichter und Heine-Übersetzer Bernardino Zendrini, eine Belli-Ausgabe geschenkt, und zwar die im selben Jahr von Luigi Morandi herausgegebenen *Sonetti satirici in dialetto romanesco*. Heyses Exemplar hat sich in seinem Nachlass erhalten; es trägt eine eigenhändige Widmung des Freundes: „Al suo *Heyse*, raccomanda questi aurei sonetti B. Zendrini. Padova, 5/6 69."[8]

Aus zwei Gründen erscheint es so gut wie sicher, dass Heyse erst durch Zendrinis Gabe auf Belli aufmerksam wurde. Dafür spricht zunächst die Widmung, mit der Zendrini seinem Freund die Sonette Bellis „empfiehlt"; ein weiteres Indiz ist die Sammlung italienischer Gedichte, die Heyse im Dezember 1868 unter dem Titel *Antologia dei moderni poeti italiani* herausgegeben hat. Obwohl Zendrini seinem Münchner Freund „bei der Sammlung des Materials aufs freundlichste beigestanden" hat,[9] enthält die *Antologia* kein Gedicht von Belli; auch in den – freilich nur unvollständig überlieferten – Briefen Zendrinis an Heyse wird Belli kein einziges Mal erwähnt. Hätten Heyse und Zendrini „questi aurei sonetti" schon

---

[7] Die erste Gesamtausgabe erschien 1889 in sechs Bänden: I sonetti di G. G. Belli. Pubblicati dal nipote Giacomo a cura di Luigi Morandi. Unica edizione fatta sugli autografi. Città di Castello 1889; künftig zitiert: Morandi 1889. – Die Originaltexte Bellis sind im Internet vollständig verfügbar: http://www.intratext.com/Catalogo/Autori/Aut764.htm (letzter Zugriff 5. Februar 2015). Neben den Nachdichtungen Heyses sind für deutschsprachige Leserinnen und Leser die Auswahlausgaben von O. E. Rock hilfreich: 1. Giuseppe Gioachino Belli: Die Wahrheit packt dich ... Eine Auswahl seiner frechen und frommen Verse, vorgestellt und aus dem Italienischen übertragen von Otto Ernst Rock. Mit einem Essay von Gustav René Hocke. München 1978; 2. Die Wahrheiten des G. G. Belli. Römer, Huren und Prälaten. Eine Auswahl seiner frechen und frommen Verse. Vorgestellt und aus dem Italienischen übertragen von Otto Ernst Rock. Frankfurt a. M. 1984. – Informativ sind die Ausführungen von Klaus M. Larisch unter http://www.fulgura.de/extern/kmr/belli.html (letzter Zugriff 5. Februar 2015), der auch die Übersetzungen von Otto Ernst Rock kritisch diskutiert.
[8] Sonetti satirici in dialetto Romanesco, attribuiti a Giuseppe Gioachino Belli, annotati e ridotti alla miglior lezione da Luigi Morandi, con un discorso dello stesso intorno alla satira a Roma, ai Sonetti e alla vita del Belli. Sanseverino-Marche 1869. Heyse-Archiv XII/232.
[9] Heyse an Eduard Hallberger, 10. August 1868; zit. nach: Autographensammlung Maximilian Krauss [Gemeinschaftskatalog der Antiquare Stechern, Wetscherek, Köstler, Koppel, Kotte]. Hamburg u. a. 2004, Nr. 132, S. 57.

1868 gekannt, würden sie in der Anthologie gewiss nicht fehlen. Der entscheidende Auslöser für Heyses intensive Auseinandersetzung mit Bellis römischen Sonetten ist jedenfalls erst der Buchkauf bei Spithöver am 10. Dezember 1877. Kaum hat Heyse das Buch in der Wohnung am Corso ausgepackt, beginnt er mit der Lektüre und fängt sofort Feuer. Schon am 12. Dezember heißt es im Tagebuch: „Ein eigenes Sonett u. vier von Belli. In schöner Frühlingswärme Einkäufe gemacht. Nachm. mit der Tramway nach Ponte Molle, dann noch auf Piazza di Spagna [...]. Wieder zwei Sonette v. Belli übersetzt." So geht es weiter bis kurz vor Weihnachten; es vergeht kaum ein Tag, an dem Heyse nicht eines oder mehrere Sonette Bellis übersetzt hat, innerhalb von zwölf Tagen waren es über 20. Nebenbei hat Heyse im selben Zeitraum noch einiges andere aus dem Italienischen übersetzt und eigene Gedichte geschrieben. Dergleichen muss ihm mit spielerischer Leichtigkeit von der Hand gegangen sein; selbst für einen promovierten Romanisten ist die Schnelligkeit und Sicherheit bewundernswert, mit der er die nicht eben einfach zu verstehenden Gedichte in deutsche Verse überträgt und dabei auch noch den strengen Aufbau der Sonette konserviert. Die beiden Quartette seiner deutschen Versionen sind, wie es sich gehört, allesamt durch Reime verbunden, fast immer in der Form abba abba, selten kreuzgereimt (abab abab), noch seltener in abwechselnden Schemata (abba baab), und niemals erlaubt er sich unverbundene Quartette (abab cdcd), die auch bei Belli nicht vorkommen.

Selbstverständlich hat Heyse die ersten Niederschriften noch überarbeitet, und auch nach der Rückkehr aus Italien am 8. Mai 1878 hat er weitere Sonette Bellis übersetzt, auch solche, die in der bei Spithöver gekauften Ausgabe von 1870 nicht enthalten waren und die er aus den *Poesie inedite* von 1865/66 und der Aufsatzfolge „Il poeta romanesco G. G. Belli e i suoi sonetti inediti" von Domenico Gnoli kannte.[10] Auch mit dieser Arbeit war er schnell fertig, und schon am 21. Juni 1878 konnte er 30 Sonette an Julius Rodenberg schicken, den Herausgeber und Chefredakteur der renommierten Zeitschrift *Deutsche Rundschau*, wo sie im Oktober 1878 im Druck erschienen sind. In seiner gründlichen Einleitung charakterisiert Heyse den in Deutschland weitgehend unbekannten Belli, seine Sonettdichtung und ihren Entstehungskontext: „[...] der eigentliche Lebensathem dieser

---

10 Domenico Gnoli: Il poeta romanesco G. G. Belli e i suoi sonetti inediti. In: Nuova antologia di scienze, lettere ed arti 36 (1877), S. 785–807 sowie 37 (1878), S. 29–57 und S. 454–499. – In der Vorrede zur Belli-Übersetzung von 1893 behauptet Heyse, 1878 sei ihm nur Morandis Ausgabe von 1870 bekannt gewesen, was nachweislich nicht stimmt. Paul Heyse: Giuseppe Gioachino Belli noch einmal. In: Deutsche Rundschau 76 (1893), S. 348–366, hier S. 348; künftig zitiert: DR 76 (1893); Paul Heyse: Italienische Dichter seit der Mitte des 18. Jahrhunderts. Übersetzungen und Studien. 5 Bde. Berlin bzw. Stuttgart/Berlin 1889–1905, S. 18; künftig zitiert: ID.

Zeitchronik ist der Haß gegen die verrotteten Zustände und schreienden Mißbräuche, die unter dem päpstlichen Regiment, zumal Gregor's XVI., nach den revolutionären Bewegungen des Jahres 1831 von Neuem, und drückender als je zuvor, um sich gegriffen hatten."[11] In seinen Sonetten zeichnet Belli ein plastisches Bild der gesellschaftlichen Zustände im Kirchenstaat, vom Alltagsleben der kleinen Leute in Trastevere, vor allem aber von der allgegenwärtigen Kriminalität, der Korruption und der moralischen Verkommenheit der Priester, der Kardinäle und des Papstes. Den radikalen Wandel, den Belli nach dem Scheitern der „Römischen Republik" des Jahres 1849 vollzogen hat, schildert Heyse zwar mit spürbarem Befremden, aber doch mit dem Bemühen um Verständnis für die Motive des Dichters. Bellis Mitarbeit bei der päpstlichen Theaterzensur (seit 1852) verschweigt er allerdings.[12]

Zu den biographisch-literarhistorischen Ausführungen fügt Heyse eine Erläuterung seiner Übersetzungsprinzipien.[13] Schon im Brief an Rodenberg hatte er den Redakteur schonend darauf vorzubereiten versucht, was ihn in diesen Übersetzungen erwarten würde: „Daß ich von den Sonetten keines missen möchte, gestehe ich ehrlich. Ohnehin geht so viel vom röm. Volkston durch unser geliebtes zahmes Deutsch verloren, daß die wenigen Derbheiten, die Ihnen vielleicht anstößig erscheinen, nicht noch geopfert werden dürften."[14] Heyse spricht bewusst nicht von Übersetzungen, sondern von „gereimten Nachdichtungen", mit denen er im Grunde „etwas Unmögliches zu leisten unternommen" habe, „da von der populären Frische und Eigenart, der ganz einzigen Unmittelbarkeit und Schlagfertigkeit dieser Dialekt-Dichtungen in einer hochdeutschen Nachbildung oft gerade das ‚Anzüglichste' verloren gehen muß".[15] Das „Anzüglichste" ist ein doppeldeutiges Wort, und dass Heyse bewusst mit beiden Bedeutungen spielt, hebt er hervor, indem er es in Anführungszeichen setzt: Es bedeutet sowohl ‚anziehend' als auch ‚schlüpfrig' oder ‚anstößig'. Was Heyse damit meint und wie er diese Stellen ins Deutsche zu übertragen versucht, lässt sich an der Übersetzung eines der berühmtesten Sonette Bellis zeigen:

---

11 Paul Heyse: Giuseppe Gioachino Belli, ein römischer Dialektdichter. In: Deutsche Rundschau 17 (1878), S. 145; künftig zitiert: DR 17 (1878).
12 DR 17 (1878), S. 146.
13 Vgl. dazu Roberto Bertozzi: Paul Heyse als Übersetzer und Vermittler der italienischen Literatur in Deutschland. In: Roland Berbig/Walter Hettche (Hg.): Paul Heyse. Ein Schriftsteller zwischen Deutschland und Italien. Frankfurt a. M. u. a. 2001 (Literatur – Sprache – Region 4), S. 31–52, hier S. 40–42.
14 Heyse an Rodenberg, 21. Juni 1878. Klassik Stiftung Weimar, Goethe- und Schiller-Archiv, GSA 81/V,9,1.
15 DR 17 (1878), S. 136–160, hier S. 137.

Er deserto[16]

Dio ne guardi, li santi e la Madonna
D'annà ppiù ppe giuncata a sto procojjo.
Prima .... che pposso dì? pprima me vojjo
Fà squartà dda un norcino a la Ritonna.

Fà ddiesci mijja e nun vedè una fronna!
Imbatte ammalappena in quarche scojjo!
Dapertutto un zilenzio com'un ojjo,
Che ssi, strilli nun c'è cchi tt'arisponna!

Dove te vorti, una campaggna rasa
Come sce sii passata la pianozza,
Senza manco l'impronta d'una casa!

L'unica cosa sola c'ho ttrovato
in ttutt'er viaggio, è stata una bbarrozza
Cor barrozzaro ggiù morto ammazzato.

Die Campagna[17]

Bei Gott, Madonna und den Heil'gen – nein!
Nie werd' ich wieder Canna holen gehen.
Das Aergste lass' ich lieber mir geschehen,
Ich will mit Haut und Haar des Teufels sein!

Kein Baum zehn Miglien weit in's Land hinein,
Kaum irgendwo ein Brocken Fels zu sehen.
So todtenstill, – man hört den Athem wehen;
Kein Mensch antwortet, fängst du an zu schrei'n.

Wohin du schaust – nur Eb'ne, kahl und offen,
Als wär' der Hobel drüber hingefegt,
Nicht Haus noch Hütte – mir ward schlimm zu Muthe.

Das Einz'ge, was ich unterwegs getroffen,
War nur ein Karren, überquer gelegt,
Und drin der Kärrner todt in seinem Blute.

Unmittelbar nachdem Heyse die ersten 30 Sonette Bellis in seiner Übersetzung an die *Deutsche Rundschau* geschickt hatte, fand der Herausgeber Rodenberg schon etwas zu bemängeln. Am 23. Juni 1878 schreibt er an Heyse, er möge ihm doch bitte „den Gefallen thun, eine Zeile zu ändern, oder wenigstens in der einen Zeile ein

---

[16] Giuseppe Gioachino Belli: Poesie inedite. Bd. IV. Rom 1866, S. 280.
[17] DR 17 (1878), S. 158f.; ID Bd. III, S. 334f.

Wort: es ist die 4. in der ‚Campagna': ‚Castriren[18] soll man mich wie'n armes Schwein!['] Wenn Ihnen für die ganze Verszeile etwas Hübscheres einfiele, so würde mir das sehr recht sein; aber ‚castriren' – *das* geht wirklich nicht, lieber Freund – dagegen sträubt sich mir das verantwortliche Herz im Busen! Ich baue auf Ihre Freundschaft; es wird Ihnen schon eine andere Wendung einfallen u. mir nehmen Sie eine Last von der Seele."[19] Wiederum zwei Tage später antwortet Heyse, teils amüsiert, teils spöttisch: „‚Man soll mich abbrühn wie ein todtes Schwein' oder ‚ich will mit Haut und Haar des Teufels sein', lieber Freund, wenn ich es nicht unverantwortlich fände, Ihr verantwortliches Herz so schwer zu compromittiren. Ich habe diesem zartfühlenden Redacteurherzen einige fijjacci de miggnotte [Hurensöhnchen, W. H.] geopfert und alle schönen Seelen in userm lieben Vaterlande werden es mir danken. Also sei's auch um *diese* Castrirung in usum Delphini!"[20] Rodenberg hat sich für die ebenso harmlose wie falsche Alternative entschieden: „Da Sie mir die Wahl zwischen ‚Teufel' u. ‚Schwein' gelassen, habe ich mich für den ersteren entschieden, es macht sich besser! Und ich glaube, Sie werden mir am Ende noch dankbar sein für den sanften Zwang."[21]

Während Heyse also, anders als Rodenberg, keine Probleme mit einem kastrierten Schwein hatte, ist er bei anderen Kraftausdrücken doch vorsichtiger. Er hat sich einige raffinierte Methoden überlegt, um sich in seinen Übersetzungen einerseits nicht allzu weit vom Originaltext zu entfernen, andererseits aber doch den geforderten Anstand zu wahren. Seine Übersetzungen der beiden folgenden Sonette sind Beispiele dafür:

L'upertura der concrave[22]

Senti, senti castello come spara!
Senti montescitorio come sona!
è sseggno ch'è ffinita sta caggnara,
e 'r Papa novo ggià sbenedizziona.

---

18 Im Erstdruck steht in Vers 4 nicht „kastrieren", sondern „schlachten" („squartà", von „squartare", wörtlich „vierteilen"). Auf „kastrieren" ist Heyse möglicherweise durch den Druck in Gnolis Aufsatz (Anm. 10) gekommen; dort lautet die Stelle „Fà c.... dda un norcino" (Nuova antologia 37 [1877], S. 456).
19 Bayerische Staatsbibliothek München, Abteilung für Handschriften und Alte Drucke, Heyse-Archiv VI/Rodenberg.
20 Heyse an Rodenberg, 25. Juni 1878. Klassik Stiftung Weimar, Goethe- und Schiller-Archiv, GSA 81/V,9,1 (serifenlose Schrift zeigt lateinische Handschrift an).
21 Rodenberg an Heyse, 29. Juni 1878. Bayerische Staatsbibliothek München, Abteilung für Handschriften und Alte Drucke, Heyse-Archiv VI/Rodenberg.
22 Morandi 1889, Bd. I, S. 93.

Bbe'? cche Ppapa averemo? è ccosa chiara:
o ppiù o mmeno la solita-canzona.
Chi vvôi che ssia? quarc'antra faccia amara.
Compare mio, Dio sce la manni bbona.

Comincerà ccor fà aridà li peggni,
cor rivôtà le carcere de ladri,
cor manovrà li soliti congeggni.

Eppoi, doppo tre o cquattro sittimane,
sur fà de tutti l'antri Santi-Padri,
diventerà, Ddio me perdoni, un cane.

Der Schluß des Conclave[23]

Horch! Vom Castell* dröhnt's, daß die Wände beben,
Und wie sie auf Montecitorio läuten!
Das Hundsgezänk ist aus, will Das bedeuten,
Der neue Papst** wird gleich den Segen geben.

Nun? Und wen kriegen wir zum Papst? 's ist eben
Das alte Lied, Gevatter, wie vor Zeiten:
Die Schlange muß von Zeit zu Zeit sich häuten.
Gott mach's nur gnädig, was wir jetzt erleben!

Zu Anfang giebt die Pfänder er zurück,
Holt aus dem Kerker alle Missethäter
Und fragt, was dem getreuen Volk gefalle.

Dann, drei, vier Wochen später, hat er's dick,
Thut, was gethan die andern heil'gen Väter,
Und wird, verzeih' mir's Gott, so schlimm wie Alle.

* Castel Sant' Angelo, die Engelsburg.
** Gregor XVI.

Er Conciastoro[24]

Disce ch'a ssentì er Papa in Conciastoro,
Quanno sputa quarch' antro cardinale,
Ce sarebbe da fàcce un carnovale
Da vénne' li parchetti a ppeso d'oro.

Principia a inciafrujjà che ppe' ddecoro
De tutto cuanto er monno univerzale,

---

23 Die Zukunft 6 (1894), S. 31 f.; ID Bd. V, S. 25.
24 Giuseppe Gioachino Belli: Duecento sonetti in dialetto romanesco. Con prefazione e note di Luigi Morandi. Prima edizione fiorentina. Florenz 1870, S. 119.

Vorrebbe dà' er cappello ar tale, ar tale ...
E llì aricconta le prodezze loro.

Ariccontate ste prodezze rare,
Passa a ddì: – Vvenerabbili fratelli!
Je lo volémo dà? cche vve ne pare? –

Detto accusì, senz' aspettà cche cquelli
Je mettino la bbocca in ne l' affare,
Vôrta er culo, e spedisce li cappelli.

Das Consistorium[25]

So oft der Papst ein Consistorium hält,
Um einen neuen Cardinal zu machen,
Soll's, sagt man, 'ne Comödie sein zum Lachen,
Man zahlte gern sein schweres Eintrittsgeld.

Erst schwatzt er lang und breit, wie aller Welt
Zu Nutz und Frommen und zum Hort der Schwachen
Er Den und Den erwählt und was für Sachen
Zum Heil der Kirche sie schon angestellt.

Ist er damit zu Ende, fährt er fort:
Ehrwürd'ge Brüder, glaubt ihr, sie verdienen
Den rothen Hut? Erwägt's in Lieb' und Güte! –

Kaum das gesagt, eh noch ein Sterbenswort
Die Andern dreingeredet, kehrt er ihnen
Den H– –n zu und expedirt die Hüte.

In beiden Sonetten wird der Papst mit einem beleidigenden Ausdruck bedacht, ausgerechnet in der Pointe des letzten Verses, der wie der erste besonders leicht im Gedächtnis bleibt. Dass der Papst sich binnen kurzem zu „un cane" entwickelt, übersetzt Heyse nicht wörtlich, aber nicht etwa, weil er kein passendes Reimwort findet; davon gäbe es im Deutschen genug. „Hund" als Metapher für den Papst ist selbst für den Atheisten Heyse tabu, und so nimmt er dem Fluch mit dem Vergleich „so schlimm wie Alle" seine Schärfe.

Im Sonett „Er Conciastoro" sind ähnliche Tendenzen zu beobachten. Italo Michele Battafarano hat im Detail gezeigt, wie sehr Heyse den blasphemischen Charakter des Gedichts verschleiert, etwa, wenn er den Vers „uanno sputa quarch' antro cardinale" einfach mit „Um einen neuen Kardinal zu machen" übersetzt. Vor allem im Schlussvers ist Heyses Vorsicht bei der Wiedergabe von Bellis derber Sprache zu erkennen. Wer vor dem „cane" zurückschreckt, wird vom „culo" des

---

25 DR 17 (1878), S. 148; ID Bd. III, S. 319f.

Papstes erst recht nicht sprechen wollen, und so vermeidet Heyse auch hier die eigentlich richtige Übersetzung, aber auch das etwas manierlichere Wort „Hintern" ist ihm offenbar zu stark, so dass er es abkürzt und nur den ersten und den letzten Buchstaben stehen lässt. Aber in der Fußnote zitiert er den Vers in italienischer Sprache ohne jede Auslassung: „Vôrta er culo e spedisce li cappelli". Battafarano schreibt dazu in seinem Buch *Dell' arte di tradur poesia*: „La lascia però in italiano in nota, non ritenendola decente in traduzione tedesca".[26] Überhaupt attestiert Battafarano der Übersetzung Heyses „una certa tendenza a uniformare al proprio stile tutti i poeti italiane che traduce".[27] Auf die Vermeidung des Wortes „Hintern" im zitierten Sonett trifft diese Begründung aber gar nicht zu; grundsätzlich ist der Hintern weder für Heyse noch für Rodenberg problematisch. In der Übersetzung eines anderen Sonetts, „La carità ddomenicana", steht es im Haupttext, ohne dass der Redakteur daran etwas auszusetzen hätte:

Die christliche Liebe der Inquisition[28]

Ich weiß von Leuten, die sich drauf verstehen,
Daß nicht das Sant' Uffizio immer ruht,
Bis die Schismatiker- und Ketzerbrut
Am jüngsten Tag muß vor den Richter stehen.

Wenn irgend schwerer Unfug ist geschehen,
So nimmt es Hinz und Kunz in seine Hut
Und geißelt ihre Hintern bis auf's Blut,
Damit sie Buße thun und in sich gehen.

Der Herr Großinquisitor, wenn sie eben
Zum Heil der Seelen ihre Prügel kriegen,
Frühstückt dabei und lobt des Herren Gnade.

Nur stärker! ruft er. Keinen Schlag daneben!
Laßt, Kinder, nicht die Macht der Hölle siegen! –
Und tunkt den Zwieback in die Chocolade.

Hier prangt der „Hintern" unabgekürzt und unverhüllt im 7. Vers – das Wort ist also in deutschen Publikationen offenkundig nicht verboten, es kommt nur auf den Zusammenhang an, in dem es verwendet wird: Geht es um „Hinz und Kunz", darf

---

26 Italo Michele Battafarano: Dell'arte di tradur poesia: Dante, Petrarca, Ariosto, Garzoni, Campanella, Marino, Belli. Analisi delle traduzioni tedesche dall'età barocca fino a Stefan George. Bern u. a. 2006, S. 161.
27 Battafarano: Dell'arte di tradur poesia (Anm. 26), S. 160.
28 DR 17 (1878), S. 150; ID Bd. III, S. 322 f. – Textgrundlage für Heyses Übersetzung ist die Version aus dem Aufsatz von Gnoli (Anm. 10) in der Nuova antologia 37 (1878), S. 466.

man „Hintern" sagen; wenn vom Papst die Rede ist, sollte man es lieber nicht tun. Das hat aber nichts mit Heyses „proprio stile" zu tun (obwohl er das Wort in seinen eigenen Werken niemals gebrauchen würde), sondern mit handfesten gesetzlichen Vorschriften. In § 166 des deutschen Reichsstrafgesetzbuchs vom 1. Januar 1872 steht: „Wer dadurch, daß er öffentlich in beschimpfenden Äußerungen Gott lästert, ein Ärgerniß gibt, oder wer öffentlich eine der christlichen Kirchen oder eine andere [...] bestehende Religionsgesellschaft oder ihre Einrichtungen oder Gebräuche beschimpft, [...] wird mit Gefängniß bis zu drei Jahren bestraft." Bei einem anderen, in Bellis Sonetten über zweihundert Mal vorkommenden Wort hört aber auch für Heyse der Spaß auf; nicht einmal in einer Fußnote traut er sich es zu zitieren.

Er duello de Dàvide[29]

Cos'è er braccio de Ddio! mannà un fischietto
contr'a cquer buggiarone de Golia,
che ssi n'avessi avuto fantasia,
lo poteva ammazzà ccor un fichetto!

Eppuro, accusí è. Ddio bbenedetto
vorze mostrà ppe ttutta la Ggiudia
che cchi è ddivoto de Ggesú e Mmaria
pò stà ccor un gigante appett'appetto.

Ar véde un pastorello co la fionna,
strillò Ggolia sartanno in piede: „Oh ccazzo!
sta vorta, fijjo mio, l'hai fatta tonna".

Ma er fatto annò cch'er povero regazzo,
grazzie all'anime sante e a la Madonna,
lo fesce cascà ggiú ccome un pupazzo.

Der Zweikampf David's[30]

Da seht den Arm des Herrn! Er schickt 'nen Knaben
Dem Prahlhans, diesem Goliath entgegen,
Der solch ein Knirpschen, wär' ihm dran gelegen,
Mit einem Nasenstüber konnt' begraben.

Doch Gott verlieh ihm wundersame Gaben,
Der Judenschaft zu zeigen allerwegen:
Wem Jesus und Maria giebt den Segen,
Dem weiß ein Riese selbst nichts anzuhaben.

---

29 Morandi 1889, Bd. II, S. 337.
30 DR 76 (1893), S. 358f.; ID Bd. V, S. 49f.

> Als dieser Knab' die Schleuder nun erhub,
> Fuhr Goliath auf und schrie: Beim Licht der Sonne!
> Diesmal, mein Sohn, versalz' ich dir die Suppe.
>
> Doch ist's ein Factum, daß der Hirtenbub,
> Dank allen Heiligen und der Madonne,
> Den Kerl hinpurzeln ließ wie eine Puppe.

Einer wörtlichen Übersetzung des Wortes „cazzo" steht hier allein schon der biblische Kontext mit den Nennungen Gottes und der Namen Jesus und Maria entgegen, so dass auch hier die Strafandrohung aus dem vorhin zitierten Paragraphen in bedenkliche Nähe rückt. Nicht unbedingt bei diesem Gedicht, aber bei einigen anderen kommt noch ein weiteres Vergehen in Betracht, für das es im deutschen Reichsgesetzbuch den § 184 gibt. Er betrifft die Verbreitung pornographischer Schriften: „Wer unzüchtige Schriften, Abbildungen oder Darstellungen verkauft, vertheilt oder sonst verbreitet, oder an Orten, welche dem Publikum zugänglich sind, ausstellt oder anschlägt, wird mit Geldstrafe bis zu dreihundert Mark oder mit Gefängniß bis zu sechs Monaten bestraft" (Fassung vom 20. März 1876). Heyse behilft sich, indem er „oh cazzo" mit „Beim Licht der Sonne" übersetzt, eine Floskel, die in der deutschen Sprache völlig ungebräuchlich ist. So ganz wohl ist ihm dabei nicht, so dass er erneut eine Fußnote setzt, in der er anmerkt: „Im Original bedeutend kräftiger: Oh cc ....!" Hier gerät der eigentlich auf möglichste Genauigkeit bedachte Philologe Heyse in Widerstreit mit dem aller naturalistischen Drastik abgeneigten Ästheten: Einerseits erkennt er die poetische Qualität der Sonette Bellis und will dieser Dichtung in Deutschland zu größerer Bekanntheit verhelfen, andererseits muss er dabei viele Kompromisse eingehen – durchaus auch mit seinem Schönheitsideal, vor allem aber mit den Rücksichten auf Redakteure, Verleger, den Publikumsgeschmack und vor allem auf die gesetzlichen Regeln. Als Heyse 15 Jahre nach der ersten Publikation seiner Belli-Übersetzungen in der *Deutschen Rundschau* derselben Zeitschrift eine weitere Folge der Sonette anbot, war er bei seiner zweiten Auswahl ebenso vorsichtig wie bei der ersten; trotzdem erklärt er sich im Brief an Julius Rodenberg vom 14. Mai 1893 zu weitergehenden Zugeständnissen bereit: „Ich sähe die bunte Reihe ungern decimirt, wenn ich mich auch dazu verstehen würde, einige Sachen, die vielleicht zaghaften Gemüthern Anstoß geben möchten oder ganz mit dem Preßgesetz in Conflict kämen, für die Veröffentlichung in einer Zeitschrift zurückzubehalten."[31] Nach § 20 des „Gesetzes über die Presse" von 1874 unterlag der Inhalt von Druckschriften „den bestehenden allgemeinen Strafgesetzen"; so konnten zum Beispiel Zeitschriften beschlagnahmt werden, wenn sie Verstöße

---

31 Klassik Stiftung Weimar, Goethe- und Schiller-Archiv, GSA 81/V,9,1.

gegen § 184 des Reichsstrafgesetzbuchs enthielten. Man kann Heyse also nicht vorwerfen, er halte sich in seinen Belli-Übersetzungen „in viel zu vornehmer Distanz von der drastischen Sprache der Originale", weil er die „strengen Sittenrichter" und „Hüter des öffentlichen Sprachgebrauchs"[32] fürchte – es geht ihm in erster Linie darum, den Herausgeber der *Deutschen Rundschau* (und natürlich auch sich selbst) vor strafrechtlichen Konsequenzen zu bewahren. Die sogenannte öffentliche Meinung ist ihm, wie er oft genug bewiesen hat, herzlich gleichgültig gewesen, aber mit dem Pressegesetz oder gar mit dem Strafgesetz wollte er nicht gerne in Konflikt geraten. Aus demselben Grund hatte ja auch Belli nicht gewagt, seine Sonette drucken zu lassen und sich gegen Ende seines Lebens von ihnen distanziert, und auch die italienischen Herausgeber der postumen Ausgaben sind zurückhaltend, was Obszönitäten betrifft. Vor dem „culo" graust es Morandi nicht, wohl aber vor der „putanna" und dem „cazzo", der in der Edition von 1870 immer mit „ca..o" abgekürzt wird, was angesichts der selbstverständlich ausgeschriebenen Reimwörter palazzo, pavonazzo, mazzo, pupazzo und strapazzo einigermaßen albern wirkt.

Damit nicht nur die Leser der *Deutschen Rundschau* die Belli-Übersetzungen von 1878 kennenlernten konnten, wollte Heyse die Nachdichtungen auch in seinen Gedichtband *Verse aus Italien* aufnehmen, der Ende 1879 (mit der Jahreszahl 1880) in Heyses Stammverlag von Wilhelm Hertz in Berlin erschien. Die Übersetzungen italienischer Lyrik waren für ihn ein integraler Bestandteil seiner Dichtung, und so hatte er schon in seinem ersten selbständigen Lyrik-Band, den *Gesammelten Gedichten* von 1872, einige seiner Übertragungen mitgeteilt. Für die *Verse aus Italien* hat er einige Beispiele „Aus der neueren italienischen Lyrik" ausgewählt, darunter Gedichte von Bernardino Zendrini (der vor dem Erscheinen des Buches mit 40 Jahren verstarb, wie Heyse in einer Fußnote noch mitteilen konnte), von Vittorio Imbriani und, besonders wichtig, Giosuè Carducci. Von ihm hat Heyse einige der gerade (1877) erschienenen *Odi Barbare* übersetzt; das sind Heyses einzige Versuche in antiken Odenformen. Warum aber ist Belli in diesem Gedichtband nicht vertreten? Es ist die Schuld des Dichters Emanuel Geibel, dem der junge Heyse viel verdankte, unter anderem die Aufnahme in den Berliner Literatenverein „Tunnel über der Spree" und 1854 auch die Berufung an den Hof des bayerischen Königs Maximilian II. Heyse vertraute ihm in literarischen Fragen, und so war es für ihn von großem Gewicht, was Geibel über seine Auswahl italienischer Gedichte am 16. Februar 1879 zu sagen hatte:

---

[32] Gabriele Kroes-Tillmann: Paul Heyse Italianissimo. Über seine Dichtungen und Nachdichtungen. Würzburg 1993 (Studien zur Literatur- und Kulturgeschichte 5), S. 192 und S. 195.

> Die Aufnahme der Übersetzungen, die ich mit großem Interesse gelesen habe, wenn mir auch der dichterische Wert der Originale ungleich scheint, halte ich für durchaus angemessen, da durch sie das Bild Deiner italienischen Eindrücke vervollständigt wird. Nur bei Belli hat sich mir die Frage aufgedrängt, ob sein derb prosaischer, mitunter zynischer Ton nicht allzu disharmonisch gegen die zarte Innigkeit der unmittelbar vorausgehenden Tagebuchblätter abstechen würde. Jedenfalls wären B.'s Sonette wohl mit einer kurzen historischen Einleitung oder Anmerkung zu versehen, da er nicht mehr ganz der Gegenwart angehört und nicht selten an Dinge und Ereignisse anknüpft, die für uns bereits weit zurückliegen.[33]

Heyse hat daraufhin von einer Publikation der Sonette Bellis in den *Versen aus Italien* abgesehen, in Buchform erschienen sie dann erst 1889 im dritten Band von Heyses fünfbändiger Edition *Italienische Dichter*. Auch dort schließt Heyse, wie schon 1878 in der *Deutschen Rundschau*, seine Einleitung des Belli-Kapitels mit dem mahnenden Satz: „Eine Gesammtausgabe bleibt eine Ehrenpflicht der italienischen Nation."[34] Als er 1893 und 1894 wiederum mit einer Anzahl neu übersetzter Sonette Bellis an die Öffentlichkeit trat, war dieser Wunsch in Erfüllung gegangen: Für seine 1893 und 1894 in der *Deutschen Rundschau* und der *Zukunft* gedruckten neuen Übersetzungen konnte Heyse die inzwischen erschienene sechsbändige Edition von Morandi benutzen. Im fünften und letzten Band der Sammlung *Italienische Dichter* hat er sie im Jahr 1905 noch einmal publiziert. Für lange Zeit waren dies die einzigen Übersetzungen der Sonette Bellis in deutscher Sprache; das gilt übrigens auch für viele andere Gedichte italienischer Autoren, die Heyse ins Deutsche übertragen und in den *Italienischen Dichtern* vorgestellt hat.

Heyses eigene Lyrik ist von Bellis Dichtung kaum beeinflusst worden. Nur einmal, unter dem beinahe gleichzeitig gewonnenen unmittelbaren Eindruck der Belli-Lektüre und der Exequien für den verstorbenen Papst Pius IX., hat er ein Gedicht geschrieben, das den Vergleich mit den antipapistischen Sonetten Bellis aushält. Am 15. und 16. Februar 1878 entwirft er die Versepistel mit dem Titel „An die zu Hause Gebliebenen",[35] über deren Entstehung er in einem kuriosen Tagebucheintrag vermerkt: „Die erste Pabstepistel niedergeschrieben. Anna im Négligé gezeichnet." Im Vergleich der Tagebuchnotizen mit dem Versbrief lässt sich detailliert verfolgen, wie Heyse die flüchtig festgehaltenen Eindrücke in ein Gedicht transformiert, was er beibehält, hinzufügt oder ausschmückt. Am 7. Februar 1878 erfährt er auf dem Weg zum Mittagessen, „daß der Pabst im Sterben sei." Den Restaurantbesuch lässt er sich deswegen nicht nehmen, aber „Eiligst nach Tische"

---

33 Der Briefwechsel von Emanuel Geibel und Paul Heyse. Hg. von Erich Petzet. München 1922, S. 275.
34 DR 17 (1878), S. 147; ID Bd. III, S. 318.
35 Paul Heyse: Verse aus Italien (Anm. 5), S. 113–120.

geht es „zum Vatican", nicht etwa aus großer Verehrung für den Sterbenden, sondern um „die Pinacoteca doch noch zu sehen", bevor die zu erwartenden Ereignisse um den Tod eines Papstes und die Inauguration eines neuen Pontifex solche Besichtigungen unmöglich machen. Die Heyses haben Glück und können die Pinacoteca noch besuchen. Auf dem Rückweg haben sie einen „herrliche[n] Blick aus der obersten Galerie" und genießen „noch einmal die Stanzen [...]. Unten steht dichtes Volk die Nachrichten erwartend, der innere Hof voll Kardinalswägen, der ganze Weg mit Karossen der Papalini befahren." Diese Stimmung hat Heyse auch im Gedicht beibehalten:

> Da er lag im Todesgraus
> Ringend, mit entfärbtem Munde,
> Machten wir in seinem Haus
> Schaubegierig noch die Runde.
>
> Ganz wie sonst im Vatican
> Durch die Schweizer, Pfaffen, Schranzen
> Stieg die Fremdenschaar hinan
> Zur Sistina und den Stanzen.
>
> Und doch wußt' es alle Welt:
> Heut noch unter diesem Dache
> Athmet aus der Glaubensheld,
> Der verwegne, blinde, schwache.

Um 6 Uhr 30 nachmittags stirbt Pius IX.; „Rom ist ruhig", vermerkt Heyse im Tagebuch, und aus dieser Notiz entfaltet er in seinem Gedicht eine kleine Szene, in der die unbeteiligte Haltung der Römer anschaulich wird:

> Wohl herab vom Petersdom
> Klagt' um ihn ein ernst Geläute,
> Doch gelassen sagte Rom:
> Also wirklich? starb er heute? –

Fünf Tage nach dem Tod des Papstes, am 12. Februar 1878, mischt sich auch das Ehepaar Heyse unter die Gläubigen und die Schaulustigen, die den aufgebahrten Leichnam im Petersdom sehen wollen. Im Tagebuch schreibt Heyse: „Um ½12 nach S. Pietro gefahren, das Gewühl mäßig, sehr ordentliche Vorkehrungen, durch Soldatenspaliere den Zudrang abzuhalten. Der Pabst liegt dicht am Gitter der Kapelle rechts, [...] ganz in Roth mit rother spitzer Mitra, rothen Handschuhen, der Fischerring zu sehen. Das Gesicht ironisch lächelnd." Auch hier gelingt es ihm wieder, die knappe Tagebuchnotiz in eine bewegte, farbenfrohe Szenerie zu verwandeln:

> Zwar, da sie ihn aufgebahrt,
> In der Sacramentskapelle,
> Wogt die Volksflut buntgeschaart
> Um des hohen Tempels Schwelle.
>
> Blöde Neugier, Lachen, Schrei'n –
> Und so sind die Menschenwogen
> Zu dem Katafalk hinein
> Nach dem Gitterthor gezogen.
>
> Rothgekleidet, rothbemützt,
> Rothbehandschuht lag die Leiche,
> Kerzenschimmerüberblitzt
> Das Gesicht, das wächsernbleiche.
>
> Um die Wangengrübchen schier
> Zuckt's wie ein ironisch Lachen,
> Gleich als spräch' er: Kinder, ihr
> Treibt auch gar zu tolle Sachen.
>
> War's genug des Wahnsinns doch,
> Lebend mich als Gott zu grüßen.
> Müßt ihr meiner Leiche noch
> Brünstig den Pantoffel küssen? –
>
> Doch die Wache mahnt und ruft
> Ihr avanti! ins Gedränge,
> Und hinaus in bessre Luft
> Retten wir uns aus der Menge.

Ein neuer Papst ist schnell gewählt; am Mittwoch, dem 20. Februar 1878 hat Heyse laut Tagebuch „Bei Tische erfahren Habemus pontificem, Padre Pecci", der sich als Papst Leo XIII. nennen wird. Er sei „Intransigent", fügt Heyse hinzu, was wohl zutrifft. Auch dieser Papst wird lange im Amt bleiben, nämlich über 25 Jahre.

Abgesehen von dieser aus eigenem Erleben gespeisten diaristischen und poetischen Durchdringung hat sich Heyse mit den Päpsten, dem Papsttum und dem Katholizismus in seiner ‚italienischen' Lyrik kaum mehr beschäftigt. Auch an den antipapistischen und kirchenkritischen Sonetten Bellis hat ihn am meisten fasziniert, was schon Luigi Morandi in der Einleitung zu seiner Edition der *Sonetti satirici* von 1869 als Charakteristikum der römischen Sonette Bellis benannt hat: „Quasi tutti i sonetti del Belli rappresentano una piccola scena, di qui è sempre protagonista un popolano".[36] Heyse gefällt gerade der „Zug dramatischer Lebendigkeit", der „durch diese Tausende einzelner Genreszenen" geht, wie er in der

---

[36] Sonetti satirici (Anm. 8), S. 41.

Einleitung zur ersten Sammlung seiner Belli-Übersetzungen schreibt.[37] Er hat die Gedichte nicht nur wegen ihrer ästhetischen Qualität geschätzt, sondern vor allem wegen ihrer Bedeutung als kulturhistorische Dokumente einer vergangenen Zeit: „Das päpstliche Rom, wie Belli es geschildert, ist heut' verschwunden. An seine Stelle ist die Hauptstadt des einigen Italiens getreten und hat in wenigen Jahren schon die Physiognomie der Bevölkerung durch das Zuströmen fremder Elemente so fühlbar verändert, daß viele der bedeutsamsten Charakterzüge, die Belli belauschen und nachbilden konnte, heute schon verwischt oder völlig erloschen scheinen."[38] Und wie diese einzelnen kleinen alltäglichen Dialogszenen auch für die heutigen Leser der reizvollste Teil der Sonettdichtung Bellis sein dürften, hat offensichtlich auch Heyse daran am meisten Gefallen gefunden; wenn es in seiner Lyrik Spuren eines Belli-Tons gibt, dann führen sie tatsächlich auf genau die Sonette zurück, denen Heyse in seiner zweiten Belli-Sammlung die Überschrift „Stadtklatsch und Volkscharakter" gegeben hat. Mit Giorgio Gelosi kann man finden, das Sonett „Zwei Bübchen sah ich heut'"[39] klinge „an Bellis Art an",[40] und auch der Gedichtzyklus „Hauspoesie" in den *Neuen Gedichten und Jugendliedern* (1897) könnte von Belli angeregt worden sein. Die dialogische Struktur dieser Gedichte – zum Beispiel „Der verlorene Sohn" und „Alte Möbel" – erinnert an die Alltagsgespräche aus Bellis Sonetten, was nicht zuletzt an der gewählten Versform liegt: In sechs von neun Gedichten der „Hauspoesie" verwendet Heyse den geschmeidigen Endecasillabo, dem Bellis Sonette zu einem guten Teil ihre von Heyse gepriesene „dramatische", also im Präsens inszenierte Lebendigkeit verdanken, ist er doch zur Simulation gesprochener Alltagsrede weit besser geeignet als die strengeren vierhebigen Romanzenverse und das Präteritum des distanzschaffenden Balladentons der Epistel „An die zu Hause Gebliebenen". Allerdings verzichtet Heyse, seinem Stilideal entsprechend, auf die für Bellis Sonette typischen umgangssprachlichen Wendungen, von Vulgarismen ganz zu schweigen.

Während von einem nennenswerten Einfluss Bellis auf die Mikrostruktur der Gedichte Heyses also kaum gesprochen werden kann, zeigen seine Publikationsstrategien strukturelle Ähnlichkeiten mit Bellis Sonettdichtung. Im Kirchenstaat konnte der Römer seine antiklerikalen, gesellschaftskritischen und zum Teil pornographischen Gedichte nicht veröffentlichen; er las sie stattdessen im

---

37 DR 17 (1878), S. 138; ID Bd. III, S. 303.
38 DR 17 (1878), S. 138; ID Bd. III, S. 304.
39 Paul Heyse: Verse aus Italien (Anm. 5), S. 3.
40 Giorgio Gelosi: Paul Heyses Übersetzertätigkeit und ihre Bedeutung für sein eigenes dichterisches Schaffen. In: Deutsche Vierteljahrsschrift für Literaturwissenschaft und Geistesgeschichte 7 (1929), S. 87–102, hier S. 99.

Freundeskreis vor und sorgte so dafür, dass sie sich im Volk ausbreiteten.[41] Welches Kalkül er dabei verfolgte, ist einem – auch – poetologisch zu verstehenden Sonett aus dem Jahr 1834 zu entnehmen. Es handelt von einem listigen Matratzenmacher:

Er matarazzaro[42]

Ciamancàvio mó vvoi, sori cazzacci,
co sti vostri segreti e cciafrujjetti
pe distrugge le scímisce e ll'inzetti
drent'a li matarazzi e a li pajjacci.

Pe vvoantri saranno animalacci,
ma ppe cchi ccampa cor rifà li letti
le scimisce pe llui sò animaletti
che Ddio l'accreschi e cche bbon pro jje facci.

Nun è nné er primo caso né er ziconno,
che un letto pe ddu' vorte in un'annata
s'è avuto d'arifà dda cap'a ffonno.

Pe cquesto la bbon'anima de Tata
rifascenno li letti co mmi' Nonno,
sce lassava una scímiscia agguattata.

Der Matratzenverfertiger[43]

Das fehlte noch, das wäre noch Manier,
Ein Mittel gegen Wanzen zu entdecken,
Sie auszurotten voller Mordbegier
In Haarmatratzen, Stroh- und Federsäcken.

Für euch mag's Ungeziefer sein. Doch wir,
Bei unserm Bettgeschäft, sehn ohne Schrecken
In einer Wanze nur ein harmlos Thier,
Dem Gott vergönnen möge, brav zu hecken.

Ich könnt' euch Fälle nennen ohne Zahl,
Wo zweimal man im Jahr ein Bett uns brachte,
Das herzurichten war an allen Ecken,

Drum ließ mein Vater selig allzumal,
Wenn er mit Großpapa ans Werk sich machte,
Ein kleines Wänzchen heimlich darin stecken.

---

41 Vgl. Heyses Einführung, DR 17 (1878), S. 144; ID Bd. III, S. 313.
42 Morandi 1889, Bd. III, S. 205.
43 DR 76 (1893), S. 362; ID Bd. V, S. 57.

Das Gedicht enthält in seiner Schlusspointe eine implizite Anleitung zur verstehenden Lektüre sowohl der Gedichte Bellis als auch derjenigen Heyses. Man kann es natürlich einfach als eine amüsante Genreszene über den gewitzten Handwerker lesen, der sich seine Geschäftsgrundlage sichert, indem er immer ein „Wänzchen" in den frisch gereinigten und aufgepolsterten Matratzen zurücklässt, damit die Kundschaft gezwungen ist, bald wieder zu ihm zurückzukehren. Aber ebensogut sind die zwar nicht wirklich gefährlichen, aber doch lästig beißenden Wanzen metaphorisch zu deuten: als kleine Stiche und Widerhaken, mit denen auch Heyse seine literarischen Werke versieht. In einem Brief vom 13. Juni 1884 hat er sein poetisches Credo formuliert: „Poesie ist ein ewiges Auflehnen gegen Unnatur und Unfreiheit der philisterhaften Gesittung, deren Gesetze einzig auf den prosaischen Nutzen abzielen, auf die Einfriedigung der großen geduldigen Heerde, von der außer Milch und Wolle Nichts zu erzielen ist."[44] Durch ein geschicktes Spiel mit den Forderungen und Erwartungen von Verlegern, Herausgebern, Redakteuren, Leserinnen und Lesern gelingt es ihm, kontroverse, tabuisierte oder auch nur überraschende Sujets ganz beiläufig in unverdächtig aussehenden Büchern in die „geduldige Heerde" zu lancieren. Das gilt nicht nur für kleine Textdetails wie den anstößigen päpstlichen *culo* in einer italienischsprachigen Fußnote, sondern auch für größere Publikationszusammenhänge. 1895, genau zu der Zeit, in der eine heftige Diskussion um das Ehescheidungsrecht als Teil des gerade in der Erarbeitung begriffenen Bürgerlichen Gesetzbuches geführt wurde, veröffentlicht er die Erzählung *Verrathenes Glück*, in der die weibliche Hauptfigur ihren etwas ordinären Ehemann verlässt, aber nicht, um in eine neue Ehe zu flüchten wie Fontanes Melanie van der Straaten im Roman *L'Adultera*: Heyses Leonore setzt sich alleine in die Eisenbahn und reist nach Berlin, wo sie ein neues, selbstbestimmtes Leben führen will. Diese radikale Änderung des Lebensentwurfs einer starken Frau hat Heyse gerade für ein weibliches Publikum intendiert, und sehr geschickt bedient er die ästhetischen Vorlieben dieser Leserschaft, um seine Botschaft an die Frau zu bringen. Die Ausstattung des Buches, in dem die Novelle zusammen mit einer anderen Erzählung publiziert wurde, entspricht ganz dem Geschmack bürgerlicher Leserinnen: weicher, wattierter Ledereinband, Goldschnitt, Verfassername und Titel in goldenen Lettern und vor allem zahlreiche Illustrationen. Eigentlich ist Heyse ein erklärter Gegner dieser Art von Buchschmuck; ihm erscheint „das Illustrieren

---

[44] Paul Heyses Briefe an Wilhelm Petersen. Mit Heyses Briefen an Anna Petersen, vier Briefen Petersens an Heyse und einigen ergänzenden Schreiben aus dem Familienkreise. Hg. von Rainer Hillenbrand. Frankfurt a. M. u. a. 1998, S. 85 f.

durch Zeichner als eine Beeinträchtigung [s]einer eigenen Arbeit".[45] Er kann aber von solchen privaten Abneigungen absehen, wenn er sich dadurch eine weitere Verbreitung seiner Werke erwartet. An Wilhelm Bolin schreibt er am 25. Juni 1897, Illustrationen seien „doch nicht zu verachten, weil sie mir eine Art von Popularität schaffen, die mir sonst nicht zu Theil werden würde."[46] Die Zeichnungen für *Verrathenes Glück* sind in enger Abstimmung zwischen Heyse und dem Künstler entstanden; in Heyses Tagebuch sind im Frühjahr 1896 einige Treffen mit „Maler Zopf" registriert, bei denen über die Illustrationen diskutiert wurde. So ist anzunehmen, dass auch die Schlussvignette von Heyse zumindest gebilligt, wenn nicht sogar vorgeschlagen wurde. Dieses Bild geht über das hinaus, was in der Novelle ausdrücklich erzählt wird. Im Text steht nur, dass Leonore sich auf den Weg zum Bahnhof macht, wo sie den Nachtzug nach Berlin besteigen will. Auf dem Schlussbildchen ist dann aber der Eisenbahnzug zu sehen, in dem sie – so soll man es wohl verstehen – ihrem neuen Leben in Berlin zufährt.

Ähnlich verfährt er mit einem lyrischen Beitrag zur Debatte um den Ende des 19. Jahrhunderts grassierenden Antisemitismus. Seit den 1880er Jahren sah sich der mütterlicherseits aus einer jüdischen Familie stammende Heyse zunehmend antisemitischen Angriffen ausgesetzt, so von Karl Bleibtreu, der ihm vorwarf, seine Werke „mit rabbinerhafter Spitzfindigkeit auszuklügeln".[47] Öffentlich hat Heyse erst im Jahr 1891 mit dem Gedicht „Asylrecht"[48] auf solche Anwürfe reagiert. Darin geht es um einen „verfemten Mann", der mit seiner Familie in einer „Stadt des alten Hellas" Zuflucht sucht und dort als fleißiger und erfolgreicher Neubürger ansässig wird. Das sehen die Alteingesessenen mit Neid und Missgunst; sie befragen das Orakel von Delphi, wie sie mit dem Fremden verfahren sollen.

> Wer fragt, ob er am Gastrecht freveln darf,
> Ist gottlos, und gerechter Götterzorn
> Fällt auf sein Haupt. –

---

[45] Paul Heyse: Jugenderinnerungen und Bekenntnisse. Fünfte Auflage, neu durchgesehen und stark vermehrt. 2. Band: Aus der Werkstatt. Stuttgart/Berlin 1912, S. 81.
[46] Susanne Frejborg: Ein Buch der Freundschaft über getrennte Welten hinweg. Die Korrespondenz zwischen Wilhelm Bolin und Paul Heyse. Frankfurt a. M. u. a. 1992, S. 334f.
[47] Karl Bleibtreu: Neue Lyrik. In: Die Gesellschaft. Realistische Wochenschrift für Literatur, Kunst und öffentliches Leben, Nr. 29 (21. Juli 1885), S. 555.
[48] Paul Heyse: Neue Gedichte und Jugendlieder. Berlin 1897, S. 317f.

– spricht das Orakel, und das Gedicht endet mit den Versen:

> So sprach ein Heidenmund
> Vor zwei Jahrtausenden. Und ihr, die ihr
> Euch rühmt der reinern, tiefern Gottesfurcht,
> Wie redet ihr?

Die für Heyses Verhältnisse recht schmucklosen Blankverse dieses Gedichts sind ebenso frei von Pathos wie von jedem Zeichen individueller Betroffenheit, womit sich vielfältige Deutungsmöglichkeiten eröffnen: Das Gastrecht schützt alle Menschen, gleichgültig, welchem Volk sie angehören, welche Hautfarbe sie haben oder zu welchem Gott sie beten. Heyse hat den Abdruck dieser Verse in den *Neuen Gedichten und Jugendliedern* (1897) „den Antisemiten gewidmet". Diese Adressierung einer genau benannten Zielgruppe, die am Schluss des Gedichtes noch einmal mit einer wirkungsvoll zum Selbstdenken aufrufenden rhetorischen Frage angesprochen wird, markiert eine klare politische Position Heyses. Das ist nun nichts, was die Masse der Literaturinteressierten im späten 19. Jahrhundert von einem Buch erwartet, das sich weder in der unoriginell erscheinenden Wahl des Titels noch in der Einbandgestaltung mit ornamentaler Goldprägung und Ganzgoldschnitt von den üblichen Lyrikbänden der Zeit unterscheidet. Heyse nutzt hier ein Verfahren, das mindestens seit dem Vormärz angewendet wird, und möglicherweise ist der Titel eine Anspielung auf einen früheren Gedichtband, Heinrich Heines *Neue Gedichte* von 1844, in denen er die brisante Verserzählung *Deutschland. Ein Wintermärchen* versteckt und damit an der Vorzensur vorbeigeschleust hat. Dazu passt, dass Heyse in den Band auch einen satirischen Kommentar zum Streit über das projektierte Heine-Denkmal in der Geburtsstadt des Dichters aufgenommen hat, nämlich das Gedicht „Heine in Düsseldorf". Er hat dafür die Form der Vagantenstrophe gewählt, die auch Heine im *Wintermärchen* gebraucht.

Das sind kleine kritische Spitzen, bittere Medizin, die Heyse dem bürgerlichen Lesepublikum mit dem Zucker seiner Gedichte und Novellen verabreicht. In der Masse seiner literarischen Produktion sind sie schwer aufzuspüren, aber bei genauer Lektüre machen sie sich ebenso nachdrücklich bemerkbar wie die subversiven „Wänzchen" in Bellis Matratze.

Register

Periodika

Allgemeine Literatur-Zeitung zunächst für das katholische Deutschland 22 f.
Allgemeine Zeitung 45, 207
Allgemeine Zeitung des Judenthums 400, 405 f.
Allgemeiner literarischer Anzeiger für das evangelische Deutschland 20, 24 f.
Alte und neue Welt 23
Appenzellische Jahrbücher 373
Arbeiterfreund, Der 244

Berliner Konversationsblatt 46
Berliner Tageblatt 125
Beweis des Glaubens 24
Blackwood's Magazine 178
Blätter für Kalobiotik 39, 45, 49 f.
Blätter für literarische Unterhaltung 41, 177, 180, 299, 303, 348 f.
Blätter zur Kunde der Literatur des Auslands 215, 219
Bohemia 48
Börsenblatt für den deutschen Buchhandel 3

Christliches Volksblatt 23 f.

Daheim 22, 24
Deutsche Allgemeine Zeitung 143
Deutsche Blätter 24
Deutsche Monatshefte für Litteratur und öffentliches Leben 11
Deutsche Reichs-Zeitung 208
Deutsche Revue 12, 107
Deutsche Rundschau 9, 11, 14–16, 18, 25, 29, 31, 81–106, 113, 121, 124, 324 f., 327–331, 333 f., 336, 420–422, 425–430, 433 f.
Deutsche Schriftstellerzeitung 206
deutsche Wacht, Die 24
Deutscher Hausschatz 23, 389–393

Deutscher Musenalmanach 312 f.
Deutsches Museum 11

Europa 10, 29, 68–73, 74, 117, 232
Evangelische Kirchen-Zeitung 24

Familienblätter 9, 11, 15, 20, 24, 29, 61, 75, 83 f., 91, 95, 105 f., 112 f., 119, 153, 164, 169 f., 299, 324 f., 370, 389–393, 395
Fliegende Blätter 199 f.
Frauenzeitung 237
Freie Bühne/Neue Deutsche Rundschau 9, 98, 125
Freimüthige, Der 36 f., 46
Fuldaer Zeitung 21

Gartenlaube, Die 9, 19–25, 29, 61–64, 65–67, 69, 75 f., 78 f., 81–106, 112 f., 124, 177, 181, 187, 203, 389 f., 394
Gegenwart, Die 11
Gesellschaft, Die 436
Grenzboten, Die 11, 17 f.

Harper's Monthly 325
Historisch-politische Blätter für das katholische Deutschland 21 f.
Historisch-politische Journale 3, 10 f., 15, 22, 112, 119, 390

Illustrierte Blätter 22, 25, 29, 61–79, 85, 112, 153, 165, 168–170, 175, 191, 325, 373, 379, 386, 390 f.
Illustrirte Familienbibliothek 25
Illustrirte Zeitung 22, 394
Im neuen Reich 11, 24
Innsbrucker Nachrichten 137
Israelit, Der 32, 397 f., 400 f., 405–409

Jahrbuch für Kunst und Poesie 304
Jeschurun 400 f., 404, 407 f.

Journal des débats 17
Journal des Luxus und der Moden 40
Jüdische Presse 400 f.

Kalender 21, 66, 70 f., 214, 247, 260–262, 369–395
katholische Welt, Die 23
Kölnische Zeitung 117, 348
Kritische Waffengänge 297
Kulturzeitschriften 9, 29, 39, 44, 50, 84, 104, 108, 112 f., 115 f., 119–123
Leipziger Zeitung 144 f.
Literarischer Handweiser zunächst für das katholische Deutschland 20, 22, 385
Literaturblatt. Beilage zu den Sonntagsblättern 234
Literaturzeitschriften/-zeitungen 39, 113, 123

Magazin für die Literatur des Auslandes 348
Menzel's Literaturblatt 45
Monatsberichte über die Verhandlungen der Gesellschaft für Erdkunde zu Berlin 358 f.
Morgenblatt für gebildete Stände 9, 29, 36 f., 45 f., 68

Nation, The 185
Neue evangelische Kirchenzeitung 20, 23 f.
Neue Freie Presse 121, 140 f., 143
Neue Zeit, Die 153
Nord und Süd 9, 11, 82
Novellen-Zeitung 348

Ost und West 29, 39, 51, 57 f.
Österreichische Buchhändler-Correspondenz 139
Österreichische Wochenschrift für Wissenschaft und Kunst 347

Pacific Rural Press 365
Pesther Handlungsblatt 39, 54
Petersburgische deutsche Zeitung zur Unterhaltung gebildeter Stände 36
Pfennig-Magazin 29, 73–75

Pfennigmagazine 39, 73, 373
Prag 39, 45, 48
Presse, Die 138

Quarterly Review 113

Revue des deux mondes 10, 113
Revue-/Rundschau-Modell 10, 15, 29, 31, 68, 84, 91, 106 f., 109, 113–116, 117, 119–121, 322, 324–326, 328, 331–334, 341, 343

Salon, Der 14
Sankt Galler Blätter für häusliche Unterhaltung und Belehrung 348
Schmetterling, Der 39, 53 f., 60
Schweizerische Zeitschrift für Gemeinnützigkeit 242
Sonntags-Gast 347, 351
Spiegel für Kunst, Eleganz und Mode 29, 39, 55, 59
Stuttgarter Evangelisches Sonntagsblatt 23 f.
Sulamith 400

Tägliche Rundschau 297
Theological Review 21
Theologisches Kirchenblatt 24
Theologisches Literaturblatt 22 f.
Times 205
Treue Zions-Wächter 400

Über Land und Meer 11, 22, 25, 82, 159, 348, 394
Unterhaltungen am häuslichen Herd 8, 348
Unterhaltungsblätter 3, 8, 14, 22 f., 29, 32, 37–42, 44, 49, 51, 54, 56, 84, 95, 111 f., 152 f., 158, 180, 211, 324 f., 390

Vom Fels zum Meer 89
Vossische Zeitung 157

Westermanns Monatshefte 11, 29, 31, 81–106, 112, 124, 156, 208, 324 f., 335–342, 344
Wiener Abendpost 142
Wiener Allgemeine Theaterzeitung 36 f.

Württembergisches Wochenblatt für Landwirtschaft 243

Zeitschrift des Vereins für deutsche Statistik 262

Zeitschrift zur Beförderung größerer Mündigkeit im häuslichen und öffentlichen Leben 249

Zeitung für die elegante Welt 9, 29, 35–60, 68

Zukunft, Die 164, 424

Personen

Abels, Kurt 300
Achelis, Thomas 336, 339
Adolf, Gustav 268
Adorno, Theodor W. 109
Ajouri, Philip 26, 281, 321–324, 332
Albrecht, Wolfgang 251, 274, 333
Alexis, Willibald 46f.
Ananieva, Anna 9, 29, 35–39, 46
Anderegg, Felix
– Wie Vater Jost die Bauern in Fleissheim düngen lehrt 229
Archer, Georgiana 98
Arent, Wilhelm 298
Ariosto, Lodovico 417
Armand, Carl Schanhorst 350
– Abenteuer eines deutschen Knaben in Amerika 350
Armbruster, Carl 136
Arndt, Ernst Moritz 351
Arras, Paul 306
Askey, Jennifer Drake 196
Auer (Verlag) 394
Auerbach, Berthold 14, 18, 21, 30, 46, 151, 215–217, 219–221, 225, 232–238, 247, 268, 275–293, 355
– Barfüßele 31, 284–292
– Der Lauterbacher 280
– Der Lehnhold 233f.
– Der Tolpatsch 72
– Dichter und Kaufmann 281
– Die Frau Professorin 151, 233, 277–284, 289
– Neues Leben 235
– Schrift und Volk 213, 215–217, 261, 275, 279f., 282f., 289, 293
– Schwarzwälder Dorfgeschichten 220, 261, 292
Auerbach, Jakob 233, 277, 285f., 289f.
Aurnhammer, Achim 277

Baader, Benjamin Maria 400
Babo, Lambert von 226
– Das Leben des Bauern Johannes Knapp vom Fauthenhof 226

Bachleitner, Norbert 37, 129, 182
Bachmann, Philipp 212f.
Bacon, Francis 107
Bahr, Hermann 119
Baldamus, E. 242
Barbèra (Verlag) 419
Bark, Joachim 299, 301
Barth, Dieter 83
Barth, Susanne 87
Barthel (Verlag) 131
Barthes, Roland 109
Bärwinkel, Richard 21
Baßler, Moritz 15, 117
Battafarano, Italo Michele 425f.
Bäuerle, Adolf 36
Bauernfreund, G.
– Der Tannenwirt 270
Baur, Uwe 231
Bausinger, Hermann 3
Bayertz, Kurt 327
Bechstein, Ludwig
– Erinnerung 302
Beck, Karl 46
Becker, Eva D. 89, 91, 157
Becker, Rudolph Zacharias 228, 256, 207f.
– Noth- und Hülfsbüchlein 224, 256
Becker, Winfried 377
Becker-Cantarino, Barbara 87
Behr, Carl 347
Behr, Hans Hermann 31, 345–366
– Auf fremder Erde 345–347, 351–356, 359–365
– Dritte Söhne 347, 351–353, 355, 359–364
– The Skeleton in Armor 363
Belli, Giuseppe Gioachino 32, 417, 418–435, 437
– Er Conciastoro 424
– Er deserto 422
– Er duello de Dàvide 427
– Er mataruzzaro 434
– La carità ddomenicana 426
– L'upertura der concrave 423
Benjamin, Walter 118
Béranger, Pierre-Jean de 215, 219, 311

Berbig, Roland   84, 152, 154, 157
Berghahn, Klaus L.   212
Bergson (Verlag)   131
Bernau, Kurt   86
Bertozzi, Roberto   421
Bertramin [Ella Adaiewsky]   101
Bertuch, Friedrich Justin   40
Besier, Gerhard   374
Beyer (Verlag)   166
Biedermann, Karl   11, 260
Biermann, Ingrid   95
Biller, Clara   91
Billung, Hermann   86
Binz, Nikolaus   266
– *Das verarmte Dorf*   266
– *Landwirthschaftliche Abendunterhaltungen*   266
Binzer, August von   39, 41–44
Birch-Hirschfeld, Felix Victor   331
Birch-Pfeiffer, Charlotte   89, 277
– *Die Waise von Lowood*   181, 184, 192
– *Dorf und Stadt*   151
Bismarck, Otto von   25, 306, 345, 366, 369, 377, 384
Blackbourn, David   369, 382
Blair, Amy L.   188
Blaschke, Olaf   32, 370, 374–376, 391
Bleckwenn, Helga   114
Bleibtreu, Karl   436
Blum, Robert   265f., 268
Böck, Dorothea   36
Boehm, Gottfried   62
Bogner, Ralf Georg   310
Böhlau, Helene   91
Böhme, Gernot   36
Bolanden, Conrad von [Joseph Eduard Konrad Bischoff]   393
Bolin, Wilhelm   436
Bollenbeck, Georg   274
Bölsche, Wilhelm   322
Bölte, Amely
– *Elisabeth, oder eine deutsche Jane Eyre*   182, 187
Bondi, Georg   160
Böning, Holger   30f., 211, 224f., 232, 252, 254, 272
Borch, Maria   188

Born, Stefan   31, 213
Börne, Ludwig   305
Borutta, Manuel   376
Böttcher, Philipp   27
Bourdieu, Pierre   134, 140f.
Boy-Ed, Ida   91
Boyarin, Daniel   412
Brahm, Otto   101
Bramann, Klaus-Wilhelm   132
Braumüller (Verlag)   131
Braun, Hanns   116
Braun, J. E.   232
Braunau, Wilhelm   86
Braungart, Wolfgang   119
Brauns, Caroline Wilhelmine Emma
– *Die Nadel der Benten*   101
Braunthal, Braun von   49
Breckman, Warren   354
Breier, Eduard   223, 270
Brentano, Clemens
– *Geschichte vom braven Kasperl und dem schönen Annerl*   233
Breuer, Isaac   401
Breuer, Mordechai   398, 405, 407
Broch, Hermann   114
Brockhaus (Verlag)   131, 138f., 305
Brodersen, Silke   324, 338, 340, 343
Bronn, Wilhelm (Baron Puteany)   48–50
Brontë, Charlotte   180
– *Jane Eyre*   30, 178–195, 197f.
– *Shirley*   187
– *The Professor*   187
– *Villette*   187
Brüggemann, Michael   37
Brümmer, Franz   82, 86
Brundiek, Katharina   321f., 324, 335f., 338f., 341, 343
Brunold-Bigler, Ursula   372f., 378
Bruny, Martin   134
Bry, Carl Christian   131f., 137, 140, 142, 145–147
Büchner, Ludwig   336, 342f.
Buddemeier, Heinz   65
Bühlbäcker, Hermann   307
Bukenhardt, T.   86
Bülow, Fr. von   86
Bunyan, Anita   213

Bunzel, Wolfgang   274, 388
Bürger, Johann August   211f., 214–216, 218
Burkhardt, Max   347
Busch, Norbert   382
Busch, Wilhelm   386
Buschmeier, Matthias   222
Butzer, Günter   8, 14, 84, 103, 302
Byron, George Gordon   69

Carducci, Giosuè   429
– *Odi Barbare*   429
Carriere, Moriz   17, 46, 330, 336
Chakkalakal, Silvy   70, 74
Chamisso, Adelbert von   219, 310–313, 317–319
– *Die letzten Sonette*   312
– *Salas y Gomez*   310
Clark, Christopher   369f., 377, 382f.
Cohn, Gustav   98
Cohnheim, Max   347
Conradi, Hermann   298
Coq, Paul de   411
Corsten, Severin   132
Costenoble, Hermann   347, 351
Costenoble (Verlag)   346
Cotta (Verlag)   9, 29f., 36, 45, 68, 133, 135–143
Craik, Dinah   179
Crary, Jonathan   66
Crispi, Francesco   418
Csáky, Moritz   38
Czernin (Verlag)   149

Dahn, Felix   174
– *Balladen und Lieder*   314
Danius, Sara   116
Dante Alighieri   341, 412
Darwin, Charles   17, 26, 31, 321–323, 326–341, 343f., 361
Darwin, Erasmus   341
Daston, Lorraine   66, 69
Daum, Andreas   266
de Man, Paul   290f.
Dedenroth, Ernst Hermann von   153
Defant, Ivonne   183
Dehn, Paul   95
Dehrmann, Mark-Georg   222

Deibel, Ludwig   21
Denicke (Verlag)   131
Denk, Otto   392
Depretis, Agostino   418
Detering, Nicolas   277
Dettmar, Ute   189
Dickens, Charles
– *The Posthumous Papers of the Pickwick Club*   364
Diderot, Denis   109
Diegel, Johann Gustav   243
Dilthey, Wilhelm   302
Dincklage, Emmy von   91
Dinglstedt, Franz von
– *Am Grabe Chamissos*   310, 312
Dorn, Margit   158
Dotzler, Bernhard J.   322f., 330
Douai, Adolph   246, 266
Dronke, Ernst
– *Die Maikönigin*   240
Droste-Hülshoff, Annette von   1, 96
– *Die Judenbuche*   233
Du Bois-Reymond, Emil   113, 327f., 330
Dulon, Rudolph   265f.
Duncker, Franz   207
Duncker (Verlag)   165

Ebert, Karl Egon   45
Ebner-Eschenbach, Marie von   1, 89, 91, 96
Echtermeyer, Theodor   300
Eckardt, Ludwig   208
Eckstein, Ernst   119
Eckstein (Verlag)   165f.
Ehekircher, Wolfgang   84f., 324f., 344
Ehrenpreis, Petronilla   48
Eibl, Karl   26
Eichendorff, Joseph von   213f., 219
Eke, Norbert Otto   274
Ekkard, Friedrich   357
Elbe, A. v. d. [Auguste von der Decken]
– *Ares der Hindu*   101
Elias, Norbert   353
Eliot, George
– *Daniel Deronda*   399
Elton, M. [Elisabeth Braun]   101
Emminghaus, Karl Bernhard Arwed   271
Engelsing, Rolf   173f.

Ennemoser, Franz Joseph 244, 266
– *Die glückliche Gemeinde zu Friedensthal* 225
Enoch (Verlag) 174
Erdmann, Johann Eduard 252, 411
Eßbach, Wolfgang 354
Escarpit, Robert 132
Estermann, Alfred 39, 85
Estermann, Monika 129, 138, 188, 205
Ethé, Hermann 348
Etzler, John Adolphus 261
Ey, Johann Martin 354
Eybl, Franz 129
Eymer, Wilfrid 86

Fabian, Bernhard 136
Falkenstein, Julius 342
Fallbacher, Karl-Heinz 133
Färber, Sigfrid 389
Fauser, Markus 302, 306
Fehsenfeld (Verlag) 164
Felder, Franz Michael 248
– *Nümmamüllers und das Schwarzokaspale* 271
– *Reich und Arm* 271
– *Sonderlinge* 271
Fellenberg, Philipp Emanuel von 228
Ferziger, Adam S. 401
Feuchtersleben, Ernst von
– *Lied vom Vergessen* 315
Feuerbach, Ludwig 354
Fick, Monika 321
Firges, Jean 303
Fischer, Bernhard 136 f.
Fischer, Ernst 129
Fleischer, Friedrich 46
Fohrmann, Jürgen 12–14, 37, 42, 299, 301
Fontane, Theodor 1, 16, 18, 81, 90, 113, 152–157, 175, 209, 326, 435
– *Irrungen Wirrungen* 16
– *L'Adultera* 435
– *Preußen-Lieder* 306
– *Schach von Wuthenow* 157
– *Wanderungen durch die Mark Brandenburg* 364
Fontius, Martin 35
Fort, Ludwig 181

Fraenkel, David 400
Franckh (Verlag) 204
François, Etienne 307
François, Louise von 96, 104
Frank, Gustav 9, 15, 25, 28 f., 69, 108–110, 112, 116, 118, 125, 323, 333
Frank, Julius 263
Frapan, Ilse [Ilse Levien] 101
Freiligrath, Ferdinand 46, 303
Frejborg, Susanne 436
Frenzel, Karl 90, 138
Freud, Sigmund 114 f.
Freytag, Gustav 18, 287 f., 292 f.
– *Die Ahnen* 357
– *Soll und Haben* 16–18
Friedrich I. (Barbarossa) 307–310, 316 f.
Friedrichs, Elisabeth 86
Fröbel, Julius 262
Fröhlich, Hans 86
Fuld, Werner 347
Füsslin, Georg 65

Gabrys, Anna 362
Galeer, Albert 245
Galison, Peter 66, 69
Galley, Susanne 403
Gamper, Michael 302
Garstenauer, Werner 31
Gaskell, Elizabeth 179
Gaudy, Franz von 310–313
– *Chamisso ist todt!* 310–313, 314, 317–319
– *Erinnerung* 302
Gazzetti, Maria 417
Gebhardt, Hartwig 153
Geibel, Emanuel 429 f.
Gelosi, Giorgio 433
Genette, Gérard 133
George, Stefan 160, 298
Gerecke, Anneliese 305
Gerhard, Myriam 327
Gersdorf, Irenäus 259
Gerstäcker, Friedrich 31, 345–351, 359–361, 363, 365
– *Californische Skizzen* 351, 354
– *Die beiden Sträflinge* 360
– *Die Regulatoren in Arkansas* 345
– *Eine Mesalliance* 363

– *Gold!* 351
– *Im Busch* 359, 365
– *Nach Amerika!* 364
– *Tahiti* 365
Gerzabek (Verlag) 44
Gierl, Martin 10
Giraoud, Moussu 142
Giusti, Giuseppe 417
Glaser, Adolf 324
Glaser, Juliane 45
Glaser, Rudolph 45–51
Glaubrecht, W. 267
Gnoli, Domenico 420, 423, 426
Goeller, Margot 84, 98
Goethe, Johann Wolfgang von 135, 137f., 140, 144, 219, 297, 310, 330, 334, 418
– *Faust* 144
– *Hermann und Dorothea* 140, 233
Goetzinger, Germaine 206
Goldbeck, Johanna 227
Goldman, Emma 197f.
Görres, Joseph 22
Gotthelf, Jeremias 217, 219, 225, 230, 235f., 259, 261, 268, 274, 288, 290
– *Bauernspiegel* 259
– *Käthi, die Großmutter* 259
– *Uli der Knecht* 261
– *Zeitgeist und Berner Geist* 259
Gottschall, Rudolph (von) 1, 13f., 21, 177, 180f., 221, 288
Gottsched, Johann Christoph 7
Grabowski, Stanislaus
– *Die Regulatoren von San-Francisco* 352
Graevenitz, Gerhart von 152, 322f., 326, 332
Graf, Andreas 62, 65, 83, 89, 161–163, 166, 324f.
Grätz, Katharina 309
Gregor XVI. 421
Greif, Stefan 62
Greiling, Werner 224, 254
Gretton, Tom 71
Gretz, Daniela 31, 327, 333
Grieb, Christian Friedrich 181
Grimm, Gunter E. 10, 212, 218
Grimm, Hermann 114
Grimm, Jacob 218, 361

Grimm, Wilhelm 361
Grob[, Johann Emanuel?] 241
Gross, Michael B. 376
Grosse, Werner 153
Grumbrecht, Fabian 117
Grün, Albert 266
Grunert, Frank 8
Guggenheim, Sara
– *Aus der Gegenwart II* 403
– *Gerettet* 408
Günter, Manuela 2, 12, 14, 81, 84, 89, 91, 96, 103, 111, 152, 179, 323
Guthmann, N. A. [Natalie El. Guth] 102
Gutzkow, Karl 8, 17, 46, 152, 154f., 209, 297, 347

Haacke, Wilmont 11, 120, 326
Haase, Andreas 48
Haase, Gottlieb 48
Haase, Ludwig 48
Haase, Rolf 38
Haase, Rudolph 48
Haaser, Rolf 9, 29
Habel, Thomas 6
Haberl, Franz Xaver 387
Habermas, Jürgen 5
Habermas, Rebekka 399
Hacker, Lucia 82, 87–90
Hackländer, Friedrich Wilhelm 207
Haeckel, Ernst 113, 326–328, 330, 332f., 338, 343
Haegele, Joseph Matthias 21–23
Hahl, Werner 284, 287
Halbe, Max 160
Hallberger, Eduard 159, 419
Hallberger (Verlag) 417
Haller, Albrecht von
– *Die Alpen* 233
Halm, Hans 40
Hamann, Christof 276, 323
Hamm, Wilhelm 223, 252
Hanebutt-Benz, Eva-Maria 71, 73, 150
Hansgirg, Karl Viktor 45, 48, 50
Hanslick, Eduard 121
Häntzschel, Günter 88, 299–301
Harkort, Friedrich 259, 266
Hart, Heinrich 119

Hart, Julius 119, 297–299, 301, 313 f.
Hartleben (Verlag) 131, 133 f., 188
Hartmann, Eduard von 326–328, 330, 332, 339
Hartmann, G. 268
Hartmann, Philipp Karl 49
Hasubek, Peter 40
Hauff, Wilhelm 40 f., 208 f.
Haug, Christine 30, 131, 149, 151 f., 158–160, 208
Hausen, Karin 98, 102
Haustein, Albert von 86
Hebbel, Friedrich 300
Hebel, Johann Peter 216, 228, 233, 268
Hecker, Friedrich 246, 265 f.
Hegel, Georg Wilhelm Friedrich 352, 354, 364
Heimann (Verlag) 131
Heimburg, Wilhelmine 186
Hein, Jürgen 231, 285
Heine, Heinrich 209, 219, 298, 301, 303, 353, 437
– Deutschland. Ein Wintermärchen 437
Heinrich, A. 181
Helmholtz, Hermann von 115, 326
Helmstetter, Rudolf 152, 154, 156 f.
Hempel, Gustav 138 f.
Henckell, Karl 298
Henrich, Dieter 27
Herbart, Johann Friedrich 45
Herbst, L. 86
Herder, Johann Gottfried 30, 215, 217–221
Herder (Verlag) 131
Hertz (Verlag) 429
Herwegh, Georg 303–306
– Eine Erinnerung 303–306, 314–316
– Für Polen 304
– Polen an Europa 304
Hess, Günter 66
Hess, Jonathan M. 399, 401, 403–405, 408
Hesse (Verlag) 166
Hessen, Robert 86
Hettche, Walter 32
Hettner, Hermann 208
Heydebrand, Renate von 14, 84, 96, 103
Heyse, Paul 15, 18, 32, 90, 417–437
– An die zu Hause Gebliebenen 430–433

– Asylrecht 436 f.
– Gesammelte Gedichte 429
– Hauspoesie 433
– Heine in Düsseldorf 437
– Italienisches Liederbuch 417
– Kinder der Welt 21
– Verratenes Glück 435 f.
– Verse aus Italien 418, 429 f., 433
Hiecke, Robert Heinrich 300
Hildesheimer, Esriel 400 f.
Hilger (Verlag) 165
Hill, Tod 346, 353
Hillern, Wilhelmine von 96
– Die Geier-Wally 15
Hinck, Walter 304
Hipp, Alice 29
Hirsch, Isaac 404
Hirsch, Samson Raphael 400 f.
Hitzig, Julius Eduard 311
Hoare, Peter 224
Hobbes, Thomas 341
Hock, Dorothee 417
Hödl, Klaus 399, 407
Höfer, Anette 35
Hoffmann von Fallersleben, August Heinrich 219
– Unpolitische Lieder 313
Hofman, Alois 45 f., 51
Hofmann, Friedrich 94
Hofmannsthal, Hugo von 114
Hofmeister, F. 46
Hohendahl, Peter Uwe 11, 13, 18, 130, 206
Hohn, Stefanie 181, 188
Hollinger, Konrad 262, 266
Holtei, Karl von
– Blüchers Denkmal, von Rauch 310
Hölty, Ludwig Christoph Heinrich 351
Holzmann, Gustav 346 f., 352, 357, 365 f.
Homer 211, 214 f., 218, 355
Honegger, Claudia 87
Hönig, Christoph 311
Hönigsfeld (Verlag) 131
Hopfen, Hans 90
Horch, Hans Otto 406
Horn, W. O. von 267
Hügel, Hans-Otto 62, 153, 203
Hühn, Helmut 302

Hühn, Peter 28, 299
Hülskamp, Franz 21f., 385
Humboldt, Alexander von 358
Humboldt, Wilhelm von 135, 358
Hummel, Albert 266, 270

Ichenhäuser, Eliza 94
Iffland, August Wilhelm 135
Imbriani, Vittorio 429
Immer, Nikolas 28, 31, 307, 310, 313
Immermann, Karl 46
– *Münchhausen* 364
– *Oberhof* 233
Itter, Ellen von 40

Jacob, Joachim 302
Jacoby, Johann 259, 262
Jaeschke, Walter 327
Jäger, Georg 4, 17, 129f., 137f., 149, 174, 188, 205
Jäger, Hans-Wolf 223f.
Jäger, Hermann
– *Angelroder Dorfgeschichten oder die Amerikaner in Deutschland* 228
– *Reichenau oder Gedanken über Landesverschönerung* 246
Jahn, Friedrich Ludwig 357
Janke (Verlag) 165f.
Jarchow, Klaus 231
Jaumann, Herbert 14
Jean Paul 41, 233
Jobst, Andreas 388f., 391–393
Joeres, Ruth-Ellen Boetcher 183
Johann (Erzherzog) von Österreich 263, 265f.
John, Alfred 104, 182
Jost, Erdmut 113
Juncker, E. [Else Schmieden] 102
Jung-Stilling, Johann Heinrich
– *Lebensgeschichte* 233
Junghans, Sophie 91
Junklewitz, Christian 134

Kaiser, Gerhard 323, 327, 332
Kaiser, Max 28
Kaiser, Wolfram 377
Kaminski, Nicola 122

Kammer, Stephan 67
Kander, Lotte 307
Kant, Immanuel 411
Kanz, Christine 403
Karl, Michaela 88
Karpeles, Gustav 156, 406
Karsten, Arnold 86
Kästner, Wilhelm 86
Kater (Verlag) 166
Kaube, Jürgen 114, 123
Kauffmann, Kai 113, 119
Kaul, Camilla G. 308
Kaulfuß, Christian 136
Kavanagh, Julia 179
Keck, Annette 96
Keil, Ernst 20, 84, 95, 105, 158, 177, 188
Keller, Gottfried 1, 15, 18, 207, 217, 277, 325f., 343
– *Das Sinngedicht* 31, 322–324, 326, 327–334, 344
– *Die mißbrauchten Liebesbriefe* 208
Kinkel, Gottfried 238
– *Die Heimatlosen* 238
Kinzel, Ulrich 325f.
Kircher, Hartmut 237
Kirchner, Joachim 8
Kitzbichler, Josefine 84
Kleeberg, Bernhard 328, 332
Kleist, Heinrich von 313
– *Michael Kohlhaas* 144
Klemm, László 53
Knoche, Michael 216, 242, 267
Knopf, Jan 372
Koeler, Hermann 358
Kohring, Matthias 2, 5f., 8, 28
Kohut, Adolf 336
Kolb, Eberhard 305
Koller, Ulrike 324
Kolping, Adolf 394
Kompert, Leopold 234f.
Konienczny, Hans-Joachim 82
König, Franz 98
Kord, Susanne 87, 89, 97, 102
Körner, Theodor
– *Leyer und Schwert* 144
Korte, Hermann 28
Koselleck, Reinhart 12, 42

Kosellek, Gerhard 304
Kottenkamp, Franz 246
Kotzebue, August von 36, 411
Kracauer, Siegfried 118, 123
Krakenfuss, Abraham
– *Münchhausen in Californien* 352
Kramer, Julia Wood 261
Kramer, Proscilla Manton 331
Krämer, Simon 261
– *Die Schicksale der Familie Hoch* 261
– *Hofagent Maier* 261
Krause, Ernst 342
Krauss, Maximilian 419
Kreienbrink, Anja 25, 32, 398
Kremnitz, Mite 104
Kretschmann, Carsten 6, 374
Kreyßig, Friedrich 18 f.
Kroes-Tillmann, Gabriele 429
Kröner, Adolf 84, 95
Krueger, Rita 38
Krünes, Alexander 247, 266, 274
Kuhlemann, Frank-Michael 370
Kühlmann, Wilhelm 8, 10
Kuhn, Dorothea 140
Kühne, Gustav 42 f., 68
Kunkler, G. 86
Kuranda, Ignaz 11
Kürnberger, Ferdinand 119, 234
Kürschner, Joseph 89
Kurz, Gerhard 302
Kurz, Isolde 91
Kyn, S. [Sabine Clausius] 102

Lamarck, Jean-Baptiste de 330
Lamberg, Graf Franz Philipp von 55
Lammers, August 95, 99
Landgrebe, Alix 362
Landshuter, Stephan 151
Lange, Josef 369
Langenbucher, Wolfgang R. 208
Langenohl, Andreas 38
Larisch, Klaus M. 419
Lässig, Simone 398
Lasson, Adolf 328, 330
Laube, Heinrich 40, 42 f., 46, 297
Lauer, Gerhard 28
Lehmann, Hartmut 374

Lehmann, Jürgen 275, 285
Lehmann, Markus 32, 400, 405 f., 408 f., 411, 414 f.
– *Gegenströmungen* 397–399
– *Vater und Sohn* 408–415
Leibrock, August 411
Lenau, Nikolaus 135, 303
– *Die Heidelberger Ruine* 309
Leo XIII. 432
Leo, Friedrich August 46
Leopardi, Giacomo 417
Lessing, Gotthold Ephraim 135, 138, 408
– *Emilia Galotti* 403
– *Minna von Barnhelm* 144
– *Nathan der Weise* 144
Levinsohn, Isaak Bär 410
Lewald, August 10, 68
Lewald, Fanny 21, 91, 99, 104, 186 f.
Lewenau, Joseph Arnold 253
Lezzi, Eva 399, 403, 408
Lichterfeld, Friedrich 335, 339, 342
Liebig, Justus von 268 f., 271
Light, Alison 195–197
Liliencron, Detlev von
– *An Conrad Ferdinand Meyer* 313
– *An Heinrich von Kleist* 313
– *Erinnerung* 302
Lindau, Paul 9, 11 f., 119
Lindau, Rudolph 90
Lindemann, Margot 7
Lionheart, C. [Charlotte Zoeller] 102
List, Friedrich 228
Löbe, William 243, 246, 249, 259, 266–268
– *Dorfgeschichten und Lebensbilder aus Feld und Haus* 267
Löber, Ernst
– *Das Glück auf dem Lande* 230
Löck, Alexander 16
Loewenberg, J. 95
Logau, Friedrich von 330 f.
Lohrer, Liselotte 135, 143
Lorm, Hieronymus [Heinrich Landesmann] 347–349
Lua, August Ludwig
– *Der Dorfgelehrte* 268
Lübbe, Hermann 374
Ludwig, Otto 217, 283 f.

Luhmann, Niklas 5, 28
Lukács, Georg 284
Lukas, Wolfgang 282
Lüthe, Rudolf 35
Lüthy, Katja 110f., 326, 333, 337, 378
Lynar, C. [Lina Römer]
– *Clotilde* 101

Maase, Kaspar 3, 37
Mach, Ernst 114f.
Machiavelli, Niccolò 417
Mädler, Johann Heinrich von 335
Mahlmann, August 41
Manz (Verlag) 394
Marggraff, Hermann 206f.
Marlitt, E. [Eugenie John] 18, 20f., 30, 104f., 124, 158f., 177–180, 181–188, 188–191, 197f.
– *Blaubart* 62–64, 75, 183f.
– *Das Eulenhaus* 186
– *Das Geheimniß der alten Mamsell* 21, 183f., 192
– *Das Haideprinzeßchen* 182, 184, 194f.
– *Die Frau mit den Karfunkelsteinen* 184
– *Die zweite Frau* 183f., 186
– *Goldelse* 20, 182, 184, 193
– *Im Hause des Commerzienrathes* 183, 187
– *Im Schillingshof* 183–185
Marquard, Ferdinand 260
Martino, Alberto 174
Martus, Steffen 28, 298
Matt, Peter von 403, 412
Maurier, Daphne du 196
Mauser, Wolfram 273
Maximilian II. 429
Maxwell, Alexander 55
May, Karl 174
Mayer, F. 271
Mayer, Philipp 270
Mayreder, Rosa 198
McIsaac, Peter 83
Mecklenburg, Th. 86
Medici, Lorenzino de' 417
Meier, Albert 28
Meinhardt, Adalbert [Marie Hirsch] 91, 101
Meißner, Alfred 151
Meister, F. 86

Melander, Albrecht 86
Mellmann, Katja 3–5, 27, 104, 180, 184, 190, 205
Menzel, Wolfgang 13
Merck, A. 86
Messenhauser, Wenzel 265f.
Messerli, Alfred 372
Methlagl, Walter 271
Metzger, Johann 228, 246, 267
– *Das Mistbüchlein oder des Bauern Goldgrube* 226, 267
– *Der Bauernspiegel* 267
– *Karl Will, der kleine Obstzüchter* 267
– *Marie Flink, die kleine Gemüsegärtnerin* 267
Meyer, Conrad Ferdinand 1, 81, 113, 124, 313, 326
Meyer, Franziska 402
Meyer, Reinhart 111
Meyer (Verlag) 30, 136, 138, 146, 242, 266
Meyer-Krentler, Eckhardt 154, 337
Meyr, Melchior
– *Wilhelm und Rosina* 233
Michler, Werner 28, 321f.
Mohr, Rudolf 382
Möhrlin, Fritz
– *Geschichte eines kleinen Landguts* 229
– *Joseph Bauknecht oder die Dienstbotennoth* 229
– *Peter Schmied* 229
Moleschott, Jakob 266
Möllhausen, Balduin 350
– *Die Mandanen-Waise* 350
Montaigne, Michel de 107, 109
Mooser, Josef 391
Morandi, Luigi 419, 429f., 432
Morgenstern, Matthias 401
Morsey, Rudolf 378
Möser, Justus 228
Mosse, George L. 413
Mügge, Theodor 350
– *Afraja. Ein nordischer Roman* 350
Müller, Methusalem 45
Müller, Traugott 36
Müller, Venanz 389f.
Müller, Wilhelm 46, 255
Müller, Winfried 374

Müller-Salget, Klaus 274
Müllner, Adolf
– *Die Schuld* 145
Mulsow, Martin 27
Mundt, Theodor 49
Musil, Robert 114, 125

Napoléon Bonaparte 263, 306
Neff, Friedrich 245, 265 f.
Nefflen, Johannes 262, 266
Nemens, Robert 51
Neumann, Michael 283
Newton, Isaac 330
Nicotera, Giovanni 418
Niedermayer, Andreas 394 f.
Niefanger, Dirk 302
Niendorf, Anton 162
Nietzsche, Friedrich 109, 114
Nikutowski, A. 78
Nipperdey, Thomas 374, 378
Noack, Friedrich 418
Nöggerath, Jakob 335
Nordmann, Ludwig Heinrich 254

Obenaus, Sibylle 9, 68, 84
Oberländer, Adolf 386
Oberlin, Johann Friedrich 228
Oesterle, Günter 37, 47
Oesterle, Ingrid 4, 12, 18, 42
Olfers, Marie von 91
Oliphant, Margaret 178 f., 185, 190, 198
Ort, Werner 225
Orzessek, Arno 37
Osborn, Max 94
Osterhammel, Jürgen 51, 307
Oßwald, Christine 379
Otto, Marie
– *Das Heideprinzeßchen* 194 f.
Otto-Peters, Louise 95, 262
– *Die Lehnspflichtigen* 236
– *Ein Bauernsohn* 237
– *Wartburg* 309

Pabst, Heinrich Wilhelm 270
Paefgen, Elisabeth Katharina 300
Paetel, Elwin 87
Paetel, Hermann 87
Paetel (Verlag) 325
Pahl, Henning 374
Pahmeier, Markus 274
Paisey, David 252
Parr, Rolf 89, 94, 120
Pataky, Sophie 86
Pearce, Lynne 198
Pellatz, Susanne 62, 65, 166
Peters, Anja 89
Petersen, Anna 435
Petersen, Wilhelm 435
Pethes, Nicolas 321
Pforte, Dietger 301
Pförtner, Alfred 86
Pfotenhauer, Helmut 62
Phil, Hans 86
Philippson, Ludwig 405
– *Die Gouvernante* 187
Philippson, Phöbus 405
Pietsch, Ludwig 101
Piper, Andrew 185
Pitaval, Ernst 153
Pius IX. 382 f., 390, 418, 430 f.
Platon 362
Pleitner, Berit 362
Plenz, Ralf 132
Plessen, Marie 65
Plischke, Hans 348
Plumpe, Gerhard 17 f., 276, 285, 289, 293
Podewski, Madleen 9, 15, 29, 72, 75 f., 108, 110, 112, 116, 323, 333, 402, 404 f., 414
Poe, Edgar Allen
– *Murders in the Rue Morgue* 342
Polko, Elise 190
Pollack, Detlef 374
Pompe, Hedwig 14, 36 f.
Pormeister, Eva 96
Post, Julius 98
Pott, Sandra 302
Prahl, A. J. 347, 351
Preisendanz, Wolfgang 4, 331
Pribyl, Leo E.
– *Wie die Gutendorfer reich wurden* 230
Prochaska (Verlag) 188
Procopé, John 382
Prutz, Robert 1, 11 f., 46, 90, 349
Pryrhönen, Heta 183

Pückler-Muskau, Hermann von 363
- *Briefe eines Verstorbenen* 303
Pustet, Elisabeth 393
Pustet, Friedrich 392
Pustet, Karl 379
Pustet (Verlag) 32, 370f., 379, 387–389, 391–395
Putlitz, Gustav zu
- *Ricordo* 333
Püttmann, Hermann 248
Putzger, Friedrich Wilhelm 259

Raabe, Wilhelm 1, 154, 324, 343f., 365
- *Abu Telfan* 365
- *Der Lar* 31, 324, 326, 334–343
- *Drei Federn* 347
Radway, Janice 197
Raith, Josef 242
Ramler, Karl Wilhelm 7
Ramtke, Nora 122
Rank, Josef 222, 235
Rapet, J. J. 271
Rappaport, Moritz
- *Bajazzo* 405
Rarisch, Ilsedore 129, 203–205
Rauch, Franz 268
Rauch (Verlag) 388
Raulf, Emanuel 349f.
Reagin, Nancy R. 196
Reclam (Verlag) 131–133, 135, 138, 142, 144–146, 188
Reichardt, Rolf 35
Reichensperger, August 252
Reichstein, Andreas 266
Reiling, Jesko 14, 27, 30, 219f., 222, 232, 276, 286
Reimar, F. L. [Marie Zedelius] 102
Reiske, Johannes 312
Reiterer, Beate 89
Requate, Jörg 5, 9
Reuschle, Carl Gustav 330
Reuter, Fritz
- *Ut mine Stromtid* 21, 271
Richard, Th. 86
Richers, Julia 51
Ricœur, Paul 284
Riehl, Wilhelm Heinrich 264, 357, 372f.

Rippl, Gabriele 97
Rochow, Friedrich Eberhard von 227
Rock, Otto Ernst 419
Rodenberg, Julius 9, 11, 14–16, 25, 84, 89, 97, 103, 325f., 420–423, 426, 428
Rohe, Wolfgang 357
Rohse, Eberhard 324, 336, 338–340, 343
Ronge, Johannes 268
Roquette, Otto 219
Rosegger, Peter 133
Rosenberg, Hans 274
Rosenberg, Rainer 4, 12f.
Rosenkranz, Karl 220f.
Rosenstrauch, Hazel E. 159
Rosenthal, Samuel 52–55
Roßmäßler, Emil Adolf 270f.
Rothbart (Verlag) 166
Rothenberg, Jürgen 329
Rózsa, Maria 52
Rückert, Friedrich 21
- *Barbarossa* 308
Ruge, Arnold 274
Rump, Hermann 385
Rumy, Karl 47, 50
Ruppert, Wolfgang 224
Ruppius, Otto 266, 350
- *Der Pedlar* 350
Ruprecht, Dorothea 299, 301
Rutenberg, Adolf Friedrich 261

Sallet, Friedrich von 46
Sammons, Jeffrey L. 151
Saphir, Moritz 52
Saphir, Siegmund 52
Sartori, Tiberius 254
Sauerland, Karol 305
Schaubach, Friedrich 207f., 270
Schayer, N. N. 358
Scheel, Heinrich 225, 252
Schefer, Leopold 46
Scheffel, Michael 276
Scheichl, Sigurd Paul 274
Schenda, Rudolf 85, 130, 138, 143, 146, 205f.
Scherer, Stefan 9, 15, 28f., 83, 107–109, 115f., 118, 122, 124, 298, 323, 333

Scherr, Johannes 259
– *Reicher Bursch und armes Mädchen* 236
Schiller, Friedrich 30, 135, 137 f., 144 f., 211 f., 214–218, 221, 408, 411
– *Wilhelm Tell* 144
Schivelbusch, Wolfgang 66
Schlaffer, Heinz 114
Schlapp, Otto 24
Schlegel, Friedrich 109
Schleiden, Matthias Jacob 335
Schlez, Johann Ferdinand 256
– *Geschichte des Dörfleins Traubenheim* 256
Schlittgen, Hermann 199 f.
Schlüter, Petra 274, 276
Schmalzl, Max 392
Schmid, Ulrich 203 f.
Schmidt, Arno 210
Schmidt, Auguste 95
Schmidt, Julian 13, 220, 284, 288–291, 293
Schmidt, Oscar 328
Schmidt, Siegfried J. 1
Schmidt-Weißenfels, Eduard 162
Schmieder, Christian Gottlieb 130
Schmitt, Hanno 224, 254
Schmolke, Michael 369, 393
Schneegans, Adolph 90
Schneider, Gabriele 91
Schneider, Heinrich Konrad 243, 270
Schneider, Jost 85, 89
Schneider, Lothar L. 26, 119
Schneider, Ute 7, 152, 371
Schöberl, Joachim 75
Scholz, Joachim 227
Schön, Erich 129
Schönberg, Henning 86
Schönert, Jörg 3, 28, 89, 275 f., 284, 292, 299, 301
Schopenhauer, Arthur 332, 339
Schottmüller, Adolf 306
Schrader, Hans-Jürgen 81, 103, 323
Schreiter (Verlag) 191
Schröder, C. 86
Schröer, K. J. 142, 145
Schubart, Johann Christian 229
Schubin, Ossip [Aloisia Kirschner] 90 f., 101
Schücking, Levin 90, 174, 315

Schuhmacher, Doris 70
Schulz, Gerd 144
Schulze, Hagen 307
Schulze-Smidt, Bernhardine
– *Mellas Studentenjahr* 189, 195, 198
Schumacher, Doris 70 f.
Schumann, Friedrich August Gottlob 130
Schupp, Ottokar 24 f.
Schürmann, August 160 f.
Schurz, Carl 238
Schütz, Fritz 20
Schwarzburg-Sondershausen, Mathilde von 182
Schwarzenberger-Wurster, Monika 392
Schwarzmaier, Otto
– *Feldmann, der Bauernfreund* 230
– *Jakob, der Großbauernsohn* 230
Schwerdt, Heinrich 268
– *Der homöopathische Doctor* 270
– *Schöndorf* 246
Schwerz, Johann Nepomuk 229
Scott, Walter 204
Sealsfield, Charles
– *Das Kajütenbuch* 363
Seeburg, Franz von [Franz Xaver Hacker] 393
Sehm, Gunter 348
Sengle, Friedrich 232
Shakespeare, William 144, 330
– *Romeo und Julia* 62
Shedletzky, Itta 405, 407
Siebrecht, Silke 227
Siegert, Reinhart 30 f., 211, 224 f., 229, 242, 245 f., 252, 254, 260, 270
Siegmund, Emma 304
Silesius, Eduard 49
Sippel-Amon, Birgit 139
Smith, J. Frederick 21
Söhner, Ferdinand
– *Anna Früh, die Hausfrau auf dem Lande* 226
Sohnrey, Heinrich
– *Das Glück auf dem Lande* 230
Sonnenburg, Rudolf 348, 350
Spazier, Karl 40 f., 48
Spielhagen, Friedrich 18, 174, 208–210, 219, 344

Spithöver, Josef 418, 420
Spitzer, Jacob 181
Spohr (Verlag) 166
Sprengel, Peter 1, 119, 321f., 332
Stäheli, Urs 322
Stahr, Adolf 16–18
Stamm, Marcelo R. 27
Stanton, Domna S. 35
Steiger, August 373
Steiger, Ernst 159
Stein, Christian 265
Steinbeck, Christoph Gottlieb 256
Steinbrink, Bernd 362
Steinitz (Verlag) 165
Stiegler, Bernd 65
Stieglitz, Heinrich 46
Stieglitz, Olga 98
Stifter, Adalbert 1, 274
Stockinger, Claudia 28, 115, 122, 298
Stöckmann, Ingo 297
Stolle, F. 76
Stolz, Alban 394
Stolz, Bernhard 48
Stoneman, Patsy 181
Storm, Theodor 1, 15, 81, 87, 113, 124, 155, 326
– *Immensee* 282
Stötzner, Christian Friedrich 249
Stöver, Krimhild 91
Strauß, David Friedrich 259
Streckfuß, Adolph 266
Strötz, Jürgen 376
Struve, Christian August 256
Stuke, Horst 251f.
Stürmer, Th. 86
Sucro, Christophorus 7
Sue, Eugène 356
Sulzer, Johann Georg 7
Susemihl, Ernst 181, 186, 188
Süßkind von Trimberg 409, 413f.
Sybel, Heinrich von 98, 326
Sydow, Klara von 90

Tampke, Jürgen 354
Tannhäuser 314
Tasch, Roland 398
Tatlock, Lynne 30, 188

Täuber, Isidor 247, 266
Tauchnitz (Verlag) 145, 181
Telmann, Konrad 154, 157
Thaer, Albrecht Daniel 229, 269
Thiers, Adolphe 141
Thomasius, Christian 8
Timm, Regine 65
Timotheus, Adolf 268
Tobler, Johann Georg
– *Gotthold der wackere Seelsorger auf dem Lande* 248
Tobler, Johannes
– *Idee von einem christlichen Dorf* 232
Todorow, Almut 119
Treitschke, Heinrich 287
Treugutt, Stefan 304f.
Trilcke, Peer 28, 303f.
Tschopp, Silvia Serena 23, 32
Twellmann, Marcus 283

Uhland, Ludwig 219, 222
Uhlich, Leberecht 20, 268
Ujvári, Hedvig 52
Urbich, Jan 406

Vaßen, Florian 274
Verne, Jules 133
Vieweg, Eduard 207
Villinger, Hermine 91
Vischer, Friedrich Theodor 302
Vittorio Emanuele 418
Vodosek, Peter 224
Vogel, Andreas 158
Vogel, Martin 160
Vogt, Karl 336, 342
Volkov, Shulamit 407, 415
Vorländer, Franz 263
Voss, Georg 36, 39–41, 46, 49, 68
Voss, Leopold 41

Wachler, Auguste
– *Die Waise von Lowood* 192f.
– *Goldelschen* 193f.
Wager, Reinhard 219f.
Wagner, Meike 28
Wagner, Moritz 335
Waldemar, H. S. [Hermine Schneider] 102

Walser, Robert 125
Wander, Karl Friedrich Wilhelm 242, 266
Weber, A. 86
Weber, Ernst 306
Weber, O. 19f., 22, 25
Weber, Tanja 134
Weber (Verlag) 131
Weber-Kellermann, Ingeborg 357
Wedding, Anna
– *Jane Eyre, die Waise von Lowood* 190–192
Wedekind, Frank 158
Weidrod, Elmar 86
Weimar, Klaus 12–14
Weise, Bernd 153
Weitling, Wilhelm 262
Welcker, Philipp Heinrich 307–310
– *Der Kyffhäuser* 307–310, 314, 316f.
Wengraf, Edmund 153
Werner, E. [Elisabeth Bürstenbinder] 89, 104f., 177
Werner, Hans-Georg 305
Werther (Verlag) 131
Westermann (Verlag) 324
Wichert, Ernst 90
Wienbarg, Ludolf 297
Wiese, Benno von 300
Wigand (Verlag) 245
Wihl, Ludwig 304
Wild, Bettina 276
Wild, H. 86
Wildermuth, Adelheid 90
Wildermuth, Ottilie 90
Wilke, Jürgen 371, 378, 389
Wilkending, Gisela 9, 189
Willems, Gottfried 70
Willkomm, Ernst
– *Bauernleben* 239
Willm, Agnes 90

Winko, Simone 96f.
Wislicenus, Ernst 241, 244
Wittmann, Reinhard 87, 129, 135f., 138, 141, 149, 203–206, 209
Wolf, Joseph 400
Wolff, Eugen 157
Wörther, Franz 252
Wübben, Yvonne 321
Wulf, Hans 382
Wundt, Wilhelm 326, 328, 331

Zacharias, Otto 335f., 339
Zapp, Arthur 155, 165f., 174f.
– *Schriftstellerleiden* 164f.
– *Zwischen Himmel und Hölle* 150f., 163, 166–173
Zelle, Carsten 122
Zendrini, Bernardino 419, 429
Zerback, Ralf 265
Zerovnik, Martina 30, 159
Zerrenner, Heinrich Gottlieb 256
Zima, Peter V. 107, 109
Zimmer, Ilonka 300
Zimmermann, Christian von 274
Zimmermann, Magdalena 158
Zimmermann, W. F. A. 359
– *Californien und das Goldfieber* 352
Zischler, Hanns 116
Zitelmann, Otto Konrad
– *Norddeutsche Bauerngeschichten* 237
Zobeltitz, Fedor von 153
– *Die papierene Macht* 149–151
Zopf, Carl 436
Zschaler, Johann Gottfried 265f.
Zschokke, Heinrich 225, 246, 258, 268
– *Das Goldmacherdorf* 225, 230, 233, 236, 248, 272

www.ingramcontent.com/pod-product-compliance
Lightning Source LLC
Chambersburg PA
CBHW030515230426
43665CB00010B/622